土木工程专业专升本系列教材

工程力学

本系列教材编委会组织编写
刘 燕 主编

中国建筑工业出版社

图书在版编目（CIP）数据

工程力学/刘燕主编．—北京：中国建筑工业出版社，2003

（土木工程专业专升本系列教材）

ISBN 978-7-112-05440-4

Ⅰ．工...　Ⅱ．刘...　Ⅲ．工程力学—高等学校—教材　Ⅳ．TB12

中国版本图书馆 CIP 数据核字（2003）第 043667 号

土木工程专业专升本系列教材

工程力学

本系列教材编委会组织编写

刘　燕　主编

*

中国建筑工业出版社出版、发行（北京西郊百万庄）

各地新华书店、建筑书店经销

北京同文印刷有限责任公司印刷

*

开本：787×960 毫米　1/16　印张：28½　字数：588 千字

2003 年 8 月第一版　　2012 年 6 月第十次印刷

定价：**48.00** 元

ISBN 978-7-112-05440-4

（21011）

本社网址：http：//www. cabp. com. cn

网上书店：http：//www. china-building. com. cn

本书是土木工程专业专升本系列教材之一，是根据教育部高等教育司1998年4月颁布的《全国成人高等教育工学主要课程教学基本要求》而编写的。

本书以成人高等教育的培养目标为依据，在保证教育质量与普通高校大体一致的前提下，充分考虑成人教育的特点及专升本学生已具有的力学基础，以工程应用为目的，基本理论以“必需”、“够用”为度，强化力学概念，淡化科学体系。将原理论力学和材料力学中的内容相互贯通、融合与渗透，形成了工程力学的新体系。

全书共分三篇，第一篇刚体静力分析，第二篇弹性静力分析，第三篇动力分析。为便于自学，每章首有学习要点，指出各章的学习重点和关键内容，章末有学习小结，并配以适当的思考题，启发读者思考、分析、研究问题，且附有习题和答案。

本书作为土木专业专升本教材，也可供相近专业的各类成人教育、电视大学、职工大学和自学考试的学生及其他专业技术人员参考。

* * *

责任编辑　陈桦

土木工程专业专升本系列教材编委会

前　言

本教材以教育部高等教育司1998年4月颁布的《全国成人高等教育工科主要课程教学基本要求》为依据编写。

工程力学是工科类专业一门重要的技术基础课。本教材涵盖了原理论力学和材料力学两门课程的主要内容。

本教材体现了面向21世纪、具有中国成人教育特色的力学课程体系，主要表现在：

1. 以成人高等教育的培养目标为依据，在保证教育质量与普通高校大体一致的前提下，充分考虑成人教育的特点，以应用为目的，基本理论以“必需”、“够用”为度，强化力学概念，淡化科学体系，向工程应用型转变，以满足培养工程应用型人才的需要。

2. 精选教学内容，改革力学课程体系。本教材在教学内容的选取上，既保证了原理论力学和材料力学中最基本、最主要的经典内容，又避免了两门课程之间不必要的交叉和重叠，将全部内容分成了：刚体静力分析、弹性静力分析和动力分析三部分，实现了两门课程内容的相互贯通、融合与渗透，形成了工程力学的新体系。

3. 考虑到专升本学生已具有的力学基础，以巩固、加深静力平衡条件的应用，构件的几种基本变形的强度、刚度计算为前题，重点突出空间力系平衡条件的工程应用、重心的确定、工程运动力学理论在工程实际中的应用、应力状态的概念、组合变形的计算、能量方法的应用以及交变应力下的疲劳强度计算。

4. 为便于自学，每章首有学习指导，章末有学习小结，并配以适当的思考题，指出各章的学习重点和关键内容，启发读者思考、分析、研究问题。并附有习题和答案。

5. 教材在叙述上通俗易懂，深入浅出，对于各种基本概念与基本原理的阐述简明扼要，使读者在学习过程中能得到“举一反三、以简驭繁”的效果。

本书由刘燕主编并负责全书的统稿工作。全书共分为三篇，第一篇刚体静力分析，第二篇弹性静力分析，第三篇动力分析。其中：绪论、第一、二、三、四章由唐晓雯编写；第五、六、七章由刘德华编写；第八、十、十一章、附录2由张富强、刘燕编写；第九章由张富强、唐晓雯编写；第十二、十三、十四章由刘燕编写。

承蒙重庆大学邹定祺教授详细地审阅了本书的初稿，提出了宝贵的修改意见，编者谨向邹定祺教授表示诚挚的谢意。在本书的编写过程中，还得到了北京建筑工程学院李晓菊老师的大力支持，在此一并表示感谢。

目　录

第二篇　弹性静力分析

第三篇　动力分析

绪　论

一、力学的发展与作用

力学作为一门科学应该从牛顿时代算起，它和天文学一起是最早形成的两门自然科学。到 19 世纪末，力学理论已发展到很高的水平，同时也开始了与工程技术问题的结合。力学既属于自然科学也属于工程科学；既是工程科学的基础，又是人类改造自然、征服自然的工具。当代许多重要的工程技术，如“宇航工程、土木工程、机械工程、海洋工程等都是以力学为基础的，在这些工程中遇到的许多重大技术难题都是力学问题。力学已从一门基础科学发展成为以工程技术为背景的应用基础科学。当今几乎所有的工程技术领域都离不开力学，它已渗透到工程技术的各个领域并发挥着重要的作用。

二、工程力学的研究对象和内容

力学是研究物体机械运动规律的科学。机械运动是指物体的空间位置随时间的变化。固体的运动和变形，气体和液体的流动都属于机械运动。工程力学的研究对象是运动速度远远小于光速的宏观物体。所研究的内容是以牛顿运动定律、线弹性体的胡克定律、叠加原理为基础，密切联系工程实际，分析并研究物体的受力、平衡、运动、变形等方面的基本规律，为工程结构的力学设计提供理论依据和计算方法。工程力学成为工科学生接触工程计算的第一门课程。

工程力学课程的基本内容包括：刚体静力分析、弹性静力分析和动力分析等三部分。

刚体静力分析——研究物体的平衡规律，同时也研究力的一般性质及其合成法则。

弹性静力分析——研究平衡状态下的弹性体，在外力作用下的受力、变形与失效规律，为工程构件的静力学设计提供有关强度、刚度与稳定性分析的基本理论和计算方法。

动力分析——研究物体的运动规律以及与所受力之间的关系，提供为工程结构进行动力设计的计算方法。

三、工程力学的研究方法

力学是最古老的科学之一，它的产生和发展的过程就是人类对物体运动认识的深化过程，而这种认识是通过长期的生产实践和无数次的科学实验而形成的。经过无数次的“实践——理论——实践”的反复循环，使认识不断提高和深化，逐步总结并归纳出物体机械运动的一般规律，即：

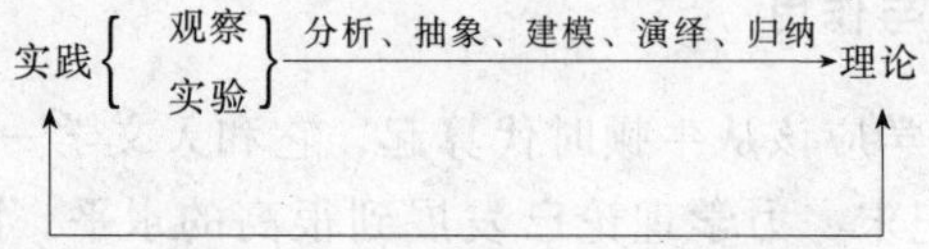

工程力学研究方法的特点：

1. 抽象化方法——分析问题特征，建立符合工程实际的力学模型（如力、刚体、质点、弹性固体等）。

2. 数学演绎法——采用数学演绎的方法，根据力学原理建立各力学量之间的数量关系（即建立方程），从而揭示各物理量之间的内在联系及机械运动的实质。

四、学习工程力学的目的

工程力学是一门理论性较强的技术基础课。通过本课程的学习，为后继课程（如结构力学、弹性力学、钢筋混凝土等）的学习打好必要的基础。通过学习，能应用工程力学的基本理论和研究方法，分析、解决一些较简单的工程实际问题；通过学习，培养正确分析问题和解决问题的能力，为今后解决工程实际问题，从事科学研究打下良好的基础。

第一篇　刚体静力分析

刚体静力分析，亦称刚体静力学，是以刚体作为讨论力学问题的模型，研究物体在力系作用下的平衡规律。这一任务包括以下三个方面：

1. 物体的受力分析

即分析结构或构件所受到的各个力的方向和作用线位置。

2. 力系的等效与简化

即研究如何将作用在物体上的一个复杂力系用简单力系来等效替换，并探求其力系的合成规律。通过力系的等效与简化了解力系对物体作用的总效应。

3. 力系的平衡条件与平衡方程

寻求物体处于平衡状态时，作用在其上的各种力系应满足的条件，即力系的平衡条件。利用平衡条件建立所对应力系的数学方程，称为平衡方程。

应该指出，刚体静力学的核心问题是利用平衡方程求解物体或物体系统的平衡问题，而研究力系的等效简化则是为了探求、建立力系的平衡条件。

工程上许多机器零件、构件以及工程结构物的设计，必须运用刚体静力学的知识进行受力分析，并根据平衡方程求解这些力。所得平衡问题的结果又是弹性静力分析、结构力学等后续内容及课程中构件强度、刚度的计算依据。此外，刚体静力学中力系简化的理论和物体的受力分析也为运动力学的研究提供了理论依据。所以，刚体静力学是工程设计与计算的基础，在工程技术中有着广泛的应用。

第一章 静力学基础

学习要点

静力学基础概括了工程力学的基本概念、基本理论和基本分析方法，既是刚体静力学、弹性静力学的基础，也是运动力学中物体受力分析的基础。通过本章的学习，应达到下述基本要求：

(1) 深入理解力、刚体、平衡和约束等重要的基本概念。

(2) 正确领会静力学公理的含义和应用范围，熟练掌握静力学公理在工程力学中的作用以及它们之间的相互联系与补充。

(3) 熟练掌握几种常见约束的类型、特点及其约束反力的确定原则。

(4) 能正确对物体进行受力分析，熟练而准确地画出单个物体或物体系统的受力图，这是学好工程力学知识并应用于工程解决实际问题的关键。

第一节 基本概念

一、平衡

平衡是指物体相对惯性参考系静止或作匀速直线平行移动的状态。显然，平衡是机械运动的一种特殊运动形式。在实际工程中，若无特殊声明，平衡是相对地球而言的，因此，一般把固连于地球表面的参考系称为惯性参考系。

二、力

（一）力的定义

力是物体间相互的机械作用，这种作用的结果使物体的运动状态发生改变(称为力的运动效应，也称力的外效应)，或使物体的形状发生改变（称为力的变形效应，也称力的内效应)。刚体静力分析的研究对象是刚体或刚体系统，只研究力对物体的外效应。而力对物体的变形效应即力的内效应将在弹性静力学中讨论。

（二）力的表示

实践表明，力的效应取决于力的大小、方向和作用点，即力的三要素。通常用一带箭头的有向线段来表示，如图 1-1 所示。线段的长短表示力的大小，箭头指向表示力的方向，始端 A 表示力的作用点。力是一个有大小和方向的量，所

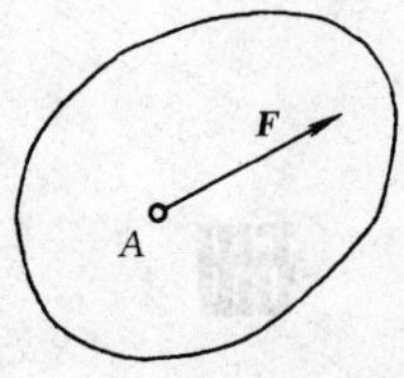

图 1-1　力的表示

以，力是矢量，服从矢量的运算规则。在本书中，力矢量均用黑斜体字母表示，力的大小用普通字母表示。例如，***F*** 表示力矢量，而 F 则表示力 ***F*** 的大小。

(三) 力的单位

本教材采用国家法定的计量单位，力的单位是 N（牛），或 kN（千牛），$1kN = 10^3N$。

(四) 力系

力系是指作用在同一物体上的一群力（也称力的集合）。

(1) 平衡力系　使物体处于平衡状态的一群力。

(2) 等效力系　可以相互替换而不改变对物体作用效果的两群力，互称为等效力系。

(3) 合力　与某力系作用效果相等的一个力，称为该力系之合力。而力系中的各个力则称为此合力的分力。

(4) 分布力　物体间的相互机械作用分布在不能忽略其大小的一接触面积上。例如，水对闸门的压力，房梁的自重等（图 1-2）。

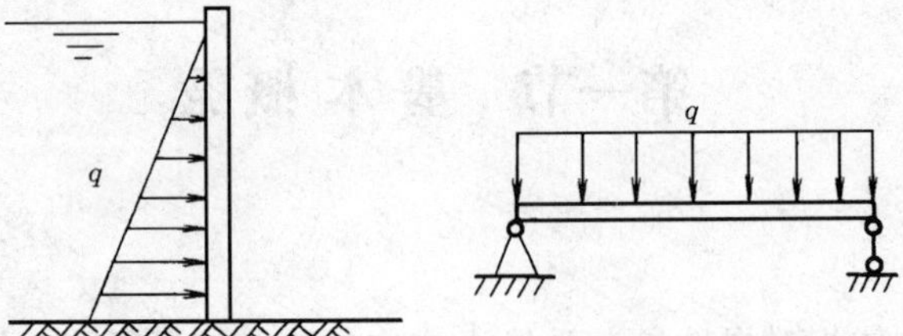

图 1-2　分布力

(5) 集中力　物体间的相互机械作用可简化为集中于一点。例如，起吊重物的重力 ***F*** 对行车大梁的作用（图 1-3）。

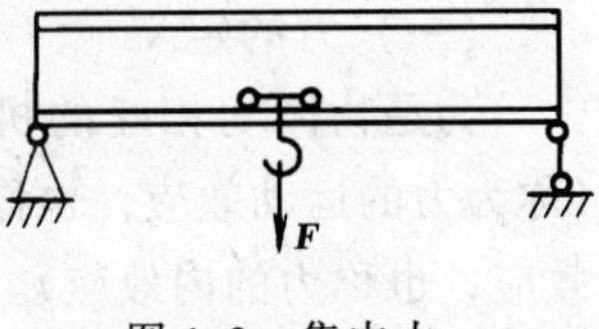

图 1-3　集中力

三、刚体

刚体是指在力的作用下不发生变形的物体。

实际上，在力的作用下，任何物体都会发生变形。但实际工程结构的变形一般非常微小，如桥梁、行车大梁等，按设计要求，允许其工作变形限制在总长的 1/500 ~ 1/200 以内，电机传动轴的允许扭转角控制在（0.5° ~ 1°）/m 以内。实践证明，如此微小的变形对研究物体机械运动的影响甚微。因此在讨论力对物体的运动效应时，可将研究对象视为在力作用下不变形的物体，即刚体。于是，静力学又称为刚体静力学，它是研究弹性静力学即变形体力学的基础。

第二节 静力学公理

公理是无需证明并且为人们所公认的符合客观实际的普通规律。静力学公理有五条，它们概括、总结了力的基本性质，是表达力的基本规律的一个有机整体，是研究静力学问题的理论基础。

一、二力平衡公理

刚体上二力平衡的必要且充分条件是等值、反向、共线。如图 1-4 所示，即

$$\boldsymbol{F}_1 = -\boldsymbol{F}_2$$

此公理表达了最简单的平衡力系（二力平衡）的必要和充分条件，是研究力系平衡的基础。

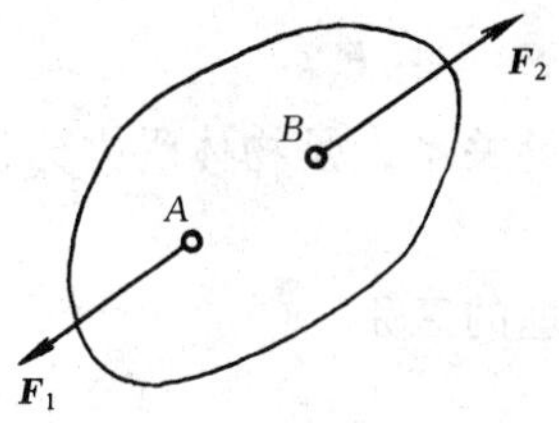

图 1-4　二力平衡

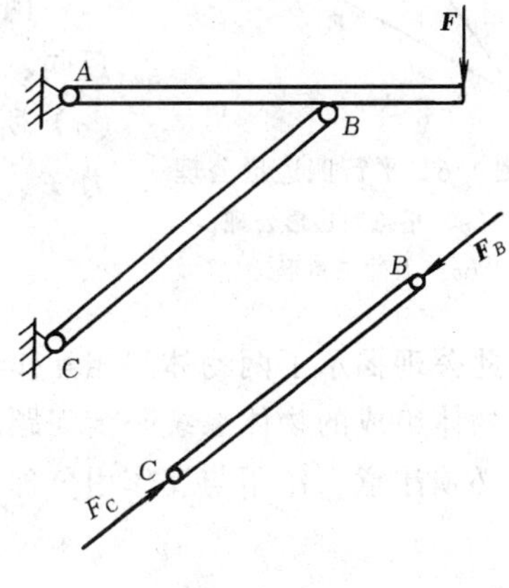

图 1-5　二力构件

仅受两个力作用并且处于平衡状态的物体，称为二力杆，又称二力构件。如图 1-5 中的 *BC* 杆。二力杆的受力特点是：二力必沿杆端连线。

二、加减平衡力系公理

在作用于刚体的力系中，任意加上或减去一平衡力系，不改变原力系对刚体的作用。

根据这条公理，可以在已知的力系中任意加减平衡力系，以达到将原力系简化之目的，所以它是研究力系简化的基础。

三、平行四边形公理

共点二力之合力，为此二力的几何和且仍作用于该点。如图 1-6（*a*）所示。即

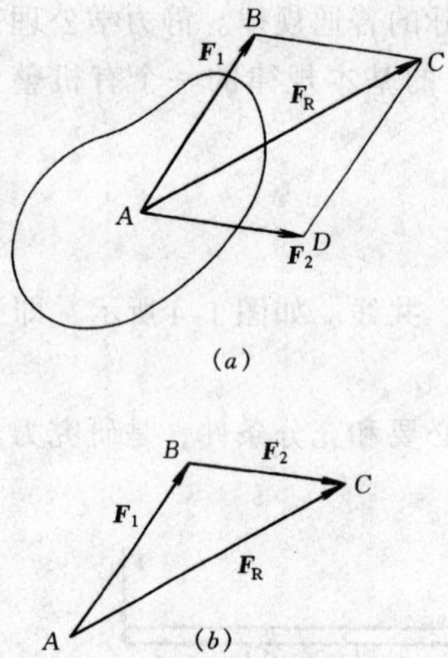

图 1-6　平行四边形公理
（*a*）平行四边形公理；
（*b*）力的三角形法则

此公理表达了最简单情况下合力与分力之间的关系，是研究力系合成与分解的基础。

显然，求 F_R 时，只须画出平行四边形的一半就够了。即以力矢 F_1 的尾端 *B* 作为力矢 F_2 的起点，连接 *AC* 所得矢量 *AC* 即为合力 F_R。如图 1-6（*b*）所示三角形 *ABC* 称为力三角形。这种求力系合成的方法亦称为**力的三角形法则**。

四、作用与反作用公理

两物体间的相互作用力总是成对出现，等值、反向、共线，且分别作用在此两物体上。如图 1-7（*a*）所示的电机与基础，电机作用在基础上的作用力 F_N 与基础作用在电机上的反作用力 F'_N（图 1-7*b*），满足如下关系

$$F_N = -F'_N$$

此公理揭示了两物体间相互作用力之间的定量关系，是物体受力分析和研究多个物体组成的物体系统平衡问题的基础。

必须注意，作用与反作用公理与二力平衡公理的区别。

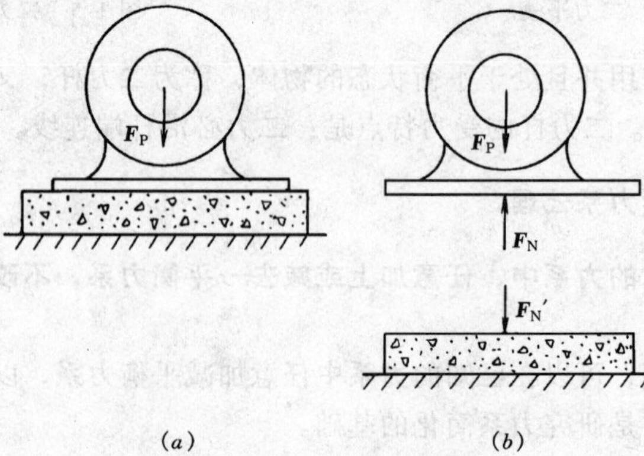

图 1-7　作用力与反作用力
（*a*）电机与基础；（*b*）作用力与反作用力

五、刚化公理

变形体在某一力系作用下处于平衡，若将此变形体刚化为刚体，则其平衡状态不受影响。如图 1-8（*a*）所示绳索在两端拉力作用下处于平衡，则可将绳索刚化为刚杆，如图 1-8（*b*）所示，此杆仍能平衡。若绳的两端为压力，如图 1-8（*c*）示，因其不能平衡，所以此时绳索不能刚化为刚杆。可见，刚体的平衡条件只是变形体平衡的必要条件而非充分条件。

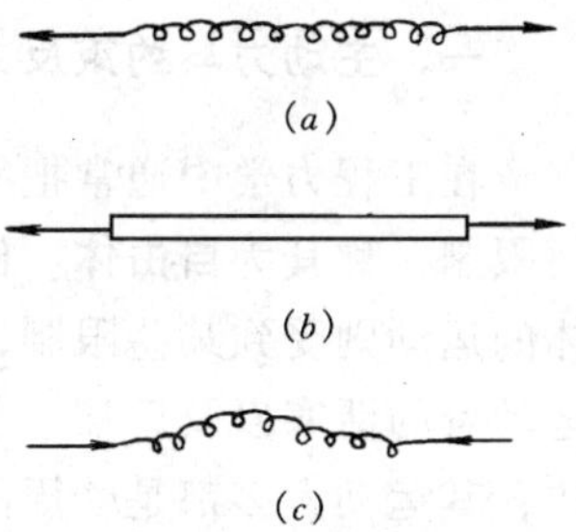

图 1-8　刚化公理

刚化公理把平衡问题的研究范围由刚体扩大到变形体，为刚体静力学向弹性静力学过渡创造了条件，是研究变形体平衡问题的基础。

【例 1-1】　试证明：作用于刚体上的力可沿其作用线移至刚体内任一点，并不改变此力对刚体的作用。

证明：设在刚体上点 *A* 作用一力 $\boldsymbol{F}$，如图 1-9（*a*）所示。根据加减平衡力系公理，在该力作用线上某点 *B* 加上一对平衡力 $\boldsymbol{F}_1$ 与 $\boldsymbol{F}_2$，且使 $\boldsymbol{F}_1=\boldsymbol{F}=-\boldsymbol{F}_2$，

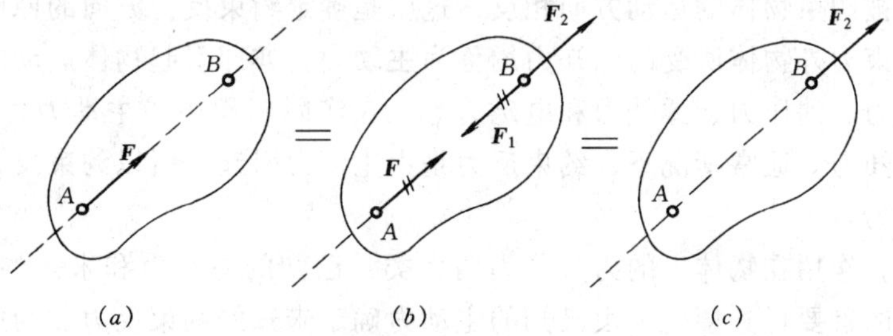

图 1-9　力的可传性

如图 1-9（*b*）。由于力 $\boldsymbol{F}_2$ 和 $\boldsymbol{F}$ 也是一平衡力系，故可减去，余下力 $\boldsymbol{F}_1$，如图 1-9（*c*）所示。显然这三种情况等效，但力的作用点已由点 *A* 移至点 *B*。于是命题得证。此结论又称为**力的可传性原理**。其说明力对刚体的效应取决于力的大小、方向、作用线，与力的作用点位置无关，此即力是滑移矢量。

【例 1-2】　试证明：刚体受共面但不平行的三力作用而平衡时，此三力必交于一点。

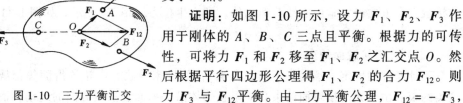

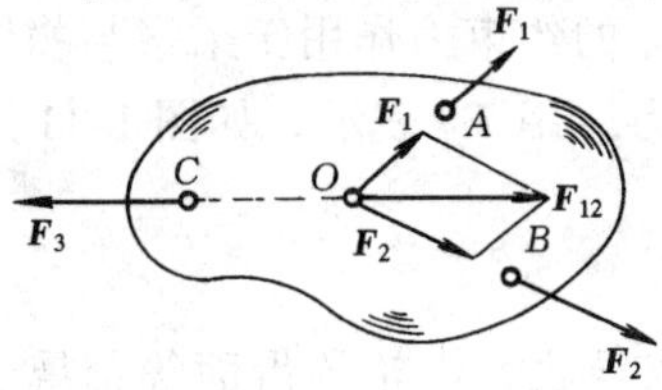

图 1-10　三力平衡汇交

证明：如图 1-10 所示，设力 $\boldsymbol{F}_1$、$\boldsymbol{F}_2$、$\boldsymbol{F}_3$ 作用于刚体的 *A*、*B*、*C* 三点且平衡。根据力的可传性，可将力 $\boldsymbol{F}_1$ 和 $\boldsymbol{F}_2$ 移至 $\boldsymbol{F}_1$、$\boldsymbol{F}_2$ 之汇交点 *O*。然后根据平行四边形公理得 $\boldsymbol{F}_1$、$\boldsymbol{F}_2$ 的合力 $\boldsymbol{F}_{12}$。则力 $\boldsymbol{F}_3$ 与 $\boldsymbol{F}_{12}$ 平衡。由二力平衡公理，$\boldsymbol{F}_{12}=-\boldsymbol{F}_3$，

即力 $\boldsymbol{F}_3$ 的作用线必过 O 点且与 $\boldsymbol{F}_1$、$\boldsymbol{F}_2$ 共面。于是命题得证。这个结论也称作**三力平衡汇交定理**。

第三节 约束与约束反力

一、主动力与约束反力

在工程力学中通常把实际物体分为两类：其中一类物体在空间的运动不受任何限制，称其为**自由体**。例如在天空中飞行的飞机、火箭、炮弹等。而另一类物体的运动则受到某些限制，称其为**非自由体**。例如沿轨道行驶的火车，在汽缸中运动着的活塞以及厂房、桥梁等。工程结构中的构件或机器的零件都是非自由体，其运动大多都是受周围预先给定的物质或条件的限制，这种制约物体运动的周围物质或条件称为**约束**。例如：铁轨是火车的约束，气缸是活塞的约束等等。

约束限制了物体的运动，改变了物体的运动状态，因此约束必然对被约束物体有力的作用，约束对被约束物体的机械作用称作**约束反力**。并且，约束反力方向总是与被约束物体的运动方向相反，这就是确定约束反力方向的原则。

除约束力外物体所受的已知力均称为**主动力**，亦即引起物体运动的力。如重力、水压力、油压力、弹簧力和电磁力等。在实际工程中，主动力也称为**载荷**，一般为已知力。通常情况下，约束反力是由主动力引起，所以约束反力是一种未知的被动力。

可见，作用在物体上的力可分为两大类：已知的主动力和未知的约束反力。静力分析的首要任务便是：由已知的主动力确定未知的约束反力。为此，分析约束反力的特征是解决力系平衡问题的关键。下面介绍工程中常见典型约束的类型及其约束反力的特征分析。

二、常见约束力与约束反力分析

（一）柔索约束

绳索、钢缆、链条、传送带等柔性物体都属于柔索约束。由于柔索阻碍了物体沿柔索伸长方向的运动，所以柔索给予被约束物体的约束力作用于柔索与物体的接触点，方向沿柔索中心线背离物体，即产生拉力。用 $\boldsymbol{F}_{\mathrm{T}}$ 表示，如图 1-11 所示。

（二）光滑接触面约束

不计摩擦的固定支承面（平面或曲面），如机床导轨、齿轮的齿面等都属于这类约束。由于光滑接触面约束只能阻止物体沿支承面公法线方向的运动，而不

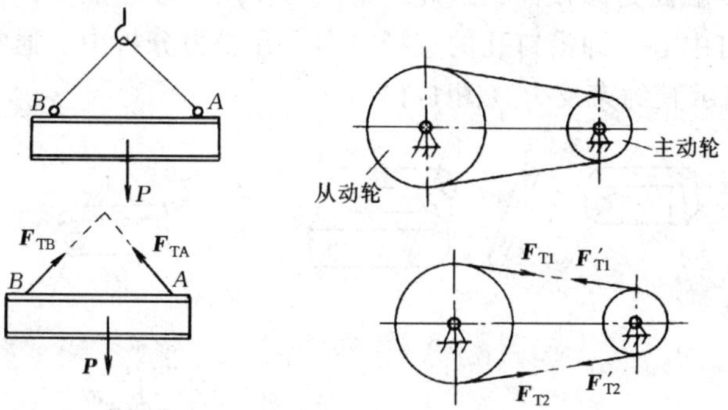

图 1-11 柔索约束

能阻止物体在支承面沿切线方向的运动。所以其约束反力作用于接触点，方向必沿支承面的公法线指向物体，即产生压力。用 $\boldsymbol{F}_N$ 表示，如图 1-12（*a*）、（*b*）、（*c*）所示。

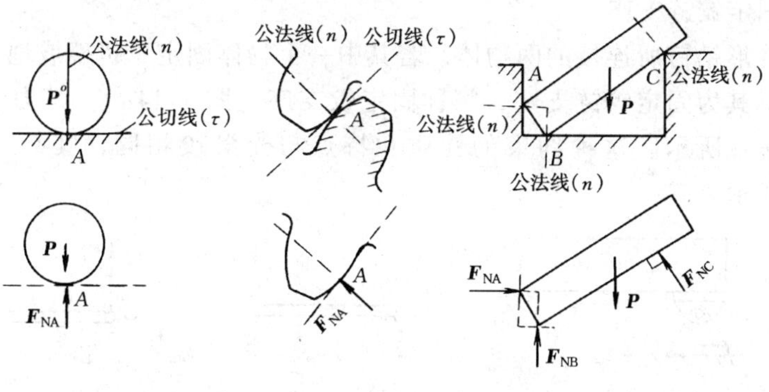

图 1-12 光滑接触面约束

（三）光滑铰链约束

只能限制两个物体之间的相对移动，而不能限制其相对转动的连接，称为铰链约束。若忽略摩擦影响，则称为光滑铰链约束。工程中常见的圆柱形销钉连接、桥梁支座、轴承和球形铰链等均属于这类约束。

1. 圆柱形销钉（平面铰或中间铰）

如图 1-13（*a*）所示：在两物体上各钻出同直径的圆孔并用同直径大小的圆柱形销钉插入孔内，所形成的连接称为圆柱形铰链约束。其力学简图如图 1-13（*b*）所示。这种约束只能阻止被约束的两物体在垂直于销钉轴平面内的任意移动，而不能限制被约束物体绕销钉轴的转动。由于被约束物体的钉孔表面和销钉表面均不考虑摩擦作用，可视为光滑，所以销钉与物体钉孔间的约束实质为光滑面约束，并且接触面是圆弧面，因此约束反力作用于接触点上，作用线垂直于支承面且通过销钉中心，即沿钉孔的直径方向。在受力分析中，通常用相互正交的分力 $\boldsymbol{F}_x$、$\boldsymbol{F}_y$ 表示其约束反力（图 1-13*c*）。

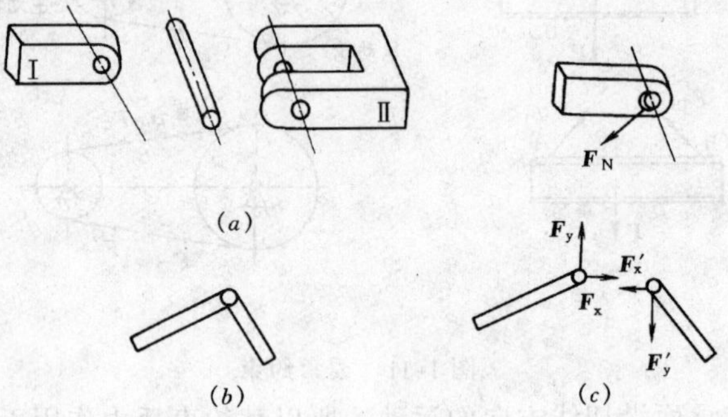

图 1-13 圆柱形销钉

（*a*）圆柱形销钉；（*b*）圆柱形销钉力学简图；（*c*）圆柱形销钉约束反力图

2. 铰链支座

(1) 固定铰链支座

用圆柱形销钉所连接的两物体，若其中一个物体固定于机架或地基上形成支座时，则称其为固定铰链支座，简称固定铰支座（图 1-14*a*），其力学简图如图图 1-14（*b*）所示。这种约束的性质和特点与光滑铰相同，其约束反力如图 1-14（*c*）所示。

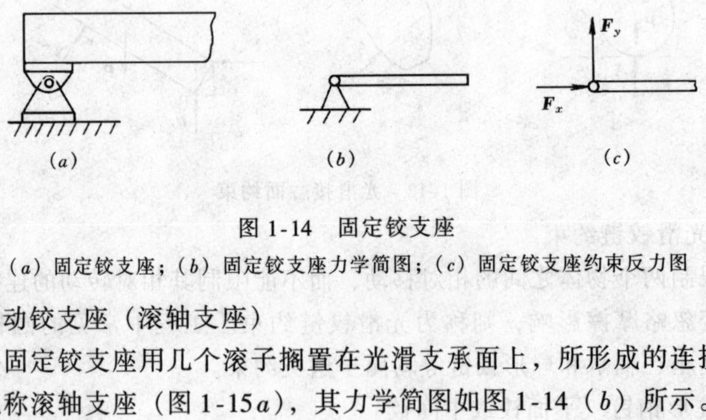

图 1-14 固定铰支座

（*a*）固定铰支座；（*b*）固定铰支座力学简图；（*c*）固定铰支座约束反力图

(2) 可动铰支座（滚轴支座）

如果将固定铰支座用几个滚子搁置在光滑支承面上，所形成的连接称为可动铰支座，也称滚轴支座（图 1-15*a*），其力学简图如图 1-14（*b*）所示。这种支座

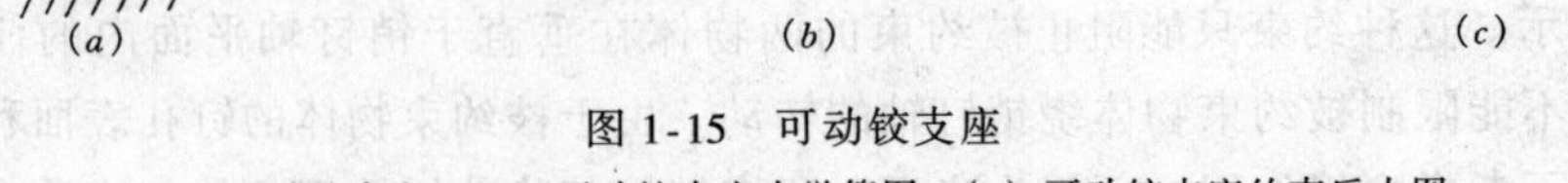

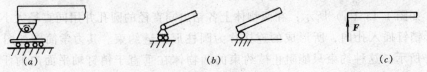

图 1-15 可动铰支座

（*a*）可动铰支座；（*b*）可动铰支座力学简图；（*c*）可动铰支座约束反力图

只能阻止物体沿支承面法线方向的运动，所以约束反力的作用线通过销钉中心，且与支承面垂直（图 1-15*c*）。

（3）蝶铰

日常生活中所使用的门、窗的合页属于这种约束（图 1-16*a*），其约束反力的特点同圆柱形销钉，如图 1-16（*b*）所示。

（4）球形铰链

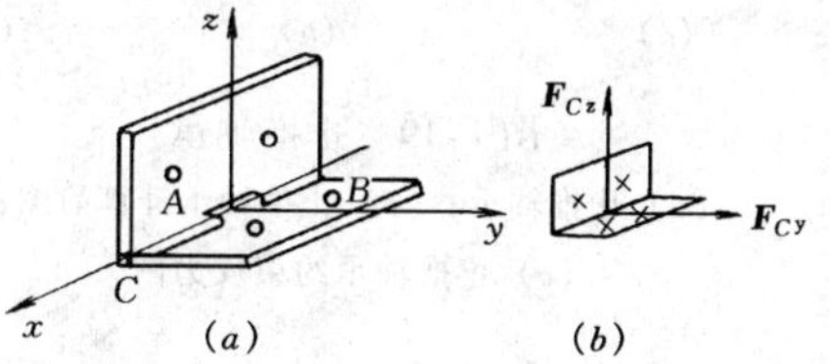

图 1-16 蝶铰

（*a*）蝶铰；（*b*）蝶铰约束反力图

将物体的一端做成球形嵌入另一固定物体上光滑的球窝内，所形成的连接称为光滑球铰支座或球铰约束（图 1-17*a*），其力学简图如图 1-14（*b*）所示。这种铰链在空间问题中的用途较广。例如：机床上照明灯具的固定；汽车变速操纵杆的固定以及列车顶棚电风扇的固定接头等。由于忽略摩擦不计，球窝给予球的约束力必过球心，且垂直于球面（即沿半径方向）。但因接触点不定，故可取空间任何方向，因此常用三个相互正交的分力 $\boldsymbol{F}_x$、$\boldsymbol{F}_y$、$\boldsymbol{F}_z$ 表示，如图 1-17（*c*）所示。

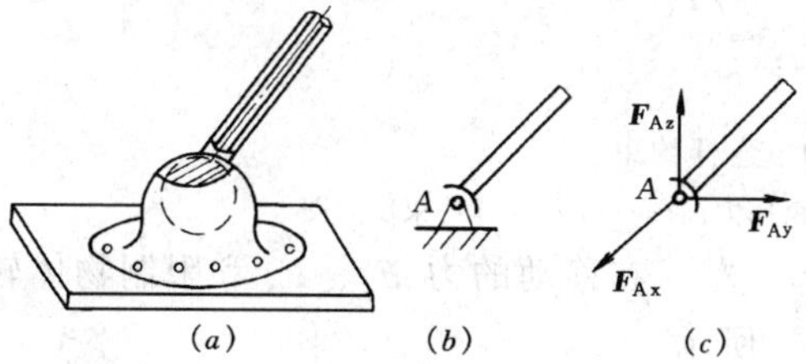

图 1-17 球形铰链

（*a*）球形铰链；（*b*）球形铰链力学简图；（*c*）球形铰链约束反力图

3. 轴承约束

（1）光滑轴承（径向轴承和滚珠轴承）

这类约束的特点是：允许物体绕其轴线转动，但限制了物体在垂直于轴线方向的任何位移（图 1-18 所示）。因此约束反力的特征同于光滑铰链，一般用于相互正交的分力 $\boldsymbol{F}_x$、$\boldsymbol{F}_z$ 表示。

（2）止推轴承（向心推力轴承）

这种轴承与径向轴承不同之处是其能承受轴向力的作用，即限制了转轴的轴向位移，其结构如图 1-19（*a*）示，止推轴承的计算简图如图 1-19（*b*）所示，约束反力的确定如图 1-19（*c*）所示。

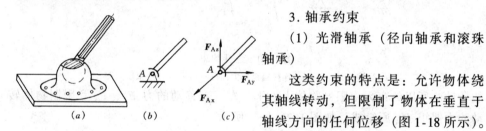

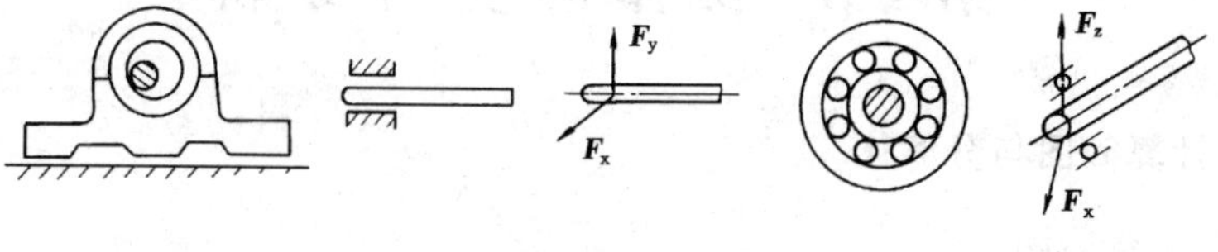

图 1-18 光滑轴承

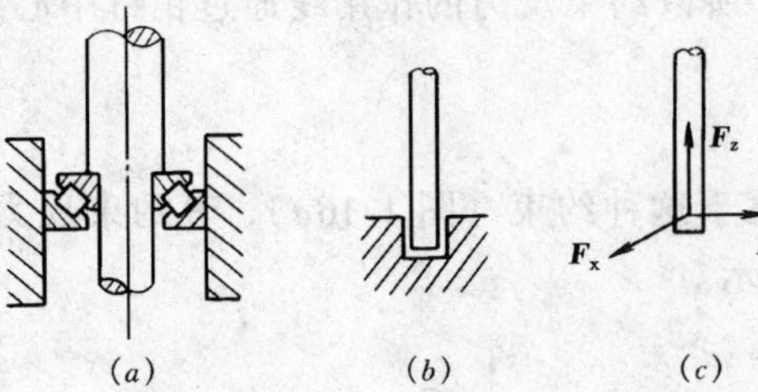

图 1-19　止推轴承
(a) 止推轴承；(b) 止推轴承计算简图；(c) 止推轴承约束反力图

(四) 连杆约束

用一根不计自重的刚杆，两端借助铰链把物体与支座相互连接，称为连杆约束（图 1-20）。桁架中的杆件，不计自重的支承杆均属于这类约束。因其约束特征与二力杆的受力特征相同，所以其约束反力必过杆端铰链中心的连线，可以是拉力，也可以是压力。连杆也称二力杆。

(五) 固定端约束

如图 1-21 (a) 所示，悬臂梁的一端插入墙内，使插入端既不能移动，也不

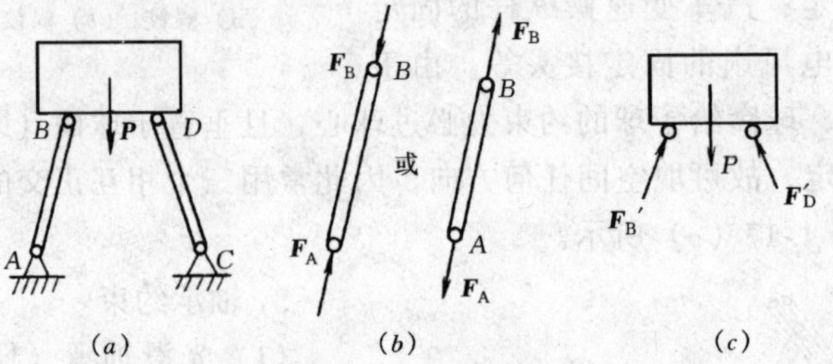

图 1-20　连杆约束
(a) 连杆约束；(b) 连杆约束反力简图；(c) 连杆约束反力图

能转动。所以约束力由限制物体上、下、左、右移动的力 F_y、F_x 和限制物体转动的力偶矩 M_A 所组成。如图 1-21 (c) 所示。

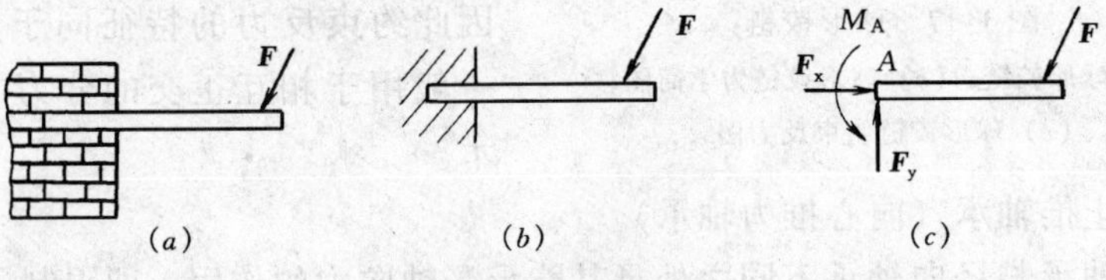

图 1-21　固定端约束
(a) 固定端约束；(b) 固定端约束力学简图；(c) 固定端约束反力图

第四节　物体的受力分析

一、计算简图与分离体

(一) 计算简图

实际工程中的结构物或机械，其构造、连接和受力形式都比较复杂。在处理、分析、求解力学问题时，有必要根据问题的性质，分析影响问题的主要原因和次要因素。从而抓住其主要矛盾对问题进行理想化处理，将实际物体（如桥梁、房屋、汽车等）合理地抽象为力学模型，以便进行力学分析、数学描述和计算。反映研究问题主要力学特性及几何形状的简图称为计算简图。

一般情况下，将工程构件抽象为力学模型并画出其计算简图，需要从构件的几何尺寸、荷载及约束等三个方面进行分析简化，所遵循的主要原则是：

（1）能真实反映实际构件的主要受力和变形情况；

（2）能尽量简化各力学量的计算。

下图 1-22（*a*）为一房屋的过梁，其两端埋入墙体内，经分析可以发现：

（1）过梁的两端不能有任何移动。

（2）埋入墙体内的梁端部分较短，限制其转动的能力比较弱，允许梁的端部有较小的转动。

（3）梁的各个横截面形状不变。

于是此过梁可简化为一等截面杆受到一端为固定铰支座，另一端为可动铰支座的约束，而砖的重量可简化为一线性分布载荷，其计算简图如图 1-22（*b*）所示。

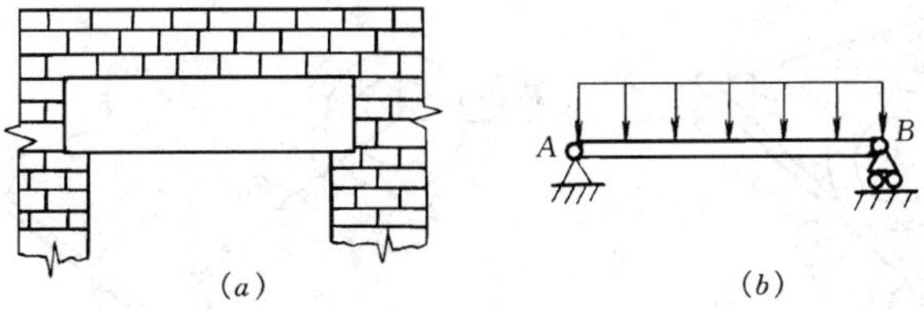

图 1-22　房屋过梁的计算简图

（*a*）房屋过梁；（*b*）计算简图

（二）分离体

求解力学问题时，首先必须明确要分析哪个物体或构件，被分析的物体（或构件）称为研究对象。而把研究对象从周围物质中分离出来，单独画出其计算简图的工作称为取**分离体**。所谓分离体即为解除约束后的物体，亦即求解力学问题的研究对象。

（三）受力图

清晰、完整表示分离体全部受力情况的简图称作**受力图**。

合理选择研究对象并画出其正确的受力分析图，是解决刚体静力学、弹性静力学和刚体运动力学等力学问题最关键的步骤。

二、物体的受力分析

(一) 物体受力分析方法与步骤

取分离体画受力图是工程力学分析问题特有的研究方法，其核心内容是把研究对象从周围约束中分离出来，并画上物体所受的全部力（含主动力和约束力）。其主要步骤有：

1. 明确研究对象——根据问题的已知条件和解题要求，需要选择一个物体，多个物体的组合或整个物体系统为分离体。

2. 根据已知条件画上物体所受的主动力。

3. 分析研究对象与周围物体的连接情况——根据其约束特征画出各约束力的作用线位置和方向。

4. 应用静力学公理自行检验受力图的正确性（如二力平衡、三力汇交、作用与反作用等）。

(二) 应用举例

【例 1-3】 重为 $\boldsymbol{P}$ 的均质圆管 O，由杆 AB、绳索 BC 和墙面支撑，如图 1-23所示。铰 A 及各接触点 D、E 的摩擦不计，杆重不计。试分别画出圆管 O 和杆 AB 的受力图。

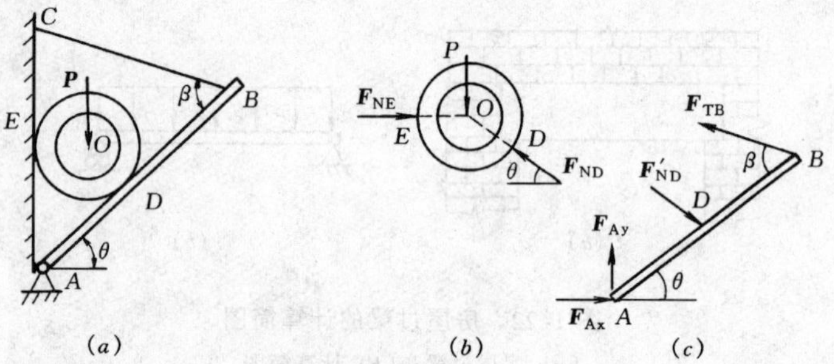

图 1-23 例 1-3 图

【解】 (1) 选取圆管 O 为研究对象，画出其分离体图。先画主动力 $\boldsymbol{P}$；圆管在 D、E 处为光滑接触面约束，过此二点分别画出沿该点公法线方向并指向圆管 O 的约束力 $\boldsymbol{F}_{NE}$、$\boldsymbol{F}_{ND}$（图 1-23b）。

(2) 取 AB 杆为研究对象，画出其分离体图。A 为固定铰支座，画上相互正交的反力 $\boldsymbol{F}_{Ax}$、$\boldsymbol{F}_{Ay}$；B 为柔索约束，画上拉力 $\boldsymbol{F}_{TB}$；D 为光滑接触面，画上沿该点的公法方向的反力 $\boldsymbol{F}_{ND}$ 并指向 AB，注意，$\boldsymbol{F}_{ND}$ 与 $\boldsymbol{F}_{ND}$ 满足作用与反作用关系，AB 杆受力如图 1-23c 示。

【例 1-4】 一结构受力如图 1-24a 所示。AB 梁上作用一分布力 q（单位：kN/m），CD 梁作用一集中力 $\boldsymbol{F}$，A 端为固定端，自重不计。试画出 AB、CD 及

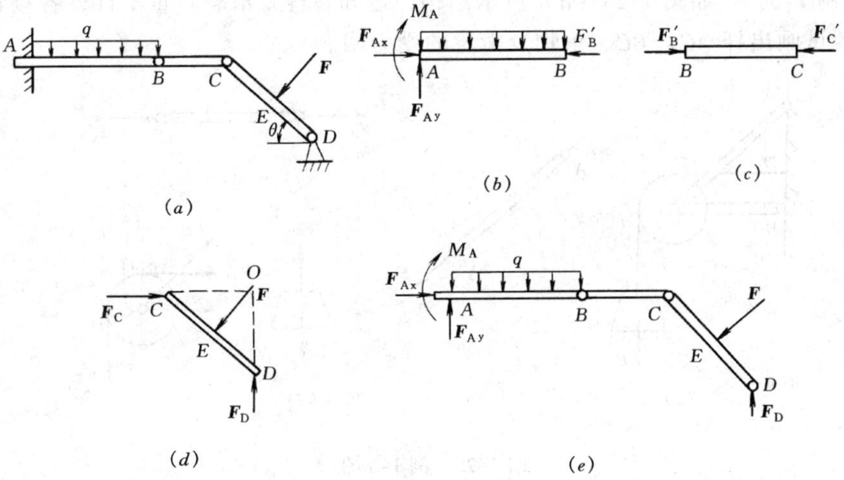

图 1-24　例 1-4 图

整体的受力图。

【解】　这是一个物体系统的受力分析问题，在作受力图时要注意：

(1) 系统内有无二力构件？

(2) 要弄清楚系统内各约束的作用。

1) 分别取 *AB*、*BC*、*CD* 为研究对象，作出分离体图。经分析发现 *BC* 杆为二力构件，故先画出 *BC* 杆的受力图（图 1-24*c*）。

2) 对 *AB* 梁，由于 *A* 为固定端，所以有三个约束力 $\boldsymbol{F}_{Ax}$、$\boldsymbol{F}_{Ay}$、$\boldsymbol{M}_A$；又因为 *BC* 是二力杆，故 $\boldsymbol{F}_B$是二力杆 *BC* 对 *AB* 梁的约束力而且 $\boldsymbol{F}_B = -\boldsymbol{F}'_B$（满足作用与反作用关系）。其中 *AB* 梁的受力如图 1-24*b* 所示。

3) 对于 *CD* 梁，*C* 为中间铰，由于 *BC* 二力杆的作用，所以 *C* 处约束力 $\boldsymbol{F}_C$ 与 $\boldsymbol{F}'_C$满足作用与反作用关系（图 1-24*d*）。由于 *CD* 梁在 *C*、*E*、*D* 三处受力，平衡时，三力 $\boldsymbol{F}_C$、$\boldsymbol{F}$、$\boldsymbol{F}_D$应满足三力平衡定理，所以 $\boldsymbol{F}_D$应过 $\boldsymbol{F}_C$与 $\boldsymbol{F}$ 之交点 *O*。*CD* 梁受力如图 1-24（*d*）所示。

4) 分析整体的受力图。作用于整体的主动力只有分布载荷 *q* 和集中力 $\boldsymbol{F}$，整体在 *A* 端受固定端约束，*D* 为固定铰支座，其约束力确定要与 *CD* 梁 *D* 处受力一致。而 *B*、*C* 销钉处的两对力 $\boldsymbol{F}_B$和 $\boldsymbol{F}'_B$和 $\boldsymbol{F}_C$和 $\boldsymbol{F}'_C$均为作用与反作用力，对整体的作用效果相互抵消，不必画出。所以，整体的受力如图 1-24（*e*）所示。

讨论：

当研究对象是由几个物体组成的物体系统时，系统内各物体间的相互作用力称为**内力**，系统以外物体对物体系统的作用力称为**外力**。由于内力成对出现，对系统的作用相互抵消，所以画系统的受力图时，约定不画内力。

【例 1-5】 如图 1-25（*a*）所示结构，已知各杆及滑轮自重不计，各接触处光滑，试画出杆 *AC*、*BC*、重物及滑轮的受力图。

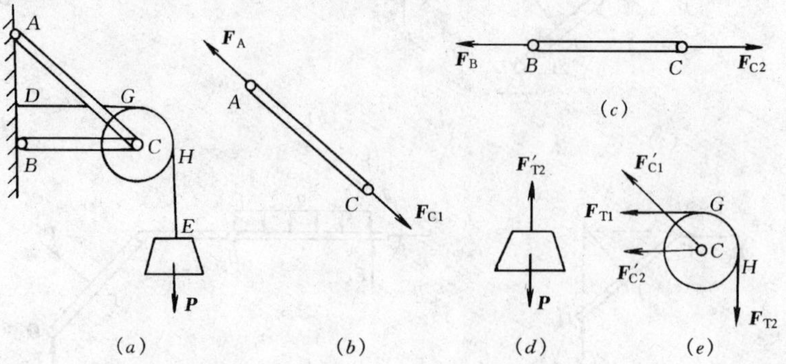

图 1-25 例 1-5 图

【解】 (1) 经分析得知：杆 *AC*、*BC* 均为二力杆，先以 *AC*、*BC* 杆为研究对象，画出分离体（均不含销钉 *C*），并假定二杆均受拉力，其受力如图 1-25（*b*）、（*c*）所示。

(2) 取重物为研究对象，作分离体。重物受有主动力 $\boldsymbol{P}$ 和绳索拉力 $\boldsymbol{F}'_{T2}$，如图 1-15（*d*）示。

(3) 取滑轮（含销钉 *C*）为研究对象，画出分离体图。*G*、*H* 处均为绳索约束，受有拉力 $\boldsymbol{F}_{T1}$、$\boldsymbol{F}_{T2}$作用，且 $\boldsymbol{F}_{T2}=\boldsymbol{F}'_{T2}$（作用与反作用）。在 *C* 处，杆 *AC*、*BC* 对销钉有约束力$\boldsymbol{F}'_{C1}$和 $\boldsymbol{F}'_{C2}$，而且 $\boldsymbol{F}_{C1}$与 $\boldsymbol{F}'_{C1}$、$\boldsymbol{F}_{C2}$与 $\boldsymbol{F}'_{C2}$均为作用与反作用力。因此滑轮（含销钉 *C*）的受力如图 1-25（*e*）所示。

讨论：

(1) 销钉 *C* 连接了三个物体，画受力图时，一定要明确研究对象上是否包含销钉。

(2) 分析滑轮受力时，绳子与滑轮一般不分开。请思考：重物与滑轮是否也可以一起分析受力？如何画受力图？

【例 1-6】 如图 1-26（*a*）所示，不计自重的矩形薄板 *ABCD*，用球铰 *A* 和蝶铰 *B* 固定在墙上，另用细绳 *CE* 拉住，使薄板处于水平位置，*BE* 连线正好铅直。设各处均为光滑接触，试画出薄板的受力图。

【解】 这是一个空间问题。

(1) 取薄板为研究对象，解除约束画出其分离体图。

(2) 画主动力。因薄板不计自重，所以主动力只有作用于 *D* 点的已知力 $\boldsymbol{P}$。

(3) 画约束反力。薄板所受约束有：细绳 *CE* 产生沿 *CE* 的拉力 $\boldsymbol{F}_T$；球铰 *A* 产生三个相互正交的分力 $\boldsymbol{F}_{Ax}$、$\boldsymbol{F}_{Ay}$、$\boldsymbol{F}_{Az}$；蝶铰 *B* 产生两个相互正交的分力 $\boldsymbol{F}_{Bx}$、$\boldsymbol{F}_{Bz}$。

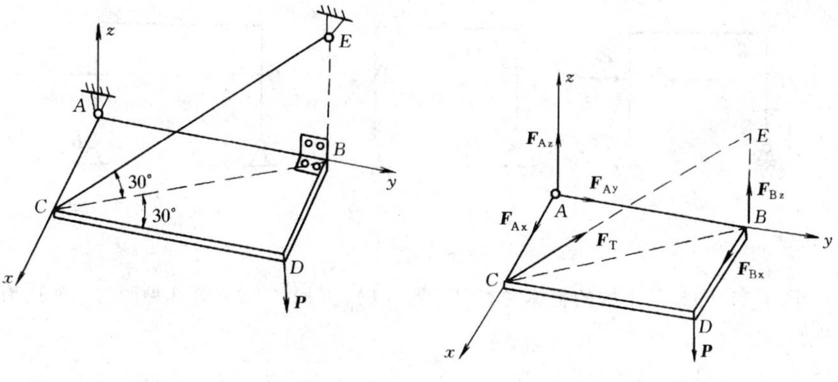

(*a*)　　　　(*b*)

图 1-26　例 1-6 图

薄板受力如图 1-26（*b*）所示。

小　　结

本章介绍了力（包括等效力系、平衡力系、合力）、刚体、平衡、约束等基本概念和静力学公理，并讨论了物体的受力分析方法和受力图的绘制。这些静力学的基础知识在后续课弹性静力学、刚体运动力学等内容的学习中将起着重要的作用。掌握好这些基础，将有利于对力学问题的综合分析与求解。

（1）静力学的基本概念。

1）平衡——相对地面静止或作匀速直线平移。

2）力——物体间的相互机械作用，其有运动和变形两种效应。在刚体静力学中力是滑移矢量。

3）刚体——不变形的物体，是工程力学中对实际物体的一种抽象化的理想模型。

（2）静力学公理及其推论是工程力学的理论基础，学习时应注意它们的适用对象与范围。

（3）工程中常见约束的类型与特征：

柔索连杆，力沿中线；光滑接触，力沿法线；辊轴反力，垂直支面；固定铰链，力分两边。

（4）合理选取分离体、对其进行正确的受力分析，画出受力图，是解决力学问题的首要步骤。

思　考　题

1-1　如图 1-27 所示刚体 *A*、*B* 自重不计在光滑斜面 *m* - *m* 处接触，若 $\boldsymbol{F}_1$、$\boldsymbol{F}_2$ 等值、反向、共线，试分析 *A*、*B* 能否平衡？为什么？

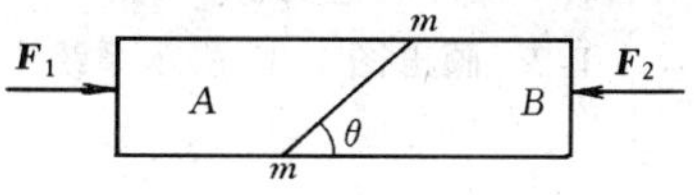

图 1-27

1-2　图 1-28（*a*）、（*b*）、（*c*）三种情况下，力 $\boldsymbol{F}$ 沿水平作用线移至 *D* 点，是否影响 *A*、*B* 处的约束力？为什么？从中你能获得哪些启示？

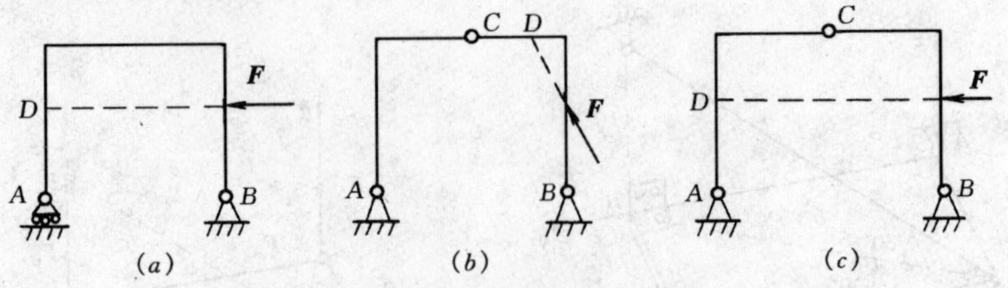

图 1-28

1-3 图 1-29（a）示结构的整体受力图有图（b）、（c）、（d）等几种画法，你认为哪种画法正确？

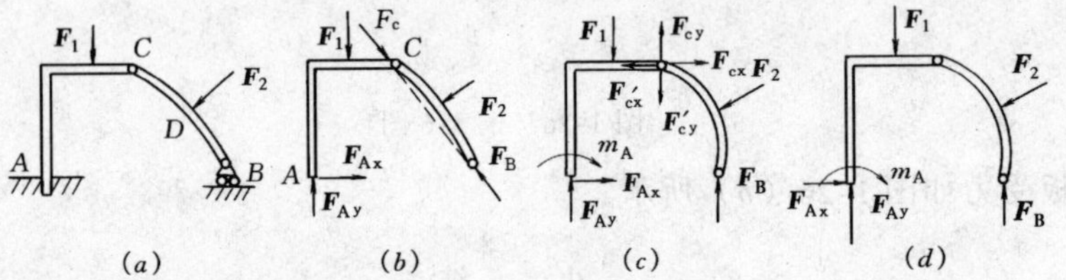

图 1-29

1-4 图 1-30 所示 AB 直杆与 CE 直角弯杆在 C 处铰接，A 为滑动支座，E 处为固定铰支座。若在 B 点作用一力 $\boldsymbol{F}$，试分析系统能否平衡？为什么？

1-5 试画出图 1-31 所示结构中各构件的受力图。

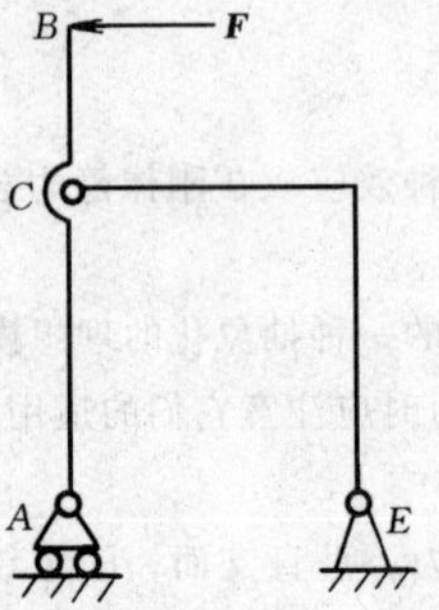

图 1-30

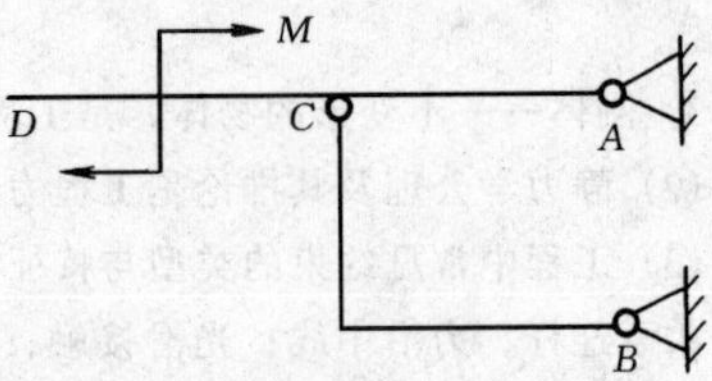

图 1-31

习　题

1-1 画出图 1-32 所示系统中各指定物体的受力图。假设所用接触面均光滑，未画重力的物体，均不计重力。

1-2 画出图 1-33 所示系统中各指定物体的受力图（各接触面均为光滑）。

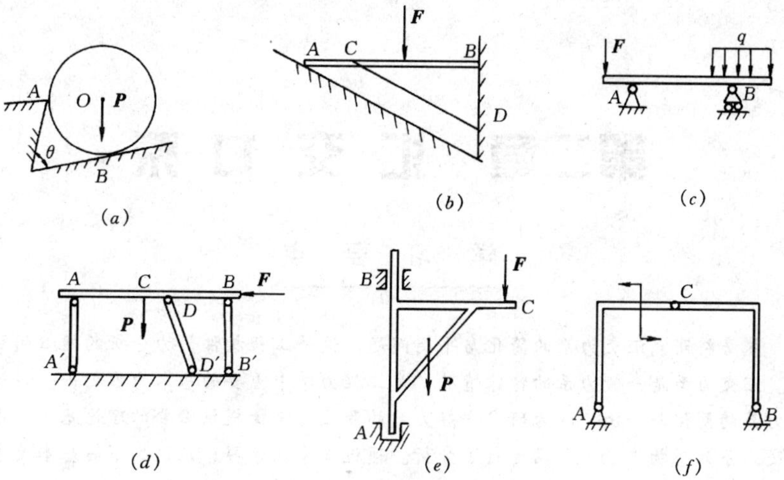

图 1-32

(*a*) 轮 *O*；(*b*) 杆 *AB*；(*c*) 梁 *AB*；(*d*) 杆 *ACB*；(*e*) 杆 *ABC*；(*f*) 杆 *AC*、*BC*

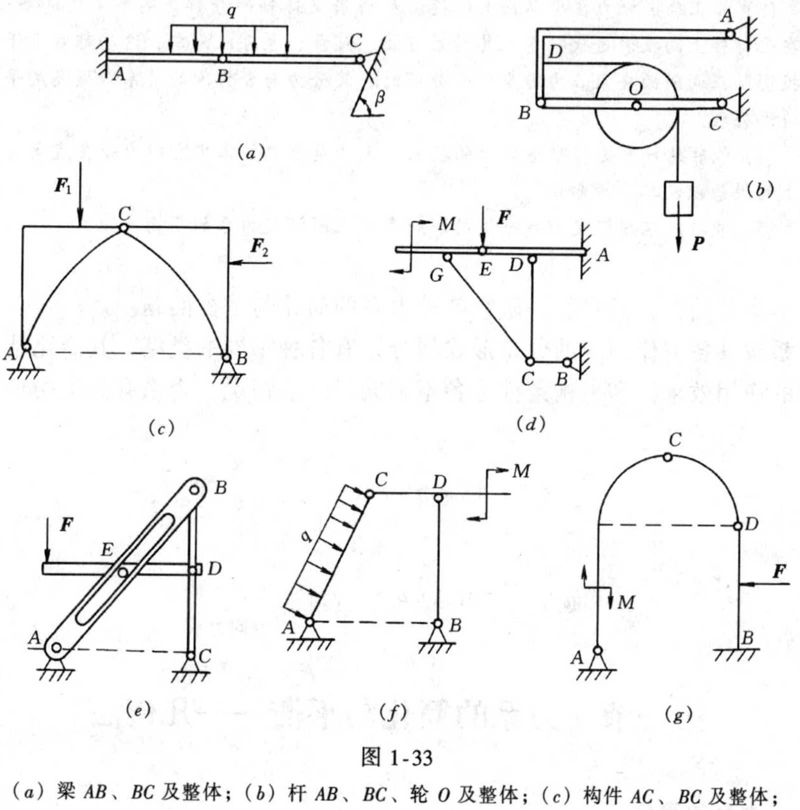

图 1-33

(*a*) 梁 *AB*、*BC* 及整体；(*b*) 杆 *AB*、*BC*、轮 *O* 及整体；(*c*) 构件 *AC*、*BC* 及整体；(*d*) 杆 *AE*、*EH* 及整体；(*e*) 杆 *AB*、*DE* 及整体；(*f*) 杆 *AC*、*CDB*；(*g*) 杆 *AC* 及整体

第二章 汇交力系

学习要点

本章将研究汇交力系的简化与平衡问题。这是工程构件静力分析的核心问题之一。汇交力系是一般力系的特殊情况，是工程力学中重要的基本力系之一。讨论汇交力系的简化与平衡，既为研究一般力系的简化与平衡提供必要的理论基础，也为汇交力系只对物体产生移动进行了分析。通过本章的学习，应达到下述基本要求：

(1) 掌握汇交力系简化与平衡的几何法。

(2) 掌握汇交力系简化与平衡的解析法。

(3) 能正确区分力在坐标轴上的投影和力沿坐标轴的分解是两个不同的概念。力在坐标轴上的投影是代数量，其结果可正、可负、也可以为零，这些都取决于力与投影轴正向间的夹角。力沿坐标轴分解时，其分力与合力间的关系必须满足平行四边形公理。

(4) 能熟练计算力在坐标轴上的投影，尤其是要熟练掌握空间力矢在直角坐标轴上的投影以及二次投影法。

(5) 能熟练应用汇交力系平衡的解析条件求解汇交力系的平衡问题。

从本章开始，我们将逐一研究各种力系的简化与平衡问题。

力系按其各力作用线的分布形式划分，有各种不同的类型，其简化结果（即对物体的作用效果）和平衡条件也各不相同。一般情况，力系有如下两种分类方法：

力系
- 按各力作用线的分布形式 → 汇交力系、平行力系、一般力系
- 按各力作用线是否在同一平面 → 平面力系、空间力系

第一节 力系的简化与平衡——几何法

一、力系的简化

1. 三个力的简化

设刚体受到作用点分别为 p_1、p_2、p_3 的一空间汇交力系 $\boldsymbol{F}_1$、$\boldsymbol{F}_2$、$\boldsymbol{F}_3$ 的作用，各力作用线汇交于 O 点，如图 2-1（a）所示。根据力的可传性原理，可将其中各力沿其作用线移至汇交点 O，如图 2-1（b）所示。为简化此力系，可根据平行四边形公理，逐一将各个力两两合成，最后可求得一通过汇交点 O 的力 $\boldsymbol{F}_R$，此即力系的合力。此外，我们还可用较为简便的方法求此合力 $\boldsymbol{F}_R$ 的大小和方向。任取一点 a，先作力三角形求出 $\boldsymbol{F}_1$ 与 $\boldsymbol{F}_2$ 的合力 $\boldsymbol{F}_{R1}$，再作力三角形合成 $\boldsymbol{F}_{R1}$与 $\boldsymbol{F}_3$ 即得 $\boldsymbol{F}_R$，如图 2-1（c）所示。多边形 $abcd$ 称为此汇交力系的力多边形，而封闭边 $\overrightarrow{ad}$ 则表示此汇交力系合力 $\boldsymbol{F}_R$ 的大小和方向。显然 $\boldsymbol{F}_R$ 的作用线必过汇交点 O，如图 2-1（d）所示。这种利用作矢量多边形简化力系的方法称为**几何法或力多边形法**。利用力多边形法简化力系时，求 $\boldsymbol{F}_{R1}$的中间过程可略去，只需将组成力多边形的各个分力首尾相连，而合力则为由第一个分力的起点指向最后一个分力的终点（矢端）的矢量。

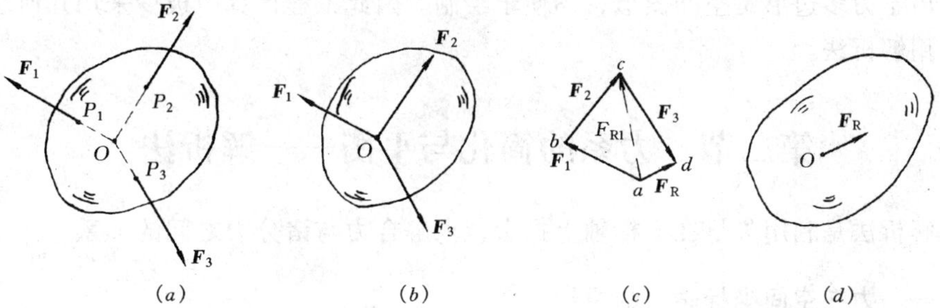

图 2-1 力系的简化

若改变各力相加的次序，由矢量相加的交换律可知，任意变换各矢量的作图顺序，会得到形状各异的多边形，但其封闭边的大小、方向均保持不变，即合力矢保持不变。也即

$$\boldsymbol{F}_R = \boldsymbol{F}_1 + \boldsymbol{F}_2 + \boldsymbol{F}_3$$

于是有结论：**汇交力系的简化结果是一个合力，该合力是唯一的，而且与各力相加的次序无关。**

2.n 个力的简化

将上述方法推广到由 n 个力组成的汇交力系，则有

$$\boldsymbol{F}_R = \boldsymbol{F}_1 + \boldsymbol{F}_2 + \cdots + \boldsymbol{F}_n = \sum \boldsymbol{F}_i \tag{2-1}$$

此即汇交力系可简化为作用线通过力系汇交点的一个力即合力，合力矢的大小、方向即为力系中各力矢的矢量和（或几何和）。其几何意义为：汇交力系的合力即为力多边形的封闭边。

二、汇交力系平衡的充要条件

由汇交力系的简化结果可知，力系的合力对刚体的作用与力系对刚体的作用等效。若合力为零，则表示刚体在力系作用下其运动状态不变，或者说刚体处于平衡状态，这时作用在刚体上的力系是一**平衡力系**。所以汇交力系平衡的必要且充分条件是**合力等于零**。即

$$\boldsymbol{F}_{\mathrm{R}} = \sum \boldsymbol{F}_i = 0 \tag{2-2}$$

按照力多边形法，在合力为零的情形下，力多边形中的第一个力矢 $\boldsymbol{F}_1$ 的起点与最后一个力矢 $\boldsymbol{F}_{\mathrm{n}}$ 的终点重合，即力多边形的封闭边为零。所以，汇交力系平衡条件的几何意义是：**力多边形中的各力首尾相接，自行封闭。**

应用几何法求汇交力系的合成与平衡时，若力系中各力作用线位于同一平面(即为平面汇交力系)，则此法具有直观、形象、简明等优点；但对于空间汇交力系，由于力多边形是空间图形，不便于绘制。因此工程计算中极少采用几何法而常选用解析法。

第二节 力系的简化与平衡——解析法

解析法是利用矢量在坐标轴上投影，求解合力与诸分力之间的关系。

一、力在空间坐标轴上的投影

1. 一次投影

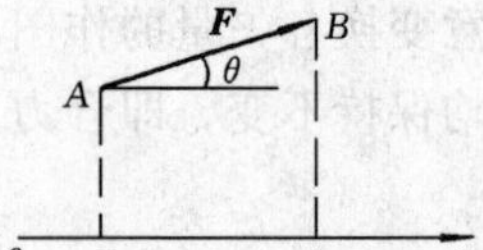

图 2-2 力的投影

如图 2-2 所示，力 $\boldsymbol{F}$ 与 x 轴单位矢量 $\boldsymbol{i}$ 的数量积为力 $\boldsymbol{F}$ 在 x 轴上的投影，记为 F_{x}。即

$$F_{\mathrm{x}} = \boldsymbol{F} \cdot \boldsymbol{i} = F\cos\theta \tag{2-3}$$

从几何上看，F_{x} 是过力矢 $\boldsymbol{F}$ 的起点 A 和终点 B 分别向 x 轴引垂线所得两垂足 a、b 的连线 $\overline{ab}$。

力在轴上的投影是代数量。当力与投影轴间的夹角 $\theta <$ 90°时，其值为正；$\theta > 90°$时，其值为负；$\theta = 90°$时，其值为零。

在空间力系中，如果沿空间直角坐标轴 x、y、z 的单位矢量为 i、j、k，则力 $\boldsymbol{F}$ 在三个轴上的投影为：

$$\left.\begin{aligned} F_{\mathrm{x}} &= \boldsymbol{F} \cdot \boldsymbol{i} = F\cos\theta \\ F_{\mathrm{y}} &= \boldsymbol{F} \cdot \boldsymbol{j} = F\cos\beta \\ F_{\mathrm{z}} &= \boldsymbol{F} \cdot \boldsymbol{k} = F\cos\gamma \end{aligned}\right\} \tag{2-4}$$

其中 θ、β、γ 分别表示力与三个坐标轴正向间的夹角，如图 2-3（a）所示。

这种投影方法称为**一次投影（或直接投影）法**。

2. 二次投影

有时，当力 $\boldsymbol{F}$ 与坐标轴 x、y 间的夹角不易确定时，可先将力 $\boldsymbol{F}$ 投影到坐标平面上，然后再投影到坐标轴上更为方便。这是工程计算中常用的计算力在坐标轴上投影的方法，称为**二次投影（或间接投影）法**。如图 2-3（b）所示，若已知角 γ 和 φ，可先将力 $\boldsymbol{F}$ 投影到 Oxy 平面上得力矢 $\boldsymbol{F}_{xy}$，再将 $\boldsymbol{F}_{xy}$分别投影到 x、y 轴，则力 $\boldsymbol{F}$ 在 x、y、z 坐标轴上的投影为

$$\left.\begin{aligned}F_x &= F\sin\gamma\cos\varphi\\F_y &= F\sin\gamma\sin\varphi\\F_z &= F\cos\gamma\end{aligned}\right\}\tag{2-5}$$

具体计算时，选用哪一种方法要视问题所给出的已知条件而定。应当注意，力在坐标轴上的投影是代数量，而力在平面上的投影则是矢量，即 $\boldsymbol{F}_{xy}$为力 $\boldsymbol{F}$ 的分力。

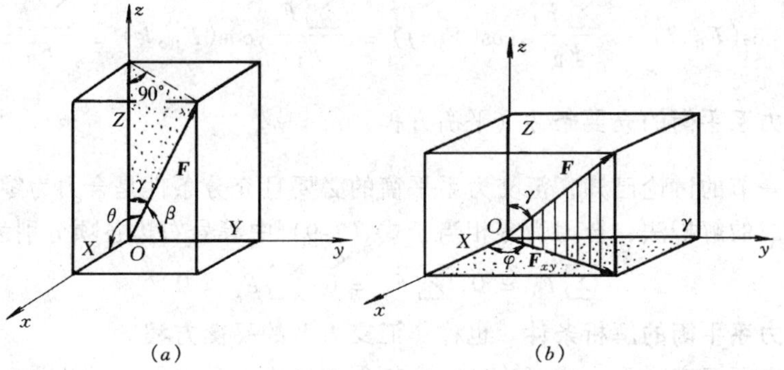

图 2-3　力在空间坐标轴上的投影

（a）一次投影；（b）二次投影

3. 力的解析式

若力 $\boldsymbol{F}$ 在直角坐标轴上的投影 F_x、F_y、F_z 已知时，力 $\boldsymbol{F}$ 的大小和方向（用方向余弦表示）为

$$\left.\begin{aligned}&F=\sqrt{F_x^2+F_y^2+F_z^2}\\&\cos(\boldsymbol{F},\boldsymbol{i})=\frac{F_x}{F},\ \cos(\boldsymbol{F},\boldsymbol{j})=\frac{F_y}{F},\ \cos(\boldsymbol{F},\boldsymbol{k})=\frac{F_z}{F}\end{aligned}\right\}\tag{2-6}$$

力 $\boldsymbol{F}$ 可表示为

$$\boldsymbol{F} = F_x\boldsymbol{i} + F_y\boldsymbol{j} + F_z\boldsymbol{k}\tag{2-7}$$

此即**力的解析表达式**。

二、力系的简化

1. 合力投影定理

合力在某一轴上的投影等于各个分力在同一轴上投影的代数和。即

$$\left.\begin{aligned} F_{Rx} &= F_{x1} + F_{x2} + \cdots + F_{xn} = \sum F_x \\ F_{Ry} &= F_{y1} + F_{y2} + \cdots + F_{yn} = \sum F_y \\ F_{Rz} &= F_{z1} + F_{z2} + \cdots + F_{zn} = \sum F_z \end{aligned}\right\} \tag{2-8}$$

2. 力系的简化结果

由式（2-1）知合力为

$$\boldsymbol{F}_R = \sum \boldsymbol{F}_i = (\sum F_x)\boldsymbol{i} + (\sum F_y)\boldsymbol{j} + (\sum F_z)\boldsymbol{k} \tag{2-9}$$

其中，合力的大小为

$$F_R = \sqrt{(\sum F_x)^2 + (\sum F_y)^2 + (\sum F_z)^2} \tag{2-10}$$

合力的方向为

$$\cos(\boldsymbol{F}_R, \boldsymbol{i}) = \frac{\sum F_x}{F_R}, \cos(\boldsymbol{F}_R, \boldsymbol{j}) = \frac{\sum F_y}{F_R}, \cos(\boldsymbol{F}_R, \boldsymbol{k}) = \frac{\sum F_z}{F_R} \tag{2-11}$$

三、力系平衡的充要条件（平衡方程）

由第一节的讨论已知，汇交力系平衡的必要且充分条件是合力为零。按照汇交力系合成的解析法，合力为零相当于式（2-9）中等号右边各项分别为零，即

$$\sum F_x = 0, \sum F_y = 0, \sum F_z = 0 \tag{2-12}$$

此即**汇交力系平衡的解析条件**。也称作**汇交力系的平衡方程**。

对于空间汇交力系，式（2-12）是三个独立的平衡方程，可以求解三个未知量；对于各力作用线都在 Oxy 平面的平面汇交力系，由于各力在 z 轴上的投影皆为零，于是平面汇交力系有两个独立的平衡方程为

$$\left.\begin{aligned} \sum F_x = 0 \\ \sum F_y = 0 \end{aligned}\right\} \tag{2-13}$$

可求解两个未知力。

第三节　应用举例

【例 2-1】　如图 2-4 所示，起重架 ABC 由两杆 AC、BC 及滑轮在 C 处以销钉连接而成，设 A、B 处为光滑铰链，缠绕于卷扬机上的钢丝绳绕过滑轮将重为 $W = 200\text{kN}$ 的重物匀速吊起。若不计各杆及滑轮的自重与尺寸，并设各接触处均为光滑，试求杆 AC 和 BC 所受力。

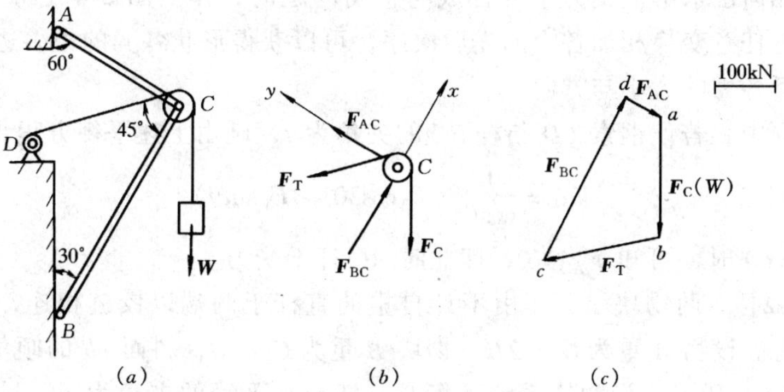

图 2-4　例 2-1 图

【解】　(1) 研究对象　由于杆 AC、BC 都是二力杆，并且滑轮的尺寸不计，所以为求二杆受力可通过两杆对滑轮的约束力来求解，故取带销钉的滑轮 C 作为研究对象。

(2) 受力分析　滑轮 C 受钢丝绳拉力 $\boldsymbol{F}_T$ 和 $\boldsymbol{F}_C$（已知 $F_C = F_T = W$）及约束力 F_{AC}、F_{BC}。因不计滑轮尺寸，故这些力组成一平衡的平面汇交力系，受力如图 2-4 (b) 所示。

(3) 求解　由平衡条件求解杆 AC、BC 的受力。

方法一：几何法

选取适当的比例尺，如以 1cm 表示 100kN，由已知力 $\boldsymbol{F}_C$ 或 $\boldsymbol{F}_T$ 开始，作封闭的力多边形 abcd，如图 2-4 (c)。

量取各边长有　$cd = 3.2\text{mm}$　$da = 0.4\text{mm}$

于是得　$F_{AC} = 40\text{kN}$（压）

$F_{BC} = 320\text{kN}$（压）

方法二：解析法

取图示坐标系 Cxy（如图 2-4b 所示）。为使未知力只在一个轴上有投影，而在另一轴的投影为零，投影轴应尽量与未知力平行或垂直，这样做能使一个方程只含一个未知量，避免了求解联立方程。即

$$\sum F_x = 0, F_{BC} - F_C\cos30° - F_T\cos45° = 0$$

$$\sum F_y = 0, F_{AC} + F_T\sin45° - F_C\sin30° = 0$$

解得

$$F_{AC} = -41.4\ (\text{kN})$$

$$F_{BC} = 314.6\ (\text{kN})$$

求得的 F_{AC}为负值，说明 F_{AC}的指向与假设的方向相反，即杆 AC 实际受压力作用。

(4) 讨论

• 用几何法求解汇交力系的合成与平衡问题时，作如图 2-4（c）所示的力多边形，若任意变换相加各力的先后次序，可以获得形状各异的力多边形，但并不影响最后各力的大小与方向。

• 本题中，若设钢索 CD 与杆 BC 的夹角为 θ，则由上述平衡方程，有

$$F_{AC}=\frac{1}{\cos\theta}\left(F_T\cos 30^\circ - F_C\sin\theta\right)$$

当 $\theta=60^\circ$ 时，可知 $F_{AC}=0$，即此时 AC 杆不受力。

【例 2-2】　两物块 A、B 由不计自重的直杆于两端以铰链相连，置于光滑斜面 abc 上。设物 A 重为 $G_1=2G$，物块 B 重为 $G_2=G$，斜面 ab 的倾角 θ 为 45°，如图 2-5（a）所示。设物体系统平衡时，杆与水平线的夹角为 φ，试求另一斜面 bc 的倾角 β。

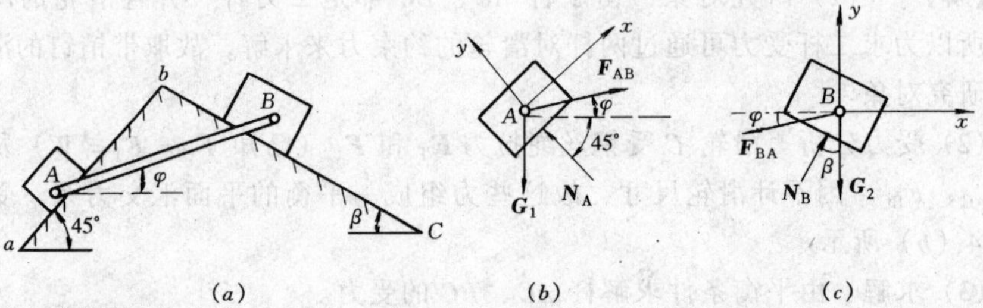

图 2-5　例 2-2 图

【解】　本题涉及三个物体（物块 A、B 及杆 AB），这是由 n 个物体组成的系统的平衡问题，且题目要求的未知数与已知的荷载并不是作用于同一物体，由于杆 AB 是二力构件，所以可依次选择物块 A、B 为研究对象进行分析求解。

（1）研究对象　先取物块 A 为研究对象。受力分析如图 2-5（b）所示：重力 $\boldsymbol{G}_1$、杆 AB 对其的作用力 $\boldsymbol{F}_{AB}$ 以及斜面 ab 对其的约束力 $\boldsymbol{N}_A$。

建立图 2-5（b）所示的投影坐标，根据平衡方程有

$$\sum F_x = 0, F_{AB}\sin(\theta+\varphi) - G_1\sin\theta = 0$$

$$\sum F_y = 0, N_A - F_{AB}\cos(\theta+\varphi) - G_1\cos\theta = 0$$

（2）再取物块 B 为研究对象，受力如图 2-5（c）所示：重力 $\boldsymbol{G}_2$、AB 杆对其的作用力 $\boldsymbol{F}_{BA}$ 以及斜面对其的约束力 N_B。此三力组成一平衡的平面汇交力系。

建立如图 2-5（c）示的直角坐标系，根据平衡条件，有

$$\sum F_x = 0, N_B\sin\beta - F_{BA}\cos\varphi = 0$$

$$\sum F_y = 0, N_B\cos\beta - F_{BA}\sin\varphi - G_2 = 0$$

由于 AB 为二力杆，所以

$$F_{AB}=F_{BA}$$

联立上述四个方程，代入 $\theta=45°$，可解得

$$F_{AB}=F_{BA}=\frac{2G}{\cos\varphi+\sin\varphi}$$

$$\beta=\arctan\left(\frac{2}{\tan\varphi+3}\right)$$

（3）讨论

• 在应用汇交力系理论解决物体系统的平衡问题，尤其是求解未知量为长度、角度等表征平衡位置的变量时，几何法已不具有优势，通常采用解析法求解。并且在计算过程中，选取恰当的投影坐标可简化计算。

• 本题不可以取系统为研究对象，因为该系统不是汇交力系。

【例 2-3】 起重杆 CD 在 D 处用铰链与铅直面连接，而另一端 C 被位于同一水平面的绳子 AC 与 BC 拉住如图 2-6（a），在 C 点挂一重物 P，使此杆处于平衡状态。若已知 $P=100\text{kN}$，$AE=BE=0.12\text{m}$，$CE=0.24\text{m}$，$\beta=45°$，不计杆 CD 的重量，试求铰链 D 和绳子 AC、BC 对 CD 杆的约束反力。

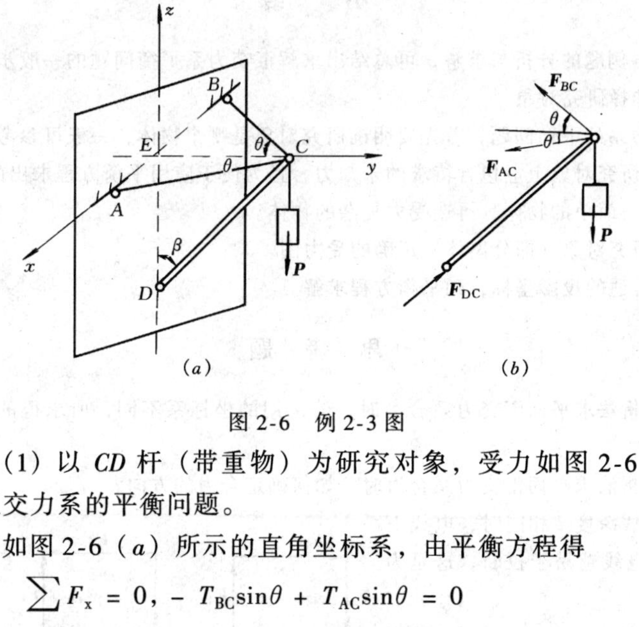

图 2-6 例 2-3 图

【解】 （1）以 CD 杆（带重物）为研究对象，受力如图 2-6（b）示。该题属于空间汇交力系的平衡问题。

（2）建立如图 2-6（a）所示的直角坐标系，由平衡方程得

$$\sum F_x=0,\ -T_{BC}\sin\theta+T_{AC}\sin\theta=0$$

$$\sum F_y=0,\ -T_{BC}\cos\theta-T_{AC}\cos\theta+F_{DC}\sin45°=0$$

$$\sum F_z=0,\ F_{DC}\cos45°-P=0$$

其中

$$\cos\theta=\frac{CE}{AC}=\frac{24}{\sqrt{12^2+24^2}}=\frac{2}{\sqrt{5}}$$

$$\sin\theta = \frac{AE}{AC} = \frac{12}{\sqrt{12^2 + 24^2}} = \frac{1}{\sqrt{5}}$$

解上述方程得

$$F_{DC} = \frac{P}{\cos 45^\circ} = 141.4\text{kN}$$

$$T_{BC} = T_{AC} = 55.9\text{kN}$$

(3) 讨论

• 求解空间汇交力系的平衡问题与平面汇交力系的平衡问题相类似，应用解析法时，需建立一个适当的空间坐标系，得到三个投影方程进行求解。

• 在投影式中为得到力在该轴上的投影，常常要用二次投影的方法，如本题中的 x 轴与 y 轴投影式。

• 对系统中二力构件的受力方向，一般可任意假设，计算结果为正，即假设方向与实际受力一致；若计算结果为负，则表示假设方向与实际受力相反。

小 结

通过上述各例题的分析与求解，可总结出求解汇交力系平衡问题的一般步骤：

(1) 正确选择研究对象。

求解汇交力系的平衡问题，首先要明确研究对象是哪个物体，一般可参考如下两条原则：

1) 所选的研究对象上应包含待求的未知力，且为便于应用平衡方程求出的未知力。

2) 先选受力简单的物体，再选受力复杂的物体。

(2) 画出研究对象（即分离体）正确的受力图。

(3) 建立合适的投影坐标，列平衡方程求解。

思 考 题

2-1 用解析法求平面汇交力系合力时，若采用的坐标系不同，所求得的合力是否相同？为什么？

2-2 用解析法求平面汇交力系合力时，如何确定合力的方向？

2-3 输电线跨度 l 相同时，电线下垂量 h 越小，电线越易于拉断，这是为什么？

2-4 力在空间直角坐标轴上的投影和此力沿该坐标轴的分力有何区别与联系？

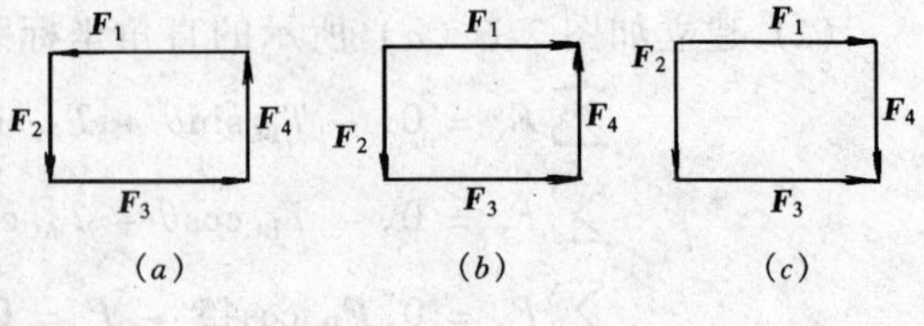

图 2-7

2-5 如果力 $\boldsymbol{F}$ 与 y 轴的夹角为 β，问在什么情况下此力在 y 轴上的投影为 $F_z = F\sin\beta$？并求该力在 x 轴上的投影。

2-6 三力汇交于一点，但不共面，这三个力能相互平衡吗？

2-7 图 2-7 所示为三个汇交力系的力多边形，试分析其四个力的关系，并写出其矢量表达式。

习　题

2-1　设图 2-8 所示力系使有眼螺栓受有竖直向下的大小为 15kN 的合力。试求力 F_T 的大小和方向 θ。

2-2　如图 2-9 所示，起重架可借绕过滑轮 A 的绳索将重 $G=20kN$ 的物体吊起，滑轮 A 用不计自重的杆 AB 和 AC 支承，不计滑轮的重量和轴承处的摩擦。求系统平衡时杆 AB、AC 所受力（忽略滑轮的尺寸）。

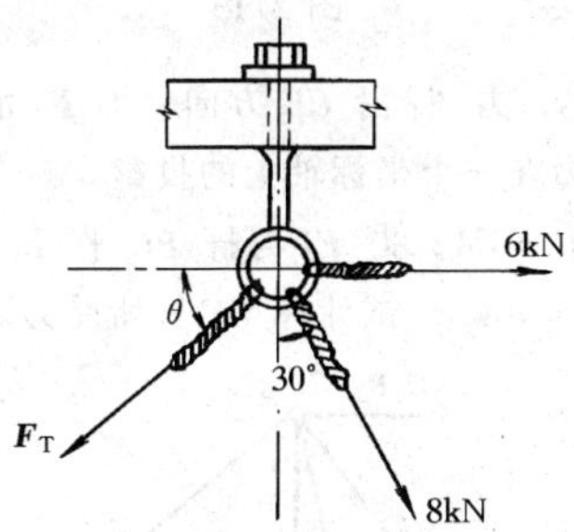

图 2-8

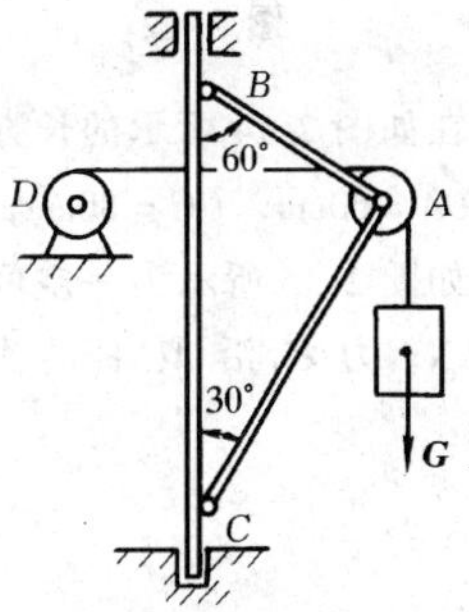

图 2-9

2-3　如图 2-10 所示，液压夹紧机构中，D 为固定铰链，B、C、E 为活动铰链。已知力 $\boldsymbol{F}$，机构平衡时角度如图所示，求此时工件 H 所受的压紧力。

2-4　如图 2-11 所示，三个半拱相互铰接，其尺寸、支承和受力情况如图所示。设各拱自重均不计，试计算支座 B 的反力。

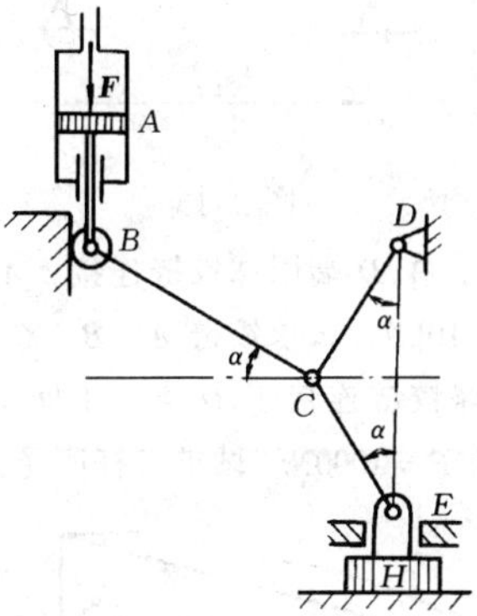

图 2-10

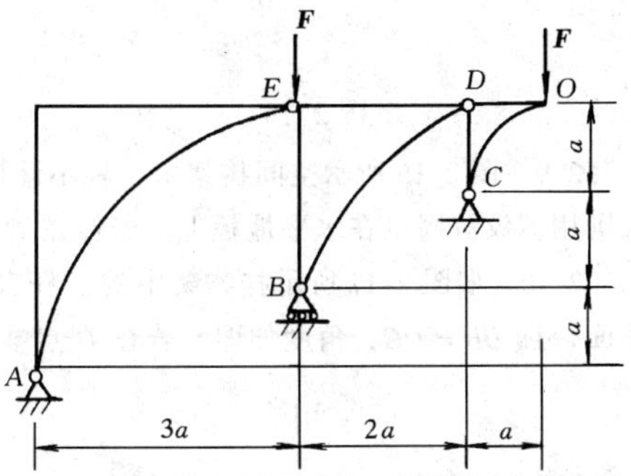

图 2-11

2-5　如图 2-12 所示，平面汇交力系 $\boldsymbol{F}_1$、$\boldsymbol{F}_2$、$\boldsymbol{F}_3$ 中，力 $\boldsymbol{F}_1$ 的作用线与水平轴 x 间的夹角为 30°，力 $\boldsymbol{F}_2$ 的作用线与铅垂轴 y 共线，力 $\boldsymbol{F}_3$ 的大小为 1kN，其方向如图所示。若已知该力系的合力 $\boldsymbol{F}_R$ 的大小为 2kN，$\boldsymbol{F}_R$ 的方向沿 x 轴的正向，试求力 $\boldsymbol{F}_1$ 和 $\boldsymbol{F}_2$ 大小和方向。

2-6　如图 2-13 所示，各杆自重不计，BC 杆水平，$\alpha=30°$，在 C 点悬挂一重量为 $P=1500N$ 的重物。现若在 B 点作用一力 $\boldsymbol{F}$，其大小为 $F=500N$，设它与铅直线的夹角为 θ，当机构平衡时，试确定 θ 的值。

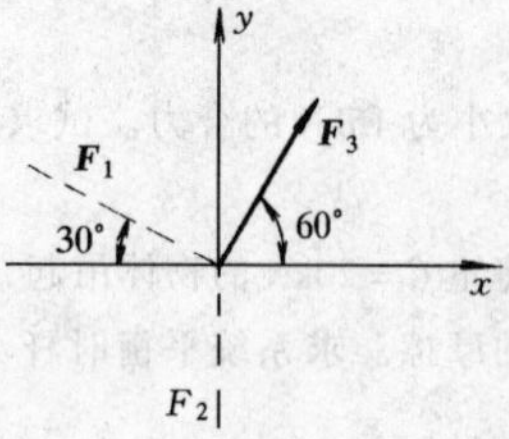

图 2-12

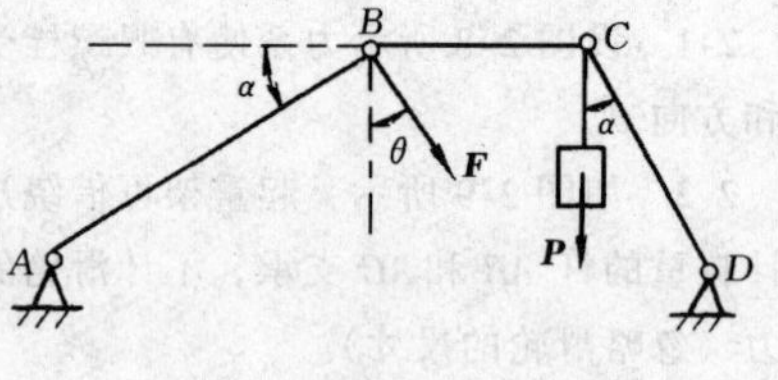

图 2-13

2-7 在如图 2-14 所示的长方体上作用有力 $\boldsymbol{F}_1$、$\boldsymbol{F}_2$，力 $\boldsymbol{F}_1$ 沿 CE 方向，力 $\boldsymbol{F}_2$ 沿 BH 方向。已知 $OA=60\text{cm}$，$OC=80\text{cm}$，$OH=100\text{cm}$。求此二力在三个坐标轴上的投影。

2-8 如图 2-15 所示为一空间桁架，已知：$AB=BC=CA$；力 $\boldsymbol{F}_1$ 与杆 BC 平行，其大小为 $F_1=50\text{kN}$；力 $\boldsymbol{F}_2$ 沿 AC 杆的轴线方向，其大小为 $F_2=70\text{kN}$。试计算 CE 杆所受力。

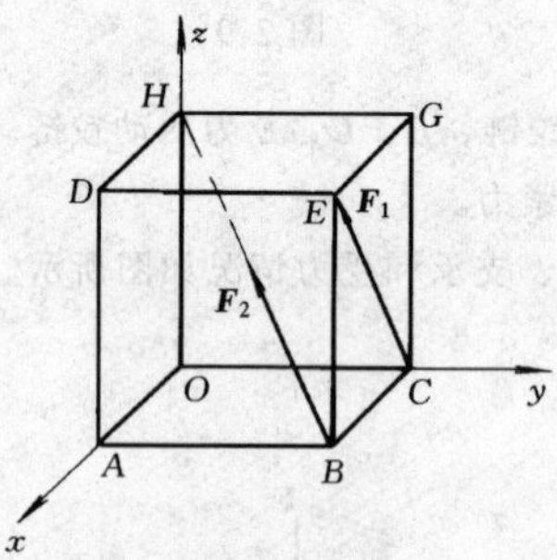

图 2-14

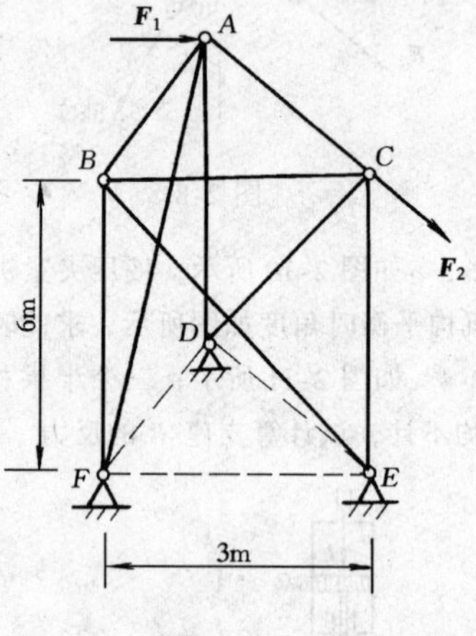

图 2-15

2-9 图 2-16 所示空间构架由三根不计自重的杆组成，在 D 端用球铰链连接，A、B 和 C 端则用球铰链固定在水平地板上。若拴在 D 端的重物 $P=10\text{kN}$，试求铰链 A、B、C 的反力。

2-10 如图 2-17 所示挂物架中的三杆自重不计，用球铰链连接于 O 点，平面 BOC 是水平面，且 $OB=OC$，角度如图。若在 O 点挂一重物 $\boldsymbol{P}$，且 $P=1000\text{N}$，试求三杆所受力。

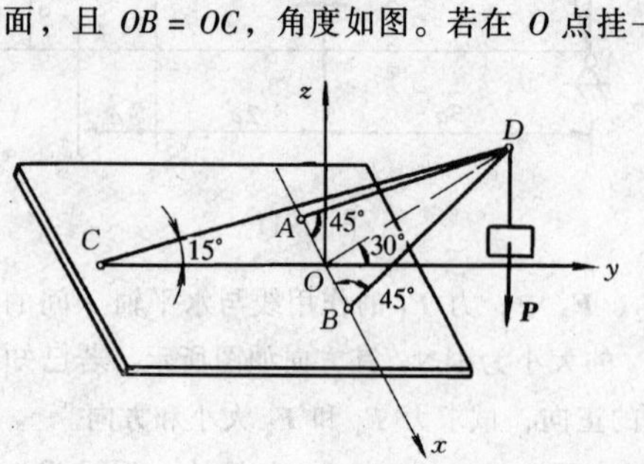

图 2-16

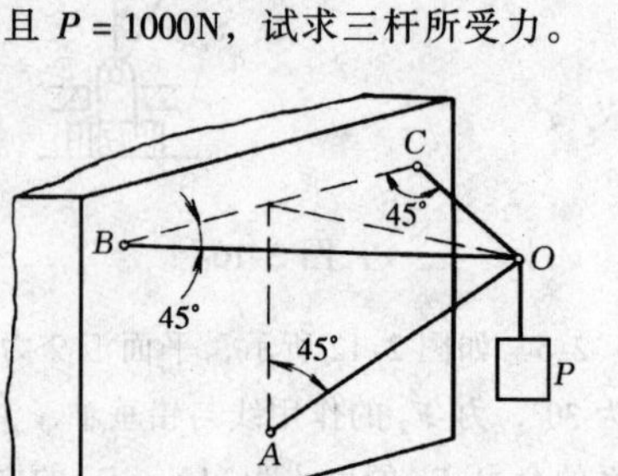

图 2-17

第三章　力矩和力偶理论

学　习　要　点

力矩和力偶是工程力学中两个重要的基本概念。力矩既体现了力对物体作用的转动效果，也综合反映了力的三要素之特征；力偶是由等值、反向、不共线的二平行力组成的力系，它对物体仅产生转动效果。正确理解并计算力矩、力偶矩以及如何区分两者之间的差别是学习本章的重点。通过本章的学习，应达到下述基本要求：

1. 明确力矩的概念及其性质，正确理解与应用合力矩定理。

2. 正确理解力偶的概念，全面掌握力偶的性质。

3. 熟练掌握平面力偶系的合成与平衡的计算方法。

4. 会根据所给条件，选择恰当的方法，熟练计算力对点的矩、力对轴的矩以及力偶矩。

第一节　力矩及其计算

作用于物体上的力将使其运动状态发生改变（包括移动和转动），其中力对物体的移动效果可用力矢来度量，而度量力对物体的转动效果则需要建立力矩的概念，即力矩是度量力对物体转动作用的物理量。

一、力对点的矩

力对点的矩是度量力使物体绕某支点（或矩心）转动效果的物理量。设力 $\boldsymbol{F}$ 作用于刚体上的 A 点，如图 3-1 所示，用 $\boldsymbol{r}$ 表示空间任意点 O 到 A 点的矢径。于是，力 $\boldsymbol{F}$ 对 O 点的力矩定义为矢径 $\boldsymbol{r}$ 与力矢 $\boldsymbol{F}$ 的矢量积，记为 $\boldsymbol{M}_O(\boldsymbol{F})$。即

$$\boldsymbol{M}_O(\boldsymbol{F}) = \boldsymbol{r} \times \boldsymbol{F} \tag{3-1}$$

式中点 O 称作力矩中心，简称矩心。

显然，这个力 $\boldsymbol{F}$ 使刚体绕 O 点转动效果的强弱取决于：①力矩的大小；②力矩的转向；③力和矢径所组成平面的方位。因此，力矩是一个矢量，矢量的模即矢量的大小为

$$|\boldsymbol{M}_O(\boldsymbol{F})| = |\boldsymbol{r} \times \boldsymbol{F}| = rF\sin\alpha = Fh = 2\Delta OAB \tag{3-2}$$

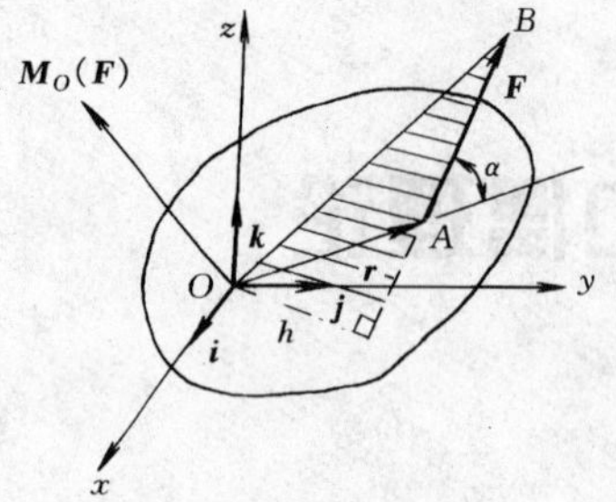

图 3-1 力对点的矩

矢量的方向与三角形 OAB 的法线 $\boldsymbol{n}$ 一致，按右手螺旋法则来确定：以右手的四指由矢径的方向转至力的方向，则大拇指所指的方向即为力矩矢的方向。

必须指出，当矩心的位置改变时，力矩矢 $\boldsymbol{M}_O(\boldsymbol{F})$ 的大小与方向也随之改变，所以，力矩矢是一个定位矢量，其始端必定在矩心上。力矩的单位为 N·m 或 kN·m。

如图 3-1 所示，令 $\boldsymbol{i}$、$\boldsymbol{j}$、$\boldsymbol{k}$ 为直角坐标系中各坐标轴的单位矢量，则力 $\boldsymbol{F}$、矢径 $\boldsymbol{r}$ 的解析式分别为

$$\boldsymbol{F} = F_x\boldsymbol{i} + F_y\boldsymbol{j} + F_z\boldsymbol{k}$$

$$\boldsymbol{r} = x\boldsymbol{i} + y\boldsymbol{j} + z\boldsymbol{k}$$

则力 $\boldsymbol{F}$ 对点 O 矩矢的解析式为

$$\boldsymbol{M}_O(\boldsymbol{F}) = \boldsymbol{r} \times \boldsymbol{F} = \begin{vmatrix} \boldsymbol{i} & \boldsymbol{j} & \boldsymbol{k} \\ x & y & z \\ F_x & F_y & F_z \end{vmatrix}$$

$$= (yF_z - zF_y)\boldsymbol{i} + (zF_x - xF_z)\boldsymbol{j} + (xF_y - yF_x)\boldsymbol{k} \tag{3-3}$$

在平面情况下，由于 $F_z = 0$，$z = 0$，而且只需力矩的大小和转向即可确定力矩对刚体的转动效果。因此，平面问题中力对点的矩是代数量。通常规定：力使刚体绕矩心逆时针转为正，顺时针转为负，于是有

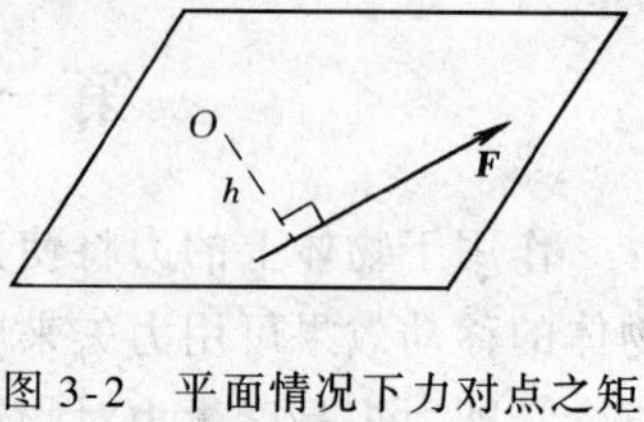

图 3-2 平面情况下力对点之矩

$$M_O(F) = \pm Fh \tag{3-4}$$

其中 h 是力 $\boldsymbol{F}$ 到矩心 O 的垂直距离（图 3-2），称为力臂。

二、力对轴的矩

1. 定义

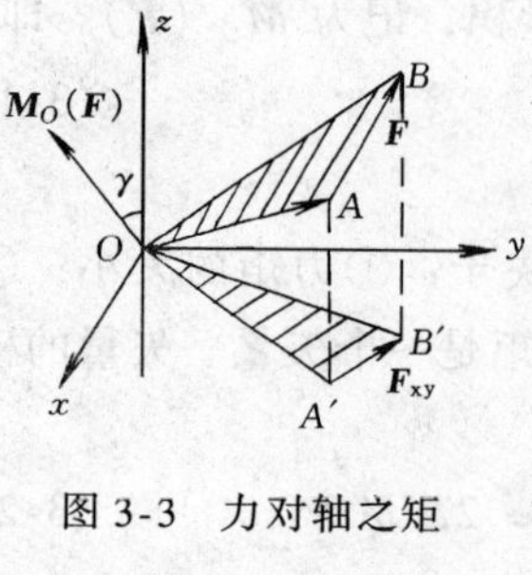

图 3-3 力对轴之矩

如图 3-3 所示，力 $\boldsymbol{F}$ 对任意轴 z 的矩用 M_z（$\boldsymbol{F}$）表示。由于力 $\boldsymbol{F}$ 与 z 轴平行的分力 $\boldsymbol{F}_z$ 对轴 z 的矩为零，所以，M_z（$\boldsymbol{F}$）就等于 Oxy 平面（即与子轴垂直的平面）内分力 $\boldsymbol{F}_{xy}$ 对轴 z 与该面交点 O 的矩。即

$$M_z(\boldsymbol{F}) = M_O(\boldsymbol{F}_{xy}) = \pm F_{xy}h = \pm 2\Delta OA'B' \tag{3-5}$$

力对轴的矩是力使刚体绕某轴转动效果的度量，是代数量。其正负号按右手螺旋法则确定。

2. 性质

从力对轴的矩的定义可知：

(1) **当力沿其作用线移动时，力对轴之矩不变。**

(2) **当力的作用线与某轴平行（$F_{xy}=0$）或相交（$h=0$）时，力对该轴之矩等于零。**

三、力矩关系定理

力对点的矩和力对轴的矩这两个概念既有严格的区别又有密切的联系，两者间的联系可概括为下述力矩关系定理：

力对任意点的矩矢在通过该点的任一轴上的投影，等于此力对该轴的矩。即

$$[\boldsymbol{M}_O(\boldsymbol{F})]_z = M_z(\boldsymbol{F}) \tag{3-6}$$

证明：设力 $\boldsymbol{F}$ 的作用点为 A，则其对点 O 的力矩矢的大小为 $|\boldsymbol{M}_O(\boldsymbol{F})| = 2\Delta OAB$，如图 3-3 所示：力 $\boldsymbol{F}$ 对轴 z 的矩的大小为 $\boldsymbol{M}_z(F) = 2\Delta O'A'B$，设 γ 为 $\triangle OAB$ 与 $\triangle OA'B'$ 平面（亦为 $\boldsymbol{M}_O(\boldsymbol{F})$ 与 z 轴）之间的夹角，由几何学可知

$$\Delta OAB \cdot \cos\gamma = \Delta OA'B'$$

比较式（3-2）与式（3-6）可得

即

$$\boldsymbol{M}_O(\boldsymbol{F})\cos\gamma = M_z(\boldsymbol{F})$$

同理

$$\left.\begin{aligned}[M_O(\boldsymbol{F})]_z &= M_z(\boldsymbol{F})\\ [M_O(\boldsymbol{F})]_x &= M_x(\boldsymbol{F})\\ [M_O(\boldsymbol{F})]_y &= M_y(\boldsymbol{F})\end{aligned}\right\} \tag{3-7}$$

证毕。

比较式（3-3）与式（3-7）可得

$$\left.\begin{aligned}M_x(\boldsymbol{F}) &= yF_z - zF_y\\ M_y(\boldsymbol{F}) &= zF_x - xF_z\\ M_z(\boldsymbol{F}) &= xF_y - yF_x\end{aligned}\right\} \tag{3-8}$$

四、合力矩定理

汇交力系的合力对某点（或某轴）之矩等于力系中各分力对同一点（或同一轴）之矩的矢量和（或代数和）。即

$$\boldsymbol{M}_O(\boldsymbol{F}_R) = \sum \boldsymbol{M}_O(\boldsymbol{F}_i) \tag{3-9a}$$

或

$$M_z(\boldsymbol{F}_R) = \sum \boldsymbol{M}_z(\boldsymbol{F}_i) \tag{3-9b}$$

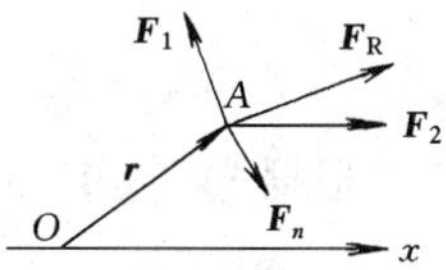

图 3-4　合力矩定理

证明：如图 3-4 所示，在刚体上点 A 作用有一空间汇交力系 $\boldsymbol{F}_1$、$\boldsymbol{F}_2$、$\cdots\boldsymbol{F}_n$，设此力系的合力为 $\boldsymbol{F}_R$。即

$$\boldsymbol{F}_R = \boldsymbol{F}_1 + \boldsymbol{F}_2 + \cdots + \boldsymbol{F}_n$$

在空间内任选一点 O，设点 O 到诸力汇交点 A 的矢径为 $\boldsymbol{r}$，用 $\boldsymbol{r}$ 与上式两边作矢量积，得

$$\boldsymbol{r}\times\boldsymbol{F}_{\mathrm{R}}=\boldsymbol{r}\times\boldsymbol{F}_1+\boldsymbol{r}\times\boldsymbol{F}_2+\cdots+\boldsymbol{r}\times\boldsymbol{F}_n$$

亦即 $$\boldsymbol{M}_{\mathbf{O}}(\boldsymbol{F}_{\mathrm{R}})=\boldsymbol{M}_{\mathbf{O}}(\boldsymbol{F}_1)+\boldsymbol{M}_{\mathbf{O}}(\boldsymbol{F}_2)+\cdots+\boldsymbol{M}_{\mathbf{O}}(\boldsymbol{F}_n)=\sum\boldsymbol{M}_{\mathbf{O}}(\boldsymbol{F})$$

再将上式两边向过 O 点的任一轴 x 投影，得

$$[\boldsymbol{M}_{\mathbf{O}}(\boldsymbol{F}_{\mathrm{R}})]_{\mathrm{x}}=[\boldsymbol{M}_{\mathbf{O}}(\boldsymbol{F}_1)]_{\mathrm{x}}+[\boldsymbol{M}_{\mathbf{O}}(\boldsymbol{F}_2)]_{\mathrm{x}}+\cdots+[\boldsymbol{M}_{\mathbf{O}}(\boldsymbol{F}_n)]_{\mathrm{x}}$$

亦即 $$M_{\mathrm{x}}(\boldsymbol{F}_{\mathrm{R}})=M_{\mathrm{x}}(\boldsymbol{F}_1)+M_{\mathrm{x}}(\boldsymbol{F}_2)+\cdots+M_{\mathrm{x}}(\boldsymbol{F}_n)=\sum M_{\mathrm{x}}(\boldsymbol{F}_i)$$

证毕。

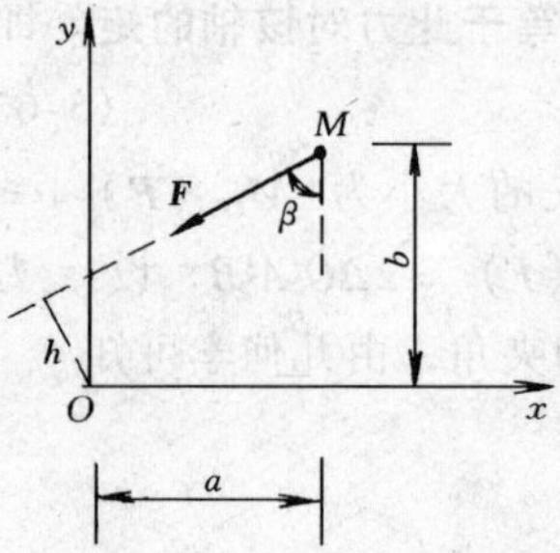

图 3-5 例 3-1 图

【例 3-1】 力 $\boldsymbol{F}$ 作用于平面上的 M 点，其方向如图 3-5 所示，力 $\boldsymbol{F}$ 与铅直线的夹角为 β，图示 a、b 均为已知。试求力 $\boldsymbol{F}$ 对 O 点的矩。

【解】 由于是求平面上的力 $\boldsymbol{F}$ 对其作用面内某点的力矩，所以可用代数量表示。

方法一：根据定义 $M_0(\boldsymbol{F})=Fh$，h 为力 $\boldsymbol{F}$ 到 O 点的力臂。这是读者习惯用的一种方法，但对于本题而言，从图示的已知条件在几何上寻求 h 的值比较困难。

方法二：根据合力矩定理，利用式 (3-9)，并注意到此时力 $\boldsymbol{F}$ 对点 O 的矩为一代数量，所以

$$M_0(\boldsymbol{F})=M_0(\boldsymbol{F}_{\mathrm{x}})+M_0(\boldsymbol{F}_{\mathrm{y}})=F\sin\beta b-F\cos\beta a=F(b\sin\beta-a\cos\beta)$$

【例 3-2】 如图 3-6 所示，在手柄的 D 点作用一力 $\boldsymbol{F}$，力 $\boldsymbol{F}$ 的作用线沿正方体的对角线 DE。试求力 $\boldsymbol{F}$ 对三个坐标轴及点 A 的力矩。A、B、C、D 四点均在 xy 平面内。

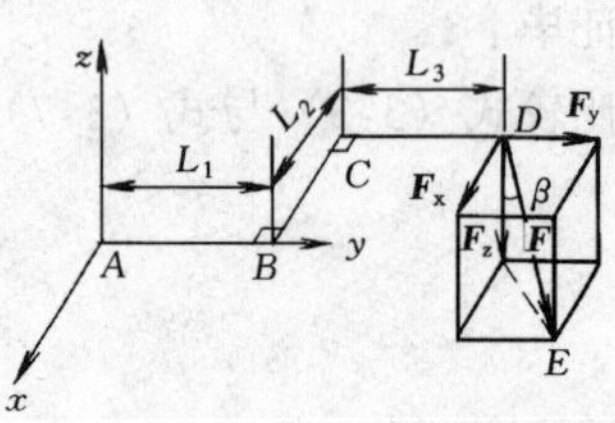

图 3-6 例 3-2 图

【解】 把力 $\boldsymbol{F}$ 沿三个坐标轴分解成三个分力 $\boldsymbol{F}_{\mathrm{x}}$、$\boldsymbol{F}_{\mathrm{y}}$、$\boldsymbol{F}_{\mathrm{z}}$。由图中几何关系可得各分力的大小分别为：

$$|\boldsymbol{F}_{\mathrm{x}}|=F\sin\beta\cos45°=F\sqrt{\frac{2}{3}}\times\frac{\sqrt{2}}{2}=\frac{\sqrt{3}}{3}F$$

$$|\boldsymbol{F}_{\mathrm{y}}|=F\sin\beta\sin45°=\frac{\sqrt{3}}{3}F$$

$$|\boldsymbol{F}_{\mathrm{z}}|=F\cos\beta=\frac{\sqrt{3}}{3}F$$

根据式 (3-9) 得

$$M_{\mathrm{x}}(\boldsymbol{F})=M_{\mathrm{x}}(\boldsymbol{F}_{\mathrm{x}})+M_{\mathrm{x}}(\boldsymbol{F}_{\mathrm{y}})+M_{\mathrm{x}}(\boldsymbol{F}_{\mathrm{z}})=0+0-\frac{\sqrt{3}}{3}(a+c)=-\frac{\sqrt{3}}{3}F(a+c)$$

$$M_y(\boldsymbol{F}) = M_y(\boldsymbol{F}_x) + M_y(\boldsymbol{F}_y) + M_y(\boldsymbol{F}_z) = 0 + 0 - \frac{\sqrt{3}}{3}Fb = -\frac{\sqrt{3}}{3}Fb$$

$$M_z(\boldsymbol{F}) = M_z(\boldsymbol{F}_x) + M_z(\boldsymbol{F}_y) + M_z(\boldsymbol{F}_z) = -\frac{\sqrt{3}}{3}F(a+c) - \frac{\sqrt{3}}{3}Fb = -\frac{\sqrt{3}}{3}F(a+b+c)$$

由力矩关系定理得

$$\boldsymbol{M}_A(\boldsymbol{F}) = -\frac{\sqrt{3}}{3}F(a+c)\boldsymbol{i} - \frac{\sqrt{3}}{3}Fb\boldsymbol{j} - \frac{\sqrt{3}}{3}F(a+b+c)\boldsymbol{k}$$

【例 3-3】　力 $\boldsymbol{F}$ 沿长方体的对顶线 AB 作用，如图 3-7（a）所示。试求此力 $\boldsymbol{F}$ 对 EC 轴及 CD 轴之矩。已知 $F = 1\text{kN}$，$a = 18\text{cm}$，$b = c = 10\text{cm}$。

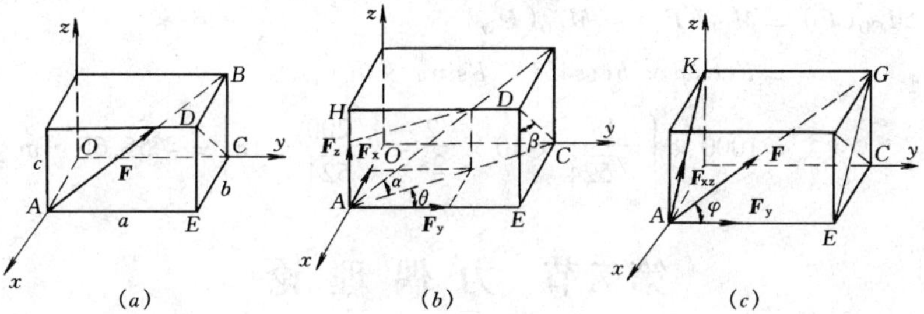

图 3-7　例 3-3 图

【解】　对于空间力系情形，计算力对轴之矩的方法较多，应针对具体情况选用。

方法一：利用力矩关系定理求解。由于 CD 轴和 CE 轴均过 C 点，因此可以只计算力对 C 点之矩，再将其分别向 CD 轴和 CE 轴投影求得力 $\boldsymbol{F}$ 对 CD、CE 轴之矩。

（1）先将力 $\boldsymbol{F}$ 沿三个坐标轴分解，如图 3-7（b）所示，其中

$$F_x = -F\cos\alpha\sin\theta = -436.852\text{N}$$

$$F_y = F\cos\alpha\cos\theta = 649.863\text{N}$$

$$F_z = F\sin\alpha = 436.852\text{N}$$

（2）计算力对过 C 点的三根正交轴之矩，因为有

$$M_{Cx} = -F\sin\alpha \times a = -78.633\text{N}\cdot\text{m}$$

$$M_{Cy} = -F\sin\alpha \times b = -43.685\text{N}\cdot\text{m}$$

$$M_{Cz} = 0$$

所以力对 C 点之矩为

$$\boldsymbol{M}_C(\boldsymbol{F}) = -78.633\boldsymbol{i} - 43.684\boldsymbol{j}$$

（3）根据力矩关系定理有

$$M_{CE}(\boldsymbol{F}) = -78.633\text{N}\cdot\text{m}$$

$$M_{CD}(\boldsymbol{F}) = -78.633\sin\beta = -78.633\times\frac{\sqrt{2}}{2} = -55.6\text{N}\cdot\text{m}$$

方法二：根据力对轴之矩的定义来计算。由于图 3-7（b）中的 $AEDH$ 平面与 CE 轴垂直，力 $\boldsymbol{F}$ 的三个分力中只有 $\boldsymbol{F}_z$ 对 CE 轴有矩，所以有

$$\begin{aligned} M_{CE}(\boldsymbol{F}) &= M_{CE}(\boldsymbol{F}_z) = -F\sin\alpha\times a \\ &= -1000\times\frac{10}{\sqrt{18^2+10^2+10^2}}\times 18 = -78.63\text{N}\cdot\text{m} \end{aligned}$$

从图 3-7（c）可以看出：平面 $AEGK$ 垂直于轴 CD，而力 $\boldsymbol{F}$ 本身就位于该平面内，由于力臂不易计算，于是可利用合力矩定理计算力 $\boldsymbol{F}$ 对 CE 轴之矩。

$$\begin{aligned} M_{CD}(\boldsymbol{F}) &= M_{CD}(\boldsymbol{F}_y) + M_{CD}(\boldsymbol{F}_{xz}) \\ &= F\cos\varphi\times b\cos45^\circ - F\sin\varphi\times a \\ &= 1000\times\left[\frac{18}{\sqrt{524}}\times 10\times\frac{\sqrt{2}}{2} - \frac{\sqrt{200}}{\sqrt{524}}\times 18\right] = -55.6\text{N}\cdot\text{m} \end{aligned}$$

第二节 力偶理论

一、力偶

1. 力偶的定义

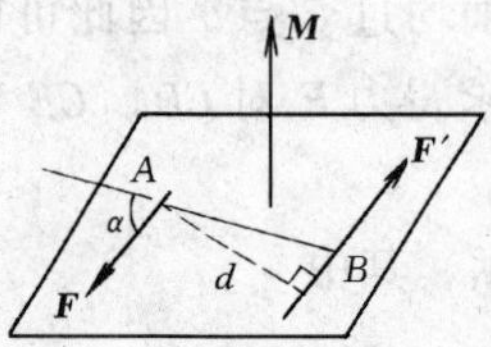

图 3-8 力偶

等值、反向、不共线的二平行力所组成的力系称作力偶，记为（$\boldsymbol{F}$，$\boldsymbol{F}'$），如图 3-8 所示。

由于力偶中的二力等值、反向，所以力偶中二力在任何坐标轴上投影的代数和必定为零，可见力偶无合力，即力偶对刚体不能产生移动效果。而且由于力偶中的二力不共线，因此力偶也不能构成平衡力系。实践告诉人们，力偶只能使刚体产生转动并将改变其转动状态，使变形体产生扭转或弯曲变形。

力偶对刚体的作用是转动，这个转动效果取决于**力偶矩矢 $\boldsymbol{M}$**。$\boldsymbol{M}$ 定义为组成力偶的两个力对任一点之矩的矢量和，即

$$\boldsymbol{M} = \boldsymbol{M}_O(\boldsymbol{F}) + \boldsymbol{M}_O(\boldsymbol{F}')$$

其中，O 为任意点。力偶的三要素为：①力偶矩矢的大小；②力偶的转向；③力偶作用面的方位。若选图 3-8 中的 A 或 B 点为矩心，则力偶矩矢可表示为：

$$\boldsymbol{M} = \overrightarrow{AB}\times\boldsymbol{F}' \tag{3-10}$$

或
$$\boldsymbol{M}=\overrightarrow{\boldsymbol{BA}}\times\boldsymbol{F}$$

力偶矩矢的大小为
$$|\boldsymbol{M}|=AB\sin\alpha F=Fd \tag{3-11}$$
方向按右手螺旋法则确定。

2. 力偶的性质

与力一样，力偶是一个基本的力学量。实践表明力偶具有如下重要的性质：

(1) **力偶矩矢的大小和转向与矩心位置无关。**

(2) **保持力偶矩矢不变，力偶可在其作用面内任意移转或从一个平面移至另一平行平面，都将不影响力偶对同一刚体的转动效果。可见，力偶矩矢为一自由矢量。**

二、力偶的等效定理

作用于刚体上的二力偶，若其力偶矩矢相等，此二力偶彼此等效。

事实上，力偶对刚体的作用效果仅取决于力偶矩矢的大小和转向，与力偶矩矢在空间的位置无关。所以当二力偶矩矢相等时，显然彼此等效。

推论　只要保持力偶矩矢不变，力偶可在其作用面内任意移动和转动，或同时改变力偶中力的大小和力偶臂的长短，或在平行平面内移动，都不改变力偶对同一刚体的作用。

值得注意，上述推论仅适用研究刚体的运动，而不能应用于弹性体的变形分析。

三、力偶系的合成与平衡

作用于刚体上的一群力偶，称作力偶系如图 3-9（a）所示，刚体上作用有一力偶系，其力偶矩矢分别为 $\boldsymbol{M}_1$，$\boldsymbol{M}_2$，$\cdots\boldsymbol{M}_n$。根据上述推论，将各力偶矩矢移至刚体上任意点 A（如图 3-9b 所示），于是这 n 个力偶矩矢的合成即变为 n 个共点矢量的合成，按矢量相加法则，得
$$\boldsymbol{M}=\boldsymbol{M}_1+\boldsymbol{M}_2+\cdots+\boldsymbol{M}_n=\sum\boldsymbol{M}_i \tag{3-12}$$

此即，**力偶系可合成为一个力偶，其矩为各力偶矩矢的矢量和。**

若以 M_x、M_y、M_z 表示合力偶矩矢 $\boldsymbol{M}$ 在 x、y、z 轴上的投影，以 $\boldsymbol{i}$，$\boldsymbol{j}$，$\boldsymbol{k}$ 表示沿坐标轴的单位矢量，则合力偶矩矢的解析式为
$$\boldsymbol{M}=M_x\boldsymbol{i}+M_y\boldsymbol{j}+M_z\boldsymbol{k} \tag{3-13}$$

式中
$$\left.\begin{aligned}M_x&=\sum M_{ix}\\M_y&=\sum M_{iy}\\M_z&=\sum M_{iz}\end{aligned}\right\} \tag{3-14}$$

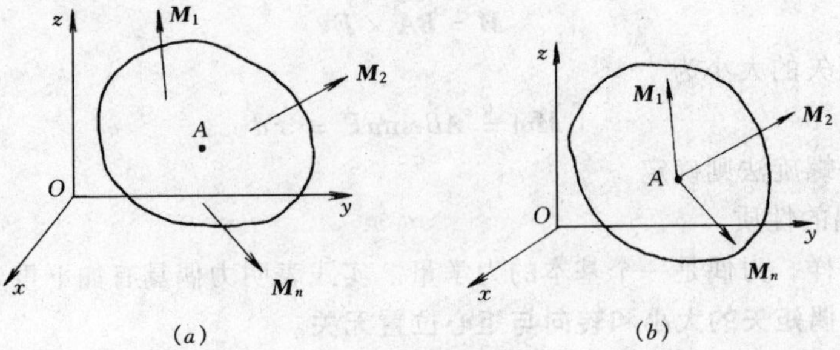

图 3-9 力偶系的合成与平衡

合力偶矩矢的大小和方向分别为

$$\left.\begin{aligned} M &= \sqrt{M_x^2 + M_y^2 + M_z^2} \\ \cos(\boldsymbol{M}, \boldsymbol{i}) &= \frac{M_x}{M}, \cos(\boldsymbol{M}, \boldsymbol{j}) = \frac{M_y}{M}, \cos(\boldsymbol{M}, \boldsymbol{k}) = \frac{M_z}{M} \end{aligned}\right\} \quad (3\text{-}15)$$

在平面情况下，因各力偶矩矢共线，所以合力偶矩即为各力偶矩的代数和。即

$$M = \sum M_i \quad (3\text{-}16)$$

其符号通常规定：力偶矩使刚体绕逆时针转动为正，反之为负。

下面讨论力偶系平衡的充要条件。

由合成结果得知，若刚体在力偶系的作用下平衡，则 $\boldsymbol{M} = 0$；反之若 $\boldsymbol{M} = 0$，则刚体一定平衡。可见，力偶系平衡的充要条件是**各力偶矩矢的矢量和等于零**。即

$$\sum \boldsymbol{M}_i = 0 \quad (3\text{-}17)$$

亦即

$$\sum M_{ix} = 0, \sum M_{iy} = 0, \sum M_{iz} = 0 \quad (3\text{-}18)$$

对于平面问题，则有**平面力偶系平衡的充要条件是各力偶矩的代数和为零**。即

$$\sum M_i = 0 \quad (3\text{-}19)$$

四、应用举例

【例 3-4】 齿轮箱有三个轴，其中轴 A 水平，轴 B 和轴 C 位于 xz 铅垂平面内，轴上力偶如图 3-10 所示。试求其合力偶。

【解】 将各力偶用矢量表示如下

$$\boldsymbol{M}_A = 3.6\boldsymbol{j}\text{kN} \cdot \text{m}$$

$$\boldsymbol{M}_B = (6\cos40°\boldsymbol{i} + 6\sin60°\boldsymbol{k})\text{kN} \cdot \text{m} = (4.60\boldsymbol{i} + 3.86\boldsymbol{k})\text{kN} \cdot \text{m}$$

$$\boldsymbol{M}_C = (-6\cos40°\boldsymbol{i} + 6\sin40°\boldsymbol{k})\text{kN} \cdot \text{m} = (-4.60\boldsymbol{i} + 3.86\boldsymbol{k})\text{kN} \cdot \text{m}$$

合力偶矩矢 $\boldsymbol{M}$ 为

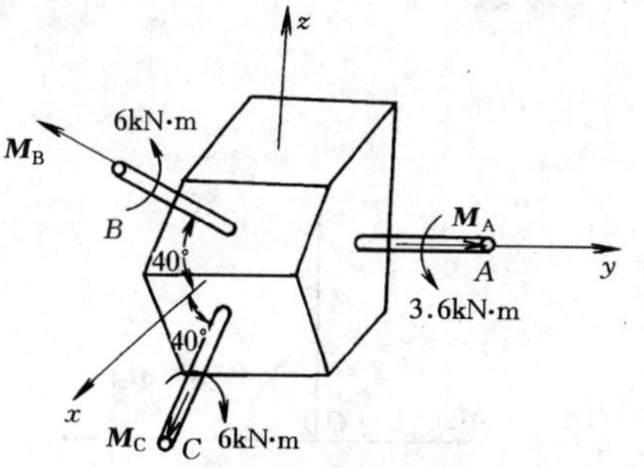

图 3-10　例 3-4 图

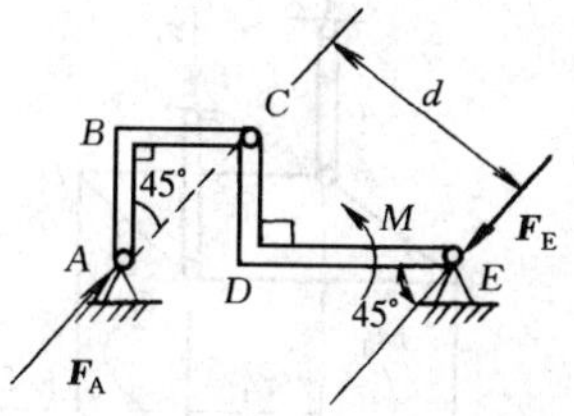

图 3-11　例 3-5 图

$$\boldsymbol{M} = \boldsymbol{M}_A + \boldsymbol{M}_B + \boldsymbol{M}_C = (3.6\boldsymbol{j} + 7.22\boldsymbol{k})\text{kN} \cdot \text{m}$$

【例 3-5】　如图 3-11 所示结构由两直角折杆 ABC 和 CDE 构成。在 CDE 上作用一力偶，其矩为 M。已知 $AB = BC = CD = a$，$DE = l$，且 A、D、E 三点共线。试求 A、E 处的约束反力。两折杆自重均忽略不计。

【解】　由图可知，ABC 为二力杆，所以点 A 处的约束反力作用线必定沿 AC 连线。由于力偶只能与力偶相平衡，因此 E 处约束力 $\boldsymbol{F}_E$ 必与 $\boldsymbol{F}_A$ 构成一力偶。系统受力如图 3-11 所示。力偶（$\boldsymbol{F}_A$、$\boldsymbol{F}_E$）的力偶矩记为 M_1，则有

$$M_1 = -F_A d$$

在图 3-10 中，d 的数值不便计算，利用力偶矩的大小和转向与矩心选择无关的特性，可知

$$M_1 = M_A(\boldsymbol{F}_E) = -F_E \sin 45°(l + a) = -\frac{\sqrt{2}}{2}F_E(l + a)$$

根据平面力偶系的平衡方程（式 3-16）得

$$M + M_1 = 0$$

即

$$M - F_E \sin 45°(l + a) = 0$$

所以

$$F_A = F_E = \frac{\sqrt{2}}{l + a}M$$

【例 3-6】　一边长为 1m 的正方体上作用有 $\boldsymbol{M}_1$、$\boldsymbol{M}_2$ 两个力偶，如图 3-12（a）所示。若 $M_1 = M_2 = M$，试求平衡时，a、b 两杆所受力。

【解】　对立方体进行受力分析可知，所受力系为空间力偶系，由力偶系平衡的特点可知，a、b 两杆所受力也必构成一力偶，且与 $\boldsymbol{M}_1$、$\boldsymbol{M}_2$ 构成一空间的平衡力偶系。

如图 3-12（b）所示，$\boldsymbol{M}_1$、$\boldsymbol{M}_2$ 在 xy 平面，故力偶 $\boldsymbol{M}_{ab}$ 也必在此面上，并且力偶 $\boldsymbol{M}_{ab}$ 由约束力 $\boldsymbol{F}_a$、$\boldsymbol{F}_b$（等值、反向、平行且不共线）构成。

根据平衡方程（3-18）可得

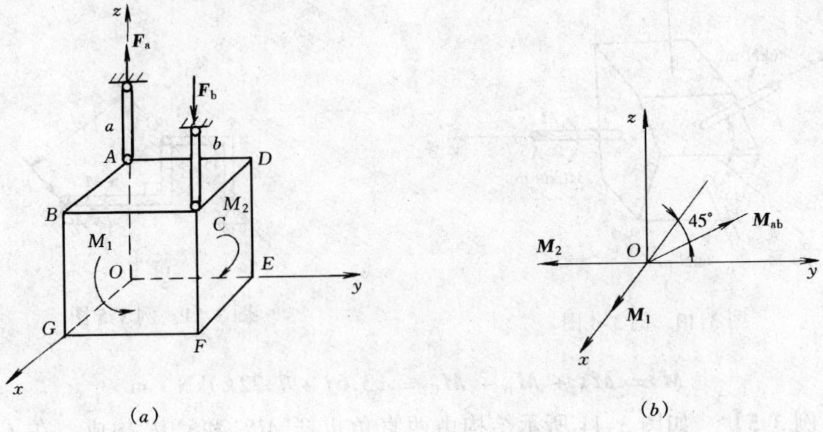

图 3-12 例 3-6 图

$$\sum M_x = 0 \quad M_1 = M_{ab}\sin 45° = 0$$

$$M_{ab} = \sqrt{2}M_1 = \sqrt{2}M$$

由于
$$F_a\sqrt{2}l = M_{ab}$$

所以
$$F_a = F_b = \frac{M_{ab}}{\sqrt{2}l} = \frac{M}{l}$$

讨论：由力的方向可判断出，a 杆受拉，b 杆受压。若 $M_1 \neq M_2$，系统能否平衡？如果要维持系统平衡，需附加什么条件？

小 结

一、力矩的定义与计算

(1) 力对点之矩是度量力对刚体绕某点 O 转动效果的物理量，单位 kN·m 或 N·m。其具体计算方法见表 3-1 所示。

力 矩 计 算 表 3-1

平 面 情 况	空 间 情 况
$M_O(\boldsymbol{F}) = \pm F\cdot h$ 当力 $\boldsymbol{F}$ 使刚体绕 O 点逆时针转动时，$M_O(\boldsymbol{F})$ 为正；反之为负	$M_O(\boldsymbol{F}) = \boldsymbol{r}\times\boldsymbol{F} = \begin{vmatrix} \boldsymbol{i} & \boldsymbol{j} & \boldsymbol{k} \\ x & y & z \\ F_x & F_y & F_z \end{vmatrix}$
$M_O(\boldsymbol{F})$ 是一个代数量	$M_O(\boldsymbol{F})$ 是一个过 O 点的定位矢量

(2) 力对轴之矩是度量力对刚体绕某轴转动效果的物理量，且为代数量。正负号由右手螺旋法则确定。其计算方法有：

(1) 根据定义 $M_z(\boldsymbol{F}) = \pm M_O(\boldsymbol{F}_{xy})$

(2) 力矩关系定理 $[\boldsymbol{M}_O(\boldsymbol{F})]_z = M_z(\boldsymbol{F})$

(3) 合力矩定理

$$\boldsymbol{M}_O(\boldsymbol{F}_R) = \sum \boldsymbol{M}_O(\boldsymbol{F}_i)$$

或

$$M_z(\boldsymbol{F}_R) = \sum M_z(\boldsymbol{F}_i)$$

二、力偶理论

1. 力偶及其性质

(1) 力偶——等值、反向、不共线的二平行力所组成的力系，记为 ($\boldsymbol{F}$、$\boldsymbol{F}'$)。

(2) 力偶的性质

- 力偶无合力；
- 力偶矩矢是一个自由矢量，且大小、转向均与矩心位置无关；
- 力偶仅对刚体产生转动。

(3) 力偶等效定理

矩矢相等的二力偶，彼此等效。

2. 力偶的计算（表 3-2）

力 偶 的 计 算 **表 3-2**

平 面 情 况	空 间 情 况
$M = \pm Fd$ M 使刚体绕逆时针转动为正；反之为负	$\boldsymbol{M}\begin{cases}\text{大小} \ \lvert \boldsymbol{M} \rvert = \lvert \boldsymbol{F} \times \boldsymbol{d} \rvert \\ \text{方位} \quad \text{垂直于力偶作用面；} \\ \text{指向} \quad \text{右手法则}\end{cases}$
代数量	自由矢量

应当注意，力偶矩矢与矢量的位置无关，是自由矢；而力对点之矩是定位矢量，与矩心位置有关；至于力则是滑移矢量，三者是性质不同的矢量。

3. 力偶系的合成与平衡（表 3-3）

力偶系的合成与平衡 **表 3-3**

		平 面 情 况	空 间 情 况
合成	合力偶	$M = \sum M_i$	$\boldsymbol{M} = \sum \boldsymbol{M}_i = 0$
结果	平衡	$\sum M_i = 0$	$\boldsymbol{M} = 0$
平衡方程		$\sum M_i = 0$ 可解决一个未知量	$\sum M_{ix} = 0, \sum M_{iy} = 0, \sum M_{iz} = 0$ 可解决三个未知量

4. 解题步骤

(1) 根据题意选择研究对象；

(2) 作出研究对象正确的受力分析；

(3) 列写平衡方程，求出未知数。

为方便计算，对空间力偶系，一般根据受力图，将各力偶矩矢集中于一点示出，使其成为一共点矢量，这样，空间力偶系的计算方法与空间汇交力系完全相同。

思 考 题

3-1　试判断下述结论是否正确?

(1) 力对某轴之矩等于力对任意点之矩在该轴上的投影。(　　)

(2) 力偶无合力，即说明力偶的合力等于零。(　　)

(3) 如图 3-13 所示，刚体上的 A、B、C 三点分别作用有力 $\boldsymbol{F}_1$、$\boldsymbol{F}_2$ 和 $\boldsymbol{F}_3$，且三力构成图示自行封闭的力三角形，则刚体处于平衡状态。(　　)

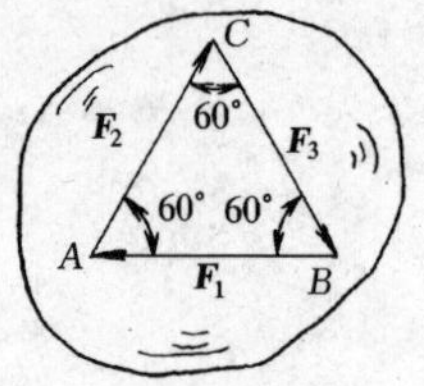

图 3-13

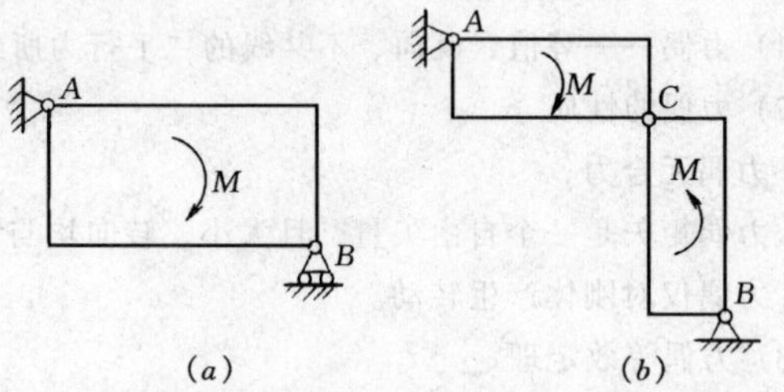

图 3-14

(4) 任意两个力均可简化为一个合力。(　　)

(5) 力偶对其作用面内任一点的矩都等于力偶矩。(　　)

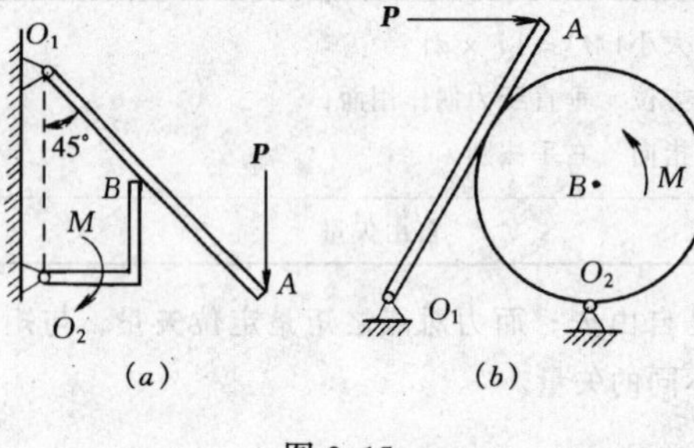

图 3-15

3-2　如图 3-14 所示，各物块自重及摩擦不计，物块受力偶作用，其力偶矩的大小皆为 M，方向如图。试确定 A、B 两点约束力的方向。

3-3　图 3-15 中各物体之间均不存在摩擦，已知 O_2B 上作用力偶 M，问能否在 A 点加一适当大小的力使系统在此位置平衡。图 (a) 中 $O_2C = BC$，O_2C 水平，BC 铅直。

3-4　试在表 3-4 中比较力矩和力偶矩的异同点。

比较力矩和力偶矩　　表 3-4

	力　矩	力　偶　矩
相同之处		
不同之处		

习　　题

3-1　试求图 3-16 所示中力 $\boldsymbol{F}$ 对 O 点的矩。

3-2　图 3-17 所示正方体的边长 $a = 0.5$m，其上作用的力 $F = 100$N，求力 $\boldsymbol{F}$ 对 O 点的矩及对 x 轴的力矩。

3-3　曲拐手柄如图 3-18 所示，已知作用于手柄上的力 $F = 100\text{N}$，$AB = 100\text{mm}$，$BC = 400\text{mm}$，$CD = 200\text{mm}$，$a = 30°$。试求力 $\boldsymbol{F}$ 对 x、y、z 轴之矩。

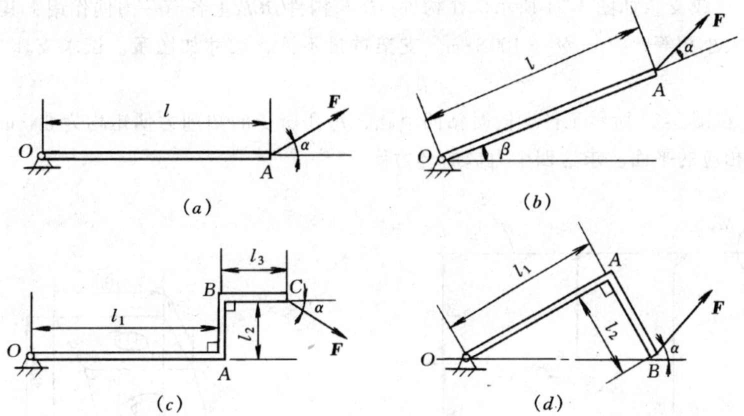

图 3-16

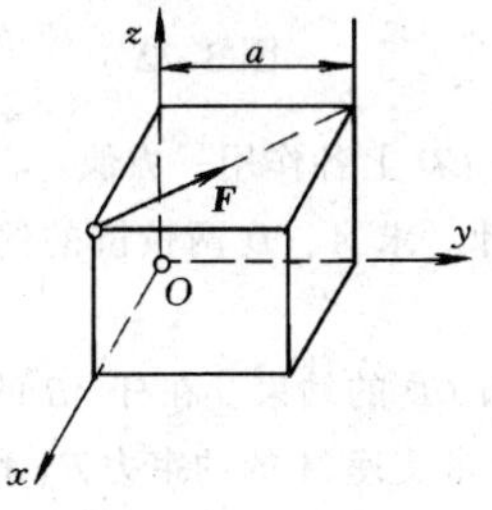

图 3-17

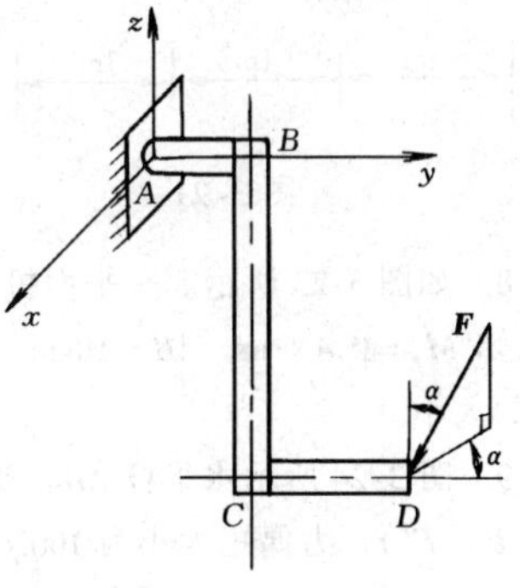

图 3-18

3-4　如图 3-19 所示，正三棱柱的底面为等腰三角形，已知 $OA = OB = a$，在平面 $ABED$ 内沿对角线 AE 的一个力 $\boldsymbol{F}$，图中 $\theta = 30°$，试求此力对各坐标轴之矩。

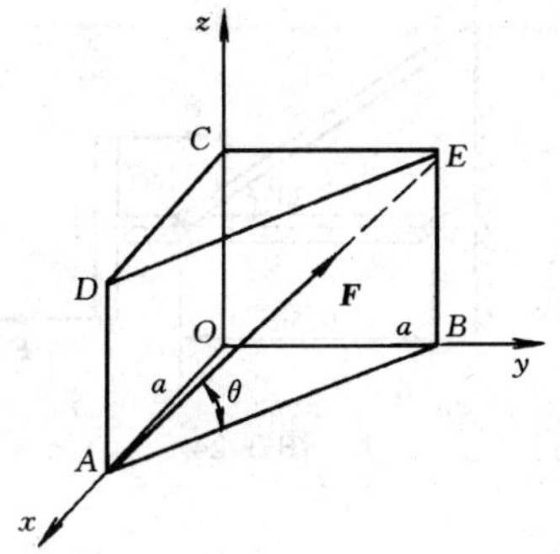

图 3-19

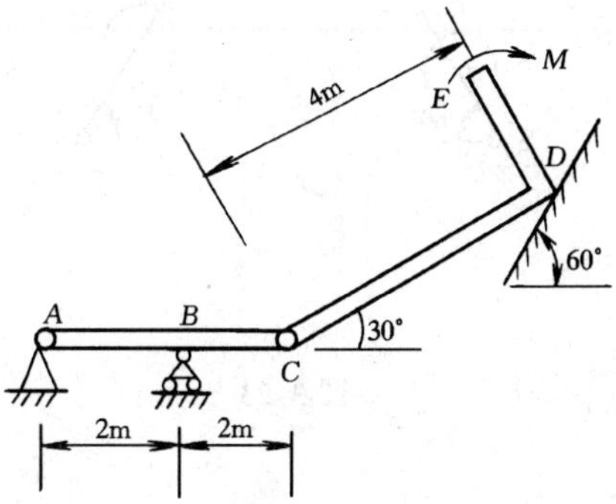

图 3-20

3-5　如图 3-20 所示，水平梁 *ABC* 与构件 *CDE* 铰接于 *C*，在 *E* 处作用一力偶，其力偶矩的大小 $M = 8\text{kN}\cdot\text{m}$，不计自重与摩擦，试求支座 *A* 的约束反力 $\boldsymbol{F}_{RA}$。

3-6　三铰支架如图 3-21 所示。在构件 *AD* 与构件 *BCE* 上各有一力偶作用，其力偶矩的转向相反，大小相等，$M_1 = M_2 = 100\text{N}\cdot\text{m}$。支架重量不计，尺寸如图示。试求支座 *B* 的约束反力。

3-7　在图 3-22 所示工件上同时钻四个孔，每孔所受的切削力偶矩均为 $8\text{N}\cdot\text{m}$，每孔的轴线垂直于相应的平面。求这四个力偶的合力偶。

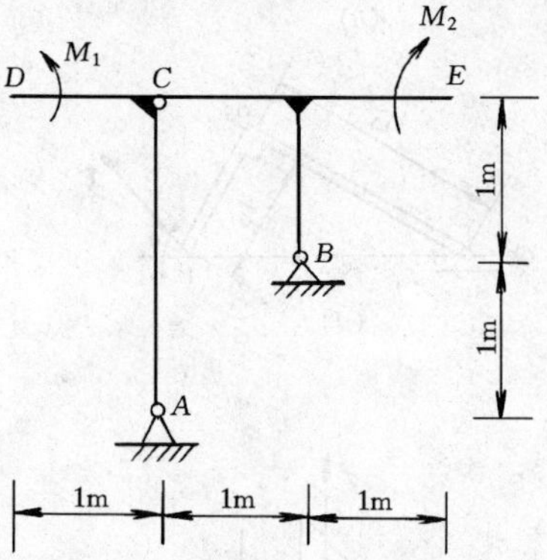

图 3-21

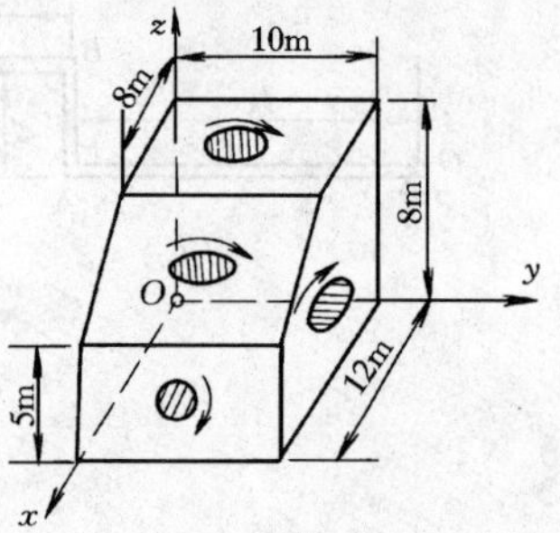

图 3-22

3-8　如图 3-23 所示。一平面机构 *ABCD*，杆 *AB* 和杆 *CD* 上各作用一力偶，在图示位置平衡。已知 $\boldsymbol{M}_1 = 0.4\text{N}\cdot\text{m}$，$AB = 10\text{cm}$，$CD = 22\text{cm}$，杆重不计。求 *A*、*D* 两铰链的约束力以及力偶 M_2 的大小。

3-9　图 3-24 所示水平杆 *AB*，受固定铰支座 *A* 和斜杆 *CD* 的约束。在杆 *AB* 的 *B* 端作用一力偶（$\boldsymbol{F}$，$\boldsymbol{F}'$），力偶矩大小为 $100\text{N}\cdot\text{m}$ 不计各杆重量。试求支座 *A* 的约束力 $\boldsymbol{F}_A$ 和斜杆 *CD* 所受力 $\boldsymbol{F}_{CD}$。

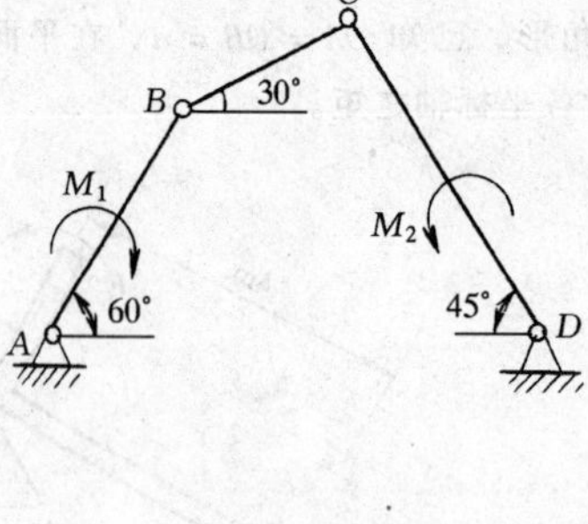

图 3-23

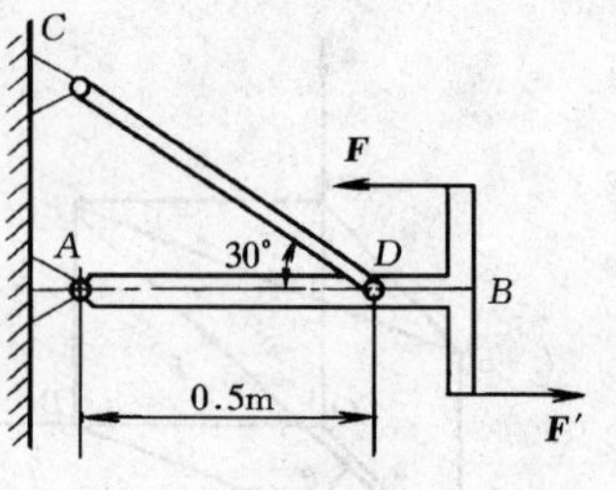

图 3-24

第四章 一 般 力 系

学 习 要 点

一般力系按力作用线的分布情况，可分为空间一般力系（各力作用线在空间任意分布）和平面一般力系（各力作用线在同一平面任意分布）。显然，空间一般力系是力系中最普遍的情形，其他各种力系都是它的特例。

本章将研究一般力系（包括平面一般力系）的简化与平衡问题。这是静力分析中的两个核心问题。前两章已讨论过的汇交力系和力偶系，既是一般力系的特殊情况，也是力学中的两个基本力系。它们的简化与平衡结论为讨论复杂力系的简化与平衡提供了重要的理论基础。此外，本章的研究内容还将涉及静力学的应用专题：① 有摩擦的平衡；② 桁架内力的计算；③ 物体的重心及其确定。

通过本章的学习，读者应达到下述基本要求：

(1) 深刻领会力线平移定理的内涵。掌握力系向一点简化的方法与理论实质——揭示了力对刚体的作用效果：移动和转动。

(2) 深入、正确理解力系的主矢和主矩，并能熟练计算。

(3) 熟悉并掌握力系简化结果的分析。

(4) 掌握一般力系平衡方程的各种形式与适用条件，尤其是平面一般力系平衡方程的应用，重点掌握物体系统的平衡问题。

(5) 正确理解静定与静不定概念，会判断具体问题的静定性。

(6) 正确理解静滑动摩擦力的特性，分清三种滑动摩擦力及其计算方法；掌握库仑定律的力学意义与应用；理解摩擦角的概念与自锁现象。能熟练计算存在滑动摩擦力时物体及物体系统的平衡问题。

(7) 掌握平面静定桁架内力计算的节点法与截面法。

(8) 掌握平行力系中心、重心和形心的概念。熟悉组合体重心和形心的坐标公式，能熟练应用组合法求解简单组合形体的重心或形心。

第一节 力线平移定理

一、力线平移定理

定理 作用在刚体上某点 A 的力 F 可平行移动到物体上任一点 O，为保持平移后的力对刚体的作用效果不变，必须附加一力偶，其力偶矩矢等于原力对平

移点 O 的矩矢。

证明：如图 4-1（a）所示，设力 $\boldsymbol{F}$ 作用于刚体上的 A 点，要将力 $\boldsymbol{F}$ 平移至 O 点。根据加减平衡力系公理，于 O 点加上一平衡力系（$\boldsymbol{F}'$、$\boldsymbol{F}''$），且令 $\boldsymbol{F}'=-\boldsymbol{F}''=\boldsymbol{F}$，如图 4-1（$b$）所示。于是，力系（$\boldsymbol{F}'$、$\boldsymbol{F}''$、$\boldsymbol{F}$）与力 $\boldsymbol{F}$ 等效。由于力系（$\boldsymbol{F}''$，$\boldsymbol{F}$）组成一力偶，其力偶矩矢的大小为 $|\boldsymbol{M}|=|\boldsymbol{r}\times\boldsymbol{F}|=r\sin\alpha F=Fd$（图 4-1$c$）。因此，力 $\boldsymbol{F}$ 和（$\boldsymbol{F}'$、$\boldsymbol{M}$）等效。这样，就把作用于点 A 的力平行移到了另一点 O，同时还增加了一力偶 $\boldsymbol{M}$，称其为附加力偶。显然

$$|\boldsymbol{M}|=|\boldsymbol{M}_O(\boldsymbol{F})|=Fd$$

即附加力偶矩矢等于原力 $\boldsymbol{F}$ 对平移点 O 的矩矢。证毕。

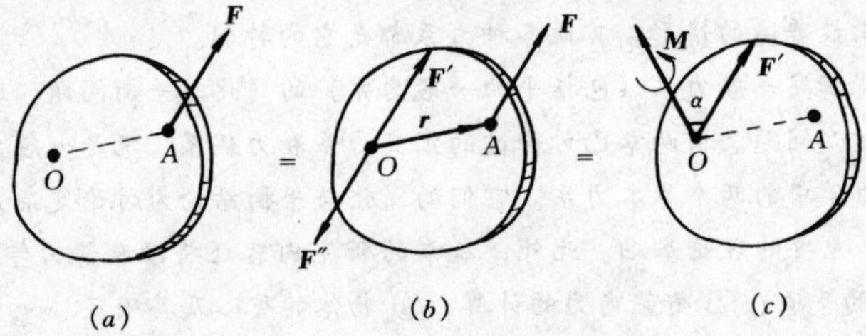

图 4-1 力线平移定理

该定理指出，一个力可等效于一个力和一个力偶。

可以看出，力线平移定理既是研究一般力系简化的理论依据，也是分析力对物体作用效果的一个重要方法。利用力线平移定理可用于解释一些力学现象：如乒乓球运动员用球拍击球所打出的“旋球”；机械加工中的攻丝；工业厂房立柱牛腿的受力与变形分析等。

二、注意事项

通过力线平移定理的证明可知：力可以向刚体上的任意点平移，即任选平移点后力的大小、方向不变；但附加力偶矩矢的大小和转向则与平移点的位置有关。

第二节 一般力系的简化

一、空间一般力系的简化 主矢和主矩

1. 空间一般力系的简化

设刚体上作用有一空间一般力系（$\boldsymbol{F}_1$，$\boldsymbol{F}_2$，$\cdots\boldsymbol{F}_n$），如图 4-2（a）所示。在空间任选一点 O，称其为简化中心。根据力线平移定理，将力系中每个力分

别向 O 点平移：将得到一个作用线汇交于 O 点的空间汇交力系（$\boldsymbol{F'}_1$，$\boldsymbol{F'}_2$，…，$\boldsymbol{F'}_n$）和一个由各附加力偶组成的空间力偶系，其力偶矩矢分别为 $\boldsymbol{M}_1$，$\boldsymbol{M}_2$，…，$\boldsymbol{M}_n$，如图 4-2（b）所示。其中

$$\boldsymbol{F'}_i = \boldsymbol{F}_i,$$
$$\boldsymbol{M}_i = \boldsymbol{M}_O(F_i) \qquad (i = 1,2,\cdots,n)$$

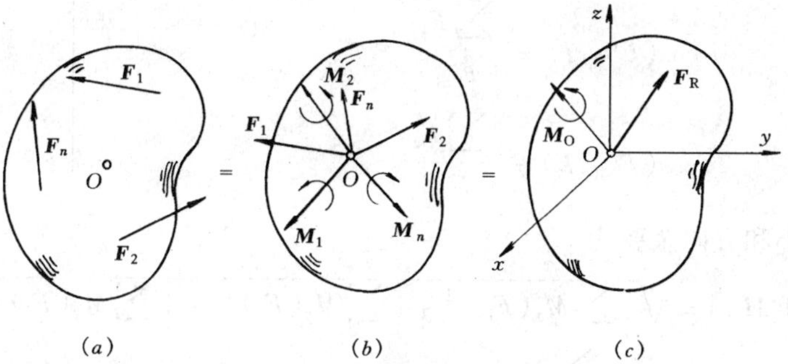

图 4-2

2. 主矢和主矩

根据汇交力系和力偶系的合成结果，上述二力系还可进一步简化成作用于 O 点的力 $\boldsymbol{F}_R$ 和力偶 $\boldsymbol{M}_O$，如图 4-2（c）所示。并且

$$\boldsymbol{F'}_R = \sum \boldsymbol{F'} = \sum \boldsymbol{F} \tag{4-1}$$

$$\boldsymbol{M}_O = \sum \boldsymbol{M}_O(\boldsymbol{F}_i) \tag{4-2}$$

其中 $\boldsymbol{F'}_R$——称作空间一般力系的主矢，表示力系对刚体的移动效果，其大小和方向与简化中心“O”的位置无关；

$\boldsymbol{M}_O$——称作空间一般力系的主矩，表示力系对刚体的转动效果，其大小和转向与简化中心“O”的位置有关。

二、结论

一般力系 $\xrightarrow{\text{向“}O\text{”简化}}$ $\begin{cases} \text{汇交力系} \longrightarrow \boldsymbol{F'}_R = \sum \boldsymbol{F}\text{（主矢）与“}O\text{”无关。} \\ \text{力偶系} \longrightarrow \boldsymbol{M}_O = \sum \boldsymbol{M}_O(\boldsymbol{F}_i)\text{（主矩）与“}O\text{”有关。} \end{cases}$

主矢和主矩是确定空间一般力系对刚体作用效果的两项基本物理量。

若以 $\boldsymbol{i}$，$\boldsymbol{j}$，$\boldsymbol{k}$ 分别表示沿直角坐标 x，y，z 轴向的单位矢量，则主矢、主矩的解析式分别为

$$\boldsymbol{F'}_R = F'_{Rx}\boldsymbol{i} + F'_{Ry}\boldsymbol{j} + F'_{Rz}\boldsymbol{k} = \sum F_x\boldsymbol{i} + \sum F_y\boldsymbol{j} + \sum F_z\boldsymbol{k} \tag{4-3}$$

$$\boldsymbol{M}_O = M_{Ox}\boldsymbol{i} + M_{Oy}\boldsymbol{j} + M_{Oz}\boldsymbol{K}$$

$$= \sum M_x(F_i)\boldsymbol{i} + \sum M_y(F_i)\boldsymbol{j} + \sum M_z(F_i)\boldsymbol{k} \tag{4-4}$$

主矢的大小和方向余弦为

$$\left.\begin{aligned} |\boldsymbol{F}'_R| &= \sqrt{(\sum F_x)^2 + (\sum F_y)^2 + (\sum F_z)^2} \\ \cos(\boldsymbol{F}'_R, \boldsymbol{i}) &= \frac{\sum F_x}{F'_R} \\ \cos(\boldsymbol{F}'_R, \boldsymbol{j}) &= \frac{\sum F_y}{F'_R} \\ \cos(\boldsymbol{F}'_R, \boldsymbol{k}) &= \frac{\sum F_z}{F'_R} \end{aligned}\right\} \tag{4-5}$$

主矩的大小和方向余弦为

$$\left.\begin{aligned} |\boldsymbol{M}_O| &= \sqrt{[\sum M_x(F_i)]^2 + [\sum M_y(F_i)]^2 + [\sum M_y(F_i)]^2} \\ \cos(\boldsymbol{M}_O, \boldsymbol{i}) &= \frac{\sum M_x}{|\boldsymbol{M}_O|} \\ \cos(\boldsymbol{M}_O, \boldsymbol{j}) &= \frac{\sum M_y}{|\boldsymbol{M}_O|} \\ \cos(\boldsymbol{M}_O, \boldsymbol{k}) &= \frac{\sum M_z}{|\boldsymbol{M}_O|} \end{aligned}\right\} \tag{4-6}$$

第三节　简化结果分析

空间一般力系向任一点简化所得到的一个力和一个力偶，并不是力系的最终简化结果。根据主矢、主矩的不同情况，还可进一步简化成以下几种情形。

（1）$\boldsymbol{F}'_R = 0$，$\boldsymbol{M}_O \neq 0$。说明原力系与一个力偶等效，即力系简化为一个合力偶，其力偶矩矢等于主矩 $\boldsymbol{M}_O$。此时，也只有在这时，一般力系的主矩与简化中心的位置选择无关。

（2）$\boldsymbol{F}'_R \neq 0$，$\boldsymbol{M}_O = 0$。说明原力系与一个力等效，力系可简化成为一个力，即合力。合力的大小和方向与原力系的主矢 $\boldsymbol{F}'_R$ 相同，并且其作用线通过简化中心。

（3）$\boldsymbol{F}'_R \neq 0$，$\boldsymbol{M}_O \neq 0$。力系还可进一步简化：

1）若 $\boldsymbol{F}'_R \perp \boldsymbol{M}_O$，即 $\boldsymbol{F}'_R \cdot \boldsymbol{M}_O = 0$ 时，根据力线平移定理的逆过程，力系可进一步简化成一个力即合力 $\boldsymbol{F}_R$，如图 4-3 所示。合力 $\boldsymbol{F}_R$ 作用点 O' 到简化中心 O 的距离为

$$d = \frac{|M_O|}{|F'_R|} \tag{4-7}$$

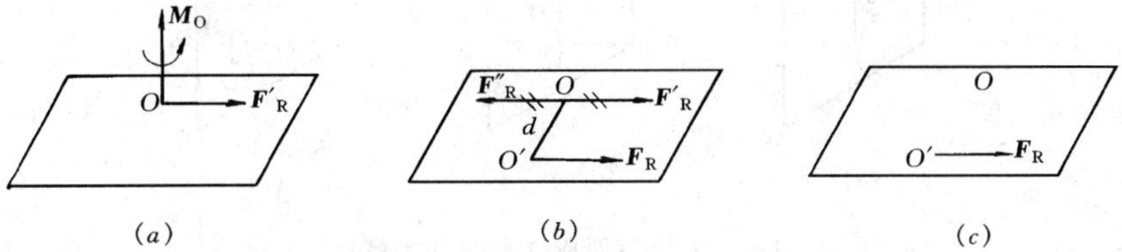

图 4-3　合力矩定理

由图 4-3 还可知，力偶（F''_R，F_R）的矩 M_O 等于合力 $\boldsymbol{F}_R$ 对 O 点的矩。即

$$M_O = M_O(\boldsymbol{F}_R) = \sum M_O(\boldsymbol{F}_i) \tag{4-8a}$$

根据力矩关系定理,还有

$$M_z(\boldsymbol{F}_R) = \sum M_z(\boldsymbol{F}_i) \tag{4-8b}$$

即空间一般力系的合力对任一点（或任一轴）之矩等于力系中各个分力对同一点（或轴）之矩的矢量（或代数）和——合力矩定理。

2）若 $\boldsymbol{F}'_R /\!/ M_O$，这时力与力偶作用面相互垂直，称其为力螺旋，如图 4-4 所示。钻孔时的钻头和攻丝时的丝锥对工件的作用都是力螺旋。

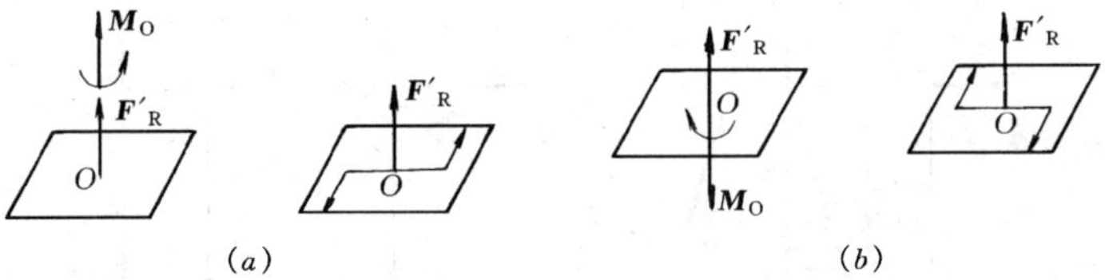

图 4-4　力与力偶作用面相互垂直时的力螺旋

（a）右螺旋；（b）左螺旋

力螺旋是由静力学中的两个基本要素（力和力偶）组成的最简单的力系，不能再简化。当 $\boldsymbol{F}'_R$ 与 $\boldsymbol{M}_O$ 指向一致时，称为右螺旋（图 4-4a）；反之称为左螺旋（如图 4-4b）。力螺旋的作用线称作该力螺旋的中心轴。

3）若 $\boldsymbol{F}'_R$ 与 $\boldsymbol{M}_O$ 成任一夹角 α，这是最一般的情形，其简化结果仍为力螺旋。如图 4-5 所示。

（4）$\boldsymbol{F}'_R = 0$，$\boldsymbol{M}_O = 0$。说明原力系是平衡力系。

（5）平面一般力系简化的最终结果。

对于平面一般力系的情形，由于各力向任一点平移后，所附加的力偶矩矢均垂直于力系所在平面，所以主矢与主矩垂直，即 $\boldsymbol{F}'_R \cdot \boldsymbol{M}_O = 0$。由此可知，平面

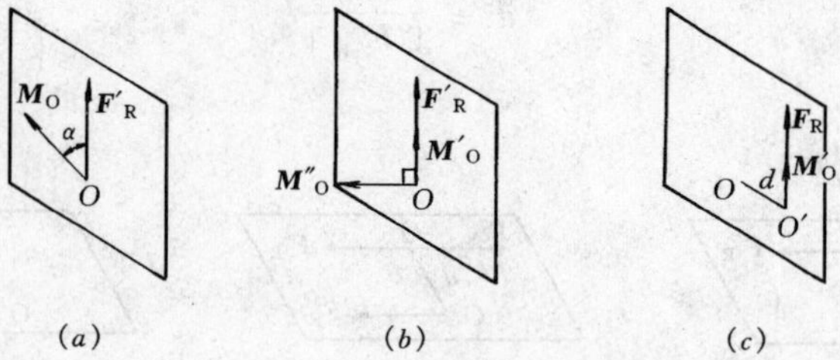

图 4-5　力与力偶成夹角时的力螺旋

一般力系最终的简化结果为：合力、合力偶（代数量）或平衡。即

平面一般力系的简化结果　　表 4-1

F'_R（主矢）	M_O（主矩）	简化结果
$F'_R \neq 0$	$M_O \neq 0$	合力。$F_R = F'_R$ 但不过简化中心 O，作用线距点 O 为 $d = \dfrac{\lvert M_O(F)\rvert}{F'_R}$
	$M_O = 0$	合力 $F_R = F'_R$，且过简化中心 O
$F'_R = 0$	$M_O \neq 0$	合力偶。其矩为 M_O，而且大小、转向与简化中心 O 无关
	$M_O = 0$	平衡力系

【例 4-1】　重力坝受水的压力如图 4-6（a）所示。设水深为 h，水的密度为 ρ。试求水压力简化的结果。

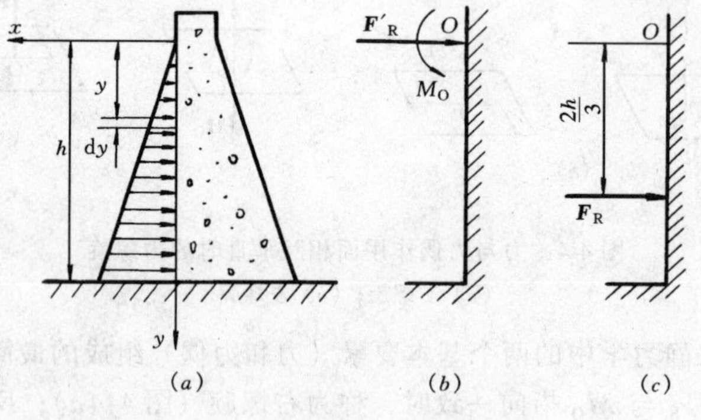

图 4-6

【解】　由于坝体受力对称，坝体所受水压力可简化成一平面平行力系。选取单位长度的坝体为研究对象。建立图示参考坐标 Oxy。以 O 为简化中心，将此分布的平面力系向 O 点简化。在距 O 为 y 处取 dy 的微段，其上所受水压力为 dF，并且

$$dF = \rho g y \, dy$$

由于 dF 沿 x 轴的负向，在 y、z 轴上投影为零，于是力系向 O 点简化的主矢

F'_R 的三个投影为（图 4-6b）：

$$\begin{cases} F'_{Rx} = -\int_0^h \rho g y \mathrm{d}y = -\dfrac{1}{2}\rho g h^2 \\ F'_{Ry} = 0 \\ F'_{Rz} = 0 \end{cases}$$

力系对 O 点的主矩 M_O 的三个投影为：

$$\begin{cases} M_{Ox} = 0 \\ M_{Oy} = 0 \\ M_{Oz} = \int_0^h y \cdot \mathrm{d}F = \int_0^h y \cdot \rho g y \mathrm{d}y = \dfrac{1}{3}\rho g h^3 \end{cases}$$

由于主矢、主矩分别为：$F'_R = F'_{Rx}$，$M_O = M_{Oz}$，并且 $F'_R \perp M_O$，可知力系能进一步简化成一个力即合力 F_R（如图 4-6c 所示）。并且

$$F_R = F'_R = F'_{Rx}（沿\ x\ 轴负向）$$

O 点到 F_R 的距离 OO' 为

$$OO' = \frac{M_{Oz}}{F'_R} = \frac{2}{3}h$$

【例 4-2】　图 4-7（a）所示一桥墩顶部受到两边桥梁传来的铅垂力 $F_1 = 1940\text{kN}$，$F_2 = 800\text{kN}$，以及机车传递的掣动力 $F_3 = 193\text{kN}$。桥墩自重 $G = 5280\text{kN}$，风力 $F_4 = 140\text{kN}$。各力作用线位置如图所示。试求：① 力系向基础中心 O 简化的结果；② 如能简化为一个力，试确定合力作用线的位置。

【解】　（1）以桥墩基础中心 O 为简化中心，以点 O 为原点建立图示坐标，如图 4-7(b) 所示。则主矢 F_R 的大小为

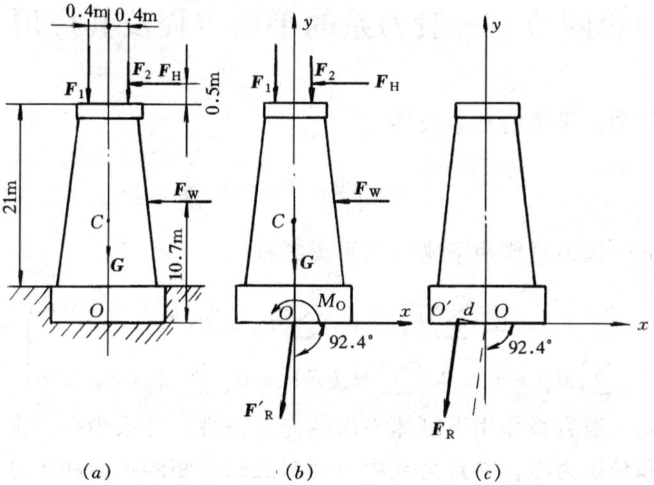

图 4-7　例 4-2 图

$\because \quad F'_{Rx} = \sum F_x = -F_3 - F_4 = -333\text{kN}$

$$F'_{Ry} = \sum_y = -F_1 - F_2 - G = -8020\text{kN}$$

$\therefore \quad F_R = \sqrt{(\sum F_x)^2 + (\sum F_y)^2} = 8027\text{kN}$

$\boldsymbol{F}_R$ 的方向用主矢 $\boldsymbol{F}'_R$ 与 x 轴正向夹角 $\angle(\boldsymbol{F}'_R,\boldsymbol{i})$ 表示，即

$$\cos(\boldsymbol{F}'_R,\boldsymbol{i}) = \frac{\sum F_x}{F'_R} = -0.0415$$

$$\angle(\boldsymbol{F}'_R,\boldsymbol{i}) = 92.4°$$

由于 F'_{Rx}、F'_{Ry}均为负值，所以 F'_R应在第三象限。

力系对 O 点的主矩：

$$M_O = \sum M_O(F_i) = 0.4F_1 - 0.4F_2 + 215F_3 + 10.7F_4$$
$$= 6103.5\text{kN}\cdot\text{m}$$

$\boldsymbol{F}'_R$、M_O 如图 4-7（b）所示。

（2）因为 $\boldsymbol{F}'_R \neq 0$，$M_O \neq 0$，力系还可进一步简化成一个力即合力 $\boldsymbol{F}_R$，其大小和方向与主矢 $\boldsymbol{F}'_R$ 相同，作用点距 O 为

$$d = \frac{|M_O|}{F'_R} = \frac{6103.5}{8027} = 0.76\text{m}$$

因为 M_O 为正值（即逆时针转动），所以顺着主矢 $\boldsymbol{F}'_R$ 箭头看，合力 $\boldsymbol{F}_R$ 应位于简化中心 O 的右侧（图 4-7c）。

（3）请读者思考，若合力 $\boldsymbol{F}_R$ 全部由桥墩基础承担，还可对桥墩进行哪些计算？其力学模型是否需要进行修正？

第四节 一般力系的平衡方程及其应用

一、一般力系平衡的充要条件

$$\boldsymbol{F}'_R = 0,\quad \boldsymbol{M}_O = 0$$

二、空间一般力系作用下刚体的平衡方程

$$\left.\begin{array}{l}\sum F_x = 0,\ \sum F_y = 0,\ \sum F_z = 0 \\ \sum M_x(\boldsymbol{F}) = 0,\ \sum M_y(\boldsymbol{F}) = 0,\ \sum M_z(\boldsymbol{F}) = 0\end{array}\right\} \quad (4\text{-}9)$$

此即空间一般力系作用下刚体平衡的充要条件：**力系中各力在三个正交轴上投影的代数和分别为零，并且力系中各力对三轴之矩的代数和也分别为零**。根据这六个独立的平衡方程，可确定六个未知量。

空间一般力系是力系中最普遍的情况，其他力系都可看成是它的特例。由此，不难从式（4-9）中导出特殊力系作用下刚体的平衡方程。

三、特殊力系的平衡方程

1. 空间汇交力系

$$\sum F_x = 0,\ \sum F_y = 0,\ \sum F_z = 0 \tag{4-10}$$

2. 空间力偶系

$$\sum M_x = 0,\ \sum M_y = 0,\ \sum M_z = 0 \tag{4-11}$$

3. 空间平行力系（各力与 z 轴平行）

$$\sum F_z = 0,\ \sum M_x(\boldsymbol{F}) = 0,\ \sum M_y(\boldsymbol{F}) = 0 \tag{4-12}$$

4. 平面一般力系

$$\left.\begin{aligned}&\sum F_x = 0\\&\sum F_y = 0\\&\sum M_z(\boldsymbol{F}) = 0 (\text{或}\sum M_O(\boldsymbol{F}) = 0)\end{aligned}\right\} \tag{4-13}$$

即平面一般力系作用下刚体平衡的充要条件是：**力系中各力在平面上两个正交轴上投影的代数和分别为零，力系中各力对平面上任一点之矩的代数和为零。**式（4-13）是平面一般力系作用下刚体平衡方程的基本形式。三个独立方程可求解三个未知量。

平面一般力系作用下刚体的平衡方程除基本形式（4-13）外，还有另外两种与之等价的平衡方程——二矩式和三矩式：

$$\left.\begin{aligned}&\sum F_x = 0\\&\sum M_A(\boldsymbol{F}) = 0\\&\sum M_B(\boldsymbol{F}) = 0\end{aligned}\right\}\quad (A、B\text{ 连线不垂直于 }x\text{ 轴}) \tag{4-14}$$

$$\left.\begin{aligned}&\sum M_A(\boldsymbol{F}) = 0\\&\sum M_B(\boldsymbol{F}) = 0\\&\sum M_C(\boldsymbol{F}) = 0\end{aligned}\right\}\quad (A、B、C\text{ 不共线}) \tag{4-15}$$

5. 平面平行力系（各力与 Oxy 平面内的 y 轴平行）

$$\left.\begin{aligned}&\sum M_y = 0\\&\sum M_A(\boldsymbol{F}) = 0\end{aligned}\right\} \tag{4-16}$$

或

$$\left.\begin{aligned}&\sum M_A(\boldsymbol{F}) = 0\\&\sum M_B(\boldsymbol{F}) = 0\end{aligned}\right\}\quad (A、B\text{ 连线不平行各力作用线}) \tag{4-17}$$

四、应用举例——单个物体的平衡

【例 4-3】 平面刚架如图 4-8 所示，已知 $F = 50\text{kN}$，$q = 10\text{kN/m}$，$M = 30\text{kN}\cdot\text{m}$,试求固定端 A 处的约束力。

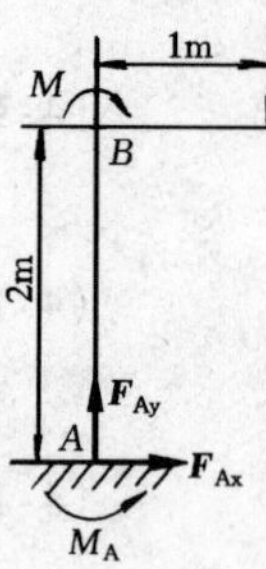

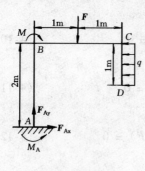

图 4-8 例 4-3 图

【解】 (1) 取刚架为研究对象，分析受力如图 4-8 所示：除主动力外，固定端 A 处的约束力有 $\boldsymbol{F}_{Ax}$、$\boldsymbol{F}_{Ay}$和固端反力偶 M_A。

(2) 列平衡方程求解。

$$\sum F_x = 0 \quad F_{Ax} - q \times 1 = 0$$

$$\sum F_y = 0 \quad F_{Ay} - F = 0$$

$$\sum F_A = 0 \quad M_A - M - F \times 1 - q \times 1 \times 1.5 = 0$$

解上述方程得

$$F_{Ax} = 10\text{kN},\ F_{Ay} = 50\text{kN},\ M_A = 65\text{kN}\cdot\text{m}$$

【例 4-4】 梁 AC 用三根杆支承，如图 4-9 所示。已知 $F_1 = 20\text{kN}$，$F_2 = 40\text{kN}$，试求各杆之约束力。

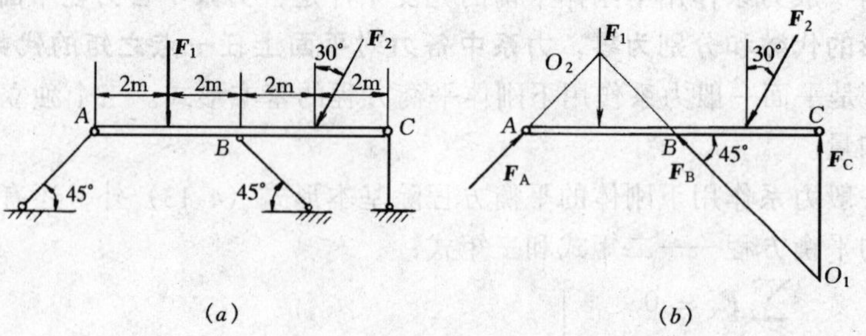

图 4-9 例 4-4 图

【解】 (1) 取梁为研究对象，受力如图 4-9(b) 所示：主动力 $\boldsymbol{F}_1$、$\boldsymbol{F}_2$ 以及三根杆的约束力 $\boldsymbol{F}_A$、$\boldsymbol{F}_B$、$\boldsymbol{F}_C$。

(2) 应用二矩式列平衡方程

$$\sum M_{O_1}(\boldsymbol{F}) = 0 \quad 6F_1 + 2F_2\cos30° + 4F_2\sin30° - 4F_A\sin45° - 8F_A\cos45° = 0$$

$$F_A = \frac{6F_1 + 2F_2\cos30° + 4F_2\sin30°}{4\sin45° + 8\cos45°} = 31.74\text{kN}$$

$$\sum M_{O_2}(\boldsymbol{F}) = 0 - 4F_2\cos30° - 2F_2\sin30° - 6F_C = 0$$

$$F_C = \frac{4F_2\cos30° + 2F_2\sin30°}{6} = 29.76\text{kN}$$

$$\sum F_x = 0 \quad F_A\cos45° - F_B\cos45° - F_2\sin30° = 0$$

$$F_B = \frac{F_A\cos45° - F_2\sin30°}{\cos45°} = 3.46\text{kN}$$

（3）思考：此题能否用三矩式求解？如何选矩心？

【例 4-5】　塔式起重机（图 4-10）的机身总重量 $P_1 = 220\text{kN}$，作用线过塔架的中心，最大起重量 $P_2 = 50\text{kN}$，平衡块重 $P_3 = 30\text{kN}$，试求满载和空载时轨道 A、B 的约束力，并问此起重机在使用过程中有无翻倒的危险？

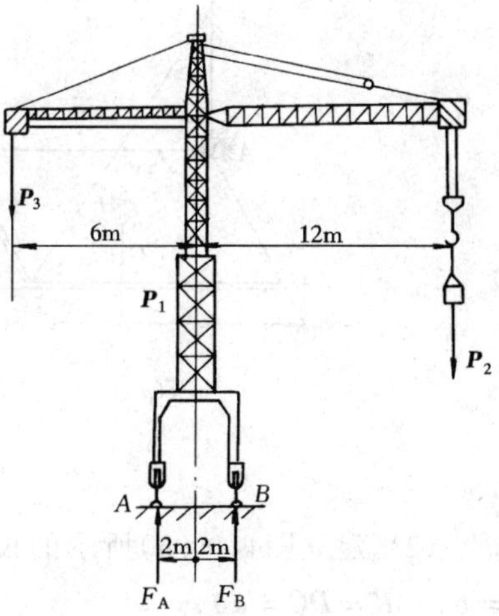

图 4-10　例 4-5 图

【解】　（1）取起重机为研究对象，受力如图 4-10 所示：$\boldsymbol{P}_1$、$\boldsymbol{P}_2$、$\boldsymbol{P}_3$、$\boldsymbol{F}_A$、$\boldsymbol{F}_B$ 组成一平面平行力系。

（2）列写平衡方程

$$\sum M_B(\boldsymbol{F}) = 0 \quad 8P_3 + 2P_1 - 10P_2 - 4F_A = 0$$

$$\sum M_A(\boldsymbol{F}) = 0 \quad 4P_3 + 4F_B - 2P_1 - 14P_2 = 0$$

解得

$$\left.\begin{aligned} F_A &= 2P_3 + 0.5P_1 - 2.5P_2 \\ F_B &= -P_3 + 0.5P_1 + 3.5P_2 \end{aligned}\right\} \qquad (1)$$

满载时，$P_2 = 50\text{kN}$，代入式（1）得

$$F_A = 45\text{kN},\quad F_B = 255\text{kN}$$

空载时，$P_2 = 0$，代入式（1）得

$$F_A = 170\text{kN},\quad F_B = 80\text{kN}$$

（3）讨论

起重机工作时有无翻倒的危险，即要求满载时，起重机不绕点 B 翻倒，此时必须使 $F_A > 0$。同理，空载时，起重机也不能绕点 A 翻倒，即要求 $F_B > 0$。由上述计算结果可知，满载时 $F_A = 45\text{kN} > 0$，空载时 $F_B = 80\text{kN} > 0$。所以，此起重机工作时是安全的。

【例 4-6】　均质等厚矩形板 $ABCD$ 重 $G = 200\text{N}$，用球铰 A 和蝶铰 B 与墙壁连接，并用绳索 CE 拉住，于水平位置保持平衡，如图 4-11(a)所示。已知 A、E 两点同在一铅直线上，且$\angle ECA = \angle BAC = 30°$，试求绳索 CE、球铰 A 和蝶铰 B 所受力。

【解】　(1)取矩形板 $ABCD$ 为研究对象，分析受力如图4-11(b)所示：重力 $\boldsymbol{G}$，绳索 CE 的拉力 $\boldsymbol{F}_T$；球铰 A 的约束力为三个相互垂直的分力 $\boldsymbol{F}_{Ax}$、$\boldsymbol{F}_{Ay}$、$\boldsymbol{F}_{Az}$；蝶

铰 B 的约束力为两个相互垂直的分力 $\boldsymbol{F}_{Bx}$、$\boldsymbol{F}_{By}$。它们组成了一个平衡的空间一般力系。

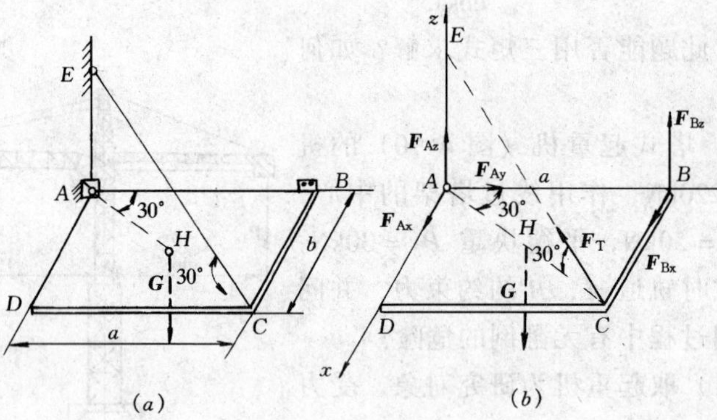

图 4-11 例 4-6 图

(2) 建立图4-11(b)所示的投影坐标，列写平衡方程并求解得（设 $AD = BC = b$，$AB = DC = a$）：

$$\sum M_y(\boldsymbol{F}) = 0,\ G\frac{b}{2} - F_T\sin30°b = 0$$

$$F_T = G = 200\text{N}$$

$$\sum M_x(\boldsymbol{F}) = 0,\ F_{Bz}a + F_T\sin30°a - G\frac{a}{2} = 0$$

$$F_{Bz} = 0$$

$$\sum M_z(\boldsymbol{F}) = 0,\ F_{Bx}a = 0$$

$$F_{Bx} = 0$$

$$\sum M_{BC}(\boldsymbol{F}) = 0,\ -F_{Az}a + G\frac{a}{2} = 0$$

$$F_{Az} = \frac{G}{2} = 100\text{N}$$

$$\sum F_x = 0,\ F_{Ax} + F_{Bx} - F_T\cos30°\sin30° = 0$$

$$F_{Ax} = F_T\cos30°\sin30° = 86.6\text{N}$$

$$\sum F_y = 0,\ F_{Ay} - F_T\cos30°\text{soc}30° = 0$$

$$F_{Ay} = F_T\cos30°\cos30° = 150\text{N}$$

(3) 讨论

此题的求解说明空间力系平衡方程的应用也有灵活性，可以有四矩式、五矩式甚至六矩式。请读者思考，采用六矩式时，要注意什么问题？

从以上各例的分析可见，求解物体的平衡问题，恰当选取投影轴、矩心（或矩轴），可以简化计算，避免解联立方程。通常，对于平面力系，以矩心选在几个未知力的汇交点；投影轴尽量与未知力垂直（或平行）为宜。

第五节 物体系统的平衡

一、静定与静不定概念

在静力平衡问题中，若未知量的数目等于独立平衡方程的数目，即全部未知量均可由静力平衡方程确定，这类问题称作**静定问题**。显然，前一节所讨论的平衡问题都是静定问题。若未知量的数目超出独立平衡方程的数目，即由静力平衡方程不能求出全部未知量的力学问题则称作**静不定（或超静定）问题**。在静不定问题中，未知量的数目与独立平衡方程的数目之差值称作**静不定次数**。

图4-12给出了单一物体（铰 *A* 和梁 *AB*）的一些平衡问题，其中 $\boldsymbol{G}$、$\boldsymbol{F}_1$、$\boldsymbol{F}_2$ 为已知的主动力，而约束反力则是未知力。不难看出：图中（*a*）、（*c*）是静定问题，而图中（*b*）、（*d*）则是静不定问题，且为一次静不定。静定与静不定问题的重要区别在于：**存在多于维持物体平衡所必需的约束，即多余约束**。而增加约束之目的在于提高工程结构或构件抵抗变形的能力。所以，要解决静不定问题，必须考虑物体受力作用后产生的变形，即要增加作用力与变形间的关系以及变形自身的协调关系的补充方程。这些内容将在第二篇弹性静力学中研究。

二、物体系统的平衡

1. 物体系统

多个物体通过约束连接而成的系统，称作**物体系统**，简称**物系**。工程实际结构如屋架、桥梁、三铰拱、组合刚架等都是物体系统。研究物系的平衡问题，有时不仅要计算系统的外约束力，而且还要求解系统内部各物体间的相互作用力。

2. 内力与外力

内力——物体系统内部各物体之间的相互作用力。

外力——系统以外物体对系统的作用力。

3. 物体系统平衡的个性与共性

（1）分析物体系统的整体受力时，不计内力。

（2）整体平衡，局部也一定平衡。由 n 个物体组成的平面物体系统，应有 $3n$ 个独立的平衡方程，可求解 $3n$ 个未知力（内、外约束力之和）——需要判断物体系统的静定与静不定。

（3）平衡对象的选择存在多样性与灵活性。

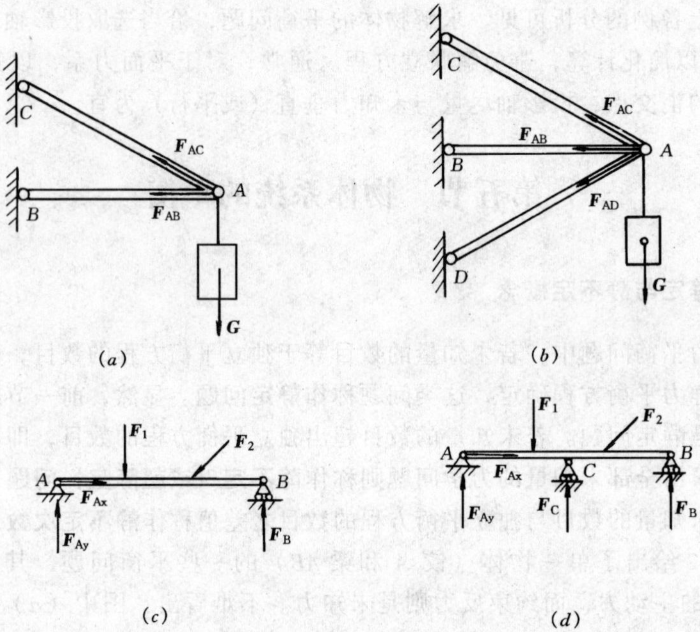

图 4-12 静定与不静定

(4) 平衡对象一旦选定，其求解方法与步骤同单个物体的平衡完全相同。

三、应用举例

【例 4-7】 组合梁 *ABC* 所受荷载及支承情况如图 4-13(*a*) 所示。已知：$F=10\text{kN}$，$q=20\text{kN/m}$，$M=150\text{kN}\cdot\text{m}$，尺寸如图。试求固定端 *A* 支座 *B* 的约束力。

【解】 题意分析：若以整体为研究对象，待求的约束力有 4 个，而对于整个系统只能有 3 个独立的平衡方程，不可能完全求解。而一旦将系统拆开，共 6 个约束力，并且有 6 个独立的平衡方程，而只需求其中 4 个约束力。因此，遇上这种情形，系统以先拆为宜。*BC* 梁有三个独立的平衡方程，只有三个未知的约束力，而 *AC* 梁虽也有三个独立的平衡方程，但有五个未知的约束力，所以应先取 *BC* 梁为研究对象。

(1) 取 *BC* 梁为研究对象，受力如图 4-13 (*c*) 所示。

(2) 建立图示坐标，列平衡方程，有：

$$\sum F_x = 0 \quad F'_{Cx} - F\cos60^\circ = 0$$

$$\sum M_C(\boldsymbol{F}) = 0 \quad 4F_B - 2q \times 1 - F\sin60^\circ \times 3 = 0$$

$$\sum M_B(\boldsymbol{F}) = 0 \quad 4F'_{Cy} + F\sin60^\circ \times 1 + q \times 2 \times 3 = 0$$

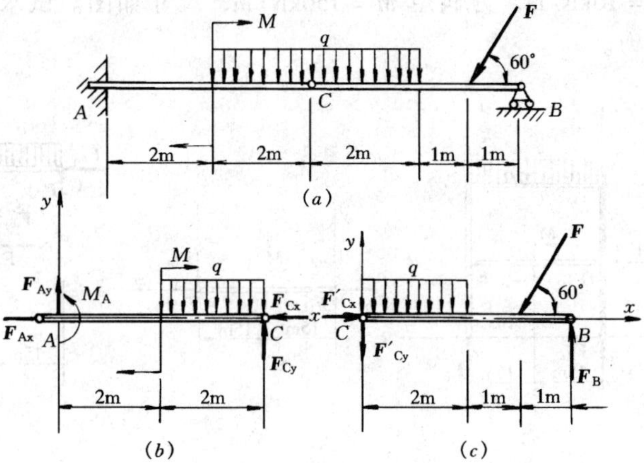

图 4-13　例 4-12 图

解得

$$F'_{Cx} = F\cos60° = 5\text{kN}$$

$$F_B = \frac{2q + 3F\sin60°}{4} = 16.5\text{kN}$$

$$F'_{Cy} = \frac{6q + F\sin60°}{4} = -32.16\text{kN}$$

为 F'_{Cy}为负值，说明图设方向与实际相反。

（3）分析 AC 梁的平衡。AC 梁受力如图 4-13（b）所示。

（4）建立图示坐标，列平衡方程：

$$\sum F_x = 0 \quad F_{Ax} - F_{Cx} = 0$$

$$\sum F_y = 0 \quad F_{Ay} - 2q + F_{Cy} = 0$$

$$\sum M_A(\boldsymbol{F}) = 0 \quad M_A - M + 4F_{Cy} - 2q \times 3 = 0$$

解得

$$F_{Ax} = F_{Cx} = F'_{Cx} = 5\text{kN}$$

$$F_{Ay} = 2q - F_{Cy} = 40 - (-32.16) = 72.16\text{kN}$$

$$M_A = 6q - 4F_{Cy} + M = 398.64\text{kN} \cdot \text{m}$$

（5）讨论。因为本题不要求铰链 C 的约束力，而求解本题的关键是支座 B 的约束力。因此先取梁 BC 为研究对象时，直接利用 $\sum M_C(\boldsymbol{F}) = 0$，求得 $\boldsymbol{F}_B$；之后再以整体为研究对象，共有 3 个独立的平衡方程即可求得固定端 A 的全部反力。这样选择平衡对象，可使解题方法更为简捷。读者自己不妨试试。

【例 4-8】　如图 4-14（a）所示刚架自重不计，已知集中为 $F = 100\text{kN}$，均

布截荷集度 $q=10\text{kN/m}$，力偶矩 $M=150\text{kN}\cdot\text{m}$，尺寸如图。试求 A、B、C、D 和 E 处的约束力。

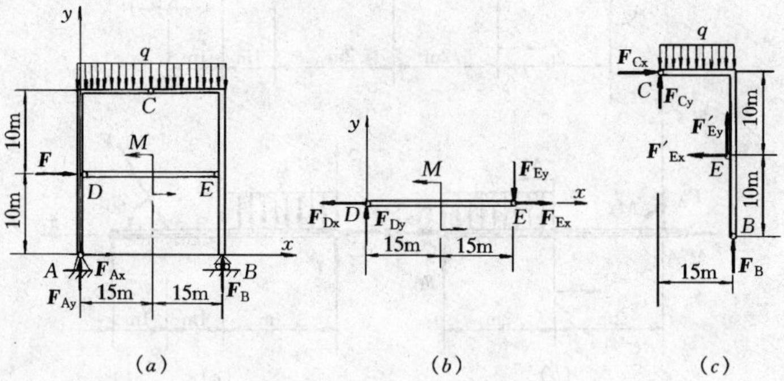

图 4-14 例 4-8 图

【解】 题意分析：刚架是由 3 个构件组成的物体系统，总共可以写出 9 个独立的平衡方程，有 9 个未知力，所以是静定问题。并且刚架整体也是静定的，可写出 3 个独立的平衡方程，能确定 $\boldsymbol{F}_{Ax}$、$\boldsymbol{F}_{Ay}$和 $\boldsymbol{F}_B$等 3 个未知力。因此本题宜先整体后局部即先合后拆。

（1）以刚架整体为研究对象，受力如图 4-14（a）所示。

（2）选取图示坐标 Axy，列平衡方程：

$$\sum M_A(\boldsymbol{F})=0 \quad 30F_B-10F+M-\frac{q\times 30^2}{2}=0$$

$$\sum M_B(\boldsymbol{F})=0 \quad -30F_{Ay}-10F+M+\frac{q\times 30^2}{2}=0$$

$$\sum F_x=0 \qquad F_{Ax}+F=0$$

解得

$$F_B=178.33\text{kN}$$

$$F_{Ay}=121.67\text{kN}$$

$$F_{Ax}=-F=-100\text{kN}$$

（3）取 DE 杆为研究对象，受力如图 4-14（b）所示。列平衡方程：

$$\sum M_D(\boldsymbol{F})=0 \quad M-30\cdot F_{Ey}=0$$

$$\sum M_E(\boldsymbol{F})=0 \quad M-30\cdot F_{Dy}=0$$

$$\sum F_x=0 \qquad F_{Ex}-F_{Dx}=0$$

解得

$$F_{Ey}=F_{Dy}=5\text{kN}$$

$$F_{Ex}=F_{Dx}$$

(4) 以 BC 为研究对象，受力如图4-14(c)所示。列平衡方程：

$$\sum M_C(\boldsymbol{F}) = 0 \quad 15 \cdot F_B + 15 \cdot F'_{Ey} - 10 \cdot F'_{Ex} - \frac{q \times 15^2}{2} = 0$$

$$\sum F_x = 0 \qquad F_{Cx} - F'_{Ex} = 0$$

$$\sum F_y = 0 \qquad F_B + F_{Cy} + F'_{Ey} - 15 \cdot q = 0$$

解得

$$F'_{Ex} = F_{Ex} = \frac{15 \cdot F_B + 15 \cdot F'_{Ey} - \dfrac{q \times 15^2}{2}}{10} = 162.5\text{kN}$$

$$F_{Cx} = F'_{Ex} = 162.5\text{kN}$$

$$F_{Cy} = 15 \cdot q - F_B - F'_{Ey} = 33.33\text{kN}$$

由 DE 杆的平衡，即 $F_{Ex} - F_{Dx} = 0$

所以 $F_{Dx} = F_{Ex} = F'_{Ex} = 162.5\text{kN}$

【例 4-9】 平面构架如图 4-15（a）所示。已知物块重 W，$DC = CE = AC = CB = 2l$，$R = 2r = l$。试求支座 A、E 处的约束力及 BD 杆所受力。

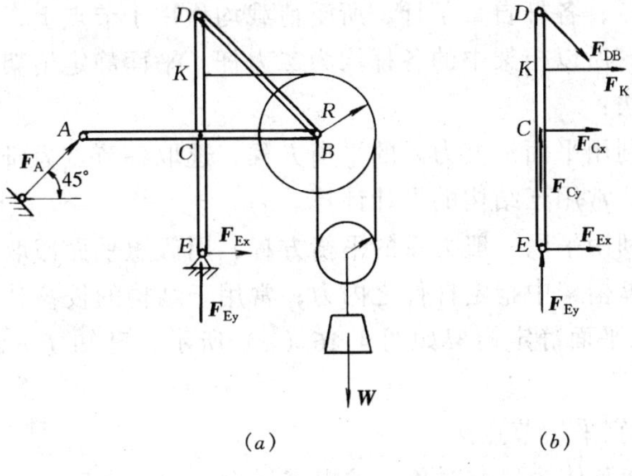

图 4-15 例 4-9 图

【解】 (1) 先取整体为研究对象，受力如图 4-15(a)所示。列平衡方程：

$$\sum M_E(\boldsymbol{F}) = 0 \quad -2\sqrt{2}lF_A - \frac{5}{2}lW = 0$$

$$\sum F_x = 0 \qquad F_A\cos45° + F_{Ex} = 0$$

$$\sum F_y = 0 \qquad F_A\sin45° + F_{Ey} - W = 0$$

解得

$$F_A = -\frac{5\sqrt{2}}{8}W$$

$$F_{Ex} = \frac{5}{8}W$$

$$F_{Ey} = \frac{13}{8}W$$

(2) 取杆 DE 为研究对象，其受力如图 4-15(b) 所示。列平衡方程：

$$\sum M_C(\boldsymbol{F}) = 0 \quad -F_{DB}\cos45° \times 2l - F_K l + F_{Ex} \times 2l = 0$$

其中，$F_K = \frac{W}{2}$，$F_{Ex} = \frac{5}{8}W$，代入上式，解得

$$F_{DB} = \frac{3\sqrt{2}}{8}W$$

四、桁架结构

工程中，房屋建筑、桥梁、起重机、电视塔、输电塔架等结构物常采用桁架结构。桁架是一种由直杆彼此在两端用铰链连接而成的杆系结构，其特点是受力后几何形状不变。若桁架所有的杆件都在同一平面内，称其为平面桁架，各杆间的铰接点称作节点；各杆自重不计，所受荷载均作用于节点上，或平衡分配在杆件两端的节点上。所以桁架中的各杆均为二力杆。平面静定桁架的内力计算方法有节点法与截面法：

节点法——利用平面汇交力系的平衡方程，选取各节点为研究对象，计算桁架中各杆之内力；常用于结构的设计计算。

截面法——利用平面一般力系的平衡方程，用假想平面截取其中一部分桁架为研究对象，计算桁架中指定杆件之内力；常用于结构的校核计算。

【例 4-10】 平面静定桁架如图 4-16（a）所示，已知 $F = 20$kN，试求各杆之内力。

【解】 此题宜采用节点法。

(1) 先以桁架整体为研究对象，求出支反力。

(2) 根据

$$\sum M_A(\boldsymbol{F}) = 0 \quad 12F_H - 3F - 6F - 9F = 0$$

$$\sum M_B(\boldsymbol{F}) = 0 \quad -12F_{Ay} + 3F + 6F + 9F = 0$$

$$\sum F_x = 0 \quad F_{Ax} = 0$$

所以 $$F_{Ay} = F_H = 1.5F = 30\text{kN}$$

求出反力后，依次取各节点为研究对象，计算各杆的内力。

(3) 取节点 A 为研究对象，其受力如图 4-16(b) 所示，并假定各杆均为拉力。

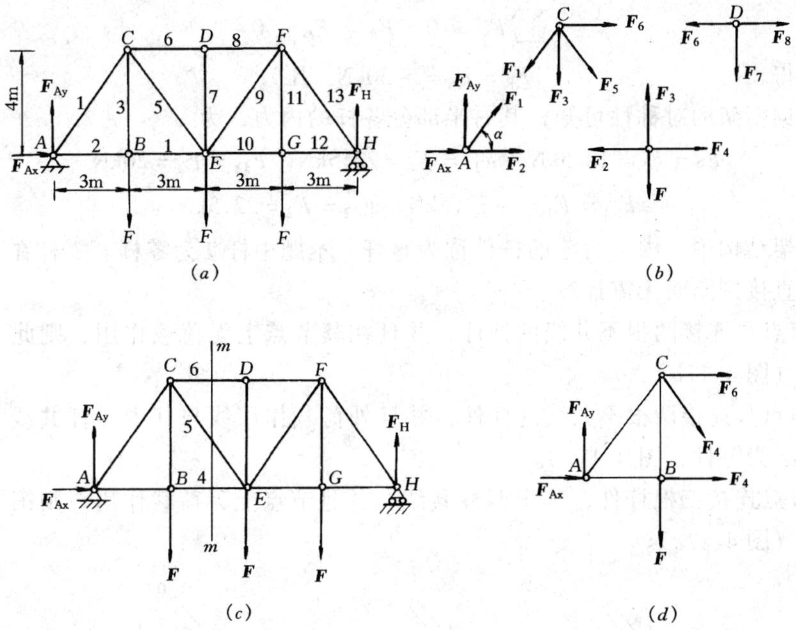

图 4-16　例 4-10 图

根据

$$\sum F_y = 0 \quad F_{Ay} + F_1 \sin\alpha = 0$$

$$\sum F_x = 0 \quad F_{Ax} + F_2 + F_1 \cos\alpha = 0$$

其中，$\sin\alpha = \dfrac{4}{5}$，$\cos\alpha = \dfrac{3}{5}$，代入上式

解得
$$F_1 = -\frac{F_{Ay}}{\sin\alpha} = -37.5\text{kN}（压）$$
$$F_2 = -F_{Ax} - F_1\cos\alpha = 22.5\text{kN}$$

（4）节点 B
$$\sum F_x = 0 \quad F_4 - F_2 = 0$$
$$\sum F_y = 0 \quad F_3 - F = 0$$

所以
$$F_4 = F_2 = 22.5\text{kN}$$
$$F_3 = F = 20\text{kN}$$

（5）节点 C
$$\sum F_x = 0 \quad -F_1\cos\alpha + F_5\cos\alpha + F_6 = 0$$
$$\sum F_y = 0 \quad -F_1\sin\alpha - F_3 - F_5\sin\alpha = 0$$

解得
$$F_5 = 12.5\text{kN}$$
$$F_6 = -30\text{kN}（压）$$

（6）节点 D
$$\sum F_y = 0 \quad F_7 = 0$$

$$\sum F_x = 0 \quad F_8 - F_6 = 0$$

解得
$$F_8 = F_6 = -30\text{kN}\ (\text{压})$$

根据桁架的对称性可知，其右半部分各杆的内力，为

$$F_9 = F_5 = 12.5\text{kN},\ F_{10} = F_4 = 22.5\text{kN},\ F_{11} = F_3 = 20\text{kN},$$

$$F_{13} = F_1 = -37.5\text{kN},\ F_{12} = F_2 = 22.5\text{kN}。$$

桁架结构中，内力为零的杆件称为**零杆**。本题中杆 7 为零杆。零杆在下列情况中可直接判断而无需计算。

- 节点只连接两根不共线的杆件、并且在其节点上无荷载作用，则此二杆必为零杆（图 4-17*a*）。
- 节点只连接两根不共线的杆件，并且外荷载作用线与其中一杆共线，则另一杆件必为零件（图 4-17*b*）。
- 节点连接三根杆件，其中两杆共线，并且节点上无荷载作用，则第三杆必为零件（图 4-17*c*）。

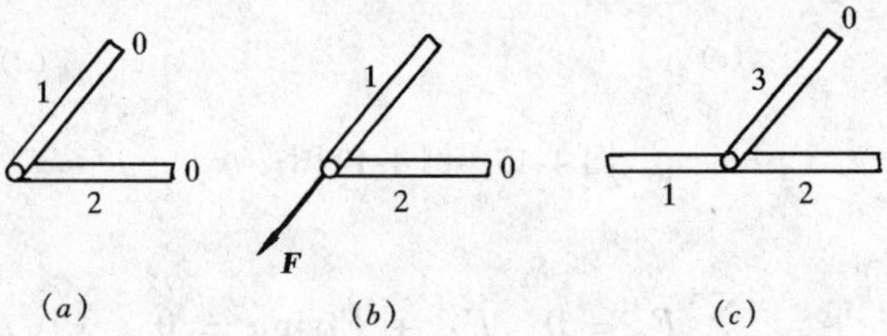

图 4-17　零杆的判断

对于本题中的桁架，如果只需求 4、5、6 三杆之内力，则可采用截面法计算。下面介绍截面法的应用。

(7) 若只需求 4、5、6 杆的内力，仍可先以桁架整体为研究对象，求出桁架的支反力 $\boldsymbol{F}_{Ax}$、$\boldsymbol{F}_{Ay}$和 $\boldsymbol{F}_H$。

(8) 假想有一平面 *m-m*，将 4、5、6 三杆截断，并取桁架的左半部为研究对象，受力如图 4-16(*c*)、(*d*) 所示，此为一平面一般力系。根据

$$\sum M_C(\boldsymbol{F}) = 0 \quad 4F_{Ax} + 4F_4 - 3F_{Ay} = 0$$

$$\sum F_y = 0 \quad F_{Ay} - F - F_5\sin\alpha = 0$$

$$\sum F_x = 0 \quad F_4 + F_5\cos\alpha + F_6 + F_{Ax} = 0$$

解得

$$F_4 = \frac{3F_{Ay} - 4F_{Ax}}{4} = 22.5\text{kN}$$

$$F_5 = \frac{F_{Ay} - F}{\sin\alpha} = 12.5\text{kN}$$

$$F_6 = -F_{Ax} - F_4 - F_5\cos\alpha = -30\text{kN}$$

(9) 讨论

通过本题桁架内力的计算可知：采用节点法计算内力时，为计算方便，最好逐个选取只含两个未知力的节点分析；采用截面法时，选取恰当的矩心，可使计算简化；而且用截面法一次最多只能截断三根内力未知的杆件。其原因请读者自己思考。

第六节　静力学应用专题

一、考虑摩擦时物体的平衡

在前面章节的讨论中，我们把所研究的物体之间的接触面均视为光滑，即忽略了接触面之间的摩擦。这当然是对实际工程问题的理想化处理。如果物体间的接触面比较光滑，或具有良好的润滑条件，摩擦力对物体平衡的影响很小，属于次要因素，可以不计。然而在重力坝的抗滑稳定、车辆的加速与制动、尖劈顶重以及土木建筑的桩基等工程问题中，摩擦力成为影响物体平衡的主要因素，这时必须考虑摩擦的存在与作用。

(一) 滑动摩擦与滑动摩擦力

物理学中已经建立了有关滑动摩擦的概念及其库仑定律，现列入表 4-2 以供参考。

当物体之间的接触面仅有相对滑动趋势但仍保持相对静止时，我们称物体处于一般平衡状态，此时接触面间的切向约束力即为静滑动摩擦力 $\boldsymbol{F}_s$（简称静摩擦力），并且 $\boldsymbol{F}_s < \boldsymbol{F}_{max}$；一旦两接触物体处于要滑而未滑的平衡状态，此时，接触面间的静滑动摩擦力达到最大值 $\boldsymbol{F}_{max}$，我们称物体处于临界平衡状态。

滑动摩擦力的分类　　**表 4-2**

类　别	静摩擦力（$\boldsymbol{F}_s$）	最大静摩擦力（$\boldsymbol{F}_{max}$）	动摩擦力（$\boldsymbol{F}_d$）
产生条件	物体接触面之间有相对滑动趋势，但物体仍保持静止	物体接触面之间有相对滑动趋势，但物体处于要滑而未滑的临界平衡状态	物体接触面之间开始相对滑动
方　向	与相对滑动趋势方向相反	与相对滑动趋势方向相反	与相对滑动方向相反
大　小	$0 \leqslant \boldsymbol{F}_s \leqslant \boldsymbol{F}_{max}$，并且 $\boldsymbol{F}_s$ 之值由平衡方程确定	$\boldsymbol{F}_{max} = f_s\boldsymbol{F}_N$ $\boldsymbol{F}_N$——接触面的法向反力(也称法向正压力) f_s——静滑动摩擦因数，其值可从工程手册中查找	$\boldsymbol{F}_d = f_d\boldsymbol{F}_N$ $\boldsymbol{F}_N$——接触面法向反力； f_d——动滑动摩擦因数。 $f_s < f_d$

（二）摩擦角与自锁

1. 摩擦角

当考虑摩擦时，静止物体所受接触面的约束力有法向反力 $\boldsymbol{F}_{\mathrm{N}}$ 和切向反力（即静摩擦力）$\boldsymbol{F}_{\mathrm{s}}$，设 $\boldsymbol{F}_{\mathrm{R}}$ 是此二反力之合力（图 4-18a）即

$\boldsymbol{F}_{\mathrm{R}}=\boldsymbol{F}_{\mathrm{N}}+\boldsymbol{F}_{\mathrm{s}}$　称 $\boldsymbol{F}_{\mathrm{R}}$ 为接触面的**全反力**。显然，$\boldsymbol{F}_{\mathrm{R}}$ 的大小为

$$F_{\mathrm{R}}=\sqrt{F_{\mathrm{N}}^{2}+F_{\mathrm{s}}^{2}}$$

其作用线与接触面法线间的夹角 φ 为

$$\tan\varphi=\frac{F_{\mathrm{s}}}{F_{\mathrm{N}}}$$

在平衡的临界状态，有

$$\boldsymbol{F}_{\mathrm{R}}=\boldsymbol{F}_{\mathrm{N}}+\boldsymbol{F}_{\max}$$

夹角 φ 也达到最大值 φ_{m}，称其为摩擦角（图 4-18b）。显然

$$\tan\varphi_{\mathrm{m}}=\frac{F_{\max}}{F_{\mathrm{N}}}=\frac{f_{\mathrm{s}}F_{\mathrm{N}}}{F_{\mathrm{N}}}=f_{\mathrm{s}}\tag{4-18}$$

即摩擦角的正切等于静摩擦因数。摩擦角 φ_{m} 是全反力 $\boldsymbol{F}_{\mathrm{R}}$ 与接触面法线间的最大夹角。可见，φ_{m} 与 f_{s} 都是表示材料摩擦性质的物理量。

2. 自锁

下面分析与摩擦角有关的力学现象。设平衡物体所受主动力系之合力为 $\boldsymbol{F}_{\mathrm{A}}$，其作用线与接触面法线间的夹角为 α。这样作用于平衡物体上的力为两个 $\boldsymbol{F}_{\mathrm{A}}$ 和 $\boldsymbol{F}_{\mathrm{R}}$（全反力）。由于 $\boldsymbol{F}_{\mathrm{s}}\leqslant\boldsymbol{F}_{\max}$，所以全反力 $\boldsymbol{F}_{\mathrm{R}}$ 的作用线总位于摩擦角以内，最多到达摩擦角的边界上（图 4-19）。

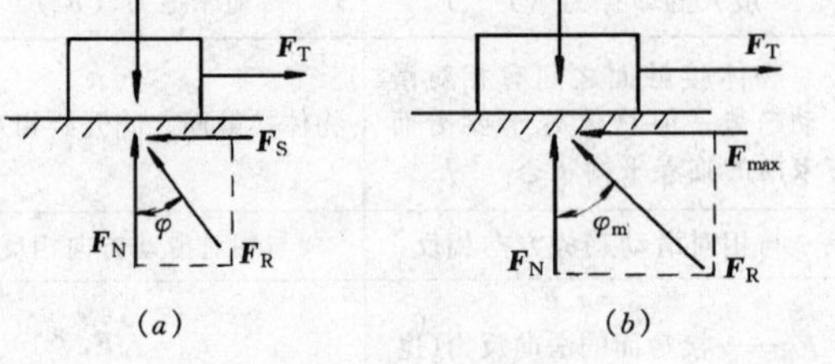

图 4-18　摩擦角

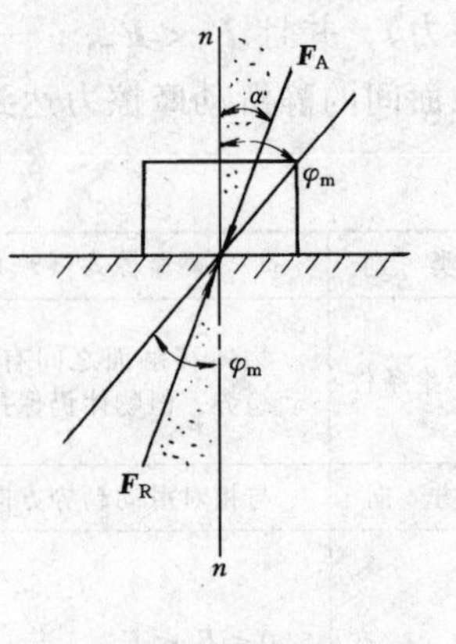

图 4-19　自锁

● 当 $\alpha\leqslant\varphi_{\mathrm{m}}$ 时，即 $\boldsymbol{F}_{\mathrm{A}}$ 的作用线在摩擦角以内，至多到达边界上时，无论 $\boldsymbol{F}_{\mathrm{A}}$

之值多大，必能产生与之等值、反向、共线的全反力 F_R 使物体保持静止。而且 $\alpha=\varphi\leqslant\varphi_m$。

● 当 $\alpha>\varphi_m$ 时，即 F_A 的作用线在摩擦角之外，无论 F_A 多小，全反力 F_R 不能与之共线，所以物体不能保持静止。

结论：主动力系合力的作用线在摩擦角范围以内，能使物体保持静止的力学现象称作**摩擦自锁**，简称**自锁**。$\alpha\leqslant\varphi_m$ 称作**自锁条件**。

若物体沿接触面各个方向的 f_s 相等，则可以接触面法线 n-n 为轴，$2\varphi_m$ 为顶角画出一个圆锥，称作**摩擦锥**（如图 4-20）。若主动力系合力 F_A 的作用线在锥内，则无论其值 F_A 多大，物体总能保持静止；反之，物体必定滑动。

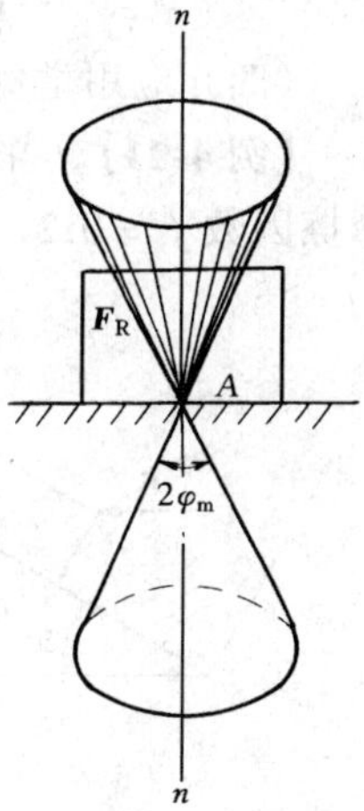

图 4-20　摩擦锥

摩擦自锁现象在日常生活和工程技术中常能见到。例如，在木器上钉木楔、千斤顶、螺栓、攀登电线杆用的套钩等都是利用了自锁。而一些运动机械则要设法避免出现自锁。

（三）有摩擦的平衡问题

1. 平衡问题的共性与个性

(1) 作用在刚体或刚体系统上的各个力（包括摩擦力 F_s）必须满足平衡条件。

(2) 注意摩擦力 F_s 的大小、方向，并且 $0\leqslant F_s\leqslant F_{max}$。只有在临界平衡时才有 $F_{max}=f_sF_N$。

2. 两种可能的运动趋势及临近的运动状态（图 4-21）：

(1) 滑动（图 4-21*a*）

(2) 翻倒（图 4-21*b*）

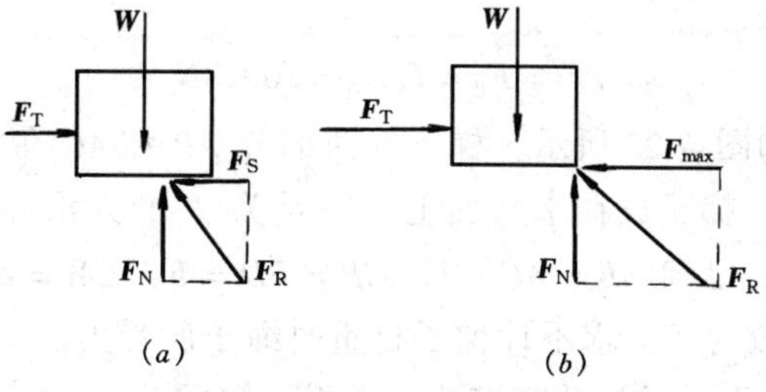

图 4-21　有摩擦的运动趋势

3. 两类问题

(1) $F_s < F_{max}$，已知主动力，求约束力（与一般平衡问题相同）；

(2) $F_s = F_{max}\begin{cases}\text{滑动}\\\text{翻倒}\end{cases}$求平衡位置或求各主动力之间的关系。

（四）应用举例

【例 4-11】 物块重 $W=1500N$，放在倾角为30°的斜面上，它与斜面间的静摩擦因数 $f_s=0.2$，动摩擦因数 $f_d=0.18$。物块受水平力 $F_1=400N$ 的作用，如图 4-22 所示。试问物体是否运动？并求此时摩擦力的大小和方向。

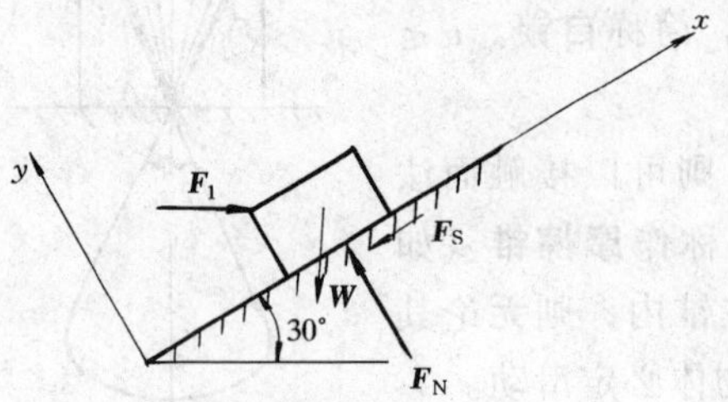

图 4-22 例 4-11 图

【解】 本题为判断物体是否平衡的问题，解决这类问题的思路是：先假设物体静止及摩擦力的方向，应用平衡方程求解，将求得的 $\boldsymbol{F}$ 与 $\boldsymbol{F}_{max}$ 比较，再确定物体是否运动。

(1) 取物块为研究对象，受力如图 4-21 所示，并假设摩擦力 $\boldsymbol{F}$ 沿斜面向下。

(2) 建立图示坐标，列平衡方程

$$\sum F_x = 0 \quad -W\sin30° + F_1\cos30° - F = 0$$

$$\sum F_y = 0 \quad -W\cos30° - F_1\sin30° + F_N = 0$$

解得
$$\begin{cases}F = -403.6N\\F_N = 1499N\end{cases}$$

F 为负值，说明物体平衡时摩擦力方向与假设方向相反，即应沿斜面向上。

(3) 比较

因为
$$F_{max} = f_s F_N = 299.8N$$

即物体平衡时有 $|\boldsymbol{F}| > F_{max}$，这是不可能的。于是物块在 $\boldsymbol{F}_1$ 的作用下不可能在斜面上静止，而是向下滑动。此时的摩擦力即为动摩擦力，方向沿斜面向上，其大小为

$$F = F_d = f_d F_N = 269.8N$$

【例 4-12】 如图 4-23 所示，梯子的两部分 AB 和 AC 在 A 点铰接，又在 D、E 处用水平绳连接。梯子放在水平面上。一重为 $\boldsymbol{P}$ 的人沿 AC 攀登，到达 M 点时，梯子将要滑动。已知 $AB=AC=l$，$CE=BD=b$，$CM=a$，梯子与地面的夹角为 α，静摩擦系数为 f_s。求不计梯子自重时绳子所受力。

【解】 本题属于考虑滑动摩擦的临界平衡问题。

(1) 以整体为研究对象，受力如图 4-23 (b) 所示。由平衡方程得

$$\sum M_B(\boldsymbol{F}) = 0 \quad F_{NC}2l\cos\alpha - P(2l\cos\alpha - a\cos\alpha) = 0$$

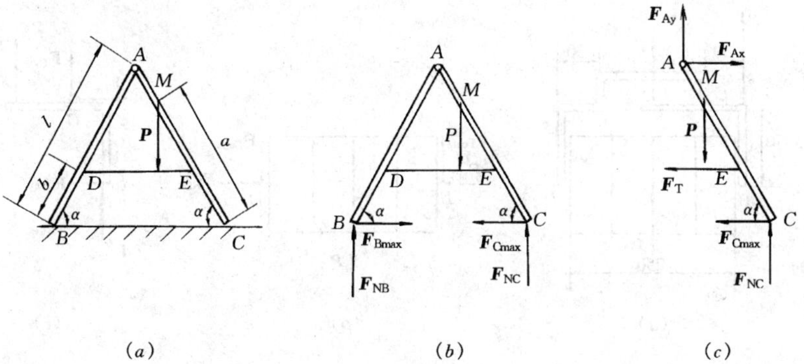

图 4-23 例 4-12 图

解得 $$F_{NC} = \frac{P(2l - a)}{2l}$$

而 $$F_{Cmax} = f_s F_{NC} = \frac{Pf_s(2l - a)}{2l}$$

(2) 再以 AC 为研究对象，受力如图 4-22 (c) 所示。据

$$\sum M_A(\boldsymbol{F}) = 0 \quad F_{NC} l\cos\alpha - F_{Cmax} l\sin\alpha - F_T(l - b)\sin\alpha$$
$$- P(l - a)\cos\alpha = 0$$

$$F_T = \frac{P[a - f_s(2l - a)\tan\alpha]}{2(l - b)\tan\alpha}$$

(3) 讨论

在本题中，若地面是光滑的，即 $f_s = 0$，则绳子所受拉力为

$$F_{TO} = \frac{Pa}{2(l - b)\tan\alpha}$$

显然，$F_{TO} > F_T$。$\boldsymbol{F}_T$ 是梯子处于临界平衡状态下绳子的拉力，如果选用绳子的强度能达到拉力 $\boldsymbol{F}_T$，在地面存在摩擦时梯子尚能平衡；而当地面光滑时，绳子则被拉断，即平衡破坏。

【例 4-13】 如图 4-24 所示，砖夹由不计重量的杆 AB 和 CD 铰接而成。砖夹与砖的摩擦系数为 $f_s = 0.5$。试问 b 取何值时才能将重为 P 的砖夹起来？图中尺寸单位为 mm。

【解】 本题属于考虑滑动摩擦时的平衡范围问题。可按临界平衡状态计算，求出平衡时 b 的临界值，再分析其范围。

(1) 以砖、砖夹为整体分析，受力如图 4-23 (a) 所示。据

$$\sum F_y = 0 \quad F - P = 0$$

解得 $$F = P \tag{1}$$

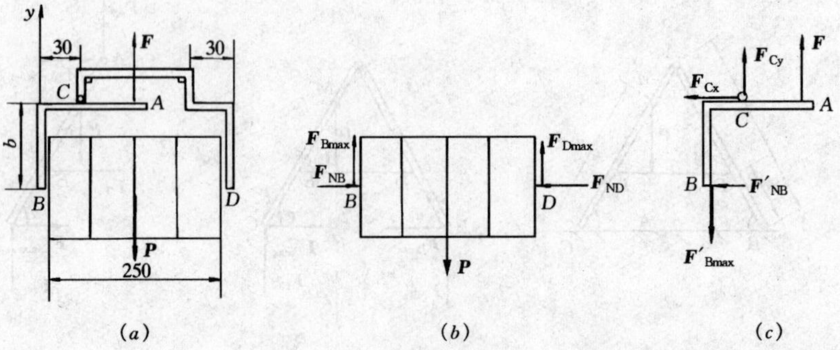

图 4-24 例 4-13 图

(2) 以砖为研究对象，考虑临界平衡时，其受力如图 4-23（b）所示。由

$$\sum M_D(\boldsymbol{F}) = 0 \quad \frac{250}{2}P - 250F_{Bmax} = 0 \tag{2}$$

解得

$$F_{Bmax} = \frac{P}{2} \tag{3}$$

(3) 取砖夹折杆 AB 为研究对象，处于临界平衡时的受力如图4-23(c)所示。据

$$\sum M_C(\boldsymbol{F}) = 0 \quad 5F + 30F'_{Bmax} - F'_{NB}b = 0 \tag{4}$$

由于

$$F'_{Bmax} = f_s F'_{NB} \tag{5}$$

将式（1）、（3）、（5）代入（2）得

$$b = 220f_s = 110\text{mm}$$

此即临界状态的 b 值。将砖夹起时 b 的取值不易直观确定，此时借助摩擦因数的变化，分析其解的范围往往是有益的。设想如果我们讨论的是一般平衡状态，这时方程（2）、（3）、（4）中的 F_{smax}应改为 F_{Bs}，方程（5）也应改为

$$F_{Bs} \leqslant F'_{Bmax} = f_s F'_{NB}$$

为了仍然使用上述方程求解，可将上述不等式的补充条件以等式的形式表示为

$$F_{Bs} = f' F'_{NB}$$

其中取

$$f' \leqslant f_s$$

于是将方程（2）、（4）、（5）中的 F_{Bmax}用 F_{Bs}代替，f_s用 f' 代替，即可得到一般平衡的方程。从而解得一般平衡状态下

$$b = 220f'$$

由于 $f' \leqslant f_s$，所以，在一般平衡状态下的 b 值范围是

$$b \leqslant 220 f_s = 110\text{mm}$$

这种由临界平衡状态下的解而得到一般平衡状态下解的方法即为：**使临界平衡状态解中的摩擦系数减小，可得到一般平衡状态的解。**

(4) 讨论

本题还可按一般平衡状态处理，即将式 (2)、(3)、(4) 中的 F_{Bmax}用 F_{Bs}代替，而将式 (5) 变为不等式 $F'_{Bs} \leqslant f_s F'_{NB}$，不等式与方程联立，直接求得问题的解答，而且过程简捷。这种解法称为不等式法求解，对于求平衡范围这类问题非常有益。请读者自己试试。

【例 4-14】　一棱柱体重 $W = 480\text{N}$，置于水平面上，接触面间的摩擦因数 $f = \frac{1}{3}$，$\boldsymbol{F}_P$ 如图 4-25 作用于其上，若 F_P 逐渐增加，问棱柱体是先滑动还是先翻倒？并求出使其运动的最小值 F_{Pmin}。

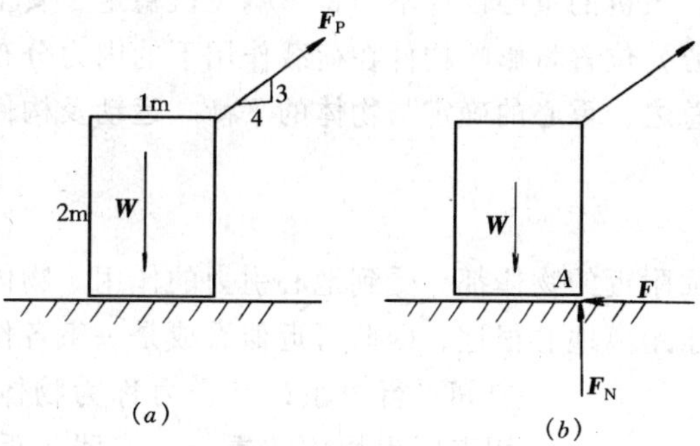

图 4-25　例 4-14 图

【解】　本题属于判断存在摩擦时物体是否翻倒的问题，可首先假定处于翻倒的临界状态，然后根据结果进行分析。

(1) 取棱柱体为研究对象，当棱柱体处于刚要翻倒的临界状态，其受力如图 4-25 (b) 所示。据平衡方程有

$$\sum M_A(\boldsymbol{F}) = 0 \quad \frac{1}{2}W - 2 \times \frac{4}{5}F_P = 0$$

$$\sum F_y = 0 \quad -W + F_N + \frac{3}{5}F_P = 0$$

$$\sum F_x = 0 \quad \frac{4}{5}F_P - F = 0$$

所以

$$F_P = \frac{5}{16}W = 150\text{N}$$

$$F = \frac{4}{5}F_P = 120\text{N}$$

$$F_N = W - \frac{3}{5}F_P = 390\text{N}$$

而

$$F_{max} = F_N f = \frac{1}{3} \times 390 = 130\text{N}$$

因为 $F < F_{max}$，所以棱柱体不会滑动，而是先翻倒，并且 $F_{Pmin} = 150\text{N}$。

(2) 讨论

本题还可假设棱柱体刚滑动时，据 $\sum F_x = 0$、$\sum F_y = 0$、$F_{max} = fF_N$ 三个方程，求出此时的 F_P 值即 $F_P = 160\text{N}$，再验证翻倒情况，事实上棱柱体在 $\boldsymbol{F}_P$ 逐渐增加时，是先翻倒再滑动。

二、重心

重心在工程中具有重要的意义。例如水坝的重心位置关系到坝体在水压力作用下能否维持平衡；飞机的重心设计不当将影响飞机稳定、安全地飞行；工程构件截面的重心（形心）位置将影响构件在荷载作用下的内力分布，直接影响着构件能否安全工作。总之，重心的确定与物体的平衡、运动及构件的安全工作有密切关系。

1. 重心的概念

地球表面或表面附近的物体都会受到地心引力的作用。物体的每一部分所受到的地心引力，由于距离地心很远，因此可近似看成是一组各作用线相互平行的空间平行力系，其合力称为物体的**重力**。合力作用点即为物体的**重心**，实践告诉我们，物体的重心与物体所在空间的位置无关。也就是说，无论物体如何搁置，其重心总是通过物体内部一确定的点。

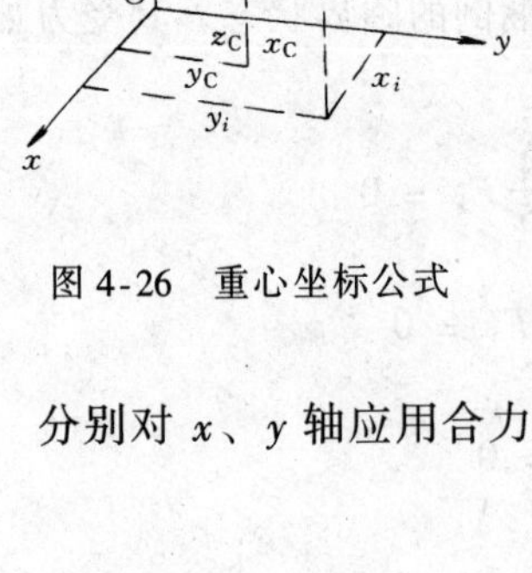

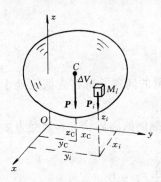

图 4-26　重心坐标公式

2. 重心坐标公式

设在物体上固连一坐标系 $Oxyz$ 如图 4-26 所示。设物体重心 C 的坐标为 x_C、y_C、z_C；重力为 $\boldsymbol{P}$。其微小部分的重力为 $\boldsymbol{P}_i$，其作用点的坐标为 x_i、y_i、z_i。

由于

$$P = \sum P_i$$

分别对 x、y 轴应用合力矩定理有

$$-Py_C = \sum P_i y_i$$

$$-Px_C = \sum P_i x_i$$

为求坐标 z_C，可将物体连同坐标系绕 x 轴顺时针转 90°，使各重力与 y 轴平行。之后再对 x 轴应用合力矩定理，得

$$-Pz_C = \sum P_i z_i$$

归纳上述三式，即得重心 C 的坐标公式为

$$x_C = \frac{\sum P_i x_i}{P}$$

$$y_C = \frac{\sum P_i y_i}{P} \tag{4-19}$$

$$z_C = \frac{\sum P_i z_i}{P}$$

对于均质物体，设其重度 γ = 常量，物体微小部分及整体的体积分别为 ΔV_i 和 V，于是有 $P = \gamma V$，$P_i = \gamma \Delta V_i$，代入式（4-19）得

$$\left.\begin{aligned} x_C &= \frac{\sum \Delta V_i x_i}{V} \\ y_C &= \frac{\sum \Delta V_i y_i}{V} \\ z_C &= \frac{\sum \Delta V_i z_i}{V} \end{aligned}\right\} \tag{4-20}$$

这表明，均质物体的重心位置与物体的重力大小无关，仅取决于物体的几何形状，它表示几何形体的中心，称做**形心**。写成积分形式，有

$$x_C = \frac{\int_V x \mathrm{d}\nu}{V}$$

$$y_C = \frac{\int_V y \mathrm{d}\nu}{V} \tag{4-21}$$

$$z_C = \frac{\int_V z \mathrm{d}\nu}{V}$$

同理可导出均质等厚薄板（壳）和均质细杆的重心（形心）的坐标公式：

均质板：

$$\left.\begin{aligned} x_C &= \frac{\sum A_i x_i}{A} \\ y_C &= \frac{\sum A_i y_i}{A} \\ z_C &= \frac{\sum A_i z_i}{A} \end{aligned}\right\} \tag{4-22}$$

写成积分式

$$\left.\begin{aligned} x_C &= \frac{\int_A x\mathrm{d}A}{A} \\ y_C &= \frac{\int_A y\mathrm{d}A}{A} \\ z_C &= \frac{\int_A z\mathrm{d}A}{A} \end{aligned}\right\} \tag{4-23}$$

均质细长杆：

$$\left.\begin{aligned} x_C &= \frac{\int_l x\mathrm{d}l}{l} \\ y_C &= \frac{\int_l y\mathrm{d}l}{l} \\ z_C &= \frac{\int_l z\mathrm{d}l}{l} \end{aligned}\right\} \tag{4-24}$$

式中　A—— 薄板(壳)的面积；

l—— 均质细杆的长度。

积分$\int_A x\mathrm{d}A$ 和$\int_A y\mathrm{d}A$ 分别称作平面图形对 y 轴和 x 轴的静矩，记为 S_y 和 S_x，即

$$\left.\begin{aligned} S_x &= \int_A y\mathrm{d}A = A \cdot y_C \\ S_y &= \int_A x\mathrm{d}A = A \cdot x_C \end{aligned}\right\} \tag{4-25}$$

显然，平面图形对通过其形心的任一轴的静矩必定为零。反之，若平面图形对某轴的静矩为零，则该轴必过形心。

常见简单几何形体的重心（形心）见表 4-3。也可查阅有关的工程手册。

3. 重心的计算方法

(1) 对称判别法

具有对称面、对称轴、对称中心的均质物体，其重心必在相应的对称面、对称轴、对称中心上。

(2) 实验法（平衡法）　用于确定形状不规则或质量分布不均匀物体之重心(形心)。

(3) 组合法

工程中有些物体的形状虽然比较复杂，但往往是由一些简单的几何形体组合

成，其重心（形心）位置可通过将组合体分割成若干个简单几何体，运用式（4-22）求得。

【例 4-15】 求如图 4-27 所示平面图形的重心位置（图中单位 mm）。

【解】 采用组合法。取图示坐标系 Oxy，将平面图形分为两个矩形。设两矩形的重心分别为 C_1、C_2，其坐标分别为（x_1，y_1）和（x_2，y_2）其面积分别为 A_1、A_2，由图可知

$$A_1 = 2400\text{mm}^2,\ x_1 = 10\text{mm},\ y_1 = 60\text{mm}$$

$$A_2 = 1200\text{mm}^2,\ x_2 = 50\text{mm},\ y_2 = 10\text{mm}$$

由式（4-22）得图形重心的坐标为

$$x_C = \frac{A_1 x_1 + A_2 x_2}{A_1 + A_2} = 23.3\text{mm}$$

$$y_C = \frac{A_1 y_1 + A_2 y_2}{A_1 + A_2} = 43.3\text{mm}$$

【例 4-16】 边长为 $4a$ 的均质正方形薄板，挖去一个半径为 a 的图，如图 4-28 所示。求阴影线部分重心 C 的位置。

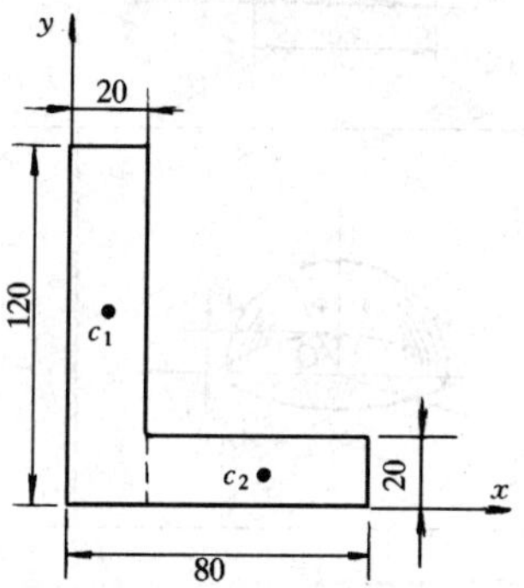

图 4-27　例 4-15 图

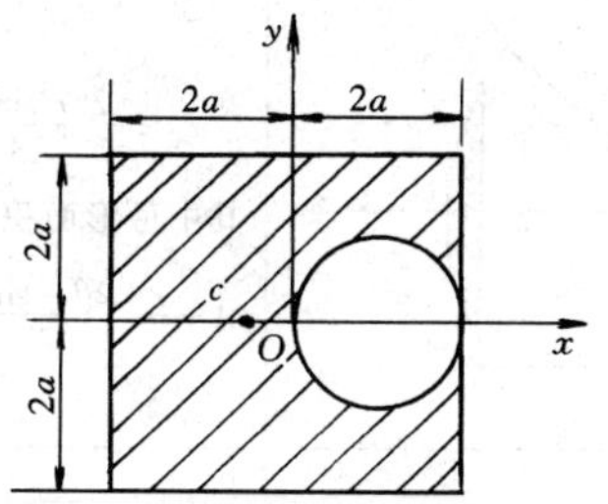

图 4-28　例 4-16 图

【解】 该图形具有一个对称轴，取对称轴为 x 轴，则重心一定在该轴上，即 $y_C = 0$，故只需求出重心坐标 x_C。挖去部分可视为面积为负值的圆，由式（4-22）可得阴影线部分重心的坐标

$$x_C = \frac{A_1 x_1 + (-A_2 x_2)}{A_1 - A_2} = \frac{(4a)^2 \times 0 - \pi a^2 a}{(4a)^2 - \pi a^2} = -0.244a$$

所以，阴影线部分重心的坐标为（$-0.244a$，0）。

简单几何形体的重心（形心） 表 4-3

图 形		形心坐标	图 形		形心坐标
三角形	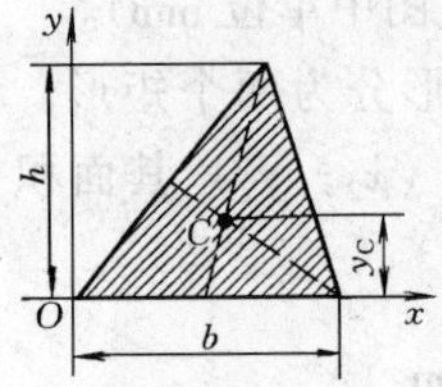	$y_C=\frac{1}{3}h$	部分圆环（扇面）	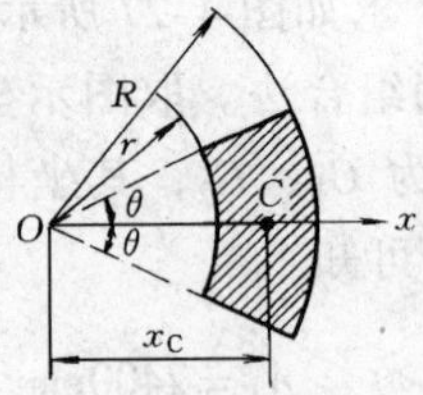	$x_C=\frac{2(R^3-r^3)\sin\theta}{3(R^2-r^2)\theta}$
梯形	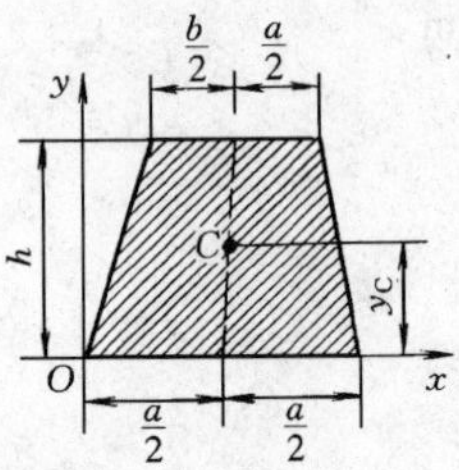	$y_C=\frac{h(a+2b)}{3(a+b)}$	抛物线面	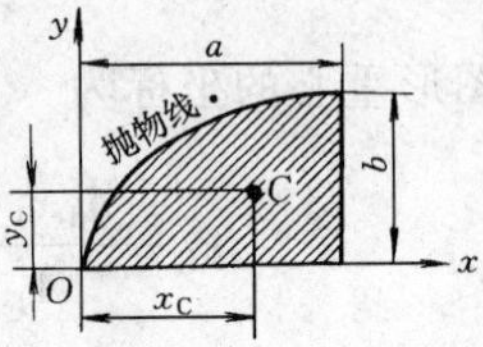	$x_C=\frac{3}{5}a$ $x_C=\frac{3}{8}b$
扇形	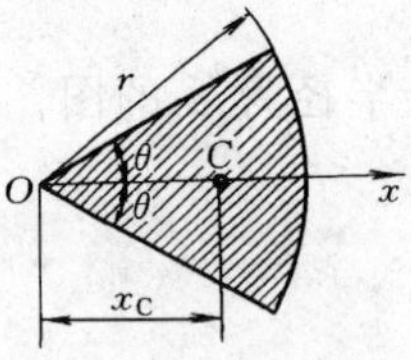	$x_C=\frac{2}{3}\frac{r\sin\theta}{\theta}$ （θ用弧度表示，下同）对半圆，$\theta=\frac{\pi}{2}$，则 $x_C=\frac{4r}{3\pi}$	抛物线面	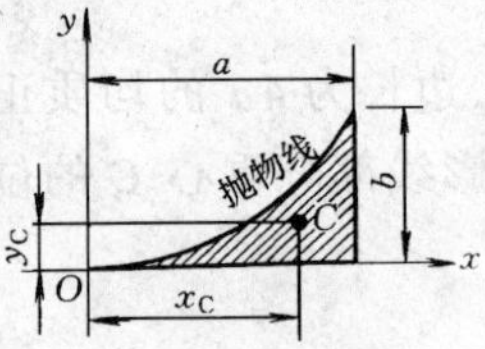	$x_C=\frac{3}{4}a$ $y_C=\frac{3}{10}b$
弓形	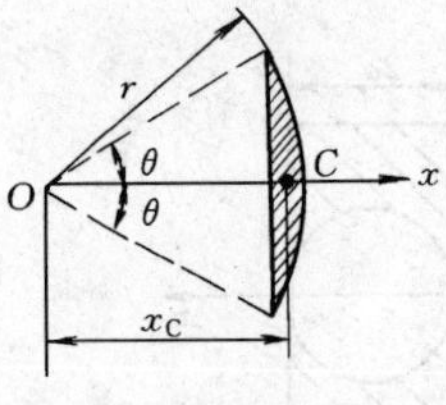	$x_C=\frac{2}{3}\frac{r^3\sin^3\theta}{A}$ 其中弓形面积 $A=\frac{r^2(2\theta-\sin2\theta)}{2}$	半圆球体	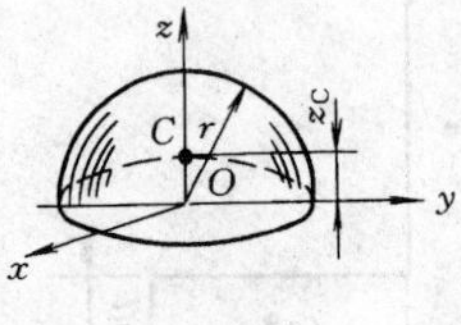	$z_C=\frac{3}{8}r$
圆弧	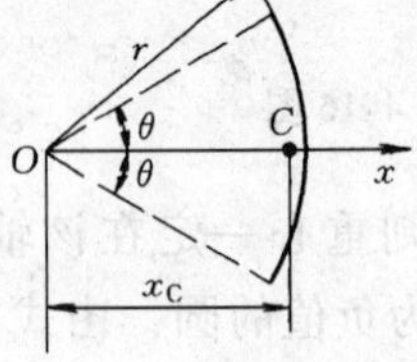	$x_C=\frac{r\sin\theta}{\theta}$ 对于半圆弧 $\theta=\frac{\pi}{2}$，则 $x_C=\frac{2r}{\pi}$	正圆锥体	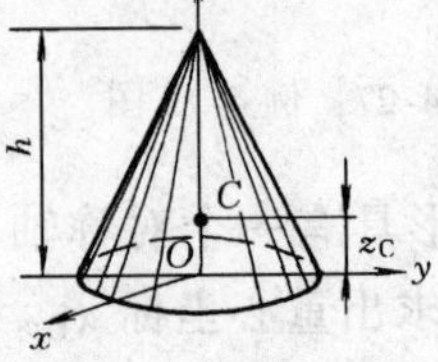	$z_C=\frac{1}{4}h$

小 结

本章主要介绍了一般力系的简化、平衡及其应用问题，是刚体静力学的核心内容。

1. 一般力系向一点简化的实质

以力线平移定理为理论依据，将空间一般力系分解为空间汇交力系和空间力偶系，使得空间一般力系的简化问题转化为空间汇交力系和空间力偶系的简化。因此，空间一般力系向一点简化的结果必然是一个力（称作力系的主矢）和一个力偶（称作力系的主矩）。揭示了刚体在力系作用下的移动和转动。

2. 空间一般力系简化的最终结果：合力、合力偶、力螺旋、平衡。

3. 空间一般力系的平衡方程

$$\sum F_x = 0 \quad \sum F_y = 0 \quad \sum F_z = 0$$

$$\sum M_x(\boldsymbol{F}) = 0 \quad \sum M_y(\boldsymbol{F}) = 0 \quad \sum M_z(\boldsymbol{F}) = 0$$

最多可求解六个未知量。

4. 几种特殊力系的平衡方程

汇交力系　$\sum F_z = 0 \quad \sum F_x = 0 \quad \sum F_y = 0$

力偶系　$\sum M_x = 0 \quad \sum M_y = 0 \quad \sum M_z = 0$

平行力系（与 z 轴平行）

$$\sum F_z = 0 \quad \sum M_x(\boldsymbol{F}) = 0 \quad \sum M_y(\boldsymbol{F}) = 0$$

平面一般力系　$\sum F_x = 0, \sum F_y = 0, \sum M_O(\boldsymbol{F}) = 0$

5. 物体系统平衡问题是本章的重点和难点

(1) 求解要点

1) 平衡对象的选择要有针对性——应包含待求的未知力。

2) 注意平衡对象受力分析的复杂性——整体平衡不计内力；局部平衡应遵循作用与反作用定律。

3) 提高平衡方程应用的灵活性——尽量使一个方程只含一个未知数。

4) 学会验证结果的正确性。

(2) 求解步骤

弄清题意找对象；受力分析把好关；巧选矩心、投影轴；解决问题顺又快。

6. 存在摩擦时的平衡问题

(1) 要学会判断平衡对象在力系作用下所处的状态：一般平衡、临界平衡或滑动。

(2) 注意摩擦力的方向和大小：$0 \leqslant F_s \leqslant F_{max}$。

(3) 列平衡方程时，注意补充方程 $F_{max} = f_s F_N$ 或 $F \leqslant f_s F_N$ 的应用。

7. 重心及其确定

重心及其确定是一个重要的工程应用问题。重心即为合重力的作用点，其位置与物体所在空间的位置无关，始终通过物体内部一确定的点。对均质体其重心、形心重合。组合法是工程实际中最实用的确定重心（形心）的方法。

思 考 题

4-1　判断下述结论的正确性。

(1) 空间一般力系向某点 O 简化，其主矢 $\boldsymbol{F}'_R \neq 0$，主矩 $\boldsymbol{M}_O = 0$，则该力系一定有合力。(　　)

(2) 两个等效的空间力系分别向两点 A 和 B 简化，设其主矢和主矩分别为 $\boldsymbol{F}'_{RA}$、$\boldsymbol{M}_A$ 及 $\boldsymbol{F}'_{RB}$、$\boldsymbol{M}_B$。由两个力系等效，必有

① $\boldsymbol{F}'_{RA}=\boldsymbol{F}'_{RB}$（ ）

② $\boldsymbol{M}_A=\boldsymbol{M}_B$（ ）

(3) 空间力系的平衡方程，除了三个在坐标轴上的投影式、三个对坐标轴的力矩式外，不能有其他形式。（ ）

(4) 空间力系向三个相互垂直的坐标平面投影，可以得到三个平面一般力系。而每个平面一般力系都有三个独立的平衡方程，因此一个空间力系应有九个独立平衡方程。（ ）

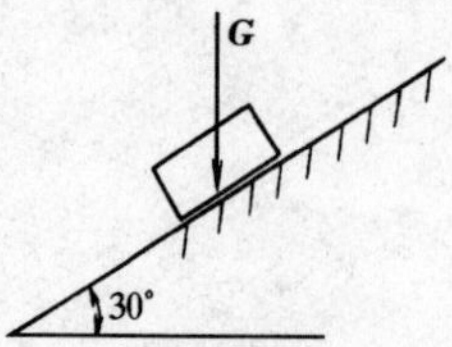

图 4-29

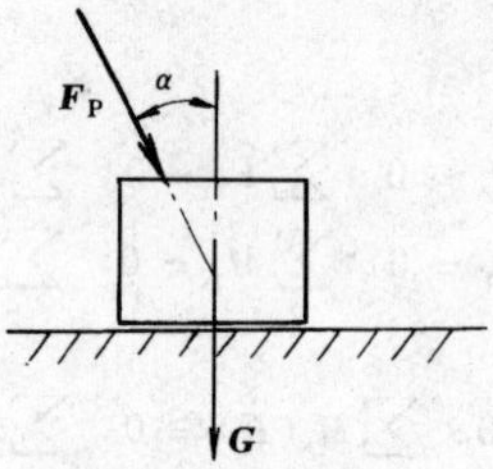

图 4-30

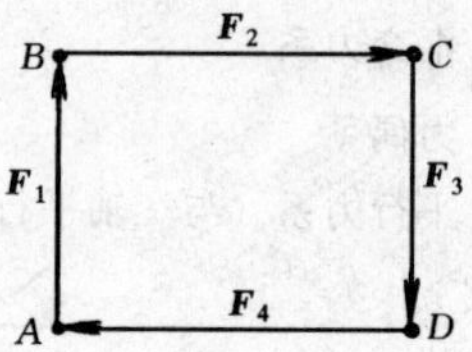

图 4-31

(5) 如图 4-29 所示，物块重 G，在倾角为 30°的斜面上静止。滑动与斜面间摩擦因数为 f，则斜面作用于滑块的摩擦力 $F=fG\cos30°$。（ ）

(6) 如图 4-30 所示，物块重 $\boldsymbol{G}$，受力 $\boldsymbol{F}_P$ 作用，$\boldsymbol{F}_P$ 与法向夹角 $\alpha=30°$，接触面间的摩擦角 $\varphi_m=20°$，$|\boldsymbol{F}_P|=|\boldsymbol{G}|$，根据自锁原理可知，因为 $\alpha>\varphi_m$，故物体不平衡。（ ）

4-2 仅在刚体上 A、B、C、D 四点作用四个力 $\boldsymbol{F}_1$、$\boldsymbol{F}_2$、$\boldsymbol{F}_3$、$\boldsymbol{F}_4$，如图 4-31 所示，其力多边形封闭。问刚体是否平衡？为什么？

4-3 图 4-32 中各刚体重量不计，其受力如图所示，问：

A. 哪些物体能在 B 点加一个力使之平衡？

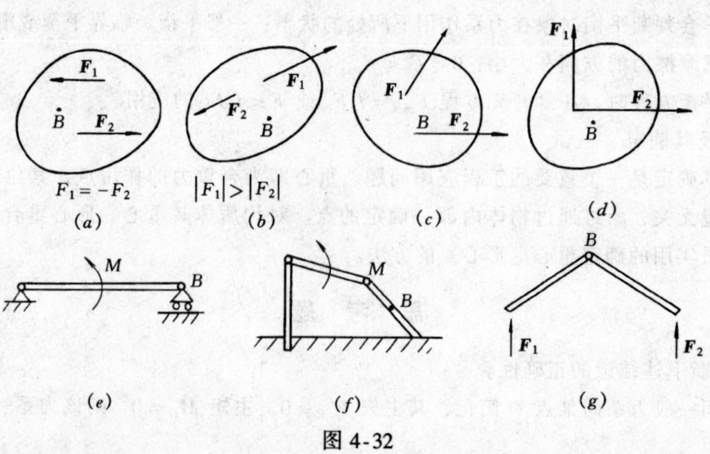

图 4-32

B. 哪些物体能在 B 点加一力偶使之平衡？

4-4　如图 4-33 所示结构，在 D 点作用一个力 $\boldsymbol{F}$，现根据力线平移定理，将作用于 D 点的力 $\boldsymbol{F}$ 平移到图中 E 点，得一力 $\boldsymbol{F}_1$ 与一力偶，这样做对 A、B、C 处的约束力有无影响？

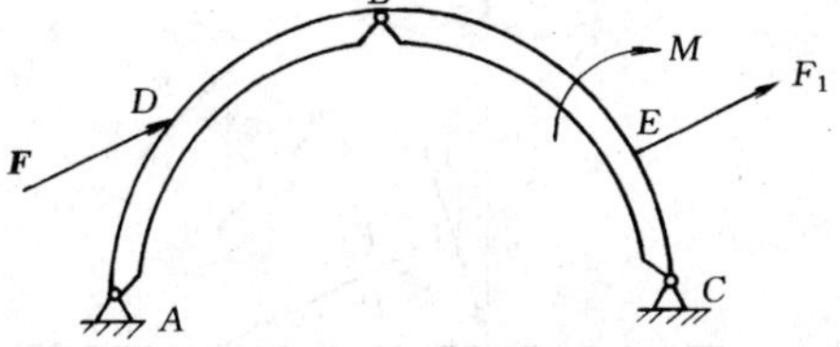

图 4-33

4-5　指出图 4-34 示各平面结构哪些是静定的，哪些是静不定的。

4-6　找出如图 4-35 示各桁架中的零杆。

4-7　计算物体的重心位置时，如果选取两个不同的坐标系，计算出的重心坐标是否相同？如不相同，是否意味着物体的重心相对于此物体的位置将随坐标系的选择不同而不同？

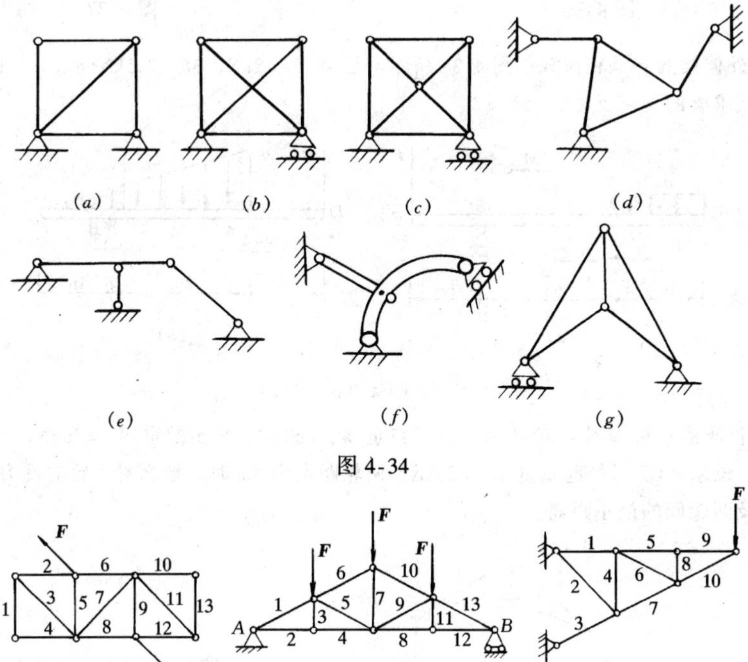

图 4-34

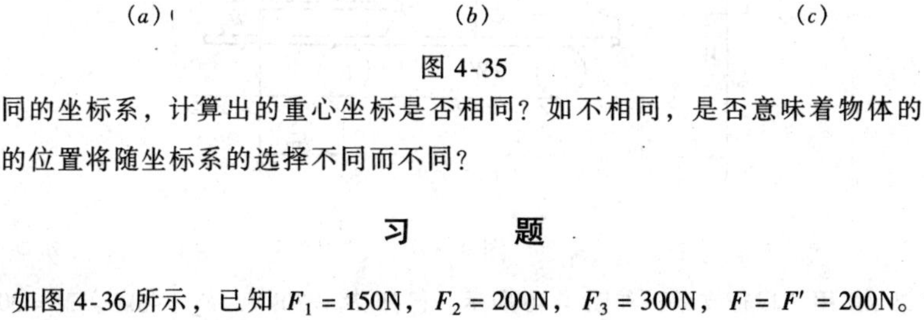

图 4-35

习　　题

4-1　如图 4-36 所示，已知 $F_1=150\text{N}$，$F_2=200\text{N}$，$F_3=300\text{N}$，$F=F'=200\text{N}$。试求力系向 O 点的简化结果，并求力系合力的大小及其与原点 O 的距离 d（图中尺寸的单位：mm）。

4-2　如图 4-37 所示，平面力系中各力大小分别为 $F_1=60\sqrt{2}\text{kN}$，$F_2=F_3=60\text{kN}$，作用位

置如图所示，求力系向 O 点和 O_1 点简化的结果（图中尺寸的单位：mm）。

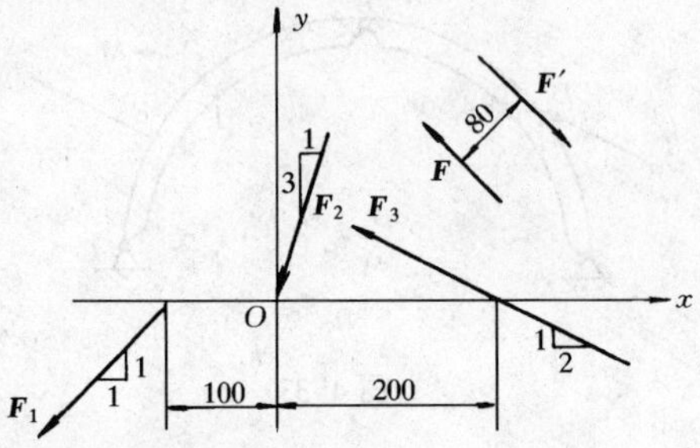

图 4-36

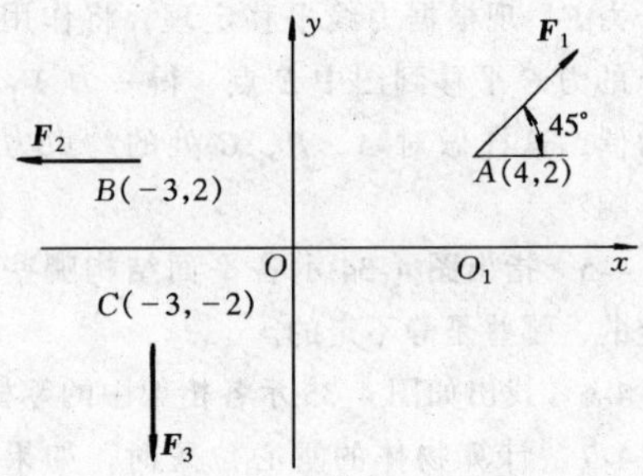

图 4-37

4-3 外伸梁的支承和荷载如图 4-38 所示。已知 $F = 2\text{kN}$，$M = 2.5\text{kN·m}$，$q = 1\text{kN/m}$。不计梁重，试求梁的支座反力。

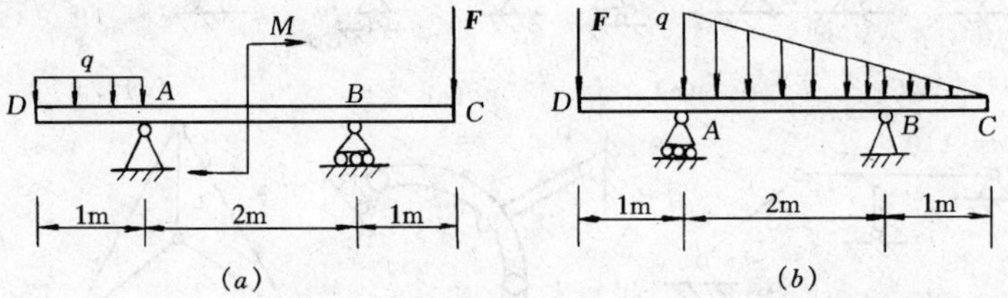

图 4-38

4-4 汽车起重机如图 4-39 所示，汽车自重 $W_1 = 60\text{kN}$，平衡配重 $W_2 = 30\text{kN}$，各部分尺寸如图所示。试求：① 当吊起重量 $W_3 = 25\text{kN}$，两轮距离为 4m 时，地面对车轮的反力；② 最大起吊重量及两轮间的最小距离。

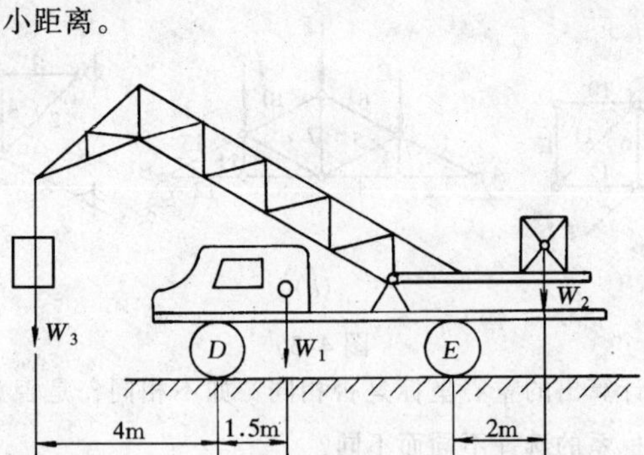

图 4-39

4-5 梁 AB 用三根杆支承，如图 4-40 所示。已知 $F_1 = 30\text{kN}$，$F_2 = 40\text{kN}$，$M = 30\text{kN·m}$，$q = 20\text{N/m}$，试求三杆的约束力。

4-6 求图 4-41 所示多跨静定梁的支座反力。已知 $F = 30\text{kN}$，$q = 15\text{kN/m}$，$l = 4\text{m}$。

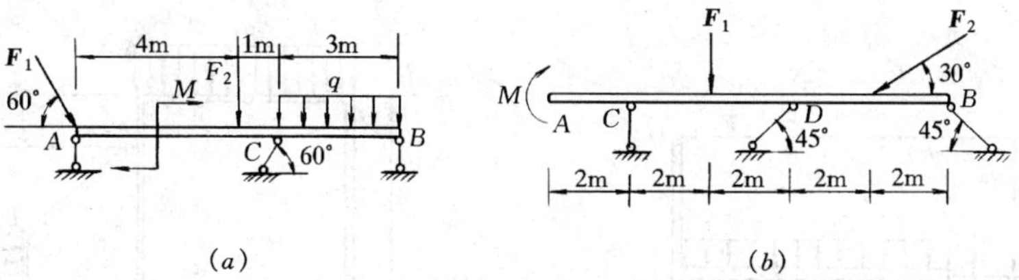

图 4-40

4-7　组合结构如图 4-42 所示，已知 $q=2\text{kN/m}$。试求 AD、CD、BD 三杆之内力。梁和各杆的自重不计。

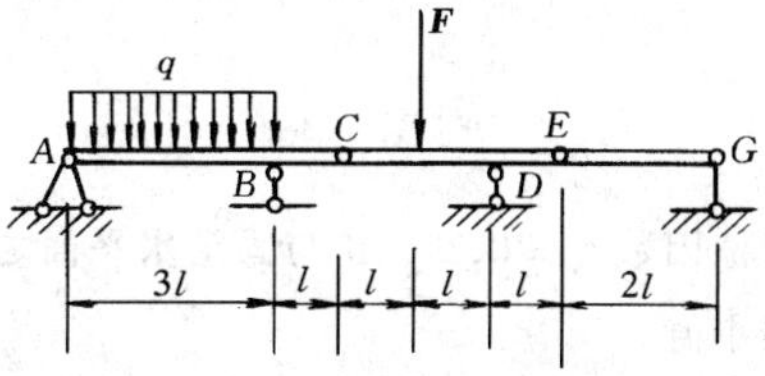

图 4-41

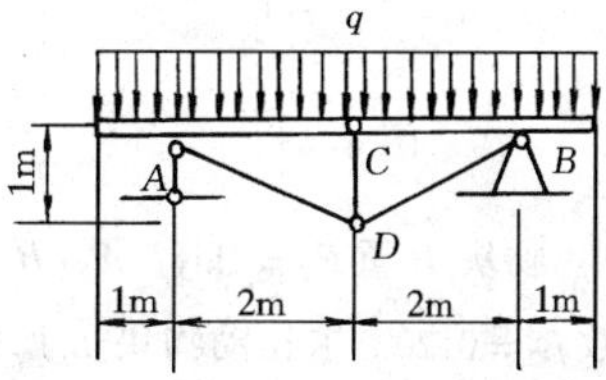

图 4-42

4-8　试求图 4-43 所示多跨梁的支座反力。已知：

图 4-43（a）：$M=8\text{kN·m}$，$q=4\text{kN/m}$；

图 4-43（b）：$M=40\text{kN·m}$，$q=10\text{kN/m}$。

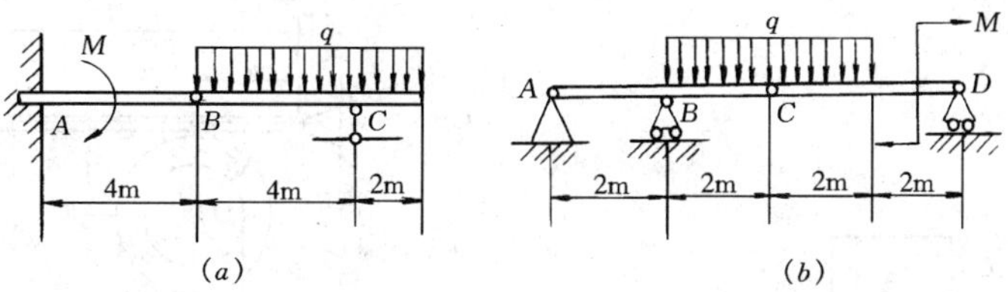

图 4-43

4-9　滑轮支架系统如图 4-44 所示。滑轮与支架 ABC 相连，AB 和 BC 均为折杆，B 为销钉。设挂在滑轮上的重物 $P=500\text{N}$，不计各构件的自重。求各构件给销钉 B 的力。

4-10　如图 4-45 所示结构，由曲梁 $ABCD$ 和杆 CE、BE、GE 构成。A、B、C、E、G 均为光滑铰链。已知 $F=20\text{kN}$，$q=10\text{kN/m}$，$M=20\text{kN·m}$，$a=2\text{m}$，设各构件自重不计。求 A、G 处反力及杆 BE、CE 所受力。

4-11　刚架的支承和荷载如图 4-46 所示。已知均布荷载的集度 $q_1=4\text{kN/m}$，$q_2=1\text{kN/m}$，求支座 A、B、C 三处的约束力。

4-12　两物块 A、B 放置如图 4-47 所示。物块 A 重

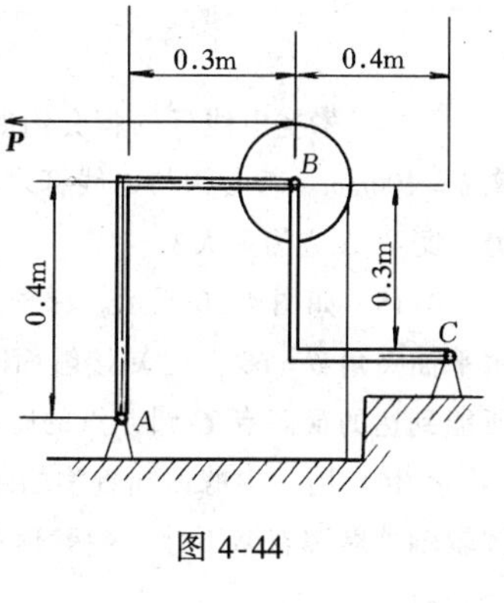

图 4-44

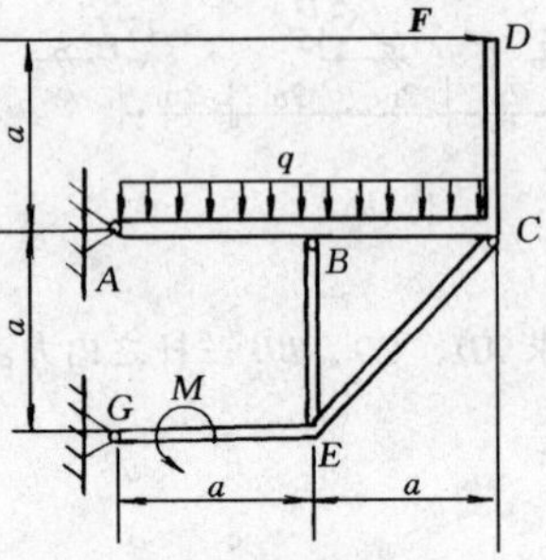

图 4-45

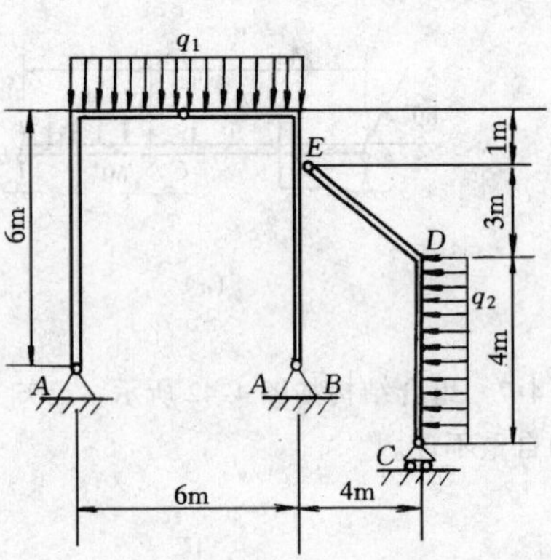

图 4-46

$P_1=5\text{kN}$。物块 B 重 $P_2=2\text{kN}$，A、B 之间的静摩擦因数 $f_{s1}=0.25$，B 与固定水平面之间的静摩擦因数 $f_{s2}=0.20$。求拉动物块 B 所需力 $\boldsymbol{F}$ 的最小值。

4-13　如图 4-48 所示，起重绞车的制动装置由带动制动块的手柄和制动轮组成。已知制动轮半径 $R=50\text{cm}$，鼓轮半径 $r=30\text{cm}$，制动轮与制动块间的摩擦因数 $f_s=0.4$，被提升的重物的重量 $G=1000\text{N}$，手柄长 $l=300\text{cm}$，$a=60\text{cm}$，$b=10\text{cm}$，不计手柄和制动轮的重量。求能够制动所需力 $\boldsymbol{F}$ 的最小值。

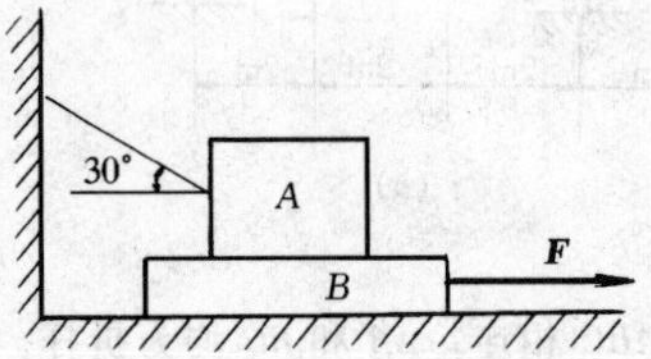

图 4-47

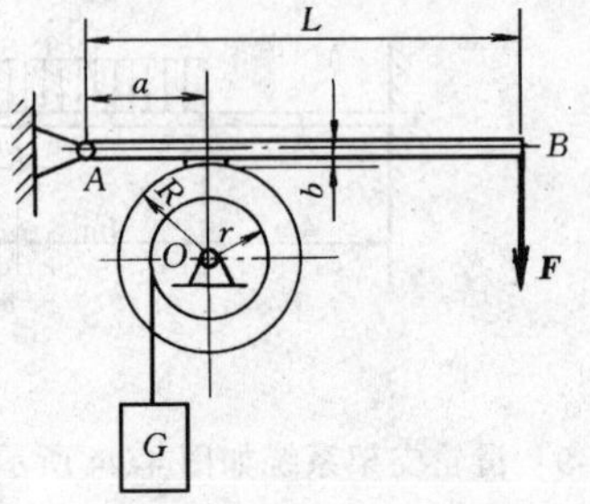

图 4-48

4-14　攀登电线杆的脚套钩如图 4-49 所示。设电线杆直径 $d=30\text{mm}$，A、B 间的垂直距离 $b=100\text{mm}$。若套钩与电线杆之间的摩擦因数 $f_s=0.4$，求能使工人安全操作，站在套钩上的最小距离 a 应为多大？

4-15　如图 4-50 所示，梯子 AB 靠在墙上，其重为 $W=200\text{N}$，如图所示。梯子长 l，并与水平面夹角 $\theta=60°$。已知接触面间的摩擦因数均为 0.25。今有一重 650N 的人沿梯上爬，问人所能到达的最高点 C 到 A 点的距离 s 应为多少？

4-16　用一尖劈顶起重物的装置如图 4-51 所示。重物与尖壁间的摩擦因数为 f_s，其他有圆辊轴处摩擦忽略不计。尖劈顶角为 α，且 $\tan\alpha>f_s$，被顶举的重物重 G。求：

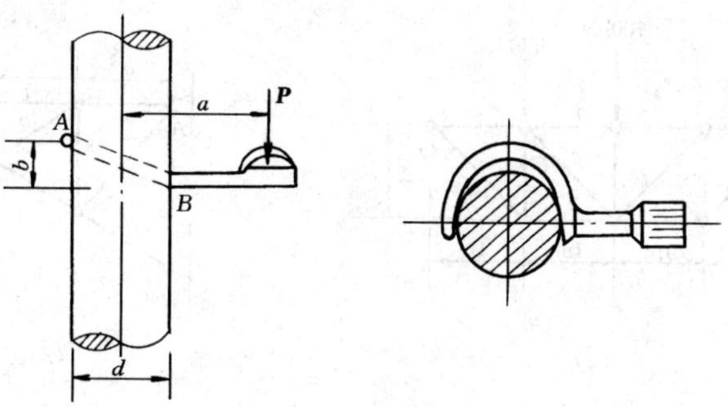

图 4-49

(1) 顶举重物上升所需的力 F_1；

(2) 顶住重物不使其下降所需的力 F_2。

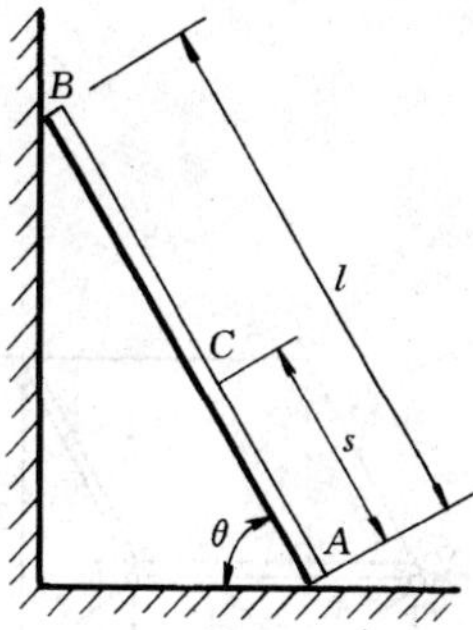

图 4-50

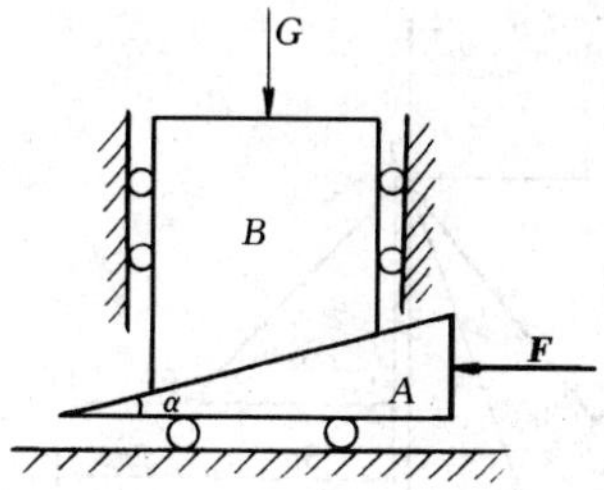

图 4-51

4-17　平面桁架的尺寸和支座如图 4-52 所示。试求其各杆之内力。

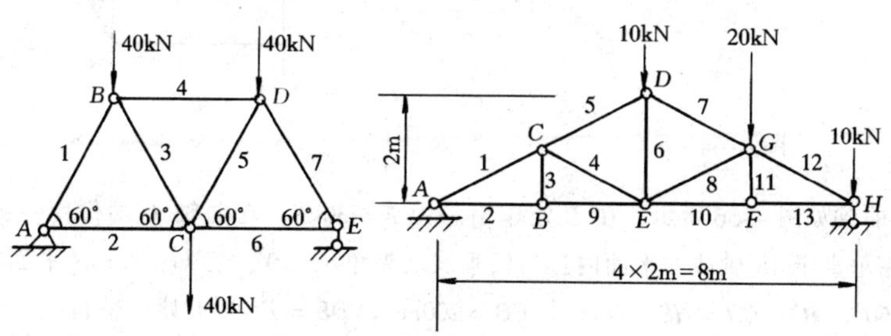

图 4-52

4-18　求图 4-53 所示平面桁架中 1、2、3 杆之内力。

4-19　如图 4-54 所示，立柱 AB 以球铰支于点 A，并用绳 BH、BG 拉住；被起吊的物体重

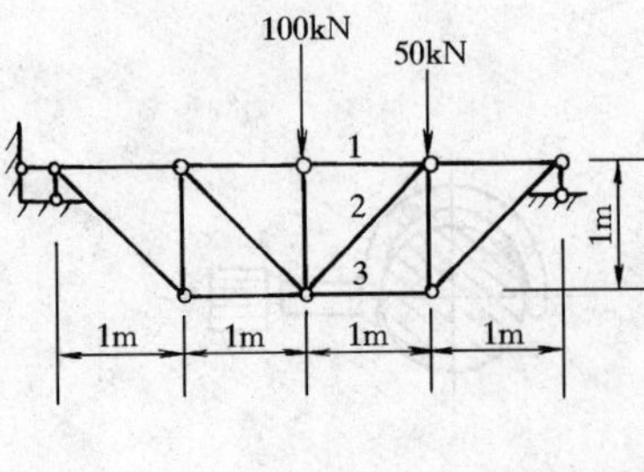

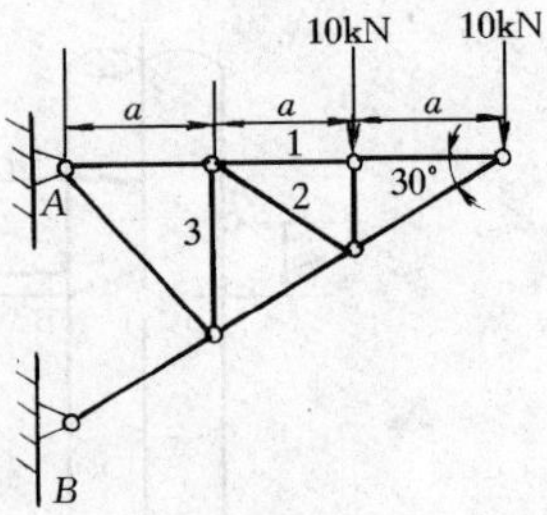

图 4-53

$G=20$kN，杆 CD 在绳 BH 和 BG 的对称铅直平面内。求系统平衡时两绳的拉力以及球铰 A 处的约束力。

4-20　如图 4-55 所示，正方形板 $ABCD$ 用六根杆支撑，在 A 点沿 AD 边作用一水平力 $\boldsymbol{F}$。若不计板的自重，求各支撑杆之内力。

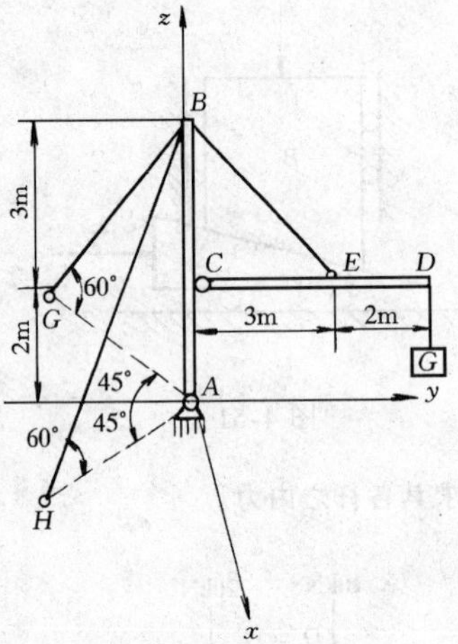

图 4-54

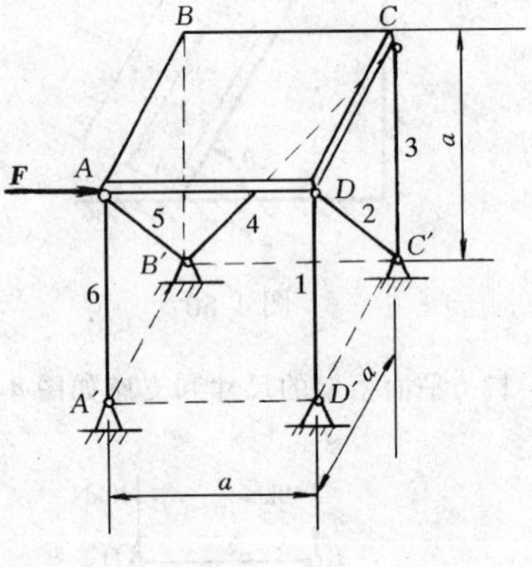

图 4-55

4-21　曲轴如图 4-56 所示，在 E 处作用一力 $F=30$kN，在曲轴 B 端作用一力偶 M 而平衡。力 $\boldsymbol{F}$ 在垂直于 AB 轴线的平面内且与铅垂线之夹角 $\alpha=10°$。已知：$CDGH$ 平面与水平面间的夹角 $\varphi=60°$，$AC=CH=HB=40$mm，$CD=200$mm，$DE=EG$。不计曲轴自重，试求平衡时力偶矩 M 之值和轴承的约束力。

4-22　如图 4-57 所示，传动轴装有两皮带轮，其半径分别为 $r_1=200$mm，$r_2=250$mm。轮Ⅰ的胶带是水平的，其拉力 $F_{T1}=2F'_{T1}=5$kN，轮Ⅱ的胶带与铅垂线的夹角 $\beta=30°$，其拉力 $F_{T2}=2F'_{T2}$。不计轴与带轮的自重，试求传动轴匀速转动时的拉力 F_{T2}、F'_{T2}和轴承的约束力。

4-23　试求图 4-58 所示各截面形心的位置。

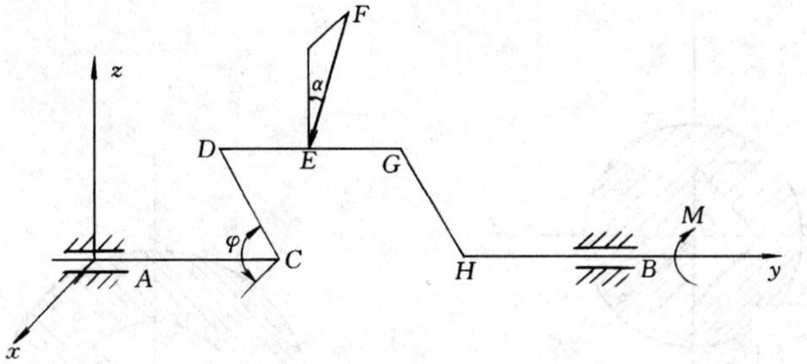

图 4-56

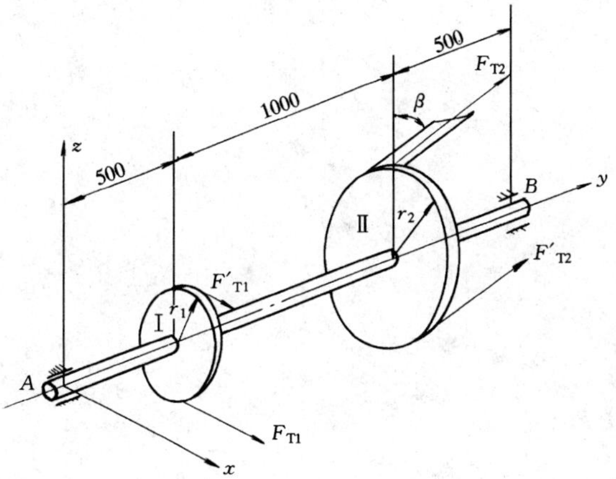

图 4-57

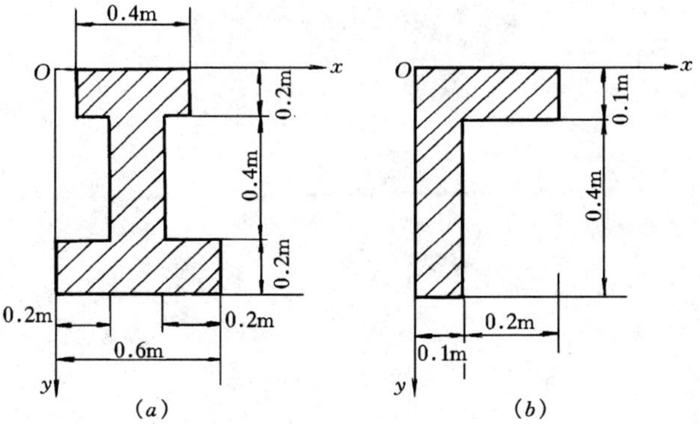

图 4-58

4-24 如图 4-59 从 $r=120$mm 的匀质圆板中挖去一个等腰三角形。试求板的重心。

4-25 求图 4-60 所示阴影部分的形心坐标。

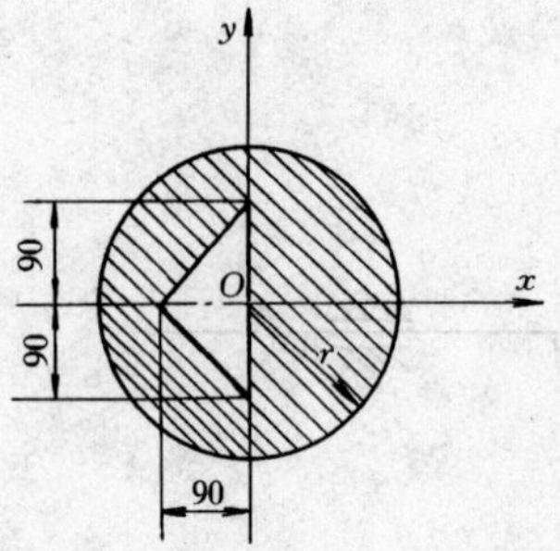

图 4-59

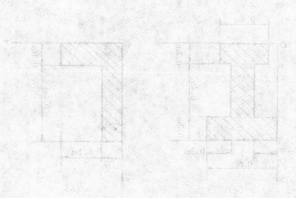

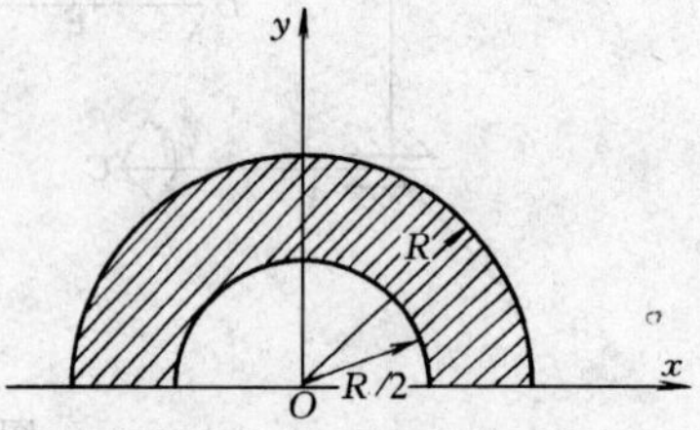

图 4-60

第二篇 弹性静力分析

引 言

弹性静力分析，亦称弹性静力学，是以平衡状态下的弹性体作为讨论工程力学问题的模型，研究弹性体在外力作用下的受力、变形、失效规律以及力与变形之间的物性关系，为工程构件的静力学设计提供理论依据和计算方法。

一、弹性静力分析的任务与对象

组成建筑、机械、桥梁、大坝等工程结构的零部件，统称为构件。工程结构在外力作用下，其尺寸和形状都将发生改变，这种改变称为变形。

构件的变形分为两类：一类为外力撤除后即可消失的变形，称为弹性变形；另一类为外力撤除后不能消失而遗留下的变形，称为塑性变形或残余变形。

本篇以研究弹性变形体的静力学设计为主要内容。静力学设计的主要任务是保证构件在确定的外力作用下能正常或安全工作而不失效，即要求构件应具备：

(1) 足够的强度（即抵抗破坏的能力），以保证在规定的使用条件下不发生意外的断裂或显著的塑性变形；

(2) 足够的刚度（即抵抗变形的能力），以保证在规定的使用条件下不产生过分的弹性变形；

(3) 足够的稳定性（即保持原有平衡形态的能力），以保证在规定的使用条件下不产生失稳现象。

在设计或使用构件时，除应满足上述三项基本要求外，还应尽可能经济、合理地选用材料。通常为了安全可靠，往往希望选用优质材料与较大的截面尺寸，但是由此又可能造成材料浪费与结构笨重。可见，如何恰当地确定构件的截面形状与尺寸，合理地解决工程中安全与经济之间的矛盾，成为构件的静力学设计中一个十分重要的问题。

根据几何形状和尺寸的不同，工程构件大致分为：杆件、平板、壳体和块体。弹性静力学的主要研究对象是杆，以及由若干杆件组成的简单杆件系统。至于一般较复杂的杆系与板壳问题，则属于结构力学和弹性力学的研究范畴。

构件的强度、刚度和稳定性与材料的力学性能（亦称为材料的力学性质）有关，材料的力学性能必须由实验来测定。所以，在弹性静力分析中，实验技术与理论分析并重，都是完成构件静力学设计所必须的手段。

综上所述：弹性静力分析属于固体力学的一个分支，主要研究杆件在外力作用下的变形、受力与失效的规律，为合理设计构件提供有关强度、刚度与稳定性分析的基本理论、计算方法和测试技术。

二、弹性体的基本假定

制造构件所用的材料有多种多样，其主体组成和微观结构较为复杂。本篇仅从宏观的角度研究弹性体内部的受力与变形规律，为得到进行强度、刚度、稳定性计算时所需的合理与实用的力学模型，现根据工程材料的主要性质对其作出如下基本假定：

1. 均匀、连续性假定

实际工程固体材料的微观结构并不是处处都是均匀连续的，因为组成固体材料的粒子之间存在空隙或缺陷。但是这种空隙的大小与构件的几何尺寸相比极其微小（例如金属晶体结构的尺寸约为 1×10^{-8}cm 数量级），因而可将其略去不计，而理想化地认为固体材料在构件所占有的空间内部都毫无空隙地充满着物质，即认为材料是密实的。

根据弹性体的这一假定，就可以从构件内任意截取一部分来研究整个构件的受力与变形情况；并且在外力作用下所引起的内力、应力、变形和位移等力学量均可表示为位置坐标的连续函数，以便运用高等数学的知识进行各力学量的分析与计算。

还应指出，材料的连续性不仅存在于构件变形前，而且也存在于变形后，即构件内变形前相邻近的质点变形后仍保持邻近，既不产生新的空隙或孔洞，也不出现重叠现象。所以，上述假定也称为变形均匀连续性假定。

2. 各向同性假定

材料沿不同方向的力学性能相同，则称为各向同性。例如玻璃即为典型的各向同性材料。绝大多数材料，如金属、工程塑料、搅拌均匀的混凝土等，都可视作各向同性材料。

有些材料，如木材、纤维增强复合材料，其整体的力学性能具有明显的方向性，则应看作是各向异性材料。

3. 小变形假定

认为弹性体受力后所产生的变形或其上各点的位移与构件的原始尺寸相比非常微小。在研究构件的平衡问题时即可将弹性体视为刚体，在研究变形和位移时，则可略去高阶微量。

所以，弹性静力分析主要研究均匀、连续、各向同性的弹性体在小变形条件下构件的强度、刚度及稳定性问题。其内容包括：杆件的基本变形、应力状态和强度理论、组合变形、能量法及其应用、冲击和交变应力、压杆稳定计算等。

第五章　基本变形及组合变形

学　习　要　点

杆件的基本变形是材料力学中最基本的问题。它看似简单，却给出了材料力学的许多重要概念，展示了材料力学研究问题的基本方法，是学习后继课程所必需的基础。本章的主要内容如下：

(1) 内力的分类及正负号的规定，运用截面法可以求出任意横截面上的内力。运用剪力、弯矩与荷载集度间的微分关系准确、迅速地画出梁的剪力图和弯矩图。

(2) 轴向拉（压）杆横截面上的正应力计算，圆截面轴扭转时横截面上的切应力计算；受弯构件横截面上的正应力与切应力计算。计算公式的适用范围。正应力和切应力的强度条件。

(3) 胡克定律和剪切胡克定律是材料力学的最基本和最主要的定律之一，只适用于应力小于材料的比例极限的情况，用于计算杆件的变形。掌握轴向变形、扭转角及弯曲变形的挠度和转角的计算。

(4) 组合变形的内力、应力、变形计算均根据叠加原理进行计算。分析组合变形，着重分析构成组合变形的基本变形的类型。

第一节　杆件的内力分析

弹性体在荷载作用下发生变形，其上各点发生相对运动，从而产生相互作用力，杆件内部这种阻止变形发展的抗力就是**内力**。计算杆件横截面上内力常采用**截面法**。即沿所研究的截面把物体分离成两部分，选择其中一部分为研究对象；绘研究对象的受力图（包括作用在研究对象上的荷载和约束力，以及所研究的截面上的待定内力）；由研究对象的平衡条件计算未知内力。本节主要介绍内力的分类，荷载与内力之间的平衡微分关系，内力图的绘制。

一、内力的分类

（一）平面荷载作用的情形

所谓平面荷载是指所有外力（包括约束力）的作用线或外力偶的作用面都同处于某一平面内，例如图 5-1（a）所示的杆件。截面 C 上的内力如图 5-1（b）所示。

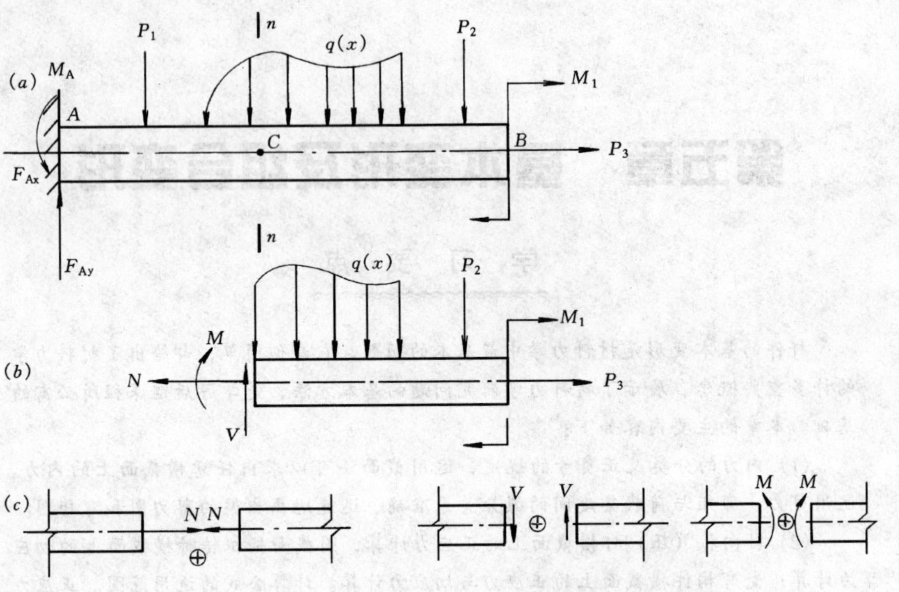

图 5-1　平面荷载作用下杆件横截面上的内力分量

N 称为轴力，它将使杆件产生轴向变形（伸长或缩短）。

V 称为剪力，它将使杆件产生剪切变形。

M 称为弯矩，它将使杆件产生弯曲变形。

为了保证杆件同一截面处左、右两侧截面上具有相同的正负号，不能只考虑内力分量的方向，而且要看它作用在哪一侧截面上。于是，上述 3 个内力的正负号规定如下：

轴力 N——使杆件受拉伸长者为正（背离截面）；受压缩短者为负（指向截面）。

剪力 V——与截面外法线矢顺时钟向旋转 90°的方向一致者为正；反之为负。

弯矩 M——使杆件下侧纤维受拉伸长者为正；反之为负。

图 5-1（c）所示为 N、V、M 的正方向。

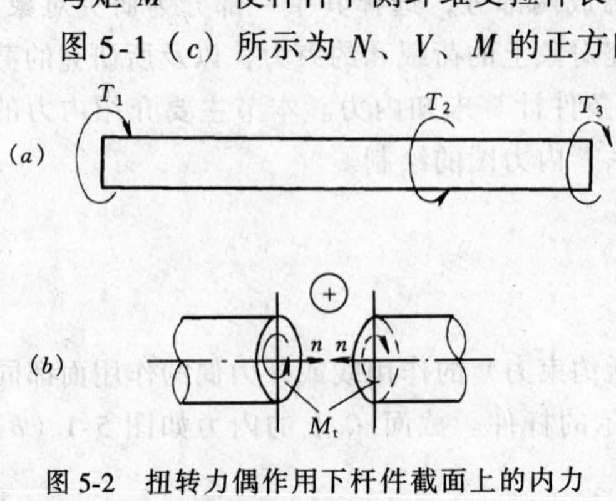

图 5-2　扭转力偶作用下杆件截面上的内力

（二）扭转力偶作用的情形

考察圆形截面轴只作用扭转力偶的情形。所谓扭转力偶，是指力偶作用面为轴的横截面，它使杆轴产生扭转变形。如图 5-2（a）所示。

M_t 称为扭矩，它将使杆件产生绕杆轴转动的扭转变形。扭矩的正负号约定采用右手螺旋法则：用右手大拇指指向研究截面的外法线方向，四指弯曲转动方向为扭矩的正方向；反之为负。

二、弯矩、剪力与荷载集度的平衡微分方程

(一) 弯矩、剪力与荷载集度间的微分关系

图 5-3 (a) 为一简支梁受分布荷载 $q(x)$ 作用。取左端 A 点为坐标原点，约定 $q(x)$ 向上为正。取 dx 微段来研究，其受力如图 5-3 (b) 所示。设左侧截面上的剪力和弯矩分别为 $V(x)$ 和 $M(x)$，右侧截面相应地增加一增量，分别为 $V(x)+\mathrm{d}V(x)$ 和 $M(x)+\mathrm{d}M(x)$。作用在微段梁上的分布荷载可视为均匀分布的。

根据平衡方程 $\sum F_y = 0, \sum M_c = 0$，得

$$V(x) - [V(x) + \mathrm{d}V(x)] + q(x)\mathrm{d}x = 0$$

$$-M(x) + [M(x) + \mathrm{d}M(x)] - V(x)\mathrm{d}x - q(x)\cdot \mathrm{d}x \cdot \frac{\mathrm{d}x}{2} = 0$$

略去上述方程中的二阶微量，可得

$$\frac{\mathrm{d}V(x)}{\mathrm{d}x} = q(x) \tag{5-1}$$

$$\frac{\mathrm{d}M(x)}{\mathrm{d}x} = V(x) \tag{5-2}$$

将式 (5-2) 再对 x 求一次导数得

$$\frac{\mathrm{d}^2 M(x)}{\mathrm{d}x^2} = q(x) \tag{5-3}$$

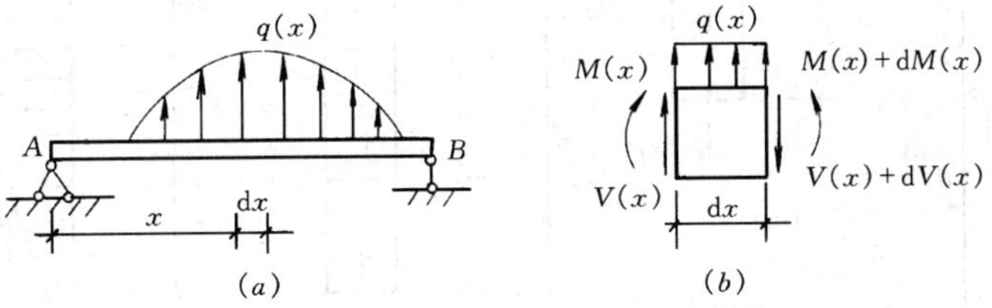

图 5-3 弯矩、剪力与荷载集度间的微分关系

即弯矩方程对 x 的一阶导数在某截面处的取值等于该截面的剪力值。剪力方程对 x 的一阶导数在某截面处的取值等于该截面处的荷载集度。同时，弯矩方程对 x 的二阶导数在某截面处的取值也等于该截面处的荷载集度。

以上三个方程即为弯矩、剪力与荷载集度间的微分关系。

式 (5-1)、(5-2) 的几何意义为：**剪力图上某点处切线的斜率等于该点处的荷载集度；弯矩图上某点处切线的斜率等于该点处的剪力。**

(二) 弯矩、剪力与荷载集度间的积分关系

对式 (5-1) 进行积分

$$\int_a^b \mathrm{d}V(x) = \int_a^b q(x)\mathrm{d}x$$

即

$$V(b) - V(a) = \int_a^b q(x)\mathrm{d}x \tag{5-4}$$

式中 $V(a)$、$V(b)$—— 分别表示截面 a、b 处的剪力值；

$\int_a^b q(x)\mathrm{d}x$—— 表示梁段 ab 上荷载分布图形的面积。

对式 (5-2) 进行积分

$$\int_a^b \mathrm{d}M(x) = \int_a^b V(x)\mathrm{d}x$$

即

$$M(b) = M(a) + \int_a^b V(x)\mathrm{d}x \tag{5-5}$$

式中 $M(a)$、$M(b)$—— 分别表示截面 a、b 处的弯矩值；

$\int_a^b V(x)\mathrm{d}x$—— 梁段 ab 间的剪力图的面积。

三、例题

【例 5-1】 图 5-4 (a) 所示一被悬挂的等直杆，其长为 $2l$，横截面面积为 A，重度（单位体积重力的大小）为 γ。杆长中点作用一集中荷载 P，要求考虑杆件的自重，试绘其轴力图。

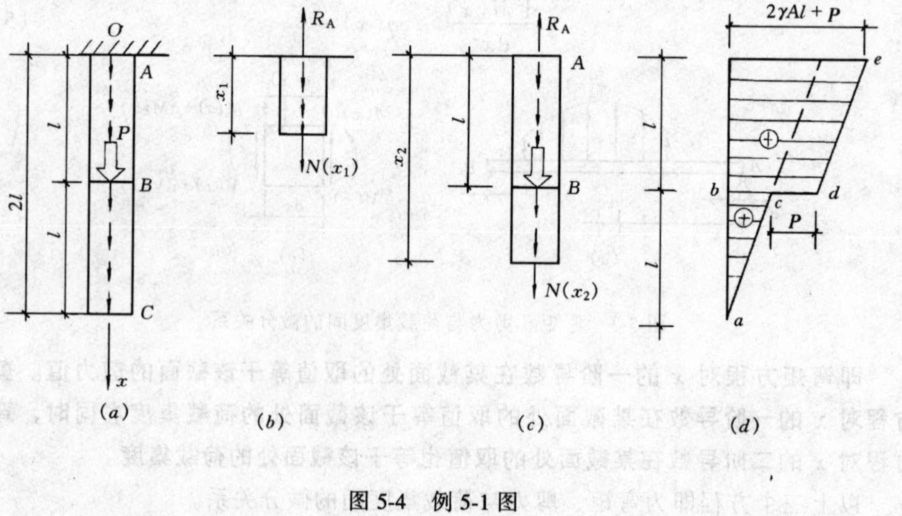

图 5-4 例 5-1 图

【解】 建立如图所示的坐标系。由于要考虑杆的自重，轴力随截面位置变化而变化。分段列出轴力方程：

(1) AB 段($0 < x < l$),取分离体如图 5-4(b)

轴力方程Ⅰ:$\sum F_x = 0, N(x_1) + \gamma A x_1 - R_A = 0 \quad N(x_1) = R_A - \gamma A x_1 = 2\gamma Al + P - \gamma A x_1$

控制截面 A:当 $x_1 \to 0 \quad N_{A下} = 2\gamma Al + P$

控制截面 B:当 $x_1 \to l \quad N_{B上} = \gamma Al + P$

(2) BC 段($l < x_2 < 2l$),取分离体如图 5-4(c)

轴力方程Ⅱ:$\sum F_x = 0, N(x_2) + \gamma A x_2 + P - R_A = 0 \quad N(x_2) = 2\gamma Al - \gamma A x_2$

控制截面 B:当 $x_2 \to l, N_{B下} = \gamma Al$

控制截面 C:当 $x_2 = 2l, N_C = 0$

(3) 由轴力方程绘轴力图如图 5-4(d),从轴力图中可知,集中荷载 P 作用处轴力发生突变,突变量恰好为 P。

【例 5-2】 图 5-5(a)所示传动轴,转速 $n = 1500\text{r/min}$,B 轮为主动轮,输入功率 $P_B = 800\text{kW}$,A、C 轮为从动轮,输出功率分别为 $P_A = 500\text{kW}$,$P_C = 300\text{kW}$,试绘扭矩图,并求 $|M_t|_{max}$。

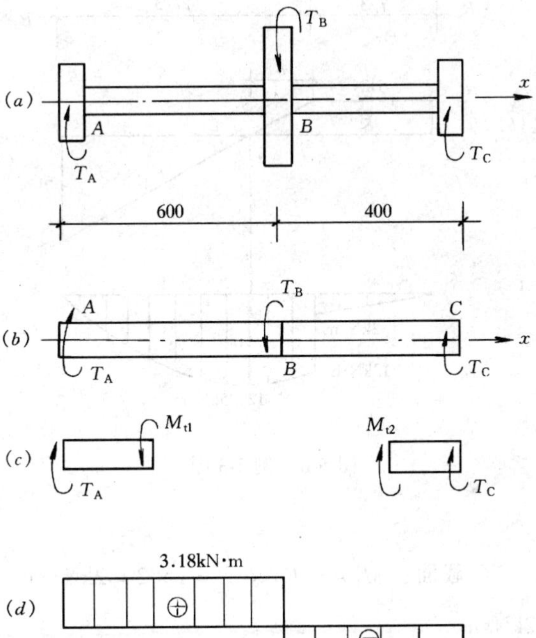

图 5-5　例 5-2 图

【解】 (1) 外力偶矩计算

$$T_A = 9.55\frac{P_A}{n} = 9.55 \times \frac{500}{1500} = 3.18\text{kN·m}$$

$$T_B = 9.55\frac{P_B}{n} = 9.55 \times \frac{800}{1500} = 5.09\text{kN·m}$$

$$T_C = 9.55\frac{P_C}{n} = 9.55 \times \frac{300}{1500} = 1.91\text{kN·m}$$

(2) 扭矩计算

轴的计算简图如图 5-5 (b),轴的 AB 和 BC 段各截面扭矩均为常数。取分离体如图 5-5 (c),分别设 M_{t1}和 M_{t2},由平衡条件 $\sum M_x = 0$ 得

$$M_{t1} = T_A = 3.18\text{kN·m}$$

$$M_{t2} = -T_C = -1.91\text{kN·m}$$

(3) 绘扭矩图

根据上述分析,绘扭矩图如图 5-5 (d)。其中

$$|M_t|_{max} = 3.18\text{kN·m}$$

请读者考虑，从内力的角度来分析，B 轮与 A 轮或 C 轮位置互换是否合理。

【例 5-3】　图 5-6（a）所示简支梁。已知 $q = 2\text{kN/m}$，$M_0 = 10\text{kN·m}$，$l = 6\text{m}$。试绘剪力图和弯矩图。

【解】　(1) 求支座反力

由 $\sum M_B = 0, R_A = 1\text{kN}$

由 $\sum F_y = 0, R_B = 7\text{kN}$

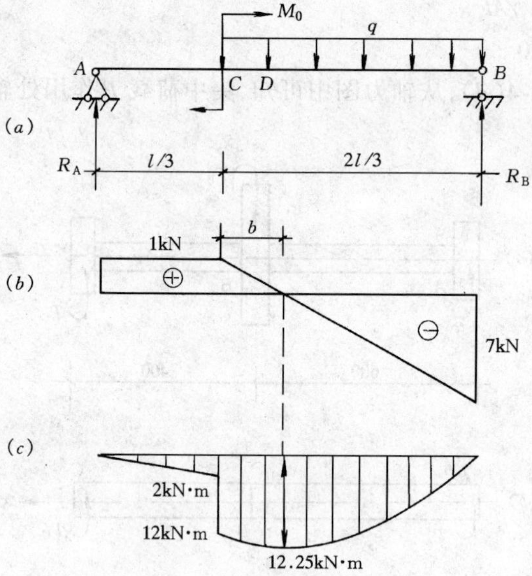

图 5-6　例 5-3 图

(2) 绘剪力图

根据微分关系，AC 段的剪力图为平直线；CB 段的剪力图为斜直线。计算控制截面的剪力值：

A 截面：$V_A = R_A = 1\text{kN}$

C 截面：$V_C = R_A = 1\text{kN}$

B 截面：$V_B = R_A - q\dfrac{2l}{3} = -R_B = -7\text{kN}$

根据各截面的剪力值，绘剪力图如图 5-6（b）所示。

(3) 绘弯矩图

根据微分关系，AC 段的弯矩图为直线，CB 段的弯矩图为二次曲线，弯矩图在 C 截面有突变。计算控制截面弯矩值：

A 截面：$M_A = 0$

C 截面：$M_{C左} = R_A \times \dfrac{l}{3} = 1 \times 2 = 2\text{kN·m}$　$M_{C右} = R_A \times \dfrac{l}{3} + M_0 = 1 \times 2 + 10 = 12\text{kN·m}$

D 截面：在 D 截面处剪力为零，弯矩取极值。设 D 截面到 C 截面的距离为 b，令 $R_A - qb = 0$，则 $b = R_A/q = 0.5\text{m}$。

$$M_D = R_A \cdot \left(\frac{l}{3} + b\right) + M_0 - \frac{1}{2}qb^2$$

$$= 1 \times \left(\frac{6}{3} + 0.5\right) + 10 - \frac{1}{2} \times 2 \times 0.5^2 = 12.25\text{kN·m}$$

B 截面：$M_B = 0$

根据各控制截面的弯矩值及其特征绘弯矩图如图 5-6（c）所示。

【例 5-4】　图 5-7（a）为某简支梁的弯矩图，求荷载图和剪力图。

【解】　根据弯矩、剪力与荷载集度间的微分关系 $\frac{dM(x)}{dx}=V(x)$，弯矩图为斜直线，则剪力为常数即弯矩图直线的斜率。由于弯矩是单调减小的，所以 $V=-10kN$，剪力图如图 5-7（b）所示。

根据 $\frac{dV(x)}{dx}=q(x)=0$，所以梁上不受分布荷载。弯矩图在 C 截面突变，C 截面作用集中力偶，集中力偶的力偶矩等于突变量的大小，所以 $M_0=20kN\cdot m$（↓）。B 截面作用集中力偶 $M_1=10kN\cdot m$（↓）。荷载图如图 5-7（c）所示。

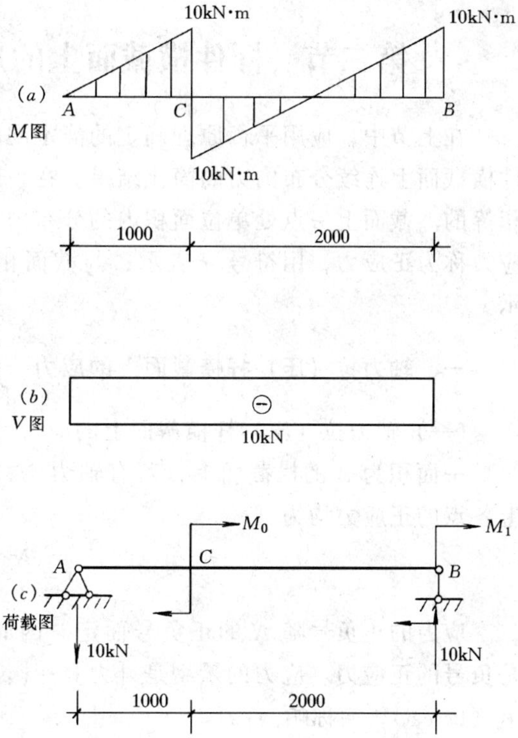

图 5-7　例 5-4 图

【例 5-5】　图 5-8（a）所示外伸梁，荷载如图。试用叠加法绘剪力图和弯矩图。

【解】　将荷载 P 和 M_0 分别作用于外伸梁上，分别绘制单个荷载作用下的剪力图和弯矩图，然后将各对应截面的同类内力值相加（代数和）即可绘出相应的内力图。

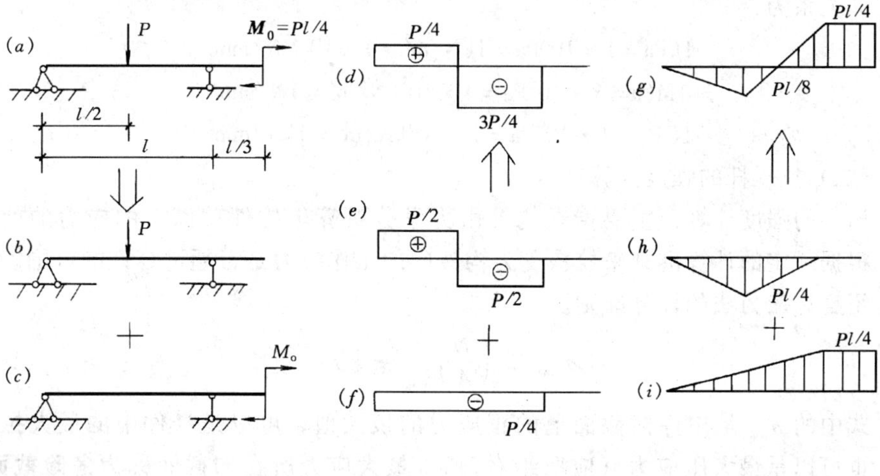

图 5-8　例 5-5 图

第二节　杆件横截面上的应力分析　强度条件

在上节中，应用平衡原理确定的静定问题中杆件横截面上的内力分量只是杆件横截面上连续分布内力的简化结果。在一般情况下分布内力在各点的数值是不相等的。截面上一点处单位面积内的分布内力称为该点处的**应力**，与截面正交的应力称为**正应力**，用符号 σ 表示；与截面相切的应力称为**切应力**，用符号 τ 表示。

一、轴力拉（压）杆横截面上的应力　强度计算

（一）轴力拉（压）杆横截面上的应力

一面积为 A 的横截面上，若有轴力 N，应力在横截面上均匀分布，则截面上各点的正应力均为

$$\sigma = \frac{N}{A} \tag{5-6}$$

应力的正负号随 N 的正负号而定。因此，拉应力是正号的正应力，压应力是负号的正应力。应力的量纲是［力］·［长度］$^{-2}$，其国际单位制的单位为帕斯卡（Pascal），简称帕（Pa）。

$$1\ 帕 = 1\ 牛顿/米^2$$

或

$$1\text{Pa} = 1\text{N/m}^2 = 1\times10^{-6}\text{N/mm}^2$$

此外，带词头的应力单位有千帕（kPa）、兆帕（MPa）和吉帕（GPa）。它们的换算关系为：

$$1\text{kPa} = 1\times10^3\text{Pa} = 1\text{kN/m}^2 = 1\times10^{-3}\text{N/mm}^2$$
$$1\text{MPa} = 1\times10^6\text{Pa} = 1\times10^3\text{kN/m}^2 = 1\text{N/mm}^2$$
$$1\text{GPa} = 1\times10^9\text{Pa} = 1\times10^6\text{kN/m}^2 = 1\text{kN/mm}^2$$

（二）拉压杆的强度计算

构件的强度计算，主要指在能够由力学分析算出构件截面上的应力的前提下，根据一定的计算准则来校核受力构件中的工作应力是否超过容许的范围。下面介绍**容许应力法**的计算准则。

$$\sigma_{\max} = \left(\frac{N}{A}\right)_{\max} \leqslant [\sigma] \tag{5-7}$$

式中的 $\sigma_{\max}$ 是构件横截面上的正应力的最大值，可以是杆件中的最大拉应力，也可以是最大压应力（应取绝对值）。最大应力所在的截面称为**危险截面**。式中的［σ］称为材料的**容许应力**，是用材料所能承受的应力的极限值除以**安全系数**确定。其中

$$[\sigma] = \frac{\sigma_y}{n_y} \quad (对塑性材料)$$

$$[\sigma] = \frac{\sigma_b}{n_b} \quad (对脆性材料)$$

根据不同的工程要求可以进行以下几方面的计算：

1. 强度校核

当外力、杆件横截面尺寸以及材料的容许应力均为已知时，验证危险点的应力是否满足强度条件。

2. 截面设计

当外力及材料的容许应力为已知时，根据强度条件设计构件横截面尺寸。即

$$A \geqslant \frac{N}{[\sigma]}$$

3. 确定容许荷载

当杆件的横截面尺寸及材料的容许应力为已知时，确定构件或结构所能承受的最大荷载——容许荷载。即

$$N \leqslant [N] = A[\sigma]$$

【例 5-6】 图 5-9（a）所示悬臂架中，钢杆 AB 截面面积 $A_1 = 600\text{mm}^2$，容许应力 $[\sigma]_1 = 160\text{MPa}$。木杆 BC 截面面积 $A_2 = 10000\text{mm}^2$，$[\sigma]_2 = 7\text{MPa}$。现在 B 点悬吊一重物 $P = 30\text{kN}$，试校核各杆强度。

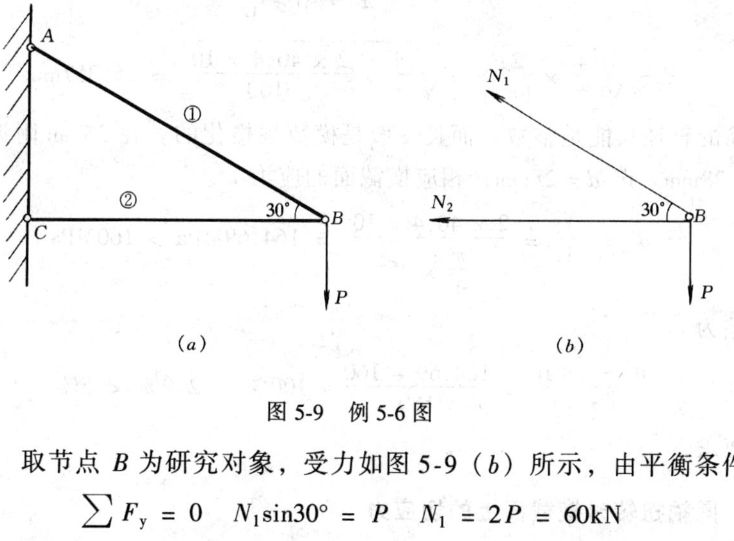

图 5-9 例 5-6 图

【解】 取节点 B 为研究对象，受力如图 5-9（b）所示，由平衡条件

$$\sum F_y = 0 \quad N_1\sin30° = P \quad N_1 = 2P = 60\text{kN}$$

$$\sum F_x = 0 \quad N_2 = -N_1\cos30° \quad N_2 = -\sqrt{3}P = -52\text{kN}(压)$$

$$\sigma_1 = \frac{N_1}{A_1} = \frac{60 \times 10^3}{600} = 100\text{MPa} < [\sigma]_1 = 160\text{MPa} \quad (安全)$$

$$|\sigma_2| = \frac{|N_2|}{A_2} = \frac{52\times10^3}{1\times10^4} = 5.2\text{MPa} < [\sigma]_2 = 7\text{MPa} \quad （安全）$$

该结构满足强度条件是安全的。

【例 5-7】 求例 5-6 所论结构的容许荷载 $[P]$。

【解】 结构的容许荷载是结构的每个构件都能承受的最大荷载。分别求出①和②杆相应的容许荷载 $[P]_1$ 和 $[P]_2$，结构的容许荷载为 $[P]_1$ 和 $[P]_2$ 两者中较小的一个。

首先让杆①充分发挥作用，由 $N_1 = 2P$ 得

$$[P]_1 = \frac{[N_1]}{2} = \frac{A_1[\sigma]_1}{2} = \frac{1}{2}\times600\times160\text{N} = 48\text{kN}$$

其次让杆 ② 充分发挥作用，由 $|N_2| = \sqrt{3}P$ 得

$$[P]_2 = \frac{[N_2]}{\sqrt{3}} = \frac{A_2[\sigma]_2}{\sqrt{3}} = \frac{\sqrt{3}}{3}\times10^4\times7\text{N} = 40.4\text{kN}$$

结构的容许荷载

$$[P] = \{[P]_1、[P_2]\}_{\min} = 40.4\text{kN}$$

【例 5-8】 设例 5-6 所示结构承受的荷载 $P = 40.4\text{kN}$，试确定杆①的直径。

【解】 由 $\frac{N_1}{A_1} \leqslant [\sigma]_1$ 得

$$A_1 = \frac{\pi d^2}{4} \geqslant \frac{N_1}{[\sigma]_1}$$

$$d \geqslant \sqrt{\frac{4}{\pi}\times\frac{2P}{[\sigma]_1}} = \sqrt{\frac{4}{\pi}\times\frac{2\times40.4\times10^3}{160}} = 25.357\text{mm}$$

钢筋的直径只能是整数，而且一般是模数规格化的。在 25mm 附近的直径为 22、25、28mm。选 $d = 25\text{mm}$，相应横截面的应力

$$d' = \frac{N_1}{A_1} = \frac{2\times40.4\times10^3}{\frac{\pi}{4}\times25^2} = 164.69\text{MPa} > 160\text{MPa}$$

相对误差为

$$\frac{\sigma' - [\sigma]_1}{[\sigma]_1} = \frac{164.69 - 160}{160}\times100\% = 2.9\% < 5\%$$

故满足要求。

二、圆轴扭转时横截面上的切应力

（一）圆轴扭转变形特征

取一圆形截面轴，在其表面等距地画上纵向线和圆周线，表面形成大小相同的矩形网格（图 5-10a）。在圆轴两端横截面内施加一对等值反向的力偶 T。从试

验中观察到（图 5-10b），各圆周线的形状、大小及间距不变，仅绕轴作相对转动。

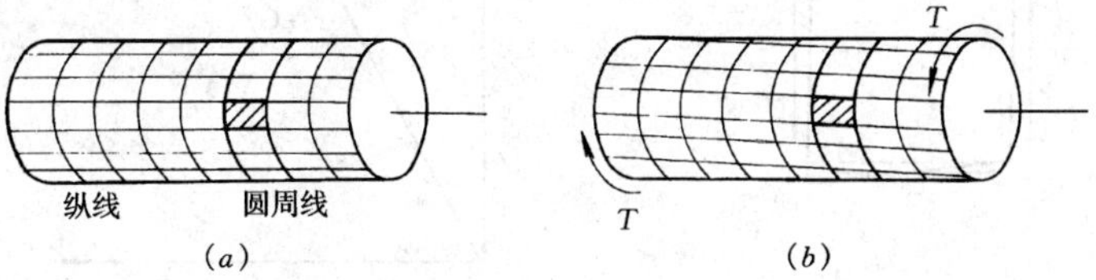

图 5-10　扭转变形

如果认为轴内变形与表面变形相似，那么可以得出下列结论：

（1）圆轴受扭后，其横截面保持平面，并发生刚性转动。

（2）变形后，相邻横截面间的距离不变，则横截面上没有正应力。

（二）变形协调方程

如果将圆轴用同轴柱面分割成许多半径不等的圆柱，根据上述结论，在 dx 长度上，虽然所有圆柱的两端截面相对转角均为 dφ，但半径不等的圆柱上产生的切应变各不相同，半径越小者切应变越小，如图 5-11 所示。设到轴线距离为 ρ 处的切应变为 $\gamma(\rho)$，则从图 5-11 中可得到几何关系：

$$\gamma(\rho)\cdot \mathrm{d}x = \rho \cdot \mathrm{d}\varphi$$

$$\gamma(\rho) = \rho \frac{\mathrm{d}\varphi}{\mathrm{d}x} \tag{1}$$

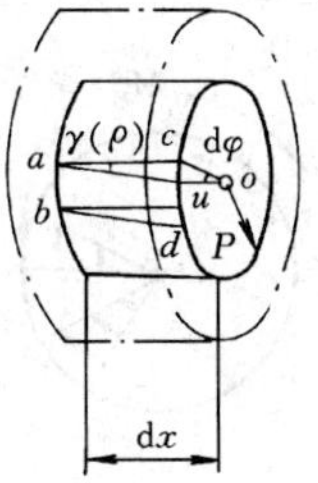

图 5-11　圆轴扭转时的变形协调关系

式中，dφ/dx 代表扭转角沿杆轴的变化率，称为单位长度相对扭转角。对于同一横截面，dφ/dx 为一常数，可见 γ（ρ）与 ρ 成正比。

（三）物理关系——剪切胡克定律

扭转试验表明，当切应力不超过材料的剪切比例极限 τ_P 时，对于大多数各向同性材料，切应力与切应变之间存在线性关系，如图 5-12 所示。于是，有

$$\tau = G\gamma \tag{5-8}$$

上式即为**剪切胡克定律**。G 称为**剪切模量**，又称为**剪切弹性模量**，其量纲与单位同切应力 τ。

还应指出，材料的弹性模量 E、剪切弹性模量 G 和泊松比 ν 三者之间存在如下关系：

$$G = \frac{E}{2(1+\nu)} \tag{5-9}$$

（四）静力学方程

将式（5-9）代入式（5-8），得到

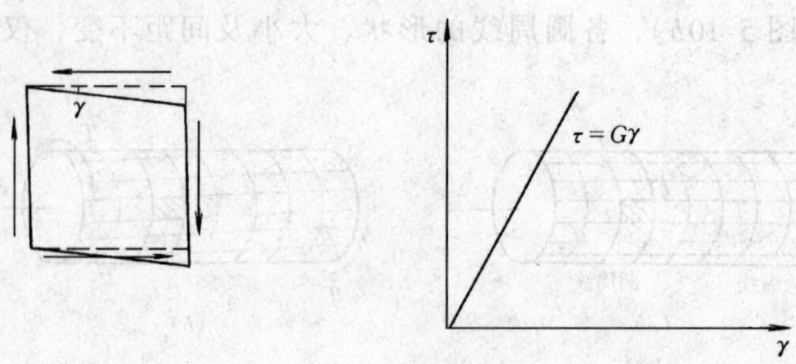

图 5-12　剪切胡克定律

$$\tau(\rho) = G\rho \frac{\mathrm{d}\varphi}{\mathrm{d}x} \tag{2}$$

这表明，横截面上各点的切应力与点到截面中心的距离成正比，即切应力沿截面的半径呈线性分布，方向垂直于半径。如图 5-13 所示。

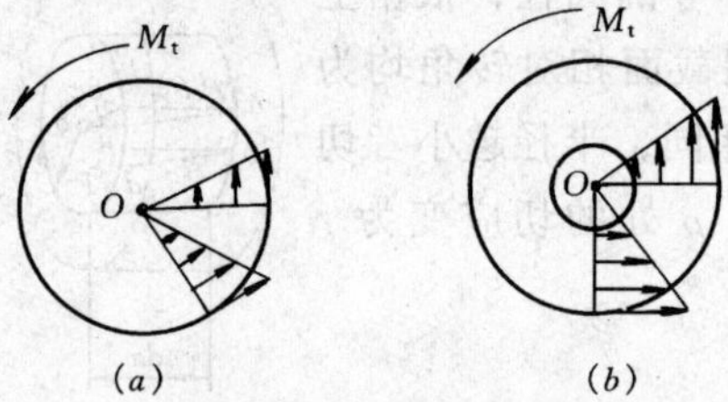

图 5-13　圆轴扭转时横截面上的切应力分布

作用在横截面上各点的切应力形成一分布力系，这一力系向圆心简化的结果为一力偶，其力偶矩即为该截面上的扭矩。

$$M_t = \int_A \rho\tau(\rho)\mathrm{d}A = \int_A G\rho^2 \frac{\mathrm{d}\varphi}{\mathrm{d}x}\mathrm{d}A$$

式中 G、$\mathrm{d}\varphi/\mathrm{d}x$ 均与积分无关，令

$$I_p = \int_A \rho^2 \mathrm{d}A \tag{5-10}$$

则

$$M_t = G\frac{\mathrm{d}\varphi}{\mathrm{d}x}I_p$$

从而

$$\frac{\mathrm{d}\varphi}{\mathrm{d}x} = \frac{M_t}{GI_p} \tag{5-11}$$

这是圆轴扭转变形的基本公式。式中 I_p 称为圆截面对其中心的**极惯性矩**。GI_p 称为圆轴的**扭转刚度**。

（五）切应力表达式

将式（5-11）代入（2）得

$$\tau(\rho) = \frac{M_t\rho}{I_p} \tag{5-12}$$

此式为圆轴扭转切应力的计算公式。显然，在横截面边缘处 ρ 达到最大值 $d/2$，切应力最大，其值为

$$\tau_{max} = \frac{M_t}{I_p}\cdot\frac{d}{2}$$

令

$$I_p/\left(\frac{d}{2}\right) = W_t$$

则有

$$\tau_{\max} = \frac{M_t}{W_t} \tag{5-13}$$

式中，W_t 称为圆截面**抗扭截面抵抗矩和抗扭截面模量，**它是一个只与横截面尺寸有关的几何量。

（六）截面的极惯性矩和抗扭截面抵抗矩

公式（5-10）定义了极惯性矩 I_p。对于圆形截面，如图（5-14）所示取微元面积 $dA = \rho \cdot d\alpha \cdot d\rho$ 代入式（5-10）得

$$I_p = \int_A \rho^2 dA = \int_0^{2\pi} d\alpha \int_0^{d/2} \rho^3 d\rho = \frac{\pi d^4}{32} \tag{5-14}$$

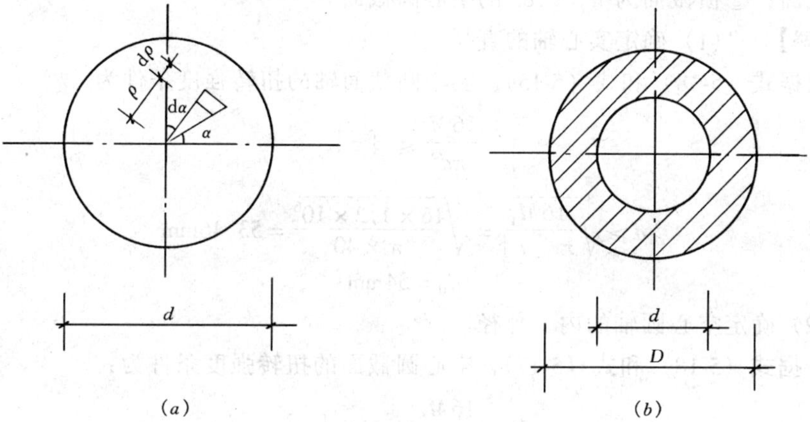

图 5-14 圆形截面极惯性矩

相应的抗扭截面抵抗矩为

$$W_t = \frac{I_p}{(d/2)} = \frac{\pi d^3}{16} \tag{5-15}$$

对于外径为 D、内径为 d 的空心圆截面，如图(5-14b)所示，其极惯性矩为

$$I_p = \int_0^{2\pi} d\alpha \int_{d/2}^{D/2} \rho^3 d\rho = \frac{\pi}{32}(D^4 - d^4) \tag{5-16a}$$

令 $\alpha = d/D$ 表示空心圆截面内、外径的比值，上式可写成

$$I_p = \frac{\pi D^4}{32}(1 - \alpha^4) \tag{5-16b}$$

同样，由 $W_t = I_p/(D/2)$ 得空心圆截面的抗扭截面抵抗矩为

$$W_t = \frac{\pi}{16D}(D^4 - d^4) = \frac{\pi D^3}{16}(1 - \alpha^4) \tag{5-17}$$

（七）圆轴扭转的强度条件

为了保证受扭轴在工作时不致因强度不足而破坏，轴内的最大切应力不得超过材料的容许切应力 $[\tau]$，即

$$\tau_{\max} = \frac{M_{\mathrm{tmax}}}{W_{\mathrm{t}}} \leqslant [\tau] \qquad (5\text{-}18)$$

此式为圆截面轴的扭转强度条件。式中 $[\tau]$ 为材料的容许切应力。对于塑性材料轴采用扭转屈服极限 τ_{y}，对于脆性材料轴采用扭转强度极限 τ_{b} 作为扭转极限应力，统一采用 τ_{f} 表示。将其除以安全系数 n，即得材料扭转的容许切应力 $[\tau] = \tau_{\mathrm{f}}/n$。

【例 5-9】　某传动轴，横截面上的最大扭矩 $M_{\mathrm{t}} = 12\mathrm{kN \cdot m}$，轴的 $[\tau] = 40\mathrm{MPa}$，试按下列两种方案选择轴的截面尺寸，并比较材料用量。①横截面为实心圆截面；②横截面为 $\alpha = 0.85$ 的空心圆截面。

【解】　(1) 确定实心轴的直径

根据式 (5-18) 和式 (5-15)，实心圆截面轴的扭转强度条件为

$$\frac{16M_{\mathrm{t}}}{\pi d^3} \leqslant [\tau]$$

由此得

$$d \geqslant \sqrt[3]{\frac{16M_{\mathrm{t}}}{\pi [\tau]}} = \sqrt[3]{\frac{16 \times 1.2 \times 10^6}{\pi \times 40}} = 53.46\mathrm{mm}$$

取

$$d_0 = 54\mathrm{mm}$$

(2) 确定空心圆轴的内、外径

根据式 (5-18) 和式 (5-17)，空心圆截面的扭转强度条件为：

$$\frac{16M_{\mathrm{t}}}{\pi D^3 (1 - \alpha^4)} \leqslant [\tau]$$

由此得

$$D \geqslant \sqrt[3]{\frac{16M_{\mathrm{t}}}{\pi (1 - \alpha^4) [\tau]}} = \sqrt[3]{\frac{16 \times 1.2 \times 10^6}{\pi \times (1 - 0.85^4) \times 40}} = 68.37\mathrm{mm}$$

轴的内径相应为

$$d = 0.85D = 0.85 \times 68.37 = 58.11\mathrm{mm}$$

取

$$D = 69\mathrm{mm}, \quad d = 58\mathrm{mm}$$

(3) 材料用量比

$$\text{材料用量比} = \frac{\frac{\pi}{4}(D^2 - d^2)}{\frac{\pi}{4}d_0^2} = \frac{69^2 - 58^2}{54^2} = 0.479$$

计算表明，空心轴比实心轴用料节省。

三、弯曲应力

在分析梁的内力的基础上，为了解决梁的强度设计和强度校核，还必须进一步研究梁在横截面上的应力分布及计算方法。在一般情况下，梁横截面上的内力有弯矩和剪力。因此，横截面上必然会有正应力和切应力存在。

(一) 弯曲正应力

根据纯弯曲（横截面上没有剪力）的实验结果，作出如下假设：

(1) 平面假定。杆件的横截面在受力变形前后均为平面，并且仍与变形后的梁轴线垂直。

(2) 纵向纤维间无挤压。即认为横截面上各点均处于单向应力状态。

梁在变形过程中，梁上边纵向纤维缩短，下边纵向纤维伸长，而梁的变形沿梁高度是连续的。因此，梁中必有一层纵向层既不伸长，也不缩短，这层纤维称为**中性层**。中性层与横截面的交线称为**中性轴**。平面弯曲的弯曲变形，实际上可以看作是各个截面绕中性轴旋转的结果。

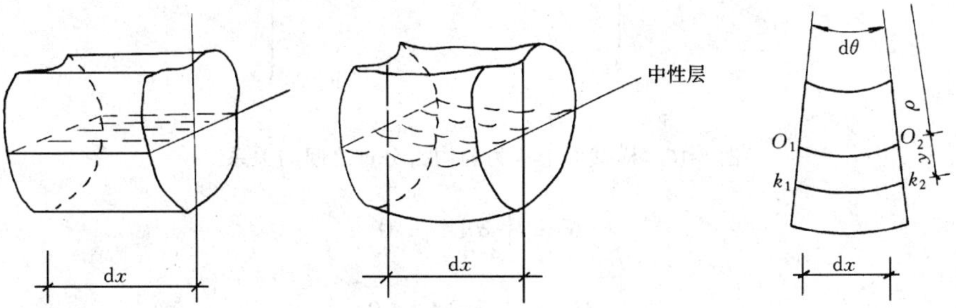

图 5-15　纯弯曲梁微段的变形

(a) 变形前微段图；(b) 变形后微段图；(c) 微段变形几何图

1. 变形协调方程

从纯弯曲梁中取出一微段 dx，如图 5-15 所示。根据平面假设，弯曲变形后的微段如图 5-15 (c) 所示，其中性层 O_1O_2 的长度不变，仍为 dx，离中性层为 y 的纤维 k_1k_2 的线应变为

$$\varepsilon = \frac{\Delta(dx)}{dx} = \frac{\widehat{k_1k_2} - \widehat{O_1O_2}}{\widehat{O_1O_2}} = \frac{(\rho + y)d\theta - \rho d\theta}{\rho d\theta} = \frac{y}{\rho} \tag{5-19}$$

上式表明，梁横截面上各点处的纵向线应变与中性层曲率半径 ρ 成反比，与距中性轴的距离 y 成正比。

2. 物理关系——胡克定律

当截面上的正应力不越过一定的极限（材料的比例极限 σ_p），应力和应变成正比。

$$\sigma = E\varepsilon$$

将式 (5-19) 代入上式，可得

$$\sigma = E \cdot \frac{y}{\rho} \tag{5-20}$$

3. 静力学方程

正应力作用在微元面积 dA 上的内力 σdA（图 5-16）在横截面合成的结果应与横截面上的内力等效。

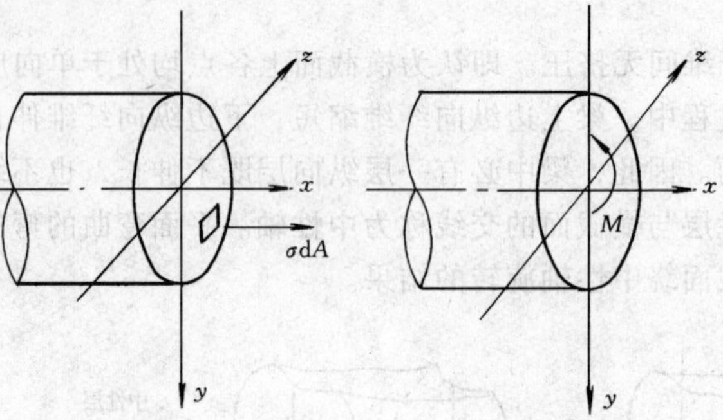

图 5-16 横截面上应力与内力分量之间的关系

$$N = \int_A \sigma dA = 0 \tag{1}$$

$$M_y = \int_A \sigma z dA = 0 \tag{2}$$

$$M_z = \int_A \sigma y dA = M \tag{3}$$

（1）将式（5-20）代入式（1）得

$$N = \int_A \sigma dA = \int_A \frac{E}{\rho} y dA = \frac{E}{\rho} \int_A y dA = \frac{E}{\rho} S_z = 0$$

由 $S_z = 0$，中性轴 z 轴通过横截面的形心。

（2）将式（5-20）代入式（2）得

$$M_y = \int_A \sigma z dA = \frac{E}{\rho} \int_A yz dA = \frac{E}{\rho} I_{yz} = 0$$

由 $I_{yz} = 0$，说明中性轴 y 轴为截面的主惯性矩，然而，中性轴 z 轴又是形心轴，因此，y 轴 z 轴是截面的形心主惯性轴。从而确定了截面中心轴的位置。

（3）将式（5-20）代入式（3）得

$$M = \int_A \sigma y dA = \frac{E}{\rho} \int_A y^2 dA = \frac{EI_z}{\rho}$$

$$\frac{1}{\rho} = \frac{M}{EI_z} \tag{5-21}$$

该公式表明纯弯曲变形中的外力（弯矩 M）和变形（弯曲曲率 $1/\rho$）之间的关系。式中 EI_z 称为**截面抗弯刚度或梁的抗弯刚度**。

将式（5-21）代入式（5-20）得到在纯弯曲时横截面上的正应力计算公式

$$\sigma = \frac{M}{I_z}y \tag{5-22}$$

式中　I_z——整个截面对中性轴的惯性矩。

4. 面积矩、惯性矩和惯性积

(1) 面积矩

在正应力的推导过程中遇到一个几何量 $S_z = \int_A y\mathrm{d}A$，现在讨论平面图形的几何性质。任意平面图形如图5-17所示，其面积为 A，y 轴和 z 轴为图形所在平面上的坐标轴。在坐标(y、z)处取微面积 $\mathrm{d}A$，分别称 $z\mathrm{d}A$ 和 $y\mathrm{d}A$ 为微面积 $\mathrm{d}A$ 对 y 轴和 z 轴的面积矩。并定义

$$S_y = \int_A z\mathrm{d}A, S_z = \int_A y\mathrm{d}A \tag{5-23}$$

分别为图形对 y 轴和 z 轴的**面积矩**也称图形对 y 轴和 z 轴的**静面矩**或静矩。

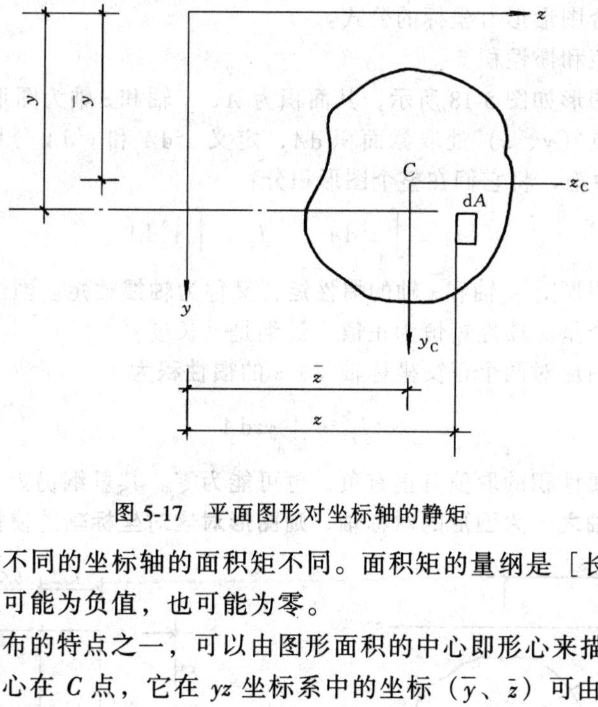

图 5-17　平面图形对坐标轴的静矩

同一图形对不同的坐标轴的面积矩不同。面积矩的量纲是［长度］^{3}。面积矩可能为正直，也可能为负值，也可能为零。

图形面积分布的特点之一，可以由图形面积的中心即形心来描述。在图5-17中，设图形的形心在 C 点，它在 yz 坐标系中的坐标（$\bar{y}$、$\bar{z}$）可由下式决定

$$\bar{y} = \frac{1}{A}\int_A y\mathrm{d}A \qquad \bar{z} = \frac{1}{A}\int_A z\mathrm{d}A \tag{5-24}$$

由公式(5-23)和(5-24)有

$$S_y = A \cdot \bar{z} \qquad S_z = A \cdot \bar{y} \tag{5-25}$$

这就表明，平面图形对 y 轴和 z 轴的面积矩，分别等于图形面积 A 乘以形心的坐标 $\bar{z}$ 和 $\bar{y}$。

由式（5-25）可知：①图形对某轴的面积矩若等于零，则该轴必通过图形的形心；②图形对于通过形心的轴的面积矩恒等于零；③形心在对称轴上，凡是平面图形具有两根或两根以上对称轴则形心 C 必在对称轴的交点上。

在计算平面图形对坐标轴的面积矩时，若一个比较复杂的平面图形，它可以看作由若干个简单图形（矩形、圆形或三角形等）组成，这个图形称为**组合图形**。只要各个简单图形的面积 A_i 和它对某一坐标轴系 y、z 的形心坐标 $\overline{y}_i$、$\overline{z}_i$ 易于知道，根据面积矩与形心的关系，则组合图形对 y 轴、z 轴的面积矩为：

$$S_y = \sum A_i\overline{z}_i \qquad S_z = \sum A_i\overline{y}_i \tag{5-26}$$

同时，设复杂的组合图形的形心在给定的 y 轴、z 轴坐标系中的坐标为 $\overline{y}$、$\overline{z}$，由公式（5-25）和（5-26）又有

$$\overline{y} = \frac{S_z}{A} = \frac{\sum A_i\overline{y}_i}{\sum A_i} \qquad \overline{z} = \frac{S_y}{A} = \frac{\sum A_i\overline{z}_i}{\sum A_i} \tag{5-27}$$

这就是计算组合图形形心坐标的公式。

（2）惯性矩和惯性积

任意平面图形如图 5-18 所示，其面积为 A，y 轴和 z 轴为图形平面内任意给定的坐标轴。点（y、z）处取微面积 dA，定义 z^2dA 和 y^2dA 分别为微面积对 y 轴和 z 轴的惯性矩，将它们在整个图形积分：

$$I_y = \int_A z^2 dA \qquad I_z = \int_A y^2 dA \tag{5-28}$$

则分别定义为图形对 y 轴和 z 轴的**惯性矩**，又称为**轴惯性矩**。惯性矩是反映截面抗弯特性的一个量。惯性矩恒为正值，量纲是［长度］^{4}。

任意平面图形对两个正交坐标轴 y、z 的**惯性积**为

$$I_{yz} = \int_A yz dA \tag{5-29}$$

由定义式知，惯性积的取值有正有负，也可能为零。其量纲仍为［长度］^{4}。**如果两个正交坐标轴之一为图形的对称轴，则图形对这对坐标轴的惯性积为零。**

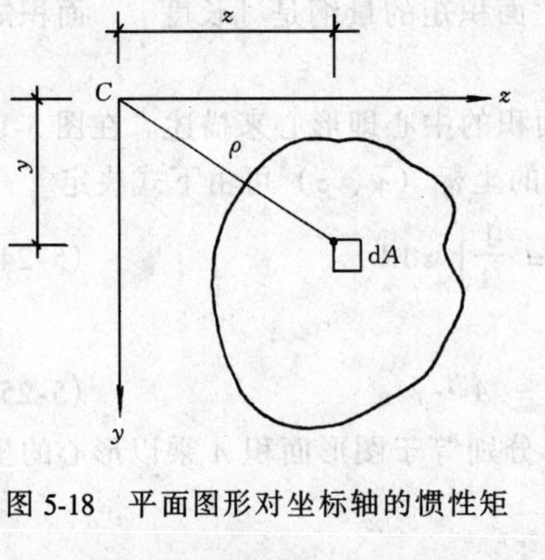

图 5-18 平面图形对坐标轴的惯性矩

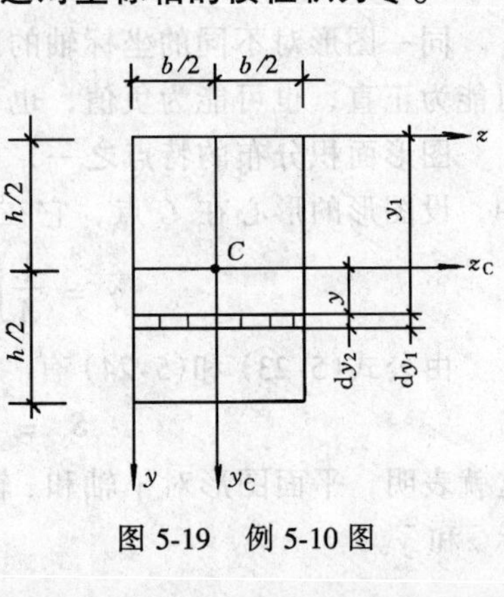

图 5-19 例 5-10 图

【例 5-10】　试计算图 5-19 所示矩形截面对 z 轴和 z_C 轴、对 y 轴和 y_C 轴的惯性矩。

【解】　在计算 I_z 和 I_{z_C} 时，取 $dA = b dy$ 由式（5-28）得

$$I_z = \int_A y_1^2 dA = \int_0^h y_1^2 b dy_1 = \frac{bh^3}{3}$$

$$I_{z_C} = \int_A y^2 dA = \int_{-h/2}^{h/2} y^2 b dy = \frac{bh^3}{12}$$

同理，在计算 I_y 和 I_{y_C} 时，取 $dA = h dz$ 由式（5-28）得

$$I_y = \int_A z_1^2 dA = \int_0^b z_1^2 h dz_1 = \frac{b^3 h}{3}$$

$$I_{y_C} = \int_A z^2 dA = \int_{-b/2}^{b/2} z^2 h dz = \frac{b^3 h}{12}$$

【例 5-11】　试计算图 5-20 所示圆截面对直径轴 y 的惯性矩 I_y。

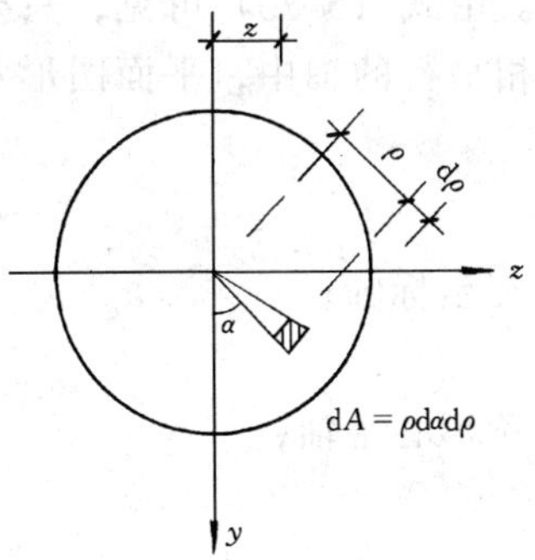

图 5-20　例 5-11 图

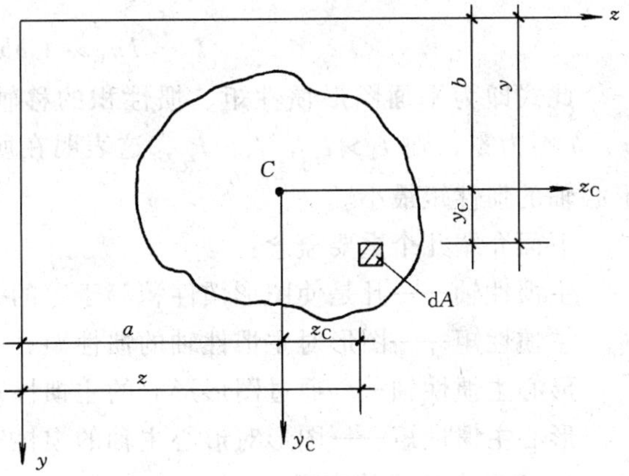

图 5-21　移轴公式

【解】　建立极坐标（α，ρ），取微面积 $dA = \rho d\alpha d\rho$，dA 距 y 轴距离为 $\rho\sin\alpha$，按定义式（5-28）得

$$I_y = \int_A z^2 dA = \int_A (\rho\sin\alpha)^2 dA$$

$$= \int_0^{d/2} \rho^3 d\rho \int_0^{2\pi} \sin^2\alpha d\alpha = \frac{\pi d^4}{64}$$

（3）惯性矩和惯性积移轴公式

在图 5-21 中，C 为任意图形的形心，y_C 和 z_C 是通过形心的坐标轴。y 和 z 坐标轴分别与 y_C、y_C 轴平行，两平行轴间距离分别为 a 和 b。

根据定义式（5-28）和（5-29）可知，图形对形心轴 y_C 和 y_C 的惯性矩和惯性积为

$$I_{y_C} = \int_A z_C^2 \mathrm{d}A \qquad I_{z_C} = \int_A y_C^2 \mathrm{d}A \qquad I_{y_C z_C} = \int_A y_C z_C \mathrm{d}A \tag{a}$$

而图形对 y、z 轴的惯性矩、惯性积分别是

$$I_y = \int_A z^2 \mathrm{d}A = \int_A (z_C + a)^2 \mathrm{d}A = \int_A z_C^2 \mathrm{d}A + 2a\int_A z_C \mathrm{d}A + a^2\int_A \mathrm{d}A$$

$$I_z = \int_A y^2 \mathrm{d}A = \int_A (y_C + b)^2 \mathrm{d}A = \int_A y_C^2 \mathrm{d}A + 2b\int_A y_C \mathrm{d}A + b^2\int_A \mathrm{d}A$$

$$I_{yz} = \int_A yz \mathrm{d}A = \int_A (y_C + b)(z_C + a) \mathrm{d}A = \int_A y_C z_C \mathrm{d}A + a\int_A y_C \mathrm{d}A + b\int_A z_C \mathrm{d}A + ab\int_A \mathrm{d}A$$

以上三式中，$\int_A y_C \mathrm{d}A$ 和 $\int_A z_C \mathrm{d}A$ 分别是图形对形心轴 z_C 和 y_C 的面积矩，其值恒为零，再将（a）式代入，则

$$\left.\begin{aligned} I_y &= I_{y_C} + a^2 A \\ I_z &= I_{z_C} + b^2 A \\ I_{yz} &= I_{y_C z_C} + abA \end{aligned}\right\} \tag{5-30}$$

此式即为平面图形惯性矩、惯性积的移轴公式。由式（5-30）可见，只要 a、b 不为零，则 $I_y > I_{y_C}$，$I_z > I_{z_C}$，这表明在所有互相平行的轴中，平面图形对形心轴的惯性矩最小。

下面介绍几个重要概念：

主惯性轴——凡是使图形惯性积等于零的一对正交坐标轴；

主惯性矩——图形对主惯性轴的惯性矩；

形心主惯性轴——通过图形形心的主惯性矩，简称形心主轴；

形心主惯性矩——图形对形心主轴的惯性矩。

5. 正应力公式的应用

实验结果表明，对于没有剪力作用的情形，正应力公式计算结果与实验结果吻合得很好。当横截面上除了弯矩外还有剪力存在时，横截面上除正应力外，还将有切应力存在，平面假定和纵向纤维无挤压应力的假定均不成立。因此，由平面假定导出的正应力表达式（5-22）算出的应力值与实验值有一定的误差。但是，对于细长的实心截面杆件，这种误差很小，因而通常可以忽略不计。

根据推导过程，正应力计算公式（5-22）的适用条件为：

（1）材料在线弹性范围内工作，且拉、压弹性模量相同。

（2）梁处于平面弯曲变形状态。

整个截面上的最大正应力在距中性轴最远的点，即 y_{max} 处。

$$\sigma_{max} = \frac{M}{I_z} y_{max} = \frac{M}{W_z} \tag{5-31}$$

其中 W_z 称为**抗弯截面抵抗矩**或抗弯截面模量。

$$W_z = \frac{I_z}{y_{\max}}$$

矩形截面

$$I_z = \frac{bh^3}{12},\quad W_z = \frac{I_z}{h/2} = \frac{bh^3/12}{h/2} = \frac{bh^2}{6}$$

圆形截面

$$I_z = \frac{\pi d^4}{64},\quad W_z = \frac{I_z}{d/2} = \frac{\pi d^4/64}{d/2} = \frac{\pi d^3}{32}$$

【例 5-12】　两根材料相同，宽度相等，高度分别为 h_1 及 h_2 的梁叠合在一起，梁受力如图 5-22 所示，设叠合面间可以自由错动，求两梁中最大弯矩之比及最大正应力之比。

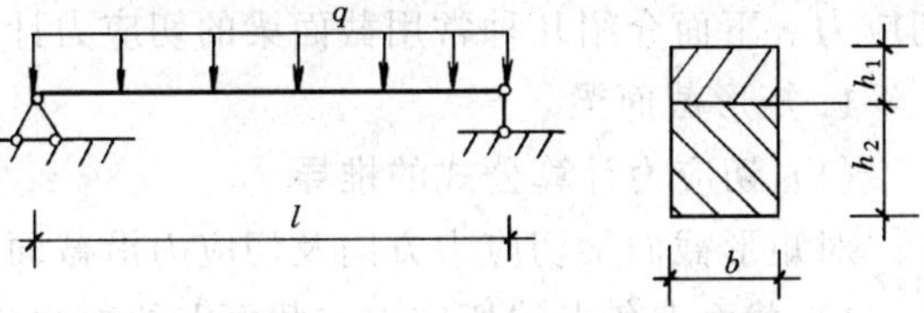

图 5-22　例 5-12 图

【解】　两梁相叠后在均布荷载作用下，同时发生弯曲变形，其挠曲线近似平行，两梁的曲率近似相等。即

$$\frac{M_1}{EI_1} = \frac{1}{\rho} = \frac{M_2}{EI_2}$$

两梁弯矩之比为

$$\frac{M_1}{M_2} = \frac{EI_1}{EI_2} = \frac{bh_1^3/12}{bh_2^3/12} = \frac{h_1^3}{h_2^3}$$

两梁最大正应力之比

$$\frac{\sigma_1}{\sigma_2} = \frac{M_1/W_1}{M_2/W_2} = \frac{M_1}{M_2}\cdot\frac{W_2}{W_1} = \frac{h_1^3}{h_2^3}\cdot\frac{bh_2^2/6}{bh_1^2/6} = \frac{h_1}{h_2}$$

【例 5-13】　求简支梁在均布荷载作用下，梁下边缘的总伸长。

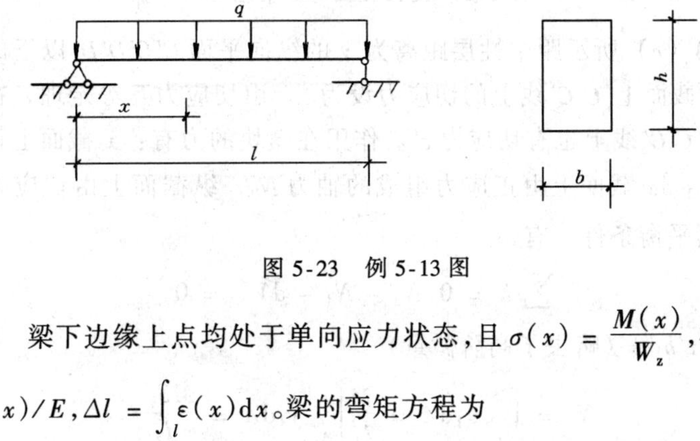

图 5-23　例 5-13 图

【解】　梁下边缘上点均处于单向应力状态，且 $\sigma(x) = \dfrac{M(x)}{W_z}$，根据胡克定律 $\varepsilon(x) = \sigma(x)/E$，$\Delta l = \int_l \varepsilon(x)\mathrm{d}x$。梁的弯矩方程为

$$M(x)=\frac{ql}{2}x-\frac{qx^2}{2}$$

$$\varepsilon(x)=\frac{\sigma(x)}{E}=\frac{M(x)}{EW_z}$$

$$\Delta l=\int_0^l\varepsilon(x)\mathrm{d}x=\int_0^l\frac{1}{EW_z}\left(\frac{ql}{2}x-\frac{qx^2}{2}\right)\mathrm{d}x=\frac{ql^3}{2Ebh^2}$$

（二）弯曲切应力

横力弯曲时，梁横截面上既有弯矩，又有剪力，因而截面上既有正应力也有切应力。下面介绍几种常用截面梁的切应力计算公式。

1. 矩形截面梁

(1) 切应力计算公式的推导

对矩形截面梁切应力方向及切应力沿截面宽度的变化作两个假设。

1）截面上各点的切应力与截面上的剪力 V 具有相同的方向，即切应力与截面侧边平行。

2）切应力 τ 沿截面宽度均匀分布。

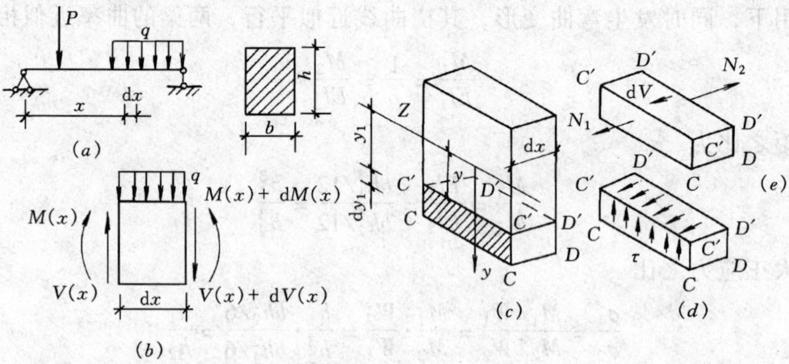

图 5-24　矩形截面弯曲切应力

取图 5-24（c）所示距中性层距离为 y 的纵向平面 $C'C'D'D'$ 以下的部分为研究对象，在横截面上 $C'C'$ 线上的切应力设为 τ。由切应力互等定理，在纵向平面 $C'C'D'D'$ 面的 $C'C'$ 线上也有切应力 τ'。作用在微块的力有：x 截面上正应力组成的轴力 N_1，$x+\mathrm{d}x$ 截面上由正应力组成的轴力 N_2，纵截面上由切应力引起的剪力 $\mathrm{d}V^*$，根据平衡条件，有

$$\sum X=0, N_2-N_1-\mathrm{d}V^*=0$$

式中　$\mathrm{d}V^*=\tau' b\mathrm{d}x$（略去了高阶微量）

$$N_1=\int_{A^*}\sigma_1\mathrm{d}A=\frac{M}{I_z}\int_{A^*}y_1\mathrm{d}A=\frac{MS_z^*}{I_z}$$

$$N_2 = \int_{A^*} \sigma_2 \mathrm{d}A = \frac{M + \mathrm{d}M}{I_z} \int_{A^*} y_1 \mathrm{d}A = \frac{(M + \mathrm{d}M) S_z^*}{I_z}$$

其中，A^* 和 $S_z^* = \int_{A^*} y_1 \mathrm{d}A$ 分别为截面 $CCC'C'$ 的面积及其对中性轴 z 的面积矩。

将以上三个力代入平衡方程得

$$\frac{M + \mathrm{d}M}{I_z} S_z^* - \frac{MS_z^*}{I_z} - \tau' b \mathrm{d}x = 0$$

$$\tau' = \frac{\mathrm{d}M}{\mathrm{d}x} \cdot \frac{S_z^*}{bI_z}$$

由于

$$\frac{\mathrm{d}M(x)}{\mathrm{d}x} = V(x)$$

所以

$$\tau = \tau' = \frac{VS_z^*}{bI_z} \tag{5-32}$$

式中 V——截面上的剪力；

S_z^*——横截面上需求切应力处的水平线以下（或以上）部分的面积对中性轴的面积矩；

b——需求切应力处的截面宽度；

I_z——全截面对中性轴的惯性矩。

(2) 切应力沿横截面高度的分布

矩形截面切应力沿高度的分布规律由面积矩 S_z^* 确定。当求距中性轴为 y 处的切应力时

$$S_z^* = \int_{A^*} y_1 \mathrm{d}A = \int_y^{h/2} y_1 b \mathrm{d}y_1 = \frac{b}{2}\left(\frac{h^2}{4} - y^2\right)$$

$$\tau = \frac{VS_z^*}{bI_z} = \frac{V \frac{b}{2}\left(\frac{h^2}{4} - y^2\right)}{b \frac{bh^3}{12}} = \frac{6V}{bh^3}\left(\frac{h^2}{4} - y^2\right)$$

所以，矩形截面切应力 τ 沿截面高度按二次抛物线规律变化，如图 5-25 所示。

最大切应力在截面的中性轴（$y = 0$）上

$$\tau_{max} = \frac{6V}{bh^3} \cdot \frac{h^2}{4} = \frac{3V}{2bh} = \frac{3}{2}\frac{V}{A} \tag{5-33}$$

梁纵向截面上有水平切应力。根据切应力互等定理，该切应力与横截面上同点处的切应力相等。

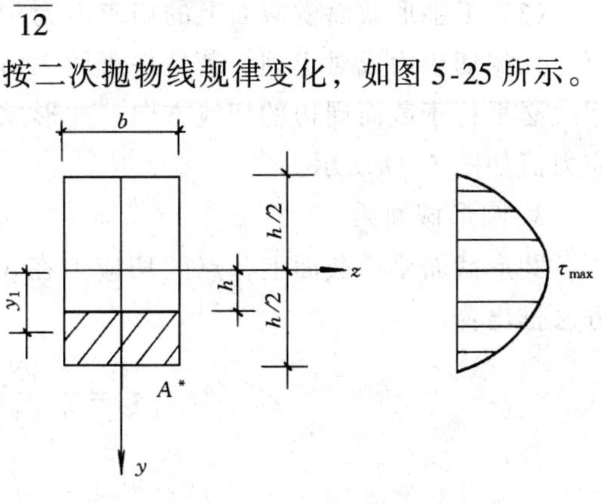

图 5-25 矩形截面上切应力分布

2. 工字形截面梁

(1) 工字形截面腹板的切应力

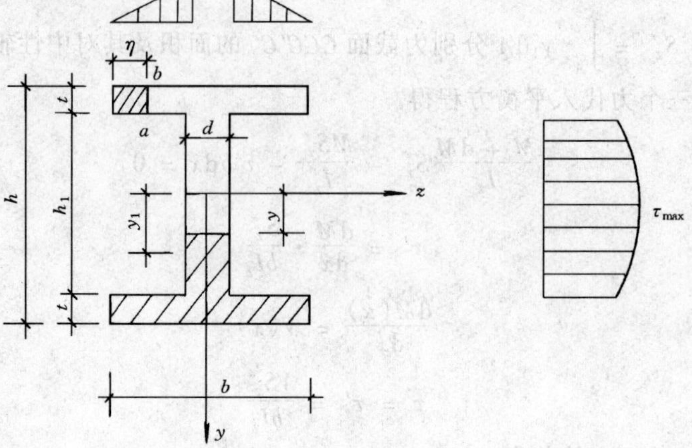

图 5-26　工字形截面上切应力分布

$$\tau = \frac{VS_z^*}{dI_z} \tag{5-34}$$

对于型材 I_z/S_z^* 的最小值可以从附表中查得。

(2) 工字形截面翼缘上的水平切应力

$$\tau = \frac{VS_z^*}{tI_z} \tag{5-35}$$

式中　S_z^*——所求切应力作用层 ab 与截面边缘之间的面积对中性轴 z 的面积矩，$S_z^* = \left(\frac{h}{2} - \frac{t}{2}\right)t\eta$；

t——翼缘的厚度。

(3) 工字形截面横截面上的**切应力流**

根据切应力成对定理，若杆件表面无切应力作用，则薄壁截面上的切应力作用线必平行于截面周边的切线方向，并形成切应力流。工字型截面横截面上的切应力流如图 5-27 所示。

3. 圆形截面梁

圆形截面梁横截面上各点的切应力在 y 方向的分量 τ_y 按与矩形截面相同的方法推出：

$$\tau_y = \frac{VS_z^*}{b(y)\ I_z}$$

式中

$$b(y) = 2\sqrt{\left(\frac{d}{2}\right)^2 - y^2}$$

$$S_z^* = \int_y^{d/2} y\mathrm{d}A = \frac{2}{3}\left(\frac{d^2}{4} - y^2\right)^{3/2}$$

所以　$\tau_y = \frac{4}{3}\frac{V}{A}\left[1 - \left(\frac{2y}{d}\right)^2\right]$

在中性轴上各点，切应力取最大值

$$\tau_{max} = \frac{4}{3}\frac{V}{A} \qquad (5\text{-}36)$$

值得注意的是，除 z 轴和 y 轴上各点的切应力方向与 V 方向一致外，其余各点的切应力都与 V 方向不一致。例如，在截面周边上各点的切应力则沿边界切线方向。

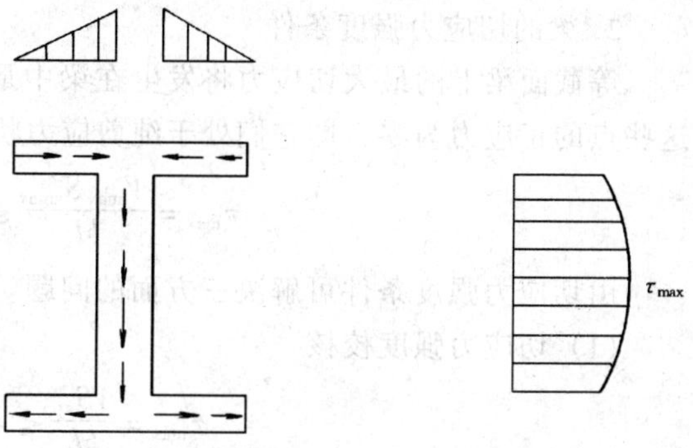

图 5-27　切应力流

（三）梁的强度条件

一般情况下，梁的变形属于横力弯曲变形。对于等截面梁，最大正应力在最大弯矩截面上距中性轴最远的点处；最大切应力是发生在最大剪力所在截面的中性轴上。要保证梁能正常工作，就必须使梁上这两种应力都应满足强度条件。

1. 梁的正应力强度条件

梁中最大正应力发生在最大弯矩所在截面上距中性轴最远的边缘点上，这些点的切应力为零，即它们处于单向应力状态。这时梁的强度条件为：

$$\sigma_{max} \leqslant [\sigma] \qquad (5\text{-}37a)$$

或

$$\sigma_{max} = \frac{M_{max}}{W_z} \leqslant [\sigma] \qquad (5\text{-}37b)$$

对于抗拉、抗压性能不同的材料，应该对抗拉和抗压分别建立强度条件。

$$\sigma_{tmax} = \frac{M_{tmax}}{W_z} \leqslant [\sigma_t] \qquad (5\text{-}37c)$$

和

$$|\sigma_C|_{max} = \frac{|M_c|_{max}}{W_z} \leqslant [\sigma_c] \qquad (5\text{-}37d)$$

由正应力强度条件可解决三方面问题：

（1）正应力强度校核

$$\sigma_{max} = \frac{M_{max}}{W_z} \leqslant [\sigma]$$

（2）选择截面

$$W_z \geqslant \frac{M_{max}}{[\sigma]}$$

（3）确定容许荷载

$$M_{max} \leqslant [\sigma]\ W_z$$

2. 梁的切应力强度条件

等截面梁上的最大切应力将发生在梁中最大剪力 V_{max} 所在截面的中性轴上，这些点的正应力为零，即它们处于纯剪应力状态。这时梁的强度条件为：

$$\tau_{max}=\frac{V_{max}S_{zmax}^{*}}{bI_z}\leqslant[\tau] \tag{5-38}$$

由切应力强度条件可解决三方面的问题。

(1) 切应力强度校核

$$\tau_{max}=\frac{VS_z^{*}}{bI_z}\leqslant[\tau]$$

(2) 选择截面

$$\frac{bI_z}{S_z^{*}}\geqslant\frac{V}{[\tau]}$$

(3) 确定容许荷载

$$V\leqslant\frac{bI_z}{S_z^{*}}[\tau]$$

【例 5-14】 外伸梁受荷载如图 5-28 所示。已知 $P_1=40\text{kN}$，$P_2=15\text{kN}$，$l=600\text{mm}$，$a=40\text{mm}$，$b=30\text{mm}$，$c=80\text{mm}$，材料的容许拉应力 $[\sigma_t]=45\text{MPa}$，容许压应力 $[\sigma_c]=175\text{MPa}$，试校核梁的强度。

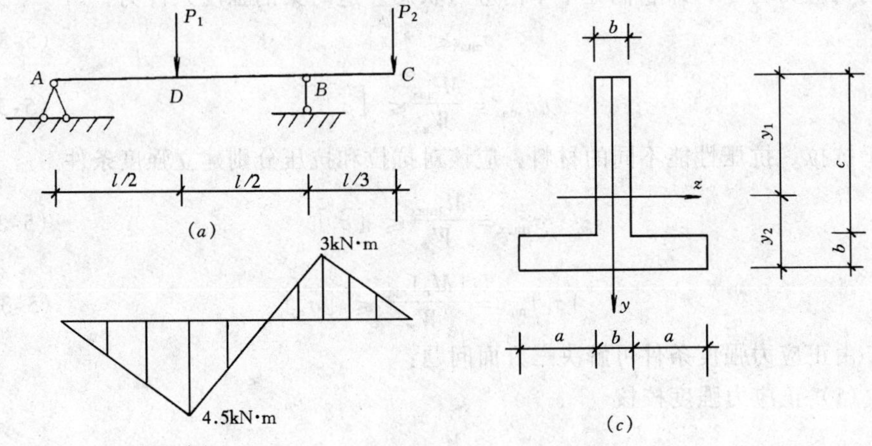

图 5-28 例 5-14 图

【解】 (1) 求截面形心坐标和截面对中性轴的惯性矩

$$y_2=\frac{b(2a+b)\left(\frac{b}{2}\right)+bc\left(\frac{c}{2}+b\right)}{b(2a+b)+b\times c}=38\text{mm}$$

$$y_1 = b + c - y_2 = 72\text{mm}$$

$$I_z = \frac{1}{3}by_1^3 + \frac{1}{3}(2a+b)y_2^3 - \frac{1}{3}(2a)(y_2-b)^3 = 5.73\times10^6\text{mm}^4$$

(2) 确定最大拉应力、最大压应力所在截面位置

根据梁的弯矩图，在 D 截面中性轴下侧受拉、上侧受压，在 B 截面中性轴上侧受拉，下侧受压，由于

$$M_D\cdot y_2 = 1.71\times10^8\text{N}\cdot\text{mm}^2 < M_B\cdot y_1 = 2.16\times10^8\text{N}\cdot\text{mm}^2$$

所以，最大拉应力出现在 B 截面的上边缘，而压应力出现在 D 截面的上边缘。

(3) 梁的强度校核

$$\sigma_{tmax} = \frac{M_B\cdot y_1}{I_z} = \frac{2.16\times10^8}{5.73\times10^6} = 37.7\text{MPa} < [\sigma_t]$$

$$|\sigma_c|_{max} = \frac{|M_D\times y_1|}{I_z} = \frac{|-4.5\times10^6\times72|}{5.73\times10^6} = 56.5\text{MPa} < [\sigma_c]$$

所以满足强度要求。

【例 5-15】 外伸梁截面为 I22a 工字钢梁受荷载如图 5-29 所示。已知 $P = 30\text{kN}$，$l = 6\text{m}$，$q = 6\text{kN/m}$，$[\sigma] = 170\text{MPa}$，$[\tau] = 100\text{MPa}$。试校核梁的强度。

【解】 (1) 作剪力图和弯矩图。从图中得到 $V_{max} = 17\text{kN}$，$M_{max} = 39\text{kN}\cdot\text{m}$

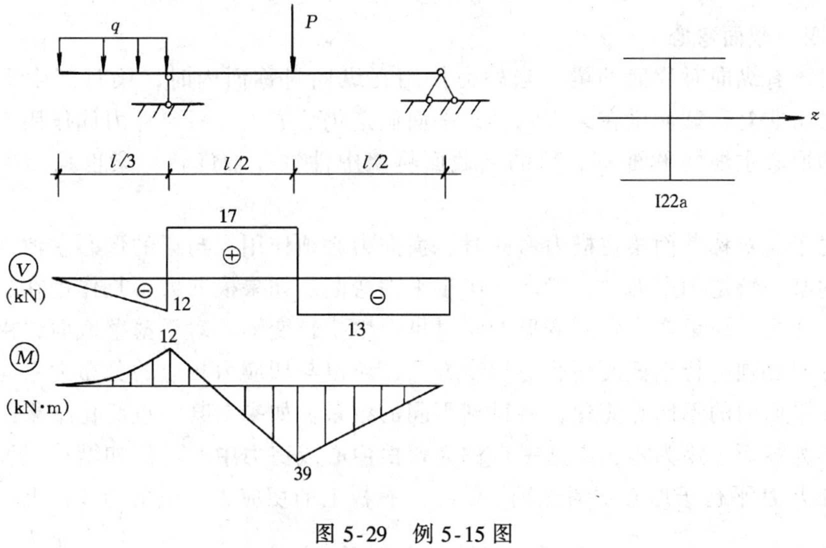

图 5-29　例 5-15 图

(2) 校核梁的强度：查型钢表 I22a 中 $W_z = 309\times10^3\text{mm}^3$，$I_z/S_z^* = 189\text{mm}$，$d = 7.5\text{mm}$，

$$\sigma_{max} = \frac{M_{max}}{W_z} = \frac{39\times10^6}{309\times10^3} = 126\text{MPa} < [\sigma]$$

$$\tau_{max} = \frac{V_{max} S^*_{zmax}}{bI_z} = \frac{17 \times 10^3}{7.5 \times 189} = 12\text{MPa} < [\tau]$$

所以，梁满足强度要求。

【例 5-16】 图 5-30 所示外伸梁由两根 16a 槽钢组成。已知 $l = 6\text{m}$，容许弯曲正应力 $[\sigma] = 170\text{MPa}$，求梁能承受的最大荷载 P_{max}。

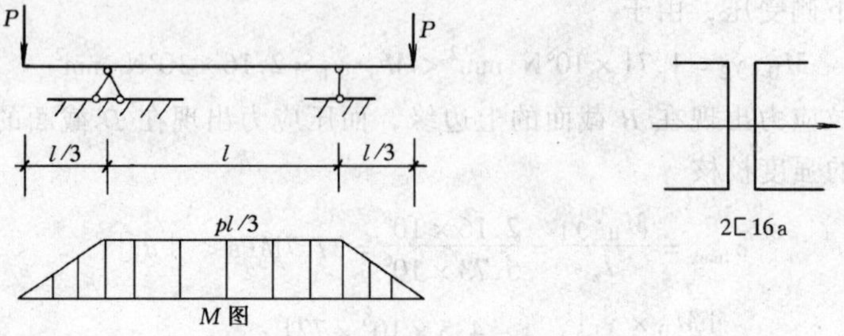

图 5-30 例 5-16 图

【解】 查型钢表有 $W_z = 2 \times 108 \times 10^3 = 216 \times 10^3 \text{mm}^3$ 由

$$P_{max} l/3 = M_{max} \leqslant W_z [\sigma]$$

$$P_{max} = \frac{3M_{max}}{l} = \frac{3}{l} W_z [\sigma] = \frac{3}{6 \times 10^3} \times 216 \times 10^3 \times 170 \times 10^{-3} = 18.4\text{kN}$$

（四）截面弯心

对于有纵向对称面的梁，当外力作用在纵向对称面内时，梁只产生平面弯曲。对于非对称截面梁在纯弯曲时，平面假定仍然成立，只要外力偶作用面平行于梁的形心主惯性平面 xy，梁的横截面将绕中性轴 z 轴旋转，梁也只产生平面弯曲。

对于非对称截面梁在横力弯曲时，横向力必须作用在与梁的形心主惯性平面平行的某一特定的平面内，梁才只产生平面弯曲。如果横向力不是作用在这个特定的平面内，该梁产生弯曲变形的同时也产生扭转变形。对于薄壁截面，由于切应力方向必须平行于截面周边的切线方向，所以与切应力相应的分布力系向横截面所在平面内的不同点简化，将得到不同的结果。如果向某一点简化结果所得的主矢不为零而主矩为零，则这一点称为**弯曲中心或剪力中心**。例如槽形截面，当横向外力 P 平行于形心主惯性轴 y 轴时，腹板上的切应力合成剪力 V，上、下翼缘上的水平切应力分别合成 V_1，当简化中心距腹板中心线的距离 $e = \frac{V_1 h}{V}$ 时，简化结果为主矢不为零，主矩为零。这样确定了平行于形心主轴 y 轴的横向外力作用线的位置。同理，当横向外力沿平行于形心主惯性轴 z 作用时，可以求得使截面不产生转动时，相应的横向外作用线的位置。对于图 5-31 所示情况，该横向外力应在对称轴 z 上。这样，我们把这两个横向外力作用线的交点称为弯心。

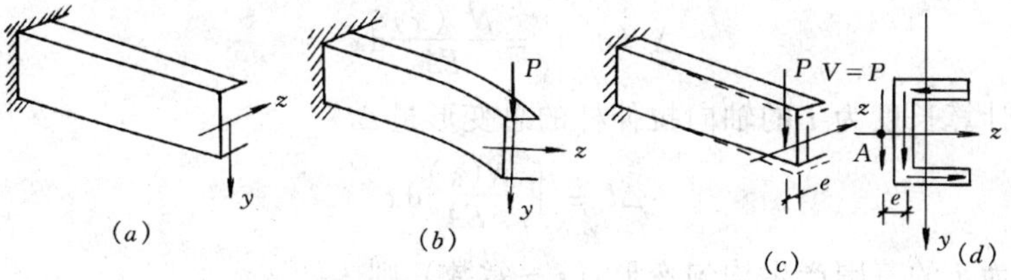

图 5-31　截面弯心

截面弯心只与截面的几何性质有关，而与材料和外荷载无关。弯心在截面对称（反对称）轴上；对具有两根对称（包含反对称）轴的截面的弯心在该两轴的交点上；对由若干狭长矩形组成的截面，当各狭长矩形中心线交于一点时，其弯心在各矩形中心线的交点上。对几种常见截面的弯心位置见表 5-1 示。

几种薄壁截面的弯心位置　　**表 5-1**

项次	1	2	3	4	5	6	7
截面形状	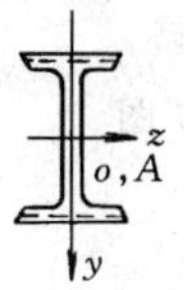	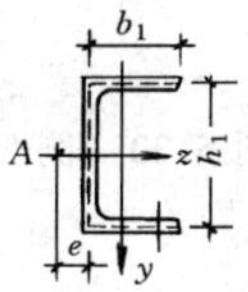		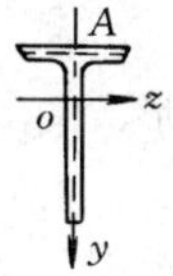	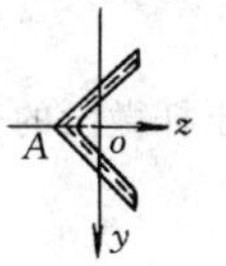	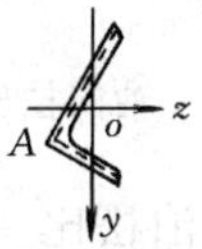	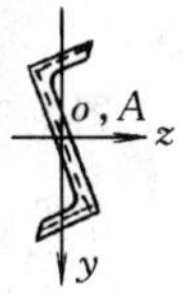
弯心 A 的位置	与形心重合	$e=\frac{b_1^2h_1^2t}{4I_z}$	$e=r_0$	在两个狭长矩形中线的交点			与形心重合

第三节　基本变形的变形分布

一、拉压杆的变形·泊松比

（一）线应变

如图 5-32 所示的微段，变形前的长度为 dx，发生轴向变形后的长度为 dx + Δ（dx），Δ（dx）称为微段的**线变形**。微段的线变形与变形前的长度之比，即轴向变形杆件单位长度的改变量称为**轴向线应变**，简称**线应变**，以符号 ε 表示，则

$$\varepsilon=\frac{\Delta(\mathrm{d}x)}{\mathrm{d}x} \tag{5-39}$$

根据胡克定律：$\varepsilon=\sigma/E$，$\sigma=N(x)/A$ 则

$$\Delta (\mathrm{d}x) = \frac{N(x)}{EA}\mathrm{d}x \tag{5-40}$$

现在计算长度为 l 的轴向拉伸杆的总变形量 Δl：

$$\Delta l = \int_l \frac{N(x)}{EA}\mathrm{d}x \tag{5-41}$$

若在长度为 l 的范围产生均匀变形（ε = 常数）则

$$\Delta l = \frac{Nl}{EA} \tag{5-42}$$

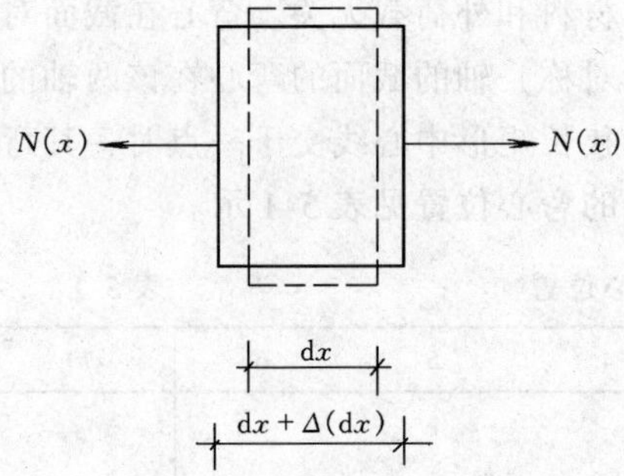

图 5-32　轴向拉压杆微段的变形

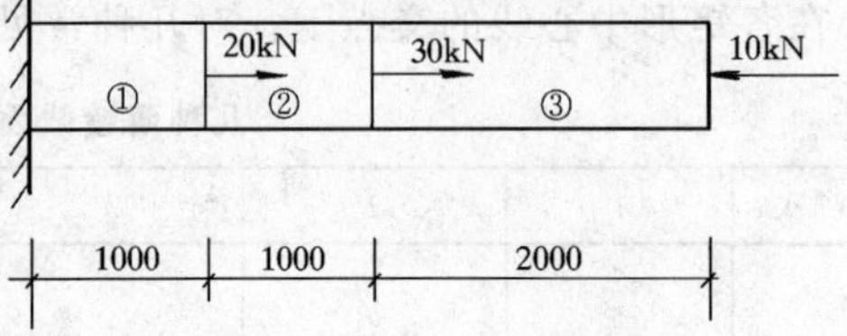

图 5-33　例 5-17 图

（二）泊松比

拉（压）杆横截面上任一直线段的应变称为**横向应变**，以 ε' 表示。

$$\varepsilon' = \frac{d'-d}{d} = \frac{h'-h}{h} = \frac{b'-b}{b} \tag{5-43}$$

实验表明，当拉（压）杆发生纵向应变 ε，同时必发生横向应变 ε'。当 $\sigma \leqslant \sigma_p$ 时，ε' 的大小与 ε 成正比，但正负号相反。以 ν 表示 ε' 和 ε 成正比的比例常数，则二者的关系可表达为

$$\varepsilon' = -\nu\varepsilon \quad (\sigma \leqslant \sigma_p) \tag{5-44}$$

比例常数 ν 称为**泊松比**，其值随材料而异，由材料试验确定。理论研究表明：任何各向同性的弹性材料只有两个独立的弹性常数。

【例 5-17】　图 5-33 所示一钢杆的荷载情况，已知杆的横截面面积为 $A = 1000\text{mm}^2$，钢的弹性模量为 $E = 200\text{GPa}$，求杆各段的轴力、线应变、线变形及全杆的线变形。

【解】

$$N_1 = 20 + 30 - 10 = 40\text{kN}$$

$$N_2 = 30 - 10 = 20\text{kN}$$

$$N_3 = -10\text{kN}$$

线应变：$EA = 200 \times 1000 = 200 \times 10^3\text{kN}$

$$\varepsilon_1 = N_1/(EA) = 40/(200 \times 10^3) = 2 \times 10^{-4}$$

$$\varepsilon_2 = N_2/(EA) = 20/(200\times10^3) = 1\times10^{-4}$$

$$\varepsilon_3 = N_3/(EA) = -10/(200\times10^3) = -5\times10^{-5}$$

线变形：$\Delta l_1 = \varepsilon_1 l_1 = (20\times10^{-4})(1\times10^3) = 0.2\text{mm}$

$$\Delta l_2 = \varepsilon_2 l_2 = (1\times10^{-4})(1\times10^3) = 0.1\text{mm}$$

$$\Delta l_3 = \varepsilon_3 l_3 = (-5\times10^{-5})(2\times10^3) = -0.1\text{mm}$$

$$\Delta l = \Delta l_1 + \Delta l_2 + \Delta l_3 = 0.2 + 0.1 - 0.1 = 0.2\text{mm}$$

【例 5-18】　图 5-34 所示一截面面积为 A，高为 l 的柱，材料的重度为 γ。求柱顶的位移。

【解】　建立以固定端为原点指向上的 x 坐标轴

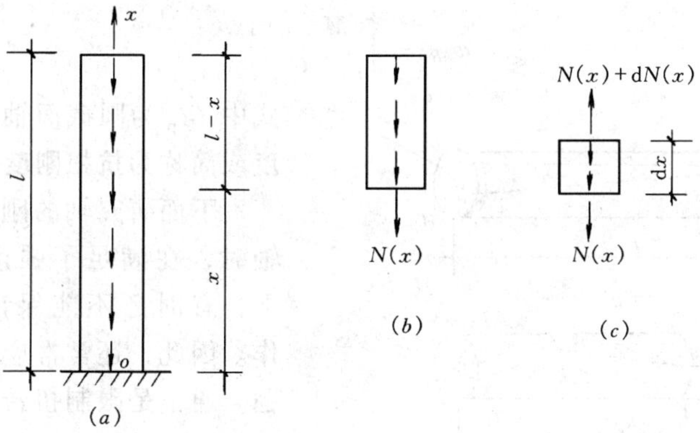

图 5-34　例 5-18 图

轴力方程：$N(x) = -\gamma A(l-x)$

正应力方程：$\sigma(x) = -\gamma(l-x)$

线应变方程：$\varepsilon(x) = -\dfrac{\gamma}{E}(l-x)$

在 x 截面以上取一长为 dx 的微段，微段的线变形为：

$$\Delta(dx) = \varepsilon(x)dx = -\frac{\gamma}{E}(l-x)dx$$

全柱的线变形为 Δl：

$$\Delta l = \int_l \Delta(dx) = \int_0^l -\frac{\gamma}{E}(l-x)dx = -\frac{\gamma l^2}{2E}$$

因底端位移为零，所以全柱的缩短 Δl 就是顶端向下产生的位移。

二、扭转变形和刚度条件

如图 5-35 所示的微段，$d\varphi/dx$ 为 M_t 引起的微段单位长度上相对扭转角，由式（5-11）确定，即

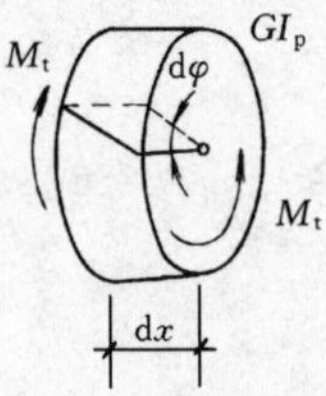

图 5-35　圆轴微段的变形

$$\frac{d\varphi}{dx}=\frac{M_t}{GI_p}$$

$$d\varphi=\frac{M_t}{GI_p}dx \tag{5-45}$$

应用式（5-45），不难得到图 5-36（a）、（b）、（c）中所示的圆轴相对扭转角。

$$\varphi_{AB}=\frac{M_t l}{GI_p} \tag{5-46a}$$

$$\varphi_{AB}=\varphi_{AC}+\varphi_{CD}+\varphi_{DB}=\sum\frac{M_{ti}l_i}{GI_p} \tag{5-46b}$$

$$\varphi_{AB}=\int_l\frac{M_t(x)dx}{GI_p} \tag{5-46c}$$

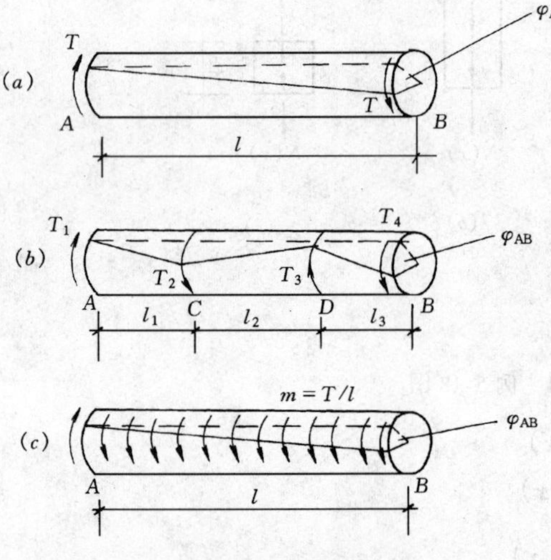

图 5-36　圆轴相对扭转角

式中 GI_p 为圆截面轴的**截面抗扭刚度**或简称为**抗扭刚度**。

下面研究轴的刚度条件。设计轴时，在满足了强度要求的情况下，有时还不能保证它的正常工作。因此，还常常应考虑其刚度问题。通常是限制扭转角沿杆长的变化率 $\theta=M_t/(GI_p)$ 的最大值 θ_{max}，使它不超过某一规定的允许值 $[\theta]$，即扭轴的刚度条件为

$$\theta_{max}\leqslant[\theta] \tag{5-47a}$$

式中的 $[\theta]$ 称为单位长度的允许扭转角，其常用单位是°/m（度/米）。对于一般传动轴，$[\theta]=0.5°/m\sim1°/m$；对于精密机器和仪器轴，$[\theta]=0.15°/m\sim0.3°/m$。统一使用与 $[\theta]$ 相同的单位，于是式（5-47）改写为

$$\frac{M_{tmax}}{GI_p}\times\frac{180}{\pi}\leqslant[\theta] \tag{5-47b}$$

利用刚度条件，可以对扭轴作刚度校核，截面选择和确定容许外力偶矩。

【例 5-19】　某钢制传动轴，受到扭矩 $M_t=0.45kN\cdot m$ 的作用，若 $[\theta]=0.3°/m$，$G=80GPa$，该轴设计时拟采用实心圆轴和 $\alpha=0.8$ 的空心圆轴两个方案。①试根据刚度要求分别确定实心轴直径 d_1 和空心轴的内、外直径 d_2、D_2；②对两个方案中轴的用钢量进行比较。

【解】（1）确定实心圆轴的直径 d_1

$$\frac{32M_t}{\pi d_1^4 G}\times\frac{180}{\pi}\leqslant[\theta]$$

由此得 $$d_1\geqslant\sqrt[4]{\frac{32M_t}{\pi G[\theta]}\times\frac{180}{\pi}}=\sqrt[4]{\frac{32\times0.45\times10^6\times10^3}{\pi\times80\times10^3\times0.3}\times\frac{180}{\pi}}=57.5\text{mm}$$

取 $$d_1=58\text{mm}$$

（3）确定空心圆轴内、外径 d_2 及 D_2

根据空心圆轴的刚度条件

$$\frac{32M_t}{\pi GD_2^4(1-\alpha^4)}\times\frac{180}{\pi}\leqslant[\theta]$$

可得 $$D_2\geqslant\sqrt[4]{\frac{32M_t}{\pi G(1-\alpha^4)[\theta]}\times\frac{180}{\pi}}$$

$$=\sqrt[4]{\frac{32\times0.45\times10^6\times10^3}{\pi\times80\times10^3\times(1-0.8^4)\times0.3}\times\frac{180}{\pi}}=65.6\text{mm}$$

取 $$D_2=66\text{mm},\quad d_2=52.8\text{mm}$$

（2）两个方案所设计轴的用钢量比较

$$重量比=\frac{\frac{\pi}{4}D_2^2(1-\alpha^2)}{\frac{\pi}{4}d_1^2}=\frac{66^2(1-0.8^2)}{58^2}=0.466$$

三、弯曲变形

（一）基本概念

梁在平面弯曲时，其轴线将在形心主惯性平面内弯曲成一条平面曲线。这条曲线称为梁的**挠曲线**。取梁在变形前的轴线为 x 轴，形心主惯性轴之一为 y 轴，轴的约定正方向如图 5-37 所示。图中的曲线 AB_1 就是梁 AB 的挠曲线。

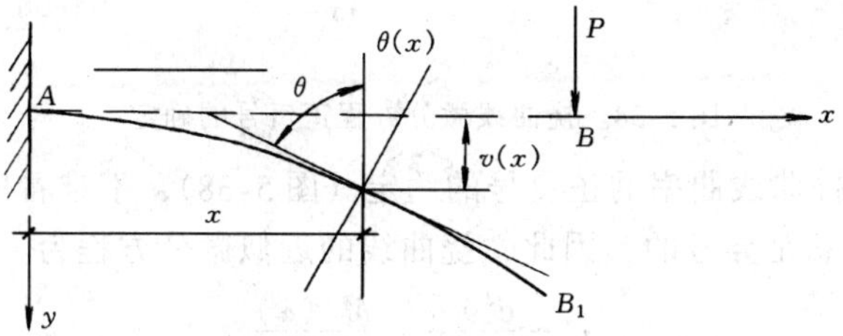

图 5-37　梁的挠曲线

梁在弯曲变形后，其横截面的位移包括三部分：

挠度 v——横截面形心处的铅垂位移；约定向下的位移为正。

转角 θ——横截面相对于变形前的位置绕中性轴转过的角度；约定顺时钟转向的转角为正。

水平位移 u——横截面形心沿水平方向的位移。

在小变形情形下，上述位移中 u 和 v 相比为高阶小量，故通常不予考虑。

在小变形情形下，根据平面假定，梁的横截面在变形后仍与其挠曲线垂直。所以，挠曲线在任一点的切线与 x 轴的夹角 θ_1 应等于该点处横截面的转角 θ（图 5-37），而且转角是一个很小的量，故存在下述关系：

$$\theta = \theta_1 \approx \tan\theta_1 = \frac{\mathrm{d}v}{\mathrm{d}x} = v'$$

这就是挠曲线方程与转角方程之间的微分关系。

计算弯曲变形有积分法、叠加法、共轭梁法、能量法、初参数法等多种方法，本章仅介绍积分法和叠加法。

（二）梁的挠曲线近似微分方程

利用式（5-21）及曲线的曲率公式

$$\frac{1}{\rho} = \frac{M(x)}{EI} = \pm \frac{v''}{[1 + (v')^2]^{3/2}}$$

在小变形情形下，$\theta = \mathrm{d}v/\mathrm{d}x \ll 1$，上述将变为

$$\frac{\mathrm{d}^2 v}{\mathrm{d}x^2} = \pm \frac{M(x)}{EI}$$

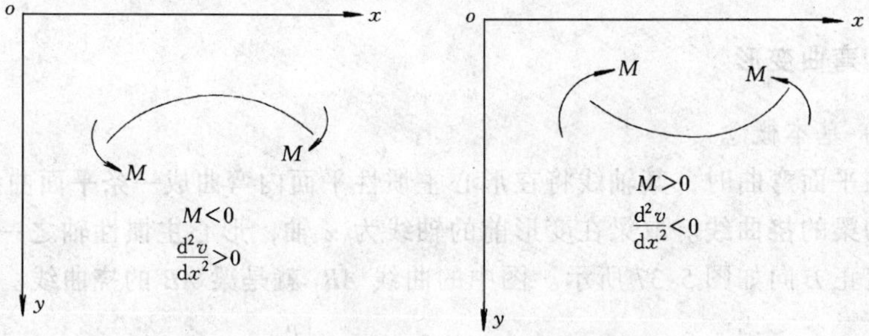

图 5-38 挠曲线微分方程正负号的确定

根据弯矩与挠曲线曲率的正负号的约定（图 5-38），不难看出，弯矩 M 与挠曲线曲率 v'' 的值总是异号的，因此，挠曲线的近似微分方程为

$$v'' = \frac{\mathrm{d}^2 v}{\mathrm{d}x^2} = -\frac{M(x)}{EI} \tag{5-48}$$

它适用于小变形、线弹性材料的细长梁。

根据挠曲线近似微分方程及挠曲线方程和转角方程之间的关系，有

$$\frac{\mathrm{d}\theta}{\mathrm{d}x} = \frac{\mathrm{d}^2 v}{\mathrm{d}x^2} = -\frac{M(x)}{EI}$$

$$\frac{\mathrm{d}v}{\mathrm{d}x}=\theta(x)$$

即在弯矩为零的截面，转角出现极值；在转角为零的截面，挠度出现极值。

（三）用积分法求弯曲变形

将挠曲线近似微分方程（5-48）积分一次，得到转角方程为

$$\theta(x)=\frac{\mathrm{d}v(x)}{\mathrm{d}x}=-\int\frac{M(x)}{EI}\mathrm{d}x+C \tag{5-49}$$

再积分一次，得到挠曲线方程为

$$v(x)=-\iint\frac{M(x)}{EI}\mathrm{d}x\mathrm{d}x+Cx+D \tag{5-50}$$

以上两式中的 C 和 D 为积分常数。这些积分常数可以通过**位移边界条件**和**变形连续条件**来确定。位移边界条件是指挠曲线上某些点处的已知位移条件。例如，梁的铰支座处的挠度等于零，在固定端处的挠度与转角都等于零。变形连续条件是指挠曲线为连续光滑的曲线，即挠曲线的任意点处，有唯一确定的挠度与转角值。

【例 5-20】 试求图 5-39 所示简支梁的最大挠度和最大转角。

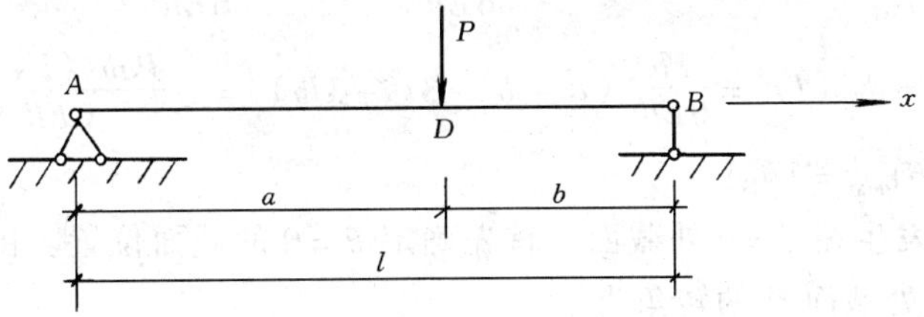

图 5-39 例 5-20 图

【解】 取 A 为坐标原点，坐标系如图所示。梁的支反力为

$$R_A=\frac{Pb}{l},\quad R_B=\frac{Pa}{l}$$

AD、DB 段位移分析见表 5-2

位 移 分 析 表 5-2

AD 段（$0\leqslant x\leqslant a$）	DB 段（$a\leqslant x\leqslant l$）
$M_1=\frac{Pb}{l}x$	$M_2=\frac{pb}{l}x-P(x-a)$
$EIv''_1=-M_1=-\frac{Pb}{l}x$	$EIv''_2=-M_2=-\frac{Pb}{l}x+P(x-a)$
$EIv'_1=-\frac{Pb}{l}\frac{x^2}{2}+C_1$	$EIv'_2=-\frac{Pb}{l}\frac{x^2}{2}+\frac{P(x-a)^2}{2}+C_2$
$EIv_1=-\frac{Pb}{l}\frac{x^3}{6}+C_1x+D_1$	$EIv_2=-\frac{Pb}{l}\frac{x^3}{6}+\frac{P(x-a)^3}{6}+C_2x+D_2$
$\theta_1=\frac{Pb}{6EIl}(l^2-b^2-3x^2)$	$\theta_2=\frac{Pb}{6EIl}\left[(l^2-b^2-3x^2)+\frac{3l}{b}(x-a)^2\right]$
$v_1=\frac{Pbx}{6EIl}(l^2-b^2-x^2)$	$v_2=\frac{Pb}{6EIl}\left[(l2-b^2-x^2)x+\frac{l}{b}(x-a)^3\right]$

在 DB 段内，对含有（$x-a$）的项积分时，就以（$x-a$）为自变量，这样可以使确定积分常数的运算得到简化。

由于挠曲线是连续、光滑的，因此在两段的交界截面 D 处，由左右两段的方程计算出的挠度和转角的数值应相等。由此得到变形连续条件为

$$\text{当 } x=a \text{ 时，} v_1=v_2$$

$$\text{当 } x=a \text{ 时，} \theta_1=\theta_2$$

得

$$C_1=C_2,\ D_1=D_2$$

由位移边界条件：

$$\text{当 } x=0 \text{ 时，} v_1=0$$

$$\text{当 } x=l \text{ 时，} v_2=0$$

可解得

$$C_1=C_2=\frac{Pb}{6l}(l^2-b^2),\ D_1=D_2=0$$

最大转角发生在弯矩为零的 A 支座或 B 支座

$$\theta_A=\theta_1(0)=\frac{Pb(l^2-b^2)}{6EIl}=\frac{Pab(l+b)}{6EIl}$$

$$\theta_B=\theta_2(l)=\frac{Pb}{6EIl}(l^2-b^2-3l^2+3lb)=-\frac{Pab(l+a)}{6EIl}$$

若 $a>b$，则 $|\theta|_{max}=|\theta_B|$。

最大挠度发生在 $\theta=0$ 处截面。首先确定 $\theta=0$ 的截面位置。由于 $\theta_A>0$，$\theta_B<0$，而 $x=a$ 处截面 D 的转角为

$$\theta_D=-\frac{Pab(a-b)}{3EIl}$$

若 $a>b$，则 $\theta_D<0$。从截面 A 到截面 D，转角由正变为负。而挠曲线为连续、光滑的曲线，转角为零的截面必在 AD 段内。令 $\theta_1=0$，得

$$x_0=\sqrt{\frac{l^2-b^2}{3}}=\frac{l}{\sqrt{3}}\sqrt{1-\left(\frac{b}{l}\right)^2}$$

$$v_{max}=v_1(x_0)=\frac{Pbl^2}{9\sqrt{3}EI}\sqrt{\left(1-\frac{b^2}{l^2}\right)^3}$$

讨论：当 $(b/l)^2\to0$ 时，$x_0\to0.577l$。即集中荷载 P 作用在支座附近时，最大挠度所在截面仍然在跨度中央附近。因此，可以用跨度中央处的挠度值近似地代替最大挠度值。

（四）利用叠加原理计算弯曲变形

叠加原理（力的独立作用原理）：当荷载所引起的效应为荷载的线性函数时，则多个荷载同时作用所引起的某一效应等于每个荷载单独作用时所引起的该效应

的代数和。

在小变形及线弹性材料时，梁的挠度和转角都与梁上的荷载成线性关系。因此，可以用叠加原理计算梁的位移。

1. 直接叠加法

当梁上受有几种不同的荷载作用时，都可以将其分解为各种荷载单独作用的情形，由挠度、转角表查得这一些情形下的挠度和转角，再将其叠加后，便得到几种荷载同时作用的结果。

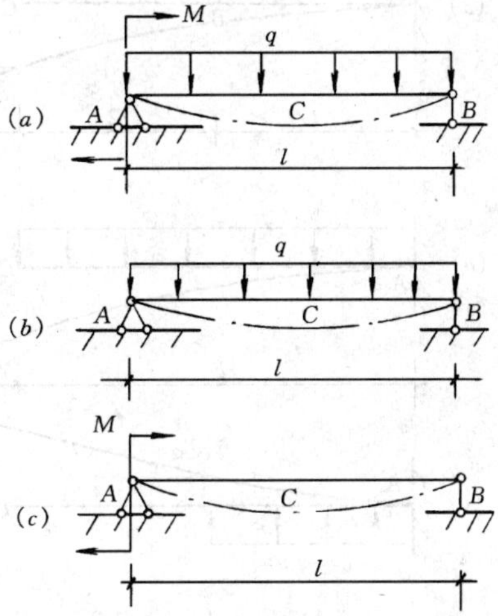

图 5-40　例 5-21 图

【例 5-21】　简支梁受荷载如图 5-40 所示。试按叠加原理求梁跨度中央处的挠度 v_C 和支座处截面的转角 θ_A，θ_B。

【解】　该梁上的荷载可以分为两项典型的荷载，如图 5-40（b）、（c）所示。首先从附录的表中查出它们分别作用时的相应位移值，然后求其代数和。

$$v_C = v_{Cq} + v_{CM} = \frac{5ql^4}{384EI} + \frac{Ml^2}{16EI}$$

$$\theta_A = \theta_{Aq} + \theta_{AM} = \frac{ql^3}{24EI} + \frac{Ml}{3EI}$$

$$\theta_B = \theta_{Bq} + \theta_{BM} = -\frac{ql^3}{24EI} - \frac{Ml}{6EI}$$

【例 5-22】　悬臂梁受力如图 5-41 所示。试求自由端 C 截面的挠度 v_C 和转角 θ_C。

【解】　为利用挠度表中关于梁全长承受均匀荷载的计算结果，计算自由端 c 的挠度和转角，先将均布荷载延伸至梁的全长，为了不改变原来荷载的作用效果，在 AB 段还需再加上集度相同、方向相反的均布荷载，如图 5-41（b）、（c）所示。查表得

$$v_{C1} = \frac{ql^4}{8EI},\ \theta_{C1} = \frac{ql^3}{6EI}$$

$$\theta_{C2} = \theta_{B2} = -\frac{ql^3}{48EI}$$

$$v_{B2} = -\frac{q\ (l/2)^4}{8EI} = -\frac{ql^4}{128EI}$$

$$v_{C2} = v_{B2} + \theta_{B2} \times \frac{l}{2} = -\frac{ql^4}{128EI} - \frac{ql^3}{48EI} \times \frac{l}{2} = -\frac{7ql^4}{384EI}$$

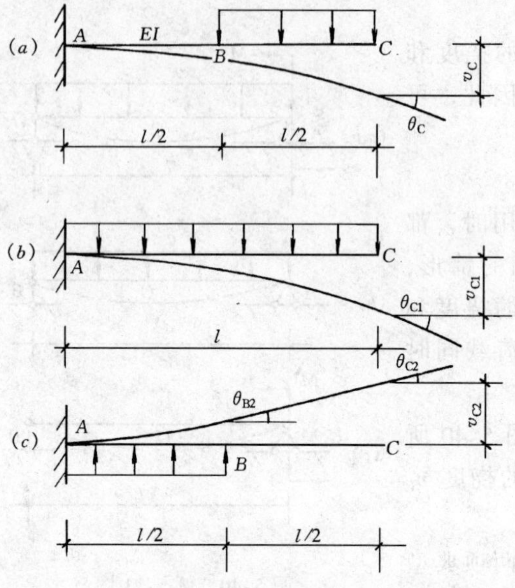

图 5-41 例 5-22 图

将上述结果叠加后，得到

$$v_C = v_{C1} + v_{C2} = \frac{41ql^4}{384EI}$$

$$\theta_C = \theta_{C1} + \theta_{C2} = \frac{7ql^3}{48EI}$$

2. 间接叠加法

在荷载作用下，杆件的整体变形是由微段变形积累的结果。同样，杆件在某点处的位移也是各部分变形在该点处引起的位移的叠加。为了便于计算，常常把杆件分成两部分：基本部分和附属部分。基本部分的变形将使附属部分产生刚体位移，称为牵连位移；附属部分由于自身变形而引起的位移，称为附加位移。于是，附属部分的位移等于牵连位移与附加位移的代数和，这就是间接叠加法。在计算时将基本部分、附属部分的变形分别考虑，即将基本部分刚性化后，求附加位移；将附属部分刚性化后，求牵连位移。

【例 5-23】 外伸梁受荷载如图 5-42（a）所求，试求外伸端 C 处的挠度 v_C。

【解】 该梁可分为基本部分 AB 和附属部分 BC。两部分的变形都会在 C 处产生位移。

（1）求附加位移（仅考虑附属部分 BC 段本身变形引起 C 点处的位移）——将基本部分 AB 段刚性化，这样 B 截面就不允许产生挠度和转角。因此 BC 段可视为悬臂梁，如图 5-42（b）所示。查附表得 C 点的挠度为

$$v_{C1} = \frac{Pa^3}{3EI}$$

（2）求牵连位移（仅考虑基本部分 AB 段的变形引起 C 点处的位移）——将附属部分 BC 段刚体化。此时可将作用在 C 点的集中力向 B 点平移，得到简支梁在力偶作用时的计算简图（图 5-42c）。

$$\theta_B = \frac{ml}{3EI} = \frac{Pal}{3EI}$$

$$v_{C2} = \theta_B \cdot a = \frac{Pa^2 l}{3EI}$$

（3）根据叠加原理求出总挠度

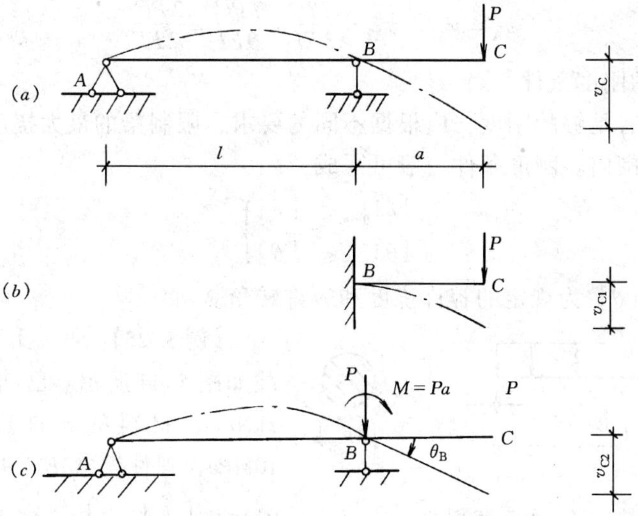

图 5-42　例 5-23 图

$$v_C = v_{C1} + v_{C2} = \frac{Pa^3}{3EI} + \frac{Pa^2 l}{3EI} = \frac{Pa^2}{3EI}\ (a + l)$$

【例 5-24】　变截面梁受力如图 5-43(a)所示,试用叠加法求自由端 A 的挠度。

【解】　(1) 求附加位移——将基本部分 CB 段刚性化,附属部分 AC 的变形如图 5-43(b)所示。

$$v_{A1} = \frac{Pl^3}{3EI}$$

(2) 求牵连位移——将附属部分 AC 段刚性化,附属部分的变形如图 5-43(c)所示。

$$\theta_C = \theta_{CP} + \theta_{CM} = -\frac{Pl^2}{2\ (2EI)} - \frac{Pl\cdot l}{2EI} = -\frac{3Pl^2}{4EI}$$

$$v_C = v_{CP} + v_{CM} = \frac{Pl^3}{3\ (2EI)} + \frac{Pl\cdot l^2}{2\ (2EI)} = \frac{5Pl^3}{12EI}$$

于是　$v_{A2} = v_C + |\theta_C|\cdot l = \dfrac{5Pl^3}{12EI} + \dfrac{3Pl^3}{4EI} = \dfrac{7Pl^3}{6EI}$

(3) 叠加前两部分的位移得到

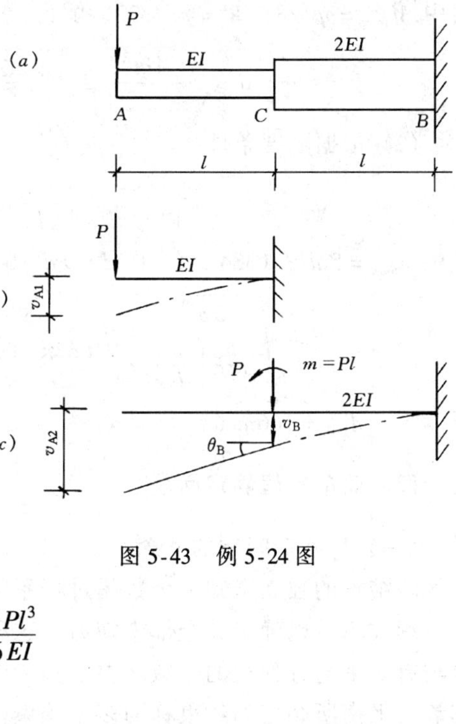

图 5-43　例 5-24 图

$$v_A = v_{A1} + v_{A2} = \frac{Pl^3}{3EI} + \frac{7Pl^3}{6EI} = \frac{3Pl^3}{2EI}$$

（五）梁的刚度条件

为了使梁有足够的刚度，应根据不同的要求，限制梁的最大挠度和最大转角在某一规定范围内。刚度条件一般可写成

$$\left.\begin{array}{l} |v|_{max} \leqslant [v] \\ |\theta|_{max} \leqslant [\theta] \end{array}\right\} \tag{5-51}$$

式中 $[v]$ 和 $[\theta]$ 为规定的容许挠度和容许转角。

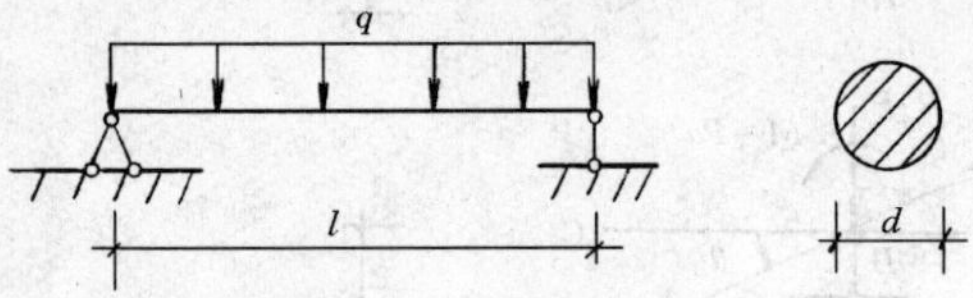

图 5-44　例 5-25 图

【例 5-25】　一圆木简支梁受荷载如图 5-44 所示。已知 $l = 4\text{m}$，$q = 2\text{kN/m}$，材料的容许应力 $[\sigma] = 10\text{MPa}$，弹性模量 $E = 9\text{GPa}$，容许相对挠度 $\left[\frac{v}{l}\right] = \frac{1}{200}$，试求梁横截面所需直径 d。

【解】　(1) 根据强度条件

$$\sigma_{max} = \frac{M_{max}}{W} \leqslant [\sigma]$$

式中 $M_{max} = ql^2/8$，$W = \pi d^3/32$，解得

$$d \geqslant \sqrt[3]{\frac{4ql^2}{\pi[\sigma]}} = \sqrt[3]{\frac{4 \times 2 \times (4 \times 10^3)^2}{\pi \times 10}} = 160\text{mm}$$

(2) 根据刚度条件

$$\frac{v_{max}}{l} \leqslant \left[\frac{v}{l}\right]$$

式中 $v_{max} = 5ql^4/(384EI)$，而 $I = \pi d^4/64$ 解得

$$d \geqslant \sqrt[4]{\frac{5ql^3}{6\pi E\left[\frac{v}{l}\right]}} = \sqrt[4]{\frac{5 \times 2 \times (4 \times 10^3)^3}{6\pi \times (9 \times 10^3) \times (1/200)}} = 166\text{mm}$$

所以　$d_{min} = 166\text{mm}$

四、简单的超静定问题

（一）超静定问题的概念

若结构的独立未知力个数超过杆系的有效平衡方程的个数，则仅用静力学平衡方程式不足以确定其全部未知力，这种结构叫做超静定结构。独立未知力的个数与有效平衡方程式的个数之差值称为超静定次数。在超静定结构中，多于维持其静力平衡所必需的约束称为多余约束。超静定结构在温度改变、支座不均匀沉

降时，将产生内力和应力。

（二）超静定结构的解法

解超静定问题的关键，是根据**变形协调**条件建立补充方程。例如图 5-45（a）的变形协调条件为 $\Delta l_{AB}=0$，图 5-45（b）的变形协调条件为 $\varphi_{AB}=0$。下面以 5-45（c）所示超静定梁为例说明超静定结构的解法。

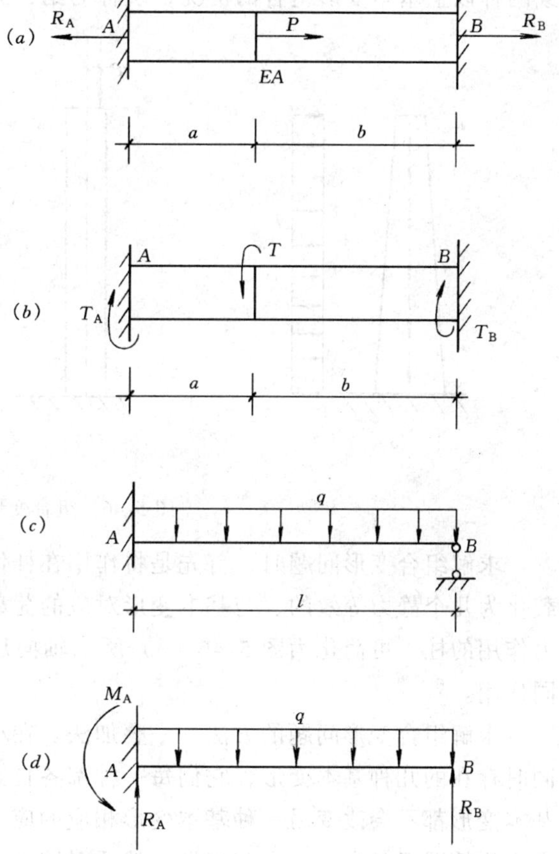

图 5-45　超静定结构的解法

（1）确定超静定次数，选定多余约束。

图 5-45（c）所示梁为一次超静定，选 B 端的可动铰支座为多余约束。

（2）移去多余约束，用多余未知力代替其作用，使超静定梁变成静定梁（力法的基本结构）。如图 5-45（d）所示。

（3）根据多余约束处的实际约束条件建立变形协调方程。

$$v_B=0$$

（4）根据力和变形的关系，建立含未知力的补充方程。

$$v_B=v_{Bq}+v_{BR_B}=\frac{ql^4}{8EI}-\frac{R_B l^3}{3EI}=0$$

$$R_B=\frac{3}{8}ql$$

（5）建立平衡方程求其他未知力和内力。

$$R_A=\frac{5}{8}ql,\quad M_A=\frac{1}{8}ql^2$$

第四节　组合变形分析

实际工程中，许多常用杆件往往同时存在着几种基本变形，它们每一种所对应的应力（或变形）属同一量级，在杆件设计计算时均需要同时考虑。例如图

5-46（a）所示烟囱，自重引起轴向压缩，风荷载 q 又引起弯曲。像这些由两种或两种以上基本变形组合的情况，统称为**组合变形**。

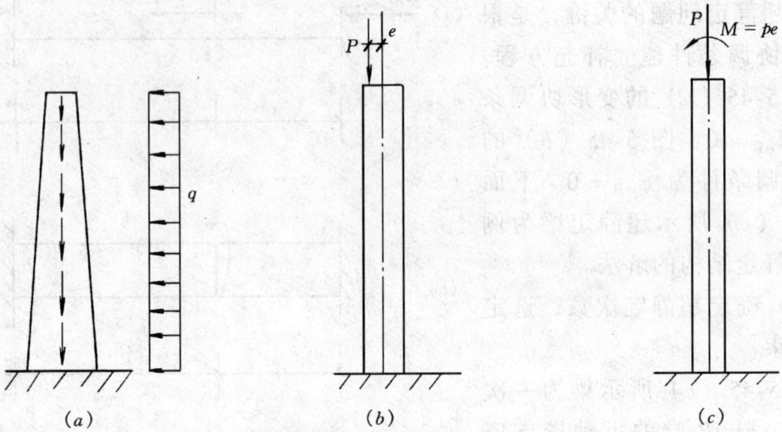

图 5-46 组合变形

求解组合变形问题时，首先是将作用在杆件上的荷载加以简化。通常是把荷载化为几个静力等效的、与基本变形对应的荷载。例如图 5-46（b）所示偏心压力作用的柱，可简化为图 5-46（c）所示轴向压力 P 和柱顶外力偶 $M = Pe$ 的共同作用。

求解组合变形问题的方法——叠加法。在小变形线弹性材料的前提下，杆件同时存在的几种基本变形，它们每一种都各自独立，互不影响，或者说其中任一基本变形都不会改变另一种基本变形相应的应力和变形。分别计算杆在每一种基本变形情况下各自的应力和变形，然后对这些应力和变形进行叠加，从而得到杆件组合变形情况下的解。本节重点讨论斜弯曲、拉伸（压缩）与弯曲、偏心拉伸(压缩)、弯曲与扭转等在工程中较常遇到的几种组合变形情况。

（一）斜弯曲

通过上节的讨论得知，当横向外力的作用面通过截面弯心的连线时，杆件只产生弯曲变形，不产生扭转变形；否则，杆件既产生弯曲变形又产生扭转变形。

平面弯曲——横向力作用平面通过梁横截面弯心连线，且与横截面形心主惯性轴所在纵面重合或平行，梁的挠曲线为位于形心主惯性平面内的一条平面曲线。

斜弯曲——横向力作用平面通过梁横截面弯心连线，且与横截面形心主惯性轴斜交。

例如图 5-47 中几种常见截面的变形形式为：（a）、（b）所示是平面弯曲，（c）、（d）、（e）所示为斜弯曲。

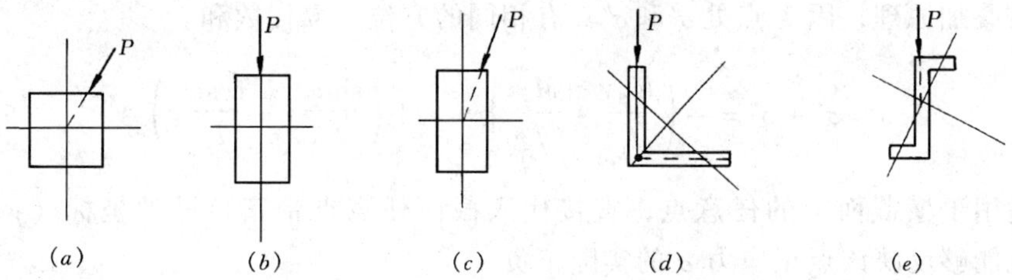

图 5-47　变形分类

（a）正方形；（b）长方形；（c）长方形；（d）L形；（e）Z字形

斜弯曲实质上是杆件在两个相互垂直的形心主惯性面内平面弯曲的组合。计算时按平面弯曲分别考虑，然后叠加。

现以图 5-48 所示矩形截面悬臂梁为例介绍斜弯曲的求解方法。

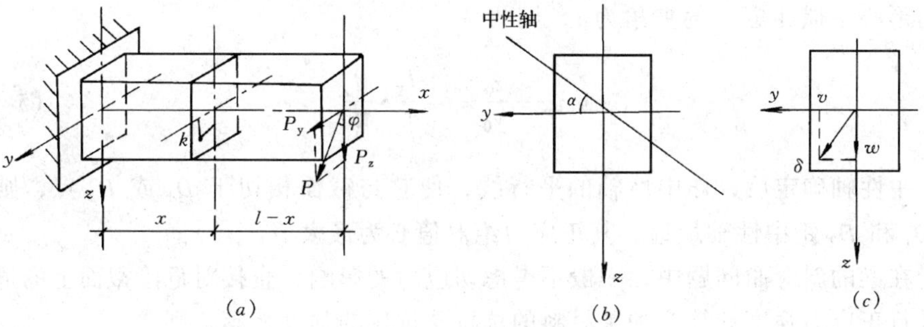

图 5-48　斜弯曲

1. 截面上任意点的应力

将集中力 P 沿截面形心主惯性轴分解为 $P_y = P\sin\varphi$，$P_z = P\cos\varphi$，P_y 使梁在 xy 平面内发生平面弯曲，中性轴为 z 轴，弯矩是 M_z；P_z 使梁在 xz 平面内发生平面弯曲，中性轴为 y 轴，弯矩是 M_y；则任意横截面 mn 内的弯矩值是

$$M_z = P_y\ (l - x) = P\sin\varphi\ (l - x) = M\sin\varphi$$

$$M_y = P_z\ (l - x) = P\cos\varphi\ (l - x) = M\cos\varphi$$

式中 $M = P\ (l - x)$ 是横截面上的总弯矩值，通常由 M_y、M_z 的矢量和求得 $M = \sqrt{M_y^2 + M_z^2}$。

在横截面 mn 上任意点，k（y、z）处，对应于 M_z、M_y 两平面弯曲的正应力分别为

$$\sigma' = -\frac{M_z}{I_z}y = -\frac{M\sin\varphi}{I_z}y$$

$$\sigma'' = -\frac{M_y}{I_y}z = -\frac{M\cos\varphi}{I_y}z$$

按叠加原理，因 k 点处 σ' 和 σ'' 具有相同的方位，取代数和。

$$\sigma = \sigma' + \sigma'' = -\left(\frac{M_z y}{I_z} + \frac{M_y z}{I_y}\right) = -M\left(\frac{\sin\varphi}{I_z}y + \frac{\cos\varphi}{I_y}z\right) \tag{5-52}$$

上式适用于横截面上的任意点，直接代入截面任意点带正负号的坐标（y、z）值，就能够反映该点正应力 σ 的实际正负。

设截面上中性轴各点的坐标为（y_0、z_0），因中性轴上各点的正应力等于零，把（y_0、z_0）代入式（5-52）有

$$\frac{M_z}{I_z}y_0 + \frac{M_y}{I_y}z_0 = 0 \tag{5-53}$$

可见，斜弯曲时的中性轴是一条通过截面形心的直线（图 5-48b 所示）。设中性轴与形心主惯性矩 y 的夹角为 α，则

$$\tan\alpha = \frac{z_0}{y_0} = -\frac{I_y}{I_z}\cdot\frac{M_z}{M_y} \tag{5-54}$$

中性轴确定后，作中性轴的平行线，使它与截面相切于 D_1 或 D_2 点，则切点 D_1 和 D_2 距中性轴最远，其正应力绝对值必为最大值。

在梁的斜弯曲问题中，一般不考虑切应力的影响，直接对危险截面上的危险点进行正应力强度计算。如果材料的抗拉与抗压的强度相等，则

$$\sigma_{max} = \left|\frac{M_z y}{I_z} + \frac{M_y z}{I_y}\right|_{max} \leqslant [\sigma] \tag{5-55}$$

2. 斜弯曲的变形

斜弯曲的变形也可按叠加原理计算。一般情况下，任意截面的总挠度 δ，将是在两个形心主惯性轴所在纵面内的挠度 v 和 w 的矢量和，即

$$\left.\begin{aligned}\delta &= \sqrt{v^2 + w^2}\\ \tan\beta &= \frac{w}{v}\end{aligned}\right\} \tag{5-56}$$

式中 v、w 分别为形心主惯性轴 y、z 方向的挠度，β 为总挠度方向与 y 轴的夹角（图 5-48c 所示）。

再次指出，对于圆形、正多边形等截面，因为通过截面形心的任意轴均是形心主惯性轴，故不会发生斜弯曲。而是将对于形心主惯性轴 y、z 的弯矩 M_y、M_z 合成为 $M = \sqrt{M_y^2 + M_z^2}$，再按平面弯曲公式计算截面上的正应力和变形。

【例 5-26】 木制矩形截面悬臂梁，在垂直和水平对称面内分别受到 P_2 与 P_1 作用如图 5-49（a）所示，已知木材的顺纹抗拉［σ_t］= 10.0MPa，顺纹抗压［σ_c］= 12MPa，E = 10GPa。试校核木梁的正应力强度，计算梁的最大挠度。

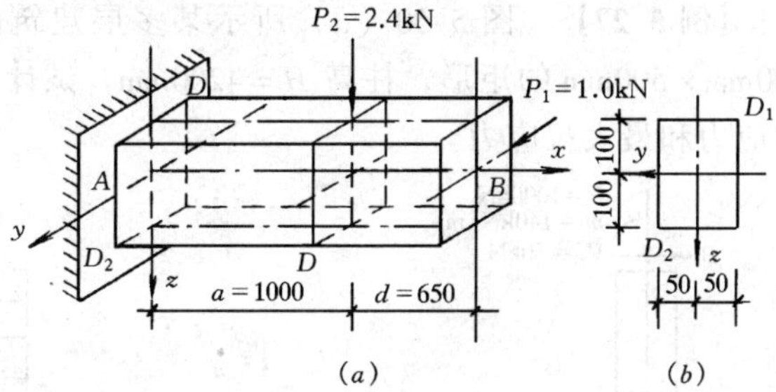

图 5-49 例 5-26 图

【解】 （1）内力分析

根据梁的受力情况，可以判别固定端是危险截面。

$$M_y = P_2 a \qquad M_z = P_1 (a + d)$$

（2）梁的正应力强度校核

$$\sigma_{tmax} = \sigma_{D1} = \frac{M_y}{W_y} + \frac{M_z}{W_z} = \frac{P_2 a}{bh^2/6} + \frac{P_1 (a+b)}{b^2 h/6}$$

$$= \frac{2.4\times10^3\times1000}{100\times200^2/6} + \frac{1.0\times10^3\times1650}{100^2\times200/6} = 8.55\text{MPa} < [\sigma_t]$$

$$\sigma_{cmax} = |\sigma_{D2}| = \sigma_{D1} = 8.55\text{MPa} < [\sigma_c]$$

所以该梁的正应力强度符合要求。

（3）梁的最大挠度计算

梁的任一截面的总挠度 δ 是梁在 xy 面和 xz 面分别发生平面弯曲相应挠度 v 和 w 的矢量和，而且最大挠度发生在 v 和 w 同时取最大值的自由端 B 处。

$$v = \frac{P_1 (a+d)^3}{3EI_z} = \frac{1.0\times10^3\times1650^3}{3\times10\times10^3\times200\times100^3/12} = 8.98\text{mm}$$

$$w = w_D + \theta_D \cdot d = \frac{P_2\cdot a^3}{3EI_y} + \frac{P_2 a^2}{2EI_y}d = \frac{P_2 a^2 (2a+3d)}{6EI_y}$$

$$= \frac{2.4\times10^3\times1000^2}{6\times10\times10^3\times100\times200^3/12}\times(2\times1000+3\times650)$$

$$= 2.37\text{mm}$$

从而，自由端的总挠度

$$\delta = \sqrt{v^2 + w^2} = \sqrt{8.98^2 + 2.37^2} = 9.29\text{mm}$$

（二）拉伸（压缩）与弯曲

轴向拉伸（压缩）与弯曲的组合变形，也是工程中经常遇到的情况。轴向拉伸（压缩）时横截面上的正应力均匀分布，平面弯曲时横截面上的正应力是线性分布的。根据叠加原理，拉伸（压缩）与弯曲组合变形时横截面上任一点的正应力为上述两项应力的代数和。

【例 5-27】　图 5-50（a）所示某多层建筑的底层柱，截面尺寸为 $b \times h = 400\text{mm} \times 500\text{mm}$ 的矩形，柱高 $H = 4200\text{mm}$，试计算柱横截面上最大压应力，最大切应力和最大拉应力。

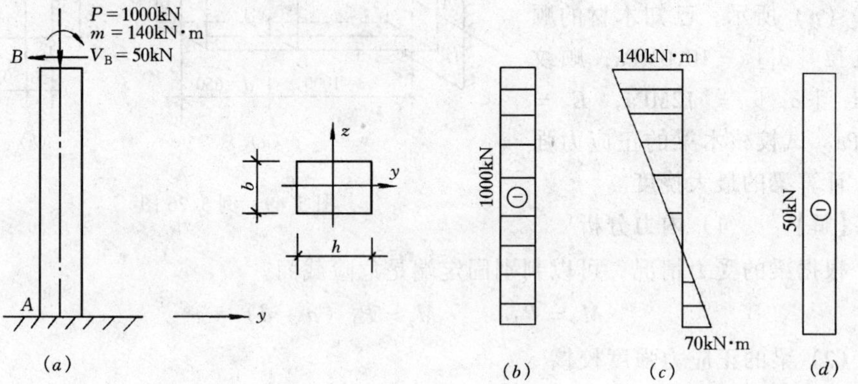

图 5-50　例 5-27 图

（b）N 图；（c）M 图；（d）V 图

【解】　(1) 内力分析

画柱 AB 的内力图 5-50（b）、（c）、（d），从内力图可知

$$N = -1000\text{kN},\ V = -50\text{kN}$$

$$M_{\max} = M_B = 140\text{kN·m}$$

(2) 应力分析

根据轴力图和弯矩图，最大拉、压、应力均出现在柱顶 B 截面处。

$$\sigma_{\text{tmax}} = \frac{N}{A} + \frac{M_B}{W_z} = -\frac{1000 \times 10^3}{400 \times 500} + \frac{140 \times 10^6}{400 \times 500^2/6} = 3.4\text{MPa}$$

$$|\sigma_c|_{\max} = \left|\frac{N}{A} - \frac{M_B}{W_z}\right| = \left|-\frac{1 \times 10^6}{400 \times 500} - \frac{140 \times 10^6}{400 \times 500^2/6}\right| = 13.4\text{MPa}$$

$$\tau_{\max} = \frac{3}{2}\frac{V}{A} = \frac{3 \times 50 \times 10^3}{2 \times 400 \times 500} = 0.375\text{MPa}$$

（三）偏心拉伸（压缩）

偏心拉伸（压缩）是指直杆受到与轴线平行的外力作用，而外力作用线不通过截面形心的情况。偏心拉伸（压缩）实质上是轴向变形与弯曲变形的组合。下面以工程上常常遇到的偏心受压柱为例进行分析。

设任意形状截面等直杆，其轴线为 x 轴，截面的两个形心主惯性轴为 y 轴和 z 轴，偏心压力 P 平行于轴线 x、作用于顶面上 A 点，A 点的坐标为（y_P、z_P），如图 5-51（a）所示。

根据圣维南原理，可将偏心压力 P 向截面形心按静力等效原则平移，如图

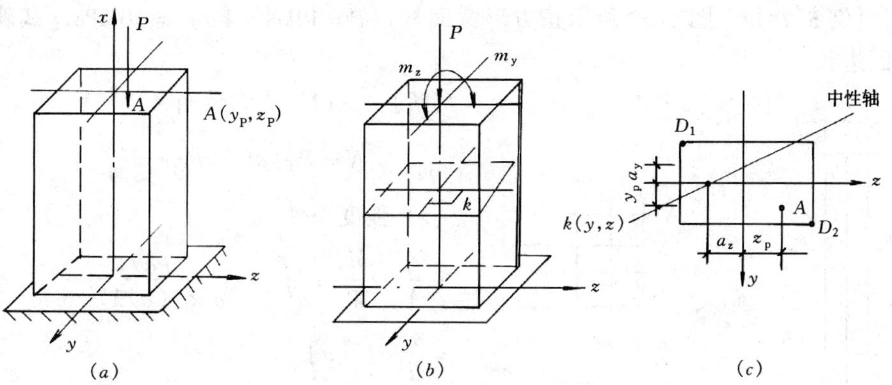

图 5-51　偏心压缩

5-51*b* 所示。该变形可视为轴向变形、*xy* 面内的平面弯曲变形、*xz* 面内的平面弯曲变形的组合，其内力分别为 $N=-P$，$M_y=m_y=Pz_P$，$M_z=m_z=Py_P$。

根据叠加原理，在任意横截面 *mn* 上任意点 *k*（*y*、*z*）处其正应力

$$\sigma=-\left(\frac{P}{A}+\frac{M_y}{I_y}z+\frac{M_z}{I_z}y\right)$$

引入横截面对形心主惯性轴的回转半径 $i_y^2=I_y/A$，$i_z^2=I_z/A$，上式可写成

$$\sigma=-\frac{P}{A}\left(1+\frac{z_P}{i_y^2}z+\frac{y_P}{i_z^2}y\right) \qquad (5\text{-}57)$$

设中性轴上任意点的坐标为（y_0、z_0），由于中性轴上各点正应力等于零，有

$$\sigma=-\frac{P}{A}\left(1+\frac{z_P}{i_y^2}z_0+\frac{y_P}{i_z^2}y_0\right)=0$$

于是得到中性轴方程为

$$1+\frac{z_P}{i_y^2}z_0+\frac{y_P}{i_z^2}y_0=0 \qquad (5\text{-}58)$$

此式表明，中性轴是不通过截面形心的一条直线。该直线与形心主惯性轴的两个交点分别是（0，a_z）和（a_y，0），则用截距 a_y、a_z 来表示的中性轴方程为

$$\frac{y_0}{a_y}+\frac{z_0}{a_z}=1$$

则有

$$a_y=-\frac{i_z^2}{y_P},\quad a_z=-\frac{i_y^2}{z_P} \qquad (5\text{-}59)$$

此式表明，中性轴截面距与 y_P、z_P 恒有相反符号，即中性轴与偏心集中力作用点位于形心的两侧。

【例 5-28】 图 5-52 所示正方形截面杆，$P=12\text{kN}$，$[\sigma]=10\text{MPa}$，试确定截面边长 a。

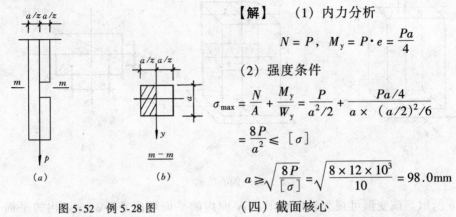

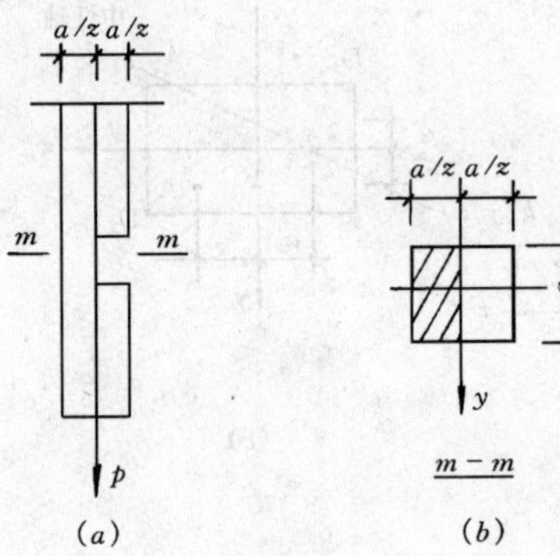

图 5-52　例 5-28 图

【解】　（1）内力分析

$$N=P,\ M_y=P\cdot e=\frac{Pa}{4}$$

（2）强度条件

$$\sigma_{\max}=\frac{N}{A}+\frac{M_y}{W_y}=\frac{P}{a^2/2}+\frac{Pa/4}{a\times(a/2)^2/6}$$

$$=\frac{8P}{a^2}\leqslant[\sigma]$$

$$a\geqslant\sqrt{\frac{8P}{[\sigma]}}=\sqrt{\frac{8\times12\times10^3}{10}}=98.0\text{mm}$$

（四）截面核心

建筑工程中的受压构件常常采用混凝土、砖砌体或料石砌体，这些材料的抗拉强度远低于抗压强度，在偏心压力作用下，如果截面上出现拉应力，就不利于发挥构件的抗压强度，也容易发生危险。为了避免在偏心压力作用下构件截面出现拉应力，应将压力的作用位置控制在某个范围内，通常把这个范围称为**截面核心**。

如果在偏心压力作用下，中性轴与截面相切，那么截面上就不会出现拉应力。所有与截面相切的中性轴，其相应的压力作用点，必然在围绕截面形心的一条闭合曲线上，该曲线所包围的区域就是截面核心，这条曲线就是截面核心的边界。

下面以矩形截面为例，介绍确定截面核心的方法。

由式（5-59）得到

$$y_P=-\frac{i_z^2}{a_y},\ z_P=-\frac{i_y^2}{a_z}\tag{5-60}$$

若将图 5-53 所示矩形的切线 l_1 作为中性轴，其截距（a_{y1}，a_{z1}）=（∞，$-b/2$）代入式（5-60），且注意到矩形的 $i_z^2=h^2/12$，$i_y^2=b^2/12$，可得到

$$y_{P1}=0,\ z_{P1}=\frac{b}{6}$$

若将图 5-53 所示矩形的切线 l_2 作为中性轴，其截距（a_{y2}，a_{z2}）=（$-h/2$，∞）代入式（5-60），可得到

$$y_{P2}=h/6,\ z_{P2}=0$$

同理，可定出与中性轴 l_3、l_4 相应的截面核心边界点 3 和 4 的坐标如图 5-53 所示。

下面讨论中性轴通过矩形角点 a，且与截面相切时，例如 l_5，偏心压力作用

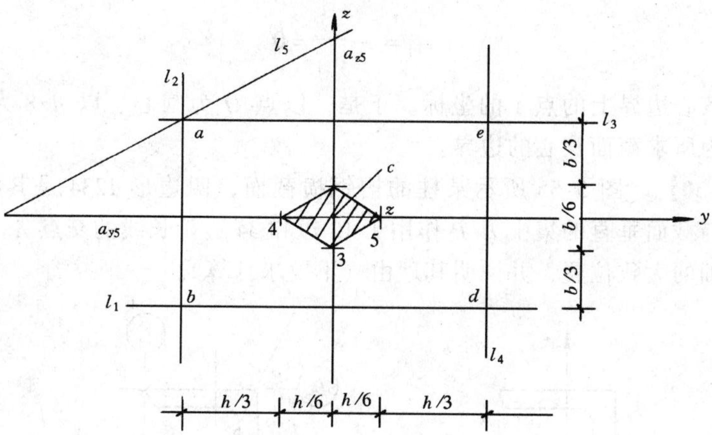

图 5-53　矩形截面的截面核心

点的位置。

由偏心受压杆的中性轴方程（5-58）

$$1+\frac{z_P}{i_y^2}z_0+\frac{y_P}{i_y^2}y_0=0$$

令（y_0，z_0）＝（$-h/2$，$b/2$），上式可改写成

$$1+\frac{6}{b}z_P-\frac{6}{h}y_P=0$$

此即通过矩形角点 a 的所有直线作为中性轴时，相应的压力作用点（y_P、z_P）的轨迹，**即过同一点的若干中性轴，对应的压力作用点位于一条直线上。**因此，通过角点 a，而与矩形不相交的各中性轴，对应的截面核心边界线应为 2 和 3 点间的一条直线段。

同理，连接 3、4 点，4、1 点，1、2 点间的直线段，则分别与通过角点 e、d 和 b 而与截面不相交的中性轴对应。

注意：截面核心为纯几何特征，与偏心压力的大小、材料类型均无关。

【例 5-29】　试确定图 5-54 所示圆形截面的截面核心。

【解】　圆形截面任一直径均为形心主惯性轴，且 $I_y=I_z=\pi d^4/64$，$A=\pi d^2/4$，相应的回转半径 $i_y^2=i_z^2=d^2/16$。

若中性轴 l_1 与圆截面相切于 D_1 点，则（a_{y1}，a_{z1}）＝（$d/2$，∞），代入式（5-60）

$$y_{P1}=-\frac{i_z^2}{a_{y1}}=-\frac{d^2/16}{d/2}=-d/8$$

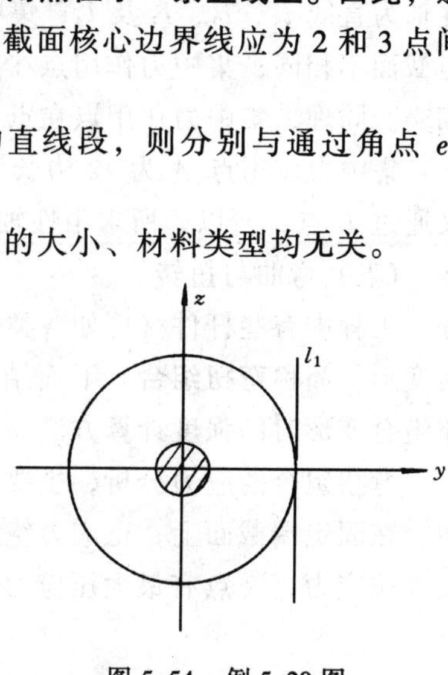

图 5-54　例 5-29 图

$$z_{P1}=-\frac{i_y^2}{a_{z1}}=0$$

此即截面核心边界上的点 1 的坐标。于是，以点 O 为圆心、以 $d/8$ 为半径画出的圆，即为所求截面核心的边界。

【例 5-30】 图 5-55 所示某柱的槽钢横截面，四边形 1234 是其截面核心。若有一个与截面垂直的集中力 P 作用于 12 边和 34 边延长线的交点 A，试在图中画出中性轴的大致位置，并说明其理由（不要求计算）。

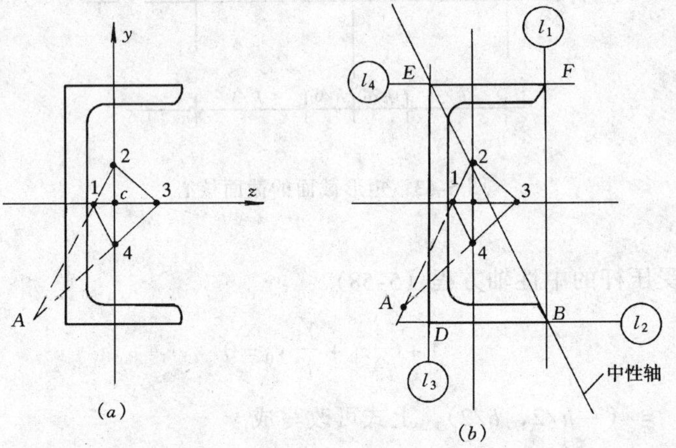

图 5-55　例 5-30 图

【解】 集中力作用在截面核心边界 1、2、3、4 点时，相应与截面相切的中性轴为直线 l_1、l_2、l_3 及 l_4；集中力作用点在点 1、2 连线时，中性轴过 B 点且与截面不相同；集中力作用点在点 1、2 连线的延长线时，中性轴过 B 点与截面相交。同理，集中力作用点在点 3、4 连线的延长线时，中性轴过 E 点与截面相交。集中力作用点 A 为 12 边长和 34 边延长线的交点，则中性轴既通过 B 点，又通过 E 点，所以，所求中性轴即为 E 点和 B 点的连线。

（五）弯曲与扭转

工程中有些杆件（例如各类传动轴）在荷载作用下会同时发生弯曲变形和扭转变形，简称**弯扭组合**。下面结合图 5-56（a）所示的圆形截面杆件，说明弯、扭组合变形时的强度计算方法。

弯扭组合的应力分析，主要是考虑由弯曲引起的正应力和由扭转引起的切应力。在固定端截面上，正应力绝对值最大点是截面上 A 和 B 两点，其中 A 点有最大拉应力，B 点有最大压应力，它们的大小相同。

$$\sigma=\frac{M}{W}$$

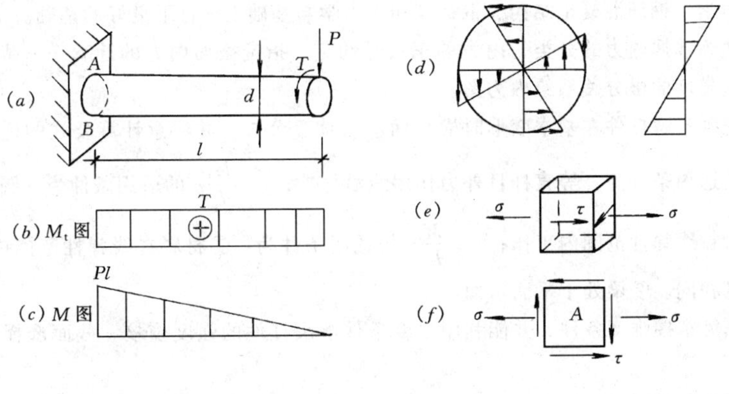

图 5-56　弯扭组合变形

而由扭转矩 M_t 在截面的边界点处引起的切应力均为截面上的最大切应力。所以，A、B 是危险截面上的危险点。A 点的应力状态如图 5-56（f）所示。

$$\tau = \frac{M_t}{W_t}$$

对于塑性材料，采用最大切应力强度理论，或者采用最大形状改变比能强度理论来给出强度条件，按这两个强度理论分别有相当应力表达的强度条件为：

$$\sigma_{r2} = \sqrt{\sigma^2 + 4\tau^2} \leqslant [\sigma]$$

$$\sigma_{r3} = \sqrt{\sigma^2 + 3\tau^2} \leqslant [\sigma]$$

将 σ、τ 的表达式代入上两式，且注意到 $w_t = 2w$，于是得到

$$\sigma_{r2} = \sqrt{\sigma^2 + 4\tau^2} = \sqrt{\left(\frac{M}{W}\right)^2 + 4\left(\frac{M_t}{W_t}\right)^2} = \frac{1}{W}\sqrt{M^2 + M_t^2}$$

令

$$M_{r2} = \sqrt{M^2 + M_t^2}$$

则 M_{r2}称为第二强度理论相应的**相当弯矩**，于是强度条件为

$$\sigma_{r2} = \frac{M_{r2}}{W} = \frac{1}{W}\sqrt{M^2 + M_t^2} \leqslant [\sigma] \tag{5-61}$$

同理，可以引入与第三强度相应的相当弯矩 M_{r3}，于是有

$$\sigma_{r3} = \frac{M_{r3}}{W} = \frac{1}{W}\sqrt{M^2 + 0.75M_t^2} \leqslant [\sigma] \tag{5-62}$$

此即第三强度理论相应的强度条件。

小　结

杆件的基本变形分为轴向拉伸（压缩）、剪切、扭转和弯曲四种形状。基本变形是材料力学中最基本的问题，它给出了材料力学的许多重要概念，展示了材料力学研究问题的基本方法。它既是解决工程问题的基本理论和方法，又是进一步掌握材料力学后继内容的台阶，为

学习结构力学、钢筋混凝土结构、钢结构和土力学与基础工程打下良好的基础。

一、熟练掌握内力的分类、内力的正负号约定、指定截面内力的计算——截面法，利用内力与荷载集度的微分关系绘内力图。

二、正确理解杆件在基本变形时横截面应力计算公式，并注意计算公式的适用条件。例如 $\sigma=\frac{N}{A}$ 的适用条件为：等直杆且外力作用线沿杆轴；$\tau=\frac{M_t}{I_p}\rho$ 的适用条件为：圆截面轴扭转变形且材料在线弹性范围内工作；$\sigma=\frac{M}{I_z}y$ 的适用条件为：①材料在线弹性范围内工作且拉、压弹性模量相同。②梁处于平面弯曲。

三、熟练掌握强度条件，并能利用强度条件解决杆件的强度校核、截面选择和容许荷载的计算。

四、理解截面弯心的概念，记住常用截面弯心的位置。掌握弯心的力学意义：当横向外力的作用面通过横截面弯心的连线时，梁只产生弯曲变形而不产生扭转变形；否则，梁既产生弯曲变形又产生扭转变形。

五、掌握轴向变形、圆截面轴扭转变形和弯曲变形的变形计算。正确利用刚度条件解决实际问题。

六、叠加法是解决杆件组合变形问题的基本方法。

1. 找出构成组合变形的基本变形，找出基本变形的相当力系。斜弯曲组合变形是两个平面弯曲变形的组合；弯扭组合变形是平面弯曲与扭转变形的组合，偏心拉（压）组合变形是轴向拉（压）与一个或两个平面弯曲的组合。

2. 对组成组合变形的基本变形求解。

3. 叠加（矢量和）求组合变形的应力和变形，建立强度条件和刚度条件。

思 考 题

5-1. 材料力学根据材料的主要性能作出的三个基本假设是什么假设？

5-2. 作用在杆件上外力方式不同，使杆件产生变形的形式也各不相同，说明四种基本变形所对应外力作用方式的特征。

5-3. 作用在刚体上的力具有可传递性，作用在弹性体上的力是否也具有可传递性？为什么？

5-4. 确定容许应力时，对于有明显屈服点的塑性材料、没有明显屈服点的塑性材料、脆性材料，它们的强度指标分别是什么？

5-5. 在正应力、切应力强度条件中，危险截面上危险点的应力分别有何特征？

5-6. 应力计算公式 $\sigma=\frac{N}{A}$，$\sigma=\frac{M}{I_z}\cdot y$，$\tau=\frac{M_t}{I_p}\cdot\rho$ 的适用条件分别是什么？

5-7. 何谓弯曲中心？弯曲中心的位置与荷载的大小、材料是否有关？

5-8. 什么叫梁的平面弯曲？梁在什么情况下产生斜弯曲？斜弯曲可以视为哪几种基本变形的组合？

5-9. 偏心拉（压）组合变形是由哪几种基本变形组合而成？

5-10. 什么叫截面核心？截面核心与材料、荷载大小是否有关？当偏心压力分别作用在截面核心内、外、边界线上时，中性轴与横截面分别有什么相对关系？

习　　题

5-1　试画出图示各梁的剪切图和弯矩图（图 5-57～5-66）。

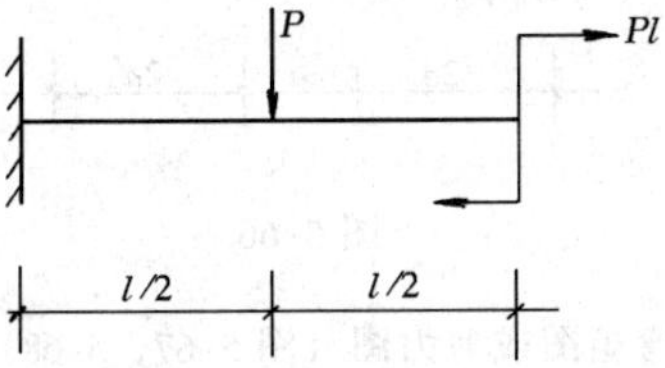

图 5-57

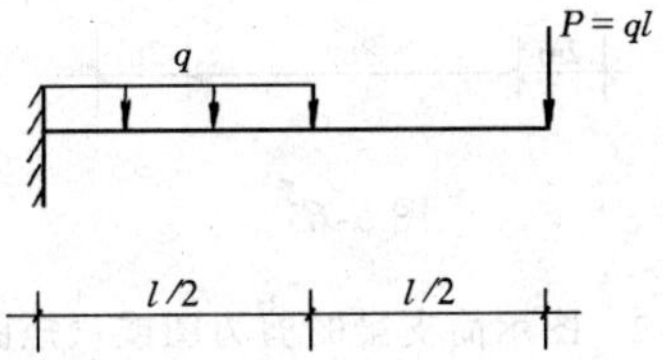

图 5-58

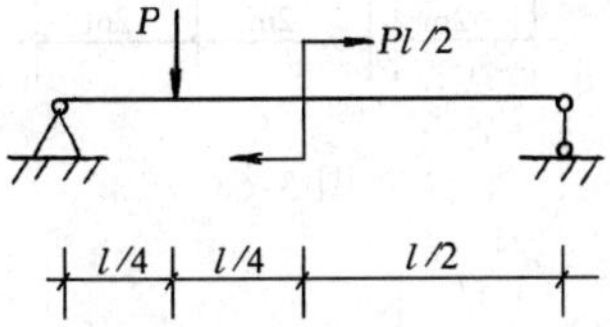

图 5-59

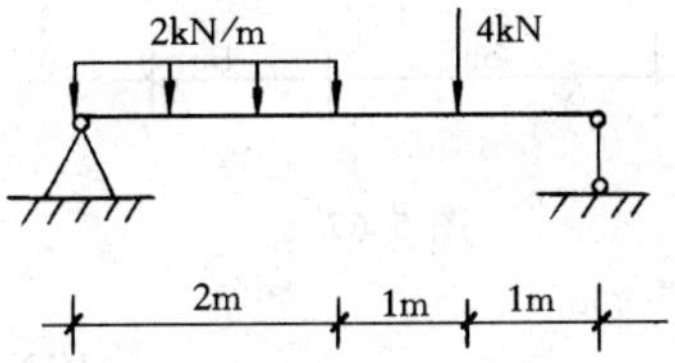

图 5-60

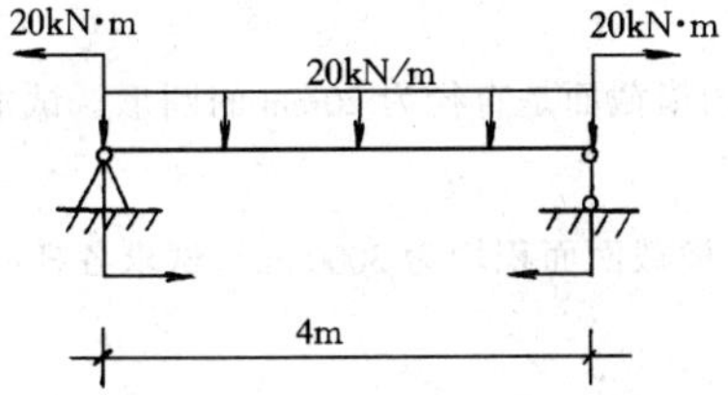

图 5-61

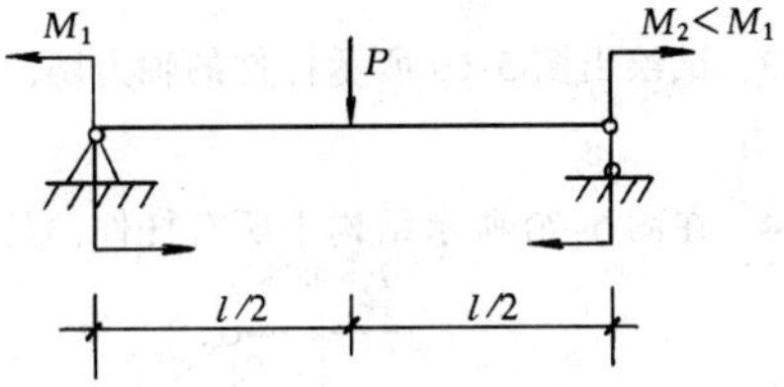

图 5-62

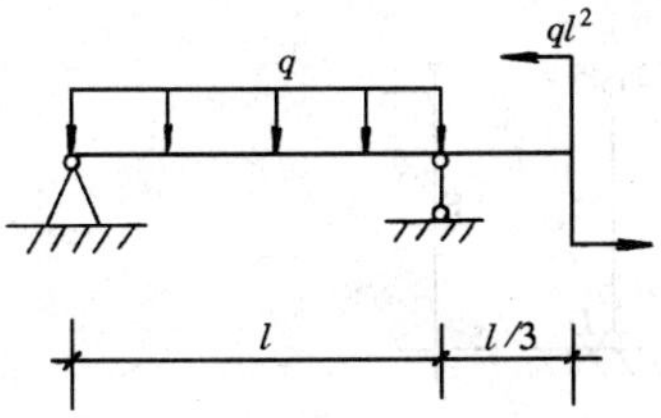

图 5-63

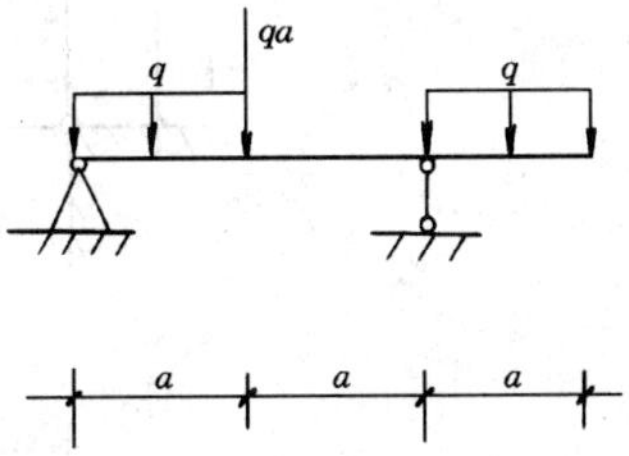

图 5-64

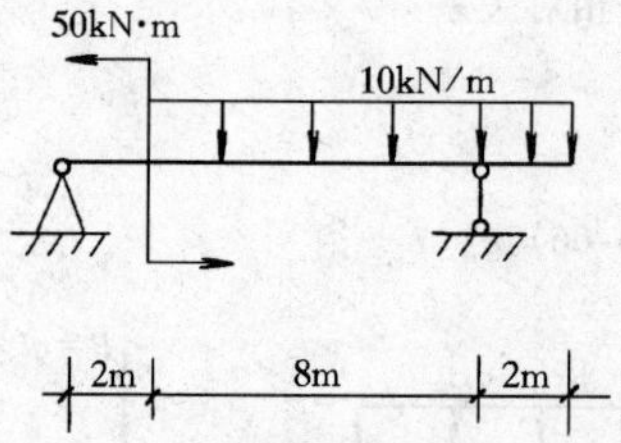

图 5-65

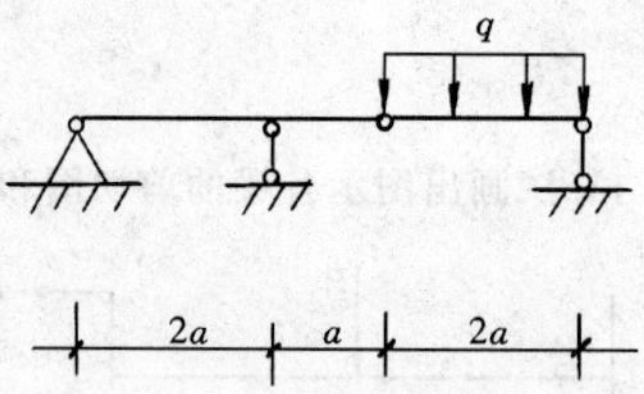

图 5-66

5-2 图示简支梁的剪力图或弯矩图，求荷载图和弯矩图或剪力图（图 5-67，5-68）。

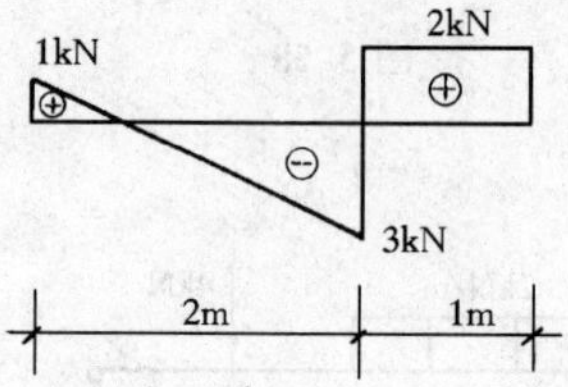

图 5-67

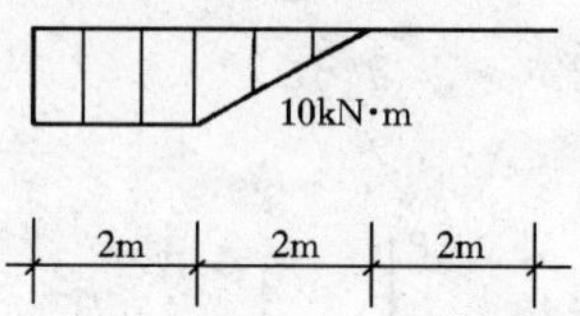

图 5-68

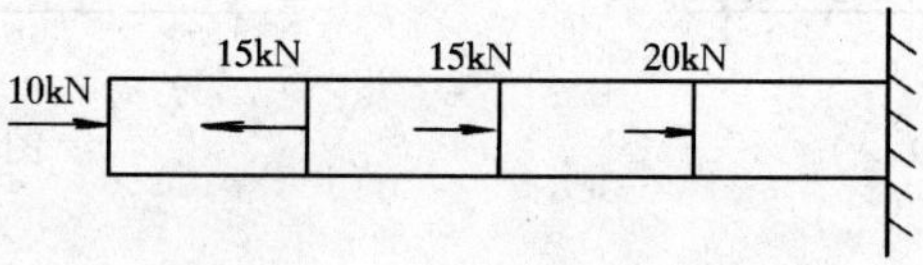

图 5-69

5-3 试绘出图 5-69 所示杆件的轴力图。设杆的横截面是直径为 20mm 的圆形。试求其最大正应力。

5-4 在图 5-70 所示结构中所有杆件都是钢杆，横截面面积均为 3000mm^2，试求各杆应力。

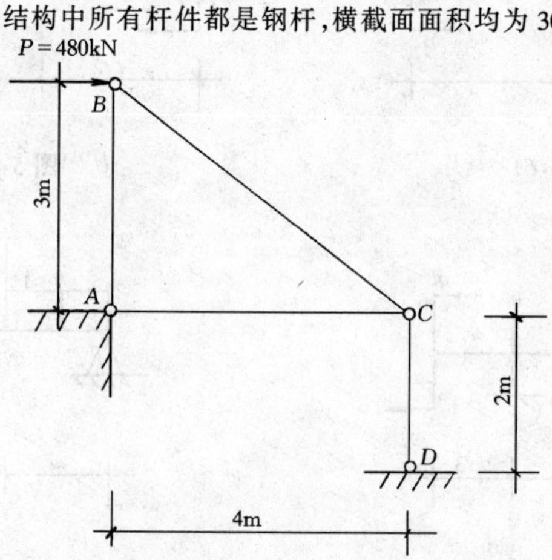

图 5-70

5-5　设浇在混凝土内的钢杆所受粘结力沿其长度均匀分布，在杆端用力 $P=20\text{kN}$ 拉拔，如图 5-71 所示，试作图表示截面上应力沿杆长的分布情况。杆的横截面面积为 $A=200\text{mm}^2$。

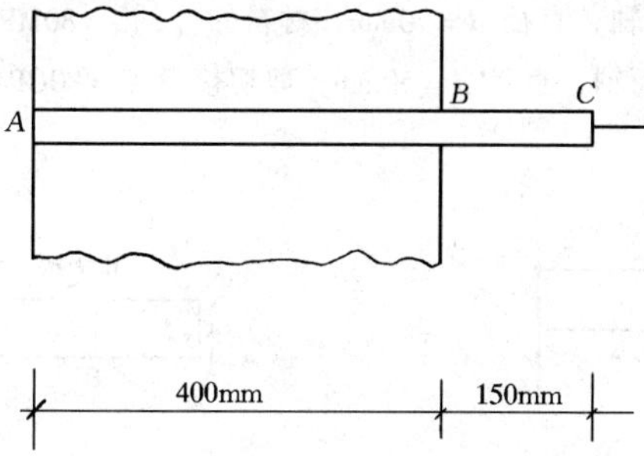

图 5-71

5-6　图 5-72 所示结构中，杆 AC 的截面为 2［12.6，其容许应力为 $[\sigma]_1=160\text{MPa}$，杆 BC 的截面为 I22a，其容许应力为 $[\sigma]_2=100\text{MPa}$，设荷载沿铅垂方向作用，试求其容许荷载 $[P]$ 的值。

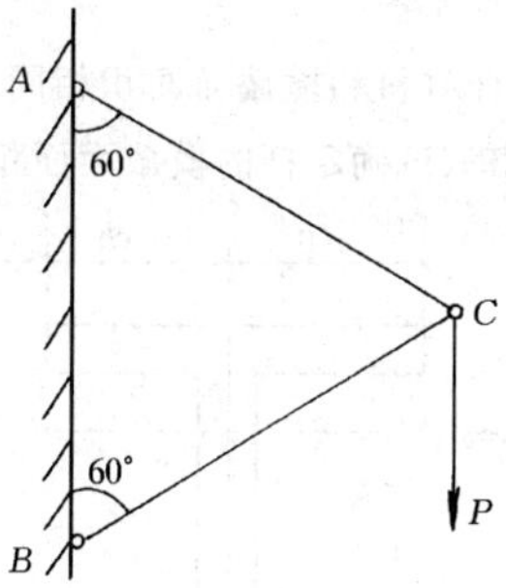

图 5-72

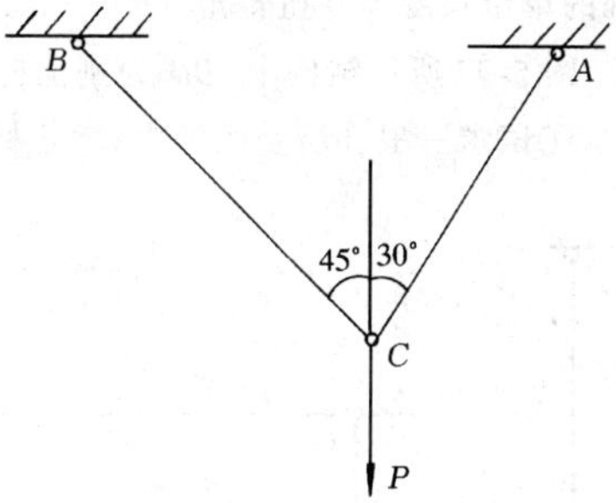

图 5-73

5-7　图 5-73 所示两直径为 $d=200\text{mm}$ 的圆截面钢杆 AC 和 BC 交于 C 点，受竖向荷载 P 作用，设钢的容许应力为 $[\sigma]=157\text{MPa}$，求容许荷载。

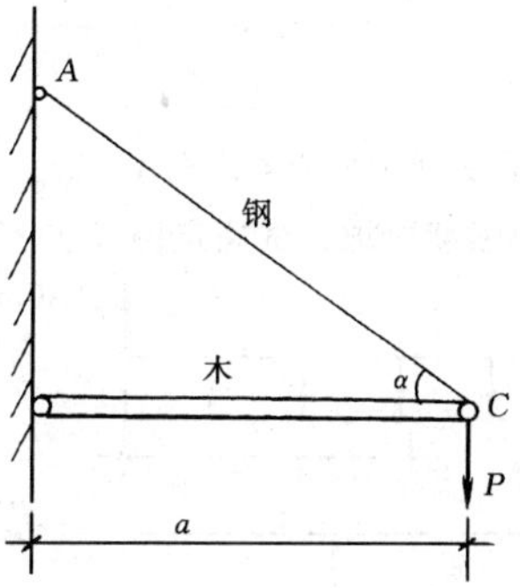

图 5-74

5-8　图 5-74 所示结构中，木杆的长度、截面尺寸不变，且保持在水平位置，但交角 α 可变，若欲使钢杆 AC 用料为最少，问角 α 应为多大？

5-9　图 5-75 所示圆截面轴，直径 $d=70\text{mm}$，材料的 $[\tau]=80\text{MPa}$，试校核轴的强度。

5-10　图 5-76 所示圆截面轴，直径 $d=50\text{mm}$，剪切模量 $G=80\text{GPa}$，试计算该轴 A、D 两截面的相对扭转角。

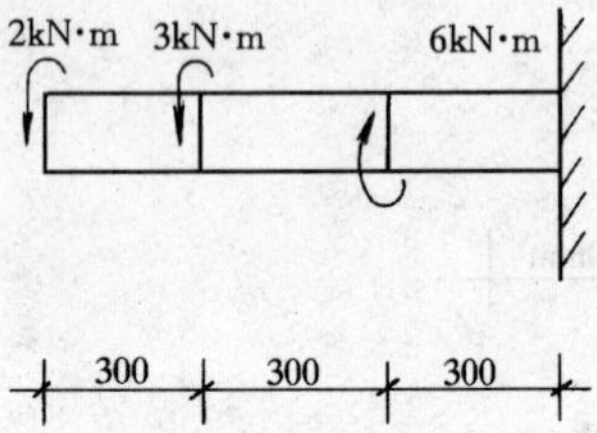

图 5-75

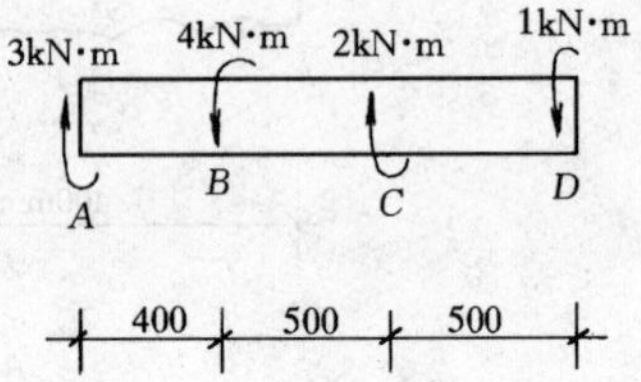

图 5-76

5-11　某一传动轴，转速 $n=150\text{r/min}$，传递功率 $P=60\text{kW}$，材料的 $[\tau]=60\text{MPa}$，$G=80\text{GPa}$，轴的单位长度容许扭转角 $[\theta]=0.5°/\text{m}$，试设计轴的直径。

5-12　图 5-77 所示结构中，BD 为刚性杆，已知①、②、③杆材料和横截面面积相同，受荷载如图所示。①试求三根杆所受的轴力；②若材料的 $[\sigma]=100\text{MPa}$，试确定杆的横截面面积 A。

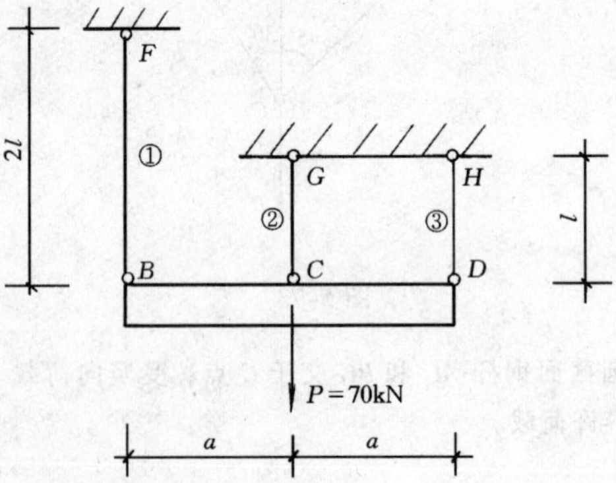

图 5-77

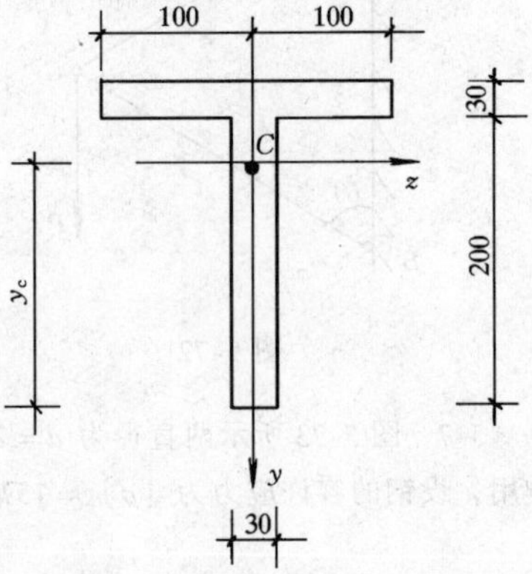

图 5-78

5-13　图 5-78 所示平面图形的 z 轴过形心 C，求 y_C、I_z、I_{yz}。

5-14　按照梁的横截面正应力强度要求，试确定图 5-79 所示梁的危险截面位置，并计算

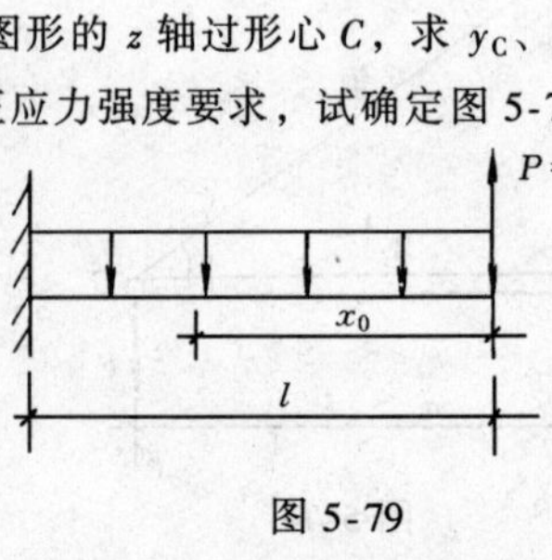

图 5-79

该截面的弯矩。

5-15　铸铁梁的荷载及横截面尺寸如图 5-80 所示。已知：$P=20\text{kN}$，$q=10\text{kN/m}$。试求梁中最大拉应力、最大压应力、最大切应力和腹板与翼缘交点处的最大切应力。

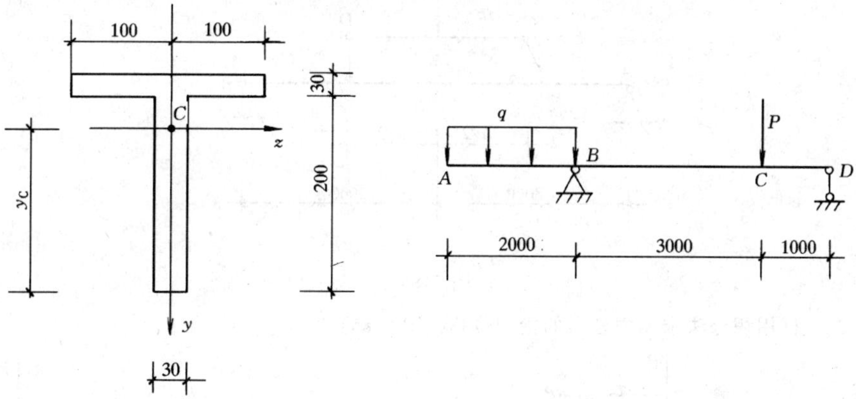

图 5-80

5-16　图 5-81 所示 T 形截面外伸梁，已知材料的容许拉应力［σ_t］= 80MPa，容许压应力［σ_c］= 160MPa，截面对形心轴 z 的惯性矩 $I_z=735\times10^4\text{mm}^4$，试校核梁的正应力强度。

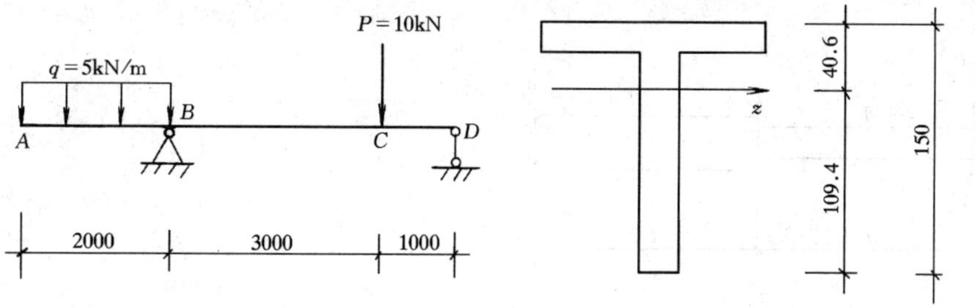

图 5-81

5-17　矩形截面木梁受力如图 5-82 所示。已知 $P=15\text{kN}$，$a=0.8\text{m}$，木材的容许应力［σ］= 10MPa。设梁横截面的高度与宽度之比为 $h/b=3/2$。试选择梁的截面尺寸。

5-18　图 5-83 所示简支梁，截面为 I28a，梁上荷载如图。已知 $l=6\text{m}$，$P_1=90\text{kN}$，$P_2=60\text{kN}$，容许应力［σ］= 170MPa，［τ］= 100MPa，试校核梁的强度。

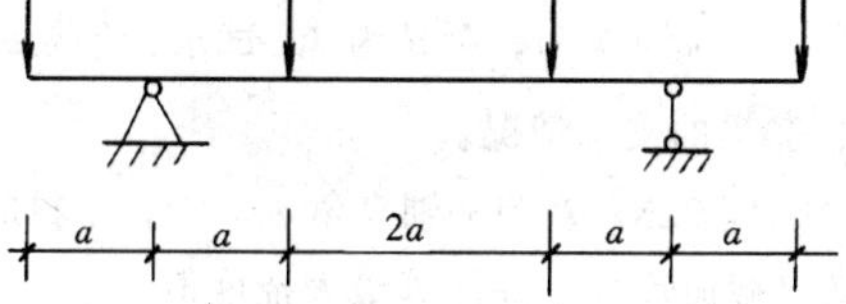

图 5-82

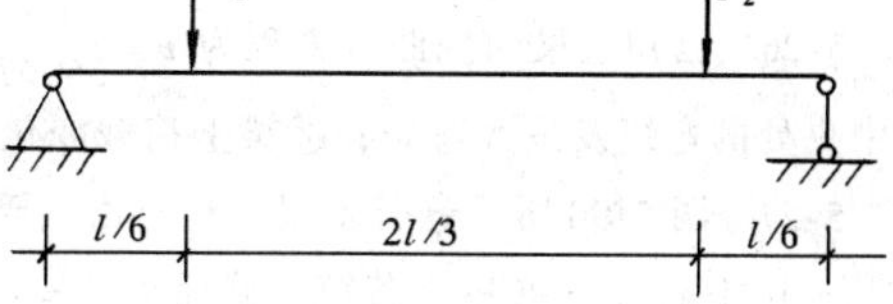

图 5-83

5-19 图 5-84 所示简支梁，当荷载 P 直接作用在跨中，梁内最大正应力超过容许值 30%，为了消除此过载现象，配置了辅助梁 CD，试求辅助梁 CD 所需的最小跨长 a。

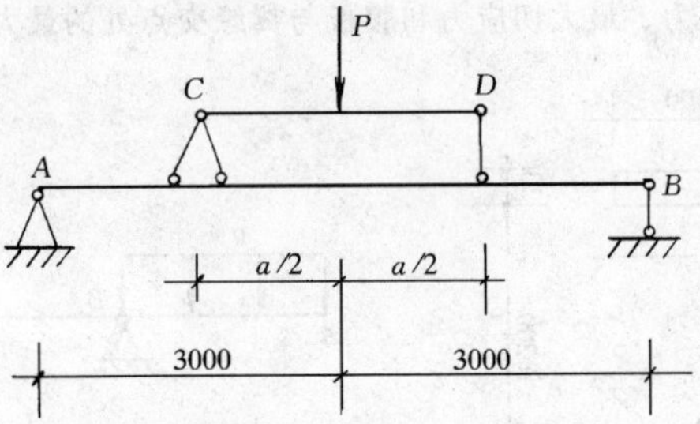

图 5-84

5-20 试用积分法求图中各梁的指定位移（图 5-85）。

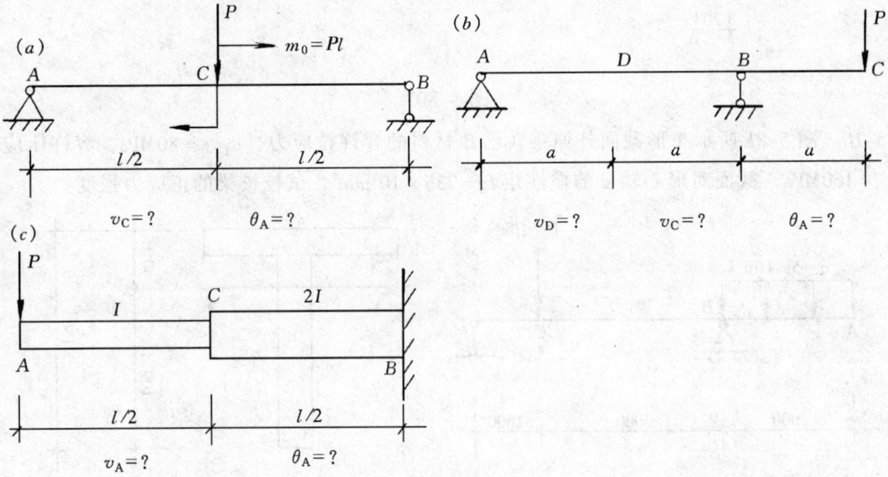

图 5-85

5-21 根据荷载及支座情况，绘出图示各梁挠曲线的大致形状（图 5-86）。

5-22 试用叠加法求解图 5-85（c）中梁的最大转角。

5-23 试求图示各梁的指定位移（图 5-87）。

5-24 试求图 5-88 所示结构中集中力 P 作用处的挠度 v_E。已知梁 AB 和折杆 BCD 的抗弯刚度均为 EI，CD 杆的轴向变形不计。

5-25 图 5-89 所示等截面超静定梁的抗弯刚度 EI 已知，试求其全部支反力。

5-26 已知直梁的挠曲线方程为 $v=\dfrac{q_0 x}{360EI}(3x^4-10l^2x^2+7l^4)$，梁长为 l。试求：①梁跨度中央处的弯矩及最大弯矩；②梁上荷载变化规律；③梁的支承情况。

5-27 图 5-90 所示悬臂木梁，在自由端受集中力 $P=2\text{kN}$，P 与 y 轴夹角 $\varphi=22°$，木材的 $[\sigma]=10\text{MPa}$，$E=9\text{GPa}$，若矩形截面 $h/b=2$，试确定截面尺寸，并计算最大挠度值。

5-28 截面为 I32a 的简支梁如图 5-91 所示受集中力 P 作用，当 P 力沿 y 方向时如图 5-91

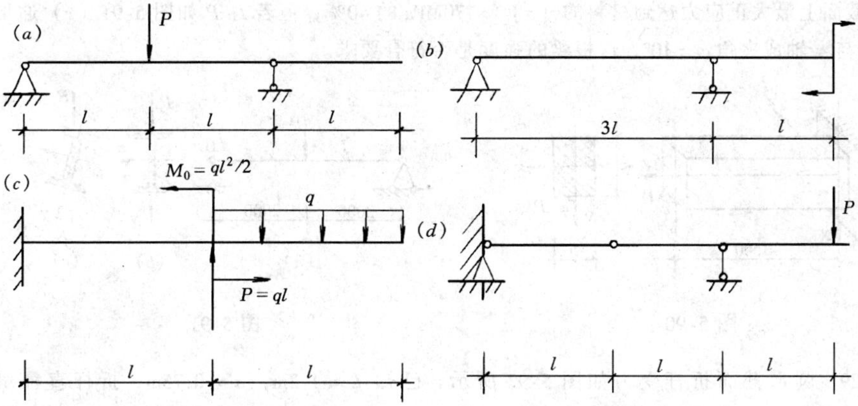

图 5-86

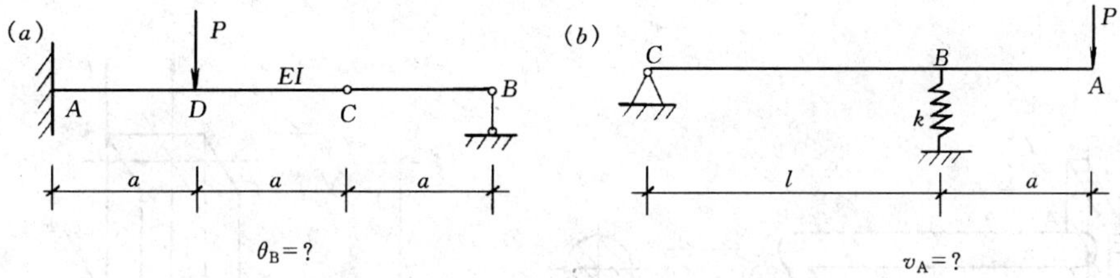

图 5-87

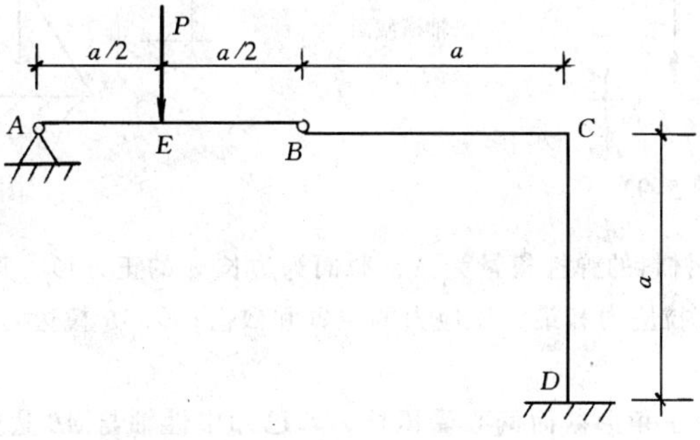

图 5-88

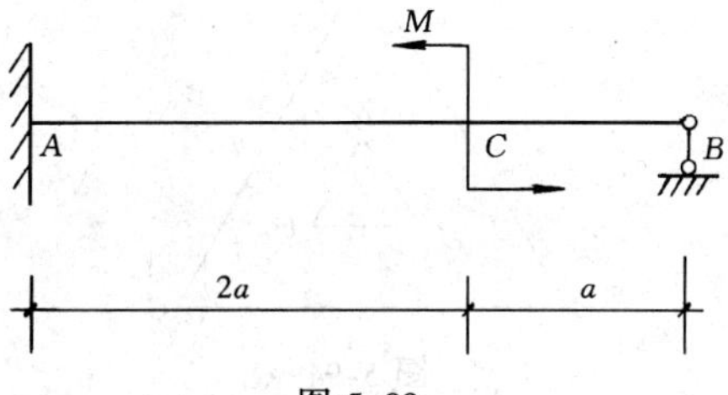

图 5-89

(b)，截面上最大正应力达到材料的 [σ] = 170MPa 的 40%，但若力 P 如图 5-91 (c) 通形形心，而与 y 轴成夹角 $\varphi = 10°$，这根梁的强度是否符合要求。

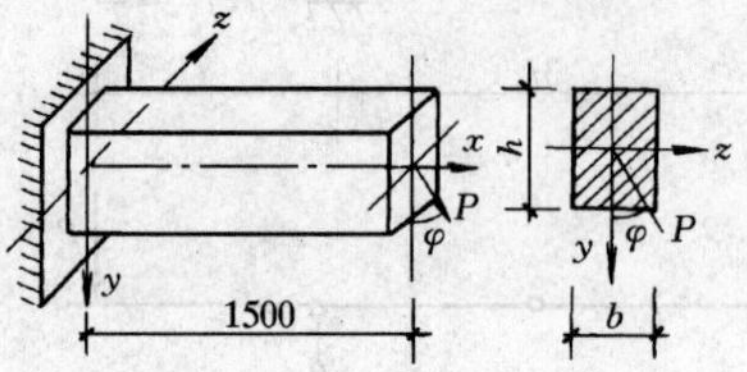

图 5-90

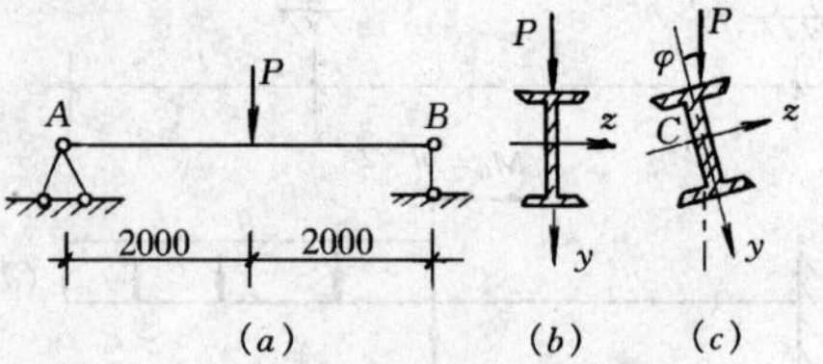

图 5-91

5-29 圆形截面折杆受力如图 5-92 所示。已知 $L = 1.2$m，$a = 0.75$m，折杆直径 d = 100mm，$P = 8$kN，材料的容许应力 [σ] = 160MPa，试按最大形状改变比能理论校核该折杆的强度。

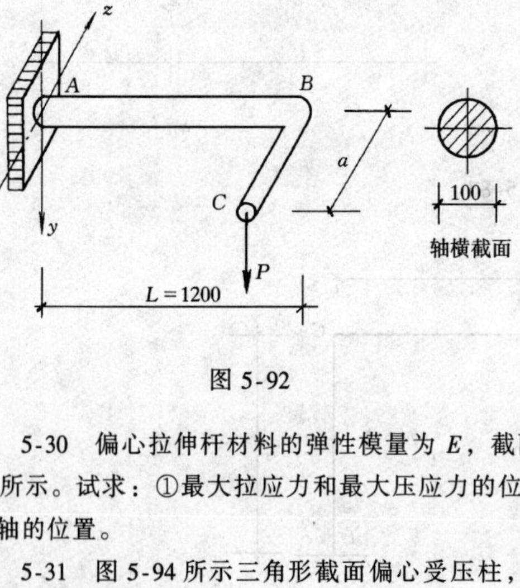

图 5-92

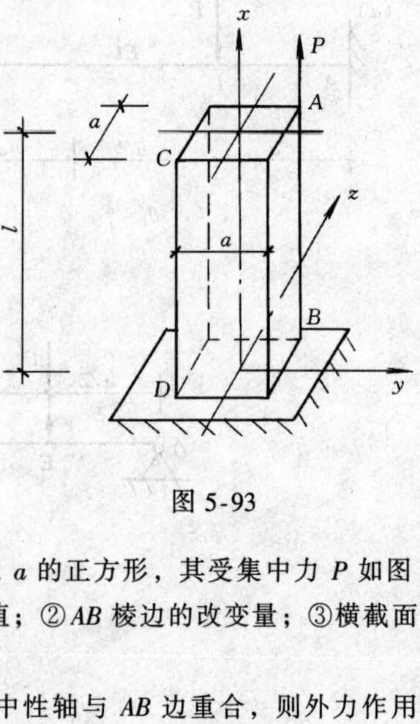

图 5-93

5-30 偏心拉伸杆材料的弹性模量为 E，截面为边长 a 的正方形，其受集中力 P 如图 5-93 所示。试求：①最大拉应力和最大压应力的位置和数值；②AB 棱边的改变量；③横截面中性轴的位置。

5-31 图 5-94 所示三角形截面偏心受压柱，若已知中性轴与 AB 边重合，则外力作用线必通过截面核心边界曲线上的________。

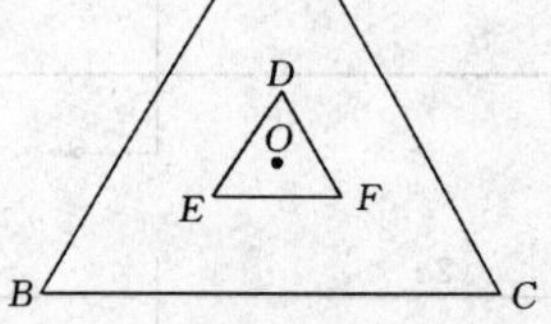

图 5-94

5-32 试确定图5-95所示箱形截面的截面核心。

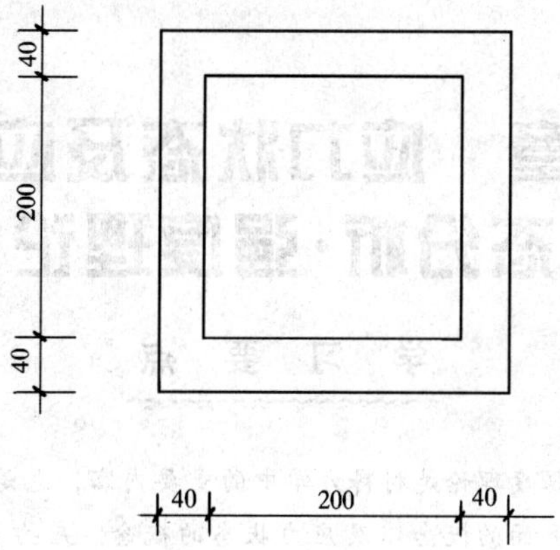

图5-95

5-33 试分析平面弯曲、斜弯曲、偏心拉压杆横截面中性轴的特征。

第六章　应力状态及应变状态分析·强度理论

学习要点

一、应力状态和强度理论是材料力学中的重要内容，也是材料力学中的难点。应正确理解应力的点和面的概念以及应力状态的概念、应力主平面、主应力的概念。同一点的应力状态可以有不同的表示方法，其中包括以主应力作用的微元表示的应力状态。

二、平面应力状态任意斜截面上的应力计算中，应注意：正应力、切应力及描绘斜截面方位角正负号规定。掌握平面应力状态或特殊三向应力状态下主应力，应力主平面方位的计算方法，确定主应力的次序。

三、要注意区分面内最大切应力与应力状态中的最大切应力或一点处的最大切应力。会用主应力求最大切应力。

四、广义胡克定律是材料力学中的重要定律，它说明材料在弹性范围内应力与应变之间的关系。注意广义胡克定律的理解和应用。

五、强度理论是解决复杂应力状态下强度计算的科学假说，应注意常用强度理论的相当应力及其适用对象。

前面对扭转变形和弯曲变形的分析结果表明，一般情况下杆件横截面上不同点的应力是不相同的。本章还将证明，过同一点的不同方向面上的应力，一般情况下也是不相同的。因此，当提及应力时，必须指明“哪一个面上哪一点”的应力，或者，“哪一点哪一方向面”上的应力。即“应力的点和面的概念”。

第一节　应力状态的概念

所谓“应力状态”又称为**一点处的应力状态**，是指过一点不同方向面上应力的集合。

应力状态分析是用平衡的方法，分析过一点不同方向面上应力的相互关系，确定这些应力的极大值和极小值以及他们的作用面。

一点处的应力状态，可用同一点在三个相互垂直的截面上的应力来描述，通常是用围绕该点取出一个微小正六面体（简称**单元体**）来表示。单元体的表面就是**应力的作用面**。由于单元体微小，可以认为单元体各表面上的应力是均匀分布的，而且一对平行表面上的应力情况是相同的。例如，图 6-1（a）截面 mm 上 a ~ d 点的应力状态表示方式，如图 6-1（c）所示。

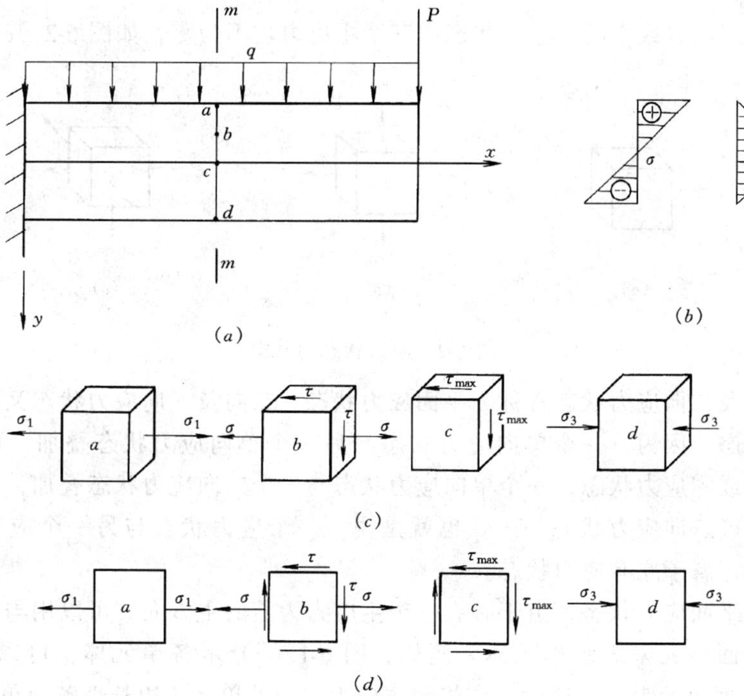

图 6-1 点的应力状态表示

本章第二节中的分析将表明，一点处不同方向面上的应力是不相同的。我们把在过一点的所有截面中，切应力为零的截面称为**应力主平面**，简称为**主平面**。例如，图 6-1（c）中 a、d 单元体的三对面及 b、c 单元体的前后一对表面均为主平面。由主平面构成的单元体称为**主单元体**，如图 6-1（c）中的 a、d 单元体。主平面的法向称为**应力主方向**，简称**主方向**。主平面上的正应力称为**主应力**，如图 6-1（c）中 a、d 单元体上的 σ_1 及 σ_3。用弹性力学方法可以证明，物体中任一点总可以找到三个相互垂直的主方向，因而每一点处都有三个相互垂直的主平面和三个主应力；但在三个主应力中有两个或三个主应力相等的特殊情况下，主平面及主方向便会多于三个。

一点处的三个主应力，通常按其代数值依次用 $\sigma_1 \geqslant \sigma_2 \geqslant \sigma_3$ 来表示，如图 6-1（c）中 a、d 单元体，虽然它们都只有一个不为零且绝对值相等的主应力，但须分别用 σ_1，σ_3 表示。根据一点处存在几个不为零的主应力，可以将应力状态分为三类：

（1）单向（或简单）应力状态：三个主应力中只有一个主应力不为零，如图

6-2（a）所示。

（2）二向应力状态：三个主应力中有两个主应力不为零，如图 6-2（b）所示。

（3）三向（或空间）应力状态：三个主应力均不为零，如图 6-2（c）所示。

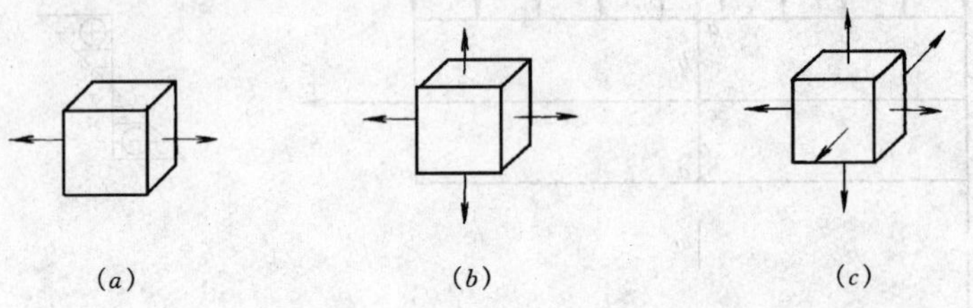

图 6-2　应力状态的分类

单向及二向应力状态常称为**平面应力状态**。二向及三向应力状态又统称为**复杂应力状态**。因为，一个单向应力状态与另一个单向应力状态叠加，可能是单向、二向或零应力状态；一个单向应力状态与一个二向应力状态叠加，可能是单向、二向或三向应力状态……。也就是说，一个应力状态与另一个应力状态叠加，不一定属于原有应力状态。

对于平面应力状态，由于必有一个主应力为零的主方向，可以用与该方向相垂直的平面单元来表示单元体。例如，图 6-1（c）示各单元体，可以用图 6-1（d）示平面单元表示。这时，应将零主应力方向的单元体边长理解为单位长度。

在材料力学中所遇到的应力状态，主要为平面应力状态。本章重点讨论平面应力状态有关问题。

第二节　平面应力状态分析

在本节中，将介绍在平面应力状态下，如何根据单元体各面上的已知应力来确定任意斜截面上的应力。

在以下讨论中，取平面单元位于 xy 平面内，如图 6-3（a）所示。已知 x 面（法线平行于 x 轴的面）上的应力 σ_x 及 τ_{xy}，y 面（法线平行于 y 轴的面）上有应力 σ_y 及 τ_{yx}。根据切应力互等定理 $\tau_{xy}=\tau_{yx}$。现在需要求与 z 轴平行的任意斜截面 ab 上的应力。设斜截面 ab 的外法线 n 与 x 轴成 α 角，以后简称该斜截面为 α 面，并用 σ_α 及 τ_α 分别表示 α 面上的正应力及切应力。

将应力、α 角正负号规定为：

α 角：从 x 方向逆时针转至 α 面外法线 n 的 α 角为正值；反之为负值。α 角的取值区间为 $[0,\ \pi]$ 或 $[-\pi/2,\ \pi/2]$。

正应力：拉应力为正，压应力为负。

切应力：使微元体产生顺时针方向转动趋势为正；反之为负。或者，截面外法线矢顺时针向转 90°后的方向为正；反之为负。

求 α 面上的应力 σ_α、τ_α 的方法，有解析法和图解法两种。分别介绍如下：

一、解析法

利用截面法，沿截面 ab 将图 6-3（a）示单元切成两部分，取其左边部分为研究对象。设 α 面的面积为 dA，则 x 面、y 面的面积分别为 $dA\cos\alpha$ 及 $dA\sin\alpha$。于是，得研究对象的受力情况如图 6-3（b）所示。该部分沿 α 面法向及切向的平衡方程分别为：

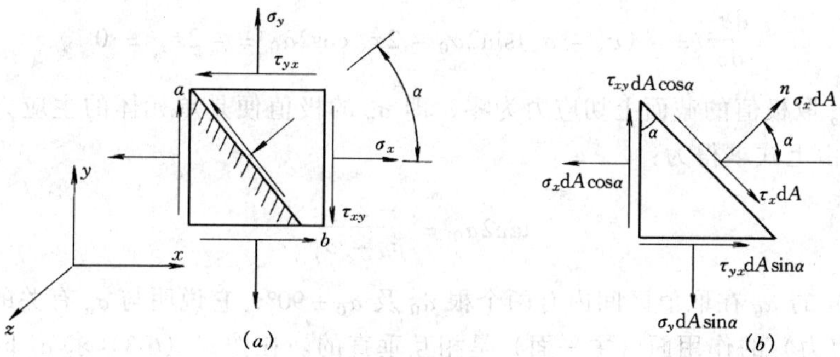

图 6-3　平面应力状态

$$\sigma_\alpha dA + (-\sigma_x\cos\alpha + \tau_{xy}\sin\alpha)dA\cos\alpha + (-\sigma_y\sin\alpha + \tau_{yx}\cos\alpha)dA\sin\alpha = 0$$

$$\tau_\alpha dA + (-\sigma_x\sin\alpha - \tau_{xy}\cos\alpha)dA\cos\alpha + (\sigma_y\cos\alpha + \tau_{yx}\sin\alpha)dA\sin\alpha = 0$$

由此得

$$\left.\begin{aligned}\sigma_\alpha &= \sigma_x\cos^2\alpha + \sigma_y\sin^2\alpha - (\tau_{xy} + \tau_{yx})\sin\alpha\cos\alpha \\ \tau_\alpha &= (\sigma_x - \sigma_y)\sin\alpha\cos\alpha + \tau_{xy}\cos^2\alpha - \tau_{yx}\sin^2\alpha\end{aligned}\right\} \qquad (a)$$

由 $\tau_{xy} = \tau_{yx}, \cos^2\alpha = (1 + \cos2\alpha)/2, \sin^2\alpha = (1 - \cos2\alpha)/2$ 及 $2\sin\alpha\cos\alpha = \sin2\alpha$，式($a$)可改写为：

$$\left.\begin{aligned}\sigma_\alpha &= \frac{\sigma_x + \sigma_y}{2} + \frac{\sigma_x - \sigma_y}{2}\cos2\alpha - \tau_{xy}\sin2\alpha \\ \tau_\alpha &= \frac{\sigma_x - \sigma_y}{2}\sin2\alpha + \tau_{xy}\cos2\alpha\end{aligned}\right\} \qquad (6\text{-}1)$$

这就是斜面上应力的计算公式。应用时一定要遵循应力及 α 角的符号规定。

如果用 $\alpha+90°$ 替代式（6-1）第一式中的 α，则：

$$\sigma_{\alpha+90°}=\frac{\sigma_x+\sigma_y}{2}-\frac{\sigma_x-\sigma_y}{2}\cos2\alpha+\tau_{xy}\sin2\alpha$$

从而有

$$\sigma_\alpha+\sigma_{\alpha+90°}=\sigma_x+\sigma_y \tag{6-2}$$

可见，**在平面应力状态下，一点处与 z 轴平行的两相互垂直面上的正应力的代数和是一个不变量。**

由式（6-1）可知，斜截面上的应力 σ_α、τ_α 均为 α 角的函数，即它们的大小和方向随斜截面的方位而变化。现在来求它们的极值及平面应力状态的主应力。

对于斜截面上的正应力 σ_α，设极值时的 α 角为 α_0，由 $\mathrm{d}\sigma_\alpha/\mathrm{d}\alpha=0$ 得

$$\frac{\mathrm{d}\sigma_\alpha}{\mathrm{d}\alpha}=-(\sigma_x-\sigma_y)\sin2\alpha_0-2\tau_{xy}\cos2\alpha_0=-2\tau_{\alpha_0}=0$$

可见，σ_α 取极值的截面上切应力为零，即 σ_α 的极值便是单元体的主应力。这时的 α_0 可由上式求得为：

$$\tan2\alpha_0=\frac{-2\tau_{xy}}{\sigma_x-\sigma_y} \tag{6-3}$$

式（6-3）的 α_0 在取值区间内有两个根 α_0 及 $\alpha_0\pm90°$，它说明与 σ_α 有关的两个极值（主应力）的作用面（主平面）是相互垂直的。在按式（6-3）求 α_0 时，可以视 $\tan2\alpha_0=(-2\tau_{xy})/(\sigma_x-\sigma_y)$，并按 $(-2\tau_{xy})$、$(\sigma_x-\sigma_y)$、$(-2\tau_{xy})/(\sigma_x-\sigma_y)$ 的正负号来判定 $\sin2\alpha_0$、$\cos2\alpha_0$、$\tan2\alpha_0$ 的正负符号，从而唯一地确定 $2\alpha_0$ 或 α_0 值。于是有

$$\sin2\alpha_0=\frac{-2\tau_{xy}}{\sqrt{(\sigma_x-\sigma_y)^2+4\tau_{xy}^2}},\qquad \cos2\alpha_0=\frac{\sigma_x-\sigma_y}{\sqrt{(\sigma_x-\sigma_y)^2+4\tau_{xy}^2}}$$

$$\sin2(\alpha_0\pm90°)=-\sin2\alpha_0,\qquad \cos2(\alpha_0\pm90°)=-\cos2\alpha_0$$

将以上各式代入式（6-1）的第一式，得 σ_α 的两个极值 σ_{max}（对应 α_0 面）、σ_{min}（对应 $\alpha_0\pm90°$ 面）为：

$$\sigma_{\substack{max\\min}}=\frac{\sigma_x+\sigma_y}{2}\pm\sqrt{\left(\frac{\sigma_x-\sigma_y}{2}\right)^2+\tau_{xy}^2} \tag{6-4}$$

可以证明，**式（6-4）中 σ_{max} 的指向，是介于仅由单元体切应力 $\tau_{xy}=\tau_{yx}$ 产生的主拉应力指向（与 x 轴夹角为 45°或 −45°）与单元体正应力 σ_x、σ_y 中代数值较大的一个正应力指向之间。**

式（6-4）的 σ_{max}、σ_{min} 为平面应力状态一点处三个主应力中的两个主应力，它的另一个主应力为零。至于如何根据这三个主应力来排列 σ_1、σ_2、σ_3 的次序，应

视 σ_{max}、σ_{min} 的具体数值来决定。

平面应力状态下，切应力极值可按下述方法确定。设极值时的 α 角为 θ_0，由 $d\tau_\alpha/d\alpha=0$ 得：

$$\tan2\theta_0=\frac{\sigma_x-\sigma_y}{2\tau_{xy}} \tag{6-5}$$

比较式（6-3）和式（6-5），有 $\tan2\alpha_0\cdot\tan2\theta_0=-1$，可见 $\theta_0=\alpha_0+45°$，**即斜截面上切应力 τ_α 的极值作用面与正应力 σ_α 的极值作用面互成 45°夹角**。将由式（6-5）确定的 θ_0 代入式（6-1）的第二式，可以求得斜截面上切应力极值 τ_{max}（对应 θ_0）、τ_{min}（对应 $\theta_0+90°$）为：

$$\tau_{\substack{max\\min}}=\pm\sqrt{\left(\frac{\sigma_x-\sigma_y}{2}\right)^2+\tau_{xy}^2}=\pm\frac{\sigma_{max}-\sigma_{min}}{2} \tag{6-6}$$

这说明，**截面上切应力极值的绝对值，等于该点处两个正应力极值差的绝对值的一半**。另外，由式（6-5）可得 $(\tau_x-\sigma_y)\cos2\theta_0-2\tau_{xy}\sin2\theta_0=0$，代入式（6-1）第一式得：

$$\sigma_{\theta_0}=\sigma_{\theta_0+90°}=\frac{\sigma_x+\sigma_y}{2} \tag{6-7}$$

可见在 τ_α 极值作用面上的正应力相等，且为 σ_x、σ_y 的平均值。

【例 6-1】　试求图 6-4 所示纯剪切平面应力状态的主应力及图示面内的两个主应力方向。

【解】　根据图 6-3 的约定，这时有 $\sigma_x=\sigma_y=0$ 及 $\tau_{xy}=-\tau$。由式（6-3）、（6-4）得正应力极值 σ_{max}、σ_{min} 及其 σ_{max} 与 x 轴的夹角 α_0，有

$$\sigma_{\substack{max\\min}}=\frac{\sigma_x+\sigma_y}{2}\pm\sqrt{\left(\frac{\sigma_x-\sigma_y}{2}\right)^2+\tau_{xy}^2}$$

$$=\frac{0+0}{2}\pm\sqrt{\left(\frac{0-0}{2}\right)^2+(-\tau)^2}=\begin{matrix}+\tau\\-\tau\end{matrix}$$

$$\tan2\alpha_0=\frac{-2\tau_{xy}}{\sigma_x-\sigma_y}=\frac{-2(-\tau)}{0-0}=\frac{2\tau}{0}=\infty$$

由于 $\cos2\alpha_0=0, \tan2\alpha_0=\infty$，而 $\sin2\alpha_0>0$，可见 $2\alpha_0=90°, \alpha_0=45°$（对应 σ_{max}），σ_{min} 与 σ_{max} 垂直。本例中的三个主应力为 τ、$-\tau$ 及 0，按其代数值大小排列，应为 $\sigma_1=\tau$（对应 α_0 面），$\sigma_2=0$（对应 z 面），$\sigma_3=-\tau$（对应 $\alpha_0-90°$面），如图 6-4 所示。

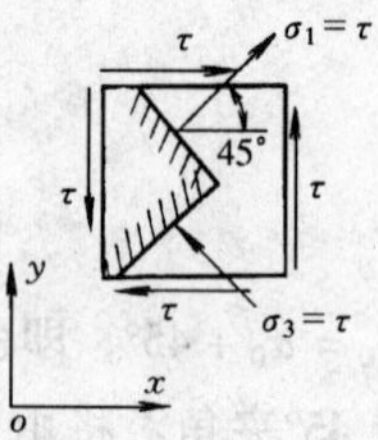

图 6-4　例 6-1 图

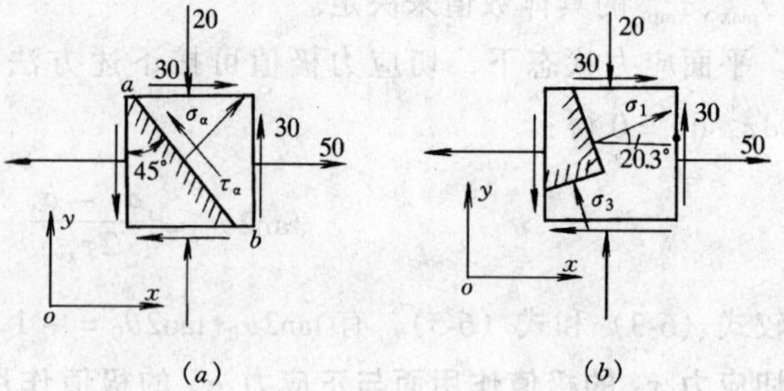

图 6-5　例 6-2 图（应力单位：MPa）

【例 6-2】　试求图 6-5（a）示平面应力状态单元 ab 斜截面上的应力 σ_α 及 τ_α。

【解】　按照图 6-3 的约定，这时有 $\sigma_x = 50\text{MPa}$，$\sigma_y = -20\text{MPa}$，$\tau_{xy} = -30\text{MPa}$及 $\alpha = 45°$。由式（6-1）得斜截面 ab 上的应力 σ_α 及 τ_α 为：

$$\sigma_\alpha = \frac{\sigma_x + \sigma_y}{2} + \frac{\sigma_x - \sigma_y}{2}\cos 2\alpha - \tau_{xy}\sin 2\alpha$$

$$= \frac{50 + (-20)}{2} + \frac{50 - (-20)}{2}\cos(2 \times 45°) - (-30)\sin(2 \times 45°)$$

$$= 45\text{MPa}$$

$$\tau_\alpha = \frac{\sigma_x - \sigma_y}{2}\sin 2\alpha + \tau_{xy}\cos 2\alpha$$

$$= \frac{50 - (-20)}{2}\sin(2 \times 45°) + (-30) \times \cos(2 \times 45°)$$

$$= 35\text{MPa}$$

【例 6-3】　试求例 6-2 平面应力状态单元体的主应力及其图 6-5（b）示面内主应力方向。

【解】　由式（6-3）、(6-4) 得正应力极值 σ_{max}、σ_{min}及其 σ_{max}与 x 轴夹角 α_0，有

$$\sigma_{\substack{max\\min}} = \frac{\sigma_x + \sigma_y}{2} \pm \sqrt{\left(\frac{\sigma_x - \sigma_y}{2}\right)^2 + \tau_{xy}^2}$$

$$= \frac{50 + (-20)}{2} \pm \sqrt{\left[\frac{50 - (-20)}{2}\right]^2 + (-30)^2} = \begin{matrix} 61.1 \\ -31.1 \end{matrix}\text{MPa}$$

$$\tan 2\alpha_0 = \frac{-2\tau_{xy}}{\sigma_x - \sigma_y} = \frac{-2 \times (-30)}{50 - (-20)} = \frac{60}{70} = 0.8571$$

因为 $\sin 2\alpha_0$、$\cos 2\alpha_0$ 及 $\tan 2\alpha_0$ 均为正，可见 $2\alpha_0$ 位于第一象限，有 $2\alpha_0 = 40.6°$，$\alpha_0 = 20.3°$（对应 σ_{max}），而 σ_{min}与 σ_{max}相垂直。在本例中，单元体的主应力为 61.1MPa、-31.1MPa 及 0，按其代数值大小排列，应为 $\sigma_1 = \sigma_{max} = 61.1\text{MPa}$

（对应 α_0 面），$\sigma_2=0$（对应 z 面），$\sigma_3=-31.1\text{MPa}$（对应 $\alpha_0-90°$面），如图 6-5（b）所示。

【例 6-4】 求图 6-6 示单元体的主应力及主应力方向。

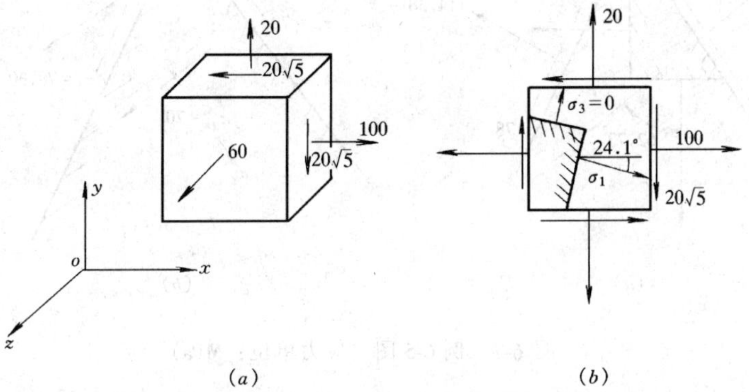

图 6-6 例 6-4 图（应力单位：MPa）

【解】 由于 z 面上没有切应力，则 $\sigma_z=60\text{MPa}$ 为主应力之一。平行于 z 面（xy 平面）上的应力如图 6-6（b）示，为平面应力状态，由式（6-3）、（6-4）得正应力（xy 面上）极值 $\sigma_{\max}$、$\sigma_{\min}$及 $\sigma_{\max}$与 x 轴夹角 α_0，有

$$\sigma_{\substack{\max\\\min}}=\frac{\sigma_x+\sigma_y}{2}\pm\sqrt{\left(\frac{\sigma_x-\sigma_y}{2}\right)^2+\tau_{xy}^2}$$

$$=\frac{100+20}{2}\pm\sqrt{\left(\frac{100-20}{2}\right)^2+(20\sqrt{5})^2}=\begin{matrix}120\\0\end{matrix}\text{MPa}$$

$$\tan2\alpha_0=\frac{-2\tau_{xy}}{\sigma_x-\sigma_y}=\frac{-2\times20\sqrt{5}}{100-20}=\frac{-\sqrt{5}}{2}$$

因为 $\sin2\alpha_0<0$，$\cos2\alpha_0>0$，$\tan2\alpha_0<0$，可见 $2\alpha_0$ 位于第四象限，有 $2\alpha_0=-48.2°,\alpha_0=-24.1°$（对应 $\sigma_{\max}$），而 $\sigma_{\min}$与 $\sigma_{\max}$相垂直。本例中，单元体的主应力为 60MPa、120MPa 及 0，按其代数值大小排列，应为 $\sigma_1=120\text{MPa}$（对应 α_0 面），$\sigma_2=60\text{MPa}$（对应 z 面），$\sigma_3=0$（对应 $\alpha_0+90°$面），如图 6-6（b）所示。

【例 6-5】 已知某点处在互成 60°两截面上的应力如图 6-7（a）所示。试求该点处的主应力及主平面位置。

【解】 将两个已知面之一视为 x 面，另一个面视为 α 面，并作辅助 y 面，如图 6-7（b）所示。这时 $\sigma_x=100\text{MPa}$，$\tau_{xy}=\tau_{yx}=70\text{MPa}$，$\alpha=60°$，$\sigma_\alpha=114.38\text{MPa}$ 及 $\tau_\alpha=-78.30\text{MPa}$。利用式（6-1）的第二式。

$$\tau_\alpha=\frac{\sigma_x-\sigma_y}{2}\sin2\alpha+\tau_{xy}\cos2\alpha$$

解得

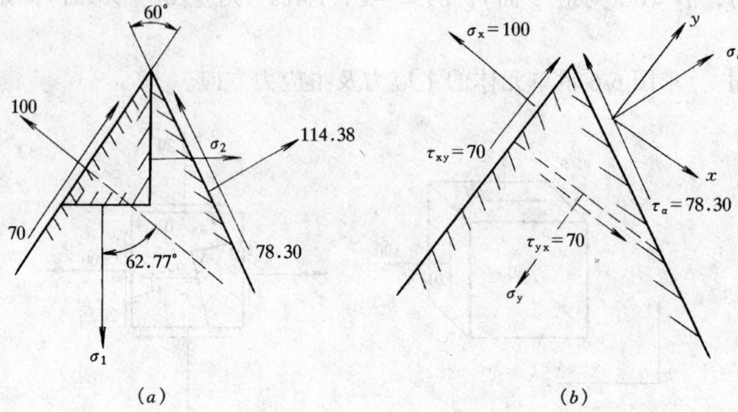

图 6-7 例 6-5 图（应力单位：MPa）

$$\sigma_y=\sigma_x+\frac{2(\tau_{xy}\cos2\alpha-\tau_\alpha)}{\sin2\alpha}$$

$$=100+\frac{2[70\cos(2\times60°)-(-78.30)]}{\sin(2\times60°)}=200(\mathrm{MPa})$$

利用式（6-1）的第一式进行验算，有

$$\sigma_\alpha=\frac{\sigma_x+\sigma_y}{2}+\frac{\sigma_x-\sigma_y}{2}\cos2\alpha-\tau_{xy}\sin2\alpha$$

$$=\frac{100+200}{2}+\frac{100-200}{2}\cos(2\times60°)-70\sin(2\times60°)=114.38(\mathrm{MPa})(\text{正确})$$

由式（6-4）及（6-3）得正应力极值及其作用面外法线与 x 轴的夹角为

$$\sigma_{\substack{\max\\ \min}}=\frac{\sigma_x+\sigma_y}{2}\pm\sqrt{\left(\frac{\sigma_x-\sigma_y}{2}\right)^2+\tau_{xy}^2}$$

$$=\frac{100+200}{2}\pm\sqrt{\left(\frac{100-200}{2}\right)^2+70^2}=\frac{236.02}{63.98}(\mathrm{MPa})$$

$$\tan2\alpha_0=\frac{-2\tau_{xy}}{\sigma_x-\sigma_y}=\frac{-2\times70}{100-200}=\frac{-140}{-100}=1.4$$

因为 $\sin2\alpha_0$、$\cos2\alpha_0$ 均为负值而 $\tan2\alpha_0$ 为正值，则 $2\alpha_0$ 位于第三象限，有 $2\alpha_0=234.46°$，$\alpha_0=117.23°$（对应 σ_{max}），$\alpha_0+90°=207.23°$（对应 σ_{min}）。考虑到 α_0 与 $\alpha_0\pm180°$属于同一个截面，我们可把 α_0 及 $\alpha_0+90°$的取值调整为 $-90°\sim90°$范围内。在本例中，调整后的 $\alpha_0=-62.77°$，$\alpha_0+90°=27.23°$。单元体的主应力为 $\sigma_1=\sigma_{max}=236.02$MPa（对应 α_0 面），$\sigma_2=\sigma_{min}=63.98$MPa（对应 $\alpha_0+90°$面）及 $\sigma_3=0$（对应 z 面）。

二、图解（莫尔圆）法

平面应力状态分析，也可采用图解的方法。图解法的优点是简明直观，勿须记公式。当采用适当的作图比例时，其精确度是能满足工程设计要求的。这里只介绍图解法中的莫尔圆法，它是 1882 年德国工程师莫尔（O. Mohr）对 1866 年德国库尔曼（K.Culman）提出的应力圆作进一步研究，借助应力圆确定一点应力状态的几何方法。

1. 应力圆方程

将式（6-1）改写为：

$$\left.\begin{aligned}\sigma_\alpha-\frac{\sigma_x+\sigma_y}{2}&=\frac{\sigma_x-\sigma_y}{2}\cos2\alpha-\tau_{xy}\sin2\alpha\\ \tau_\alpha&=\frac{\sigma_x-\sigma_y}{2}\sin2\alpha+\tau_{xy}\cos2\alpha\end{aligned}\right\}$$

于是，由上述二式得到一圆方程：

$$\left(\sigma_\alpha-\frac{\sigma_x+\sigma_y}{2}\right)^2+\tau_\alpha^2=\left(\sqrt{\left(\frac{\sigma_x-\sigma_y}{2}\right)^2+\tau_{xy}^2}\right)^2$$

据此，若已知 σ_x、σ_y、τ_{xy}，则在以 σ 为横坐标，τ 为纵坐标轴的坐标系中，可以画出一个圆，其圆心为 $\left(\frac{\sigma_x+\sigma_y}{2},0\right)$，半径为 $\sqrt{\left(\frac{\sigma_x-\sigma_y}{2}\right)^2+\tau_{xy}^2}$。圆周上一点的坐标就代表单元体一个斜截面上的应力。因此，这个圆称为**应力圆**或**莫尔圆**（Mohr circle for stresses）。

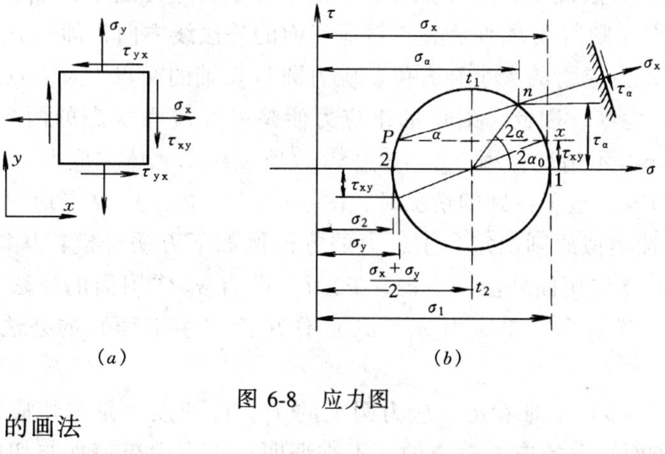

图 6-8　应力图

2. 应力圆的画法

在已知 σ_x、σ_y 及 τ_{xy}（图 6-8a），作相应应力圆时，先在 σ-τ 坐标系中，按选定的比例尺，以 (σ_x,τ_{xy})、$(\sigma_y,-\tau_{xy})$ 为坐标确定 x（对应 x 面）、y（对应 y 面）两点（在应力圆中，正应力以拉应力为正，切应力以与其作用面外法线顺时针转向 90°后的方向一致时为正）。然后直线连接 x、y 两点交 σ 轴于 C 点，并以 C 点为圆心，以 $\overline{Cx}$ 或 $\overline{Cy}$ 为半径画圆，此圆就是应力圆，如图 6-8（b）。从图中不难看出，应力圆的圆心及半径，与式（b）完全相同。

3. 几种对应关系

应力圆上的点与平面应力状态任意斜截面上的应力有如下对应关系：

（1）点面对应

应力圆上某一点的坐标对应单元体某一方面上的正应力和切应力值。如图 6-8（a）上的 n 点的坐标即为斜截面 α 面的正应力和切应力。

（2）转向对应

应力圆半径旋转时，半径端点的坐标随之改变，对应地，斜截面外法线亦沿相同方向旋转，才能保证某一方向面上的应力与应力圆上半径端点的坐标相对应。

（3）二倍角对应

应力圆上半径转过的角度，等于斜截面外法线旋转角度的两倍。因为，在单元体中，外法线与 x 轴间夹角相差 180°的两个面是同一截面，而应力圆中圆心角相差 360°时才能为同一点。

4. 应力圆的应用

（1）应用应力圆能确定任意斜截面上应力的大小和方向。如果欲求 α 面上的应力 σ_α 及 τ_α，则可从与 x 面对应的 x 点开始沿应力圆圆周逆时针向转 2α 圆心角至 n 点，这时 n 点的坐标便同外法线与 x 轴成 α 角的 α 面上的应力对应。σ_α 的方向按如下方法确定：过 x 点作 σ 轴的平行线交应力圆于 P 点，以 P 为极点，连接 Pn 两点，则射线 $\overline{Pn}$ 便为 n 点对应截面的外法线方向，即为 σ_α 的方位线。

（2）确定主应力的大小和方位。应力圆与 σ 轴的交点 1 及 2 点处，其纵坐标（即切应力）为零，因此，对应的正应力便是平面应力状态的两个正应力极值。但是，在图 6-8 示情况，因 $\sigma_{max} > \sigma_{min} > 0$，所以用单元体主应力 σ_1、σ_2 表示，这时的 σ_3 应为零。至于在别的情况时，图 6-8（b）中的 1、2 点应取 1、2、3 中的哪两个数，按类似原则确定。主应力的方位按如下方法确定：从极点 P 至 1 点引射线 $\overline{P1}$ 为 σ_1 作用面外法线方向，$\overline{P2}$ 为主应力 σ_2 作用面的外法线方向。从图 6-8（b）中不难看出，主应力 σ_1、σ_2 的作用面（主平面）的外法线（主方向）相互垂直。

由图 6-8（b）不难看出，应力圆上的 t_1、t_2 两点，是与切应力极值面（θ_0 面和 $\theta_0 + 90°$面）上的应力对应的。不难证明：正应力极值面与切应力极值面互成 45°的夹角。

【例 6-6】　已知单元体的应力 $\sigma_x = -20\text{MPa}$，$\sigma_y = 0$ 及 $\tau_{xy} = 10\text{MPa}$。如图 6-9（a）所示。试用图解法求 $\alpha = -120°$斜截面上的应力及单元体的主应力。

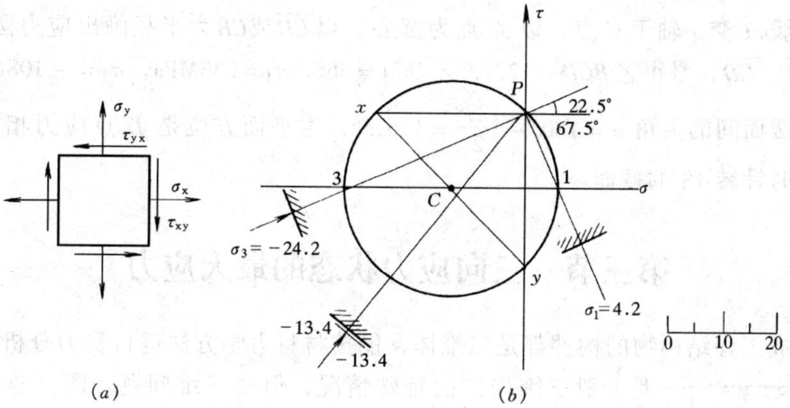

图 6-9 例 6-6 图（应力单位：MPa）

【解】 取 σ-τ 坐标系如图 6-9（b）所示。以（σ_x、τ_{xy}）=（−20,10）MPa,及（σ_y，$-\tau_{xy}$）=（0，−10）MPa 为坐标，按图示比例尺，确定与 x、y 面应力对应的 x 点及 y 点，用直线连接 x、y 点交 σ 轴于 C 点。以 C 点为圆心，以 $\overline{Cx}$ 或 $\overline{Cy}$ 为半径画应力圆，如图 6-9（b）所示。从 x 点引平行于 σ 轴的虚线与圆交于 P 点，得极点 P。由半径线 $\overline{Cx}$ 顺时针转 240°得 $\overline{Cn}$，连接 P、n 两点，则射线 $\overline{Pn}$ 就是单元体中 $\alpha=-120°$ 斜截面的外法线方向，n 点的坐标，就是所求斜截面上的应力。$\sigma_{-120°}=-13.7$MPa，$\tau_{-120°}=-13.7$MPa。应力圆与 σ 轴的交点为 1、3 点，按图示比例尺，量得 1、3 点的坐标，得与 1、3 点对应的主应力 $\sigma_1=4.2$MPa，$\sigma_3=-24.2$MPa,这时另一主应力 $\sigma_2=0$。由极点 P 向圆上 1、3 点引射线 $\overline{P1}$、$\overline{P3}$，它们分别为与 1、3 点对应的主应力方位。

【例 6-7】 已知通过某点两截面上的应力（σ,τ）分别为(−100,50)MPa 及(200,100)MPa。如图 6-10(a)所示。试用图解法求两截面间的夹角 α 及该点处的主应力。

【解】 在 σ-τ 坐标系中，按图示比例尺，以截面上的应力（−100，50）MPa、

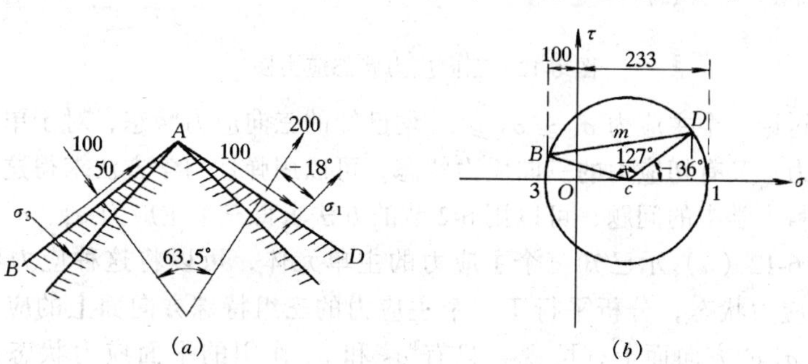

图 6-10 例 6-7 图（应力单位：MPa）

(200，100）MPa 为坐标，确定应力圆上的两点 B 及 D，直线连接 BD，并作 $\overline{BD}$ 的中垂线 $\overline{mC}$ 交 σ 轴于 C 点，以 C 点为圆心，以 $\overline{CD}$ 或 $\overline{CB}$ 为半径画出应力圆如图。连接 $\overline{CB}$、$\overline{CD}$，量得 $\angle BCD = 127°$，$\angle DC1 = 36°$，$\sigma_1 = 233\text{MPa}$，$\sigma_3 = -108\text{MPa}$，所以该两截面间的夹角 $\alpha = 180° - \dfrac{127°}{2} = 116.5°$，主平面方位是 D 点应力相应的斜截面顺时针转 18°的截面。

第三节　三向应力状态的最大应力

组成工程结构物的构件都是三维体，能按材料力学方法进行受力分析的，只是一般三维构件的特殊情况，但属三维问题。既然这样，在建立强度条件时，必须按三维考虑才符合实际。因此，在研究了三向应力状态的一种特殊情况——平面应力状态后，还应将它们返回到三向应力状态，作进一步的分析，才能符合工程实际。另外，在工程中还是存在不少三向应力状态的问题。例如，在地层的一定深度处的单元体（图 6-11），在地应力作用下便是处于三向应力状态。滚珠轴承中的滚珠与外环接触处、火车轮与轨道接触处，也是处于三向应力状态的。

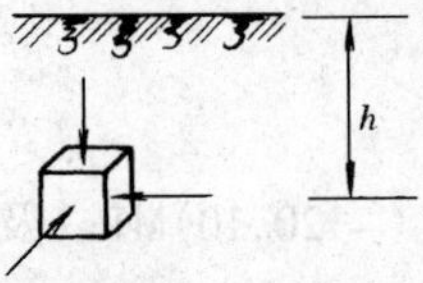

图 6-11　三向应力状态

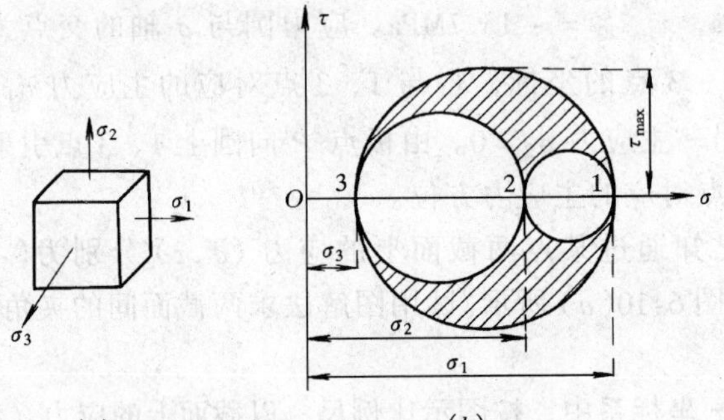

图 6-12　三向应力状态应力圆

本节只讨论三个主应力 $\sigma_1 \geqslant \sigma_2 \geqslant \sigma_3$ 均已知的三向应力状态，对于单元体各面上既有正应力，又有切应力的三向应力状态，可以用弹性力学方法求得这三个主应力。对于材料力学中的问题，可以用 6-2 节的方法求得三个主应力 σ_1、σ_2 及 σ_3。

对于图 6-12（a）示已知三个主应力的主单元体，可以将这种应力状态分解为三种平面应力状态，分析平行于三个主应力的三组特殊方向面上的应力。在平行于主应力 σ_1 的方向面上，可视为只有 σ_2 和 σ_3 作用的平面应力状态；在平行于主应力 σ_2 的方向面上可视为只有 σ_1 和 σ_3 作用的平面应力状态；在平行于主

应力 σ_3 的方向面上，可视为只有 σ_1 和 σ_2 作用的平面应力状态。并可绘出图 6-12（b）示的三个应力图，称为**三向应力状态应力圆**（stress circle of three dimensional stress state）。用弹性力学方法可以证明，主单元体中任意斜截面上的正应力及切应力，必位于以这三个应力圆为界的阴影区内。

由三向应力圆可以看出，在三向应力状态下，代数值最大和最小的正应力为：

$$\sigma_{\max} = \sigma_1, \sigma_{\min} = \sigma_3 \tag{6-8}$$

而最大切应力为

$$\tau_{\max} = \frac{\sigma_1 - \sigma_3}{2} \tag{6-9}$$

式（6-8）、（6-9）也适用于三向应力状态的两种特殊情况：二向应力状态及单向应力状态。

第四节 广义胡克定律·体应变

在后续课程中要考虑单元体的变形，本节将讨论应力与应变间的关系。

一、广义胡克定律

在三向应力状态下，主单元体同时受到主应力 σ_1、σ_2 及 σ_3 作用，如图 6-12(a) 所示。这时，我们把沿单元体主应力方向的线应变称为**主应变**，习惯上分别用 ε_1、ε_2 及 ε_3 来表示。对于连续均质各向同性线弹性材料，可以将这种应力状态，视为三个单向应力状态叠加来求主应变。由第五章知，在 σ_1 单独作用下，沿主应力 σ_1、σ_2 及 σ_3 方向的线应变分别为：

$$\varepsilon'_1 = \frac{\sigma_1}{E}, \varepsilon'_2 = \varepsilon'_3 = -\frac{\nu\sigma_1}{E}$$

式中 E、ν 为材料的弹性模量及**泊松比**。

同理，在 σ_2 和 σ_3 单独作用时，上述应变分别为：

$$\varepsilon''_1 = -\frac{\nu\sigma_2}{E}, \quad \varepsilon''_2 = \frac{\sigma_2}{E}, \quad \varepsilon''_3 = -\frac{\nu\sigma_2}{E}$$

$$\varepsilon'''_1 = \varepsilon'''_2 = -\frac{\nu\sigma_3}{E}, \quad \varepsilon'''_3 = \frac{\sigma_3}{E}$$

将同方向的线应变量叠加得三向应力状态下主单元体的主应变为：

$$\left.\begin{aligned} \varepsilon_1 &= \frac{1}{E}[\sigma_1 - \nu(\sigma_2 + \sigma_3)] \\ \varepsilon_2 &= \frac{1}{E}[\sigma_2 - \nu(\sigma_3 + \sigma_1)] \\ \varepsilon_3 &= \frac{1}{E}[\sigma_3 - \nu(\sigma_1 + \sigma_2)] \end{aligned}\right\} \tag{6-10}$$

式（6-10）中的 σ_1、σ_2 及 σ_3 均以代数值代入，求出的主应变为正值表示伸长，负值表示缩短。主应变的排列顺序为 $\varepsilon_1 \geqslant \varepsilon_2 \geqslant \varepsilon_3$，可见，主单元体中代数值最大的线应变为：

$$\varepsilon_{max} = -\varepsilon_1 \tag{6-11}$$

如果不是主单元体，则单元体各面上将作用有正应力 σ_x、σ_y、σ_z 和切应力 $\tau_{xy} = \tau_{yx}$、$\tau_{yz} = \tau_{zy}$、$\tau_{zx} = \tau_{xz}$，如图 6-13 所示。图中正应力的下标表示其作用面的外法线方向；切应力有两个下标，前一个下标表示其作用面的外法线方向，后一个下标表示其作用方向沿着哪一个坐标轴。如果某一面的外法线沿坐标轴的正方向，该面称为**正面**，正面上的各个应力分量以指向坐标轴正方向为正，反之为负；如果某一面的外法线沿坐标轴的负方向，则称该面为**负面**，负面上的各应力以指向坐标轴的负方向为正，反之为负。须说明，这里的约定与 6-2 节的约定是各自独立的。对于图 6-13，单元体除了沿 x、y 及 z 方向产生线应变 ε_x、ε_y 及 ε_z 外，还在三个坐标面 xy、yz、zx 内产生切应变 γ_{xy}、γ_{yz} 及 γ_{zx}。

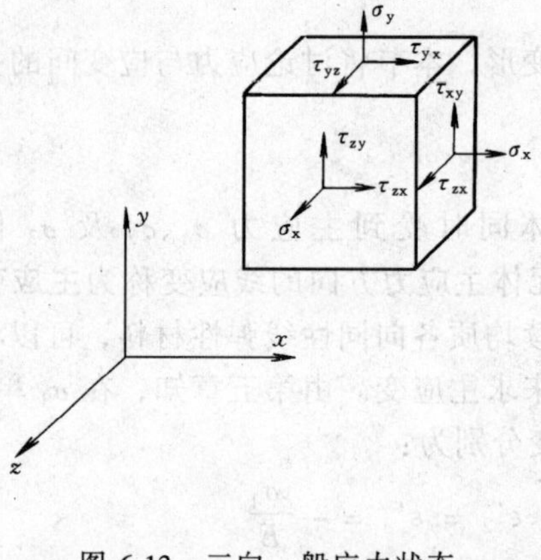

图 6-13　三向一般应力状态

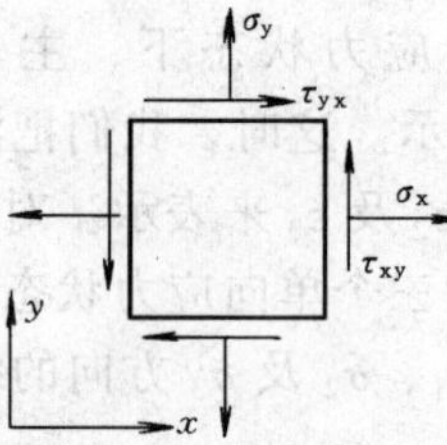

图 6-14　平面应力状态

由理论证明及实验证实，对于连续均质各向同性线弹性材料，**正应力不会引起切应变，切应力也不会引起线应变，而且切应力引起的切应变互不耦联**。于是，线应变可以按推导式（6-10）的方法求得，而切应变可以利用剪切胡克定律得到，最后有

$$\left.\begin{aligned}
\varepsilon_x &= \frac{1}{E}[\sigma_x - \nu(\sigma_y + \sigma_z)],\ \gamma_{xy} = \frac{\tau_{xy}}{G} \\
\varepsilon_y &= \frac{1}{E}[\sigma_y - \nu(\sigma_z + \sigma_x)],\ \gamma_{yz} = \frac{\tau_{yz}}{G} \\
\varepsilon_z &= \frac{1}{E}[\sigma_z - \nu(\sigma_x + \sigma_y)],\ \gamma_{zx} = \frac{\tau_{zx}}{G}
\end{aligned}\right\} \tag{6-12}$$

式中 G 为**剪切弹性模量**。E，ν 及 G 均为与材料有关的弹性常数，但三者之中只

有两个是独立的，在下面将证明这三个常数之间存在着如下关系：

$$G = \frac{E}{2(1+\nu)} \tag{6-13}$$

式（6-10）或（6-12）称为**广义胡克定律**。

广义胡克定律对于二向及单向应力状态也适用。在二向主单元体中，有一个主应力为零，例如，设 $\sigma_3=0$，则式（6-10）变为：

$$\left.\begin{aligned}\varepsilon_1 &= \frac{1}{E}(\sigma_1-\nu\sigma_2)\\ \varepsilon_2 &= \frac{1}{E}(\sigma_2-\nu\sigma_1)\\ \varepsilon_3 &= -\frac{\nu}{E}(\sigma_1+\sigma_2)\end{aligned}\right\} \tag{6-14}$$

在一般平面应力状态下，单元体必有一个主应力为零的主平面，设为 z 面，这时有 $\sigma_z=0$，$\tau_{zx}=0$ 及 $\tau_{zy}=0$，如图（6-14）所示。于是，式（6-12）写成：

$$\begin{aligned}\varepsilon_x &= \frac{1}{E}(\sigma_x-\nu\sigma_y)\\ \varepsilon_y &= \frac{1}{E}(\sigma_y-\nu\sigma_x)\\ \varepsilon_z &= -\frac{\nu}{E}(\sigma_x+\sigma_y)\\ \gamma_{xy} &= \frac{\tau_{xy}}{G}\end{aligned} \tag{6-15}$$

而 $\gamma_{yz}=\gamma_{zx}=0$，由式可以解得：

$$\left.\begin{aligned}\sigma_x &= \frac{E}{1-\nu^2}(\varepsilon_x+\nu\varepsilon_y),\quad \tau_{xy}=G\gamma_{xy}\\ \sigma_y &= \frac{E}{1-\nu^2}(\varepsilon_y+\nu\varepsilon_x),\quad \varepsilon_z=-\frac{\nu}{1-\nu}(\varepsilon_x+\varepsilon_y)\end{aligned}\right\} \tag{6-16}$$

二、材料弹性常数 E、G、ν 间的关系

下面来推证式（6-13），这里不作严格证明，只从纯剪切平面应力状态出发加以验证。

设纯剪切平面应力状态如图 6-15（a）所示。取 $dx=dy$，沿与 x 轴成 45°及 135°两方向的单元体主应力为 $\sigma_1=-\sigma_3=\tau$。变形后的单元体如图（b）示菱形 $a'b'c'd'$，其切应变为 $\gamma=90°-\angle b'a'd'$，则

$$\angle Oa'd'=\angle Oa'b'=\frac{\angle b'a'd'}{2}=45°-\frac{\gamma}{2}$$

由式（6-14）得对角线之半 $\overline{Od}$ 及 $\overline{Oa}$ 变形后的长度为

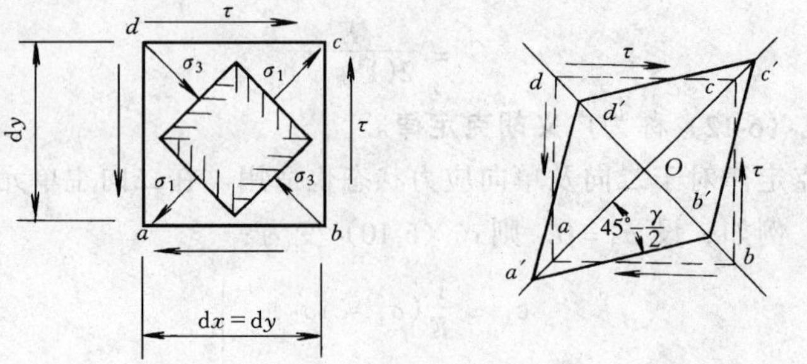

图 6-15　纯剪切平面应力状态

$$\overline{Od'} = Od(1+\varepsilon_3) = \overline{Od}\left[1+\frac{1}{E}(\sigma_3-\nu\sigma_1)\right] = \overline{Od}\left[1-\frac{\tau}{E}(1+\nu)\right]$$

$$\overline{Oa'} = \overline{Oa}(1+\varepsilon_1) = \overline{Oa}\left[1+\frac{1}{E}(\sigma_1-\nu\sigma_3)\right] = \overline{Oa}\left[1+\frac{\tau}{E}(1+\nu)\right]$$

根据图 6-15（b）并考虑到 $\overline{Oa} = \overline{Od}$ 后，有

$$\tan\angle Oa'd' = \tan\left(45^\circ - \frac{\gamma}{2}\right) = \frac{\overline{Od'}}{\overline{Oa'}} = \frac{1-\frac{\tau}{E}(1+\nu)}{1+\frac{\tau}{E}(1+\nu)} \qquad (a)$$

由切应变 γ 很小，则

$$\tan\left(45^\circ - \frac{\gamma}{2}\right) = \frac{\tan45^\circ - \tan\frac{\gamma}{2}}{1+\tan45^\circ\cdot\tan\frac{\gamma}{2}} \approx \frac{1-\frac{\gamma}{2}}{1+\frac{\gamma}{2}} \qquad (b)$$

比较式（a）及（b），得 $\gamma/2 = \tau(1+\nu)/E$ 或 $\gamma = 2(1+\nu)\tau/E$，因为 $\gamma = \tau/G$，可见

$$G = \frac{E}{2(1+\nu)} \qquad \text{（证毕）}$$

三、体应变

体应变又称**体积应变**（volume strain），是指在应力状态下单元体单位体积的体积改变。设单元体各棱边的变形前长度分别为 dx、dy 和 dz，变形前的单元体体积便为

$$V_0 = dxdydz$$

在三向应力状态下，主单元体变形后的各棱边长度将分别为 $(1+\varepsilon_1)dx$、

$(1+\varepsilon_2)\mathrm{d}y$ 及$(1+\varepsilon_3)\mathrm{d}z$，因此，变形后主单元体的体积为

$$V_1 = (1+\varepsilon_1)\mathrm{d}x \cdot (1+\varepsilon_2)\mathrm{d}y \cdot (1+\varepsilon_3)\mathrm{d}z$$

因为 ε_1、ε_2 及 ε_3 均微小，略去高阶微量后

$$V_1 = (1+\varepsilon_1+\varepsilon_2+\varepsilon_3)\mathrm{d}x\mathrm{d}y\mathrm{d}z = (1+\varepsilon_1+\varepsilon_2+\varepsilon_3)V_0$$

根据主单元体体应变的定义，有

$$\theta = \frac{V_1 - V_0}{V_0} = \frac{(1+\varepsilon_1+\varepsilon_2+\varepsilon_3)V_0 - V_0}{V_0} = \varepsilon_1+\varepsilon_2+\varepsilon_3 \qquad (6\text{-}17)$$

将式（6-10）的三个主应变代入上式，化简后得

$$\theta = \frac{1-2\nu}{E}(\sigma_1+\sigma_2+\sigma_3) \qquad (6\text{-}18)$$

上述表明，小变形时的连续均质各向同性线弹性体，一点处的体应变 θ 与该点处的三个主应力的代数和成正比。

在纯剪切平面应力状态下，因 $\sigma_1 = -\sigma_3 = \tau, \sigma_2 = 0$，由式（6-18）可得该应力状态下单元体的体变 $\theta = 0$。因此，在图 6-13 所示的一般形式的空间应力状态下，剪应力 τ_{xy}、τ_{yz} 及 τ_{zx} 的存在均不会影响该点处的体应变 θ，并可仿照以上推导求得

$$\theta = \frac{1-2\nu}{E}(\sigma_x+\sigma_y+\sigma_z) \qquad (6\text{-}19)$$

可见，**小变形时连续均质各向同性线弹性体内，一点处的体应变，只与过该点沿三个相互垂直的坐标轴方向正应力的代数和成正比，而与坐标方位和切应力无关。**

【例 6-8】　图示矩形截面外伸梁，受力如图 6-16 所示，材料的弹性模量 $E = 200\text{GPa}$，泊松比 $\nu = 0.3$，现测得轴线上 m 点处与杆轴成 45°角的 mn 方向上的线应变 $\varepsilon_{mn} = 5.6 \times 10^{-5}$，已知 $P_1 = 100\text{kN}$，求 $P = ?$

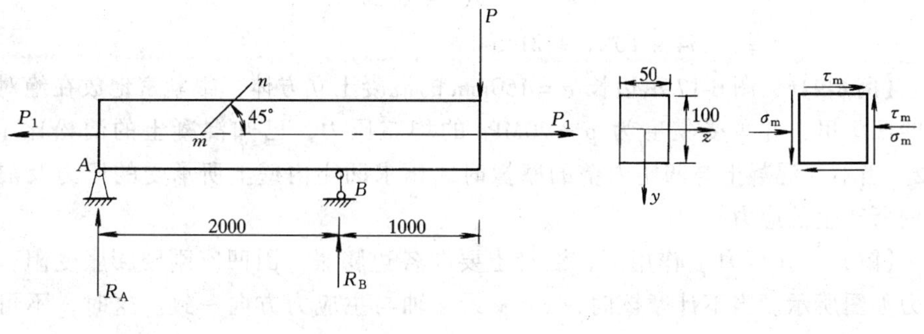

图 6-16　例 6-8 图（长度单位：mm）

【解】　由平衡方程 $R_A = -P/2(\downarrow)$

m 点横截面上的剪力和轴力为

$$V_m = -P/2$$

$$N_m = P_1$$

$$\sigma_m = \frac{P_1}{A} = \frac{100 \times 10^3}{50 \times 100} = 20\text{MPa}\quad (m\text{ 点的弯曲正应力为 }0)$$

$$\tau_m = \frac{3}{2}\left|\frac{V_m}{bh}\right| = \frac{3P}{4bh}$$

由式(6-1)得

$$\sigma_{45^\circ} = \frac{\sigma_x + \sigma_y}{2} + \frac{\sigma_x - \sigma_y}{2}\cos 90^\circ - \tau_{xy}\sin 90^\circ = \frac{\sigma_m}{2} + \tau_m$$

$$\sigma_{135^\circ} = \sigma_x + \sigma_y - \sigma_{45^\circ} = \frac{\sigma_m}{2} - \tau_m$$

由广义胡克定律

$$\varepsilon_{mn} = \frac{1}{E}[\sigma_{45^\circ} - \nu\sigma_{135^\circ}] = \frac{1}{E}\left[\frac{\sigma_m}{2} + \tau_m - \nu\left(\frac{\sigma_m}{2} - \tau_m\right)\right]$$

$$= \frac{1}{E}\left[\frac{\sigma_m}{2}(1-\nu) + \tau_m(1+\nu)\right]$$

$$\tau_m = \frac{E\varepsilon_{mn} - \frac{\sigma_m}{2}(1-\nu)}{1+\nu}$$

$$P = \frac{4bh\left[E\varepsilon_{mn} - \frac{\sigma_m}{2}(1-\nu)\right]}{3(1+\nu)}$$

$$= \frac{4 \times 50 \times 100\left[200 \times 10^3 \times 5.6 \times 10^{-5} - \frac{20}{2}(1-0.3)\right]}{3(1+0.3)}$$

$$= 2.154 \times 10^4\text{N} = 21.54\text{kN}$$

【例 6-9】　图 6-17 示边长 $a = 150$mm 的混凝土立方体，很紧密地放在绝对刚硬的凹座里，并承受集度为 $p = 20$MPa 的均布压力，已知混凝土的泊松比 $\nu = 0.2$。当不计混凝土与凹座内壁的摩擦时，试求凹座内壁上所承受的压力及混凝土内所产生的应力。

【解】　在压力 p 作用下，混凝土要向各边膨胀，因凹座刚硬膨胀受阻，受反力如图所示。当不计摩擦时，x、y 及 z 轴与主应力方向一致。这时，不可能产生横向变形，$\varepsilon_x = \varepsilon_y = 0$，由广义胡克定律得：

$$\varepsilon_x = \frac{1}{E}[\sigma_x - \nu(\sigma_y + \sigma_z)] = 0$$

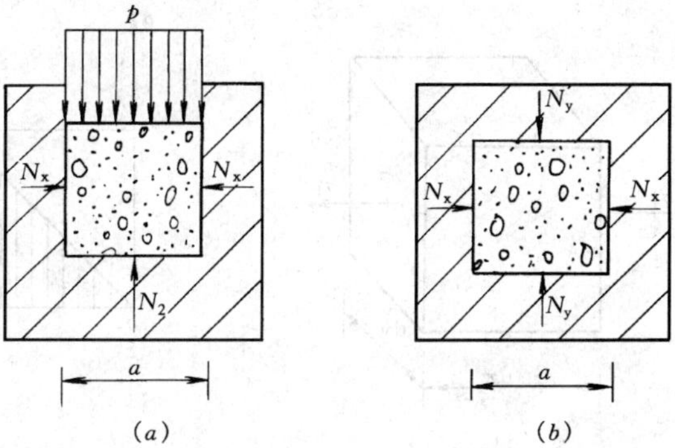

图 6-17 例 6-9 图

$$\varepsilon_y = \frac{1}{E}[\sigma_y - \nu(\sigma_z + \sigma_x)] = 0$$

式中 $\sigma_x = -\frac{N_x}{a^2}, \sigma_y = -\frac{N_y}{a^2}, \sigma_z = -\frac{N_z}{a^2} = -p$。联立求解上两式得

$$\sigma_z = -p = -20\text{MPa}$$

$$\sigma_x = \sigma_y = \frac{\nu}{1-\nu}\sigma_z = \frac{0.2}{1-0.2} \times (-20) = -5\text{MPa}$$

凹座内壁所受的压力值为

$$N_x = N_y = 5 \times 150^2 = 112.5 \times 10^3\text{N} = 112.5\text{kN}$$

$$N_z = 20 \times 150^2 = 450 \times 10^3\text{N} = 450\text{kN}$$

第五节 复杂应力状态下的应变比能

弹性体在外力作用下将产生变形，在变形过程中，外力便要通过外力作用方向的位移做功，并将它积蓄在弹性体内，通常称积蓄在物体内的这种能量为**应变能**，而把每单位体积内所积蓄的应变能称为**比能**。与应变能有关的问题将在第八章能量法中详细介绍。

在单向应力状态中，如果棱边边长分别为 dx、dy、dz 的单元体，作用于 x 面的应力为 σ_1，如图 6-18（a）所示，作用在单元体上的外力为 $\sigma_1 dydz$，沿外力方向的位移为 $\varepsilon_1 dx$，外力所做的功为

$$dW = \frac{1}{2}\sigma_1 dydzdx\varepsilon_1$$

根据能量守恒定律，外力功全部积蓄到弹性体内，变成了弹性体的应变能。单元体的应变能为：

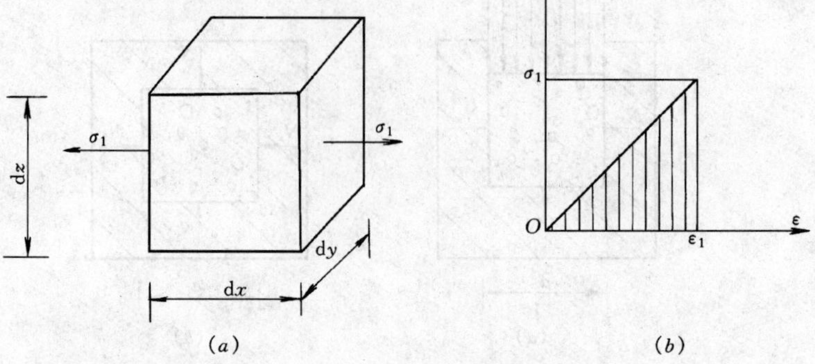

图 6-18 外力功

$$dV_{\varepsilon} = dW = \frac{1}{2}\sigma_1\varepsilon_1 dxdydz$$

单元体的应变能为

$$v_{\varepsilon} = \frac{dW}{dV} = \frac{1}{2}\sigma_1\varepsilon_1 = \frac{\sigma_1^2}{2E}$$

应变比能为图 6-18（b）示阴影面积。

在三向应力状态下，如果已知 σ_1、σ_2 及 σ_3 三个主应力(图 6-19a)，各对力通过其对应位移所做的功的总和，为积蓄在物体内的应变能。因此

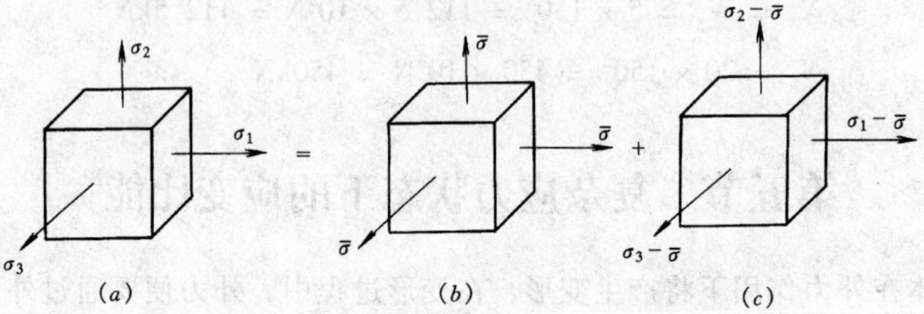

图 6-19 三向应力状态的应变比能

$$dV_{\varepsilon} = dW = \frac{1}{2}\sigma_1\varepsilon_1 dxdydz + \frac{1}{2}\sigma_2\varepsilon_2 dxdydz + \frac{1}{2}\sigma_3\varepsilon_3 dxdydz$$

单元体的比能为

$$v_{\varepsilon} = \frac{dV_{\varepsilon}}{dV} = \frac{1}{2}\sigma_1\varepsilon_1 + \frac{1}{2}\sigma_2\varepsilon_2 + \frac{1}{2}\sigma_3\varepsilon_3$$

式中的 ε_1、ε_2、ε_3 分别表示沿 σ_1、σ_2、σ_3 方向的线应变，应按广义胡克定律(式 6-10)计算，用三个主应力 σ_1、σ_2、σ_3 表示主应变 ε_1、ε_2、ε_3，化简后有

$$v_{\varepsilon} = \frac{1}{2E}[\sigma_1^2 + \sigma_2^2 + \sigma_3^2 - 2\nu(\sigma_1\sigma_2 + \sigma_2\sigma_3 + \sigma_3\sigma_1)] \tag{6-20}$$

由于单元体的变形有体积改变和形状改变，因此，可以将比能分为相应的两部分。与体积改变对应的比能称为**体积改变比能**（strain-energy density corresponding to the change of volume），用 v_v 表示；与形状改变对应的比能称为**形状改变比能**（strain-energy density corresponding to the distortion），用 v_d 表示。即

$$v_\varepsilon = v_v + v_d \tag{a}$$

现在来推导体积改变比能和形状改变比能的计算公式。将图 6-19（a）示单元体表示为图 b、c 两部分叠加。图 6-19（b）中的三个主应力相等，其值为平均应力 $\bar{\sigma}$，有

$$\bar{\sigma} = \frac{1}{3}(\sigma_1 + \sigma_2 + \sigma_3)$$

由式（6-18）知，图6-19（b）与（a）的体应变是相等的，那么体积改变比能 v_v 也应相等。因为图 6-19（b）的三个主应力相等，变形后的形状与原来的形状相似，只发生体积改变而无形状改变，则全部比能应为体积改变化能。这样，图 6-19（a）的体积改变比能 v_v 为：

$$v_v = \frac{1}{2E}[\bar{\sigma}^2 + \bar{\sigma}^2 + \bar{\sigma}^2 - 2\nu(\bar{\sigma}^2 + \bar{\sigma}^2 + \bar{\sigma}^2)]$$

$$= \frac{3(1-2\nu)}{2E}\bar{\sigma}^2 = \frac{1-2\nu}{6E}(\sigma_1 + \sigma_2 + \sigma_3)^2 \tag{6-21}$$

将式（6-21）代入式（a），并注意到式（6-20），化简后得单元体的形状改变能 v_d 为

$$v_d = v_\varepsilon - v_v = \frac{1+\nu}{6E}[(\sigma_1 - \sigma_2)^2 + (\sigma_2 - \sigma_3)^2 + (\sigma_3 - \sigma_1)^2] \tag{6-22}$$

读者自己证明，式（6-22）即为图 6-19（c）的比能。式（6-22）将在强度理论中得到应用。

第六节　平面应力状态下的应变分析

在平面应力状态的应力分析中，已知某点处两个斜截面上的应力后，便可以求出任意斜截面上的应力。在结构试验中，常利用应变仪（如电阻应变仪），测出构件自由表面上某点处沿两个已知主应力方向或沿三个任意方向的线应变，算出测点处平面应力场中的主应变大小及方向，进而用 6-4 节中公式确定主应力。本节的任务就是初步介绍如何根据这些已知线应变来计算任意方向的应变。应变分析为纯几何问题，与结构的材料性质无关。

一、一点处任意方向的应变

设已知图 6-20（a）示 O 点处的应变 ε_x、ε_y 及 γ_{xy}，这里设定它们均为正值

（伸长线应变为正；使直角 xOy 减小的切应变为正）。现在来讨论与 x 轴成 α 角（逆时针方向转为正）的 n 方向的线应变 ε_α 及对应的切应变 γ_α。

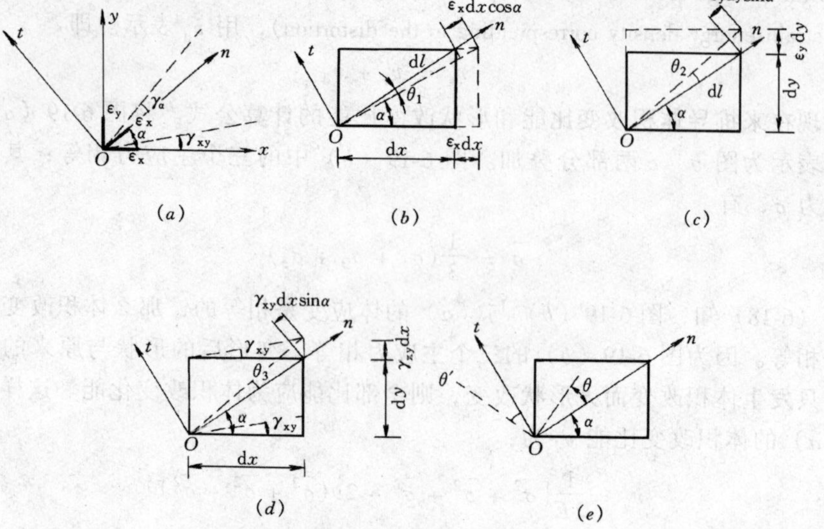

图 6-20　平面应力状态下的应变分析

在图 6-20（b）（c）（d）中，分别表示了 ε_x、ε_y 及 γ_{xy} 各自线段 dl 长度变化的影响。根据叠加原理，得到 dl 伸长量为：

$$d(\Delta l) = \varepsilon_x dx\cos\alpha + \varepsilon_y dy\sin\alpha + \gamma_{xy} dx\sin\alpha$$

将上式除以 dl，得出沿 n 方向的线应变为

$$\varepsilon_\alpha = \frac{d(\Delta l)}{dl} = \varepsilon_x \frac{dx}{dl}\cos\alpha + \varepsilon_y \frac{dy}{dl}\sin\alpha + \gamma_{xy}\frac{dx}{dl}\sin\alpha \tag{1}$$

将以下关系式：

$$\frac{dx}{dl} = \cos\alpha, \frac{dy}{dl} = \sin\alpha$$

代入(1)式，进行整理，并将 ε_α 中取 α 值为 $\alpha + 90°$，便得到与 x 轴成 $\alpha + 90°$ 角方向的线应变 $\varepsilon_{\alpha+90°}$，其值为：

$$\left.\begin{aligned}\varepsilon_\alpha &= \varepsilon_x\cos^2\alpha + \varepsilon_y\sin^2\alpha + \gamma_{xy}\sin\alpha\cos\alpha \\ \varepsilon_{\alpha+90°} &= \varepsilon_x\cos^2\alpha + \varepsilon_y\sin^2\alpha - \gamma_{xy}\sin\alpha\cos\alpha\end{aligned}\right\} \tag{6-23}$$

由倍角公式 $\cos2\alpha = 2\cos^2\alpha - 1 = 1 - 2\sin^2\alpha$，$\sin2\alpha = 2\sin\alpha\cos\alpha$，式（6-23）又可写成

$$\left\{\begin{aligned}\varepsilon_\alpha &= \frac{\varepsilon_x + \varepsilon_y}{2} + \frac{\varepsilon_x - \varepsilon_y}{2}\cos2\alpha + \frac{\gamma_{xy}}{2}\sin2\alpha \\ \varepsilon_{\alpha+90°} &= \frac{\varepsilon_x + \varepsilon_y}{2} - \frac{\varepsilon_x - \varepsilon_y}{2}\cos2\alpha - \frac{\gamma_{xy}}{2}\sin2\alpha\end{aligned}\right\} \tag{6-24}$$

由式（6-23）或式（6-24）可知

$$\varepsilon_{\alpha}+\varepsilon_{\alpha+90^{\circ}}=\varepsilon_{x}+\varepsilon_{y} \tag{6-25}$$

可见，**在平面应力状态下，一点处与 z 轴垂直两相互垂直方向上的线应变的代数和是一个不变量。**

现在来求 γ_{α}。从图 6-20（b）中看出，由于应变 ε_x 引起的 dl 的角度变化为

$$\theta_1=-\frac{\varepsilon_x dx\sin\alpha}{dl}=-\varepsilon_x\sin\alpha\cos\alpha$$

同理可以求得 ε_y 和 γ_{xy} 对 dl 的角度改变的影响分别为

$$\theta_2=\frac{\varepsilon_y dy\cos\alpha}{dl}=\varepsilon_y\sin\alpha\cos\alpha$$

$$\theta_3=\frac{\gamma_{xy}dx\cos\alpha}{dl}=\gamma_{xy}\cos^2\alpha$$

叠加以上结果，于是得到沿 n 方向微元线段 dl 的角度改变为

$$\theta=\theta_1+\theta_2+\theta_3=-(\varepsilon_x-\varepsilon_y)\sin\alpha\cos\alpha+\gamma_{xy}\cos^2\alpha \tag{2}$$

如以 $\alpha+90^{\circ}$ 代替上式中的 α，则可得到沿 t 方向的微元线段的角度改变为

$$\theta'=(\varepsilon_x-\varepsilon_y)\sin\alpha\cos\alpha+\gamma_{xy}\sin^2\alpha \tag{3}$$

由图 6-20(e) 看出，从 θ 中减去 θ' 即为直角 nOt 的角度改变，而这一角度改变也就是切应变 γ_{α}。所以

$$\gamma_{\alpha}=\theta-\theta'=-2(\varepsilon_x-\varepsilon_y)\sin\alpha\cos\alpha+\gamma_{xy}(\cos^2\alpha-\sin^2\alpha)$$

即

$$\gamma_{\alpha}=-(\varepsilon_x-\varepsilon_y)\sin2\alpha+\gamma_{xy}\cos2\alpha \tag{6-26}$$

或

$$-\frac{\gamma_{\alpha}}{2}=\frac{\varepsilon_x-\varepsilon_y}{2}\sin2\alpha-\frac{\gamma_{xy}}{2}\cos2\alpha \tag{4}$$

二、一点处的主应变

在以下讨论中，着重分析一点处与 z 轴垂直的两相互垂直方向上的主应变，并分别用 ε_{max}、ε_{min} 表示之，至于沿 z 轴方向的主应变，可参照式（6-16）的 ε_z 计算。但是如何根据这三个主应变的大小，按照约定用 $\varepsilon_1\geqslant\varepsilon_2\geqslant\varepsilon_3$ 来排列顺序，应由 ε_{max}、ε_{min} 及 ε_z 的代数值来确定。

1. 已知 ε_x、ε_y 及 γ_{xy} 求主应变 ε_{max} 和 ε_{min}

将式（6-24）及式（4）与式（6-1）对比，可以看出，只要将式（6-1）中的（σ_{α}、σ_x、σ_y）换成（ε_{α}、ε_x、ε_y），将（τ_{α}，τ_{xy}）换成（$-\gamma_{\alpha}/2$，$-\gamma_{xy}/2$），两者是一致的。因此，只要用 ε_{max} 及 ε_{min} 再替换平面应力状态中的正应力极值 σ_{max} 及 σ_{min}，便得到相应的主应变，即由式（6-4）、（6-5）可以转换得主应变 ε_{max}、ε_{min} 及其 ε_{man} 与 x 轴的夹角 α_0（逆时针向为正），有

$$\left.\begin{aligned}\varepsilon_{\substack{\max\\ \min}} &= \frac{\varepsilon_x+\varepsilon_y}{2} \pm \frac{1}{2}\sqrt{(\varepsilon_x-\varepsilon_y)^2+\gamma_{xy}^2}\\ \tan 2\alpha_0 &= \frac{\gamma_{xy}}{\varepsilon_x-\varepsilon_y}\end{aligned}\right\} \tag{6-27}$$

如果按 γ_{xy}、$\varepsilon_x-\varepsilon_y$ 及 $\gamma_{xy}/(\varepsilon_x-\varepsilon_y)$ 的正负号来判别 $\sin2\alpha_0$、$\cos2\alpha_0$ 及 $\tan2\alpha_0$ 的正负号，便惟一地确定 $2\alpha_0$ 或 α_0 值。这时的 α_0、$\alpha_0+90°$ 分别为主应变 ε_{max}、ε_{min} 与 x 轴间的夹角，逆时针向为正。

根据式（6-24）及式（4），一点处任意方向的应变 ε_α、γ_α，主应变 ε_{max}、ε_{min}也可以用与平面应力状态应力分析中的应力圆相类似的图解法**应变圆法**求得。这时，**应以（ε，$-\gamma/2$）替换应力图中的（σ，τ），即在应变圆中以线应变 ε 为横坐标，以切应变之半为纵坐标，并取纵坐标向下为正**。其余与应力圆相同，这里从略。

【例 6-10】　已知 $\varepsilon_x=5\times10^{-4}$，$\varepsilon_y=1.4\times10^{-4}$，$\gamma_{xy}=-3.6\times10^{-4}$。求主应变 ε_{max}、ε_{min} 及其方向。

【解】　(1) 解析法求解

利用式（6-27），其主应变 ε_{max}、ε_{min}及其 ε_{max}与 x 轴的夹角 α_0，有

$$\begin{aligned}\varepsilon_{\substack{\max\\ \min}} &= \frac{\varepsilon_x+\varepsilon_y}{2} \pm \frac{1}{2}\sqrt{(\varepsilon_x-\varepsilon_y)^2+\gamma_{xy}^2}\\ &= \frac{1}{2}(5+1.4)\times10^{-4} \pm \frac{1}{2}\sqrt{[(5-1.4)\times10^{-4}]^2+(-3.6\times10^{-4})^2}\\ &= \begin{matrix}5.75\times10^{-4}\\ 0.65\times10^{-4}\end{matrix}\end{aligned}$$

$$\tan2\alpha_0 = \frac{\gamma_{xy}}{\varepsilon_x-\varepsilon_y} = \frac{-3.6\times10^{-4}}{(5-1.4)\times10^{-4}} = \frac{-3.6}{3.6} = -1$$

因 $\sin2\alpha_0$、$\tan2\alpha_0$ 为负，$\cos2\alpha_0$ 为正，则 $2\alpha_0$ 位于第四象限，其值为 $2\alpha_0=-45°$，$\alpha_0=-22.5°$，于是，主应变 ε_{max}的方向为自 x 轴顺时针向旋转 22.5°，ε_{min}的方向与 ε_{max}的方向垂直，自 x 轴逆时针向旋转 67.5°。

(2) 图解法求解

在 $\varepsilon-\gamma/2$ 坐标系中，以$(\varepsilon_x,\gamma_{xy}/2)=(5\times10^{-4},-1.8\times10^{-4})$及$(\varepsilon_y,-\gamma_{xy}/2)=(1.4\times10^{-4},1.8\times10^{-4})$为坐标，确定 x、y 两点，连结 x、y 两点成直线，交 ε 轴于 C 点。以 C 点为圆心，$\overline{Cx}$ 或 $\overline{Cy}$ 为半径画应变圆，如图 6-21 所示。应变圆与 ε 轴交于 1、2 点，1、2 点的横坐标就是主应变，按图示比例尺量得 $\varepsilon_1=5.75\times10^{-4}$，$\varepsilon_2=0.65\times10^{-4}$。过 x 点作平行于 ε 轴的直线交应变圆于 P 点，以 P 点为极点，向 1，2 点引射线 $\overline{P1}$、$\overline{P2}$，它们分别为主应变 ε_1、ε_2 的方向，并量得 ε 轴与 $\overline{P1}$ 间的夹角为 22.5°，即自 x 轴顺时针向旋转 22.5° 为 ε_1 的方向，ε_2 的方向与 ε_1 的方向垂直。

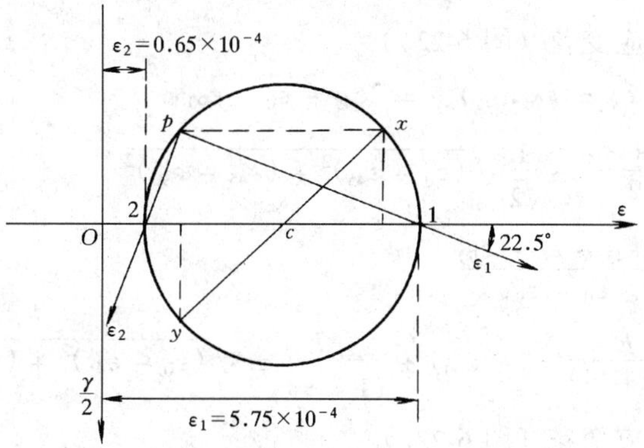

图 6-21 例 6-10 图

2. 已知一点处的三个线应变求主应变 ε_{max} 及 ε_{min}

利用式（6-27）求主应变 ε_{max}、ε_{min}必须已知 ε_x、ε_y 及 γ_{xy}，但在实际应用时，因为切应变 γ_{xy}难以测定，所以还不能直接用式（6-27）求主应变。工程中常采用的办法是测三个不同方向 a、b、c 的线应变ε_a、ε_b、ε_c(图 6-22a)，并通过计算，先求 ε_x、ε_y 及 γ_{xy}，再按式（6-27）确定主应变 ε_{max}及 ε_{min}。

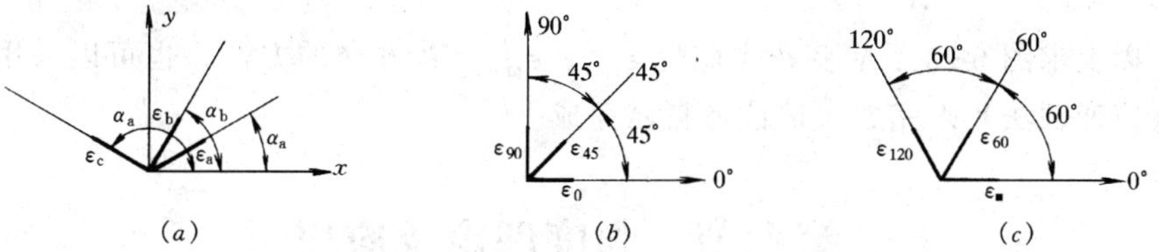

图 6-22 三轴应变花

设 α_a、α_b 及 α_c 为三个已知方向 a、b 及c 与x 轴间的夹角，ε_a、ε_b 及 ε_c 为 a、b 及 c 方向的已知线应变，由式（6-23）的第一式，有

$$\left.\begin{aligned}\varepsilon_a &= \varepsilon_x\cos^2\alpha_a + \varepsilon_y\sin^2\alpha_a + \gamma_{xy}\sin\alpha_a\cos\alpha_a \\ \varepsilon_b &= \varepsilon_x\cos^2\alpha_b + \varepsilon_y\sin^2\alpha_b + \gamma_{xy}\sin\alpha_b\cos\alpha_b \\ \varepsilon_c &= \varepsilon_x\cos^2\alpha_c + \varepsilon_y\sin^2\alpha_c + \gamma_{xy}\sin\alpha_c\cos\alpha_c\end{aligned}\right\} \quad (5)$$

由式（5）求得 ε_x、ε_y 及 γ_{xy}，进而按式(6-27) 计算主应变 ε_{max}、ε_{min} 及其方向。

在实际应用时，为了便于确定 α_a、α_b 及 α_c，常选用特殊角作为它们的值。例如，在电阻应变测量中的电阻应变仪，便采用了三轴 45°应变花（图 6-22b），三轴 60°应变花（图 6-22c）等。于是，由式（5）解出 ε_x、ε_y及 γ_{xy}，由式(6-27) 求得主应变 ε_{max}、ε_{min}、$\tan2\alpha_0$，进而由式（6-14）或式（6-16）算出与 ε_{max}、ε_{min}对应的主应力 σ_{max}、σ_{min}（这里的 σ_{max}、σ_{min}是属于 $\sigma_1 \geqslant \sigma_2 \geqslant \sigma_3$ 中的某两个主应力），其

结果为:

(1) 三轴45°应变花（图6-22b）

$$\left.\begin{aligned}
&\varepsilon_x=\varepsilon_0,\quad \varepsilon_y=\varepsilon_{90},\quad \gamma_{xy}=2\varepsilon_{45}-\varepsilon_0-\varepsilon_{90}\\
&\varepsilon_{\substack{max\\min}}=\frac{\varepsilon_0+\varepsilon_{90}}{2}\pm\frac{1}{\sqrt{2}}\sqrt{(\varepsilon_0-\varepsilon_{45})^2+(\varepsilon_{45}-\varepsilon_{90})^2}\\
&\tan 2\alpha_0=\frac{2\varepsilon_{45}-\varepsilon_0-\varepsilon_{90}}{\varepsilon_0-\varepsilon_{90}}\\
&\sigma_{\substack{max\\min}}=\frac{E}{2(1-\nu)}(\varepsilon_0+\varepsilon_{90})\pm\frac{E}{(1+\nu)\sqrt{2}}\sqrt{(\varepsilon_0-\varepsilon_{45})^2+(\varepsilon_{45}-\varepsilon_{90})^2}
\end{aligned}\right\}\quad(6\text{-}28)$$

(2) 三轴60°应变花（图6-22c）

$$\left.\begin{aligned}
&\varepsilon_x=\varepsilon_0,\quad \varepsilon_y=\frac{2(\varepsilon_{60}+\varepsilon_{120})-\varepsilon_0}{3}\quad \gamma_{xy}=\frac{2(\varepsilon_{60}-\varepsilon_{120})}{\sqrt{3}}\\
&\varepsilon_{\substack{max\\min}}=\frac{\varepsilon_0+\varepsilon_{60}+\varepsilon_{120}}{3}\pm\frac{\sqrt{2}}{3}\sqrt{(\varepsilon_0-\varepsilon_{60})^2+(\varepsilon_{60}-\varepsilon_{120})^2+(\varepsilon_0-\varepsilon_{120})^2}\\
&\tan 2\alpha_0=\frac{\sqrt{3}(\varepsilon_{60}-\varepsilon_{120})}{2\varepsilon_0-\varepsilon_{60}-\varepsilon_{120}}\\
&\sigma_{\substack{max\\min}}=\frac{E(\varepsilon_0+\varepsilon_{60}+\varepsilon_{120})}{3(1-\nu)}\pm\frac{\sqrt{2}E}{3(1+\nu)}\sqrt{(\varepsilon_0-\varepsilon_{60})^2+(\varepsilon_{60}-\varepsilon_{120})^2+(\varepsilon_0-\varepsilon_{120})^2}
\end{aligned}\right\}\quad(6\text{-}29)$$

以上求图6-22示应变花主应变ε_{max}、ε_{min}及其方向的方法，也可以采用图解法（应变圆法）来完成。请读者自己完成。

第七节　强度理论及应用

强度理论是判别材料在复杂应力状态下是否被破坏的理论。在第五章中，在建立强度条件时，均根据危险截面点处于单向应力状态或纯剪应力状态进行的。例如轴向变形的强度条件及弯曲变形的正应力强度条件为

$$\sigma_{max}=\left(\frac{N}{A}\right)_{max}\leqslant[\sigma]$$

$$\sigma=\frac{M_z}{W_z}\leqslant[\sigma]$$

纯扭转圆轴的切应力强度条件，横力弯曲梁的切应力强度条件为:

$$\tau_{max}=\frac{M_t}{W_t}\leqslant[\tau]$$

$$\tau=\frac{VS_z^*}{bI_z}\leqslant[\tau]$$

但是一般受力构件还多处于既不是单向应力状态，又不是平面纯剪状态的点，可能使 σ_1、σ_2 和 σ_3 均不等于零，而出现各种不同的主应力的组合。这时用实验的方法去确定材料的危险状态，实际上是困难的。如仍然用以上的强度条件又不一定能反应材料的实际破坏情况。因此，必须建立复杂应力状态下的强度理论。

塑性屈服和脆性断裂不仅破坏形式不同，而且引起破坏的原因也不同。解释材料塑性屈服的屈服准则有最大切应力准则和最大形状改变比能准则；解释材料脆性断裂的准则有最大拉应力准则和最大伸长线应变准则。现将常用的强度理论分述如下。

一、第一强度理论——最大拉应力理论

它是根据兰金（W.J.M.Rankine）的最大正应力理论改进得出的。认为材料断裂的主要因素是该点的最大拉应力。即在复杂应力状态下，只要材料内一点的最大拉应力 σ_1 达到单向拉伸断裂时横截面上的极限应力 σ_f，材料就发生断裂破坏。其破坏条件为

$$\sigma_1 \geqslant \sigma_f \quad (\sigma_1 > 0)$$

强度条件为

$$\sigma_1 \leqslant [\sigma] \quad (\sigma_1 > 0) \tag{6-30}$$

式中　σ_1——材料在复杂应力状态下的最大主拉应力；

$[\sigma]$——单向拉伸时材料的容许应力。

这一理论主要适用于脆性材料在二向或三向受拉（例如铸铁、玻璃、石膏等）。对于存在有压应力的脆性材料，只要最大压应力值不超过最大拉应力值，也是正确的。对于脆性材料的扭转破坏，常沿拉应力最大的斜截面发生断裂，也与最大主拉应力理论相符合。

二、第二强度理论——最大切应力理论

它是由法国工程师、科学家加伦（C.-A.de Coulomb）于1773年和特雷斯卡（H.Tresca）于1864年分别提出和研究的。这一准则又称为特雷斯卡准则。认为材料屈服的主要因素是最大切应力。即在复杂应力状态下，只要材料内一点处的最大切应力 τ_{max} 达到单向拉伸屈服时切应力的屈服极限 τ_y，材料就在该处发生显著的塑性变形或出现屈服。由于 $\tau_{max}=(\sigma_1-\sigma_3)/2, \tau_y=\sigma_y/2$，于是得到塑性屈服条件为

$$\sigma_1 - \sigma_3 \geqslant \sigma_y$$

式中 σ_y 为材料单向拉伸的屈服极限。对应的强度条件为

$$\sigma_1 - \sigma_3 \leqslant [\sigma] \tag{6-31}$$

该理论对于$[\sigma_t]=[\sigma_c]$的塑性材料是适合的。

三、第三强度理论——最大形状改变比能理论

它是波兰的胡贝尔（M.T.Huber）于1904年从总应变能理论改进而来的。德国的米泽斯（R.Von Mises）于1913年从修正最大切应力理论出发提出的。1924年德国的亨奇（H.Hencky）从形状改变比能对这一理论作了解释。这一理论认为材料屈服的主要因素是该点的形状改变比能。即在复杂应力状态下，只要材料内一点的形状改变比能v_d达到材料单向拉伸屈服时的形状改变比能极限值$v_{d\gamma}$，材料就会发生屈服。单向拉伸屈服的形状改变比能极限值为

$$v_{d\gamma}=\frac{1+\nu}{6E}(2\sigma_\gamma^2)$$

在复杂应力状态下的形状改变比能为

$$v_d=\frac{1+\nu}{6E}[(\sigma_1-\sigma_2)^2+(\sigma_2-\sigma_3)^2+(\sigma_3-\sigma_1)^2]$$

判断塑性屈服的条件为$v_d \geqslant v_{d\gamma}$，即

$$\sqrt{\frac{1}{2}[(\sigma_1-\sigma_2)^2+(\sigma_2-\sigma_3)^2+(\sigma_3-\sigma_1)^2]}\geqslant\sigma_\gamma$$

其强度条件为

$$\sqrt{\frac{1}{2}[(\sigma_1-\sigma_2)^2+(\sigma_2-\sigma_3)^2+(\sigma_3-\sigma_1)^2]}\leqslant[\sigma] \tag{6-32}$$

该理论是从应变比能角度来研究材料的强度的，因而可以全面反映各个主应力的影响。式（6-32）中的$\sigma_1-\sigma_3,\sigma_2-\sigma_3,\sigma_3-\sigma_1$体现了三向应力圆中三个应力圆的最大切应力的影响。因此，最大形状改变比能理论，实际上也是一种切应力理论。

四、莫尔强度理论

最大切应力理论、最大形状改变比能理论只适用于抗拉和抗压强度破坏性能相同或相近的材料。但是，对于岩石、混凝土、土壤等这类材料，其抗压强度远大于抗拉强度。为了校核这些材料在二向应力状态下的强度，德国的莫尔（D.Mohr）于1900年对最大切应力理论作了修正。

莫尔强度理论认为，材料的破坏不但取决于最大主应力σ_1和最小主应力σ_3的大小，而且还与它们的拉、压性质及其大小比例有关。其强度条件为

$$\sigma_1-\frac{[\sigma_t]}{[\sigma_c]}\sigma_3\leqslant[\sigma_t] \tag{6-33}$$

莫尔强度理论能适用于抗拉和抗压强度不等的材料；当用于抗拉、抗压强度相等的材料时，它与最大切应力强度理论一致。可见莫尔强度理论是最大切应力

理论的发展。

从公式（6-30），（6-31），（6-32），（6-33）来看，可用一个统一的形式表示为

$$\sigma_r \leqslant [\sigma]$$

其中 σ_r 称为相当应力。四个强度理论的相当应力分别为

$$\sigma_{r1} = \sigma_1$$

$$\sigma_{r2} = \sigma_1 - \sigma_3$$

$$\sigma_{r3} = \sqrt{\frac{1}{2}[(\sigma_1 - \sigma_2)^2 + (\sigma_2 - \sigma_3)^2 + (\sigma_3 - \sigma_1)^2]}$$

$$\sigma_{rm} = \sigma_1 - \frac{[\sigma_t]}{[\sigma_c]}\sigma_3$$

对于梁来说（$\sigma_x \cdot \sigma_y = 0$），最大切应力、最大形状改变比能理论的相当应力为

$$\sigma_{r2} = \sqrt{\sigma^2 + 4\tau^2}$$

$$\sigma_{r3} = \sqrt{\sigma^2 + 3\tau^2}$$

对于以上四个强度理论的应用，一般说脆性材料和铸铁、混凝土等用最大拉应力强度理论，因为在通常情况下它们属脆性断裂破坏。对塑性材料如低碳钢等用最大切应力和最大形状改变比能强度理论，因为在通常情况下它们属塑性屈服。另外，无论是塑性材料还是脆性材料，在三向拉应力状态下都采用最大拉应力强度理论，而在三向压应力状态下都采用最大切应力或者最大形状改变比能强度理论。对抗拉和抗压强度不等的材料采用莫尔强度理论。

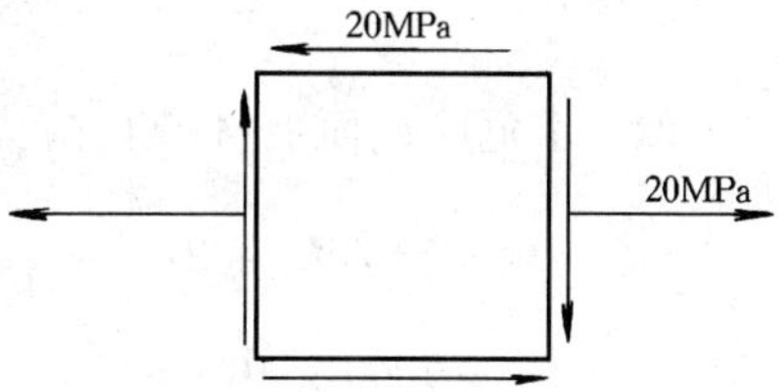

图 6-23

【例 6-11】 有一铸铁制成的构件，其危险点处的应力状态如图 6-23 所示，已知 $\sigma_x = 20\text{MPa}$，$\tau_{xy} = 20\text{MPa}$。材料的容许拉应力为 $[\sigma_t] = 35\text{MPa}$，容许压应力 $[\sigma_c] = 120\text{MPa}$。试校核此构件的强度。

【解】 计算危险点处的主应力

$$\left.\begin{matrix}\sigma_1 \\ \sigma_3\end{matrix}\right\} = \frac{\sigma_x}{2} \pm \sqrt{\left(\frac{\sigma_x}{2}\right)^2 + \tau_{xy}^2} = \frac{20}{2} \pm \sqrt{\left(\frac{20}{2}\right)^2 + 20^2} = \begin{matrix}+32.4 \\ -12.4\end{matrix}\text{MPa}$$

$$\sigma_2 = 0$$

因为铸铁是脆性材料，所示采用最大拉应力强度理论来进行强度校核。

$$\sigma_{r1} = \sigma_1 = 32.4\text{MPa} < [\sigma_t] = 35\text{MPa}$$

所以该铸铁构件是安全的。

【例 6-12】 图 6-24 所示一焊接工字形截面梁。已知：$P = 750\text{kN}$，$l = 4.2\text{m}$，$b = 220\text{mm}$，$h_1 = 800\text{mm}$，$t = 22\text{mm}$，$d = 10\text{mm}$，$[\sigma] = 107\text{MPa}$；试按最大切应

力、最大形状改变比能理论检验翼缘板与腹板交接处 A 点的强度。

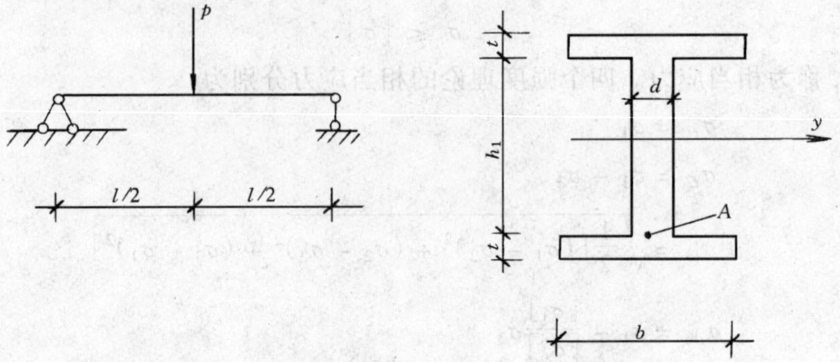

图 6-24　例 6-12 图

【解】　(1) 危险截面的内力计算，危险截面在梁的跨度中央截面附近

$$V_{\max} = \frac{P}{2} = 375\text{kN} \quad M_{\max} = \frac{Pl}{4} = 788\text{kN}\cdot\text{m}$$

(2) 求危险截面上 A 点的应力 σ_A、τ_A

$$I_z = \frac{1}{12}b(h_1 + 2t)^3 - \frac{1}{12}(b-d)h_1^3 = \frac{220 \times 884^3}{12} - \frac{210 \times 800^3}{12}$$

$$= 2060 \times 10^6 \text{mm}^4$$

$$S_z^* = b \cdot t\left(\frac{h_1}{2} + \frac{t}{2}\right) = 220 \times 22\left(\frac{800}{2} + \frac{22}{2}\right) = 1990 \times 10^3 \text{mm}^3$$

$$y_A = \frac{h_1}{2} = 400\text{mm}$$

$$\sigma_A = \frac{M}{I_z} y_A = \frac{788 \times 10^6}{2060 \times 10^6} \times 400 = 153\text{MPa}$$

$$\tau_A = \frac{VS_z^*}{\text{d}I_z} = \frac{375 \times 10^3 \times 1990 \times 10^3}{10 \times 2060 \times 10^6} = 36.2\text{MPa}$$

(3) 强度校核

最大切应力强度理论

$$\sigma_{r2} = \sqrt{\sigma_A^2 + 4\tau_A^2} = 169\text{MPa} < [\sigma]$$

最大形状改变比能强度理论

$$\sigma_{r3} = \sqrt{\sigma_{2A} + 3\tau_A^2} = 165.3\text{MPa} < [\sigma]$$

所以该梁强度足够安全。

【例 6-13】　有一铸铁零件，其危险点处单元体的应力状态如图 6-25 所示。

已知铸铁的容许拉应力 $[\sigma_t]=50\text{MPa}$，容许压应力 $[\sigma_c]=150\text{MPa}$。试用莫尔理论校核其强度。

【解】　(1) 求危险点处的主应力。将 $\sigma_x=28\text{MPa}, \sigma_y=0, \tau_{xy}=-24\text{MPa}$ 代入主应力计算公式

$$\left.\begin{matrix}\sigma_1\\ \sigma_3\end{matrix}\right\}=\frac{\sigma_x}{2}\pm\sqrt{\left(\frac{\sigma_x}{2}\right)^2+\tau_{xy}^2}=\frac{28}{2}\pm\sqrt{\left(\frac{28}{2}\right)^2+(-24)^2}=\begin{matrix}+41.8\\ -13.8\end{matrix}\text{MPa}$$

$$\sigma_2=0$$

(2) 强度校核

$$\sigma_m=\sigma_1-\frac{[\sigma_t]}{[\sigma_c]}\sigma_3=41.8-\frac{50}{150}(-13.8)=46.4\text{MPa}<[\sigma_t]$$

所以此零件是安全的。

小　　结

通过本章的分析，不难得出下列结论：

(1) 应力的点和面的概念以及应力状态的概念，不仅是工程力学的重要基础，而且是其他变形体力学的基础。

(2) 同一点的应力状态可以有不同的表示方法，其中包括以主应力作用的微元表示的应力状态。

(3) 单元体斜截面上的应力与应力圆的类比关系，为分析应力状态问题提供了一种重要手段。

(4) 要注意区分面内最大切应力与应力状态中的最大切应力或一点处的最大切应力。为此，对于平面应力状态，要将其视为三向应力状态的特殊情况，正确确定 σ_1、σ_2、σ_3，然后由 $\tau_{max}=\frac{\sigma_1-\sigma_3}{2}$ 计算一点处的最大切应力。

(5) 要注意广义胡克定律的理解和应用，如在平面应力状态中，与 x 轴成 α 角方向的线应变为 $\varepsilon_\alpha=\frac{(\sigma_\alpha-\nu\sigma_{\alpha+90°})}{E}$。

思　考　题

6-1　什么叫一点的应力状态？为什么要研究点的应力状态？研究点的应力状态以什么为研究对象？

6-2　什么是平面应力状态？平面应力状态下平行于 z 轴任意斜截面上的应力如何计算？正应力、切应力及方位角 α 的正、负号是如何规定的？

6-3　什么是主平面？主平面的方位如何确定？什么是主应力？主应力的大小如何确定？主应力的次序如何排列？

6-4　如何画应力圆？根据应力圆如何确定任意斜截面上的应力、主应力和最大切应力的大小和方位？

6-5　如何计算三向主应力状态下的最大切应力？

6-6　何谓广义胡克定律？在平面应力状态下，如何求任意方向的线应变 ε_α？

6-7　何谓应变比能？何谓体积改变比能、形状改变比能？如何计算？

6-8　何谓强度理论？为什么要提出强度理论？各强度理论的强度条件是如何建立的？适用范围如何？

习　题

6-1　如图 6-25 所示拉杆，在斜截面 pq 上的应力为 $\sigma_a = 80\text{MPa}$，$\tau_a = 30\text{MPa}$。试求横截面 mn 上的正应力 σ_x 及角度。

6-2　图 6-26 所示拉杆是用两块材料沿 mn 线粘合在一起。由于实际的原因，α 角被限制在 0°～60°间。假设杆的强度由结合缝强度控制，结合缝上的容许正应力［σ］＝14MPa，容许切应力［τ］＝7MPa，杆的横截面积为 $A = 960\text{mm}^2$。试求最大容许荷载 P。

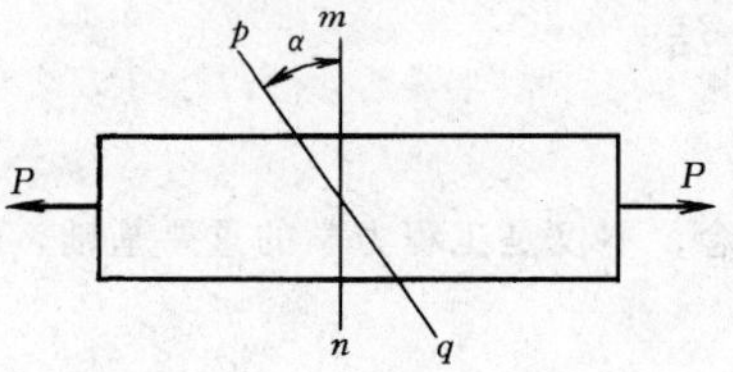

图 6-25

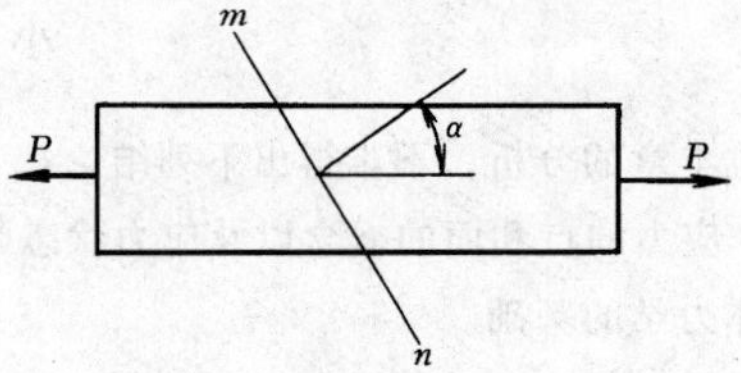

图 6-26

6-3　试用解析法计算图 6-27 所示各单元体指定截面上的应力(单位为 MPa)。

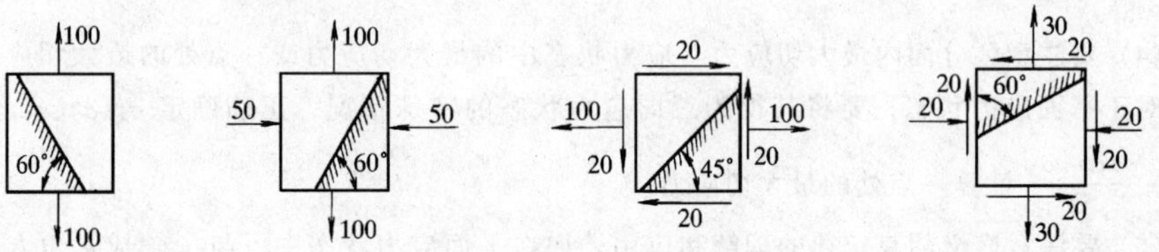

(a)　(b)　(c)　(d)

图 6-27

6-4　图 6-28 所示各单元体的应力单位为 MPa。试用解析法：

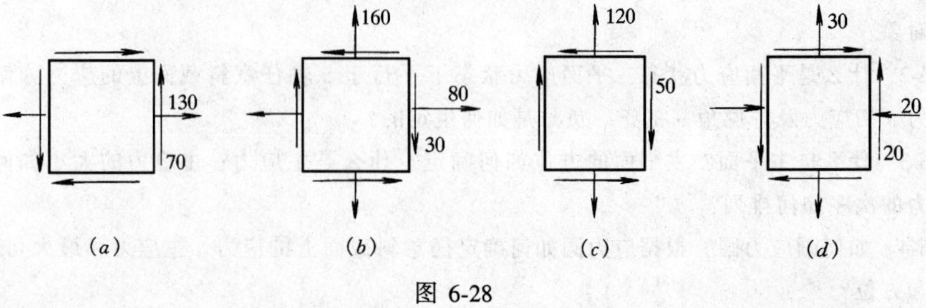

(a)　(b)　(c)　(d)

图 6-28

（1）求主应力 σ_1、σ_2 及 σ_3 的数值及 σ_1 的方位；

（2）在单元体上绘图示面内的两个主应力方向及其对应的主平面位置。

6-5　已知一点处两斜交截面上的应力如图 6-29 所示（应力单位为 MPa）。试用解析法求主应力 σ_1、σ_2、σ_3 及其图示面内两个主应力的方向。

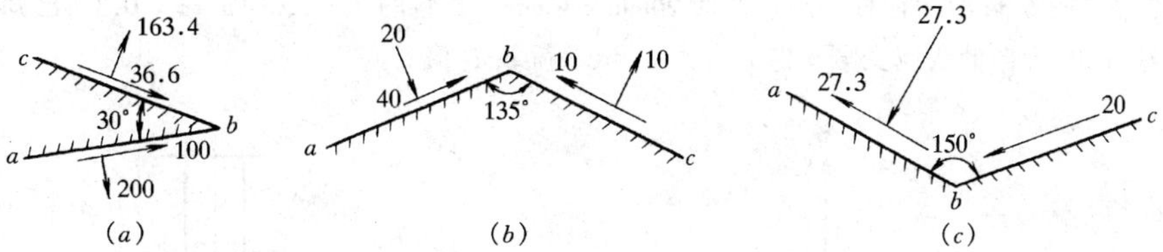

图 6-29

6-6　试用图 6-8（b）示应力圆，证明式（6-3）及式（6-4）。

6-7　试用图解法求解题 6-4。

6-8　试用图解法求解题 6-5。

6-9　试证明图 6-30 所示板件 A 点处各截面的正应力及剪应力均为零。

6-10　试求图 6-31 所示各单元体的主应力及最大切应力（应力单位为 MPa）。

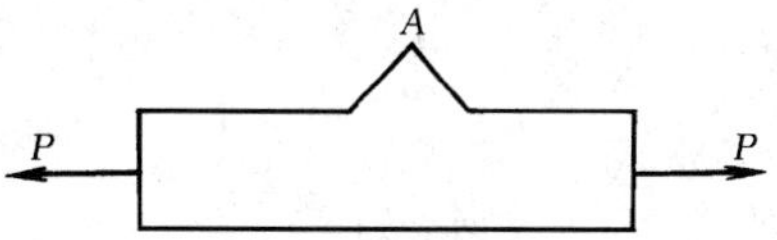

图 6-30

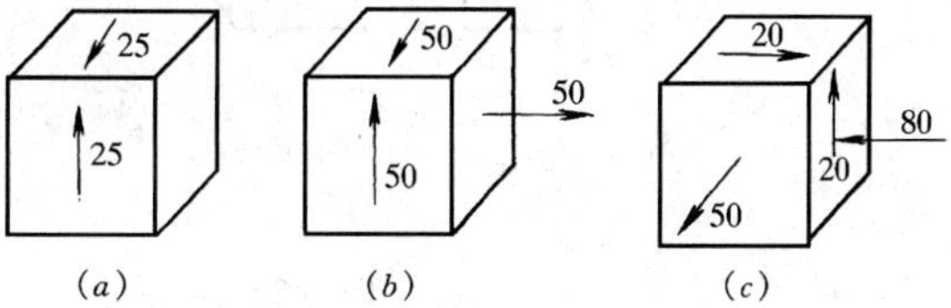

图 6-31

6-11　已知平面应力状态单元体的 $\sigma_3 = 0$，$\varepsilon_1 = 1.7 \times 10^{-4}$，$\varepsilon_2 = 0.4 \times 10^{-4}$，材料泊松比 $\nu = 0.3$。求主应变 ε_3。

6-12　已知图 6-32 所示圆轴表面上一点处沿某两个互成 45°方向的线应变分别为 $\varepsilon' = 3.75 \times 10^{-4}$，$\varepsilon'' = 5 \times 10^{-4}$。设材料的 $E = 200\text{GPa}$，$\nu = 0.25$，轴的直径 $D = 100\text{mm}$。试求外力偶 T。

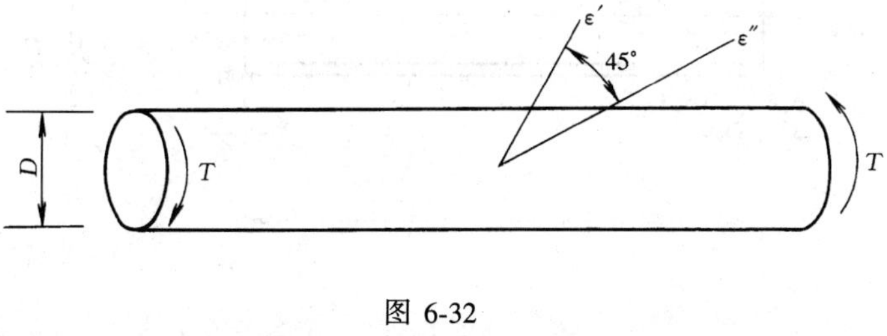

图 6-32

6-13　如图 6-33 所示，边长为 20mm 的正立方体，材料的 $E = 200\text{GPa}$，$\nu = 0.3$。正立方体放入槽宽为 20mm 的不变形刚性模子中，均匀加压，总压力为 40kN，设立方体与刚模间的摩擦系数为零。试求正立方体中的应力及 y 方向的边长缩短值。

6-14　已知钢梁表面上某点处 $\varepsilon_x = 500 \times 10^{-6}$，$\varepsilon_y = -465 \times 10^{-6}$，材料的 $E = 210\text{GPa}$，$\nu = 0.33$。试求 σ_x、σ_y 值及该点处的体应变 θ 值。

6-15　直径为 25mm 的实心钢球，受压强为 14MPa 的静水压力，钢球的 $E = 210\text{GPa}$，$\nu = 0.3$。试问体积减少若干？

6-16　图 6-34 所示钢杆，矩形截面 20mm×40mm，材料的 $E = 200\text{GPa}$，$\nu = 0.3$，已知 A 点与杆轴成 30°方向的线应变 $\varepsilon_u = 270 \times 10^{-6}$。试求荷载 P 值。

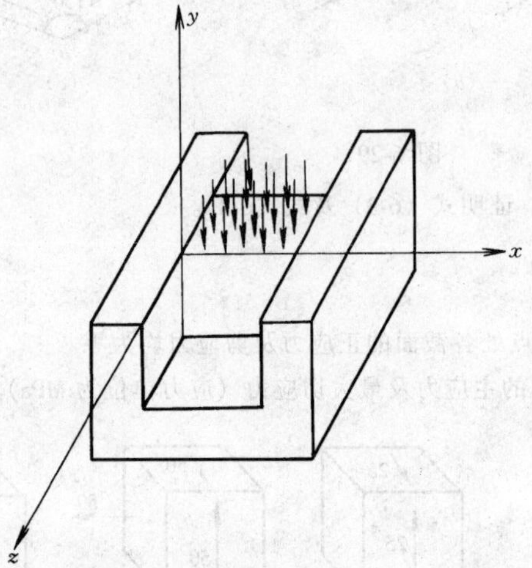

图 6-33

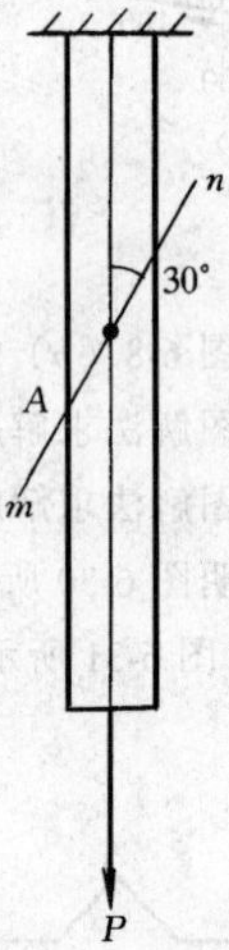

图 6-34

6-17　在图示 I28a 工字钢梁的中性层上某点 C 处，沿与轴线成 45°方向贴有电阻应变片，测得线应变 $\varepsilon = -2.6 \times 10^{-5}$。已知钢的 $E = 200\text{GPa}$，$\nu = 0.3$，试求梁上的荷载 P。

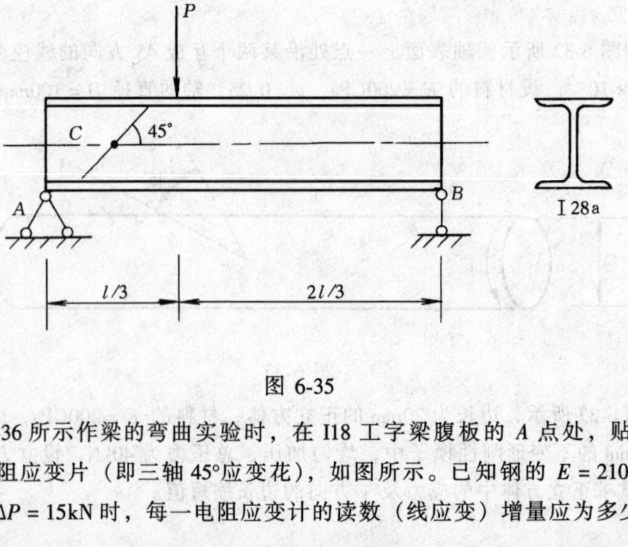

图 6-35

6-18　如图 6-36 所示作梁的弯曲实验时，在 I18 工字梁腹板的 A 点处，贴三片与梁轴成 0°、45°及 90°的电阻应变片（即三轴 45°应变花），如图所示。已知钢的 $E = 210\text{GPa}$，$\nu = 0.28$。试问当荷载增量 $\Delta P = 15\text{kN}$ 时，每一电阻应变计的读数（线应变）增量应为多少？

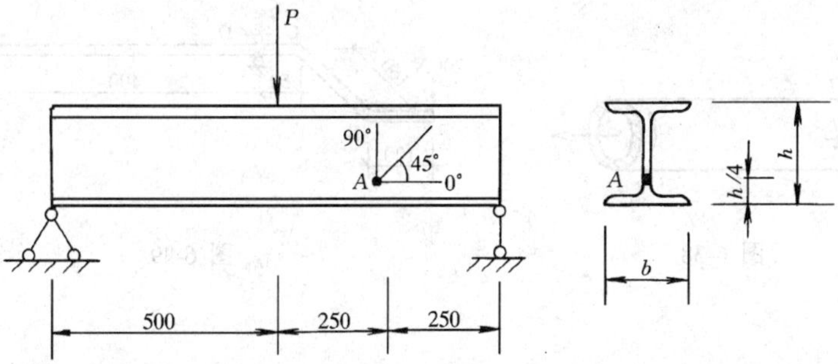

图 6-36

6-19 已知某点处的 $\varepsilon_x = 5 \times 10^{-4}$，$\varepsilon_y = 3 \times 10^{-4}$，$\gamma_{xy} = 10.5 \times 10^{-4}$。试用解析法求主应变 ε_{max}、ε_{min} 及它们的方向。

6-20 试用图解法求解题 6-19。

6-21 水管在冬天常有冻裂现象，根据作用与反作用原理，水管壁与管内所结冰之间的相互作用应该相等，为什么结果不是冰被压碎而是水管往往冻裂？

6-22 图 6-37 所示简支工字形截面梁，由钢板焊接而成。已知：$P = 500\text{kN}$，$l = 4\text{m}$。试用最大切应力、最大形状改变比能强度理论求出危险截面上位于翼缘与腹板的交界处 a、b 两点的相当应力值。

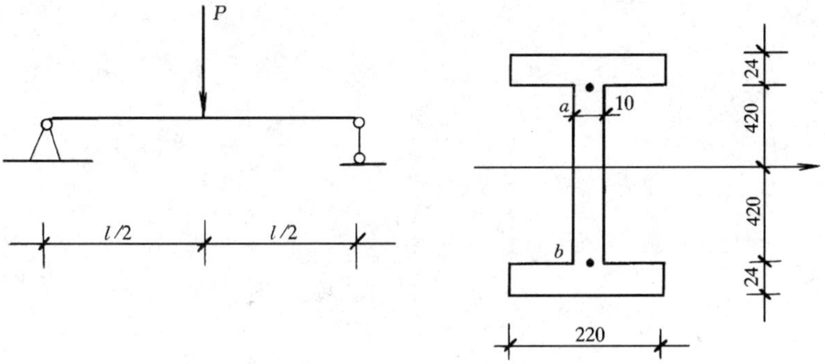

图 6-37

6-23 图 6-38 所示空心圆轴同时承受拉力和扭矩作用，拉力 $P = 100\text{kN}$，力偶 $T = 10\text{kN·m}$，轴的外径 $D = 100\text{mm}$，内径 $d = 80\text{mm}$，钢材的容许应力 $[\sigma] = 180\text{MPa}$，试按最大切应力、最大形状改变比能强度理论校核强度。

6-24 单拐曲轴结构尺寸和荷载如图 6-39 所示，各段的直径为 $d = 30\text{mm}$，若容许应力 $[\sigma] = 120\text{MPa}$，试用最大切应力强度理论校核其强度。其中 $M_t = 30\text{N·m}$，$P = 200\text{N}$。

6-25 试按强度理论建立纯剪切应力状态的强度条件，并寻求塑性材料容许切应力 $[\tau]$ 与容许拉应力 $[\sigma]$ 之间的关系。

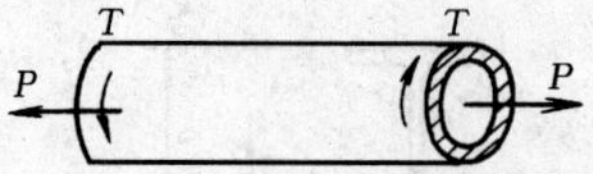

图 6-38

图 6-39

第七章　压杆稳定问题

学　习　要　点

一、压杆的稳定性问题，是材料力学对杆件进行研究的三个主要方面之一。稳定问题不同于强度问题，压杆失稳破坏时，并非材料抗压强度不足被压坏，而且由于失稳后压杆弯曲了，进而被折断。正确理解平衡状态的稳定性及判别弹性稳定性的静力学准则。

二、欧拉公式是计算理想细长压杆临界力的重要公式，会用微分方程法或临界平衡法求临界力。注意长度系数与横截面的形心主惯性矩的协调关系。

三、长细比或柔度是一个重要的概念。注意欧拉公式的适用条件。

四、实际压杆不同于理想压杆。实际压杆应考虑极值点失稳的模式。土木工程《规范》引入压杆稳定性系数来计算实际压杆。

压杆的强度问题已在第五章详尽讨论，但对于比较细长的压杆，只考虑强度问题是不够的。因为这类压杆，稳定问题是决定性的。在工程中，由于对稳定性认识不足，结构物因其压杆**丧失稳定**（简称**失稳**）而破坏的实例很多。本章首先介绍关于弹性压杆平衡稳定性的基本概念，包括：平衡途径、平衡途径的分叉、分叉点及弹性压杆平衡稳定性的静力学判别准则。然后根据微弯的失稳平衡构形，由平衡条件和小挠度微分方程以及端部约束条件，确定不同支承条件下弹性压杆的临界荷载。最后介绍实际压杆的稳定性校核。

第一节　概　　述

一、分叉点失稳

1. 弹性压杆的稳定性

所谓弹性压杆的稳定性是指弹性压杆在中心压力作用下的直线位形的平衡状态的稳定性；又因弹性体受力后的任一平衡状态都对应着某个惟一的变形状态，所以也是指弹性压杆受压后的轴向缩短的变形状态的稳定性。

设有一两端球铰支座的弹性均质等直杆受无偏心的轴向压力作用（这就是所谓的理想压杆），杆呈轴向缩短变形状态，如图 7-1（a）。现在要判断这种变形

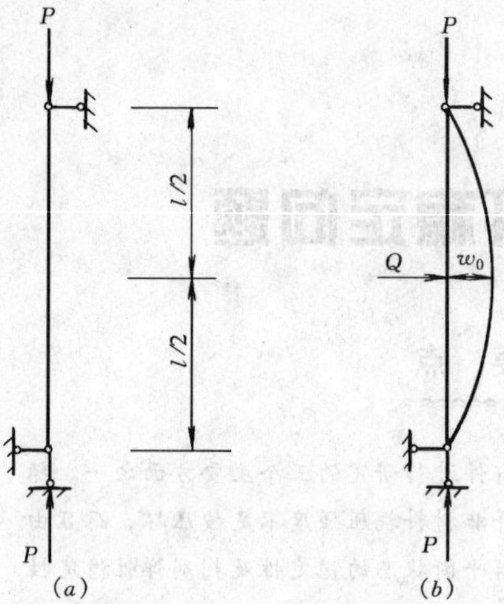

图 7-1　弹性压杆的稳定性

状态（或**直线位置的平衡状态**）是否稳定。要作这种判断，可加一微小干扰力 Q，使杆轴到达一个微弯曲线位置，如图 7-1（b），然后撤销干扰力，如果杆轴线能回到直线位置，则称初始直线位置的平衡状态是稳定的；如果它继续弯曲到一个挠度更大的曲线位置去平衡，则初始直线位置的平衡状态是不稳定的。这就是判别**弹性稳定性的静力学准则**。如果它停留在干扰力撤销瞬时的微弯曲线的位置不动，则初始直线位置的平衡是临界平衡或中性平衡。事实上，同一杆件其直线位置的平衡状态是否稳定，视所受轴向压力 P 的大小是否超过一个仅与杆的材料、尺寸和支承方式有关的临界值 P_{cr}而定。这个取决于杆件本身的定值 P_{cr}，称为压杆的**临界力或临界荷载**。设轴向压力 P 从零逐渐增大，则杆件在直线位置的平衡状态表现为：

(1) 当 $P < P_{cr}$，稳定的平衡状态；

(2) 当 $P = P_{cr}$，临界的平衡状态；

(3) 当 $P > P_{cr}$，不稳定的平衡状态。

当 $P = P_{cr}$时，压杆既可在直线位置平衡（当它不受干扰时），又可在干扰给予的微弯曲线位置平衡，这种**两可性**是弹性体系的临界平衡的重要特点。

2. 荷载—挠度曲线，分叉点

以图 7-1（b）的两端铰支的理想弹性压杆所受轴向压力 P 为纵轴，以干扰力 Q 撤销后杆的中点挠度 w_0 为横轴，如图 7-2（a）所示，表示荷载 P 之值由零逐渐增大的过程中的荷载—挠度关系的曲线是该图中的 OAB 折线。图中 OA 段与纵轴重合，表示在 $P < P_{cr}$ 的整个阶段内的任何时刻，干扰力撤销后杆中点挠度均为零，即杆件能由微弯位形弹回其直线位形而平衡，即当 $P < P_{cr}$ 时杆件在初始直线位置的平衡是稳定的。AB 段为水平，表明当 $P = P_{cr}$ 时，中点挠度 w_0 可以是 AB 范围内的任意值，随干扰大小而定，但整个 AB 之长是微量。若干扰力反向，则 AB 被 AB' 取代，AB' 的长度也是微量。

当 $P > P_{cr}$ 时，荷载—挠度曲线为 $OABD'L$ 中 AL 曲线段，和 AE 直线段，图 7-2（b）表示。其中一个分支 AE 对应着直线的平衡位形（无丝毫干扰）；AL 曲线是根据**大挠度理论**算出来的，对应着曲屈的平衡位形，不能停留在微弯位形。因此当 $P = P_D$ 时，杆在直线位置的平衡是不稳定的。人们把（$P - w_0$）关系的发

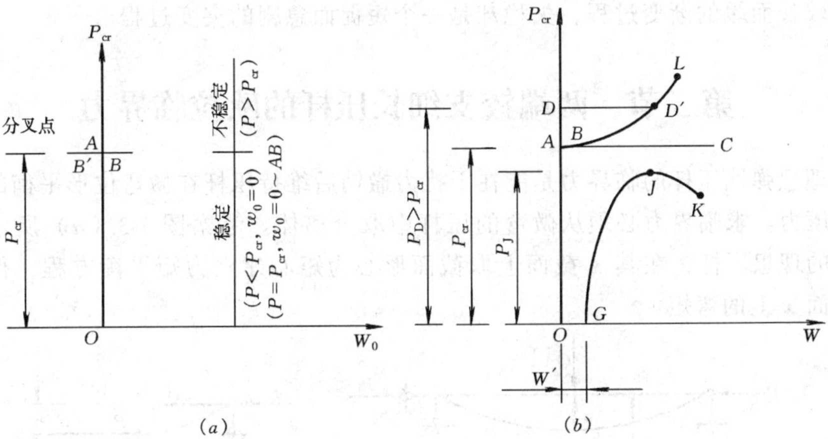

图 7-2 压杆的平衡途径·分叉点

展曲线称为**平衡途径**。

当 $P < P_{cr}$ 时，平衡途径为 OA，这段途径是惟一的。

当 $P \geqslant P_{cr}$ 时，平衡途径有两条：若无干扰它将沿 AD 途径发展，这一途径上各点对应的平衡状态不稳定。若有干扰，它将沿曲线 AL 途径发展，其各点对应着稳定的平衡状态。点 A 称为（两条途径的）**分叉点**。OAL 曲线所描写的失稳现象称为**分叉点失稳**。临界荷载 P_{cr}又称为分叉点荷载。

显然折线 OAB 所代表的**小挠度理论**只是 OAL 曲线所代表的大挠度理论的一部分，其贡献在于能确定至关重要的临界力，在本章第二节我们将详细介绍小挠度理论——欧拉理论。

二、极值点失稳

图 7-2（b）的曲线 GJK 描写的失稳现象称为**极值点失稳**。上面说的分叉点失稳是理想压杆（无任何缺陷的弹性压杆）的失稳现象。实际压杆总是有缺陷的（残余应力、初弯曲、荷载有初偏心等等）。图 7-2（b）的 GJK 曲线是有初挠度 w'的实际压杆的 P-w_0 关系曲线，其特点是无直线段，曲线分上升的 GJ 和下降的 JK 两段，J 点的切线水平，所以 J 是**极值点**，其纵坐标所标示的荷载 P_J 称为**极值点荷载**。当 $P = P_J$ 后，将出现 JK 段曲线所反映的实际压杆的崩溃现象——在荷载值不断降低的情况下杆件急剧弯曲，不再能维持其原来的缩短加弯曲的变形形式。这种现象叫做**极值点失稳**。P_J 总是小于临界荷载 P_{cr}。

对于理想压杆，稳定性意味着压杆维持其直线压缩的变形形式的能力。对于有缺陷的压杆，稳定性意味着它维持其缩短加弯曲的变形形式的能力。总之，稳定性意味着杆件维持其原有变形形式或平衡形式的能力。再则，稳定阶段总是一个比较长而缓的渐变过程，失稳却是一个短促而急剧的突变过程。

第二节　两端铰支细长压杆的欧拉临界力

理想弹性压杆的临界力是能在干扰力撤销后维持压杆在微弯位形平衡的最小轴向压力。求临界力必须从微弯的压杆中取分离体。考察图 7-3（a）所示轴向受压的理想压杆，在其 x 截面上取截面形心为矩心建立力矩平衡方程，得到任意截面 x 上的弯矩

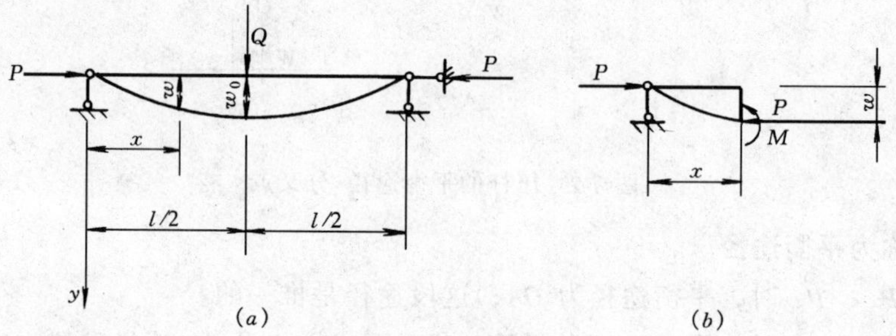

图 7-3　两端铰支的压杆

$$M(x) = Pw(x) \tag{1}$$

由小挠度微分方程

$$M(x) = -EI\frac{d^2w(x)}{dx^2} \tag{2}$$

得到

$$EIw'' + Pw = 0 \tag{3}$$

这就是**微弯弹性曲线的微分方程式**，是用平衡方程确定分叉点荷载的主要依据。

令

$$k^2 = \frac{P}{EI} \tag{4}$$

于是，式(3) 可写为

$$w'' + k^2w = 0$$

其通解为

$$w = C_1\cos kx + C_2\sin kx \tag{5}$$

为了确定积分常数 C_1 和 C_2，考虑边界条件

（1）当 $x = 0$ 时，$w(0) = 0$

（2）当 $x = l$ 时，$w(l) = 0$

代入式（5）分别得

$$\left.\begin{array}{r}C_1\times 1+C_2\times 0=0\\ C_1\cos kl+C_2\sin kl=0\end{array}\right\}\tag{6}$$

C_1 和 C_2 不会全为零的条件是系数行列式等于零,即

$$\begin{vmatrix}1 & 0\\ \cos kl & \sin kl\end{vmatrix}=0$$

由此解得

$$\sin kl=0\tag{7}$$

这要求

$$kl=\pm n\pi\quad(n=0,1,2,3,\cdots)\tag{8}$$

于是有所要求的分叉荷载的表达式

$$\frac{P_{cr}}{EI}=k^2=\frac{n^2\pi^2}{l^2}\quad(n=0,1,2,3,\cdots)$$

或

$$P_{cr}=\frac{n^2\pi^2EI}{l^2}\quad(n=0,1,2,3,\cdots)\tag{9}$$

n 有一系列的值，因而 P_{cr}也是一系列的值，我们要求的是其中的最小值，但 $n=0$ 时，$P_{cr}=0$，显然无意义，所以 n 的合理的最小值是 1，于是得

$$P_{cr}=\frac{\pi^2EI}{l^2}\tag{7-1}$$

其次，截面的惯性矩 I 也是多值的，**当端部各个方向的约束相同时，上式中的 I 为杆横截面的最小形心主惯性矩**。式（6）的第一式给出 $C_1=0$，由式（8）得 $k=\pm\frac{\pi}{l}$,这里 $n=1$,于是由式(5) 得弹性曲线方程

$$w=\pm C_2\sin\frac{\pi x}{l}$$

当 $x=\frac{l}{2}$ 时,$w\left(\frac{1}{2}\right)=w_0$,于是上式得 $C_2=\pm w_0$,所以弹性曲线方程的最后形式为

$$w=w_0\sin\frac{\pi x}{l}\tag{10}$$

w_0 的值视干扰大小而定，但是 w_0 是微量。两端铰支压杆失稳时的弹性曲线是**半波正弦曲线**。

本节求 P_{cr}的方法叫做**微分方程法**或**临界平衡法**，其思路是：**从临界平衡状**

态的微弯曲线取分离体，建立临界平衡方程，再转换为弹性曲线的微分方程式，在不能让通解的全部积分常数都等于零的条件下得到稳定方程式，从而得出临界力。

除临界平衡法外还有能量法确定临界力。

式（7-1）是瑞士科学家 L·欧拉（L.Euler）在 1744 年提出的，所以叫做欧拉公式。人们把两端铰支的理想压杆称为**欧拉压杆**，称 $\pi^2 EI/l^2$ 为**欧拉荷载**。

【例 7-1】　用三号钢制成的细长杆件，长 1m，截面是 8mm × 20mm 的矩形，两端铰接。材料的屈服极限为 $\sigma_y = 240\text{MPa}$，弹性模量 $E = 210\text{GPa}$，试按强度观点和稳定性观点分别计算其屈服荷载 P_y 及临界荷载 P_{cr}，并加以比较。

【解】　杆的截面面积为

$$A = 8 \times 20 = 160\text{mm}^2$$

截面的最小惯性矩为

$$I_{\min} = \frac{1}{12} \times 20 \times 8^3 = 853.3\text{mm}^2$$

所以

$$P_y = A\sigma_y = 160 \times 240 \times 10^{-3} = 38.4\text{kN}$$

$$P_{cr} = \frac{\pi^2 EI}{l^2} = \frac{\pi^2 \times 210 \times 853.3}{1000^2} = 1.768\text{kN}$$

两者之比为

$$P_{cr} : P_y = 1.768 : 38.4 = 1 : 21.72$$

可见对杆的承载能力起到控制作用的是稳定问题。

【例 7-2】　两端铰支的中心细长压杆，长 1m，材料的弹性模量 $E = 200\text{GPa}$，考虑采用三种不同截面，如图 7-4 所示。试比较这三种截面的压杆的稳定性。

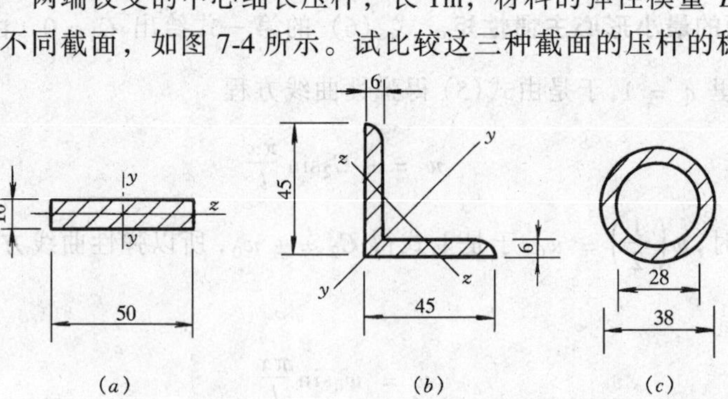

图 7-4　例 7-2 图

【解】

(1) 矩形截面

$$I_{\min,1} = I_z = \frac{1}{12} \times 50 \times 10^3 = 4166.6\text{mm}^4$$

$$P_{\text{cr},1} = \pi^2 \times 200 \times 4166.6/1000^2 = 8.255\text{kN}$$

（2）等边角钢 L45×6 截面

查表得 L45×6 的最小惯性矩为 3.89cm⁴，所以

$$I_{\min,2} = I_z = 3.89 \times 10^4\text{mm}^4$$

$$P_{\text{cr},2} = \pi^2 \times 200 \times (3.89 \times 10^4)/1000^2 = 76.79\text{kN}$$

（3）圆管截面

$$I_{\min,3} = \frac{\pi}{64}(D^4 - d^4) = \frac{\pi}{64}(38^4 - 28^4) = 72182\text{mm}^4$$

$$P_{\text{cr},3} = \pi^2 \times 200 \times 72182/1000^2 = 142.48\text{kN}$$

讨论：三种截面的面积依次为

$$A_1 = 500\text{mm}^2, A_2 = 507.6\text{mm}^2, A_3 = \frac{\pi}{4}(38^2 - 28^2) = 518.4\text{mm}^2$$

$$A_1 : A_2 : A_3 = 1 : 1.02 : 1.04$$

所以三根压杆所用材料的量相差无几，但是

$$P_{\text{cr},1} : P_{\text{cr},2} : P_{\text{cr},3} = I_{\min,1} : I_{\min,2} : I_{\min,3}$$

$$= 4166.6 : 38900 : 72182$$

$$= 1 : 9.34 : 17.32$$

由此可见，**当端部各个方向的约束均相同时**，对用同样多的材料制成的压杆，要提高压杆的临界力就要设法提高 $I_{\min}$ 的值，不要让 $I_{\max}$ 和 $I_{\min}$ 的差太大。因为对稳定而言，$I_{\max}$ 再大也无益，最好让 $I_{\max} = I_{\min}$。从这方面看，圆管截面是最合理的截面。但须注意，应避免为使材料尽量远离中性轴而把圆管直径定得太大，因为在材料消耗量不变的情况下会使管壁太薄，从而可能发生杆的轴线不弯曲，但管壁突然出现皱痕的**局部失稳**现象。

第三节　杆端约束的影响

对于各种杆端约束不同的弹性压杆，由静力学平衡方法得到的压杆的平衡微分方程和边界条件都可能各不相同，临界荷载的表达式也因此不同。现以图 7-5（a）的一端固定一端铰支压杆为例。当固端力矩为 M_0，根据杆件的整体平衡

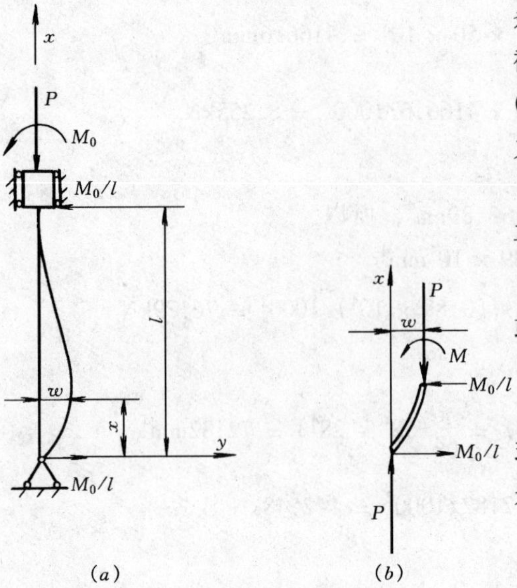

图 7-5 一端固定一端铰支的压杆

条件，两端有水平反力 M_0/l。取 x 截面以下部分为分离体如图 7-5 (b)，以 x 截面的形心为矩心建立力矩平衡方程得

$$M = Pw - M_0 x/l$$

再由 $M = -EIw''$ 得微分方程

$$EIw'' + Pw = M_0 x/l$$

或

$$w'' + k^2 w = \frac{M_0 x}{EIl}$$

式中 $k^2 = P/(EI)$，微分方程的解是

$$w = C_1 \cos kx + C_2 \sin kx + \frac{M_0}{P} \cdot \frac{x}{l}$$

由边界条件 ① 当 $x = 0, w(0) = 0$，② 当 $x = l, \frac{dw}{dx} = 0$

得 $C_1 = 0, C_2 = -\frac{M_0}{P}\frac{1}{kl\cos kl}$

于是

$$w = \frac{M_0}{P}\left(\frac{x}{l} - \frac{\sin kx}{kl\cos kl}\right)$$

再由边界条件

$$\text{当 } x = l, \quad w = 0$$

得稳定方程

$$\tan kl = kl$$

此方程的最小非零解为

$$kl = 4.493$$

由此得

$$P_{cr} = \frac{20.2EI}{l^2} = \frac{\pi^2 EI}{(0.7l)^2} \tag{7-2}$$

和

$$w = \frac{M_0}{P}\left[\frac{x}{l} + 1.02\sin\left(4.49\frac{x}{l}\right)\right]$$

图 7-6 示几种常见的杆端约束情况的临界力和弹性曲线形式，都是由微分方程法推导而得。它们的临界力表达式可统一写成

$$P_{cr} = \frac{\pi^2 EI}{l_0^2} \quad \text{或} \quad P_{cr} = \frac{\pi^2 EI}{(\mu l)^2} \tag{7-3}$$

其中

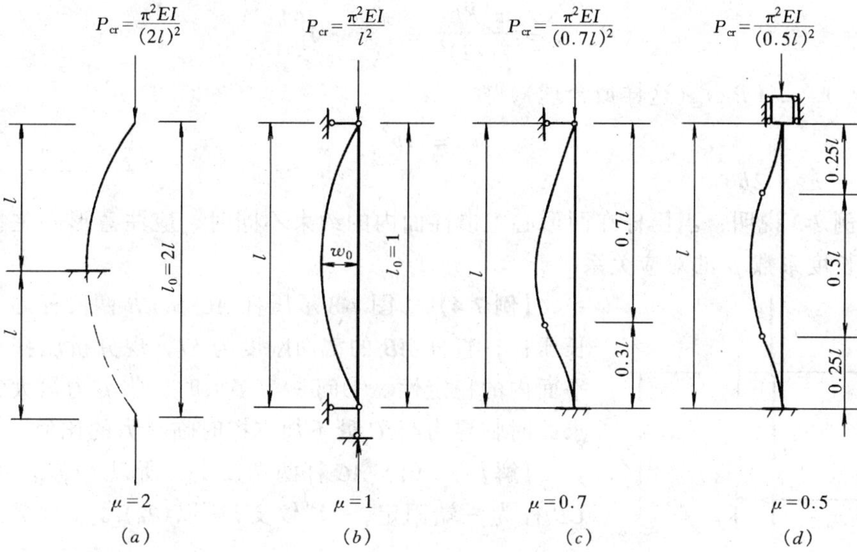

图 7-6 有效长度与长度系数

$$l_0 = \mu l \tag{7-4}$$

l_0 称为压杆的**计算长度**或**有效长度**。l 是实际长度，μ 叫做长度系数。

（a）一端自由一端固定压杆 $\mu = 2$，$l_0 = 2l$

（b）两端铰支压杆 $\mu = 1$，$l_0 = l$

（c）一端固定一端铰支压杆 $\mu = 0.7$，$l_0 = 0.7l$

（d）一端固定一端夹支压杆 $\mu = 0.5$，$l_0 = 0.5l$

实际支承应简化成什么样的计算简图，它的计算长度如何确定，设计时都必须遵循设计规范。

【例 7-3】 图 7-7 示一细长压杆，截面为 $b \times h$ 的矩形，就 xy 平面内的弹性曲线而言它是两端铰支，就 xz 平面内的弹性曲线而言它是两端固定，问 b 和 h 的比例应等于多少才合理？

【解】 在 xy 平面内弯曲时，因两端铰支，所以 $l_0 = l$；因弯曲的中性轴为 z 轴，惯性矩应取 I_z

$$(P_{cr})_{xy} = \frac{\pi^2 EI_z}{l_0^2} = \frac{\pi^2 E}{l^2} \cdot \frac{bh^3}{12}$$

在 xz 平面内弯曲时，因两端固定，所以 $l_0 = l/2$；因弯曲的中性轴为 y 轴，所以惯性矩应取 I_y

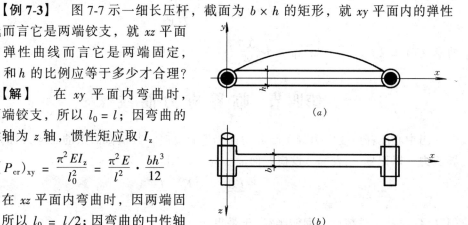

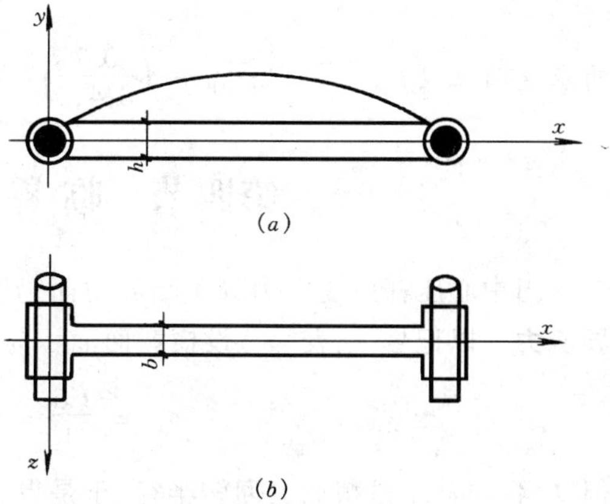

图 7-7 例 7-3 图

$$(P_{cr})_{xz} = \frac{\pi^2 EI_y}{(l/2)^2} = \frac{\pi^2 E}{l^2} \cdot 4\left(\frac{hb^3}{12}\right)$$

令$(P_{cr})_{xy} = (P_{cr})_{xz}$(这样最合理),得

$$h^2 = 4b^2$$

所以 $h = 2b$

例 7-3 说明：当压杆在两形心主惯性面内的约束不同时，应注意形心主惯性矩和长度系数 μ 的对应关系。

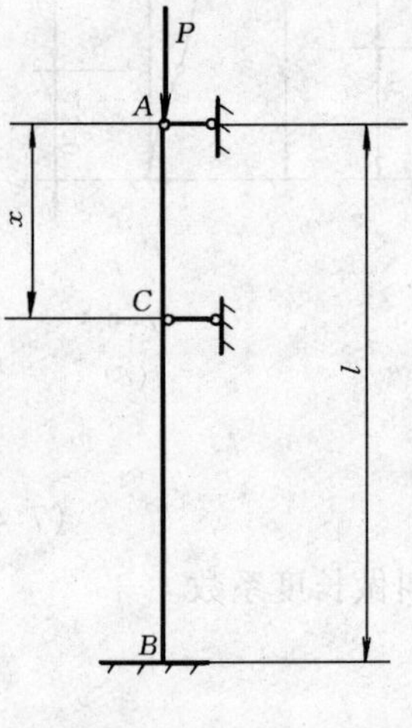

图 7-8 例 7-4 图

【例 7-4】 图 7-8 示压杆 AC 和 CB 两段杆均为细长压杆，直杆 AB 的截面刚度为 EI，现分析压杆在图平面内的稳定性。①问 x 为多大时，临界力最大？②求此时临界力与 C 处不加支撑时临界力的比值。

【解】 (1) AC 杆两端铰支，所以 $(l_0)_{AC} = x$，CB 杆为一端固定，一端铰支,所以$(l_0)_{CB} = 0.7 \times (l - x)$

$$(P_{cr})_{AC} = \frac{\pi^2 EI}{x^2}, \quad (P_{cr})_{CB} = \frac{\pi^2 EI}{[0.7(l-x)]^2}$$

令$(P_{cr})_{AC} = (P_{cr})_{CB}$(这里杆的临界力最大)

得

$$x = 0.7(l - x)$$

$$x = 0.412l$$

(2) 当 $x = 0.412l$ 时,AB 杆的临界力为

$$(P_{cr})_{AB}^{①} = (P_{cr})_{AC} = (P_{cr})_{CB} = \frac{\pi^2 EI}{(0.412l)^2}$$

当 C 处不加支撑时,AB 杆的临界力为

$$(P_{cr})_{AB}^{②} = \frac{\pi^2 EI}{(0.7l)^2}$$

所求比值 $= (P_{cr})_{AB}^{①}/(P_{cr})_{AB}^{②} = \left(\frac{0.7}{0.412}\right)^2 = 2.89$ 倍

第四节 临界应力曲线

当中心压杆所受压力等于临界力而仍旧直立时，其横截面上的压应力称为**临界应力**，以记号 σ_{cr}表示，设横截面面积为 A，则

$$\sigma_{cr} = \frac{P_{cr}}{A} = \frac{\pi^2 E}{l_0^2} \cdot \frac{I}{A} \tag{7-5}$$

但 $I/A = i^2$,i 是截面的回转半径,于是得

$$\sigma_{cr} = \frac{\pi^2 E i^2}{l_0^2}$$

令

$$l_0 / i = \lambda \tag{7-6}$$

λ 称为压杆的**长细比**或**柔度**,于是有

$$\sigma_{cr} = \frac{\pi^2 E}{\lambda^2} \tag{7-7}$$

对同一材料而言，$\pi^2 E$ 是一常数，因此 λ 值决定着 σ_{cr} 的大小，长细比 λ 越大，临界应力 σ_{cr} 越小。式（7-7）是欧拉公式的另一形式。

欧拉公式适用范围：

若压杆的临界力已超过比例极限 σ_p，胡克定律不成立，这时第二节中的式(2) $M(x) = EI/\rho$ 不能成立,从而式(3)也不能成立。所以欧拉公式的适用范围是**临界应力不超过比例极限**，即

$$\sigma_{cr} \leqslant \sigma_p \tag{7-8}$$

对于某一压杆，当临界力未算出时，不能判断式（7-8）是否满足。能否在计算临界力之前，预先判断哪一类压杆的临界应力不超过比例极限，哪一类压杆的临界点应力将超过临界应力，哪一类压杆不发生失稳而只有强度问题？回答是肯定的。

若用 λ 的最小值 λ_p 来表示欧拉公式的适用范围，则

$$\lambda \geqslant \sqrt{\frac{\pi^2 E}{\sigma_p}} = \lambda_p \tag{7-9}$$

以 λ 为横坐标轴，σ_{cr} 为纵坐标轴，则欧拉公式（7-7）的图像是一条双曲线，如图 7-9（a）所示，其中只有实线部分适用，虚线部分表示**中柔度压杆**，这类压杆横截面上的应力已经超过比例极限，故称为**非弹性屈曲**。

λ_p 与压杆的材料有关，例如：

3 号钢：

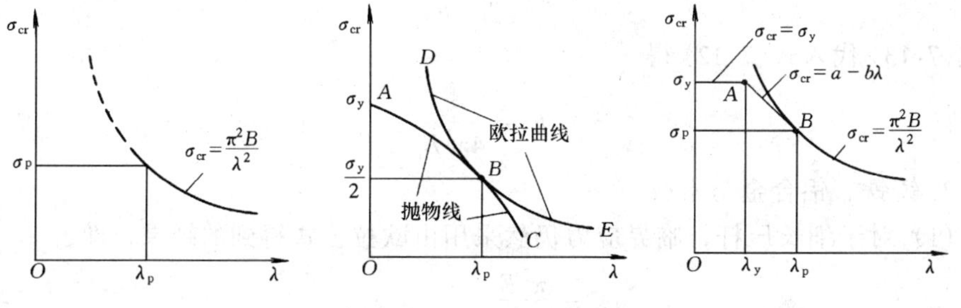

图 7-9 临界应力曲线

$$E \approx 210\text{GPa}, \sigma_p \approx 200\text{MPa},$$

$$\lambda_p = \sqrt{\frac{\pi^2 E}{\sigma_p}} = \sqrt{\frac{\pi^2(210 \times 10^3)}{200}} = 102$$

镍钢(含镍 3.5%):

$$E \approx 2.15 \times 10^5\text{MPa}, \sigma_p \approx 490\text{MPa}$$

$$\lambda_p = \sqrt{\frac{\pi^2(2.15 \times 10^5)}{490}} = 65.8$$

松木:

$$E \approx 0.11 \times 10^5\text{MPa}, \sigma_p \approx 20\text{MPa}$$

$$\lambda_p = \sqrt{\frac{\pi^2(0.11 \times 10^5)}{20}} = 73.7$$

在使用欧拉公式前须算一下 λ 是否大于 λ_p。

对于中长杆与粗短压杆，目前在设计中多采用经验公式计算其临界应力。下面介绍几种常用工程材料压杆的设计公式。

1. 结构钢

(1) 对于细长杆，由欧拉公式得到结果:

$$\sigma_{cr} = \frac{\pi^2 E}{\lambda^2} \quad (\lambda \geqslant \lambda_P) \tag{7-10}$$

(2) 对于中长杆与粗短杆，用抛物线公式得到结果:

$$\sigma_{cr} = \sigma_0 - k\lambda^2 \quad (\lambda \leqslant \lambda_P) \tag{7-11}$$

根据图 7-9 (b) 所示的 $\sigma_{cr} - \lambda$ 曲线得到:$\lambda = 0$时,$\sigma_{cr} = \sigma_y$,所以式(7-11)中的 $\sigma_0 = \sigma_y$,其中,σ_y 为材料的屈服强度。

在欧拉双曲线与抛物线连接点处一般取 $\sigma_{cr} = \sigma_y/2$,于是式(7-11)中的 k 为

$$k = \frac{\sigma_y}{2\lambda_p^2} \tag{7-12}$$

由 $\lambda = \lambda_p$ 时,$\sigma_{cr} = \sigma_y/2$,求得

$$\lambda_p = \sqrt{\frac{2\pi^2 E}{\sigma_y}} \tag{7-13}$$

将式(7-13)代入式(7-12)得

$$k = \frac{\sigma_y^2}{4\pi^2 E} \tag{7-14}$$

2. 铸铁、铝合金与木材

(1) 对于细长压杆，临界应力仍然采用由欧拉公式得到的结果，即

$$\sigma_{cr} = \frac{\pi^2 E}{\lambda^2} \quad (\lambda > \lambda_p) \tag{7-15}$$

(2) 对于粗短压杆，临界应力为

$$\sigma_{cr} = \sigma_y \quad 或\ \sigma_{cr} = \sigma_b \quad (\lambda \leqslant \lambda_y) \tag{7-16}$$

(3) 对于中长杆，采用直线经验公式

$$\sigma_{cr} = a - b\lambda \quad (\lambda_y \leqslant \lambda \leqslant \lambda_p) \tag{7-17}$$

由上述三式所确定的 $\sigma_{cr} - \lambda$ 曲线如图 7-9(c) 所示。与 λ_p、λ_y 对应的临界应力值分别为比例极限和屈服极限(或强度极限 σ_b)。据此,不难确定不同材料的 λ_p 和 λ_y 值。

此外，式 (7-17) 中常数 a 和 b 均与材料有关。表 7-1 中所列为三种材料的 a、b 值。

直线经验公式中常数值　　表 7-1

材　料	a (MPa)	b (MPa)
铸　铁	332.3	1.454
铝合金	373	2.15
木　材	28.7	0.19

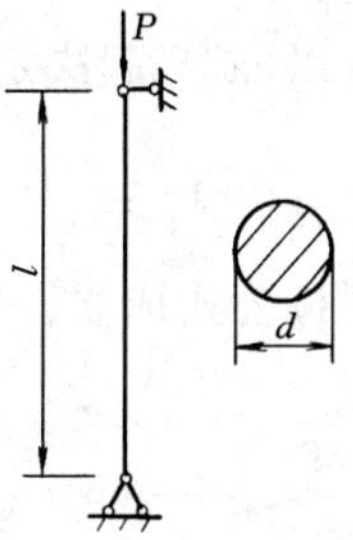

图 7-10　例 7-5 图

【例 7-5】　图 7-10 示两端铰支（球形铰）的圆截面压杆，该杆用 3 号钢制成，$E = 210\text{GPa}$，$\sigma_p = 200\text{MPa}$，已知杆的直径 $d = 100\text{mm}$，问：杆为多长时，方可用欧拉公式计算该杆的临界力？

【解】　当 $\lambda \geqslant \lambda_p$ 时，才能用欧拉公式计算该杆的临界力

$$\lambda = l_0/i = \frac{1 \times l}{(d/4)} = \frac{4l}{d}$$

$$\lambda_p = \sqrt{\frac{\pi^2 E}{\sigma_p}} = \sqrt{\frac{\pi^2 \times 210 \times 10^3}{200}} = 100$$

由
$$\lambda = \frac{4l}{d} \geqslant \lambda_p = 100 \text{ 得}$$

$$l \geqslant \frac{100}{4} d = 2500\text{mm} = 2.5\text{m}$$

即当该杆的长度大于 2.5m 时，才能用欧拉公式计算临界力。

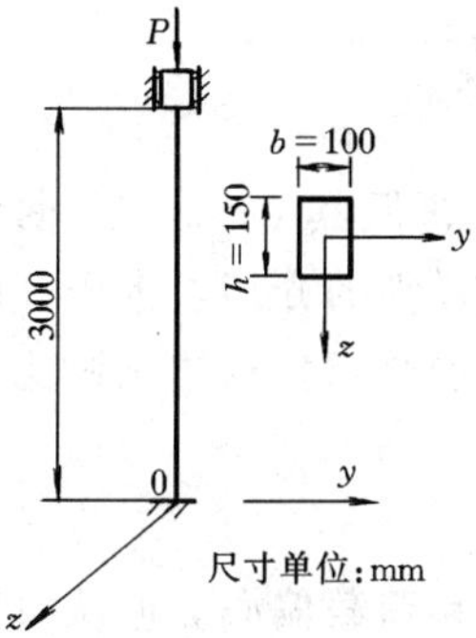

图 7-11　例 7-6 图

【例 7-6】　图 7-11 示钢压杆，材料的弹性模量 $E = 200\text{GPa}$，比例极限 $\sigma_p = 265\text{MPa}$，其两端约束分别为：下端为固定；上端：在 xy 平面内为夹支，在 xOz 平面内为自由端。①计算该压杆的临界力；②从该压杆的稳定角度（在满足 $\lambda \geqslant \lambda_p$ 情况下），b 与 h 的比值应等于多少才合理？

【解】 (1) 计算临界力

在 xy 平面内弯曲时，因一端固定，一端夹支，所以 $l_{01}=0.5l=1500\text{mm}$；因弯曲的中性为 z 轴，惯性矩应取 I_z，惯性半径取 i_z。

$$(\lambda)_{xy}=\frac{l_{01}}{i_z}=\frac{l_{01}}{\sqrt{I_z/(bh)}}=\frac{l_{01}}{b\sqrt{1/12}}=52$$

在 xz 平面内弯曲时，因一端固定，一端自由，所以 $l_{02}=2l=6000\text{mm}$，因弯曲的中性轴为 y 轴，惯性矩应取 I_y，惯性半径取 i_y。

$$(\lambda)_{xz}=\frac{l_{02}}{i_y}=\frac{l_{02}}{\sqrt{I_y/(bh)}}=\frac{l_{02}}{h\sqrt{1/12}}=138.56>(\lambda)_{xy}$$

所以$(\lambda)_{xz}$起决定作用。

由 $\lambda_p=\sqrt{\dfrac{\pi^2E}{\sigma_p}}=\sqrt{\dfrac{\pi^2\times200\times10^3}{265}}=86.31<(\lambda)_{xz}$

欧拉公式成立，所以

$$P_{cr}=(P_{cr})_{xz}=\frac{\pi^2EI_y}{(l_{02})^2}$$

$$=\frac{\pi^2\times200\times10^3\times\frac{1}{12}\times100\times150^3}{6000^2}$$

$$=1.54\times10^6\text{N}=1.54\times10^3\text{kN}$$

(2) 确定合理的 b 与 h 比值

在满足 $\lambda\geqslant\lambda_p$ 情况下，是合理的截面应力

$$(P_{cr})_{xy}=(P_{cr})_{xz}\text{ 或}(\lambda)_{xy}=(\lambda)_{xz}\text{，即}$$

$$\frac{l_{01}}{i_z}=\frac{l_{02}}{i_y}\text{ 得 }\frac{1500}{b\sqrt{1/12}}=\frac{6000}{h\sqrt{1/12}}$$

所以 $h/b=\dfrac{6000}{1500}=4$

第五节 压杆稳定性的校核

各种金属结构的压杆，其稳定性校核的思路大体相同，但其($\sigma_{cr}-\lambda$)曲线各不相同。我们以钢压杆的稳定性作为典型示例，进行较详细的介绍。木压杆的稳定性校核因近年来就国产木材作了大量研究，因而也特加介绍。砌体压杆比较特殊，宜在“砌体结构”中专门研究。

(一) 钢压杆的稳定性的校核

实际压杆的缺陷一般归纳为三种：**残余应力、初弯曲和荷载偏心**。但从概率观点看，三者同时达到其杆件最不利情况的机会很小，所以人们只考虑前两者，

即以有残余应力和初弯曲的压杆作为实际压杆的模型。

对于实际压杆显然不能用分叉点失稳模式，因为它一开始就有弯曲。也不能用佩里公式即边缘纤维屈服的模式，因该模式没有考虑到残余应力带来的塑性区（下节介绍）。因此对实际压杆是考虑极值点失稳的模式，即以图 7-2（b）所示极值点的应力作为临界应力 σ_{cr}。

计算单一塑性失稳的临界应力，不但理论上比较复杂，而且不可能推导出适用于一切截面的统一的临界应力公式，也推导不出适用于一切压杆的（$\sigma_{cr}-\lambda$）曲线（即临界应力总图，工程界称为**柱子曲线**）。实际上，在计算上只能采用数值法，但一次也只能就一种截面计算出一条属于它的柱子曲线。我国钢结构规范组根据自己算出的 96 根钢柱子曲线，经分析研究，最后归纳为图 7-12 所示 a、b 和 c 三根曲线，其中：

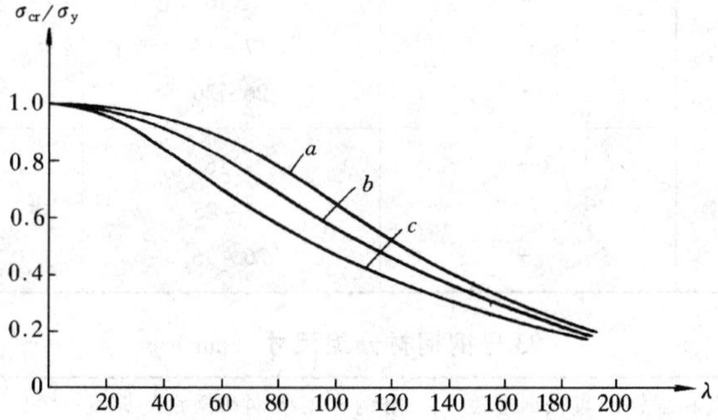

图 7-12　钢压杆的临界应力总图

***a* 曲线**——主要用于轧制工字形截面的强轴（弱轴用 b 曲线）、热轧圆管和方管；

***c* 曲线**——用于焊接工字形截面的弱轴、槽形的对称主轴；

***b* 曲线**——除 a、c 曲线之外的情况。

中心压杆的临界应力（极限点应力）σ_{cr}与屈服极限 σ_y 之比称为**压杆的稳定系数**，以 φ 表示。

$$\varphi = \frac{\sigma_{cr}}{\sigma_y} \leqslant 1 \tag{7-18}$$

相应于每一条柱子曲线有一系列稳定系数，因此钢结构规范中有 a 类截面、b 类截面和 c 类截面三种稳定性系数表。各种钢的稳定系数表也互不相同（本章附录所示 3 号钢的稳定系数表）。

稳定校核按下述**稳定条件**进行：

$$N \leqslant \varphi A f \tag{7-19}$$

式中　N——压杆所受轴向压力的设计值；

A——压杆截面的毛截面面积；

f——钢材抗压强度设计值，随钢材种类而异，见表 7-2；

φ——稳定系数，见本章附表。

关于 f 值与钢材尺寸有关，3 号钢按尺寸分三组，见表 7-3。表 7-2 表示钢材的 f 值。❶

钢材的抗压强度设计值（N/mm^2）　　表 7-2

钢　号	组　别	厚度或直径	f
3 号钢	第 1 组	—	215
	第 2 组	—	200
	第 3 组	—	100
16Mn 钢 16Mnq 钢	—	≤16	315
	—	17 ~ 15	300
	—	26 ~ 36	290
15MnV 钢　15MnVq 钢	—	≤16	350
	—	17 ~ 25	335
	—	26 ~ 36	320

3 号钢钢材分组尺寸（mm）　　表 7-3

组　别	圆钢、方钢和扁钢的直径或厚度	角钢、工字钢和槽钢的厚度	钢板的厚度
第 1 组	≤40	≤15	≤20
第 2 组	> 40 ~ 100	> 15 ~ 20	> 20 ~ 40
第 3 组		> 20	> 40 ~ 50

【例 7-7】　如图 7-13 所示，一压杆由普通工字钢制成，搁在 A、B 和 C 三个支座上，B 支座抵住工字钢的腹板，截面为 I56a，钢材强度设计值取 f = 215MPa，试求荷载的许可值［P］。

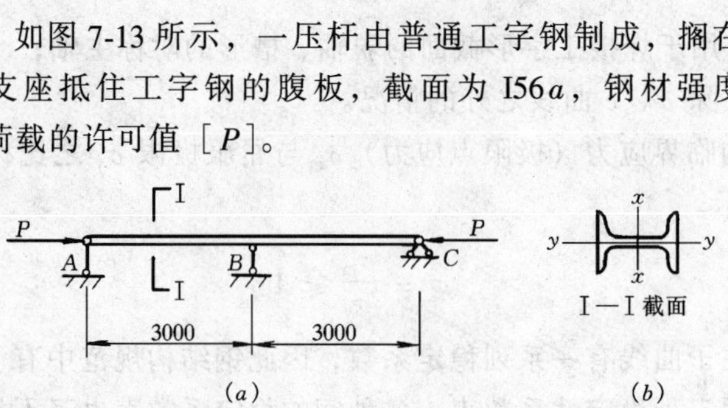

图 7-13　例 7-7 图

❶　根据中华人民共和国国家标准，钢结构设计规范（GBJ 17—1988）。

【解】　B 支座抵住腹板，阻止 B 处截面以 yy 轴为中性的微弯曲，但不妨碍以 xx 为中性轴的微弯曲，所以计算长度为

$$l_{ox} = 6000\text{mm}, l_{oy} = 3000\text{mm}$$

查型钢表知，对于 I56a，有下列数据：

$$A = 135.435\text{cm}^2, i_x = 22.0\text{cm}, i_y = 3.18\text{cm}$$

所以
$$\lambda_x = \frac{6000}{220} = 27.27, \lambda_y = \frac{3000}{31.8} = 94.34$$

λ_y 远大于 λ_x，λ_y 起决定作用，普通工字钢的弱轴，应查 3 号的 b 类稳定系数，查得当 $\lambda_y = 94.34$，$\varphi_y = 0.590$。于是

$$[P] = \varphi Af = 0.590 \times 13544 \times 215 \times 10^{-3} = 1718\text{kN}$$

【例 7-8】　图 7-14（a）示一天窗架两侧的立柱，计算长度 $l_0 = 3.5$m，承受轴向压力 $P = 400$kN，钢材强度设计值 $f = 190$MPa，建议用一对等边角钢如图 7-14（b）所示，试选择等边角钢的型号。

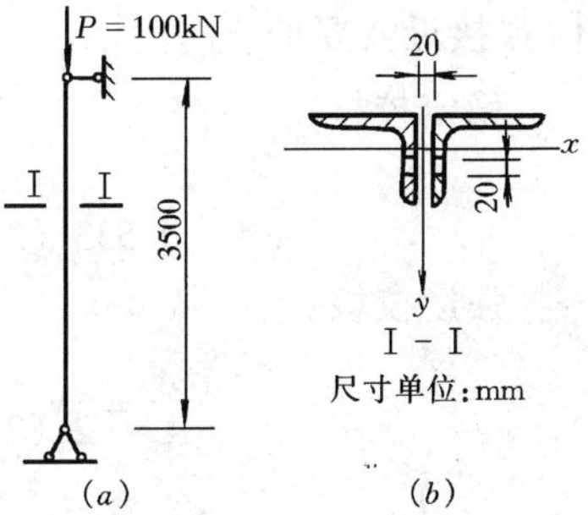

图 7-14　例 7-8 图

【解】　设计截面一般用试算法，因为从公式

$$A \geqslant \frac{N}{\varphi f} \qquad (7\text{-}20)$$

看，公式右边的 φ 也是未知数。作为计算的第一步，可参考已有资料或凭经验假定一个截面尺寸，然后去校核其稳定性。如缺乏经验和资料，可先假定一个适中的稳定系数 φ（例如设 $\varphi = 0.5 \sim 0.6$），然后利用上式求 A，算 λ，查 φ，如查得的 φ 与假设的接近，则所选截面可以，否则须再假定新的 φ 值，再作新的一轮试算。就本例而言，我们设 $\varphi = 0.6$，于是

$$A \geqslant \frac{N}{\varphi f} = \frac{400 \times 10^3}{0.6 \times 190} = 3509\text{mm}^2 = 35.09\text{cm}^2$$

一个角钢的面积为 $A_L = 35.09/2 = 17.54\text{cm}^2$，现选 L100 × 10，

数据：$A_L = 19.261$cm，$i_x = 3.05$cm

计算：$\lambda = \dfrac{350}{3.05} = 114.8$

查 b 类截面 φ 值表：$\varphi = 0.465$

第二轮试算：取 $\varphi = \dfrac{1}{2}(0.6 + 0.465) = 0.5325$

需 $A_L \geqslant \dfrac{1}{2}\left(\dfrac{400 \times 10^3}{0.5325 \times 190}\right) = 1976\text{mm}^2 \approx 20\text{cm}^2$

取 L110 × 10 数据：

$A_L = 21.261\text{cm}^2$，$i_x = 3.38\text{cm}$

计算：$\lambda = \dfrac{350}{3.38} = 103.55$

查 φ：$\varphi = 0.533$

第三轮试算：取 $\varphi = \dfrac{1}{2}(0.5325 + 0.533) = 0.53275$

$$A_L \geqslant \frac{1}{2}\left(\frac{400 \times 10^3}{0.53075 \times 190}\right) = 1975.8\text{mm}^2$$

因为 1975.8 同上一轮的 1976 很接近，所以不必再试，就把截面定为 L110 × 10。型钢表提供的截面系列的面积是离散的，不是非常规则。不要追求表上的 A_L 很接近需要的 A_L。

稳定校核：

$$\frac{N}{\varphi A} = \frac{400 \times 10^3}{0.533(2 \times 2126.1)} = 176.49\text{MPa} < f \qquad \text{安全}$$

强度校核：

$$\frac{N}{A_n} = \frac{400 \times 10^3}{2(2126.1 - 20 \times 10)} = 103.8\text{MPa} < f$$

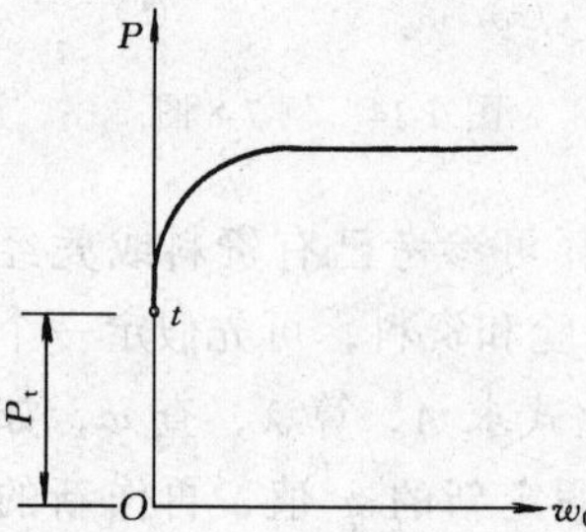

图 7-15　木压杆的 P-w_0 曲线

结论：选取 2L110 × 10（读者可试选 2L110 × 8，有数据 $A_L = 17.238\text{cm}^2$，$i_x = 3.40\text{cm}$，算得的 $N/(\varphi A)$ 将大于 190MPa）。

（二）木压杆的稳定性的校核

根据实验[1]，实际的木压杆的 P-w_0 曲线如图 7-15，此曲线的 Ot 段完全重合于纵坐标轴，P_t 是切线模量理论的临界荷载，这就是说木压杆的工作方式是中心受压。

木压杆的稳定性校核按下述计算准则进行

$$N \leqslant \varphi A_0 f_c \tag{7-21}$$

式中　N——轴向压力的设计值；

f_c——木材顺纹抗压强度的设计值；

A_0——压杆截面的计算面积；

φ——轴心受压杆件的稳定系数。

树种不同，f_c 和 φ 之值也不同，表 7-4 示各种树种木材的 f_c 值和 E（弹性

[1] 黄绍胤，轴心受压木构件稳定问题的研究报告（1），重庆建筑工程学院学报，1986.3，第 42 ~ 52 页。

模量）值[1]。

常用树种的顺纹抗压强度设计值和弹性模量　表 7-4

强度等级	组别	适　用　树　种	$f_c\left(\frac{N}{mm^2}\right)$	$E\left(\frac{N}{mm^2}\right)$
TC17	A	柏木	16	10000
	B	东北落叶松	15	
TC15	A	铁杉、油杉	13	10000
	B	鱼磷云杉、西南云杉	12	
TC13	A	油松、新疆落叶松、马尾松	12	10000
	B	红皮云杉、丽江云杉、红松、樟子松	10	9000
TB11	A	西北云杉、新疆云杉	10	9000
	B	杉木、冷杉	10	
TB20	—	栎木、青冈、椆木	18	12000
TB17	—	水曲柳	16	11000
TB15	—	锥栗（栲木）、桦木	14	10000

关于 φ 值，规范规定：

（1）树种强度等级为 TC17、TC15 及 TB20：

当 $\lambda \leqslant 75$ 时

$$\varphi = \frac{1}{1+\left(\frac{\lambda}{80}\right)^2} \tag{7-22}$$

当 $\lambda > 75$ 时

$$\varphi = \frac{3000}{\lambda^2} \tag{7-23}$$

（2）树种强度等级为 TC13、TC11、TB17 及 TB15：

当 $\lambda \leqslant 91$ 时

$$\varphi = \frac{1}{1+\left(\frac{\lambda}{65}\right)^2} \tag{7-24}$$

当 $\lambda > 91$ 时

$$\varphi = \frac{2800}{\lambda^2} \tag{7-25}$$

【例 7-9】　一柏木柱长 3m，两端铰支，直径 200mm，试按表 7-4 所给数据计

[1] 根据中华人民共和国国家标准，木结构设计规范（GBJ 5—1988）。

算其许可轴向压力。

【解】 $i=\frac{d}{4}=\frac{200}{4}=50\text{mm}$

$\lambda=3000/50=60<75$

按式（7-34）

$$\varphi=\frac{1}{1+(60/80)^2}=0.64$$

$$[P]=\varphi Af_c=0.64\times\frac{\pi}{4}(200)^2\times16\times10^{-3}=321.7\text{kN}$$

第六节 有初弯曲的弹性压杆·佩里公式

初弯曲是实际压杆最常有的缺陷之一，图 7-16（a）的曲线①就是杆在加载前（$P=0$）的轴线，初弯曲线一般假定为正弦曲线：

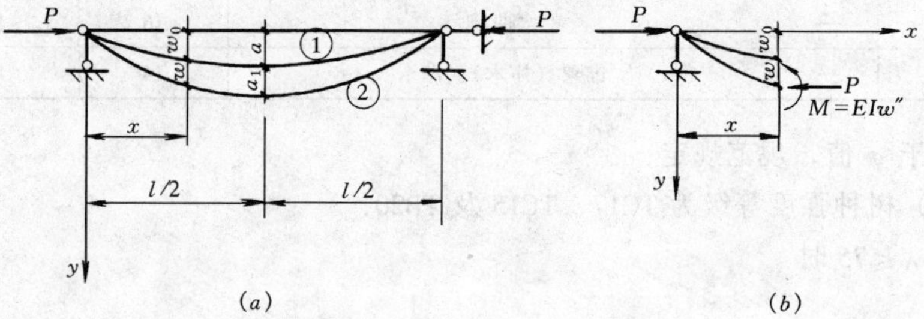

图 7-16 有初弯曲的弹性压杆

$$w_0(x)=a\sin\frac{\pi x}{l} \qquad (a)$$

其中，w_0 是 x 截面的初挠度，建筑施工规范规定跨度中央的挠度 $a\leqslant l/1000$。加上压力 P 之后截面 x 立刻产生新的挠度 w，设当 $P=P$ 时有弹性曲线②，其截面 x 上出现弯矩 $M=-EIw''$（内弯矩与 w_0 无关）。对 x 截面的形心取矩建立力矩平衡方程，得

$$-EIw''=P(w_0+w)=P(a\sin\frac{\pi x}{l}+w)$$

或
$$w''+k^2w=-k^2a\sin\frac{\pi x}{l} \qquad (b)$$

式中
$$k^2=\frac{P}{EI}$$

设其解为
$$w=C_1\sin\frac{\pi x}{l}+C_2\cos\frac{\pi x}{l}$$

由边界条件 $x=0$ 及 $x=l$ 时 $w=0$，代入上式，得 $C_2=0$，于是有

$$w = C_1 \sin \frac{\pi x}{l} \tag{c}$$

$$w'' = -C_1 \frac{\pi^2}{l^2} \sin \frac{\pi x}{l}$$

代入式(b)得

$$C_1 = \frac{k^2}{\pi^2/l^2 - k^2} a = \frac{k^2 a}{(P_E/EI) - k^2} = \frac{a}{P_E/P - 1} \tag{d}$$

其中 $P_E = \pi^2 EI/l^2$ 是当此杆无初弯曲时的临界荷载，但这里称为欧拉荷载，因一加压力就有挠度，已无分叉点可言。由式（c）知 C_1 是跨度中点的挠度，于是总挠度 w_t 为

$$w_t = w_0 + w = (a + C_1)\sin \frac{\pi x}{l} = \delta \sin \frac{\pi x}{l} \tag{7-26}$$

其中，δ 是跨度中点的总挠度 $\delta = a + C_1$，根据(d)得

$$\delta = \frac{a}{1 - P/P_E} \tag{7-27}$$

这就是有初弯曲的压杆的 P-δ 关系式，其曲线如图 7-17 所示，由上式可见，当 $P \to P_E, \delta \to \infty$。所以图中两条曲线均在 $\delta = \infty$ 处与水平线 AC 相交。由于 $a_2 < a_1$，所以曲线②更靠近 $OABC$。若 $a = 0$，曲线就应当重合 $OABC$。

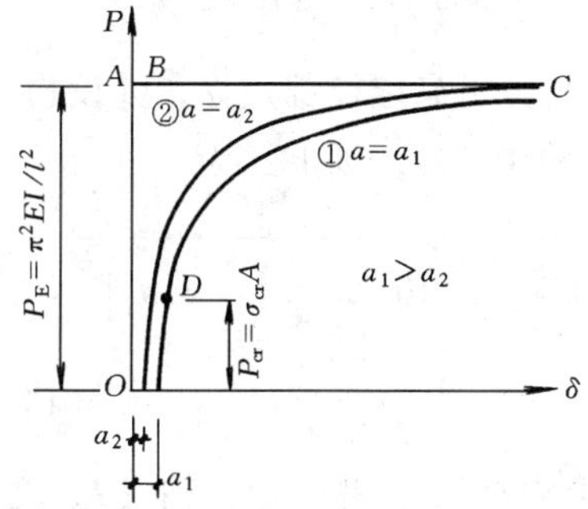

图 7-17 有初弯曲弹性压杆的 P-δ 曲线

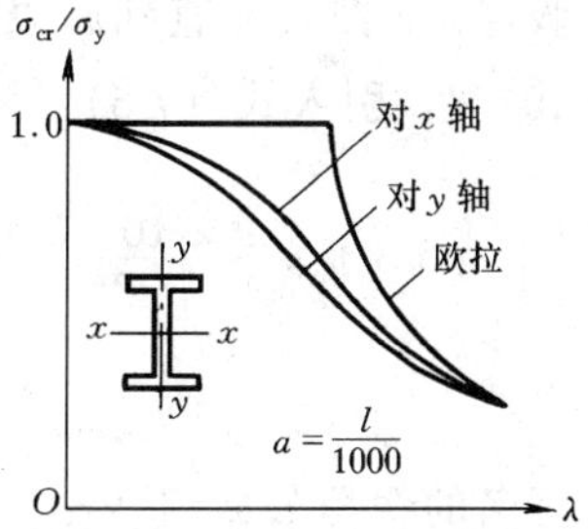

图 7-18 σ_{cr}-λ 曲线

我们可以说若杆的中点挠度达到∞，则 $P = P_E$，但这并不保证挠度真能达到∞，事实上，$M = -EIw''$ 只适用于小挠度，用小挠度理论去研究 $\delta = \infty$ 的现象是不合理的。

有初弯曲的压杆的小挠度理论也是二阶理论，但因一开始就弯曲，不属于分叉点失稳范畴，所以它是**二阶强度问题**。按强度观点，当中点截面的边缘纤维应力达到比例极限 σ_p，小挠度理论就失效了。

杆件跨度中点截面弯矩为

$$M = P\delta = \frac{Pa}{1 - P/P_E} = \frac{Pa}{1 - \sigma_0/\sigma_E} \tag{7-28}$$

其中 $\sigma_0 = P/A, \sigma_E = P_E/A, \sigma_0$ 是截面的平均应力，σ_E 是杆的欧拉应力。

以 σ_2 表示压杆中点截面凹边边缘的应力，它是全杆的最大压应力。

$$\sigma_2 = \frac{P}{A} + \frac{M}{W} = \frac{P}{A} + \frac{1}{W}\frac{Pa}{1 - \sigma_0/\sigma_E}$$

$$= \frac{P}{A}\left[1 + \frac{A}{W}a\left(1 - \frac{\sigma_0}{\sigma_E}\right)^{-1}\right]$$

$$= \sigma_0\left[1 + \frac{A}{W}a\left(1 - \frac{\sigma_0}{\sigma_E}\right)^{-1}\right]$$

式中，W 是抗弯截面抵抗矩。当 $\sigma_2 \geqslant \sigma_p$（比例极限），则压杆中点截面进入非弹性阶段，所以上述理论的适用范围是

$$\sigma_0\left[1 + \frac{Aa}{W}\left(1 - \frac{\sigma_0}{\sigma_E}\right)^{-1}\right] \leqslant \sigma_p \tag{7-29}$$

当只取等号则上式成为以 σ_0 为未知量的一元二次方程式，设其根为 σ_{cr}，则

$$\sigma_{cr} = \frac{1}{2}\left[\sigma_p + \left(1 + \frac{Aa}{W}\right)\sigma_E\right] - \sqrt{\frac{1}{4}\left[\left(1 + \frac{Aa}{W}\right)\sigma_E + \sigma_p\right]^2 - \sigma_p\sigma_E} \tag{7-30}$$

若假定 σ-ε 曲线一直到屈服极限 σ_y 都是直线，胡克定律都成立，并设初挠度 $a = 1 \times 10^{-3} l$，引入式（7-6）后，可写为 $a = 1 \times 10^{-3}\lambda i$，则上式为

$$\sigma_{cr} = \frac{1}{2}\left[\sigma_y + \left(1 + \frac{1 \times 10^{-3} i\lambda A}{W}\right)\sigma_E\right] - \sqrt{\frac{1}{4}\left[\left(1 + 1 \times 10^{-3}\lambda\frac{iA}{W}\right)\sigma_E + \sigma_y\right]^2 - \sigma_y\sigma_E} \tag{7-31}$$

这就是著名的**佩里公式**（Perry′s formula）。对于焊接工字钢，绕弱轴（I_{min}之轴）的 $iA/W \approx 2.10$，绕强轴（I_{max}之轴）的 $iA/W \approx 1.6$，于是根据式（7-31）可绘出其 $\sigma_{cr} - \lambda$ 曲线如图 7-18。

在图 7-17 的曲线①中设 D 点的纵标 P 满足 $P/A = \sigma_{cr}$，而这里的 σ_{cr}是由佩里公式给出，那么，D 以下的曲线段（$P/A \leqslant \sigma_{cr}$）是小挠度理论的适用范围。但是，若认为只有当 $\sigma \leqslant \sigma_p$（比例极限）材料才是线弹性，那么谈小挠度理论适用范围时，应该用 $\sigma_2 \leqslant \sigma_p$ 即式（7-29）来确定。

小　结

一、弹性压杆稳定性的静力学准则：当荷载小于一定的数值时，微小外界干扰使其偏离

直线平衡位置，外界干扰撤销后，弹性压杆仍能回到初始直线平衡位置保持平衡，则称初始直线位置的平衡是稳定的；当荷载大于一定的数值时，外界干扰使其偏离初始直线平衡位置，外界干扰撤销后，压杆不能回到初始直线平衡位置，则称初始直线位置的平衡是不稳定的。

二、欧拉公式及适用范围

临界荷载 $P_{cr}=\frac{\pi^2 EI}{l_0^2}, l_0=\mu l, \mu$ 为长度系数，与杆端约束有关。计算临界荷载时应注意杆端约束 μ、弯形曲线及惯性矩的对应关系。

临界应力 $\sigma_{cr}=\frac{\pi^2 E}{\lambda^2}, \lambda$ 为长细比，$\lambda=\frac{\mu l}{i}, i=\sqrt{\frac{I}{A}}$；$\lambda$ 越大，σ_{cr} 越小，压杆的承载荷载越小。

欧拉公式的适用范围为：

$$\sigma_{cr} \leqslant \sigma_p \text{ 或 } \lambda \leqslant \lambda_p=\sqrt{\frac{\pi^2 E}{\sigma_p}}$$

满足上式的弹性压杆称为细长压杆。

三、压杆的稳定性计算

实际压杆存在残余应力、初弯曲及荷载偏心，应考虑极值点失稳的模式。

1. 稳定性条件

$$N \leqslant \varphi A f$$

式中　φ——压杆的稳定性系数，与压杆的材料及长细比 λ 有关。

2. 稳定计算

利用稳定条件可以对压杆进行三类问题的计算。

(1) 稳定性校核；

(2) 确定容许荷载；

(3) 选择截面（试算法）。

思　考　题

7-1　什么叫弹性压杆的稳定性？为什么要研究压杆的稳定性？

7-2　什么叫做稳定的平衡状态？什么叫不稳定的平衡状态？什么叫做临界平衡状态？研究临界平衡状态有何意义？

7-3　什么叫平衡途径？什么叫分叉点？什么叫分叉点失稳？什么叫极值点失稳？

7-4　什么叫临界力？什么叫临界应力？

7-5　欧拉公式是如何推导出来的？压杆两端的支承情况对临界力有何影响？

7-6　欧拉公式的适用范围如何？

7-7　什么叫压杆的柔度？其物理意义如何？

7-8　实际钢压杆与理想压杆有何差异？

7-9　什么叫临界应力总图？它在工程中有何意义？

7-10　实际钢压杆的稳定性系数与哪些因素有关，如何确定？

习　　题

7-1　有一张硬纸卡片，用图 7-19 所示的三种方式竖在桌面上，试比较三者的稳定性。

7-2 一中心压杆的横截面为等腰三角形如图 7-20 所示。试说明压杆失稳时将绕何轴弯曲？图中 C 点是截面的形心。

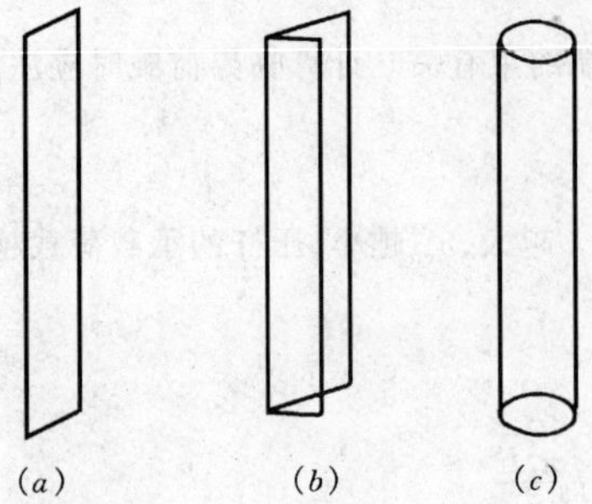

图 7-19

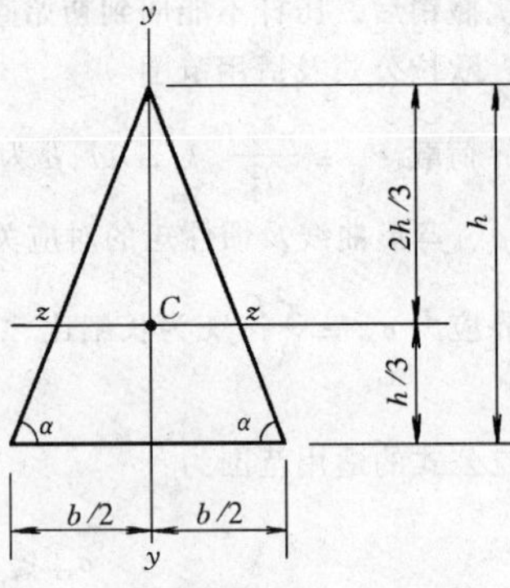

图 7-20

7-3 试用微分方程法求一端固定一端自由的中心压杆的临界荷载。

7-4 试用微分方程法求一端固定一端夹支的中心压杆的临界荷载。

7-5 图 7-21 所示诸压杆材料相同、截面相同，但长度和支承不同，试比较它们的临界力的大小，并从大到小排出顺序。

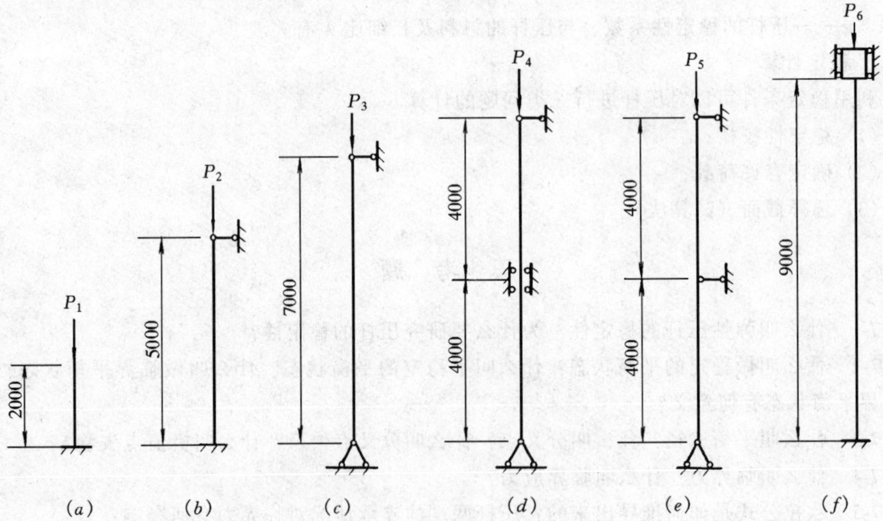

图 7-21

7-6 一木柱长 3m，两端铰支截面直径 $d = 100$mm，弹性模量 $E = 10$GPa，比例极限 $\sigma_p = 20$MPa，求其可用欧拉公式计算临界力的最小长细比 λ_p，及临界力 P_{cr}。

7-7 一两端铰支压杆长 4m，用工字钢 I20a 制成，材料的比例极限 $\sigma_p = 200$MPa，弹性模量 $E = 200$GPa，求其临界应力和临界荷载。

7-8 图 7-22 所示支架中压杆 AB 的长度为 1m，直径 28mm，材料是三号钢，$E = 200$GPa，试求其临界轴力及相应荷载 F。

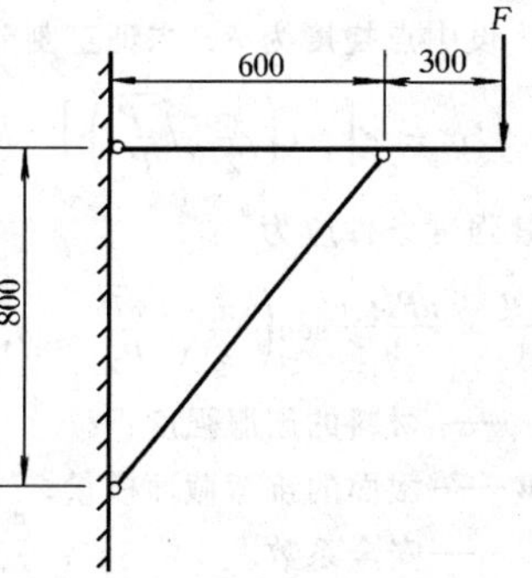

图 7-22

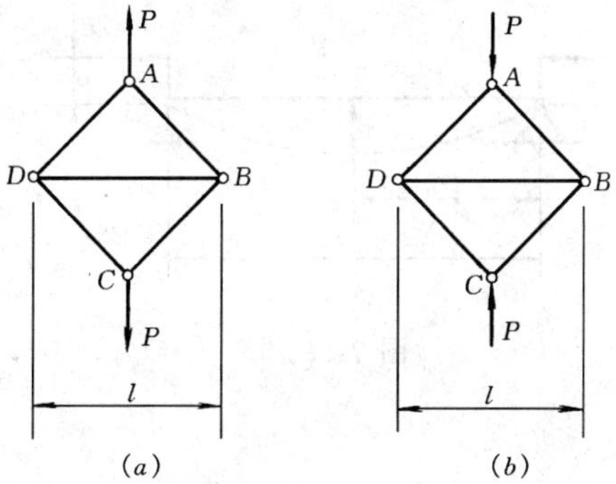

图 7-23

7-9　如图 7-23 所示，五杆相互铰接组成一个正方形和一条对角线的结构，设五杆的材料相同，截面相同，对角线 BD 长度为 l，求图示两种加载情况下的 P 的临界值。

7-10　三根直径为 d 的钢杆铰接于点 D，杆 1 下端铰接，杆 2 下端固定，如图 7-24 所示。设结构因在图平面内失稳而丧失承载能力，求竖向荷载 P 的临界值。

提示：在稳定理论中一般假定：在杆件因失稳而弯曲的过程中，轴力停留于其临界值不变——不随挠度增大而增大。故无论杆 1 和杆 2 谁先失稳，其轴力即停留于其临界值，荷载 Q 后续的增量由暂时没有失稳的杆件承担。这样，直到三杆全部失稳，结构才丧失承载能力。

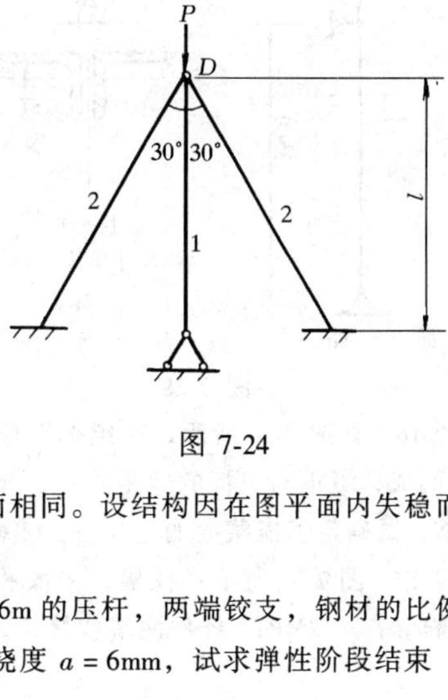

图 7-24

7-11　图 7-25 所示结构中杆 1 和杆 2 材料相同，截面相同。设结构因在图平面内失稳而丧失承载能力，求使 P 值为最大的 θ 角。

*7-12　如图 7-26 所示，以 I50b 的工字钢制成一长 6m 的压杆，两端铰支，钢材的比例极限 $\sigma_p = 200\text{MPa}$，弹性模量 $E = 200\text{GPa}$，若杆的中点有初挠度 $a = 6\text{mm}$，试求弹性阶段结束（中点凹边边缘应力等于 σ_p）时的荷载 P。

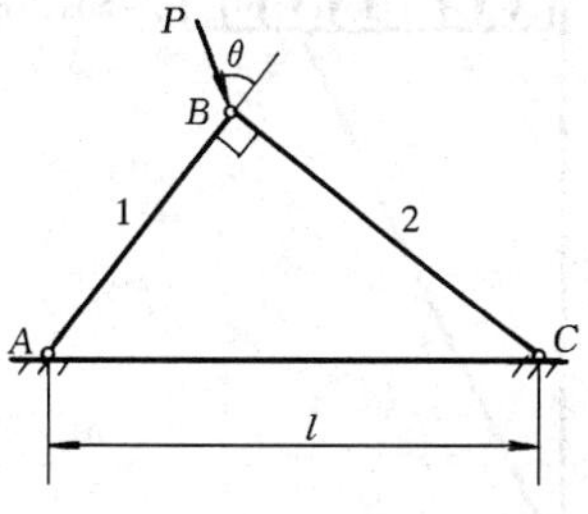

图 7-25

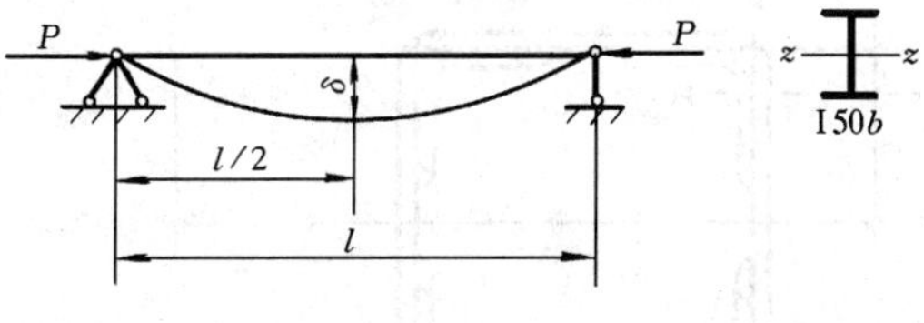

图 7-26

*7-13　图 7-27 所示一两端铰支压杆受有偏心压力 P 作用，偏心距为 e，当 $e = 0$ 时有欧

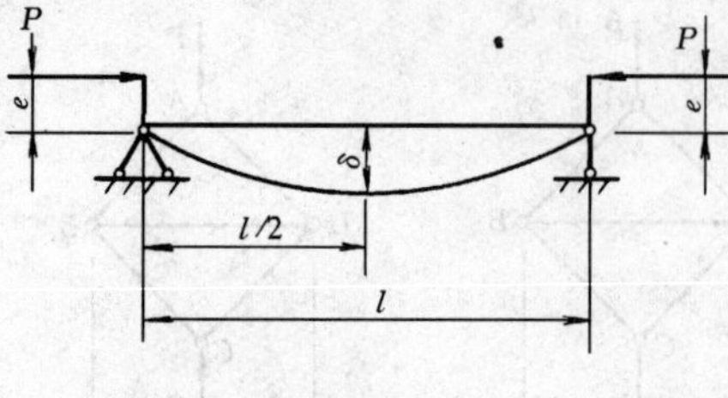

图 7-27

拉荷载 $P_E = \pi^2 EI/l^2$，当 $e \neq 0$ 时一开始加力就有挠曲，设中点挠度为 δ，求证正割公式：

$$\delta = e\left[\sec\left(\frac{\pi}{2}\sqrt{\frac{P}{P_E}}\right)\right]$$

并证明其强度条件应为

$$\frac{\pi P}{A} + \frac{nP \cdot e}{W}\sec\left(\frac{\pi}{2}\sqrt{\frac{nP}{P_E}} \leqslant \sigma_y\right)$$

式中 σ_y——材料的屈服强度；

W——截面的抗弯截面模量；

n——安全系数。

* 7-14 如图 7-28 所示，一柱下端固定，上端自由，受偏心压力作用，偏心距为 e。试求其自由端挠度 δ。

7-15 求题 7-8 的容许荷载 $[F]$（图 7-29）。

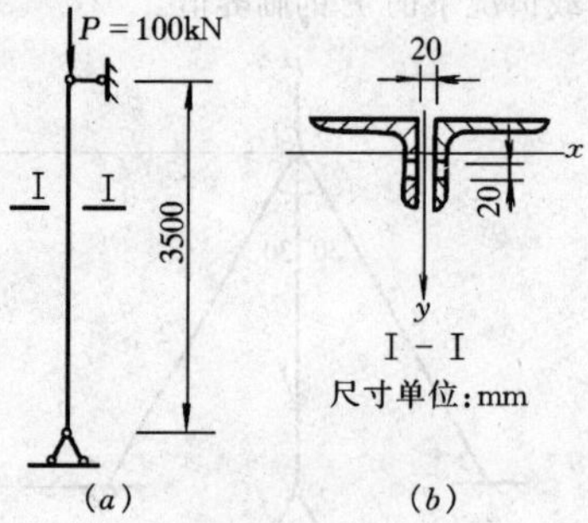

图 7-28

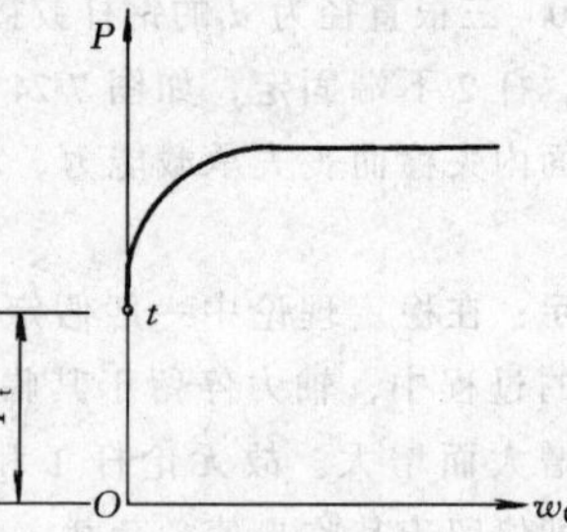

图 7-29

7-16 如图 7-30 所示，一组合钢柱长 $l = 6$m，两端铰支，由 4 根角钢 L80 × 80 × 6 用缀板缀合而成，缀板与缀板的间距为 l_1，钢材的强度设计值为 $f = 200$MPa，柱承受中心压力 $P = 450$kN，试确定①横截面的边长 a；②缀板的间距 l_1。

7-17 图 7-31 所示一托架，在水平杆上承受均布荷载 $q = 50$kN/m。其斜撑 AB 为西南云杉圆木杆，$f_c = 12$MPa，杆件两端铰接，试确定其直径 d。

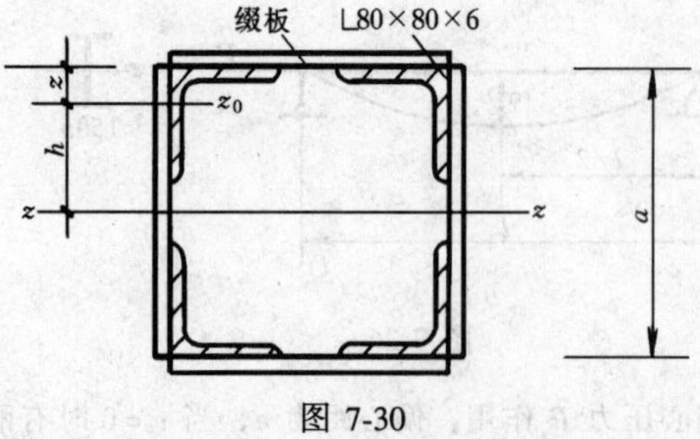

图 7-30

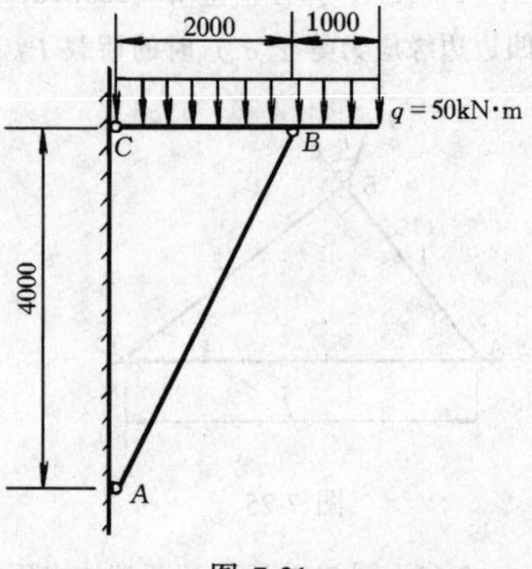

图 7-31

附表：轴心受压钢结构构件的稳定系数❶

3 号钢　*a* 类截面轴心受压构件的稳定系数 φ　附表 7-1

λ	0	1	2	3	4	5	6	7	8	9
0	1.000	1.000	1.000	1.000	0.999	0.999	0.998	0.998	0.997	0.996
10	0.995	0.994	0.993	0.992	0.991	0.989	0.988	0.986	0.985	0.983
20	0.981	0.979	0.977	0.976	0.974	0.972	0.970	0.968	0.966	0.964
30	0.963	0.961	0.959	0.957	0.955	0.952	0.950	0.948	0.946	0.944
40	0.941	0.939	0.937	0.934	0.932	0.929	0.927	0.924	0.921	0.919
50	0.916	0.913	0.910	0.907	0.904	0.900	0.897	0.894	0.890	0.886
60	0.883	0.879	0.875	0.871	0.867	0.863	0.858	0.854	0.849	0.844
70	0.839	0.834	0.829	0.824	0.818	0.813	0.807	0.801	0.795	0.789
80	0.783	0.776	0.770	0.763	0.757	0.750	0.743	0.736	0.728	0.721
90	0.714	0.706	0.699	0.691	0.684	0.676	0.668	0.661	0.653	0.645
100	0.638	0.630	0.622	0.615	0.607	0.600	0.592	0.585	0.577	0.570
110	0.563	0.555	0.548	0.541	0.534	0.527	0.520	0.514	0.507	0.500
120	0.494	0.488	0.481	0.475	0.469	0.463	0.457	0.451	0.445	0.440
130	0.434	0.429	0.423	0.418	0.412	0.407	0.402	0.397	0.392	0.387
140	0.383	0.378	0.373	0.369	0.364	0.360	0.356	0.351	0.347	0.343
150	0.339	0.335	0.331	0.327	0.323	0.320	0.316	0.312	0.309	0.305
160	0.302	0.298	0.295	0.292	0.289	0.285	0.282	0.279	0.276	0.273
170	0.270	0.267	0.264	0.262	0.259	0.256	0.253	0.251	0.248	0.246
180	0.243	0.241	0.238	0.236	0.233	0.231	0.229	0.226	0.224	0.222
190	0.220	0.218	0.215	0.213	0.211	0.209	0.207	0.205	0.203	0.201
200	0.199	0.198	0.196	0.194	0.192	0.190	0.189	0.187	0.185	0.183
210	0.182	0.180	0.179	0.177	0.175	0.174	0.172	0.171	0.169	0.168
220	0.166	0.165	0.164	0.162	0.161	0.159	0.158	0.157	0.155	0.154
230	0.153	0.152	0.150	0.149	0.148	0.147	0.146	0.144	0.143	0.142
240	0.141	0.140	0.139	0.138	0.136	0.135	0.134	0.133	0.132	0.131
250	0.130									

❶ 钢结构设计规范（GBJ 17—1988）的附表 3.1，3.2，3.3。

3号钢 *b*类截面轴心受压构件的稳定系数 φ 附表 7-2

λ	0	1	2	3	4	5	6	7	8	9
0	1.000	1.000	1.000	0.999	0.999	0.998	0.997	0.996	0.995	0.994
10	0.992	0.991	0.989	0.987	0.985	0.983	0.981	0.978	0.976	0.973
20	0.970	0.967	0.963	0.960	0.957	0.953	0.950	0.946	0.943	0.939
30	0.936	0.932	0.929	0.925	0.922	0.918	0.914	0.910	0.906	0.903
40	0.899	0.895	0.891	0.887	0.882	0.878	0.874	0.870	0.865	0.861
50	0.856	0.852	0.847	0.842	0.838	0.833	0.828	0.823	0.818	0.813
60	0.807	0.802	0.797	0.791	0.786	0.780	0.774	0.769	0.763	0.757
70	0.751	0.745	0.739	0.732	0.726	0.720	0.714	0.707	0.701	0.694
80	0.688	0.681	0.675	0.668	0.661	0.655	0.648	0.641	0.635	0.628
90	0.621	0.614	0.608	0.601	0.594	0.588	0.581	0.575	0.568	0.561
100	0.555	0.549	0.542	0.536	0.529	0.523	0.517	0.511	0.505	0.499
110	0.493	0.487	0.481	0.475	0.470	0.464	0.458	0.453	0.447	0.442
120	0.437	0.432	0.426	0.421	0.416	0.411	0.406	0.402	0.397	0.392
130	0.387	0.383	0.378	0.374	0.370	0.365	0.361	0.357	0.535	0.349
140	0.345	0.341	0.337	0.333	0.329	0.326	0.322	0.318	0.315	0.311
150	0.308	0.304	0.301	0.298	0.295	0.291	0.288	0.285	0.282	0.279
160	0.276	0.273	0.270	0.267	0.265	0.262	0.259	0.256	0.254	0.251
170	0.249	0.246	0.244	0.241	0.239	0.236	0.234	0.232	0.229	0.227
180	0.225	0.223	0.220	0.218	0.216	0.214	0.212	0.210	0.208	0.206
190	0.204	0.202	0.200	0.198	0.197	0.195	0.193	0.191	0.190	0.188
200	0.186	0.184	0.183	0.181	0.180	0.178	0.176	0.175	0.173	0.172
210	0.170	0.169	0.167	0.166	0.165	0.163	0.160	0.162	0.159	0.158
220	0.156	0.155	0.154	0.153	0.151	0.150	0.149	0.148	0.146	0.145
230	0.144	0.143	0.142	0.141	0.140	0.138	0.137	0.136	0.135	0.134
240	0.133	0.132	0.131	0.130	0.129	0.128	0.127	0.126	0.125	0.124
250	0.123									

3号钢　c类截面轴心受压构件的稳定系数φ　　附表7-3

λ	0	1	2	3	4	5	6	7	8	9
0	1.000	1.000	1.000	0.999	0.999	0.998	0.997	0.996	0.995	0.993
10	0.992	0.990	0.988	0.986	0.983	0.981	0.978	0.976	0.973	0.970
20	0.966	0.959	0.953	0.947	0.940	0.934	0.928	0.921	0.915	0.909
30	0.902	0.896	0.890	0.884	0.877	0.871	0.865	0.858	0.852	0.846
40	0.839	0.833	0.826	0.820	0.814	0.807	0.801	0.794	0.788	0.781
50	0.775	0.768	0.762	0.755	0.748	0.742	0.735	0.729	0.722	0.715
60	0.709	0.702	0.695	0.689	0.682	0.676	0.669	0.662	0.656	0.649
70	0.643	0.636	0.629	0.623	0.616	0.610	0.604	0.597	0.591	0.584
80	0.578	0.572	0.566	0.559	0.553	0.547	0.541	0.535	0.529	0.523
90	0.517	0.511	0.505	0.500	0.494	0.488	0.483	0.477	0.472	0.467
100	0.463	0.458	0.454	0.449	0.445	0.441	0.436	0.432	0.428	0.423
110	0.419	0.415	0.411	0.407	0.403	0.399	0.395	0.391	0.387	0.383
120	0.379	0.375	0.371	0.367	0.364	0.360	0.356	0.353	0.349	0.346
130	0.342	0.339	0.335	0.332	0.328	0.325	0.322	0.319	0.315	0.312
140	0.309	0.306	0.303	0.300	0.297	0.294	0.291	0.288	0.285	0.282
150	0.280	0.277	0.274	0.271	0.269	0.266	0.264	0.261	0.258	0.256
160	0.254	0.251	0.249	0.246	0.244	0.242	0.239	0.237	0.235	0.233
170	0.230	0.228	0.226	0.224	0.222	0.220	0.218	0.216	0.214	0.212
180	0.210	0.208	0.206	0.205	0.203	0.201	0.199	0.197	0.196	0.194
190	0.192	0.190	0.189	0.187	0.186	0.184	0.182	0.181	0.179	0.178
200	0.176	0.175	0.173	0.172	0.170	0.169	0.168	0.166	0.165	0.163
210	0.162	0.161	0.159	0.158	0.157	0.156	0.154	0.153	0.152	0.151
220	0.150	0.148	0.147	0.146	0.145	0.144	0.143	0.142	0.140	0.139
230	0.138	0.137	0.136	0.135	0.134	0.133	0.132	0.131	0.130	0.129
240	0.128	0.127	0.126	0.125	0.124	0.124	0.123	0.122	0.121	0.120
250	0.119									

第八章 能 量 方 法

学 习 要 点

本章从功—能原理出发，构建了一种计算结构位移、变形和内力的方法体系——能量法。学习本章的重点和关键在于深刻理解应变能、余能的概念并熟练掌握以上能量的计算方法。

第一节 能量的基本概念及计算方法

一、能量的基本概念

弹性体在受力后要发生变形，同时弹性体内将积蓄能量。例如拉长的橡皮筋能把石子射出，说明橡皮筋变形后（拉长）具有了做功的能力，而石子的射出现象也正是这种橡皮筋能量转化成石子动能的结果。这种由于外力做功（以上例子首先是施加在橡皮筋上的外力做功）而积蓄在弹性体内的能量称作应变能。由应变能的定义可以知道，弹性体的应变能是客观存在的，且具有实际物理意义。根据物理学的功能原理可知，应变能就等于外力所做的功。

为了构建能量原理下的计算弹性体结构位移、内力、变形的计算体系，在此还给出了另一个能量参数——余能。须说明的是该参数不具有实际的物理意义，只是为导出公式方便而人为规定的参量。其具体定义及进一步说明在其计算过程中给出。

二、应变能　余能的计算方法

（一）应变能的计算方法

为了说明应变能的计算方法，先以拉（压）杆为例加以分析，如图 8-1（a）所示。外力功以 W 表示，应变能以 U 表示。它们的单位是焦耳，符号为 J。

在弹性体的变形过程中，当作用在杆件上的外力由 0 逐渐增大到 P_1、杆端位移由 0 增至 Δ_1 时，积蓄在弹性体内的应变能 U 在数值上等于外力所做的功 W，即

$$U = W = \int_0^{\Delta_1} P \mathrm{d}\Delta \tag{8-1}$$

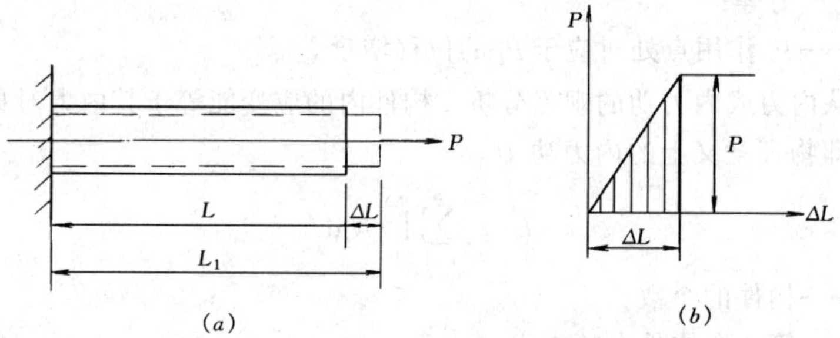

图 8-1　拉（压）杆的应变能计算方法

故先求外力功 W。在静荷载 P 的作用下，若杆伸长了 ΔL，这就是拉力 P 的作用点的位移。P 力在此位移所做的功可以从 P 与 ΔL 的关系曲线下的面积来计算。由于在线弹性变形范围内 P 与 ΔL 成线性关系，如图 8-1（b）所示，于是，从图中三角形面积，可求得 P 力所做功 W 为

$$W = \frac{1}{2}P\Delta L$$

故由公式（8-1）知，积蓄在杆内的应变能为

$$U = \frac{1}{2}P\Delta L$$

又因杆的内力 N 等于 P，所以上式可写为

$$U = \frac{1}{2}N\Delta L$$

由拉（压）胡克定律得

$$U = \frac{N^2 L}{2EA} = \frac{P^2 L}{2EA} \tag{8-2}$$

若以杆的变形量 ΔL 表示上式则

$$U = \frac{EA}{2L}\Delta L^2 \tag{8-3}$$

式（8-2）、（8-3）给出了拉（压）杆在线弹性范围内的应变能计算公式。由此我们可以给出针对所有弹性体范围内更广泛意义上构件的应变能的计算方法及思想。

(1) 从外力或外力功的观点分析：构件内的应变能就等于作用于构件上的外力对其作用点处位移的积累，也即物理意义上的外力功 W。

$$W = \sum_{i=1}^{n}\int_0^{\Delta_i} P_i \mathrm{d}\Delta_i \tag{8-4}$$

式中　n——外力的个数；

P_i——构件上的任一外力，具有广义性，可以是集中力、集中力偶、分布

力等；

$d\Delta_i$——P_i 作用点处对应于 P_i 的位移增量。

(2) 从内力或内力功的观点分析：构件内的应变能等于其内力对相应变形的积累。也即物理意义上的内力功 U。

$$U = \sum_{i=1}^{n}\int_0^{\Delta_i} N_i \mathrm{d}\Delta_i \tag{8-5}$$

式中 n——构件的个数；

N_i——第 i 个构件中的内力；

$d\Delta_i$——第 i 个构件中的内力所对应的变形增量。

根据以上两条原则，不难计算出其他基本变形下构件的应变能。如扭转、弯曲变形等，只不过像横力弯曲这样的变形，由于其内力和相应的变形（弯矩、截面旋转角）均是杆轴线位置的函数，所以计算上比较繁琐一些。为此，我们从应力和应变入手寻找计算应变能的方法。

下面给出描述构件内能的另一个物理量——比能，用 u 表示，若以 dV 表示构件内的任一体积微元，dU 表示体积微元内的应变能，则

$$u = \frac{\mathrm{d}U}{\mathrm{d}V} \tag{8-6}$$

u 表示在 dV 处的比能，其单位为 $\mathrm{N \cdot m/m^3}$，一般说 u 是构件体内位置的函数。图 8-2 所示拉杆，若其轴力为 N，横截面积为 A，弹性模量为 E，伸长量 $\Delta L = L_1 - L$，则由式（8-2）知，杆的总应变能为

$$U = \frac{N^2 L}{2EA}$$

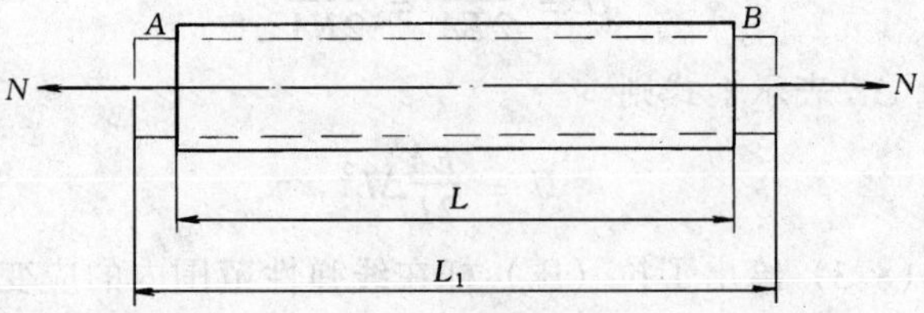

图 8-2 受拉直杆

由于 AB 杆内各点处的变形和内力均相等，所以各点处 dV 所含应变能 dU 也应相同，根据比能的定义知，AB 杆内各点的比能相同，且为：

$$u = \frac{\mathrm{d}U}{\mathrm{d}V} = \frac{U}{V} = \left(\frac{N^2 L}{2EA}\right)\Big/(LA) = \left(\frac{1}{2}N\Delta L\right)\Big/(L \cdot A)$$

所以简化为

$$u = \frac{1}{2}\sigma\varepsilon \tag{8-7a}$$

或

$$u = \frac{\sigma^2}{2E} = \frac{E}{2}\varepsilon^2 \tag{8-7b}$$

同理对切应力比能可表示为

$$u = \frac{\tau^2}{2G} = \frac{G}{2}r^2 = \frac{1}{2}\tau r \tag{8-7c}$$

从线弹性下的应力—应变曲线可以看出，u 为 σ-ε 曲线下的面积。如图 8-3 所示。即

$$u = \int_0^{\varepsilon}\sigma \mathrm{d}\varepsilon \tag{8-8}$$

由比能的概念可以写出构件内应变能的计算方法

$$U = \int_V u \mathrm{d}V \tag{8-9}$$

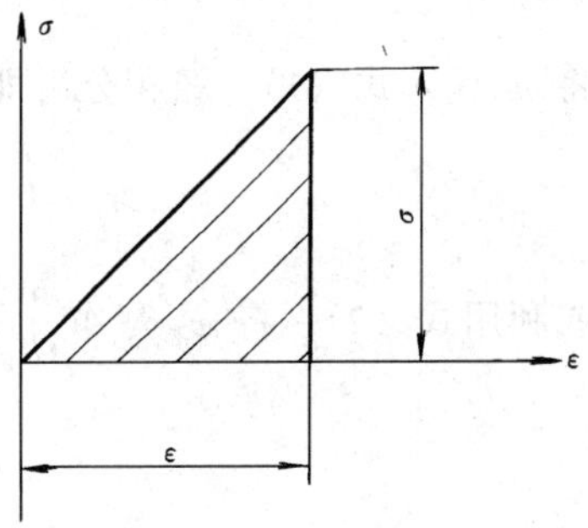

图 8-3 应变比能

式中 V 表示构件的体积。

须强调的是，计算应变能公式（8-4）、（8-5）及计算比能公式（8-8）对应结构可以是线弹性体，也可以是非线性弹性体。非线性弹性体包括结构的几何非线性（具体定义见例 8-3）和材料非线性。

【例 8-1】 图 8-4（a）所示在线弹性范围内工作的一端固定，另一端自由的圆轴，在自由端截面上受扭转力偶 m_1 作用。材料的剪变模量 G 和轴的长度 l 以及直径 d 均已知。计算此轴在加载过程中所积蓄的应变能 U。

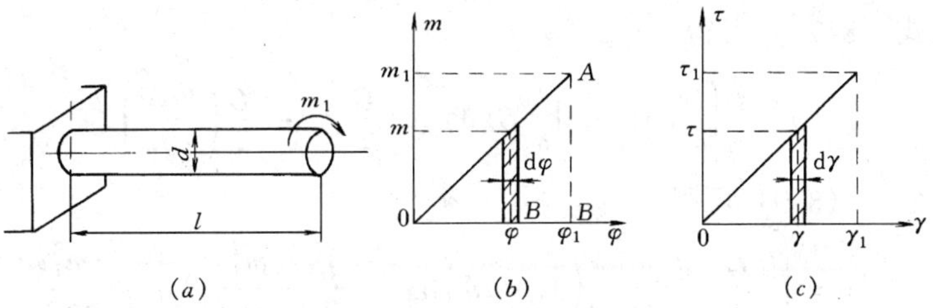

图 8-4 例 8-1 图

【解】 先按自由端外加扭转力偶 m_1 和该截面的扭转角 φ_1 来计算。仿公式（8-9），可得

$$U = \int_0^{\varphi_1} m \mathrm{d}\varphi \tag{1}$$

在线弹性条件（图 8-4b）下，由扭转角公式（5-46a）得

$$\varphi = \frac{ml}{GI_P} \tag{2}$$

于是，扭转力偶矩 m 可写成扭转角 φ 的函数：

$$m = \frac{GI_P}{l}\varphi \tag{3}$$

将 m 代入式（1），经积分后即得

$$U = \int_0^{\varphi_1} \frac{GI_P}{l}\varphi \mathrm{d}\varphi = \frac{GI_P}{2l}\varphi_1^2 \tag{4}$$

或利用式（2），将 φ_1 写作 $\frac{m_1 l}{GI_P}$，而将式（4）改写为

$$U = \frac{m_1^2 l}{2GI_P} \tag{5}$$

不论用式（4）还是用式（5）表达的应变能 U，显然都是图 b 中三角形 OAB 的面积。

再以任意截面上任一点处的剪应力 τ 和剪应变 γ 来计算该点处的比能 u，并按公式（8-9）求出积蓄在整个轴内的应变能 U。因为扭矩 $M_t = m$，故由式（5-12）知

$$\tau = \frac{m\rho}{I_P} \tag{6}$$

由剪切胡克定律公式可得

$$\gamma = \frac{m\rho}{GI_P} \tag{7}$$

于是，由式（8-7c）可得

$$u = \int_0^{\gamma_1} \tau \mathrm{d}\gamma = \int_0^{\gamma_1} G\gamma \mathrm{d}\gamma = \frac{G}{2}\gamma_1^2 = \frac{G}{2}\left(\frac{m_1\rho}{GI_P}\right)^2 \tag{8}$$

将此代入公式（8-9）可得

$$U = \int_0^l \frac{G}{2} \cdot \frac{m_1^2}{(GI_P)^2}\left(\int_A \rho^2 \mathrm{d}A\right)\mathrm{d}x = \frac{G}{2}\frac{m_1^2}{(GI_P)^2}I_P l = \frac{m_1^2 l}{2GI_P}$$

得到与式（5）相同的结果。由此可见，用两种方法都可以计算应变能 U。事实上，无论用哪种方法，实际上都是通过外力功来计算应变能的，因为对于单元体来说，与应力相应的内力应看作外力。

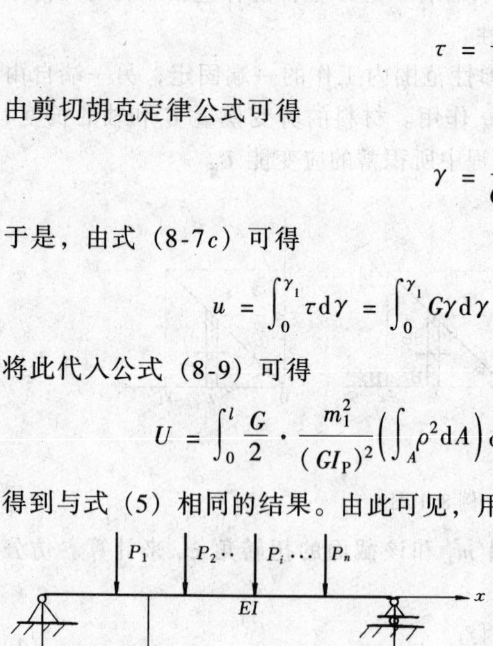

图 8-5 例 8-2 图

【例 8-2】 试计算图 8-5 所示抗弯刚度为 EI 的梁，在横力弯曲下积蓄

在梁内的应变能。

【解】　对任意荷载下的简支梁进行讨论（其他梁同）。

由于梁中剪应力对梁的变形影响很小，故略去剪应力所产生的应变能。分析思路是：先计算出梁内任一点的比能 u，再对整个梁的体积积分，得到相应的应变能 U。

在梁 x 截面上的任一点，由梁的正应力公式（5-22）知

$$\sigma = \frac{M(x)y}{I_z} \tag{1}$$

由公式（8-7b）知

$$u = \frac{\sigma^2}{2E} = \frac{1}{2E}\left[\frac{M(x)}{I_z}y\right]^2 \tag{2}$$

所以梁内的应变能

$$U = \int_V u\mathrm{d}V \tag{3}$$

V 是梁的全部体积。将（2）代入（3）后

$$\begin{aligned} U &= \int_V \frac{1}{2E}\left[\frac{M(x)}{I_z}y\right]^2 \mathrm{d}V \\ &= \frac{1}{2EI_z^2}\int_0^l \left[M^2(x)\int_A y^2\mathrm{d}A\right]\mathrm{d}x \qquad (A\ 是梁的横截面积) \\ &= \frac{1}{2EI_z}\int_0^l M^2(x)\mathrm{d}x \end{aligned}$$

$$U = \int_0^l \frac{M^2(x)}{2EI_z}\mathrm{d}x$$

以上即为线弹性下梁的应变能计算公式。

【例 8-3】　原为水平位置的杆系如图 8-6（a）所示，试计算在荷载 P_1 作用下的应变能。两杆的长度均为 l，横截面面积均为 A，其材料相同，弹性模量为 E，且均为线弹性的。

【解】　杆系中的两杆在荷载由零值增至某一值 P 时，各伸长 Δl，因而，使施力点 A 发生了位移 δ。设两杆的轴力为 N，则两杆的伸长量均为

$$\Delta l = \frac{Nl}{EA} \tag{1}$$

两杆伸长后的长度均为

$$l + \Delta l = l\left(1 + \frac{N}{EA}\right)$$

$$\delta = \sqrt{(l+\Delta l)^2 - l^2} = \sqrt{\left(l^2 + 2l\frac{Nl}{EA} + \frac{N^2 l^2}{E^2 A^2}\right) - l^2}$$

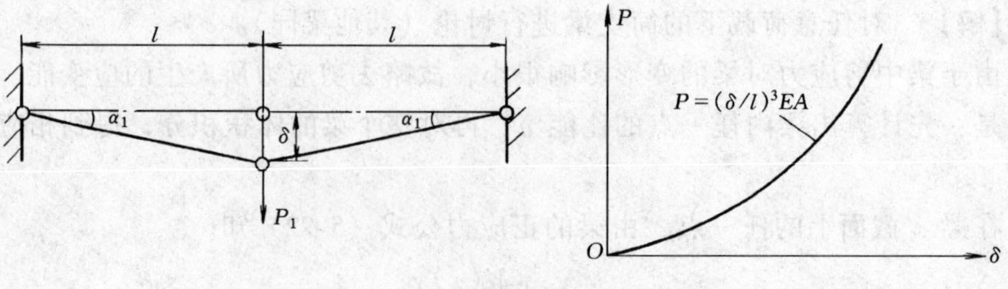

（a）　　　　　　　　　　　　（b）

图 8-6　例 8-3 图

$$= \sqrt{l^2\left(2\frac{N}{EA} + \frac{N^2}{(EA)^2}\right)} \approx l\sqrt{2\frac{N}{EA}} \tag{2}$$

由图 8-6（a）的几何关系可知，上式中的$\frac{N}{EA}$为杆的伸长应变，其值甚小，所以$\left(\frac{N}{EA}\right)^2$项为高阶微量，可略去不计。

由两杆节点铅垂方向力的平衡条件，可得两杆的轴力与外加荷载之间的关系为

$$N = \frac{P}{2\sin\alpha} \tag{3}$$

由于 α 角很小，故有

$$\sin\alpha \approx \tan\alpha = \frac{\delta}{l} \tag{4}$$

将式（4）代入式（3），即得

$$N = \frac{PI}{2\delta} \tag{5}$$

再将式（5）中的 N 代入式（2），经简化后，即得 δ 的表达式为

$$\delta = \sqrt[3]{\frac{P}{EA}}l \tag{6}$$

或写作 P 用 δ 表达的形式

$$P = \left(\frac{\delta}{l}\right)^3 EA \tag{7}$$

在图 8-6（b）中绘出了 P-δ 间的非线性关系曲线。

由以上分析可见，两杆的材料虽为线弹性的，但位移 δ 与荷载 P 之间的关系却是非线性的。像这种非线性弹性问题，称为几何非线性弹性问题。凡是由外加荷载引起的变形会对杆件的内力发生影响的问题，都属于几何非线性弹性问题。计算此类的应变能，只能采用式（8-1），通过外力的功来计算。

将式（7）代入式（8-1）得

$$U = \int_0^{\delta_1}\left(\frac{\delta}{l}\right)^3 EA\mathrm{d}\delta$$

式中 δ_1 为 P 力由 0 逐渐增至 P_1 时，结构 A 点的位移。积分上式得

$$U = \frac{1}{4}\frac{\delta_1^4}{l^3}EA = \frac{1}{4}P_1\delta_1$$

（二）余能及其计算方法

前面已提出余能这个能量参数，现结合图 8-7 给出的非线性弹性材料拉杆，来讨论余能的概念。

当外力从 0 逐渐加到 P_1 时，由于材料为非线性弹性体，则拉杆 AB 的 P-Δ 曲线如图 8-7（b）所示。于是可参照外力功的表达式计算另一种积分。

$$\int_0^{P_1}\Delta\mathrm{d}P$$

此积分从量纲看，它和外力功相同，所以把它作为一种功的参量讨论，很显然这一参量不具有任何物理意义，只是一个数学上的计算式。从图 8-7（b）可以看出，这一积分是 P-Δ 曲线与纵坐标轴之间的面积。它与 $P = P_1$ 时外力功 $\int_0^{\Delta_1}P\mathrm{d}\Delta$ 之和恰好等于矩形面积 $P_1\Delta_1$。所以，习惯上将此积分称为“余功”，用 W_c 表示，即

$$W_c = \int_0^{P_1}\Delta\mathrm{d}P \tag{8-10}$$

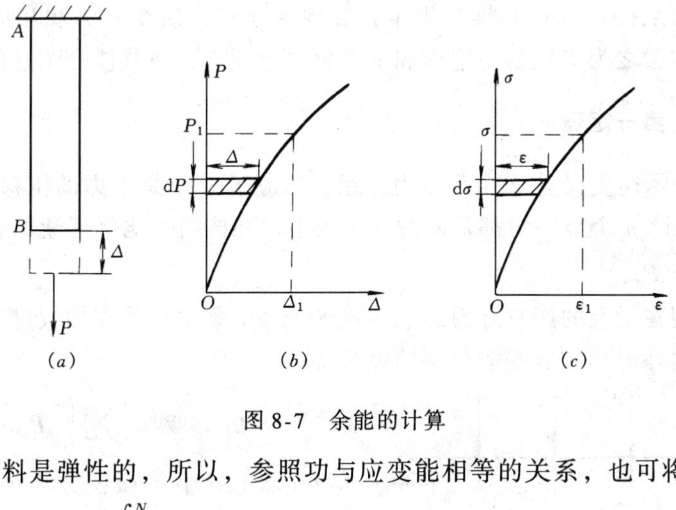

图 8-7 余能的计算

由于材料是弹性的，所以，参照功与应变能相等的关系，也可将与余功相应的内力与位移的积分 $\int_0^{N_1}\Delta\mathrm{d}N$ 称为“余能”，并用 U_c 表示，且满足 $W_c = U_c =$

$\int_0^{P_1}\Delta \mathrm{d}P$ 的表达式。而此式也就是用外力余功计算余能的计算公式。同样也可参照应变能中比能的概念得到“余比能” u_c 的定义，即

$$u_c = \int_0^{\sigma_1}\varepsilon \mathrm{d}\sigma \tag{8-11}$$

其意义见图 8-7（c），由此可得

$$U_c = \int_V u_c \mathrm{d}V \tag{8-12}$$

在线弹性材料的几何线性问题中，应力与应变之间及荷载与位移之间都是线性关系，因而余能和应变能在数值上也都相等。但必须强调的是，余能和应变能在概念和数学表达式上却截然不同，应该加以区分。

【例 8-4】 试计算例题 8-3 中所示杆系在荷载作用下的余能。

【解】 将例题 8-3 中式（6）代入余能公式（8-10），得

$$U_c = W_c = \int_0^{P_1}\delta \mathrm{d}P = \int_0^{P_1}\sqrt[3]{\frac{P}{EA}}l\mathrm{d}P = \frac{3}{4}\frac{P_1^{4/3}}{4(EA)^{1/3}}l = \frac{3}{4}P_1\delta_1$$

这就是图 8-6（b）中的非线性的弹性问题，非线性关系只反映在外力与其相应的位移之间。因此，与例题 8-3 相仿，只能从荷载的外力余功来计算结构的余能。

第二节 卡 氏 定 理

以上介绍了应变能、余能的概念及计算方法。依据式（8-4）和（8-10），卡斯提里阿诺（A.Castigliano）推导出了计算弹性体构件所受外力和相应位移的两个公式，通常称之为卡氏第一定理和卡氏第二定理。下面具体介绍这两个定理。

一、卡氏第一定理

图 8-8 所示简支梁受 n 个集中力作用，对应于 n 个集中力的位移分别为 δ_1、$\delta_2\cdots\delta_i\cdots\delta_n$，设 n 个集中力都是同时加在梁上，并按同一比例逐渐加载到最后值 P_1、$P_2\cdots P_i\cdots P_n$。

所以作用在梁上的所有外力的总功就等于每个集中荷载在加载过程中所做功的总和。根据外力功和应变能相等的关系得

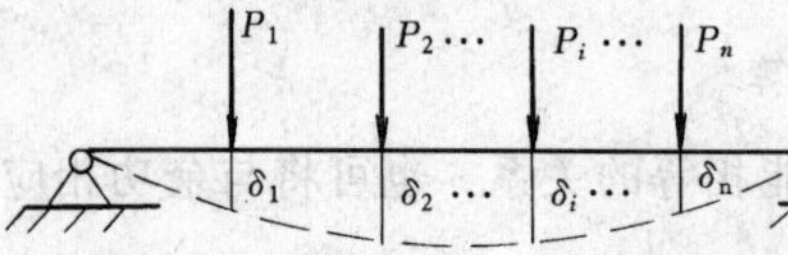

图 8-8 受 n 个集中力作用的简支梁

$$U = W = \sum_{i=1}^{n}\int_0^{\delta_i}P_i \mathrm{d}\delta_i \tag{8-13a}$$

显然上式中每项积分均为位移 δ_i 的函数，所以梁内应变能 U 是一个关于 δ_i

的 n 元函数，即 $U=U(\delta_1,\ \delta_2\cdots\delta_i\cdots\delta_n)$

设第 i 个荷载下的位移 δ_i 有微小增量 $d\delta_i$，则梁内应变能的增量 dU 可写成

$$dU = \frac{\partial U}{\partial \delta_i} d\delta_i \tag{8-13b}$$

其中 $\frac{\partial U}{\partial \delta_i}$ 表示 U 对变量 δ_i 的变化率（偏导数）。由于只假设 δ_i 有微小增量，而其余位移不变，所以，外力功的增量为

$$dW = P_i d\delta_i \tag{8-13c}$$

由 $dW=dU$ 可得

$$P_i = \frac{\partial u}{\partial \delta_i} \tag{8-14}$$

这一满足所有弹性体构件的表达式称为卡氏第一定理，它表明弹性构件中的应变能 U 对于构件上与某一荷载相应的位移之变化率，等于该荷载的数值。在此，须强调的是 P_i，δ_i 具有广义性。P_i 可以是一个集中力、一个集中力偶、一对力或一对力偶；而 δ_i 则表示与之相应的广义位移，可以是一个线位移、一个角位移，相对线位移或相对角位移。很显然卡氏第一定理适用于所有弹性体问题，既包含线性问题，也包含非线性问题。

【例 8-5】　抗弯刚度为 EI 的悬臂梁如图 8-9 所示，请按卡氏第一定理，并根据其自由端的已知转角 θ 来确定施加于该处的力偶 m。梁的材料是在线弹性范围内工作的。

【解】　悬臂梁自由端施加力偶矩为 m 的外力偶时，梁处于纯弯曲状态。梁内任一点的线应变为

$$\varepsilon = y/\rho \tag{1}$$

其中 ρ 为挠曲线的曲率半径。此梁处于纯弯曲状态，挠曲线为圆弧，由图知

$$\rho\theta = l \tag{2}$$

于是，式（1）可改写成

$$\varepsilon = y\theta/l \tag{3}$$

按公式（8-7b）可得此梁内任一点处的比能 u 的表达式

$$u = \frac{1}{2}E\varepsilon^2 = \frac{1}{2}\frac{E\theta^2}{l^2}y^2 \tag{4}$$

将 u 的表达式代入（8-9），并在积分时取 dA 为梁横截面的微面积，则得用转角 θ 表示的应变能 U 的表达式为

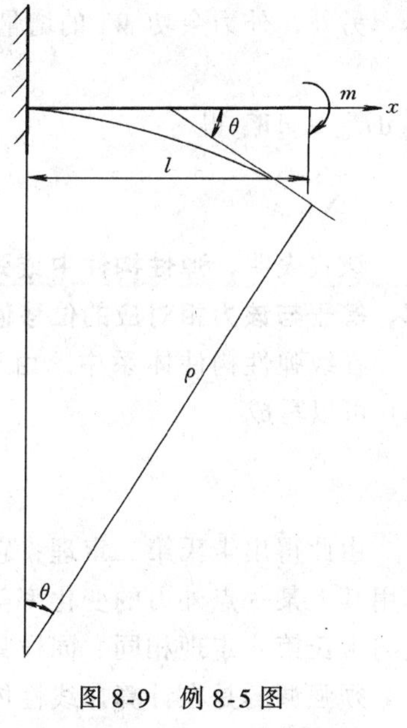

图 8-9　例 8-5 图

$$U = \int_V u\mathrm{d}V = \int_l \left(\int_A u\mathrm{d}A\right)\mathrm{d}x = \int_l \left(\frac{1}{2}\frac{E\theta^2}{l^2}\int_A y^2\mathrm{d}A\right)\mathrm{d}x = \frac{1}{2}\frac{EI}{l}\theta^2 \tag{5}$$

按卡氏第一定理，即公式（8-14），可得

$$m = \frac{\partial U}{\partial \theta} = \frac{1}{2}\frac{EI}{l}(2\theta) = \frac{EI\theta}{l} \tag{6}$$

由式（6）即可根据已知的转角 θ 求得外力偶矩的值。

通过本例题可以看到，在运用卡氏第一定理时，必须将应变能 U 的表达式写成所给定的位移（本例题是自由端处的转角 θ）的函数形式，因为只有按这种形式的 U 的表达式，才可能求出它对给定位移的变化率。

二、卡氏第二定理

仍以图 8-8 所示受 n 个集中力 P_1，P_2，…，P_i，…，P_n 作用的简支梁为例，其位移和加载形式同前，则外力的总余功等于每个集中荷载的余功之和，于是梁内余功可写成

$$U_c = W_c = \sum_{i=1}^{n}\int_0^{P_i}\delta_i\mathrm{d}P_i \tag{8-15a}$$

上式说明，梁内的余能 U_c 是关于 P_i 的 n 元函数即

$$U_c = U_c(P_1, P_2, \cdots, P_i, \cdots, P_n)$$

若给 P_i 一个微小的增量 $\mathrm{d}P_i$，则余能增量为

$$\mathrm{d}U_c = \frac{\partial U_c}{\partial P_i}\mathrm{d}P_i \tag{8-15b}$$

另外，外力余功 W_c 的增量为

$$\mathrm{d}W_c = \delta_i\mathrm{d}P_i \tag{8-15c}$$

由 $\mathrm{d}U_c = \mathrm{d}W_c$ 得

$$\delta_i = \frac{\partial U_c}{\partial P_i} \tag{8-16}$$

该式表明，**弹性构件中或弹性构件体系的余能对作用其上某点外力的变化率，等于与该力相对应的位移值，这一公式称为余能定理。**

在线弹性构件体系中，由于应变能 U 与余能 U_c 在数值上相等，所以（8-16）可以写成

$$\delta_i = \frac{\partial U}{\partial P_i} \tag{8-17}$$

由此得出卡氏第二定理：它表明线弹性构件或线弹性构件体系的应变能对于作用其上某一点外力的变化率等于与该力相对应的位移值，此式中 P_i、δ_i 的意义与卡氏第一定理相同，同样具有广义性。

须强调的是在计算非线性体的位移时，就只能用余能定理，而卡氏第二定理

只适用于线弹性问题。

【例 8-6】 抗弯刚度为 EI 的悬臂梁受三角形分布荷载如图 8-10 所示。梁的材料为线弹性，且不计剪应变对挠度的影响。试用卡氏第二定理，计算悬臂梁自由端的挠度。

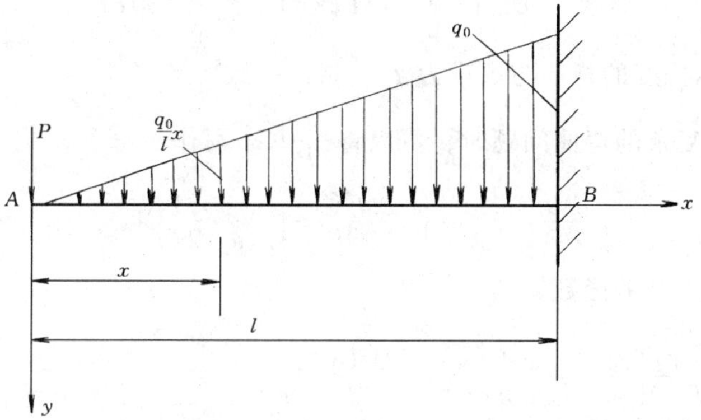

图 8-10 例 8-6 图

【解】 在应用卡氏第二定理确定梁自由端的挠度时，需要在自由端加上一虚设的外力 P（图 8-10）。在求得此梁在分布荷载与虚设外力共同作用下的应变能 U 以后，按卡氏第二定理求出应变能 U 对虚设外力 P 的变化率$\frac{\partial U}{\partial P}$，再令虚设外力 $P=0$，所得结果即为梁自由端的挠度 f_A。

在三角形分布荷载作用下，梁的任意截面 x 处的弯矩为

$$M^{q}(x) = -\frac{1}{6}\frac{q_0}{l}x^3 \tag{1}$$

在虚设外力 P 作用下，该截面处的弯矩为

$$M^{P}(x) = -Px \tag{2}$$

该截面的总弯矩为

$$M(x) = M^{q}(x) + M^{P}(x) = -\left(\frac{1}{6}\frac{q_0}{l}x^3 + Px\right) \tag{3}$$

于是，得梁内的应变能为

$$\begin{aligned} U &= \int_V u\,\mathrm{d}V = \int_0^l \frac{M^2(x)}{2EI}\mathrm{d}x = \int_0^l \frac{1}{2EI}\left(\frac{1}{6}\frac{q_0}{l}x^3 + Px\right)^2 \mathrm{d}x \\ &= \int_0^l \frac{1}{2EI}\left(\frac{1}{36}\frac{q_0^2}{l^2}x^6 + 2\cdot\frac{1}{6}\frac{q_0}{l}Px^4 + P^2x^2\right)\mathrm{d}x \\ &= \frac{1}{2EI}\left(\frac{1}{252}q_0^2 l^5 + \frac{1}{15}q_0 P l^4 + \frac{P^2}{3}l^3\right) \end{aligned} \tag{4}$$

求出 U 对 P 的变化率

$$\frac{\partial U}{\partial P} = \frac{1}{2EI}\left(\frac{1}{15}q_0 l^4 + \frac{2}{3}Pl^3\right) \tag{5}$$

在上式中，令 $P=0$，即得梁自由端的挠度为

$$f_A = \left.\frac{\partial U}{\partial P}\right|_{P=0} = \frac{1}{2EI} \times \frac{1}{15}q_0 l^4 = \frac{q_0 l^4}{30EI} \tag{6}$$

正值的 f_A 表示挠度的指向与虚设力 P 的指向一致。

在计算较复杂的弯曲问题时，可以将$\left.\frac{\partial U}{\partial P}\right|_{P=0}$写作

$$\left.\frac{\partial U}{\partial P}\right|_{P=0} = \int_0^l \left.\frac{\partial M^2(x)}{\partial P}\right|_{P=0} \cdot \frac{1}{2EI}\mathrm{d}x \tag{7}$$

由于 $M(x)$ 是 P 的函数，故

$$\left.\frac{\partial M^2(x)}{\partial P}\right|_{P=0} = \frac{\partial M^2(x)}{\partial M(x)} \cdot \left.\frac{\partial M(x)}{\partial P}\right|_{P=0}$$

$$= 2M(x)\Big|_{P=0} \cdot \left.\frac{\partial M(x)}{\partial P}\right|_{P=0} = 2M^{q}(x) \cdot \left.\frac{\partial M(x)}{\partial P}\right|_{P=0} \tag{8}$$

式中，$M(x)\Big|_{P=0} = [M^{q}(x) + M^{P}(x)]_{P=0} = M^{q}(x)$，即为由原荷载引起的弯矩。这样计算工作将大为简化。

【例 8-7】 各杆抗弯刚度均为 EI 的 Z 字形平面刚架受集中力 P 作用，如图 8-11（a）所示。杆的材料是线弹性的，不计剪力及轴力对变形的影响。试用卡氏第二定理求端面 A 的线位移和转角。

【解】 在 A 端虚设水平集中力 P_x 和外力偶 m_A，对各段分别取不同的坐标原点，如图 8-11（b）所示。于是，可得弯矩方程及相应的偏导数分别为

AB 段 $\qquad M(x) = -Px - m_A (0 < x \leqslant 3a)$

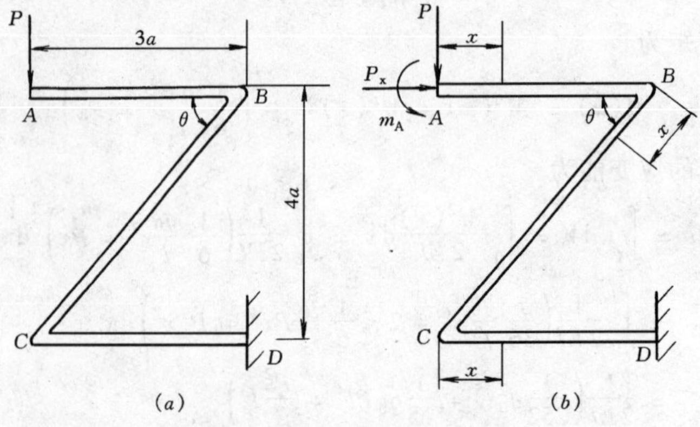

图 8-11 例 8-7 图

$$\frac{\partial M}{\partial P_x}=0,\ \frac{\partial M}{\partial P}=-x,\ \frac{\partial M}{\partial m_A}=-1$$

BC 段　$M(x)=-P_x\sin\theta\cdot x+P(3a-x\cos\theta)+m_A\ (0<x\leqslant 5a)$

$$\frac{\partial M}{\partial P_x}=-x\sin\theta,\ \frac{\partial M}{\partial P}=3a-x\cos\theta,\ \frac{\partial M}{\partial m_A}=1$$

CD 段　$M(x)=P_x\cdot 4a-Px-m_A\ (0<x<3a)$

$$\frac{\partial M}{\partial P_x}=4a,\ \frac{\partial M}{\partial P}=-x,\ \frac{\partial M}{\partial m_A}=-1$$

按卡氏第二定理可得端面 A 的线位移和转角分别为

$$u_A=\frac{1}{EI}\int_0^{5a}P(3a-x\cos\theta)(-x\sin\theta)\mathrm{d}x+\frac{1}{EI}\int_0^{3a}(-Px)(4a)\mathrm{d}x=-\frac{28Pa^3}{EI}(\leftarrow)$$

$$v_A=\frac{1}{EI}\int_0^{3a}(-Px)(-x)\mathrm{d}x+\frac{1}{EI}\int_0^{5a}P(3a-x\cos\theta)^2\mathrm{d}x+\frac{1}{EI}\int_0^{3a}(-Px)(-x)\mathrm{d}x=\frac{33Pa^3}{EI}(\downarrow)$$

$$\theta_A=\frac{1}{EI}\int_0^{3a}(-Px)(-1)\mathrm{d}x+\frac{1}{EI}\int_0^{5a}P(3a-x\cos\theta)(+1)\mathrm{d}x+\frac{1}{EI}\int_0^{3a}(-Px)(-1)\mathrm{d}x=\frac{33Pa^2}{2EI}(\curvearrowleft)$$

第三节　能量方法求解超静定问题

关于构件中的超静定问题求解，已经在分析构件基本变形中加以讨论，如拉(压)、扭转和弯曲基本变形下的超静定问题的解法。但以上所述求解超静定的方法主要是针对线弹性结构在基本变形下的问题。当结构形式、荷载情况比较复杂，尤其是对于非线弹性体的超静定问题，以上方法就显得过于繁琐或不适用了。在给出能量方法所描述的力、位移和变形之间关系的基础上，再讨论超静定问题，可以将问题的范围拓展到任意结构、任意荷载及非线性弹性体的范围内。

在以能量方法求解超静定结构时，同样是先去掉多余约束，代之以约束反力，形成基本静定结构。再以卡氏定理或余能定理给出相容条件下的补充方程，从而求得相应的多余约束反力，使原超静定结构等效于已知多余约束反力下的基本静定结构。以能量方法给出的补充方程既可以适用于线性问题，也可以满足非线性问题，下面以例题来说明应用能量方法求解超静定结构的思路和方法。

【例 8-8】　图 8-12（*a*）所示两端固定半圆环在对称截面处受集中力 P 作用，环轴线半径为 R，抗弯刚度为 EI 不计剪力和轴力对圆环变形的影响。试用卡氏第二定理求对称截面上的内力。

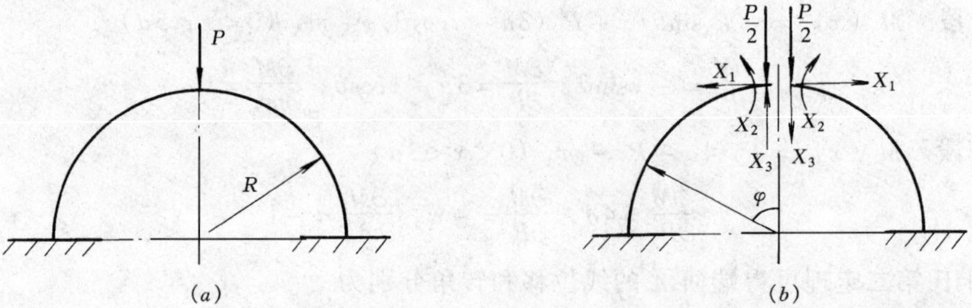

图 8-12 例 8-8 图

【解】 这是一个三次超静定问题。若将半圆环沿对称截面切开，而取两个1/4圆环（图 8-12b）为基本静定系，则相应的多余未知力为切开的截面之间相互作用的轴力 N，弯矩 M 和剪力 V，分别用 X_1、X_2 和 X_3 表示。与三个多余未知力 X_1、X_2 和 X_3 相对应的广义位移依次为两切开截面的相对分开量，相对转角和相对错动量，分别用 D_1、D_2 和 D_3 表示。比较基本静定系和原两端固定的半圆环（图 8-12a），可得变形相容条件为

$$D_1 = 0, D_2 = 0, \text{和 } D_3 = 0$$

对于基本静定系统，应用卡氏第二定理，可得广义力（包括荷载与多余未知力）与广义位移间的物理关系为

$$D_1 = \frac{U}{\partial X_1}, D_2 = \frac{U}{\partial X_2}, D_3 = \frac{U}{\partial X_3}$$

将物理关系代入变形相容条件，得补充方程为

$$\frac{\partial U}{\partial X_1} = 0 \tag{1}$$

$$\frac{\partial U}{\partial X_2} = 0 \tag{2}$$

$$\frac{\partial U}{\partial X_3} = 0 \tag{3}$$

联立上列三式，即可求得三个多余未知力 X_1、X_2 和 X_3。

在本题中，由结构和荷载的对称性可知，原超静定半圆环在对称截面上的反对称内力 X_3 必等于零，因此，只需计算 X_1 和 X_2 两未知力。为此，首先计算由荷载和多余未知力引起的任意横截面上的弯矩及相应的偏导数：

$$M(\varphi) = \frac{P}{2}R\sin\varphi - X_1 R(1 - \cos\varphi) - X_2$$

$$\frac{\partial M(\varphi)}{\partial X_1} = - R(1 - \cos\varphi)$$

$$\frac{\partial M(\varphi)}{\partial X_2}=-1$$

注意到基本静定系为两个 1/4 圆环，并且

$$\frac{\partial U}{\partial X_i}=\int_0^{\frac{\pi}{2}}\frac{1}{EI}\frac{\partial M^2(\varphi)}{\partial X_i}(R\mathrm{d}\varphi)=\frac{2R}{EI}\int_0^{\frac{\pi}{2}}M(\varphi)\frac{\partial M(\varphi)}{\partial X_i}\mathrm{d}\varphi$$

于是，由式（1）、（2）可得

$$-\frac{2R}{EI}\int_0^{\frac{\pi}{2}}\left[\frac{P}{2}R\sin\varphi-X_1R(1-\cos\varphi)-X_2\right]\cdot R(1-\cos\varphi)\mathrm{d}\varphi=0$$

$$-\frac{2R}{EI}\int_0^{\frac{\pi}{2}}\left[\frac{P}{2}R\sin\varphi-X_1R(1-\cos\varphi)-X_2\right]\cdot 1\cdot\mathrm{d}\varphi=0$$

将以上两式积分并简化后，可得

$$\left(\frac{3\pi}{4}-2\right)RX_1+\left(\frac{\pi}{2}-1\right)X_2-\frac{PR}{4}=0$$

$$\left(\frac{\pi}{2}-1\right)RX_1+\frac{\pi}{2}X_2-\frac{PR}{2}=0$$

联立求解以上两式，得

$$X_1=\frac{1-\frac{\pi}{4}}{\frac{\pi^2}{8}-1}\cdot\frac{P}{2}=\frac{4-\pi}{\pi^2-8}P$$

$$X_2=\frac{\pi-3}{\frac{\pi^2}{8}-1}\cdot\frac{PR}{4}=\frac{2(\pi-3)}{\pi^2-8}PR$$

求得的结果为正值，表示与原先假设的指向一致。

【例 8-9】　试用卡氏第二定理求解图8-13（*a*）所示钢架的约束力，已知各杆的抗弯刚度均为 EI 不考虑剪力和轴力对刚架变形的影响。

【解】　取图 8-13（*b*）所示的基本结构，并加多余约束反力 M_B、F_{Bx}，由此计算出 A、B 的约束反力分别为：

$$F_{Ax}=F_{Bx}\qquad F_{Ay}=15+F_{Bx}-\frac{M_B}{l}$$

$$F_{By}=35-F_{Bx}+\frac{M_B}{l}$$

分段写出杆的弯矩方程：

AC 杆上的 *AD* 段

$$M_1(y)=-F_{Ax}y=-F_{Bx}y\quad(0\leqslant y\leqslant 2.5)$$

AC 杆上的 *DC* 段

$$M_2(y)=m-F_{Ax}y=m-F_{Bx}y\quad(2.5\leqslant y\leqslant 5)$$

CB 段（从右向左）

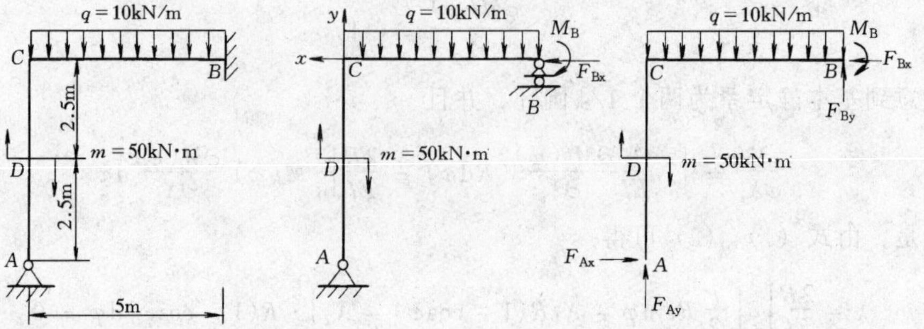

图 8-13　例 8-9 图

$$M_3(x) = F_{By}x - \frac{1}{2}qx^2 - M_B$$

$$= \left(35 - F_{Bx} + \frac{M_B}{l}\right)x - \frac{1}{2}qx^2 - M_B \quad (0 \leqslant x \leqslant 5)$$

将上述各弯矩表达式代入

$$\frac{\partial U}{\partial P_i} = \frac{1}{EI}\int M(x)\frac{\partial M}{\partial P_i}\mathrm{d}x$$

则 AD 段

$$\frac{\partial U_1}{\partial F_{Bx}} = \frac{1}{EI}\int_0^{2.5}(-F_{Bx}y)(-y)\mathrm{d}y = \frac{2.5^3}{3EI}F_{Bx}$$

$$\frac{\partial U_1}{\partial M_B} = 0$$

DC 段

$$\frac{\partial U_2}{\partial F_{Bx}} = \frac{1}{EI}\int_{2.5}^{5}(m - F_{Bx}y)(-y)\mathrm{d}y$$

$$= \frac{1}{EI}\left(-468.75 + \frac{109.375}{3}F_{Bx}\right)$$

$$\frac{\partial U_2}{\partial M_B} = 0$$

BC 段

$$\frac{\partial U_3}{\partial F_{Bx}} = \frac{1}{EI}\int_0^5\left[\left(35 - F_{Bx} + \frac{M_B}{5}\right)x - 5x^2 - M_B\right](-x)\mathrm{d}x$$

$$= \frac{1}{EI}\left(-\frac{8125}{12} + \frac{125}{3}F_{Bx} + \frac{25}{6}M_B\right)$$

$$\frac{\partial U_3}{\partial M_B} = \frac{1}{EI}\int_0^5\left[\left(35 - F_{Bx} + \frac{M_B}{5}\right)x - 5x^2 - M_B\right]\left(\frac{x}{5} - 1\right)\mathrm{d}x$$

$$= \frac{1}{EI}\left[-\frac{375}{4} + \frac{25}{6}F_{Bx} + \frac{5}{3}M_B\right]$$

因为

$$\delta_{Bx} = \Sigma \frac{\partial U_i}{\partial F_{Bx}} = 0 \tag{1}$$

$$\theta_B = \Sigma \frac{\partial U_i}{\partial M_B} = 0 \tag{2}$$

$$\frac{2.5^3}{3EI}F_{Bx} + \frac{1}{EI}\left(-468.75 + \frac{109.375}{3}F_{Bx}\right) + \frac{1}{EI}\left(-\frac{8125}{12} + \frac{125}{3}F_{Bx} + \frac{25}{6}M_B\right) = 0$$

整理得

$$1000F_{Bx} + 50M_B - 13750 = 0 \tag{3}$$

$$\frac{1}{EI}\left(-\frac{375}{4} + \frac{25}{6}F_{Bx} + \frac{5}{3}M_B\right) = 0$$

整理得

$$50F_{Bx} + 20M_B - 1125 = 0 \tag{4}$$

由（3）、（4）联合解出：

$$F_{Bx} = 12.5\text{kN} \qquad M_B = 25\text{kN}\cdot\text{m}$$

所以　$F_{Ax} = 12.5\text{kN}$；$F_{Ay} = 22.5\text{kN}$；$F_{By} = 27.5\text{kN}$；

小　结

一、学习能量法的目的

学习能量法的目的是求弹性体上一点或任一截面位移。用能量方法计算弹性体位移的问题可以是线性的，也可以是非线性的。

二、掌握能量方法的基础

掌握能量方法的基础是弹性体应变能（余能）的计算，在计算应变能（余能）时应注意以下两方面：

(1) 应变能是力的二次函数，故不能用叠加原理计算；

(2) 应变能的值只与外荷载或变形的最终值有关，而与加载的秩序无关。

三、本章的主要公式

1. 应变能、余能的计算公式

(1) 用比能、余比能的概念计算应变能的公式。

比能：$u = \int_0^{\varepsilon_0} \sigma \mathrm{d}\varepsilon$

余比能：$u_c = \int_0^{\sigma_0} \varepsilon \mathrm{d}\sigma$

应变能：$U = \int_V u \mathrm{d}V$

余能：$U_c = \int_V u_c \mathrm{d}V$

(2) 外力功计算应变能，余能的公式。

应变能

$$U = \sum_{i=1}^{n} \int_0^{\delta_{i0}} \delta_i \mathrm{d}p_i$$

余能
$$U_c = \sum_{i=1}^{n}\int_0^{P_{i0}} P_i \mathrm{d}\delta_i$$

(3) 用内力计算应变能，对于均质等截面杆

拉压
$$U = \int_L \frac{N^2(x)\mathrm{d}x}{2EA}$$

扭转
$$U = \int_L \frac{M_t^2(x)\mathrm{d}x}{2GI_P}$$

弯曲
$$U = \int_L \frac{M^2(x)\mathrm{d}x}{2EI}$$

组合变形
$$U = \int_L \frac{N^2(x)\mathrm{d}x}{2EA} + \int_L \frac{M_t^2(x)\mathrm{d}x}{2GI_P} + \int \frac{N^2(x)\mathrm{d}x}{2EI}$$

余能
$$U_C = P\delta - U$$

2. 计算外力公式——卡氏第一定理
$$P_i = \frac{\partial U}{\partial \delta_i}$$

3. 计算结构某一点位移公式——卡氏第二定理
$$\delta_i = \frac{\partial U_c}{\partial \delta_i}$$

注：①在非线性情况下，卡氏第二定理的广义式为：
$$\delta_i = \frac{\partial U_c}{\partial \delta_i}$$

②在计算结构上某一点位移时，若该点无沿计算位移方向的外力，则需加一个相应的虚拟力，并注意在应用卡氏定理时必须令虚拟力为零。

思　考　题

8-1　用卡氏第二定理计算非线性弹性体的位移时，需对定理作何调整？

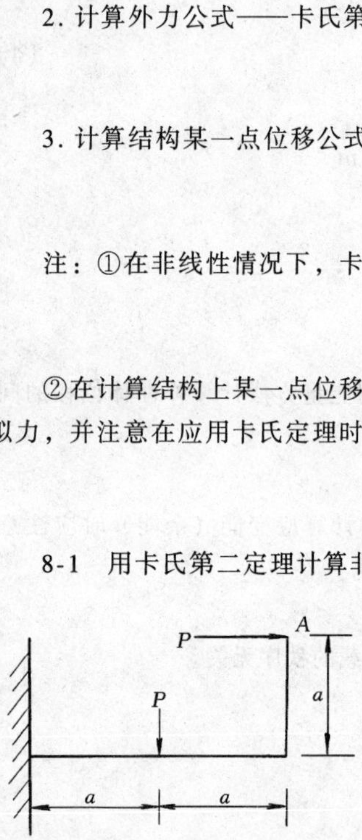

图 8-14

8-2　若用卡氏第二定理，求图 8-14 所示刚架 A 截面的水平位移 δ_{Ax}，在不计轴力、剪力对位移影响的情况下，是否还用加虚拟力，应该如何去求？

8-3　计算弹性体应变能的基本原理是什么？

8-4　讨论利用能量方法计算结构位移或内力，比起以往的积分的方法优点主要体现在那几个方面？

习　　题

8-1　图 8-15 所示杆件由同一种材料制成，弹性模量为 E，各杆的长度相同，试比较这些杆件应变能的大小。

8-2　计算图 8-16 所示各构件的应变能。EI、GI_P、EA 均为已知。

8-3　图 8-17 所示三角架承受荷载 P，AB、AC 两杆的横截面面积均为 A。若已知 A 点的水平位移 Δ_{Ax}（向左）和铅垂位移 Δ_{Ay}（向下），试按下列情况分别计算此三角架的应变能 U，将 U 表达为 Δ_{Ax}、Δ_{Ay} 的函数。

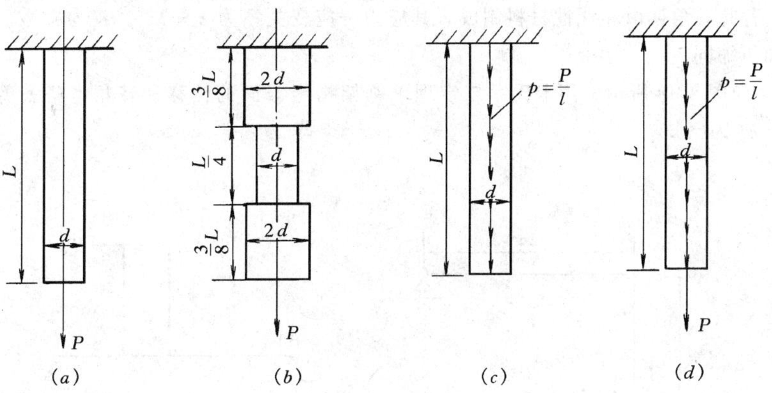

图 8-15

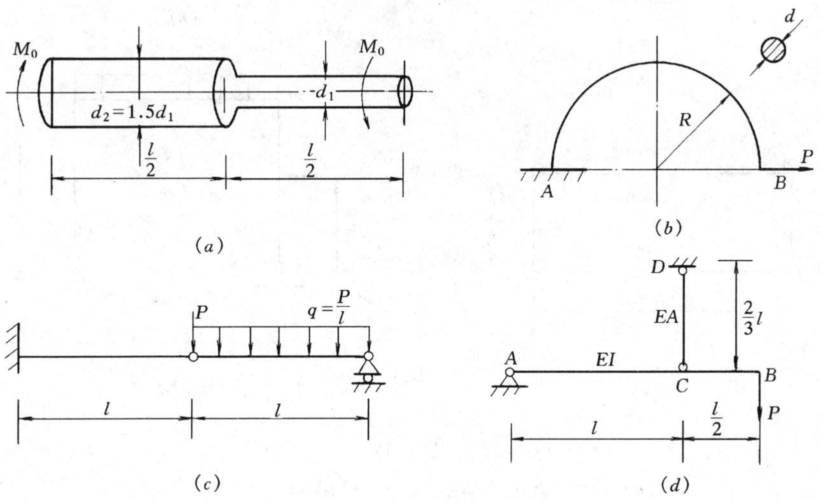

图 8-16

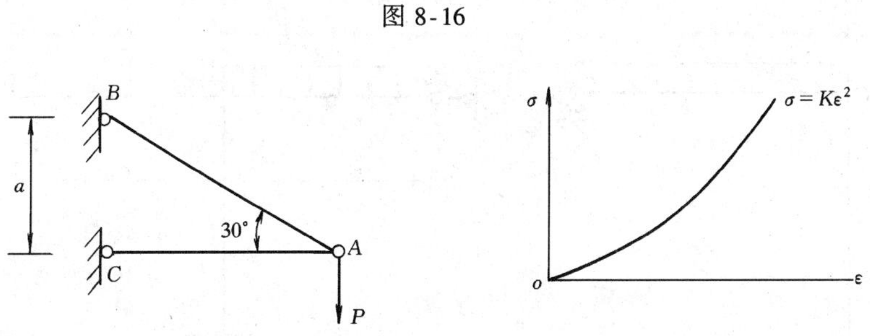

图 8-17

(1) 若此三角架由线弹性材料制成，EA 为已知。

(2) 若此三角架由非线性材料制成，其应力—应变关系为 $\sigma = K\varepsilon^2$，K 为常数。这一关系对拉伸和压缩同。

8-4 如图 8-18 所示，用卡氏第二定理求刚架指定截面的位移和转角，略去剪力和轴力的影响。EI 为已知。

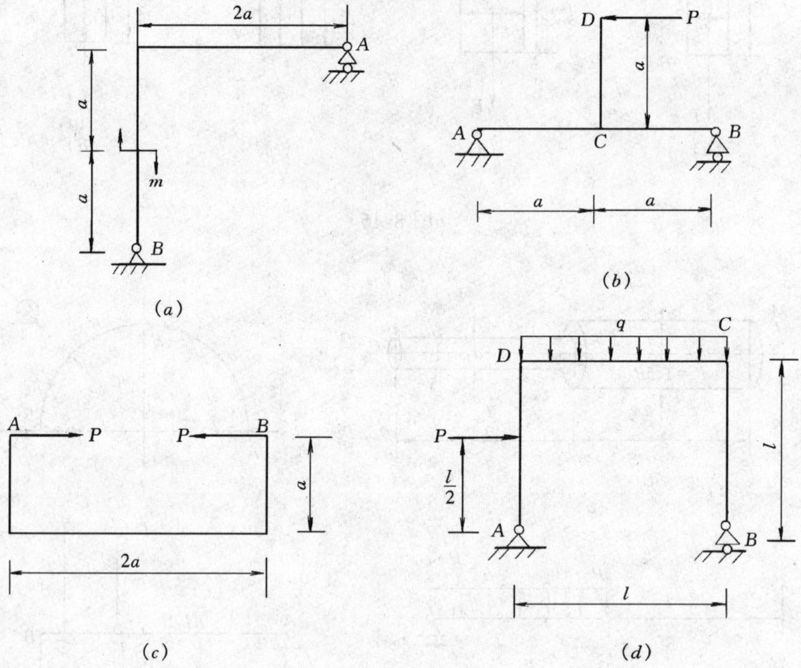

图 8-18

(a) Δ_{Ax}，θ_B；(b) Δ_{Cx}，Δ_{Cy}；(c) Δ_{AB}；(d) Δ_{Cx}，θ_B

8-5 用卡氏第二定理求解图 8-19 所示超静定结构，并绘出内力图，其中 EI 为已知。

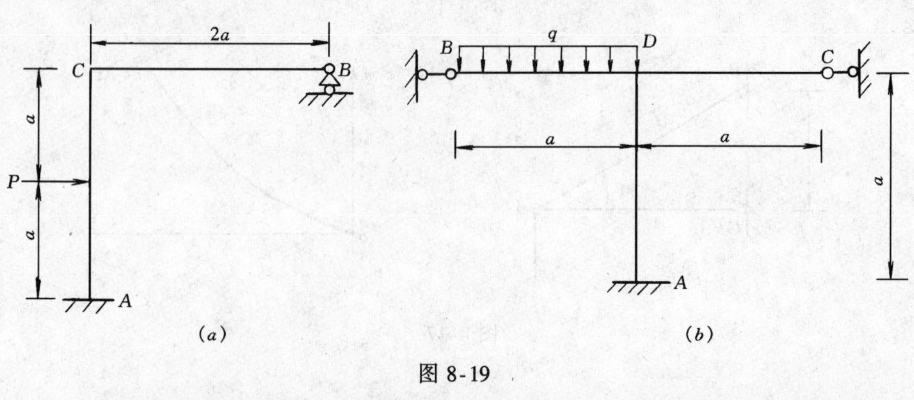

图 8-19

8-6　一梁 AB 如图 8-20 所示，左端固定，右端有一拉杆 BC，其截面为圆形，直径 $d=10\text{mm}$。若已知 $E=200\text{GPa}$，梁为 16 号工字钢，求梁及拉杆内的最大正应力。

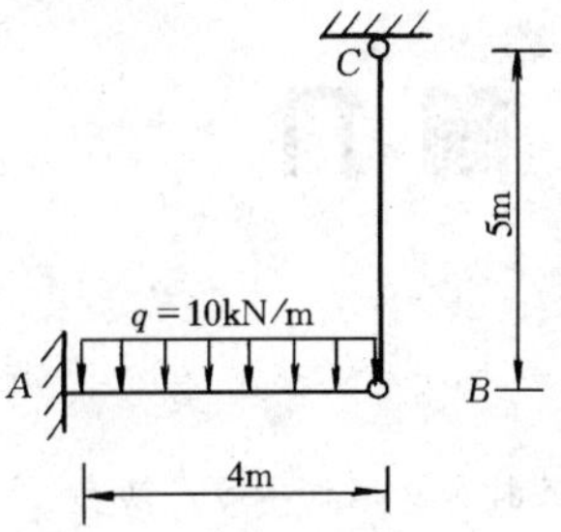

图 8-20

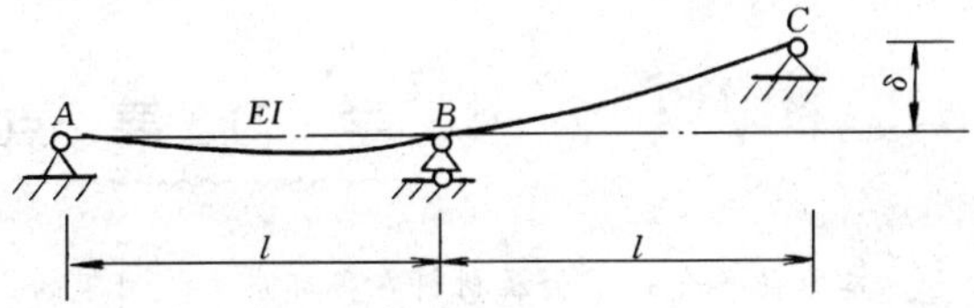

图 8-21

8-7　等截面直梁如图 8-21 所示，由于施工的误差，使支座 C 高出支座 A、B 为 δ，试求梁内的最大弯矩。

8-8　悬臂梁 AB 如图 8-22 所示，其自由端处受一铅垂向下的集中 P 作用，EI 为常数，试用卡氏定理求出梁的挠曲线方程。

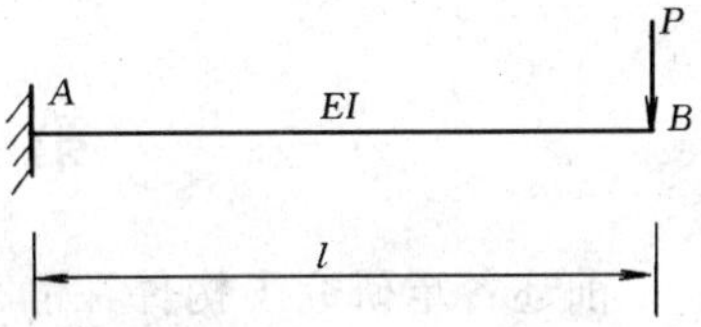

图 8-22

第九章 疲劳失效简介

学 习 要 点

本章简单介绍了金属材料在循环应力作用下的失效及其特征。通过学习，读者应正确理解循环应力、循环特征、疲劳失效和疲劳极限等基本概念；掌握疲劳失效的特点与机理；了解影响构件疲劳极限的主要因素。

第一节 引 言

前述各章研究了构件在静荷载作用下的失效与强度计算。所谓静荷载是指荷载从零开始缓慢地增加到最终值，并保持其值不变（或变化很小）的荷载。也就是说受载构件中各点的应力不再随时间而改变。然而，在工程结构中还有一些构件，工作时的应力往往随时间呈周期性交替变化，并对构件的强度造成很大威胁。本章就这类问题作简单介绍。

一、循环应力的概念

工程实际中的许多构件，尤其是机械设备中的零件，工作时其应力往往随时间作周期性的变化。如图 9-1（a）所示的火车轮轴，虽然由车厢作用其上的荷载可以认为不随时间改变，但由于轮轴的转动，轴内除轴线上的各点之外，其他任一点的弯曲正应力，都是随轮轴的转动而变化。如轮轴中间截面边缘上的 K

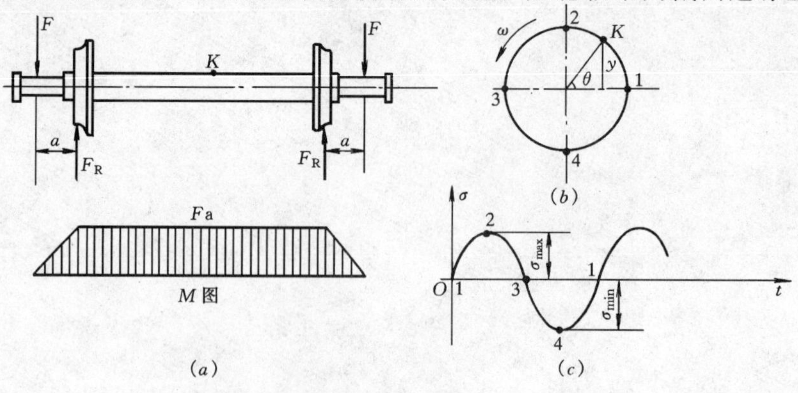

图 9-1 循环应力

点，当轮轴旋转一周，点 K 的位置将由 1→2→3→4（图 9-1b），其应力也经历了从 $0 \to \sigma_{max} \to 0 \to \sigma_{min} \to 0$ 的变化；如此循环下去，弯曲正应力的大小和方向随时间作周期的循环变化，如图 9-1（c）的曲线所示。这种随时间呈周期性循环交替变化的应力称为**循环应力**（或**交变应力**）。

实践证明，长期在循环应力作用下的金属构件，其失效形式与静力失效完全不同。在循环应力下，虽然其最大工作应力远远低于材料的屈服极限 σ_s，但长期反复后构件也会突然断裂。即使是塑性极好的材料，断裂前也无明显的塑性变形。构件在循环应力作用下，以脆断形式失效的现象，称为**疲劳**。循环应力作用下构件抵抗疲劳失效的能力，常称为**疲劳强度**。

二、疲劳失效的特征与机理

金属构件的疲劳失效与静力失效有着本质的区别，并具有以下特征：

（1）构件失效时的最大工作应力远低于材料的强度极限 σ_b，有时甚至还低于材料的屈服极限 σ_s；

（2）构件发生疲劳失效需经历多次应力循环，也就是说疲劳失效是一个累积损伤的过程；

（3）疲劳失效时，构件无明显的塑性变形，即使是塑性较好的材料也表现为脆性断裂；

（4）构件的疲劳断口上，通常呈现为光滑和粗糙的两个区域。如图 9-2 所示。

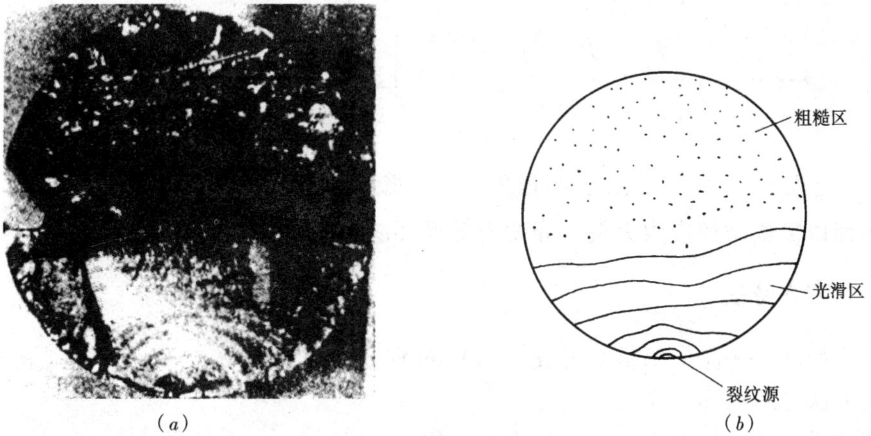

图 9-2 构件的疲劳断口

上述失效特征与疲劳失效的起源和传递（统称为损伤传递过程）有着密切的关系。当循环应力的大小超过一定限度并经历了足够多次的交替重复后，于构件内部应力最大或材质薄弱处（如气孔、砂眼等）产生了细微的裂纹（即疲劳源），引起应力集中；随着应力循环次数的增加，细微裂纹逐渐扩展成宏观裂纹，而使构件的有效面积逐渐减少。在裂纹扩展的同时，由于裂纹两侧的材料时合时分、反复碾压而形成断口的光滑区。另外，当裂纹扩展到一定程度时，因构件的受力截面不断被削弱而裂纹根部的材料又处于三向拉伸的应力状态，一旦碰到振动或冲击时，构件很容易沿其削弱的截面发生脆性断裂，从而形成断口的粗糙区。所以，金属材料的疲劳失效可理解为疲劳裂纹萌生，逐渐扩展和瞬时断裂的过程。

由于疲劳失效是在构件没有明显的塑性变形时突然发生的，所以往往会造成像列车出轨、飞机失事之类的严重事故。据统计，机械零件约 80% 为疲劳失效，因此疲劳强度计算对于工业部门具有十分重要的意义。

第二节　循环应力的特征与类型

循环应力随时间变化的历程称为应力谱（也称应力循环曲线），它可能是周期性的（图 9-3a），也可能是随机性的（图 9-3b）。但最常见、最基本的循环应力为如图 9-4 所示的恒幅循环应力：应力在两个极值之间周期性地变化。

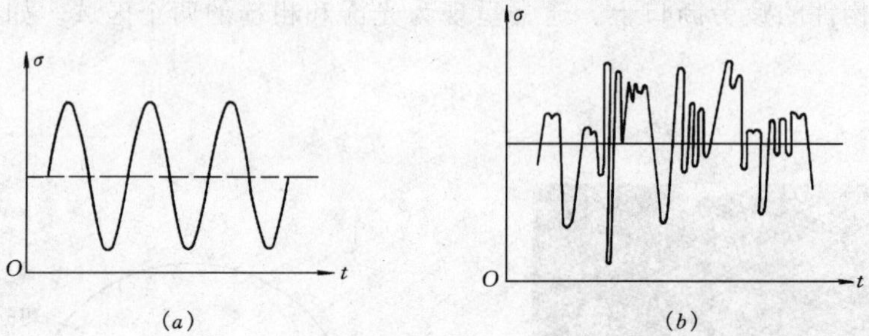

图 9-3　应力谱

下面以恒幅循环应力为例，介绍有关循环应力的特征与类型。

一、基本特征

应力循环——应力每重复变化一次的过程。即应力从 $\sigma_{max}\rightarrow\sigma_{min}\rightarrow\sigma_{max}$ 的过程称为一次应力循环。

应力重复变化的次数称为**循环次数**，用 N 表示。

平均应力（σ_m）——一个应力循环中，应力的极大值（σ_{max}）和应力极小值（σ_{min}）的代数平均值，用 σ_m 表示。即

$$\sigma_m = \frac{\sigma_{max} + \sigma_{min}}{2} \tag{9-1}$$

应力幅——最大应力和最小应力的代数差之半，用 σ_a 表示。即

$$\sigma_a = \frac{\sigma_{max} - \sigma_{min}}{2} \tag{9-2}$$

最大应力——应力循环中的应力最大值。即

$$\sigma_{max} = \sigma_m + \sigma_a \tag{9-3}$$

最小应力——应力循环中的应力最小值。即

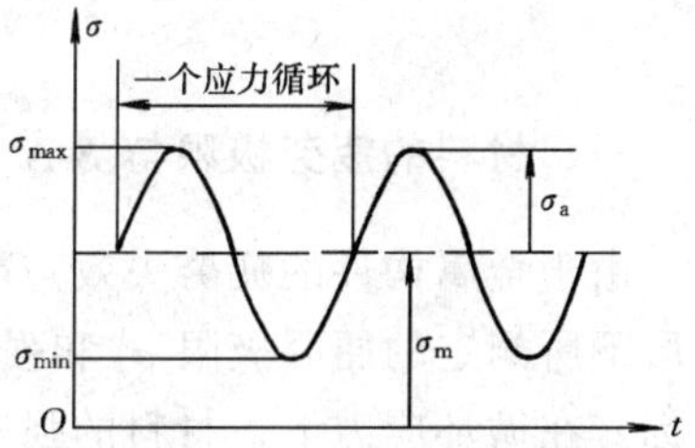

图 9-4　恒幅循环应力

$$\sigma_{min} = \sigma_m - \sigma_a \tag{9-4}$$

循环特征（应力比）——最小应力与最大应力的比值，用 r 表示。即

$$r = \frac{\sigma_{min}}{\sigma_{max}} \tag{9-5}$$

循环特征 r 反映了循环应力的变化特点，对材料的疲劳强度有直接影响。

二、循环应力的类型

对称循环应力——应力循环中，最大应力与最小应力的数值相等，符号相反，即 $\sigma_{max} = -\sigma_{min}$，也即 $r = -1$。如火车轮轴的应力变化：$r = -1$，$\sigma_m = 0$，$\sigma_a = \sigma_{max}$（图 9-5*a*）。

脉动循环应力——应力循环中，$\sigma_{min} = 0$，此时 $r = 0$（图 9-5*b*）。

静应力——应力循环中，若 $\sigma_{max} = \sigma_{min}$，即 $r = +1$（图 9-5*c*）。

非对称循环应力——$r \neq 1$ 的应力循环的统称。脉动循环是非对称循环的特例。

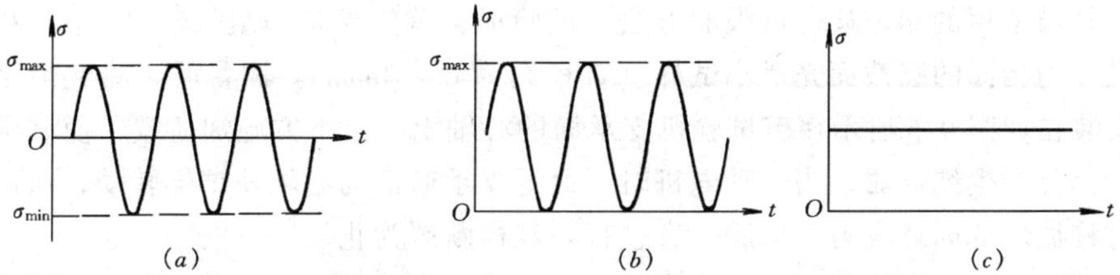

图 9-5　特殊形式的循环应力

以上关于循环应力的概念，都是采用正应力 σ 表示。当构件承受循环切应力时，上述概念仍然适用，只需将正应力 σ 改为切应力 τ 即可。

第三节 疲劳极限与强度条件

一、材料的疲劳极限与 *S-N* 曲线

由于金属构件的疲劳失效与静载下的屈服失效有着本质的区别，所以，静载情形下所测定的屈服极限 σ_s 和强度极限 σ_b 已不能作为衡量材料疲劳失效的强度指标。在循环应力下，材料的强度指标需重新确定。试验表明，在给定的循环应力下，材料经过无限次的应力循环，而不发生疲劳失效的最大应力值，称为材料的疲劳极限（也称为持久极限），用 σ_r 表示。r 为循环特征。

材料的疲劳极限与循环特征有关，同一种材料在不同循环特征的循环应力作用下，有着不同的疲劳极限，其中以对称循环的疲劳极限 σ_{-1}为最低，即对称循环对构件的破坏最为严重。所以，对称循环的疲劳极限 σ_{-1}是材料疲劳强度的主要指标。

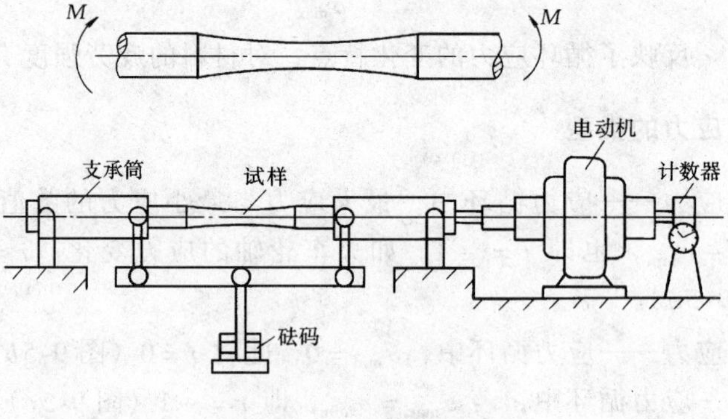

图 9-6 疲劳试验简图

对于纯弯曲情形，测定对称循环下材料疲劳极限的试验，在技术上比较简单，是最常用的测定疲劳极限的方法。试验前，首先准备一组（6~10 根）材料和尺寸均相同的圆截面光滑小试样（直径约为 6~10mm）。测量时，将光滑小试样安装在如图 9-6 所示疲劳试验机支承筒的心轴上，于下方施加荷载，使试样的中间部分产生纯弯曲；当开动电机时，通过支承筒内的心轴使试样转动，从而产生对称循环的循环应力。试验一直进行到试样断裂为止。

试验中，由记数器记下试样断裂时所旋转的总圈数或所经历的应力循环数 N，即为试样的疲劳寿命。同时，根据试样的尺寸和砝码的重量，按弯曲正应力公式 $\sigma = M/W$，计算试样横截面上的最大正应力。对同组试样挂上不同重量的砝码进行疲劳试验，将得到一组关于最大正应力 σ_{max}和相应寿命 N 的数据。以 σ_{max}为纵坐标，以断裂时所经历的循环次数 N 为横坐标，根据上述数据可绘出最

大应力 σ_{max}和疲劳寿命 N 之间的关系曲线，即 S-N 曲线，亦称为寿命曲线（图9-7）；S 表示广义应力，即可代表 σ，也可代表 τ。可以看出，当 σ_{max}降低到某一数值，与之对应的 N 约为 10^7 时，疲劳曲线随后趋于水平，即疲劳曲线有一条水平渐近线，只要应力不超过这一水平渐近线所对应的应力值，试样即可认为能承受无限次循环而不失效，这一应力值即为**材料的疲劳极限 $\boldsymbol{\sigma_{-1}}$**，相应的循环次数称为循环基数，以 N_0 表示。例如钢和铸铁等金属材料，当 $N > 10^7$ 时，疲劳曲线已趋于水平，故取 $N_0 = 10^7$。

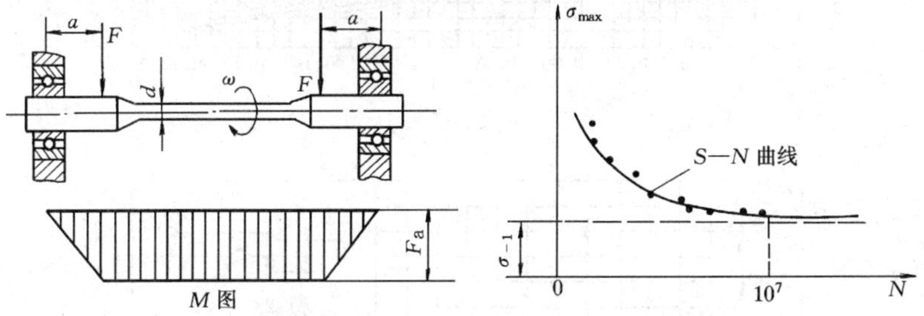

(a) (b)

图 9-7 疲劳寿命曲线

试验表明，钢材的疲劳极限与静载下的强度极限之间存在下述近似关系：

$$\left.\begin{aligned}(\sigma_{-1})_{拉\text{-}压} &\approx 0.28\sigma_b\\ (\sigma_{-1})_{弯} &\approx 0.4\sigma_b\\ (\tau_{-1})_{扭} &\approx 0.22\sigma_b\end{aligned}\right\} \tag{9-6}$$

其他材料的疲劳极限可从有关的设计手册中查得。

二、影响构件疲劳极限的因素和疲劳强度条件

（一）影响构件疲劳极限的主要因素

在对构件进行疲劳强度计算时，由于实际构件的疲劳极限不仅与材料有关，而且还受构件形状、尺寸大小、表面质量等因素的影响。因此，用光滑小试样测定的材料的疲劳极限 σ_{-1}并不能代表实际构件的疲劳极限。下面讨论影响构件疲劳极限的几种主要因素。

1. 应力集中的影响

实际构件截面的突然变化，如在构件上开槽、钻孔、设台阶等都将引起应力集中。在应力集中的局部区域更容易形成疲劳裂纹，使构件的疲劳强度显著降低。其影响程度可用有效应力集中因数 K_σ（K_τ）表示：其定义为无应力集中光滑试样疲劳极限 σ_{-1}与有应力集中试样 $(\sigma_{-1})_K$ 的比值。即

$$K_\sigma = \frac{\sigma_{-1}}{(\sigma_{-1})_K} \tag{9-7}$$

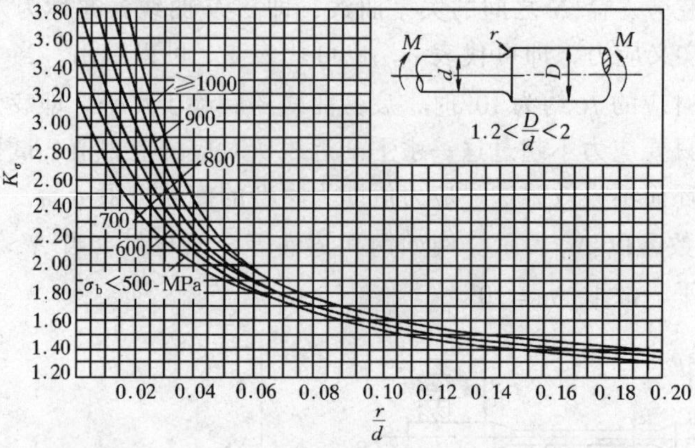

(*a*)

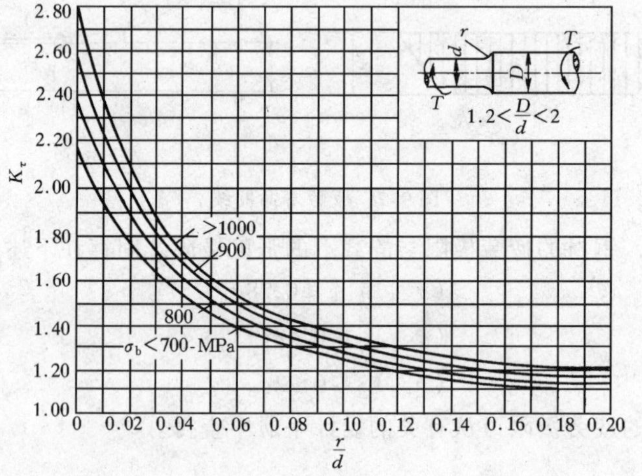

(*b*)

图 9-8　有效应力集中因数曲线

由于 $(\sigma_{-1})_K<\sigma_{-1}$，所以 K_σ 是大于 1 的因数，其值可通过试验确定。工程上为了使用方便，把有效应力集中因数的实验数据，整理成图 9-8（*a*）、（*b*）所示的图表。图中以 K_σ 和 K_τ 分别表示钢材构件在弯曲和扭转时的有效应力集中因数。应该指出，形状相同的构件，其所用材料的强度极限 σ_b 愈高，K_σ 愈大。可见，应力集中对高强度材料的疲劳极限影响更大。对于轴类零件，在截面突变处应尽量采用圆角过渡，并且应该在直径大的轴段上设卸荷槽和退刀槽（图 9-9），以减少应力集中的影响。

2. 尺寸的影响

构件尺寸大小对其疲劳极限影响很大。一般说来，构件尺寸增大时其疲劳极

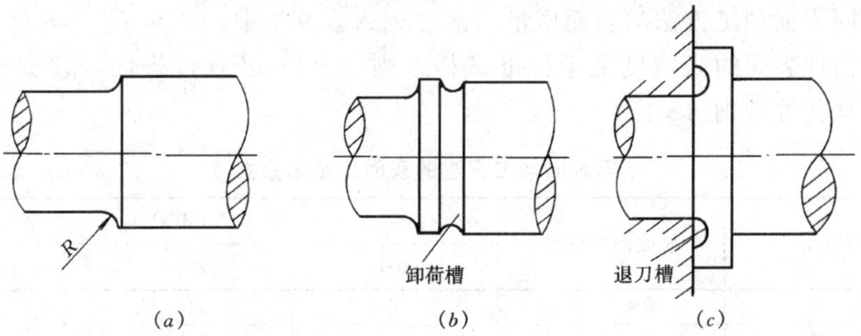

图 9-9 应力集中对轴类零件的影响

限降低。这是因为大尺寸构件表面积和体积较大，所包含的缺陷比小尺寸构件多，更容易在表面形成疲劳裂纹。这种疲劳极限随构件尺寸增大而降低的现象称为**尺寸效应**，用尺寸因数 ε_σ（ε_τ）表示，其定义为尺寸为 d 的构件的疲劳极限 $(\sigma_{-1})_d$ 与几何相似的标准尺寸试样的疲劳极限 σ_{-1}之比。即

$$\varepsilon_\sigma(\varepsilon_\tau)=\frac{(\sigma_{-1})_d}{\sigma_{-1}} \tag{9-8}$$

由于 $(\sigma_{-1})_d<\sigma_{-1}$，所以 ε_σ（ε_τ）是一个小于 1 的因数。各种材料的尺寸因数可从有关的设计手册中查得。常用钢材的尺寸因数列入表 9-1 中。

尺 寸 因 数 **表 9-1**

直径 d/mm		>20~30	>30~40	>40~50	>50~60	>60~70
ε_σ	碳 钢	0.91	0.88	0.84	0.81	0.78
	合金钢	0.83	0.77	0.73	0.70	0.68
各种钢 ε_τ		0.89	0.81	0.78	0.76	0.74
直径 d/mm		>70~80	>80~100	>10~120	>12~150	>150~500
	合金钢	0.66	0.64	0.62	0.60	0.54
各种钢 ε_τ		0.73	0.72	0.70	0.68	0.60

3. 表面质量的影响

标准试样的表面一般经过磨削加工，而实际构件的表面质量因加工方法的不同有多种多样；由于构件的疲劳失效又往往起源于表面，所以在设计构件时需要考虑表面质量或加工方法对疲劳极限的影响，通常用表面质量因素 β 表示，其定义为具有某种加工表面的试样的疲劳极限 $(\sigma_{-1})_\beta$ 与表面磨光标准试样的疲劳极限 σ_{-1}的比值。
即

$$\beta=\frac{(\sigma_{-1})_\beta}{\sigma_{-1}} \tag{9-9}$$

不同表面加工方法的表面质量因素 β 列入表 9-2 中。

若构件表面的光洁度低于标准试样，则 $\beta<1$；若构件表面经淬火、氮化、渗碳等强化处理则 $\beta>1$。

不同表面加工方法的表面质量因素数 β **表 9-2**

加工方法	轴表面光洁度	σ_b/（MPa）		
		400	800	1200
磨　削	▽9～▽10	1	1	1
车　削	▽6～▽8	0.95	0.90	0.80
粗加工	▽3～▽5	0.85	0.80	0.65
未加工的表面		0.75	0.65	0.45

（二）构件的疲劳极限与强度条件

1. 构件的疲劳极限

综合上述三种主要因素，实际构件在对称循环应力下的疲劳极限为：

$$(\sigma_{-1})_{构}=\frac{\varepsilon_\sigma\beta}{K_\sigma}\sigma_{-1} \tag{9-10}$$

若构件为扭转变形，则

$$(\tau_{-1})_{构}=\frac{\varepsilon_\tau\beta}{K_\tau}\tau_{-1} \tag{9-11}$$

除上述三种主要因素外，影响构件疲劳极限的因素还有构件所处的环境（如介质的腐蚀、温度的变化等），这些影响可用修正系数来表示，其具体数值可参阅有关资料。

2. 构件的疲劳许用应力

考虑一定的疲劳安全因素 n，将得到对称循环下构件的疲劳许用应力为

$$\left.\begin{aligned}[\sigma_{-1}]&=\frac{1}{n_\sigma}\frac{\varepsilon_\sigma\beta}{K_\sigma}(\sigma_{-1})\\ [\tau_{-1}]&=\frac{1}{n_\tau}\frac{\varepsilon_\tau\beta}{K_\tau}(\tau_{-1})\end{aligned}\right\} \tag{9-12}$$

3. 构件的疲劳强度条件

为使承受循环应力的构件不发生疲劳失效即具有足够的疲劳强度，必须使构件所承受循环应力的最大值 σ_{max}（或 τ_{max}）不超过构件的疲劳许用应力 $[\sigma_{-1}]$（或 $[\tau_{-1}]$），于是构件的疲劳强度条件为

$$\left.\begin{aligned}\sigma_{max}&\leqslant[\sigma_{-1}]\\ 或\quad \tau_{max}&\leqslant[\tau_{-1}]\end{aligned}\right\} \tag{9-13}$$

在机械设计中，一般将疲劳强条件写成安全因数表示的形式，即

$$\left.\begin{aligned} n_\sigma &= \frac{(\sigma_{-1})_{构}}{\sigma_{max}} = \frac{\varepsilon_\sigma \beta \sigma_{-1}}{K_\sigma \sigma_{max}} \geqslant n \\ n_\tau &= \frac{(\tau_{-1})_{构}}{\tau_{max}} = \frac{\varepsilon_\tau \beta \tau_{-1}}{K_\tau \tau_{max}} \geqslant n \end{aligned}\right\} \tag{9-14}$$

对于非对称循环，可以看作在其平均应力 σ_m 上叠加一个幅值为 σ_a 的对称循环。于是，在上述对称循环的公式中增加一个修正项，即可得到在非对称循环下构件的疲劳强度条件：

$$\left.\begin{aligned} n_\sigma &= \frac{\sigma_{-1}}{\dfrac{K_\sigma \sigma_a}{\varepsilon_\sigma \beta} + \psi_\sigma \sigma_m} \geqslant n \\ n_\tau &= \frac{\tau_{-1}}{\dfrac{K_\tau \tau_a}{\varepsilon_\tau \beta} + \psi_\tau \tau_m} \geqslant n \end{aligned}\right\} \tag{9-15}$$

式中　ψ_σ、ψ_τ——非对称循环敏感因数，可从有关的设计手册中查找。

4. 对称循环下构件疲劳强度计算步骤

(1) 根据已知数据，查表确定构件的有效应力集中因数 K_σ（或 K_τ）、尺寸因数 ε_σ（或 ε_τ）和表面质量因数 β。

(2) 利用公式（9-10）或（9-11）计算构件的疲劳极限（σ_{-1}）构或 $(\tau_{-1})_{构}$；

(3) 根据构件的变形，计算构件的最大工作应力 σ_{max}（或 τ_{max}）；

(4) 计算构件的工作安全因数 n_σ（或 n_τ），利用公式（9-13）或（9-14）对构件进行疲劳强度计算。

小　　结

一、基本概念

循环应力：随时间呈周期性变化的应力。

疲劳失效：构件在循环应力作用下所产生的低应力脆断现象。

疲劳失效的特点：

(1) 构件破坏时的工作应力 $\sigma_{max} < \sigma_b$，甚至 $\sigma_{max} < \sigma_s$；

(2) 构件发生疲劳失效，须经历一定次数的应力循环；

(3) 构件的疲劳断口呈现两个区域：光滑区和粗糙区，即使塑性很好的材料，断裂前也无明显的塑性变形。

疲劳失效的机理与过程：构件长期在循环应力作用下，其由裂纹萌生、逐渐扩展到瞬间断裂。

二、循环应力的基本特性

构件内一点处的应力随时间变化的历程，称为应力谱（或应力曲线）。其基本特性有：

循环特征　$r = \dfrac{\sigma_{\min}}{\sigma_{\max}} \begin{cases} r = -1 & \text{对称循环} \\ r = 0 & \text{脉动循环} \\ r = +1 & \text{静应力} \end{cases}$

平均应力　$\sigma_m = \dfrac{1}{2}(\sigma_{\max} + \sigma_{\min}) = \dfrac{1+r}{2}\sigma_{\max}$

应力幅　$\sigma_a = \dfrac{1}{2}(\sigma_{\max} - \sigma_{\min}) = \dfrac{1-r}{2}\sigma_{\max}$

三、疲劳极限（对称循环）

(1) 材料的疲劳极限（σ_{-1}）：材料经受无限次应力循环而不发生疲劳失效的最大应力值。

(2) 构件的疲劳极限

$$(\sigma_{-1})_{构} = \frac{\varepsilon_\sigma \beta}{K_\sigma}\sigma_{-1}$$

式中　k_σ——应力集中影响因数；

ε_σ——尺寸影响因数；

β——表面质量影响因数；

σ_{-1}——材料在对称循环下的疲劳极限。

四、对称循环下构件的疲劳强度条件

$$n_\sigma = \frac{\varepsilon_\sigma \beta \sigma_{-1}}{K_\sigma \sigma_{\max}} \geqslant n$$

思　考　题

9-1　什么是循环应力？列举一些工程实际中构件受循环应力的实例。

9-2　循环特征和疲劳极限的意义是什么？σ_{-1}和τ_{-1}代表什么？

9-3　什么是疲劳极限？试件的疲劳极限和构件的疲劳极限有何区别？

9-4　影响构件疲劳极限的主要因素有哪些？

习　　题

9-1　试计算图 9-10 所示循环应力的循环特征 r、平均应力 σ_m 和应力幅 σ_a。

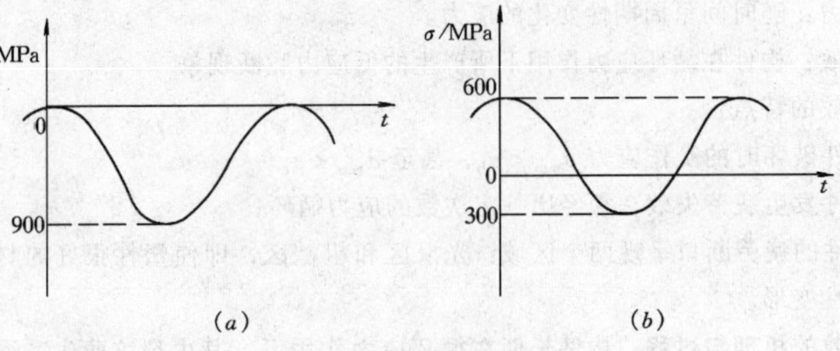

图 9-10

9-2　判断下述结论是否正确？

(1) 材料的持久极限仅与材料、变形形式和循环特征有关；而构件的持久极限仅与应力

集中、截面尺寸和表面质量有关。( )

(2) 当受力构件内最大工作应力低于构件的持久极限时，通常构件就不会发生疲劳破坏的现象。( )

(3) 循环应力是指构件内的应力，它随时间做周期性的变化，而作用在构件上的荷载可能是动荷载，也可能是静荷载。( )

(4) 塑性材料在疲劳破坏时表现为脆性断裂，说明材料的性能在交变应力作用下由塑性变为脆性。( )

(5) 构件在交变应力作用下，构件的尺寸越小，材料缺陷的影响越大，所以尺寸系数就越小。( )

(6) 提高构件的疲劳强度，关键是减缓应力集中和提高构件表面的加工质量。( )

9-3 将正确答案填入空格内。

(1) 脉动循环应力的循环特征 $r=$ ______，静应力的循环特征 $r=$ ______。

(2) 当循环应力的______不超过材料的持久极限时，试件可经历无限多次应力循环而不会发生疲劳破坏。

(3) 同一材料，在相同的变形形式中，当循环特征 $r=$ ______时，其持久极限最低。

(4) 材料的静强度极限 σ_b、持久极限 σ_{-1}与构件的持久极限 $(\sigma_{-1})_{构}$三者的大小次序为________________。

(5) 疲劳失效的主要特征有：________________、______________________及______。

(6) 已知循环应力的平均应力 $\sigma_m=20\text{MPa}$，应力幅值 $\sigma_a=40\text{MPa}$，则其循环应力的极值 $\sigma_{max}=$ ________，$\sigma_{min}=$ __________和循环特征 $r=$ ________。

第三篇　动　力　分　析

引　　言

在刚体静力分析和弹性静力分析中所涉及的研究对象都处于平衡状态，所处理的问题均属“静态”范畴。本篇的任务是**研究物体的运动变化与作用在物体上的力之间的关系**，即建立作用于物体上的力和物体机械运动之间的一般关系。

在现代工业和科学技术迅速发展的今天，对人们提出了越来越多的动力分析问题。如高速运转的机械、机器人、航空、航天、土建、水利工程等领域，都需要应用动力分析中的理论。

为便于学习，本篇的前两章只研究物体运动的几何性质，即建立物体的运动规律，确定物体运动的速度、加速度、角速度和角加速度等，而不考虑影响物体运动的物理因素，如作用在物体上的力、物体的质量和转动惯量等。本篇的后三章进一步研究物体运动状态的变化与作用在物体上的力之间的关系。

所谓物体的机械运动，是指物体在空间的位置随时间的变化。由于运动具有相对性，如坐在行驶列车里的乘客，相对车厢是静止的，而相对于地面上的观察者来说则是运动的。因此，要描述物体的运动，必须先选取合适的物体作为参照物，称为参考体，建立在此参考体的坐标系称为参考系。本篇的动力分析，是以牛顿运动定律为理论基础的，凡是牛顿运动定律能够成立的参考系，称为**惯性参考系**。实践证明，在绝大多数工程问题中，若不考虑地球自转的影响，将固结在地球上或相对于地球作匀速直线运动物体上的坐标系作为惯性参考系，应用牛顿运动定律，可以得到足够精确的结果。故本篇中若无特别说明，都是将固结在地球上的坐标系作为惯性参考系。

在研究物体的运动时，应区别**瞬时**和**时间间隔**这两个概念。与物体运动到某一位置相对应的某一时刻，就是瞬时；时间间隔则是指两个不同瞬时之间的一段时间。

在研究物体运动时，如果物体的大小和形状与所研究的问题无关或不起主要作用，便可将其抽象为只具有质量而不具有大小尺寸的几何点，称其为**质点**。如研究火箭的飞行轨迹时，可将火箭抽象为一质点。若只是研究物体运动的几何性质，不涉及物体的质量，又可将质点称为**点**或**动点**。若研究对象是由有限或无限个通过约束相互联系的质点所构成，则称为**质点系**。显然，刚体是由无限多个质点构成的质点系。

最后需要强调的是：在此进行的动力分析是在研究对象的运动速度远远低于光速状态下进行的，即研究范围属经典力学——牛顿力学的范畴。当物体的运动速度接近光速时，就必须以爱因斯坦的相对论理论进行研究，经典力学理论不再适用。但就工程实际而言，一般宏观物体其运动速度都远远低于光速，所以用经典力学去分析研究完全适合。

第十章 运动学基础

学 习 要 点

本章主要介绍了点在不同坐标系下运动量之间的关系以及刚体在两种基本运动下，刚体上各点运动量的计算方法，学习本章主要应掌握运动量之间的相互关系与计算方法。

第一节 点的运动学

点的运动学是研究一般物体运动的基础，本节将研究点相对于某一参考系的几何位置随时间变化的规律，包括点的运动方程、运动轨迹、速度和加速度等。

一、矢量法

1. 运动方程

考察惯性参考系中沿曲线运动的点 M（图 10-1）。选取参考系上某一确定点 O 为坐标原点，自点 O 向动点 M 作矢量 $\boldsymbol{r}$，称为点 M 相对于原点 O 的**位置矢量**，简称**矢径**。当 M 点运动时，矢径 $\boldsymbol{r}$ 的大小及方向亦随之变化，且为时间的单值连续函数，即

$$\boldsymbol{r} = \boldsymbol{r}(t) \tag{10-1}$$

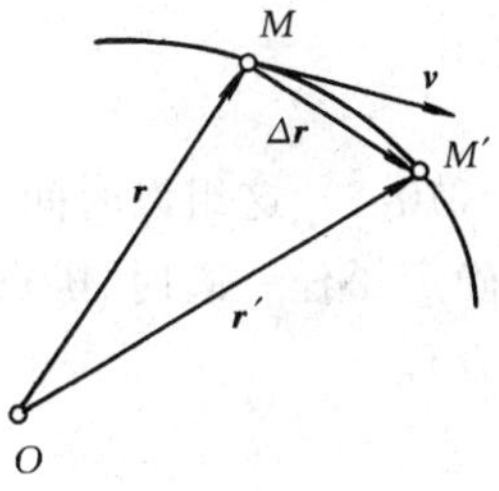

图 10-1 矢量法研究点的运动

此式称为用矢量表示的点的**运动方程**。随着动点 M 的运动，矢径 $\boldsymbol{r}$ 的矢端描绘出一条连续曲线，称为**矢端曲线**。显然，矢端曲线即为动点 M 的运动**轨迹**。

2. 速度

在时间间隔 Δt 内，点由位置 M 运动到 M'，其矢径 $\boldsymbol{r}$ 的改变量称为动点 M 的位移，即

$$\Delta \boldsymbol{r} = \boldsymbol{r}' - \boldsymbol{r}$$

点 M 在瞬时 t（位置 M）的速度定义为

$$\boldsymbol{v} = \lim_{\Delta t \to 0} \frac{\Delta \boldsymbol{r}}{\Delta t} = \frac{\mathrm{d}\boldsymbol{r}}{\mathrm{d}t} = \boldsymbol{r} \tag{10-2}$$

即**动点的矢径对时间的一阶导数等于速度矢**。速度矢的方向沿动点运动轨迹的切线，指向点的运动方向；其大小表明点运动的快慢。

3. 加速度

动点的速度矢对时间的变化率，称为加速度。它表示速度大小和方向的变化。**动点的速度对时间的一阶导数或矢径对时间的二阶导数等于加速度矢**，即

$$\boldsymbol{a}=\frac{\mathrm{d}\boldsymbol{v}}{\mathrm{d}t}=\frac{\mathrm{d}^2\boldsymbol{r}}{\mathrm{d}t^2}=\dot{\boldsymbol{v}}=\ddot{\boldsymbol{r}} \tag{10-3}$$

二、直角坐标法

1. 运动方程

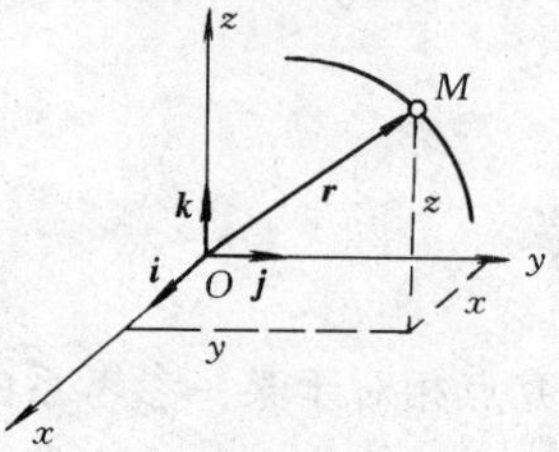

图 10-2 直角坐标法研究点的运动

考察图 10-2 所示之直角坐标系 $Oxyz$ 中的动点 M，其在空间的位置既可用相对于坐标原点 O 的矢径 $\boldsymbol{r}$ 表示，也可用点 M 在直角坐标系中的三个坐标 x，y，z 表示。

矢径 $\boldsymbol{r}$ 与直角坐标 x，y，z 有如下关系

$$\boldsymbol{r}=x\boldsymbol{i}+y\boldsymbol{j}+z\boldsymbol{k} \tag{10-4}$$

由于 $\boldsymbol{r}$ 为时间的单值连续函数，所以 x，y，z 也是时间的单值连续函数。即

$$\begin{cases} x=f_1(t) \\ y=f_2(t) \\ z=f_3(t) \end{cases} \tag{10-5}$$

式（10-5）这组以时间 t 为参数的方程，称为动点**以直角坐标表示的运动方程**。它确定了任一瞬时 M 点在空间的位置，若消去参数 t，得到关于 x，y，z 的函数方程

$$f(x,\ y,\ z)=0 \tag{10-6}$$

即为动点的**轨迹方程**。

2. 速度

将式（10-4）代入式（10-2），由于三个沿定坐标轴的单位矢量 $\boldsymbol{i}$，$\boldsymbol{j}$，$\boldsymbol{k}$ 为常矢量，故有

$$\boldsymbol{v}=\frac{\mathrm{d}\boldsymbol{r}}{\mathrm{d}t}=\frac{\mathrm{d}x}{\mathrm{d}t}\boldsymbol{i}+\frac{\mathrm{d}y}{\mathrm{d}t}\boldsymbol{j}+\frac{\mathrm{d}z}{\mathrm{d}t}\boldsymbol{k} \tag{10-7}$$

设速度 $\boldsymbol{v}$ 在直角坐标轴上的投影为 v_x，v_y，v_z，分别表示沿 x，y，z 方向的速度分量，则

$$\boldsymbol{v}=v_x\boldsymbol{i}+v_y\boldsymbol{j}+v_z\boldsymbol{k} \tag{10-8}$$

比较式（10-7）和（10-8），得

$$\begin{cases} v_x = \dfrac{dx}{dt} = \dot{x} \\ v_y = \dfrac{dy}{dt} = \dot{y} \\ v_z = \dfrac{dz}{dt} = \dot{z} \end{cases} \tag{10-9}$$

因此，**速度在各直角坐标轴上的投影等于动点的各对应坐标对时间的一阶导数。**

3. 加速度

同理，将式（10-8）代入式（10-3），并设 a_x，a_y，a_z 为加速度在直角坐标轴上的投影，则

$$\boldsymbol{a} = \frac{d\boldsymbol{v}}{dt} = \frac{dv_x}{dt}\boldsymbol{i} + \frac{dv_y}{dt}\boldsymbol{j} + \frac{dv_z}{dt}\boldsymbol{k} = a_x\boldsymbol{i} + a_y\boldsymbol{j} + a_z\boldsymbol{k} \tag{10-10}$$

且

$$\begin{cases} a_x = \dfrac{dv_x}{dt} = \dfrac{d^2x}{dt} = \ddot{x} \\ a_y = \dfrac{dv_y}{dt} = \dfrac{d^2y}{dt} = \ddot{y} \\ a_z = \dfrac{dv_z}{dt} = \dfrac{d^2z}{dt} = \ddot{z} \end{cases} \tag{10-11}$$

因此，**加速度在各直角坐标轴上的投影等于动点的各对应坐标对时间的二阶导数。**

【例 10-1】 椭圆规机构如图10-3所示，已知 $AC = CB = OC = r$，曲柄 OC 转动时，$\varphi = \omega t$，带动 AB 尺运动，A、B 分别在铅直和水平槽内滑动。求 BC 中点 M 的运动。

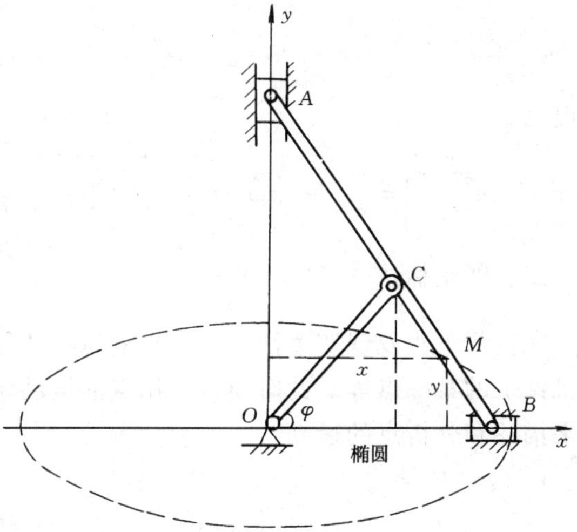

图 10-3　例 10-1 图

【解】 分析 M 点的运动：曲柄 OC 转动时，带动 BC 尺运动，而 CB 中点做平面曲线运动。由以上分析建立运动方程，首先如图建立直角坐标系 Oxy，由图的几何关系知，M 点的坐标为

$$\begin{cases} x = OC\cos\varphi + CM\cos\varphi \\ y = BM\sin\varphi \end{cases} \tag{1}$$

将 $\varphi=\omega t$、r 代入（1）式，得

$$\begin{cases} x = \dfrac{3}{2} r\cos\omega t \\ y = \dfrac{1}{2} r\sin\omega t \end{cases} \tag{2}$$

得到 M 点的运动参数方程。从（2）中消去参数 t，得到 M 点的轨迹方程

$$\frac{x^2}{\left(\frac{3}{2}r\right)^2}+\frac{y^2}{\left(\frac{1}{2}r\right)^2}=1 \tag{3}$$

显然 M 点的轨迹是一个椭圆。由运动参数方程，求其速度和加速度。

$$v_x=\frac{dx}{dt}=-\frac{3}{2}\omega r\sin\omega t$$

$$v_y=\frac{dy}{dt}=\frac{1}{2}\omega r\cos\omega t$$

所以 M 点速度为

$$v=\sqrt{v_x^2+v_y^2}=\frac{1}{2}r\omega\sqrt{9\sin^2\omega t+\cos^2\omega t}=\frac{1}{2}r\omega\sqrt{1+8\sin^2\omega t}$$

加速度为

$$a_x=\frac{dv_x}{dt}=-\frac{3}{2}\omega^2 r\cos\omega t$$

$$a_y=\frac{dv_y}{dt}=-\frac{1}{2}\omega^2 r\sin\omega t$$

所以

$$a=\sqrt{a_x^2+a_y^2}=\sqrt{\left(-\frac{3}{2}\omega^2 r\cos\omega t\right)^2+\left(-\frac{1}{2}\omega^2 r\sin\omega t\right)^2}=\frac{1}{2}r\omega^2\sqrt{1+8\cos^2\omega t}$$

三、弧坐标法

在实际工程及现实生活中，动点的轨迹往往是已知的。如运行的列车、运转的机件上的某一点等。此时便可利用点的运动轨迹建立弧坐标及自然轴系，并以此来描述和分析点的运动。

1. 运动方程

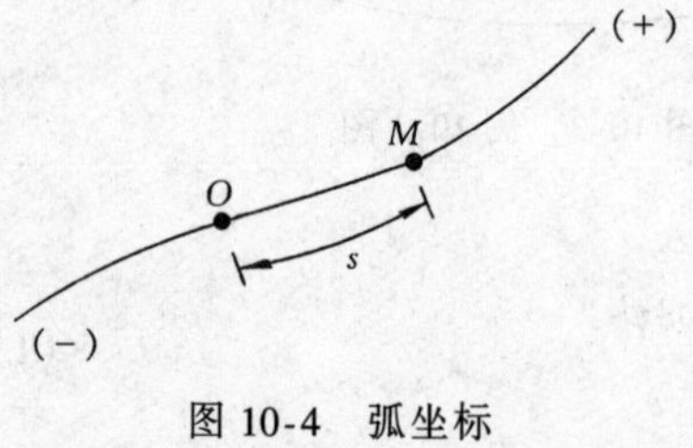

图 10-4 弧坐标

设动点 M 沿已知轨迹运动，在曲线轨迹上任选一参考点 O 作为原点，并设原点 O 的某一侧为正向，另一侧为负向，如图 10-4 所示。则动点 M 在轨迹上任一瞬时的位置就可以用从 O 点沿轨迹所度量的弧长 $\overset{\frown}{OM}$ 加以正负号来确

定。规定了正负号的弧长便称为动点 M 的弧坐标，以 s 表示。显然，动点 M 运动时弧坐标 s 是时间 t 的单值连续函数，即

$$s=f(t) \tag{10-12}$$

上式表示动点沿已知轨迹的运动规律，称为**动点以弧坐标表示的运动方程。**

2. 速度

如图 10-5 所示。设动点在瞬时 t 位于曲线的 M 点，其弧坐标为 s，经过时间间隔 Δt 后，动点运动到曲线的 M' 点，弧坐标的增量为 Δs，其弧坐标为 $s'=s+\Delta s$，矢径的增量为 $\Delta \boldsymbol{r}$。根据式（10-2），并注意到 $\Delta t\to 0$ 时有 $\Delta s\to 0$，则动点的速度为

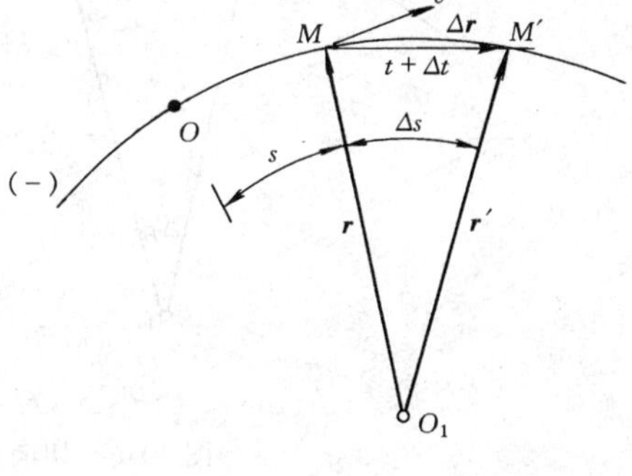

图 10-5　弧坐标法研究点的运动

$$\boldsymbol{v}=\lim_{\Delta t\to 0}\frac{\Delta \boldsymbol{r}}{\Delta t}=\lim_{\Delta t\to 0}\frac{\Delta s}{\Delta t}\cdot\lim_{\Delta s\to 0}\frac{\Delta \boldsymbol{r}}{\Delta s}=\frac{\mathrm{d}s}{\mathrm{d}t}\cdot\lim_{\Delta s\to 0}\frac{\Delta \boldsymbol{r}}{\Delta s} \tag{10-13}$$

当 $\Delta t\to 0$（M' 点趋近于 M 点）时，$\lim\limits_{\Delta s\to 0}\left|\dfrac{\Delta \boldsymbol{r}}{\Delta s}\right|=1$，而 $\Delta \boldsymbol{r}$ 的方向则趋近于轨迹在 M 点的切线方向。若记切线方向的单位矢量为 $\boldsymbol{\tau}$，则有

$$\lim_{\Delta s\to 0}\frac{\Delta \boldsymbol{r}}{\Delta s}=\boldsymbol{\tau} \tag{10-14}$$

$\boldsymbol{\tau}$ 指向弧坐标 s 增加的方向，代入式（10-13），得动点的速度为

$$\boldsymbol{v}=v\tau=\frac{\mathrm{d}s}{\mathrm{d}t}\boldsymbol{\tau} \tag{10-15}$$

上式表明：**动点的速度是一个矢量，其大小 v 等于弧坐标对时间的一阶导数，方向沿曲线的切线方向，用单位向量 τ 表示。**

3. 加速度

将式（10-15）代入式（10-3），得动点的加速度为

$$\boldsymbol{a}=\frac{\mathrm{d}\boldsymbol{v}}{\mathrm{d}t}=\frac{\mathrm{d}}{\mathrm{d}t}(v\boldsymbol{\tau})=\frac{\mathrm{d}v}{\mathrm{d}t}\boldsymbol{\tau}+v\frac{\mathrm{d}\boldsymbol{\tau}}{\mathrm{d}t} \tag{10-16}$$

由式（10-16）知，速度矢的变化率由其大小（代数值 v）的变化率和方向（单位向量 $\boldsymbol{\tau}$）的变化率两部分组成。

若动点的轨迹为平面曲线，在瞬时 t，点 M 的切向单位矢为 $\boldsymbol{\tau}$，经时间间隔 Δt，动点运动至 M' 点，该点的切向单位矢为 $\boldsymbol{\tau}'$，如图 10-6（a）所示，切线方向转动了 $\Delta\varphi$ 角。在式（10-16）中

$$\frac{\mathrm{d}\boldsymbol{\tau}}{\mathrm{d}t}=\lim_{\Delta t\to 0}\frac{\Delta\boldsymbol{\tau}}{\Delta t}=\lim_{\Delta t\to 0}\frac{\boldsymbol{\tau}'-\boldsymbol{\tau}}{\Delta t}$$

由图 10-6（b）知，$\Delta\boldsymbol{\tau}$ 的模为

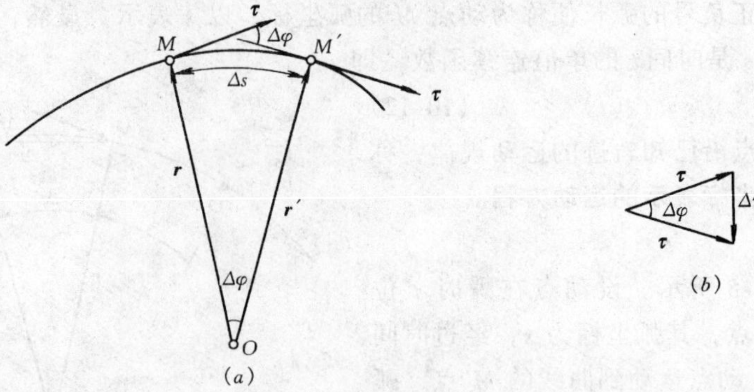

图 10-6　切向单位矢 $\boldsymbol{\tau}$ 的变化率

$$|\Delta\boldsymbol{\tau}| = 2\cdot|\boldsymbol{\tau}|\cdot\sin\frac{\Delta\varphi}{2}$$

则

$$\left|\frac{d\boldsymbol{\tau}}{dt}\right| = \lim_{\Delta t\to 0}\frac{2\sin\dfrac{\Delta\varphi}{2}}{\Delta t} = \lim_{\Delta t\to 0}\left[\frac{\Delta s}{\Delta t}\cdot\frac{\Delta\varphi}{\Delta s}\cdot\frac{\sin\dfrac{\Delta\varphi}{2}}{\dfrac{\Delta\varphi}{2}}\right] = \lim_{\Delta t\to 0}\left|\frac{\Delta s}{\Delta t}\right|\cdot\lim_{\Delta s\to 0}\left|\frac{\Delta\varphi}{\Delta s}\right|\cdot\lim_{\Delta\varphi\to 0}\frac{\sin\dfrac{\Delta\varphi}{2}}{\dfrac{\Delta\varphi}{2}}$$

$$= |v|\cdot\frac{1}{\rho}\cdot 1 = \frac{|v|}{\rho}$$

式中　$\dfrac{1}{\rho} = \lim\limits_{\Delta s\to 0}\left|\dfrac{\Delta\varphi}{\Delta s}\right|$ 为轨迹在 M 点的曲率，ρ 为曲率半径。当 $\Delta t\to 0$ 时，$\Delta\varphi\to 0$，$\Delta\boldsymbol{\tau}$ 的方向趋近于轨迹在 M 点的法线方向，指向曲率中心。若指向曲率中心的法线方向单位矢量记为 $\boldsymbol{n}$，则有

$$\frac{d\boldsymbol{\tau}}{dt} = \frac{v}{\rho}\boldsymbol{n} \tag{10-17}$$

于是

$$\boldsymbol{a} = \frac{dv}{dt}\boldsymbol{\tau} + \frac{v^2}{\rho}\boldsymbol{n} \tag{10-18}$$

上式右端第一项是反映速度大小变化的加速度，记作 $\boldsymbol{a}_\tau$；第二项是反映速度方向变化的加速度，记为 $\boldsymbol{a}_n$。

因为

$$\boldsymbol{a}_\tau = \frac{dv}{dt}\boldsymbol{\tau} = \dot{v}\boldsymbol{\tau} = \ddot{s}\boldsymbol{\tau} \tag{10-19}$$

是一沿轨迹切线的矢量，因此称为**切向加速度**。若 $\dfrac{dv}{dt}\geqslant 0$，则 $\boldsymbol{a}_\tau$ 指向轨迹的正向；$\dfrac{dv}{dt}<0$，$\boldsymbol{a}_\tau$ 指向轨迹的负向。令

$$a_\tau = \frac{dv}{dt} = \ddot{s} \tag{10-20}$$

a_τ 为一代数量，是加速度 $\boldsymbol{a}$ 沿轨迹切向的投影。

因为

$$\boldsymbol{a}_n = \frac{v^2}{\rho}\boldsymbol{n} \tag{10-21}$$

是一沿轨迹法线指向曲率中心的矢量，因此称为**法向加速度**。令

$$a_n = \frac{v^2}{\rho} \tag{10-22}$$

a_n 为一代数量，是加速度 $\boldsymbol{a}$ 沿轨迹法向的投影，如图 10-7 所示。由 $\boldsymbol{a}$ 的两个正交分量 $\boldsymbol{a}_\tau$、$\boldsymbol{a}_n$，可求出 $\boldsymbol{a}$ 的大小和方向为

$$\left.\begin{aligned} a &= \sqrt{a_\tau^2 + a_n^2} = \sqrt{(\ddot{s})^2 + \left(\frac{\dot{s}^2}{\rho}\right)^2} \\ \operatorname{tg}\theta &= \frac{|a_\tau|}{a_n} \end{aligned}\right\} \tag{10-23}$$

其中 θ 为（$\boldsymbol{a}$，$\boldsymbol{n}$）的夹角。

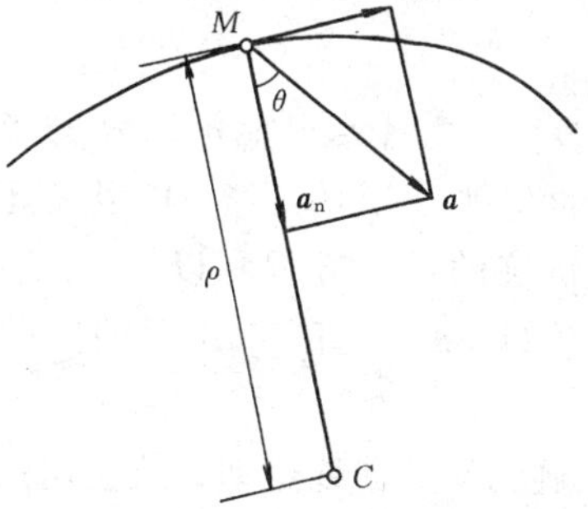

图 10-7　加速度沿曲线的切线、法线分解

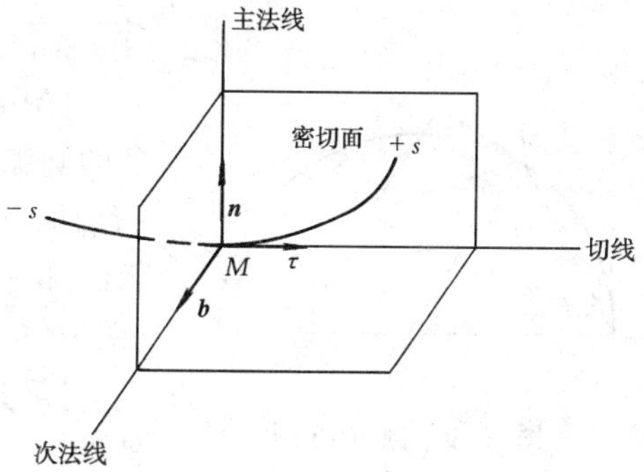

图 10-8　自然坐标系

当轨迹为空间曲线时，上述结论同样成立，只需注意到 $\frac{\Delta\boldsymbol{\tau}}{\Delta t}$ 的极限位置位于轨迹在 M 点的密切面内。通过 M 点可作出相互正交的三条直线：切线、主法线（位于密切面内）和副法线（垂直于密切面），沿这三个方向的单位矢量记作 $\boldsymbol{\tau}$、$\boldsymbol{n}$、$\boldsymbol{b}$，如图 10-8 所示：$\boldsymbol{\tau}$ 指向弧坐标增加的方向，$\boldsymbol{n}$ 指向曲率中心，而 $\boldsymbol{b} = \boldsymbol{\tau} \times \boldsymbol{n}$。以点 M 为原点，以已规定正向的切线、主法线和次法线为坐标轴组成的正交坐标系，称为曲线在点 M 的**自然坐标系**，这三个轴称为**自然轴**。于是上述公式和结论都能成立，且加速度在副法线方向的投影恒为零。

【例 10-2】　求例 10-1 中 M 点的切向加速度、法向加速度的大小及轨迹的曲率半径。

【解】 由例 10-1 知点 M 的速度、加速度的大小分别为

$$v=\frac{1}{2}r\omega\sqrt{1+8\sin^2\omega t}$$

$$a=\frac{1}{2}r\omega^2\sqrt{1+8\cos^2\omega t}$$

由式（10-20）、（10-23）可得切向和法向加速度的大小分别为

$$a_\tau=\frac{\mathrm{d}v}{\mathrm{d}t}=2r\omega^2\frac{\sin2\omega t}{\sqrt{1+8\sin^2\omega t}}$$

$$a_n=\sqrt{a^2-a_\tau^2}=r\omega^2\sqrt{\frac{1}{4}\ (1+8\cos^2\omega t)\ -\frac{4\sin^2 2\omega t}{1+8\sin^2\omega t}}$$

$$=\frac{3r\omega^2}{2\sqrt{1+8\sin^2\omega t}}$$

由式（10-22）得轨迹的曲率半径为

$$\rho=\frac{v^2}{a_n}=\frac{\frac{1}{4}r^2\omega^2\ (1+8\sin^2\omega t)}{\frac{3r\omega^2}{2\sqrt{1+8\sin^2\omega t}}}=\frac{r\ (1+8\sin^2\omega t)^{\frac{3}{2}}}{6}$$

【例 10-3】 动点 M 由 A 点开始沿以 R 为半径的圆弧运动，且动点到 A 点的距离 AM 以匀速 u 增加，求 M 点沿轨迹的运动方程和以 u、φ 表示的加速度。φ 为连线 AM 与直径 AB 间的夹角（图 10-9）。

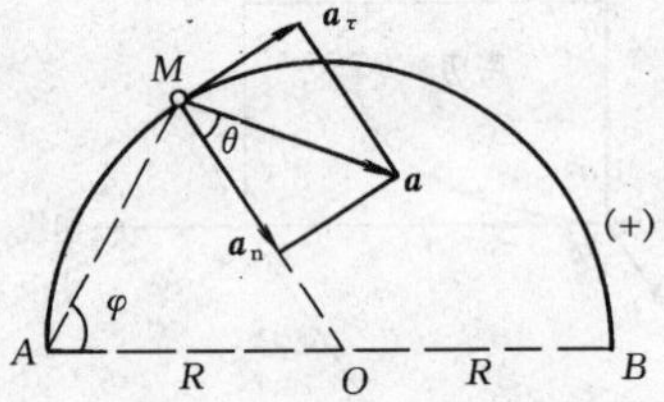

图 10-9 例 10-3 图

【解】 点沿轨迹已知的曲线运动，故应用弧坐标法。

选 A 为弧坐标原点，并规定其正向如图所示。则 M 点的弧坐标为

$$s=R\ (\pi-2\varphi)$$

因为 $AM=2R\cos\varphi=ut$，故所求运动方程为

$$s=R\left(\pi-2\arccos\frac{ut}{2R}\right)$$

且有

$$\dot{\varphi}=-\frac{u}{2R\sin\varphi}$$

其中 $\dot{\varphi}$ 为 M 点运动时，φ 角对时间的变化率。从而有

$$v=\dot{s}=-2R\dot{\varphi}=\frac{u}{\sin\varphi}$$

$$a_\tau = \dot{v} = -u\frac{\cos\varphi}{\sin^2\varphi}\dot{\varphi} = u\frac{\cos\varphi}{\sin^2\varphi}\cdot\frac{u}{2R\sin\varphi} = \frac{u^2\cos\varphi}{2R\sin^3\varphi}$$

$$a_n = \frac{v^2}{R} = \frac{u^2}{R\sin^2\varphi}$$

M 点加速度 $\boldsymbol{a}$ 的大小和方向为

$$a = \sqrt{a_\tau^2 + a_n^2} = \frac{u^2}{2R\sin^3\varphi}\sqrt{\cos^2\varphi + 4\sin^2\varphi}$$

$$\tan\theta = \frac{|a_\tau|}{a_n} = \frac{1}{2}\cot\varphi$$

式中，θ 为 $\boldsymbol{a}$ 与法向加速度的夹角。

第二节　刚体的基本运动

在前一节讨论了点的运动。但在工程实际中，研究有些物体的运动时，不能忽略其自身的形状和大小，即不能抽象为一个动点，如机械零部件的运动、车轮的转动等，这些物体的运动只能归结为刚体的运动，而刚体又可看作是由无穷多点所组成，一般来说，刚体运动时其上各点的轨迹、速度和加速度都各不相同，但同一刚体上各点之间是相互联系的，因此可通过少数运动已知的点，导出其余各点的运动，从而掌握整个刚体的运动情况。本节研究刚体在基本运动形式下，刚体自身及刚体上各点的运动规律。

刚体的基本运动形式有两种：①平行移动（平动）；②绕定轴转动（转动）。研究刚体的这两种基本运动形式，即可解决工程中的一些实际问题，同时为研究刚体复杂运动打下基础。

一、刚体的平行移动

刚体运动时，若体内任一直线始终保持与其初始位置平行，则这种运动称为刚体的平行移动，简称平动。如图 10-10 所示的摆式筛砂机筛子 AB 的运动。

刚体平动时，如果体内各点的轨迹是直线称为直线平动，如果体内各点的轨迹是曲线称为曲线平动，显然图 10-10 中的 AB 是曲线平动。

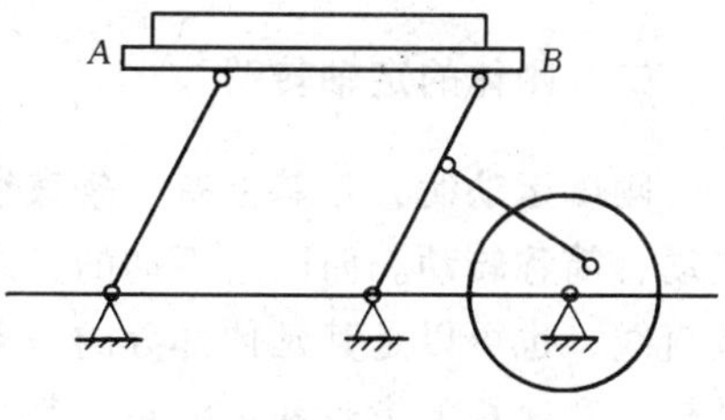

图 10-10　摆式筛砂机

下面研究刚体平动时，其上各点的运动特征。

设在平动刚体上任选两点 A 和 B，并作

矢量 $\boldsymbol{r}_{BA}$，如图 10-11 所示。由于刚体上任意两点 A、B 间距离保持不变，且平动时两点间连线 AB 始终与其原来位置保持平行，故 $\boldsymbol{r}_{BA}$为常矢量。显然，B 点的轨迹沿 $\boldsymbol{r}_{BA}$方向平移一段距离 AB，即为 A 点的轨迹。这说明：平动刚体上任意两点的轨迹形状相同，且相互平行。

设由固定点 O 作 A、B 两点的矢径 $\boldsymbol{r}_A$、$\boldsymbol{r}_B$，则通过图 10-11 中的矢量三角形 OAB 知

$$\boldsymbol{r}_A = \boldsymbol{r}_B + \boldsymbol{r}_{BA} \tag{10-24}$$

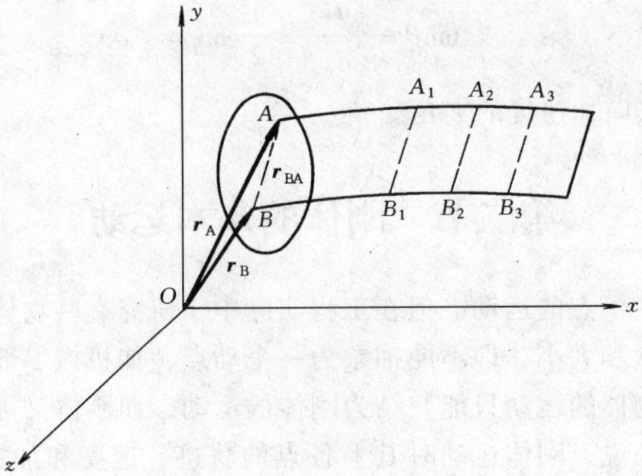

图 10-11 平动刚体的运动分析

将式（10-24）对时间求导，由于$\dfrac{d\boldsymbol{r}_{BA}}{dt}=0$，故有

$$\frac{d\boldsymbol{r}_A}{dt} = \frac{d\boldsymbol{r}_B}{dt}，即\ \boldsymbol{v}_A = \boldsymbol{v}_B \tag{10-25}$$

$$\frac{d^2\boldsymbol{r}_A}{dt^2} = \frac{d^2\boldsymbol{r}_B}{dt^2}，即\ \boldsymbol{a}_A = \boldsymbol{a}_B \tag{10-26}$$

由此，可得如下结论：**刚体平动时，其上所有各点的轨迹形状相同；在每一瞬时，各点的速度相同，加速度也相同。**因此刚体上任一点的运动就可以代表整个刚体的运动，即刚体的平动可以归结为一个点的运动来研究。

二、刚体的定轴转动

刚体运动时，若其上有一条直线始终保持不动，则这种运动称为刚体的定轴转动，简称转动。而固定不动的直线称为刚体的转轴。它可以是刚体自身上的一条直线，也可以是其延伸部分的一条直线。电机的转子、机床的主轴、卷扬机的鼓轮、变速箱的齿轮和定滑轮等都是定轴转动物体的实例。

（一）转动方程

设有一刚体绕定轴 z 轴动，如图 10-12，为确定刚体在任一瞬时的位置，可通过转轴 z 作两个平面：平面Ⅰ是固定不动的，平面Ⅱ与刚体固连、随刚体一起转动。这样，任一瞬时刚体的位置，可以用动平面Ⅱ与定平面Ⅰ的夹角 φ 来确定。角 φ 称为转角，单位是弧度。它是一个代数量，其正负号的规定如下：从转轴的正向向负向看，逆时针方向为正，反之为负。当刚体转动时，转角 φ 随时间 t 变化，它是时间的单值连续函数，即：

$$\varphi = f(t) \tag{10-27}$$

上式称为刚体的转动方程，它反映了刚体绕定轴转动的规律，如果已知函数 $f(t)$，则刚体任一瞬时的位置就可以确定。

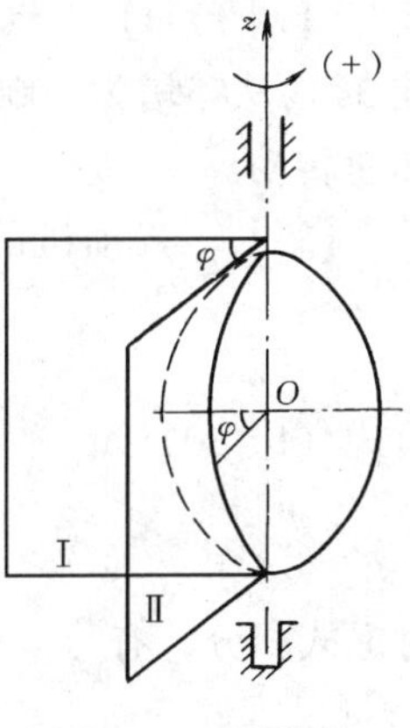

图 10-12　刚体作定轴转动

（二）角速度

为度量刚体转动的快慢和方向，引入角速度的概念。设在时间间隔 Δt 内，刚体转角的改变量为 $\Delta\varphi$，则刚体的瞬时角速度定义为

$$\omega = \lim_{\Delta t \to 0} \frac{\Delta\varphi}{\Delta t} = \frac{d\varphi}{dt} = \dot{\varphi} \tag{10-28}$$

即刚体的角速度等于转角对时间的一阶导数。

角速度是一个代数量，其正、负号分别对应于刚体沿转角 φ 增大、减小的方向转动。角速度的单位是弧度/秒（rad/s）。在工程中很多情况还用转速 n（转/分）来表示刚体转动速度。此时，ω 与 n 之间的换算关系为

$$\omega = \frac{2n\pi}{60} = \frac{n\pi}{30} \tag{10-29}$$

（三）角加速度

为度量角速度变化的快慢和转向，引入角加速度的概念。在时间间隔 Δt 内，转动刚体角速度的变化量是 $\Delta\omega$，则刚体的瞬时角加速度定义为

$$\alpha = \lim_{\Delta t \to 0} \frac{\Delta\omega}{\Delta t} = \frac{d\omega}{dt} = \dot{\omega} = \ddot{\varphi} \tag{10-30}$$

即刚体的角加速度等于角速度对时间的一阶导数，也等于转角对时间的二阶导数。角加速度 α 的单位为 rad/s^2。

角加速度同样是代数量，但它的方向并不代表刚体的转动方向。当 α 与 ω 同号时，表示角速度绝对值增大，刚体作加速转动；当 α 与 ω 异号时，刚体作减速转动。

习惯上，常以一段带箭头的弧线表示 ω 和 α 的方向如图 10-13。

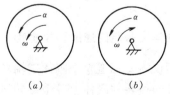

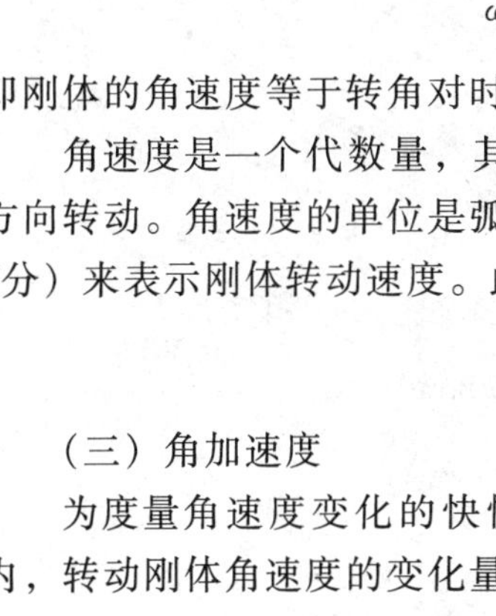

图 10-13　角速度与角加速度的表示方法

【例 10-4】　汽车发动机启动后为了能尽快达到最大工作转速，要求转速在 3s 内从零增为 3000r/min，求发动机的角加速度及转过的转数。设发动机以匀加速转动。

【解】　发动机的初角速度为 $\omega_0=0$，3s 后角速度为

$$\omega = \frac{\pi n}{30} = \frac{3000\pi}{30} = 100\pi \quad \text{rad/s}$$

由式（10-30）知

$$\alpha = \frac{d\omega}{dt} = 常量$$

对上式积分，有

$$\int_0^3 \alpha \, dt = \int_0^{100\pi} d\omega$$

积分后，角加速度 α 为

$$\alpha = \frac{100\pi}{3} \text{rad/s}^2$$

因为 $\alpha = \frac{d\omega}{dt} = \frac{d\omega}{d\varphi}\cdot\frac{d\varphi}{dt} = \omega\cdot\frac{d\omega}{d\varphi}$，所以有

$$\int_0^{\varphi} \alpha \, d\varphi = \int_0^{100\pi} \omega \, d\omega$$

积分上式，有

$$\alpha\varphi = \frac{1}{2}\omega^2 \Big|_0^{100\pi}$$

所以转角 φ 为

$$\varphi = \frac{1}{2} \times \frac{3}{100\pi} \times (100\pi)^2 = 150\pi \text{rad}$$

转过的转数 N 为

$$N = \frac{\varphi}{2\pi} = \frac{150\pi}{2\pi} = 75 \text{ 转}$$

所以，发动机在 3s 内达到 3000r/min，就必须有 $\alpha = \frac{100\pi}{3}\text{rad/s}^2$ 的角加速度，且此段时间内发动机共转过 75 转。

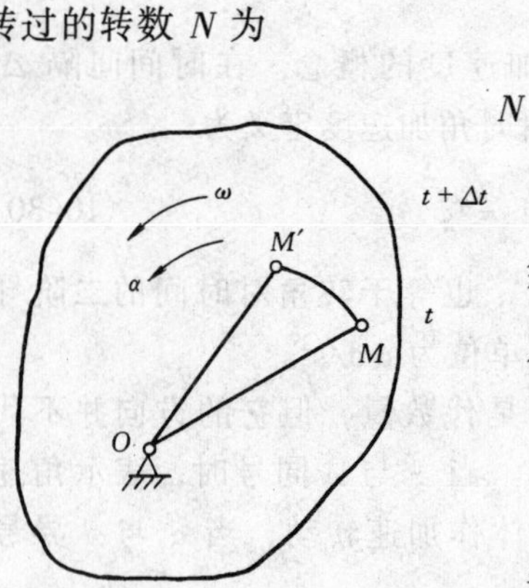

图 10-14　定轴转动刚体上各点的速度和加速度分析

三、定轴转动刚体上各点的速度和加速度

在工程实际中不仅需要知道整个刚体定轴转动的规律，而且还要知道转动刚体上各个点的运动。如啮合齿轮、定滑轮等都需要了解其轮缘上点的速度、加速度与转动刚体的角速度和角加速

度之间的关系。

刚体作定轴转动时，其上各点都在垂直于转轴的平面内作圆周运动。在转动刚体上任取一点 M，设其到转轴 O 的垂直距离为 r，如图 10-14 所示。显然，M 点的运动是以 O 为圆心，r 为半径的圆周运动。若转动刚体转动的角速度为 ω，角加速度为 α，且以此时 M 点重合的固定位置为弧坐标原点，则当刚体转过角度 φ，M 点转动到 M' 点时，点 M 的弧坐标为

$$s = r\varphi \tag{10-31}$$

由式（10-15）可得点 M 速度的大小为

$$v = \frac{\mathrm{d}s}{\mathrm{d}t} = \frac{\mathrm{d}}{\mathrm{d}t}(r\varphi) = r\frac{\mathrm{d}\varphi}{\mathrm{d}t} = r \cdot \omega \tag{10-32}$$

即某瞬时转动刚体内任一点的速度大小等于该点的转动半径与该瞬时刚体角速度的乘积，速度方向沿着圆周的切线方向，指向与刚体的转动方向相同。

由式（10-20）、（10-22），可得 M 点的切向加速度和法向加速度分别为

$$a_\tau = \frac{\mathrm{d}v}{\mathrm{d}t} = \frac{\mathrm{d}}{\mathrm{d}t}(r\omega) = r\frac{\mathrm{d}\omega}{\mathrm{d}t} = r \cdot \alpha \tag{10-33}$$

$$a_\mathrm{n} = \frac{v^2}{\rho} = \frac{(r\omega)^2}{r} = r \cdot \omega^2 \tag{10-34}$$

由上式可知，**转动刚体上任一点切向加速度的大小，等于该点的转动半径与该瞬时刚体角加速度的乘积，方向与转动半径垂直，指向与角加速度的转向一致；法向加速度的大小等于该点的转动半径与该瞬时刚体角速度平方的乘积，方向指向转动中心。**

所以刚体上任一 M 点的加速度为

$$\left.\begin{aligned} a &= \sqrt{a_\tau^2 + a_\mathrm{n}^2} = r\sqrt{\alpha^2 + \omega^4} \\ \text{方向}\quad \tan\theta &= \frac{|a_\tau|}{a_\mathrm{n}} = \frac{|\alpha|}{\omega^2} \end{aligned}\right\} \tag{10-35}$$

式中　θ 为加速度与法向加速度的夹角。

由公式（10-32）与（10-35）可归结出以下结论：

1. 在任意瞬时，转动刚体内各点的速度、切向加速度、法向加速度和全加速度的大小与各点的转动半径成正比。

2. 在任意瞬时，转动刚体内各点的速度方向与各点的转动半径垂直；各点的全加速度的方向与各点转动半径所成的夹角全部相同。所以，刚体内任一条通过且垂直于轴的直线上点的速度和加速度呈线性分布，如图 10-15 所示。

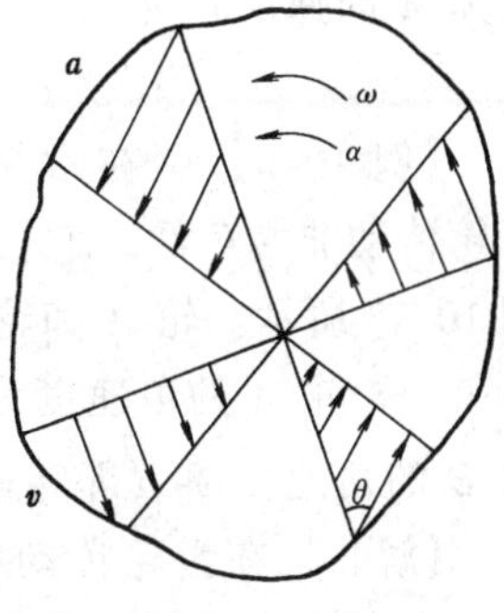

10-15　定轴转动刚体上各点速度和加速度的分布

【例 10-5】 一半径 $R=0.2\text{m}$ 的圆轮绕定轴 O 沿逆时针方向转动，如图 10-16 所示。轮的转动方程为 $\varphi=-t^2+4t$（φ 以 rad 计，t 以 s 计）。此轮边缘上绕有一柔软而不可伸长的绳子，绳子的一端挂一重物 A，试求当 $t=1\text{s}$ 时，轮缘上任一点 M 和重物 A 的速度与加速度。

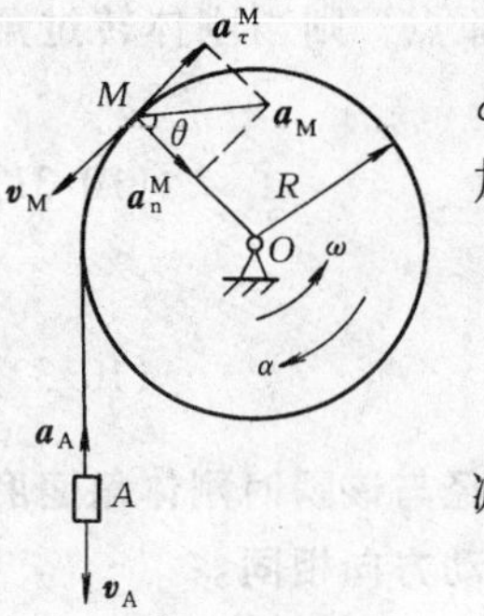

图 10-16 例 10-5 图

【解】 M 点的速度 $\boldsymbol{v}_M$ 和加速度 $\boldsymbol{a}_M$ 与圆轮的角速度 ω 和角加速度 α 有关。由圆轮的转动方程得其角速度和角加速度为

$$\omega=\dot{\varphi}=-2t+4$$

$$\alpha=\dot{\omega}=-2$$

当 $t=1\text{s}$ 时，$\omega=2\text{rad/s}$ 而与 α 异号，所以轮子作匀减速转动。$\boldsymbol{v}_M$ $\boldsymbol{a}_\tau^M$ 和 $\boldsymbol{a}_n^M$ 的方向如图示，且

$$v_M=R\omega=0.4\text{m/s}$$

$$\boldsymbol{a}_\tau^M=R\alpha=-0.4\text{m/s}^2,$$

$$\boldsymbol{a}_n^M=R\omega^2=0.8\text{m/s}^2$$

M 点的加速度 $\boldsymbol{a}_M$ 的大小与方向为

$$a_M=\sqrt{(a_\tau^M)^2+(a_n^M)^2}=0.894\text{m/s}^2$$

$$\theta=(\boldsymbol{a}_M,\ \boldsymbol{a}_n^M)=\tan^{-1}\left(\frac{|\alpha|}{\omega^2}\right)=26°34'$$

因绳子的伸长不计，故重物下降的距离 s_A 和轮缘上任一点 M 在同一时间内所经过的弧长 s_M 相等。即

$$s_A=s_M=R\varphi$$

所以

$$\boldsymbol{v}_A=\dot{s}_A=R\dot{\varphi}=0.4\text{m/s}$$

$$\boldsymbol{a}_A=\ddot{s}_A=R\ddot{\varphi}=-0.4\text{m/s}^2$$

物体 A 的速度 $\boldsymbol{v}_A$ 铅直向下，加速度 $\boldsymbol{a}_A$ 铅直向上。

【例 10-6】 在常见的机械传动系统中，齿轮传动非常广泛，它可以调节传动速度，如图 10-17 所示。轮 A 和轮 B 的节圆半径分别为 r_1 和 r_2，轮 A 的角速度为 ω_1（转速为 n_1），求轮 B 的角速度 ω_2（即转速为 n_2）。

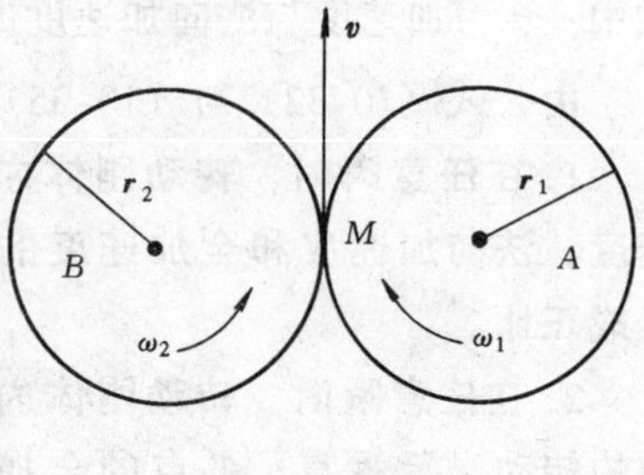

图 10-17 例 10-6 图

【解】 在齿轮传动中，因齿轮互相啮合，可看作两轮的节圆作无滑动的相对滚动，如图所示，两轮接触点 M 具有相同的速度 v，可写作

$$v = r_1\omega_1 = \frac{2\pi n_1 r_1}{60} \tag{1}$$

$$v = r_2\omega_2 = \frac{2\pi n_2 r_2}{60} \tag{2}$$

则由式（1）、（2）得

$$\omega_2 = \frac{r_1}{r_2}\omega_1,\quad n_2 = \frac{r_1}{r_2}n_1 \tag{3}$$

一般称比值$\frac{\omega_1}{\omega_2}$或$\frac{n_1}{n_2}$为传动比，以 $i_{1,2}$表示，它反映了转速的调节率。

$$i_{1,2} = \frac{\omega_1}{\omega_2} = \frac{n_1}{n_2} = \frac{r_2}{r_1} \tag{4}$$

由（4）式得出，**互相啮合的两个齿轮的角速度（或转速）与半径成反比**。这一结论同样也适用于锥齿轮和皮带轮的转动。

若以齿轮的齿数 z_1 和 z_2 来表示式（3）、（4），则为满足两齿轮能够啮合的条件（齿距相等），必有两轮的齿数与其节圆的周长 $2\pi r_1$、$2\pi r_2$ 成正比，所以有

$$\frac{z_1}{z_2} = \frac{2\pi r_1}{2\pi r_2} = \frac{r_1}{r_2} \tag{5}$$

$$i_{1,2} = \frac{\omega_1}{\omega_2} = \frac{n_1}{n_2} = \frac{z_2}{z_1} \tag{6}$$

由上式可得：**互相啮合的两齿轮的角速度（或转速）与齿数成反比。**

小　　结

本章主要给出了点和刚体在简单运动下，运动规律的解析表达式，而写出这些表达式的难易程度是与所应用的坐标形式有直接关系，尤其是点的运动更是如此。因此要根据所学内容，熟练掌握不同情况下几种坐标系的应用。

（1）动点在直角坐标系下的运动方程是关于时间 t 的参数方程，消去参数 t 后就得到动点的轨迹方程。

（2）动点的各运动量之间的关系是：若已知运动方程，通过对时间连续求导就可以得到速度和加速度方程（函数），反之，则是积分过程。

（3）学习刚体的基本运动应掌握两方面的内容：①对刚体自身运动的描述；②对刚体上任一点运动的描述。

（4）刚体在做平动时，任一时刻，刚体各点的同一种运动量完全相同，所以平动刚体的运动可以看作其上一个点的运动。

（5）定轴转动刚体上各点的运动，实际上就是以转轴为圆心、到转轴的距离 ρ 为半径的圆周运动，所以其运动量为：

$$s = \rho\varphi(t) \qquad v = \rho\omega(t) \qquad a_\tau = \rho\alpha(t) \qquad a_n = \rho\omega^2(t)$$

思 考 题

10-1　点的位移、路程、坐标三者的意义是否相同？

10-2　$\boldsymbol{a}$、$\boldsymbol{v}$ 与 a、v 是否相同？

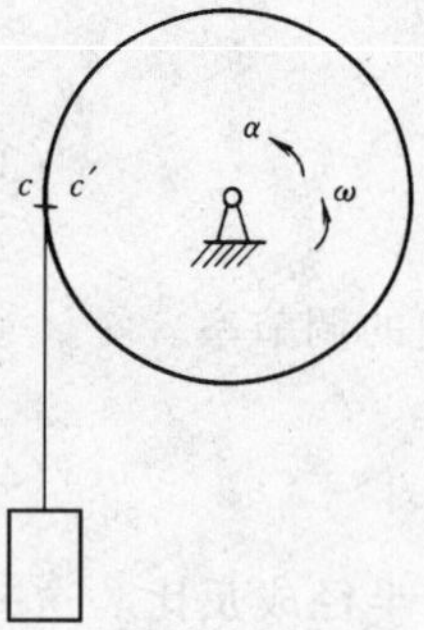

图 10-18

10-3　点的速度大小为常量时，其加速度一定为零，对吗？

10-4　点的法向加速度 a_n 的物理意义是什么？

10-5　当点的加速度 $\boldsymbol{a}$ 为一恒定矢量时，它的运动形式可能是什么？

10-6　平动刚体上各点的轨迹一定是直线并在同一平面内，对吗？为什么？

10-7　如图 10-18 所示，悬挂重物的绳子绕在鼓轮上，绳子上点 c 与轮上 c' 接触，问这两点的速度和加速度是否相同？

习　题

10-1　点的运动方程为：$x = 3\sin t$；$y = 2\cos 2t$（t 以秒计），求点的轨迹方程，并求其第一次与 x 轴相交时的时间。

10-2　如图 10-19 所示，AB 杆以 $\varphi = \omega t$ 绕 A 点转动，并带动套在水平杆 OC 上的小环 M 运动，运动开始时，$\varphi = 0$，设 $OA = h$，求：

（1）小环 M 沿 OC 杆滑动的速度；

（2）小环 M 相对于 AB 杆运动的速度。

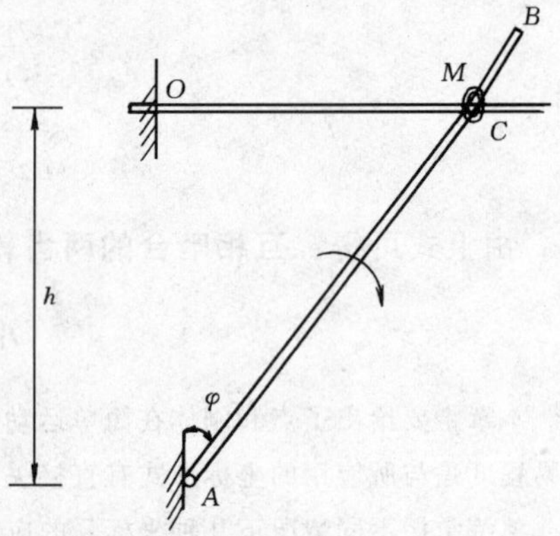

图 10-19

10-3　椭圆规尺机构如图 10-20 所示，曲柄 OD 按规律 $\varphi = \pi t$ 绕 O 轴转动。已知：$OD = AD = BD = 20\text{cm}$，$AM = 10\text{cm}$，起始时 OD 在水平位置。

（1）写出 M 点的运动方程和轨迹方程；

（2）求当 $t = \frac{1}{2}\text{s}$ 时和 $t = 3\text{s}$ 时 M 点的速度和加速度。

10-4　A、B 两点沿半径 $R = 100\text{m}$ 的圆周自同一处同时由静止出发，朝同一方向运动。又 A 点的切向加速度恒为 $a_{\tau 1} = 6\text{m/s}^2$，$B$ 点的切向加速度为 $a_{\tau 2} = 0.6t\text{m/s}^2$。求此后两点第一次相遇的时间及在相遇时各自的速度和加速度大小。

10-5　作匀加速曲线运动的物体分别以时间间隔 Δt_1 和 Δt_2 通过两长度均为 s 且相连接的路程，试计算该物体切向加速度的值。

10-6　已知点的运动方程，求其轨迹方程，并给出计算其弧长的运动方程（自起始位置计算）。

（1）$x = 4t - 2t^2$，$y = 3t - 1.5t^2$；

（2）$x = 4\cos^2 t$，$y = 3\sin^2 t$；

（3）$x = 5\cos t^2$，$y = 5\sin 5t^2$；

（4）$x = t^2$，$y = 2t$。

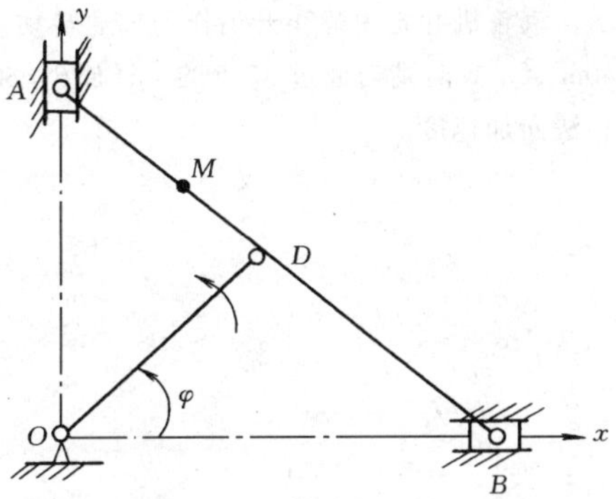

图 10-20

*10-7　点沿平面曲线运动，其加速度 **a** 与轨迹切线间的夹角 θ 为一常量，且此切线与平面上某一固定直线间的夹角 φ 按 $\varphi=\omega t$ 的规律变化。若 $t=0$ 时，$s=0$，$v=K\omega$，证明：经过时间 t 后，点所走过的弧长为 $s=K\tan\theta\ (e^{\omega t\cot\theta}-1)$。

10-8　如图 10-21 所示等边三角形板 ABC 各顶点分别连结一等长的曲柄，三个曲柄的支

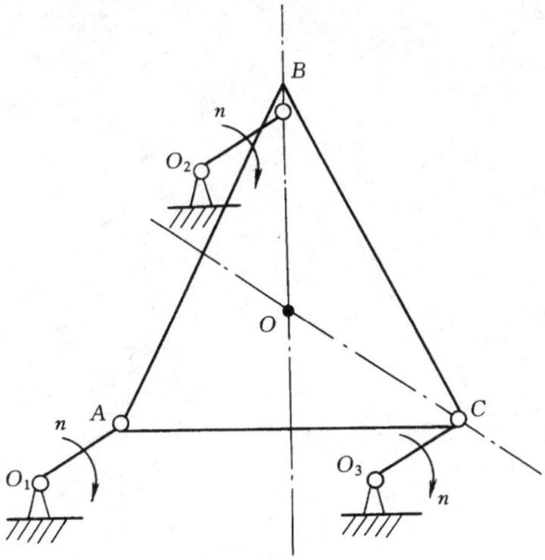

图 10-21

座 O_1，O_2，O_3 也构成一个等边三角形。若曲柄长 l，且均以转速 $n=45\text{r/min}$ 转动，求三角形板中点 O 的速度和加速度。

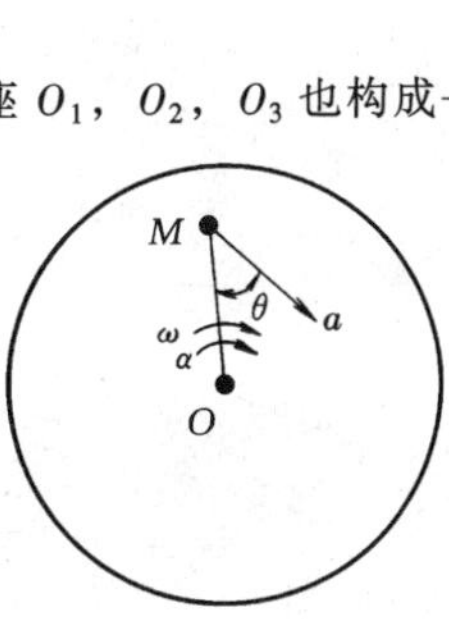

图 10-22

10-9　某刚体绕定轴转动，在刚体内与转动轴相距 $R=60\text{cm}$ 的一点 A 按规律 $s=6t+2t^3$ 运动（s 以 cm 计，t 以秒计），求 $t=3\text{s}$ 时刚体的角速度和角加速度。

10-10　飞轮半径 $R=0.5\text{m}$，由静止开始作匀加速转动，经 10s 后，轮缘上的点获得速度 $v=10\text{m/s}$。求 $t=15\text{s}$ 时飞轮边缘上点的速度，切向加速度和法向加速度。

10-11　如图 10-22 所示，汽轮机叶轮由静止开始作匀加速转动。轮上 M 点离轴 0.4m。在某瞬时其加速度的大小为 $40m/s^2$，方向则与通过 M 点的半径成 $\theta = 30°$ 角。求叶轮的转动方程，以及 $t = 5s$ 时 M 点的速度和法向加速度。

第十一章 复合运动

学习要点

本章研究物体（点和刚体）的复合运动。重点内容是点和平面运动刚体上各点的速度、加速度合成定理及其应用。

贯穿于本章的核心概念是运动的分解与合成。其中包括点的运动分解与合成及刚体的运动分解与合成。为将物体运动的合成与分解进行量化分析，需掌握两个关键的步骤：①给出描述同一点运动的两个具有明显相对运动的参考体及建立其上的两个参考坐标系。要做到这一点就要深刻理解运动的相对性；②理解和熟练掌握两个描述不同运动关系的定理——速度合成定理和加速度合成定理。

第一节 点的复合运动分析

在此之前所研究的运动，都是以建立在地球上的惯性坐标系为参考系。但由于运动的相对性，在不同的参考系中，对于同一动点，其运动方程、速度和加速度是不相同的。如图 11-1 所示，一个从运动的车厢顶部自由下落的物体 M，坐在车厢里观察其运动时，物体 M 的运动是沿 MA 铅垂下落的直线运动；而此时在地面上观察其运动的结果却是沿 $\overset{\frown}{MB}$ 弧线的曲线运动。许多力学问题中，常常需要研究一点在不同参考系中运动量（速度和加速度）的相互关系。

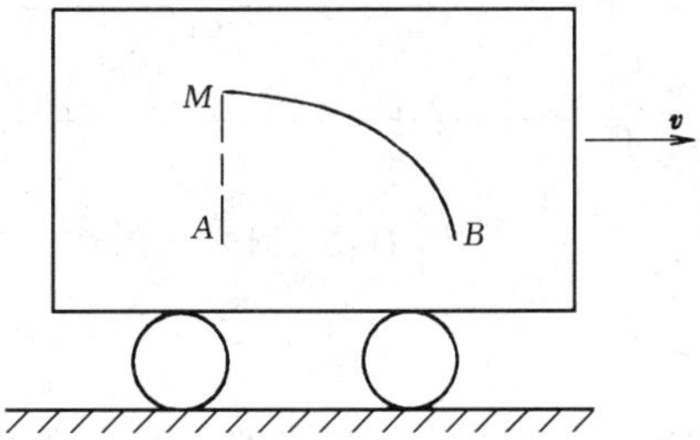

图 11-1 运动的相对性

一、复合运动中三种运动的概念

通常将固结于地面上的参考系（坐标系）称做**静参考系**（坐标系），简称**静系**；将固结于相对地面运动物体上的参考系（坐标系）称做**动参考系**（坐标系），简称**动系**。例如上例中固结于运动车厢上的坐标系就是动参考系，将研究对象称做**动点**。则动点相对于静系的运动，称为**绝对运动**；动点相对于动系的运动称为**相对运动**；而动系相对于静系的运动则称为**牵连运动**。由此可以看出，绝对运动，相对运动是指一个点的运动，所以它可以是直线运动或曲线运动。而牵连运动则是刚体的运动，它可以是平动或定轴转动等。

动点在绝对运动下的轨迹、速度、加速度分别称为绝对轨迹、绝对速度和绝对加速度，并分别以$\boldsymbol{v}_a$、$\boldsymbol{a}_a$表示**绝对速度和绝对加速度**；同理，动点在相对运动下的轨迹、速度和加速度分别称作相对轨迹、相对速度和相对加速度，分别以$\boldsymbol{v}_r$、$\boldsymbol{a}_r$表示**相对速度和相对加速度**；在某一瞬时动坐标系上与动点相重合的点称为**牵连点**，该点的速度、加速度称为动点在该瞬时的**牵连速度和牵连加速度**，分别以$\boldsymbol{v}_e$、$\boldsymbol{a}_e$表示。须强调的是：牵连速度和牵连加速度实质是**运动刚体上某点的速度和加速度**。由于牵连点的位置随动点位置的变化而变化，所以**牵连点具有瞬时性**。

【例 11-1】 分析船头垂直河道渡河的小船 M 的运动。设河水的流速为$\boldsymbol{v}_0$，小船 M 在河水中划动的速度为$\boldsymbol{v}_1$。如图 11-2。

【解】 设小船为动点。为了分析三种运动，分别在地面上建立静坐标系 Oxy；在水流上建立动坐标系 $O'x'y'$随水流一起运动。

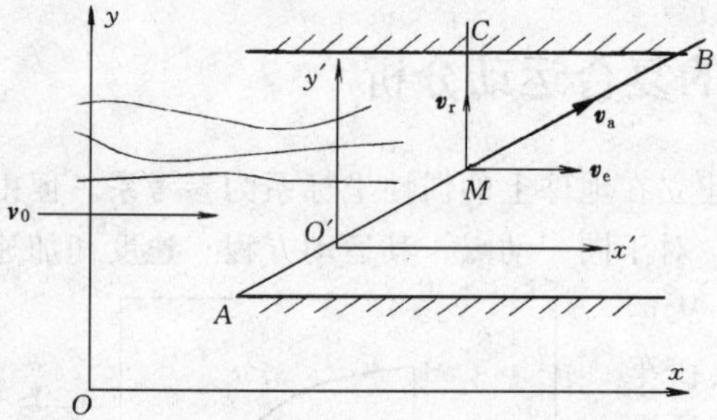

图 11-2 例 11-1 图

若河水如图从左向右匀速沿河道流动，则随水流一起运动的动坐标系的运动就是直线平动，小船 M 的绝对运动就是从 A 到 B 直线运动，而小船在河水中，船头方向始终保持与河流方向垂直，所以其相对运动就是沿 MC 方向的直线运动。

根据定义小船在河水中的划速$\boldsymbol{v}_1$为相对速度，即

$$\boldsymbol{v}_r = \boldsymbol{v}_1 \tag{1}$$

此时和小船重合的河水的流速为牵连速度

$$\boldsymbol{v}_e = \boldsymbol{v}_0 \tag{2}$$

实际上河流中各点的水流速度相同。若从 $O'x'y'$坐标系的运动分析，由于动系 $O'x'y'$作平动，所以其上任一点的速度均为$\boldsymbol{v}_0$

绝对速度则是沿着 AB 方向上的速度$\boldsymbol{v}_a$。

由于小船及河流（也即平动坐标系）的速度均为匀速，因此三种运动下的加速度均为零。

【例 11-2】 如图 11-3 所示，直角折杆 OAB 绕 O 轴转动，角速度为 ω，滑块上有销钉 M 沿滑槽滑动，试分析销钉 M 的三种运动和三种速度。

【解】 动点：销钉 M；

动系：固结在折杆 OAB 上；

静系：固结在地面上；

绝对运动：销钉沿铅垂滑道的直线运动；

相对运动：销钉沿折杆上滑槽的直线运动；

牵连运动：折杆绕 O 轴的定轴转动；

绝对速度 $\boldsymbol{v}_a$：大小未知，方向沿铅垂滑道指向上；

相对速度 $\boldsymbol{v}_r$：大小未知，方向沿折杆滑槽 AB 指向如图；

牵连速度 $\boldsymbol{v}_e$：在折杆滑槽上与销钉 M 相重合点的速度，其方位与转动半径 OM 相垂直，指向折杆转动一方，故动点 M 的牵连速度为水平向左，大小为 $\boldsymbol{v}_e = OM \cdot \omega$。

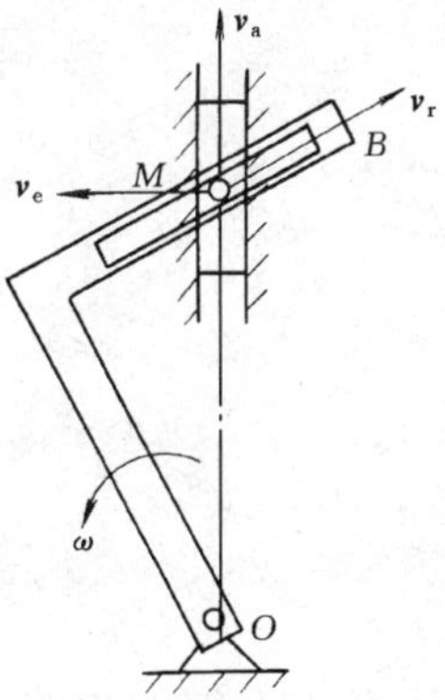

图 11-3 例 11-2 图

二、点的速度合成定理

在定系 $Oxyz$ 中，设有一刚体由 t 瞬时的位置Ⅰ，经 Δt 时间间隔运动到位置Ⅱ，若将动系固结在此刚体上，而动点 M 则沿运动刚体上的曲线 $\overset{\frown}{AB}$ 作相对运动，且在同一时间间隔 Δt 内由 M 运动至 M'，如图 11-4 所示。动点 M 的绝对运动轨迹为 $\overset{\frown}{MM'}$，绝对运动位移为 $\Delta \boldsymbol{r}_a$；在瞬时 t，动点 M 与动系上的点 M_1 相重合，故点 M_1 即为牵连点，在 $t+\Delta t$ 瞬时，牵连点 M_1 运动至位置 M'_1，其绝对运动轨迹为 $\overset{\frown}{M_1 M'_1}$，则牵连点的绝对位移为 $\Delta \boldsymbol{r}_e$；显然，动点 M 在同一时间间隔 Δt 内的相对运动轨迹为 $\overset{\frown}{M'_1 M'}$，相对运动位移为 $\Delta \boldsymbol{r}_r$。由三个位移矢量之间的几何关系知

$$\Delta \boldsymbol{r}_a = \Delta \boldsymbol{r}_e + \Delta \boldsymbol{r}_r$$

将上式各项除以同一时间间隔 Δt，并令 $\Delta t \to 0$，取极限，有

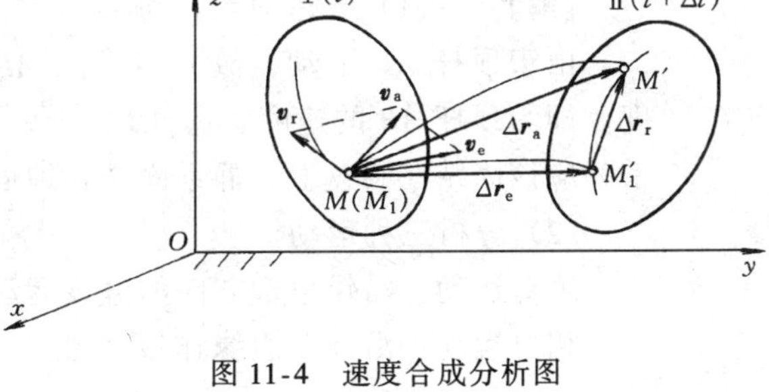

图 11-4 速度合成分析图

$$\lim_{\Delta t\to 0}\frac{\Delta \boldsymbol{r}_a}{\Delta t}=\lim_{\Delta t\to 0}\frac{\Delta \boldsymbol{r}_e}{\Delta t}+\lim_{\Delta t\to 0}\frac{\Delta \boldsymbol{r}_r}{\Delta t} \tag{11-1}$$

即

$$\frac{d\boldsymbol{r}_a}{dt}=\frac{d\boldsymbol{r}_e}{dt}+\frac{d\boldsymbol{r}_r}{dt} \tag{11-2a}$$

或

$$\dot{\boldsymbol{r}}_a=\dot{\boldsymbol{r}}_e+\dot{\boldsymbol{r}}_r \tag{11-2b}$$

显然式（11-2b）中的三项分别对应于三个速度。由前面对三种速度的定义可知，上式等号左侧项为动点 M 在瞬时 t 的绝对速度 $\boldsymbol{v}_a$，其方向沿绝对运动轨迹 $\overset{\frown}{MM'}$ 上 M 点的切线方向；等号右侧第二项为动点 M 在瞬时 t 的相对速度 $\boldsymbol{v}_r$，其方向沿相对运动轨迹上 M 点的切线方向；等号右侧第一项为在 t 瞬时，动系上与动点相重合之点（牵连点）的绝对速度，即牵连速度 $\boldsymbol{v}_e$，其方向沿牵连点轨迹 $\overset{\frown}{M_1M'_1}$ 上 M 点的切线方向。由式（11-2）有

$$\boldsymbol{v}_a=\boldsymbol{v}_e+\boldsymbol{v}_r \tag{11-3}$$

式（11-3）即为动点的**速度合成定理；在任一瞬时，动点的绝对速度等于其牵连速度与相对速度的矢量和。**

由于在定理的证明中，动点的绝对运动、相对运动和动系的牵连运动都是任意的，故本定理对各种运动都是普遍适用的。

式（11-3）是矢量方程，每一项含有两个元素，即速度的大小和方向，因此该方程共有六个元素。所以在该方程中，必须至少四个元素为已知，才能根据矢量方程的两个投影方程或矢量的平行四边形法则，求出另外两个未知元素。

【例 11-3】　如图 11-5 所示，具有偏心距 e 的圆盘凸轮机构。圆盘的半径为 r，绕 O 轴做定轴转动，角速度为 ω，轮推动顶杆 AB 沿铅直滑道运动，O 点和 AB 杆在一条直线上。求当 $OC\perp OA$ 时，顶杆 AB 的速度。

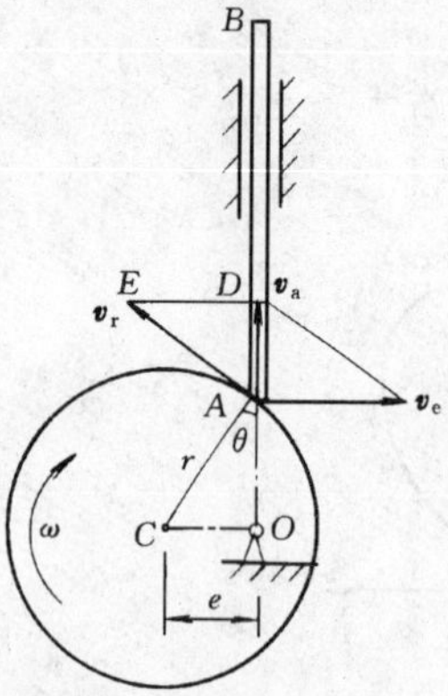

图 11-5　例 11-3 图

【解】　(1) 选择动点、动系

由于顶杆 AB 平动，故只需求出 AB 杆上 A 点的速度，即为顶杆 AB 的速度。选 AB 杆上的 A 点为动点，动系就应该固结在圆盘上，静系固结在地面上。

(2) 分析三种运动

绝对运动：沿铅垂槽方向的直线运动；

相对运动：沿圆盘边缘作以 C 为圆心、r 为半径的

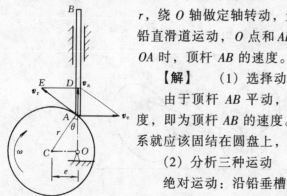

圆周运动；

牵连运动：圆盘（刚体）绕 O 点的定轴转动。

（3）分析三种速度

显然圆盘上（动系）与动点相重合点（牵连点）的速度（牵连速度）大小、方向（垂直于 OA）已知（如图）；相对速度方向沿圆盘边缘 A 点的切线方向，大小未知；绝对速度的方向沿铅垂方向，但大小未知。现将速度矢量元素分析结果列表如下（表 11-1）：

矢量元素分析　　　　**表 11-1**

	$\boldsymbol{v}_a$	$\boldsymbol{v}_e$	$\boldsymbol{v}_r$
大小	未知	$OA \cdot \omega$	未知
方向	沿 AB	垂直于 OA，指向与 ω 同	垂直于 CA（半径）

作速度矢量的平行四边形，其基本方法是，先画出大小、方向已知的速度 $\boldsymbol{v}_e$，过 $\boldsymbol{v}_e$ 的矢端作圆盘在 A 点切线（即 $\boldsymbol{v}_r$ 的方向）的平行线交 AB 于 D 点，再过 D 点作 $\boldsymbol{v}_e$ 平行线交 A 点圆盘切线于 E 点。

（4）计算未知量

由平行四边形法则求得

$$v_a = v_e \tan\theta = OA \cdot \omega \frac{OC}{OA} = e\omega$$

同理还可以计算出动点的相对速度

$$v_r = \frac{v_e}{\cos\theta} = \frac{OA \cdot \omega}{OA} \cdot r = r\omega$$

【例 11-4】　如图 11-6 所示，折杆 ACD 绕 A 轴以 ω 的角速度作定轴转动（转向如图），同时带动小环 M 沿 AB 运动。已知 $AC \perp CD$，AC 长 a。求 $\theta = 60°$ 时小环 M 的速度。

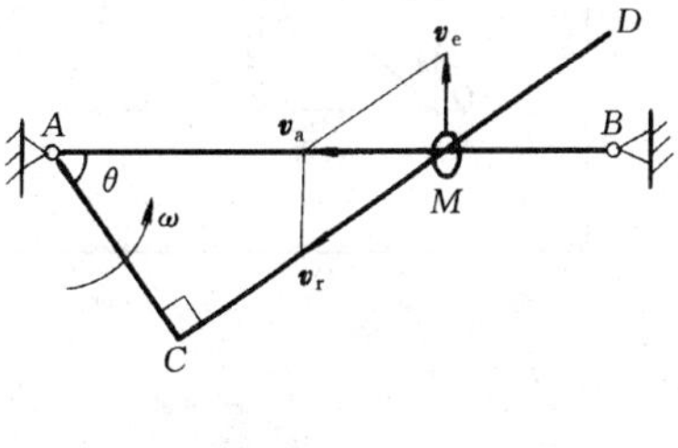

图 11-6　例 11-4 图

【解】　（1）选择动点、动系动点：小环 M；动系：固结于折杆 ACD。

（2）运动分析

绝对运动：沿 AB 的水平直线运动；

相对运动：沿 CD 方向的直线运动；

牵连运动：绕 A 点的定轴转动。

（3）速度分析

速　度　分　析　　　　表 11-2

	v_a	v_e	v_r
大小	未知	$AM \cdot \omega$	未知
方向	沿 AB	垂直于 AM 向上	沿 CD

作出速度矢量的平行四边形如图 11-6。

(4) 求解未知量

$$\begin{aligned} v_a &= v_e \tan 60^\circ \\ &= AM \cdot \omega \tan 60^\circ = \frac{a}{\cos 60^\circ} \cdot \omega \cdot \tan 60^\circ \\ &= 2\sqrt{3} \cdot a\omega \end{aligned}$$

解此类问题的基本步骤可归结为：

(1) 取动点、动系。其中动点和动系要有明显的相对运动。

(2) 分析绝对、相对、牵连这三种运动。如绝对运动、相对运动的轨迹是什么，牵连运动是平动、定轴转动还是其他复杂的刚体运动。

(3) 分析绝对速度、相对速度和牵连速度。这三种速度的大小和方向哪些是已知量，哪些是未知量；

(4) 第三步分析结果，作出速度矢量的平行四边形。然后，由三角函数或投影关系求出未知量。

三、牵连运动为平动时点的加速度合成定理

在动点的加速度合成中，绝对加速度的大小、方向与牵连运动的形式有关，不同的牵连运动形式，将有不同的合成结果。

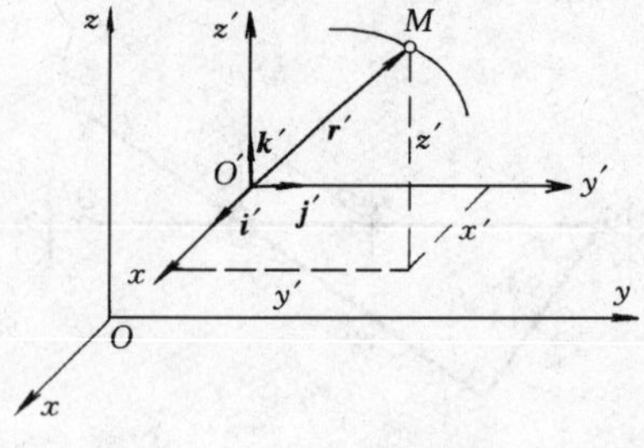

图 11-7　动点 M 的加速度分析

设动系 $O'x'y'z'$ 相对于静系 $Oxyz$ 作平动，若动点 M 在动系中的坐标为 x'、y'、z'，(图 11-7)，则其相对运动的矢径 $\boldsymbol{r}'$ 为

$$\boldsymbol{r}' = x'\boldsymbol{i}' + y'\boldsymbol{j}' + z'\boldsymbol{k}'$$

式中　$\boldsymbol{i}'$、$\boldsymbol{j}'$、$\boldsymbol{k}'$——沿动坐标系各轴正向的单位矢量。

由相对速度和加速度的概念知，$\boldsymbol{v}_r$、$\boldsymbol{a}_r$ 分别为动点相对于动坐标系的速度和加速度，即分别为相对矢径 $\boldsymbol{r}'$ 和相对速度 $\boldsymbol{v}_r$ 在动坐标系中对时间 t 的变化率，可表示为

$$\boldsymbol{v}_r = \frac{dx'}{dt}\boldsymbol{i}' + \frac{dy'}{dt}\boldsymbol{j}' + \frac{dz'}{dt}\boldsymbol{k}' = \dot{x}'\boldsymbol{i}' + \dot{y}'\boldsymbol{j}' + \dot{z}'\boldsymbol{k}' \tag{11-4}$$

$$\boldsymbol{a}_r = \frac{d^2x'}{dt^2}\boldsymbol{i}' + \frac{d^2y'}{dt^2}\boldsymbol{j}' + \frac{d^2z'}{dt^2}\boldsymbol{k}' = \ddot{x}'\boldsymbol{i}' + \ddot{y}'\boldsymbol{j}' + \ddot{z}'\boldsymbol{k}' \tag{11-5}$$

由点的速度合成定理，知

$$\boldsymbol{v}_a = \boldsymbol{v}_e + \boldsymbol{v}_r \tag{11-3}$$

因为牵连运动为平动，故牵连点的速度与动系坐标原点 O' 点的速度相等，即

$$\boldsymbol{v}_e = \boldsymbol{v}_{O'} \tag{11-6}$$

将式（11-4）、(11-6) 代入式（11-3），得

$$\boldsymbol{v}_a = \boldsymbol{v}_{O'} + \dot{x}'\boldsymbol{i}' + \dot{y}'\boldsymbol{j}' + \dot{z}'\boldsymbol{k}' \tag{11-7}$$

将式（11-7）对时间求导，并因为动系平动，故 $\boldsymbol{i}'$、$\boldsymbol{j}'$、$\boldsymbol{k}'$ 为常矢量，于是得

$$\dot{\boldsymbol{v}}_a = \dot{\boldsymbol{v}}_{O'} + \ddot{x}'\boldsymbol{i}' + \ddot{y}'\boldsymbol{j}' + \ddot{z}'\boldsymbol{k}' \tag{11-8}$$

式（11-8）中，$\dot{\boldsymbol{v}}_a = \boldsymbol{a}_a$ 为绝对加速度 $\dot{\boldsymbol{v}}_{O'} = \boldsymbol{a}_{O'}$，由于动系平动，牵连点的加速度也与动系坐标原点 O' 的加速度相等，即

$$\dot{\boldsymbol{v}}_{O'} = \boldsymbol{a}_{O'} = \boldsymbol{a}_e \tag{11-9}$$

将式（11-5）、(11-9) 代入式（11-8），得

$$\boldsymbol{a}_a = \boldsymbol{a}_e + \boldsymbol{a}_r \tag{11-10}$$

此即牵连运动为平动时点的加速度合成定理：**牵连运动为平动时，点的绝对加速度等于它的牵连加速度与相对加速度的矢量和。**

【例 11-5】 如图 11-8 所示为曲柄导杆机构。曲柄 OA 转动的角速度为 ω_0，角加速度为 α_0（转向如图），设曲柄长为 r，试求当曲柄与铅垂线的夹角 $\theta < \frac{\pi}{2}$ 时导杆的加速度。

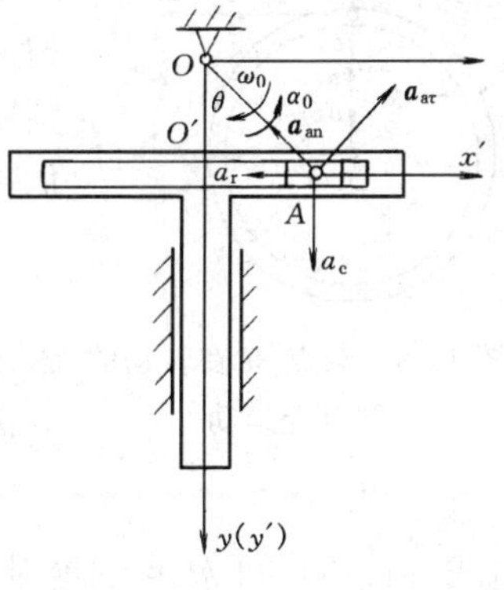

图 11-8 例 11-5 图

【解】 (1) 选择动点、动系

选滑块 A 为动点，它是曲柄和导杆之间的连系点。由于滑块和曲柄相连，是曲柄上的一个点，所以只能选取导杆为动参考系 $O'x'y'$。静坐标 Oxy 的原点建立在 O 轴上，如图示。

(2) 运动分析

绝对运动：以 O 为圆心的圆周运动；

相对运动：沿导杆的水平运动；

牵连运动：铅垂方向的平动。

(3) 加速度分析

各加速度分析结果列表 11-3 如下：

加速度分析 表 11-3

	绝对加速度 $\boldsymbol{a}_a$		牵连加速度 $\boldsymbol{a}_e$	相对加速度 $\boldsymbol{a}_r$
	$\boldsymbol{a}_{a\tau}$	$\boldsymbol{a}_{an}$		
大小	$r\alpha_0$	$r\omega_0^2$	未知	未知
方向	与曲柄 OA 垂直	指向 O 点	铅直方向	水平方向

写出加速度合成定理的矢量方程

$$\boldsymbol{a}_a = \boldsymbol{a}_{a\tau} + \boldsymbol{a}_{an} = \boldsymbol{a}_e + \boldsymbol{a}_r$$

(4) 计算未知量

应用投影方法，将加速度合成定理的矢量方程沿 y 方向投影，有

$$-a_{a\tau}\sin\theta - a_{an}\cos\theta = a_e$$

$$-r\alpha_0\sin\theta - r\omega_0^2\cos\theta = a_e$$

所以

$$a_e = -r\ (\alpha_0\sin\theta + \omega_0^2\cos\theta)$$

a_e 即为导杆的加速度，式中的负号说明 a_e 的假设方向与实际指向相反。

四、牵连运动为转动时点的加速度合成定理

当牵连运动为定轴转动时，动点的加速度合成定理与式（11-10）不同。以图 11-9 所示的以等角速度 ω 绕垂直于盘面的固定轴 O 转动的圆盘为例，设动点 M 沿半径为 R 的盘上圆槽以匀速 v_r 相对圆盘运动，若将动系 $O'x'y'$ 建立在圆盘上，则图示瞬时，动点的相对运动为匀速圆周运动，其相对加速度指向圆盘中心，大小为

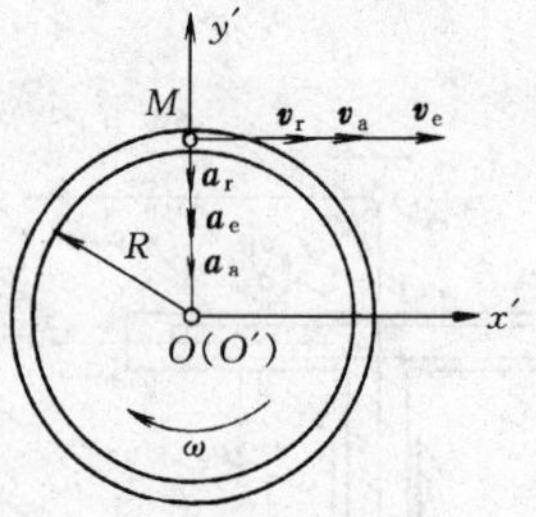

图 11-9 动点 M 在转动的圆盘上运动

$$a_r = \frac{v_r^2}{R}$$

牵连运动为圆盘绕定轴 O 的匀角速度转动，则牵连点的速度、加速度方向如图，大小分别为

$$v_e = R\omega,\ \ a_e = R\omega^2$$

由式（11-3）知 M 点的绝对速度为

$$v_a = v_e + v_r = R\omega + v_r = 常量$$

可见，动点 M 的绝对运动也是半径为 R 的圆周运动，故其绝对加速度的大小为

$$a_a = \frac{v_a^2}{R} = \frac{(R\omega + v_r)^2}{R} = R\omega^2 + \frac{v_r^2}{R} + 2\omega v_r = a_e + a_r + 2\omega v_r$$

显然

$$a_a \neq a_e + a_r$$

故式（11-10）在牵连运动为定轴转动的情况下便不再适用。

（一）牵连运动为转动时点的加速度合成定理

牵连运动为定轴转动时，点的加速度合成定理为（证明从略）：

$$\boldsymbol{a}_a = \boldsymbol{a}_e + \boldsymbol{a}_r + \boldsymbol{a}_C \tag{11-11}$$

其中 $\boldsymbol{a}_C$ 称为**科氏加速度**。

式（11-11）表明：**当牵连运动为定轴转动时，动点的绝对加速度等于该瞬时的牵连加速度、相对加速度与科氏加速度的矢量和**。这就是**牵连运动为定轴转动时点的加速度合成定理**。

可以证明，式（11-11）对任意形式牵连运动下的动点的加速度合成定理均成立。

（二）科氏加速度的计算

可以证明，科氏加速度的表达式为

$$\boldsymbol{a}_C = 2\boldsymbol{\omega} \times \boldsymbol{v}_r \tag{11-12}$$

式中$\boldsymbol{v}_r$为动点的相对速度，而 $\boldsymbol{\omega}$ 为动系相对静系转动的角速度矢量。即**科氏加速度等于牵连运动的角速度与动点相对速度矢量积的两倍**。

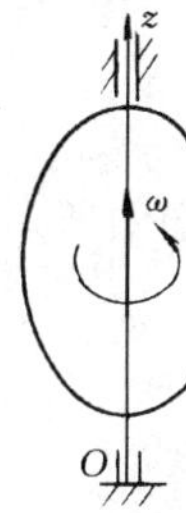

11-10　角速度的矢量表示

1. 角速度的矢量表示

若刚体以 ω 的角速度绕轴 Oz 转动，而 Oz 轴的单位矢量为 $\boldsymbol{k}$，则刚体的角速度可表示为矢量 $\boldsymbol{\omega}$，称为角速度矢，可表示为

$$\boldsymbol{\omega} = \omega\boldsymbol{k}$$

即角速度矢的大小为 ω，指向根据刚体旋转的转向由右手法则确定，如图 11-10 所示。

2. 科氏加速度的大小和方向

设动系转动的角速度矢 $\boldsymbol{\omega}$ 与动点的相对速度矢$\boldsymbol{v}_r$间的夹角为 θ，则由矢积运算规则，科氏加速度 $\boldsymbol{a}_C$ 的大小为

$$a_C = 2\omega v_r \sin\theta$$

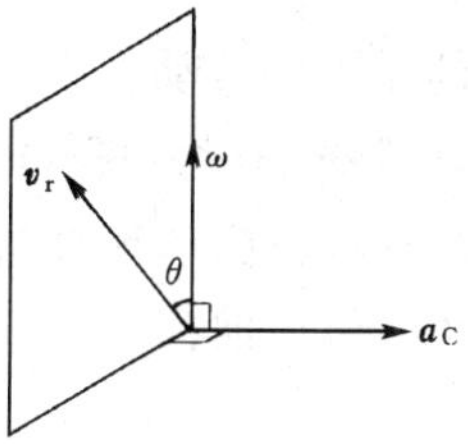

图 11-11　科氏加速度方向的确定

$\boldsymbol{a}_C$ 的方向由右手定则确定：四指指向 $\boldsymbol{\omega}$ 矢量正向，再转到$\boldsymbol{v}_r$矢量的正向，拇指指向即为矢量的正向，如图 11-11 所示。

【例 11-6】　求例 11-4 中小环 M 的加速度。

【解】　（1）运动分析与速度分析与例 11-4 相同且相对速度为

$$v_r = \frac{v_e}{\cos\theta} = \frac{\omega a}{\cos^2\theta} = 4\omega a$$

（2）加速度分析如图 11-12。

各加速度分析结果列表 11-4 如下：

加速度分析　　**表 11-4**

	绝对加速度 a_a	牵连加速度 a_e^n	相对加速度 a_r	科氏加速度 a_C
大小	未知	$2a\omega^2$	未知	$2\omega v_r$
方向	沿 AB	指向 A 点	沿 CD	垂直 CD

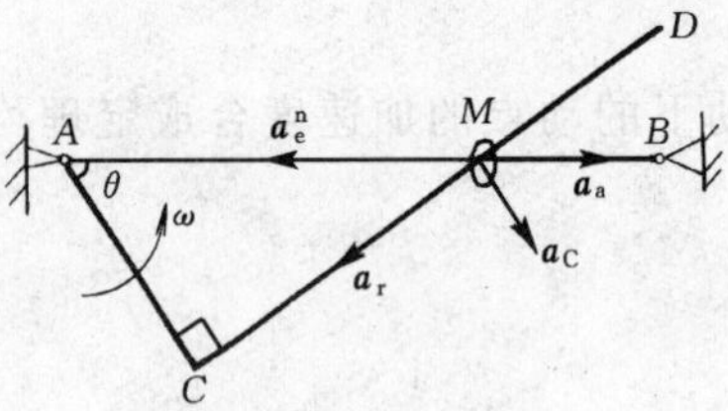

图 11-12　例 11-6 图

写出加速度合成定理的矢量方程

$$\boldsymbol{a}_a = \boldsymbol{a}_e^n + \boldsymbol{a}_r + \boldsymbol{a}_C$$

应用投影方法，将上式加速度合成定理的矢量方程沿垂直 CD 方向投影，有

$$a_a\cos\theta = -a_e^n\cos\theta + a_C$$

$$a_a = -a_e^n + 2a_C$$

$$= -2a\omega^2 + 16a\omega^2$$

$$= 14a\omega^2$$

方向如图所示。

第二节　刚体的平面运动

刚体的平面运动是刚体运动中比较复杂的运动，也是工程中常见的一种运动。学习刚体的平面运动既可以直接指导实践，更是动力学学习的主要基础。

这部分内容主要研究刚体平面运动下，各点速度和加速度的计算方法。研究的思路还是运动的分解与合成。

一、刚体平面运动的概念

刚体运动时，若刚体上任一点总在与某一固定平面平行的平面内运动，则该刚体的运动称为**平面平行运动**，简称**平面运动**。如车轮沿直线滚动时（图 11-13a），车轮上每点都保持在铅垂平面内运动。又如图 11-13b 所示，曲柄连杆机构中连杆 AB 上的各点都在与机构所处平面平行的平面内运动，所以曲柄连杆机构中的连杆也是平面运动的刚体。

平面运动刚体的运动，可做如下简化：

设有一刚体作平面运动，刚体内任一点都在与固定平面Ⅰ平行的平面内运动，如图 11-14。另取一个与平面Ⅰ平行的固定平面Ⅱ，它与刚体交截出一个平面图形 S。当刚体运动时，平面图形 S 始终保持在平面Ⅱ内，而刚体内与图形 S 垂直的任一条直线 m_1mm_2 则作平动。于是，S 平面内 m 点的运动就代表了直线

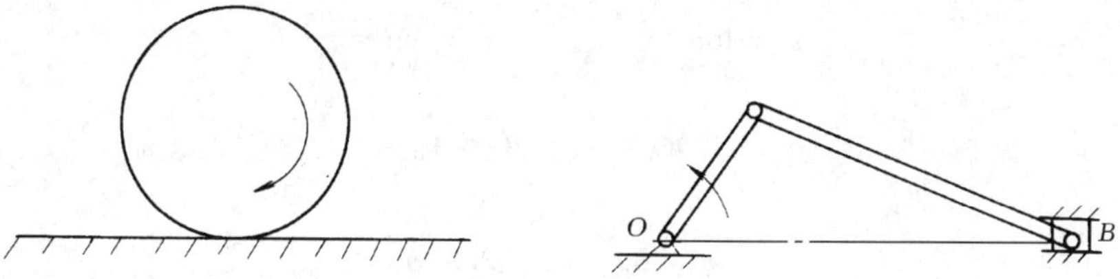

(a)　　　　(b)

图 11-13　做平面运动的刚体

m_1mm_2 的运动。以此而推之，可以得出结论：**平面图形的运动就代表了整个刚体的运动。**

所以，**研究平面图形的运动就相当于研究了整个刚体的运动**。也就是**刚体的平面运动可以简化成平面图形在其所在平面内的运动**。下面只讨论平面图形的运动。

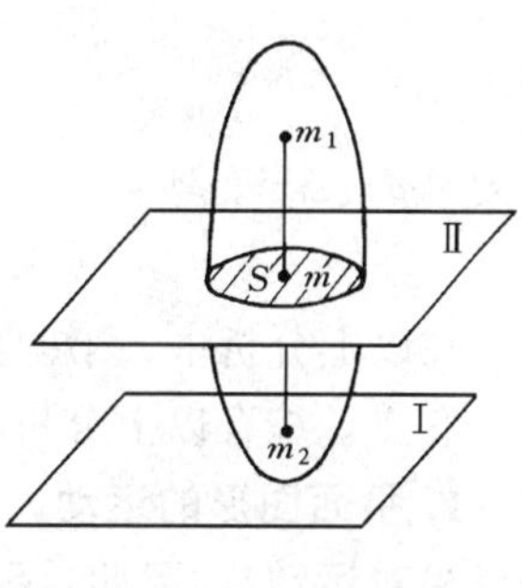

11-14　刚体的平面运动的简化

二、平面运动的分解

平面图形 S 在其自身平面内的位置完全可以由图形内任意一条线段 AB 的位置来确定，如图 11-15 所示。

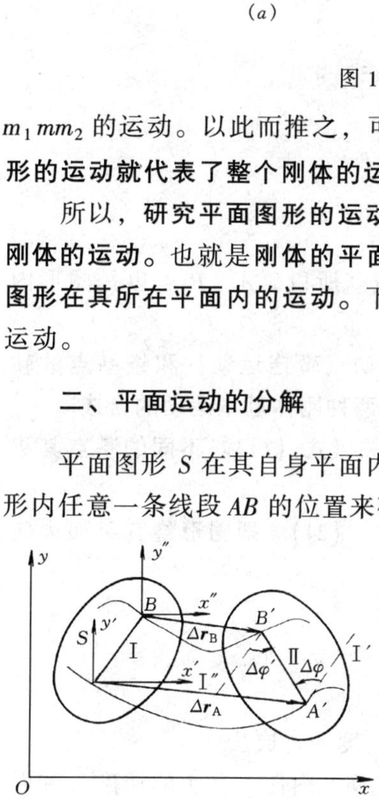

图 11-15　平面运动刚体的运动分析

设在瞬时 t，直线 AB 在位置Ⅰ，经过时间 Δt 后到达位置Ⅱ。直线 AB 从位置Ⅰ运动到位置Ⅱ（即 $A'B'$），可以分解为两个步骤完成，首先让 AB 直线随固定在 A 点的平动坐标系 $x'Ay'$ 运动到Ⅰ′位置。然后，再让直线 AB 绕 A' 点旋转角度 $\Delta\varphi$ 后至最终位置Ⅱ（图 11-15）。在此，把固结动坐标系 $x'Ay'$ 的 A 点称做**基点**，以上 AB 直线运动的分解是以 A 点为基点来完成的。同理，也可以以 B 点为基点来完成，即 AB 直线的运动亦可分解为先随固结在 B 点的平动坐标系 $x''By''$ 运动至Ⅰ″位置，再绕 B' 点旋转角 $\Delta\varphi'$ 后至最终位置Ⅱ。

由于，无论以 A 为基点，还是以 B 为基点，AB 直线运动分解后的第一步都是随固结于基点上的动坐标系做平动。所以，直线 AB 和Ⅰ′、Ⅰ″三条直线互相平行，故 $\Delta\varphi = \Delta\varphi'$。即选择不同的基点，相对基点转过的角度是相同的；但随基点平动的位移是不同的。A 为基点时的位移是 $\Delta \boldsymbol{r}_A$，B 为基点时的位移是 $\Delta \boldsymbol{r}_B$。由速度、加速度定义知：

$$\boldsymbol{v}_A=\lim_{\Delta t\to 0}\frac{\Delta \boldsymbol{r}_A}{\Delta t};\qquad \boldsymbol{v}_B=\lim_{\Delta t\to 0}\frac{\Delta \boldsymbol{r}_B}{\Delta t}$$

$$\boldsymbol{a}_A=\dot{\boldsymbol{v}}_A;\quad \boldsymbol{a}_B=\dot{\boldsymbol{v}}_B$$

所以

$$\boldsymbol{v}_A\neq\boldsymbol{v}_B;\qquad \boldsymbol{a}_A\neq\boldsymbol{a}_B \tag{1}$$

而绕不同基点转动的角速度和角加速度为：

$$\omega_A=\lim_{\Delta t\to 0}\frac{\Delta\varphi}{\Delta t};\quad \omega_B=\lim_{\Delta t\to 0}\frac{\Delta\varphi'}{\Delta t}$$

$$\alpha_A=\dot{\omega}_A;\qquad \alpha_B=\dot{\omega}_B$$

因为 $\Delta\varphi=\Delta\varphi'$，所以

$$\omega_A=\omega_B;\quad \alpha_A=\alpha_B \tag{2}$$

在以上分析中，AB 直线为图形内的任意直线。所以，A、B 点也是图形内的任意点。综合以上分析得出如下结论：

1. 平面图形的运动，可以分解为随基点的平动（牵连运动）和绕基点的转动（相对运动）。因此，平面图形的运动实质上是两种刚体基本运动的合成。

2. 平面图形平动部分的运动与所选的基点有关（式（1））。不同的基点其平动的速度、加速度不同。

3. 平面图形绕基点的转动与所选基点无关（式（2））。即图形绕其平面内任何点转动的角速度和角加速度均相同。

三、平面图形内各点速度的计算

平面图形内各点速度的计算方法一般有两种。

（一）计算平面图形内各点速度的合成法

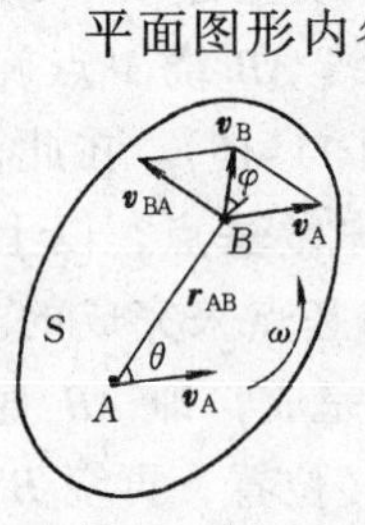

图 11-16　平面图形 S 内各点的速度分析

设已知在某一瞬时，平面图形 S 内任一点 A 的速度 $\boldsymbol{v}_A$ 和图形的角速度 ω，如图 11-16 所示。现在求平面图形内任一点 B 的速度 $\boldsymbol{v}_B$。为此，取 A 点为基点。如前如述，平面图形的运动可以分解为随基点的平动（牵连运动）和绕基点的定轴转动（相对运动）。所以，由速度合成定理得 B 点的速度

$$\boldsymbol{v}_B=\boldsymbol{v}_e+\boldsymbol{v}_r \tag{1}$$

式中，牵连速度即基点 A 的速度 $\boldsymbol{v}_e=\boldsymbol{v}_A$（平动系上各点速度相同）；相对速度 $\boldsymbol{v}_r$ 记为 $\boldsymbol{v}_{BA}$，为 B 点相对基点 A 的速度，其大小可由定轴转动的速度公式确定，即 $v_{BA}=\omega\cdot r_{AB}$（$r_{AB}$ 为 AB 两点之间的距离），方向垂直于 $\boldsymbol{r}_{AB}$。则式（1）便可表示为

$$\boldsymbol{v}_B=\boldsymbol{v}_A+\boldsymbol{v}_{BA} \tag{11-13}$$

由上式得出结论：**平面图形上任一点的速度等于基点的速度与该点绕基点转动速度的矢量和。**这一方法称为计算平图形内任一点速度的**合成法**，也是求平面图形内任一点速度的基本方法。若将式（11-13）沿 AB 连线方向投影，由于 $\boldsymbol{v}_{BA}$ 与 AB 连线垂直，故

$$[\boldsymbol{v}_B]_{AB} = [\boldsymbol{v}_A]_{AB} \qquad (11\text{-}14a)$$

若 $\boldsymbol{v}_A$、$\boldsymbol{v}_B$ 与 AB 连线的夹角分别为 θ、φ（图 11-16），则式（11-14）为

$$v_B\cos\varphi = v_A\cos\theta \qquad (11\text{-}14b)$$

式（11-14）即为平面图形的**速度投影定理：平面运动图形上任意两点速度在其连线上的投影相等。**

【例 11-7】 如图 11-17 所示，曲柄连杆机构中 OA 长 r，并以角速度 ω 绕 O 轴转动。其中连杆 AB 长 l。试求当滑块 $OA \perp AB$ 时，滑块 B 的速度和连杆 AB 的角速度。

【解】 （1）分析系统的运动，选取合适的研究对象。由于滑块 B 是作平面运动的 AB 杆上的一点，且 AB 杆和已知运动状态（以 ω 做定轴转动）的 OA 杆有共同点 A。所以，应选 AB 为研究对象。

（2）选取基点，基点通常是速度已知的点。所以选 A 点为基点。

（3）用速度合成方法求解

由公式（11-13）

$$\boldsymbol{v}_B = \boldsymbol{v}_A + \boldsymbol{v}_{BA}$$

式中 $\boldsymbol{v}_A = r\omega$，方向如图，由于 $\boldsymbol{v}_{BA}$ 是 B 点相对于 A 点转动的速度，所以其方向垂直于 AB 杆；B 点的速度方向由约束条件知，应在 OB 直线上。所以，可作 B 点的速度四边形，如图 11-17 所示。若设 $\angle ABO = \theta$，则由三角关系得

$$v_B = \frac{v_A}{\cos\theta} = \frac{\omega r}{l}\sqrt{r^2 + l^2}$$

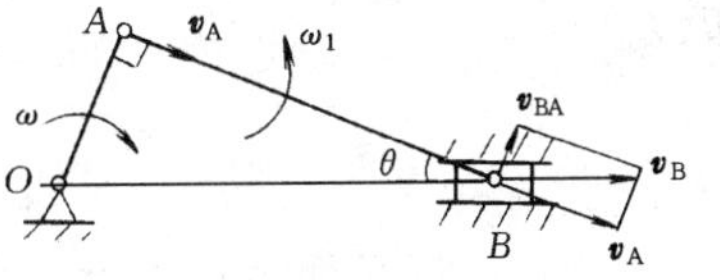

图 11-17 例 11-7 图

再求 AB 杆此时平面运动的角速度 ω_1，因为

$$v_{BA} = l\omega_1$$

所以

$$\omega_1 = \frac{v_{BA}}{l}$$

由 B 点的速度四边形得

$$v_{BA} = v_A\tan\theta$$

因此

$$\omega_1 = \frac{v_A\tan\theta}{l} = \frac{v_A}{l^2}r = \left(\frac{r}{l}\right)^2\omega \text{（转动方向为逆时针，如图 11-17 所示）}$$

【例 11-8】 四连杆机构 $ABCD$ 如图 11-18 所示。已知曲柄 AB 长为 20cm，

转速为45r/min，摆杆 CD 长40cm，求在图示位置下 BC、CD 两杆的角速度。

【解】 分析系统运动。AB、CD 两杆为定轴转动，AB 转动的角速度已知，所以$\boldsymbol{v}_B$已知，$\boldsymbol{v}_C$方向已知。BC 杆为平面运动。所以，应选 BC 为研究对象。B 点为基点。由以上分析很容易作 C 点的速度四边形，如图 11-8 所示。由图中各角度关系知

$$\boldsymbol{v}_C = \boldsymbol{v}_{CB}$$

显然，若$\boldsymbol{v}_C$和$\boldsymbol{v}_{CB}$已知的话，BC 杆、CD 杆的角速度就可求出来。由速度投影定理知，$\boldsymbol{v}_B$ 和$\boldsymbol{v}_C$ 在 BC 连线上的投影相等，所以有

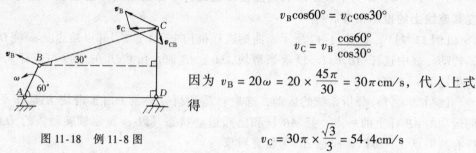

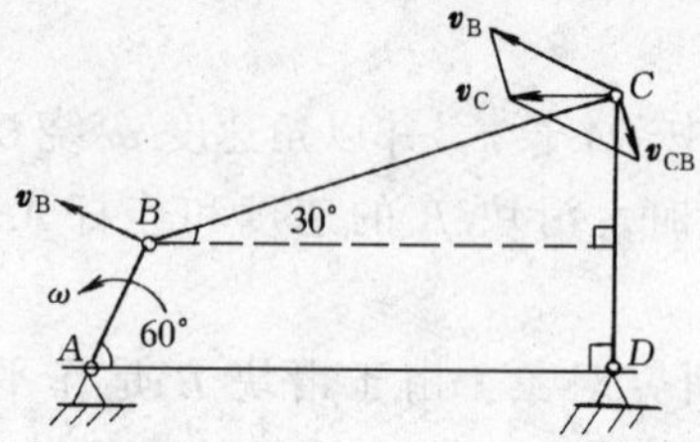

图 11-18 例 11-8 图

$$v_B\cos60° = v_C\cos30°$$

$$v_C = v_B\frac{\cos60°}{\cos30°}$$

因为 $v_B = 20\omega = 20\times\frac{45\pi}{30} = 30\pi\,\text{cm/s}$，代入上式得

$$v_C = 30\pi\times\frac{\sqrt{3}}{3} = 54.4\text{cm/s}$$

且

$$v_{CB} = v_C = 54.4\text{cm/s}$$

得

$$\omega_{CD} = \frac{v_C}{CD} = \frac{54.4}{40} = 1.36\text{rad/s}$$

又因为

$$\overline{BC} = 2\,(\overline{CD} - \overline{AB}\sin60°) = 2\times(40 - 20\sin60°) = 45.4\text{cm}$$

所以

$$\omega_{BC} = \frac{v_{BC}}{BC} = \frac{54.4}{45.4} = 1.2\text{rad/s}$$

（二）计算平面运动图形上各点速度的瞬心法

在利用速度合成法时，若基点的速度为零，即 $v_A = 0$。那么，根据公式（11-13）$\boldsymbol{v}_B = \boldsymbol{v}_A + \boldsymbol{v}_{BA}$，则有$\boldsymbol{v}_B = \boldsymbol{v}_{BA}$使计算过程大为简化。

1. 瞬时速度中心概念

一般情况下，每一瞬时平面运动图形上都存在唯一一个速度为零的点，该点便称为平面图形在该瞬时的**瞬时速度中心**，简称**速度瞬心或瞬心**。瞬时速度中心具有瞬时性（若某一点的速度恒为零，则该平面图形的运动就成为绕这一点的定轴转动）。

设某瞬时平面图形 S 上 A 点的速度为$\boldsymbol{v}_A$，转动的角速度为 ω，如图 11-19 所示。过 A 点作$\boldsymbol{v}_A$ 的垂线 AB，则根据速度合成定理，该直线上任一 O 点速度的

大小为

$$v_O = v_A - \omega \cdot \overline{AO} \quad (1)$$

若当

$$\overline{AO} = \frac{v_A}{\omega} \quad (2)$$

时，将式（2）代入式（1），则有 O 点的速度为

$$v_O = 0$$

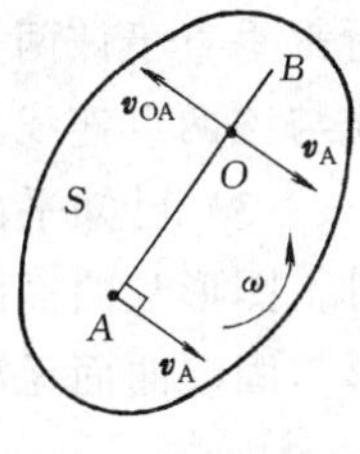

图图 11-19　瞬时速度中心

由此可见，当 $\omega \neq 0$ 时，平面图形内（或所在平面内）就一定存在瞬心。

2. 平面图形内各点速度的分布

若已知某瞬时平面图形上瞬心 O 的位置，求图形上任一 M 点速度时，便可取瞬心 O 为基点，则 M 点的速度就是该点相对瞬心 O 转动的速度，即

$$v_M = \overline{OM} \cdot \omega \quad (11\text{-}15)$$

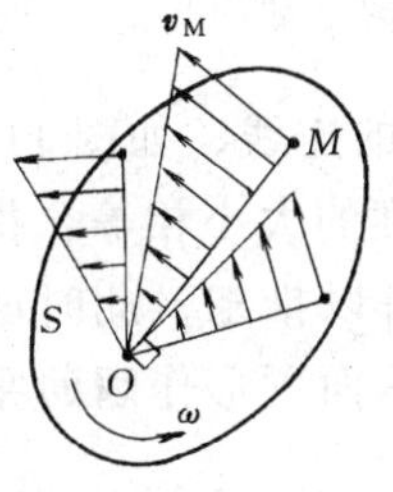

图 11-20　平面图形内各点速度的分布

$\boldsymbol{v}_M$的方向垂直 OM 指向 ω 转动的前方（图 11-20）。

根据以上分析，图形上各点速度分布如图 11-20 所示，这种分布规律与假设平面图形绕瞬心 O 作瞬时定轴转动相类似。已知平面图形的角速度 ω 和瞬心 O 的位置，利用式（11-15）求图形上任一点速度的方法称为**瞬时速度中心法**，简称**瞬心法**。

需要注意的是，图形上的瞬心 O 只是在所研究瞬时的速度为零，在不同瞬时图形上瞬心的位置有所不同。所以可把图形的平面运动描述成平面图形绕一系列瞬心的瞬时转动。

3. 瞬时速度中心位置的确定

（1）已知某瞬时平面图形上两点速度的方向，但它们互不平行，如图 11-21（a）所示。因为各点速度垂直于该点与瞬心的连线。所以，过 A、B 两点分别作速度$\boldsymbol{v}_A$ 、$\boldsymbol{v}_B$ 的垂线，其交点 O 就是瞬心。

（2）已知某瞬时平面图形上 A、B 两点速度的大小与方向，且两速度矢量平

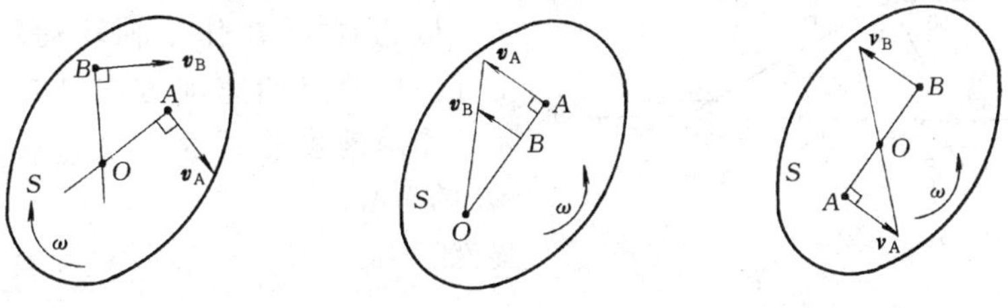

图 11-21　瞬心位置的确定

行都垂直于该两点的连线，如图 11-21（b）、（c）所示。该两速度矢量端部的连线与该两点连线的交点 O 就是瞬心。

（3）已知平面图形 S 在某固定曲面上作无滑动的滚动（如车轮的运动）。此时，图形与曲面的接触点 O 就是瞬心，如图 11-22 所示。因为此时接触点处图形与固定曲面无相对滑动，所以此接触点为图形的瞬心。

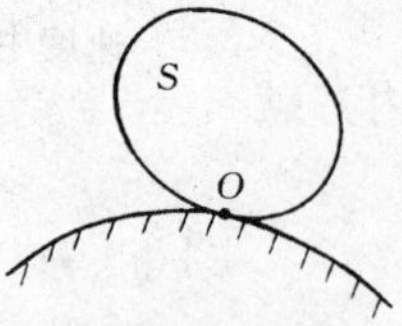

图 11-22　无滑动滚动刚体的瞬心位置

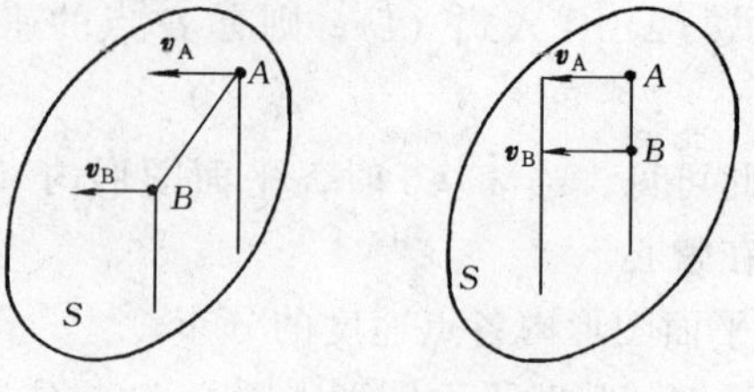

（a）　　（b）

图 11-23　平面图形作瞬时平动

（4）已知某瞬时 A、B 两点的速度平行，但不垂直于两点的连线，如图 11-23（a）所示，或两点的速度平行且垂直于两点连线，但两速度的大小相等，指向相同，如图 11-23（b）所示，按以上确定瞬心位置的方法可以推知，此时图形的瞬心在无穷远处，平面图形的角速度 $\omega = 0$。这种情况称平面图形作**瞬时平动**，此刻各点的速度完全相同。

【例 11-9】　如图 11-24 所示系统中曲柄 OA 长 15cm，$AB = 20$cm，$BD = 30$cm。在图示位置 $OA \perp OO_1$，$AB \perp OA$，曲柄 OA 的角速度为 $\omega = 4$rad/s。求此瞬时 B 点和 D 点的速度，以及杆 AB 和杆 BD 的角速度。

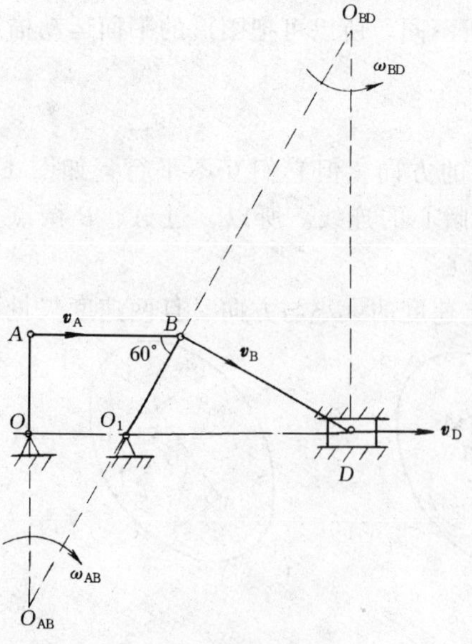

图 11-24　例 11-9 图

【解】　由于杆 AB、BD 作平面运动，且杆 AB 在 A 点和运动已知的杆 OA 相连接。所以，应该先以杆 AB 为研究对象。

因为杆 O_1B 作定轴转动，故杆 AB 上 A、B 两点的速度方向已知。如图所示，作两速度垂线交于 O_{AB} 点，即为杆 AB 的瞬心。

显然

$$\omega_{AB} = \frac{v_A}{O_{AB}A}$$

式中

$$\overline{O_{AB}A} = AB \cdot \tan 60° = 20\sqrt{3}\text{cm}$$

$$v_A = \omega \cdot \overline{OA} = 4 \times 15 = 60\text{cm/s}$$

则

$$\omega_{AB} = \frac{60}{20\sqrt{3}} = \sqrt{3}\text{rad/s}$$

由此可求得

$$v_B = \omega_{AB} \cdot \overline{O_{AB}B} = \sqrt{3} \times \frac{20}{\cos 60°} = 40\sqrt{3}\text{cm/s}$$

再选杆 BD 为研究对象，已知点 D 的速度方向为水平，作 B、D 两点速度的垂线交于 O_{BD} 点即为杆 BD 的瞬心，如图示。由此可得杆 BD 的角速度

$$\omega_{BD} = \frac{v_B}{\overline{O_{BD}B}}$$

式中

$$\overline{O_{BD}B} = \overline{BD} \cdot \cot 30° = 30\sqrt{3}\text{cm}$$

所以

$$\omega_{BD} = \frac{40\sqrt{3}}{30\sqrt{3}} = \frac{4}{3}\text{rad/s}$$

则 D 点的速度为

$$v_D = \omega_{BD} \cdot \overline{O_{BD}D} = \frac{4}{3} \times \frac{30}{\sin 30°} = 80\text{cm/s}$$

所求各杆角速度的转向、各点速度方向均如图示。

【例 11-10】　如图 11-25 所示传动系统中，曲柄 OA 长 75cm，转动角速度 $\omega_O = 6\text{rad/s}$。O_1B 杆绕 O_1 轴做定轴转动。另在 O_1 轴上装有轮Ⅰ。轮Ⅱ与 O_1B 杆在 B 点铰接。两轮通过轮齿啮合在一起。AC 杆固结于轮Ⅱ上。两轮半径为：$r_1 = r_2 = 30\sqrt{3}\text{cm}$，$AB = 150\text{cm}$。求当 $\theta = 60°$，且 $CB \perp O_1B$ 时，曲柄 O_1B 及齿轮Ⅰ的角速度。

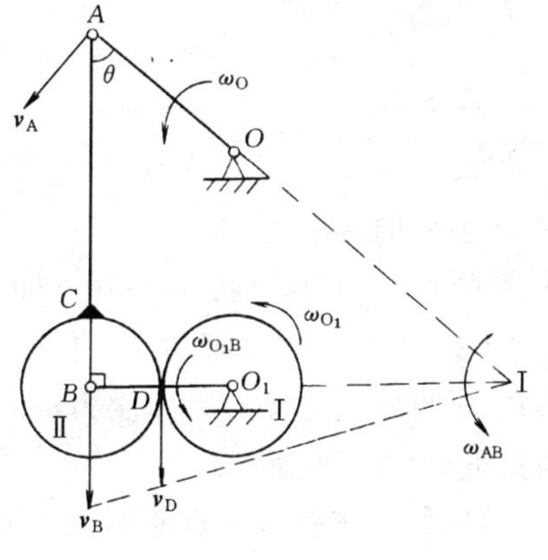

图 11-25　例 11-10 图

【解】　在系统中，四个刚体有三个做定轴转动：OA、O_1B 和轮Ⅰ。只有 AB 做平面运动，且 AB 与运动已知的杆 OA 及其他两刚体有联系。只要求出 AB 上 B、D 两点的速度，所要求的问题就解决了。由以上分析知，应选 AB 为研究对象。并采用瞬心法。

由于 A、B 两点的速度方向已知，故作两点速度的垂线交于 I 点，此点即为 AB 的

瞬心，如图 11-25 所示。因为

$$\overline{AI}=\frac{\overline{AB}}{\cos\theta}$$

所以

$$\omega_{AB}=\frac{v_A}{\overline{AI}}=\frac{\overline{OA}}{\overline{AB}}\omega\cos 60°=\frac{75\times 6}{150\times 2}=1.5\mathrm{rad/s}$$

杆 O_1B 的角速度

$$\omega_{O_1B}=\frac{v_B}{O_1B}=\frac{\omega_{AB}\cdot\overline{BI}}{O_1B}=\frac{\omega_{AB}\cdot\overline{AB}\tan\theta}{O_1B}$$
$$=\frac{1.5\times 150}{2\times 30\sqrt{3}}\tan 60°=3.75\mathrm{rad/s}$$

轮 I 的角速度为

$$\omega_{O_1}=\frac{v_D}{r_1}=\frac{\omega_{AB}\cdot(\overline{BI}-r_2)}{r_1}=\frac{1.5\times(150\times\tan 60°-30\sqrt{3})}{30\sqrt{3}}=6\mathrm{rad/s}$$

该题若采用基点法分析，问题就变得比较复杂了。

四、平面图形内各点加速度的计算

由于图形的平面运动可以分解为随基点的平动和绕基点的转动。而由式（11-10）已经给出了牵连运动为平动时点的加速度合成定理为

$$\boldsymbol{a}_a=\boldsymbol{a}_e+\boldsymbol{a}_r$$

在平面运动中，若已知 A 点的加速度 $\boldsymbol{a}_A$ 及图形转动的角速度 ω、角加速度 α，如图 11-26 所示。则图形上任一点 B 的加速度 $\boldsymbol{a}_B$ 即为绝对加速度 $\boldsymbol{a}_a$，$\boldsymbol{a}_e$ 是基点的加速度 $\boldsymbol{a}_A$，$\boldsymbol{a}_r$ 是 B 点相对 A 点转动的相对加速度 $\boldsymbol{a}_{BA}$ 即

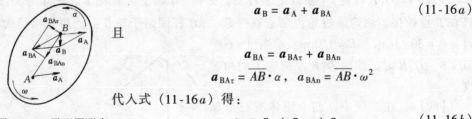

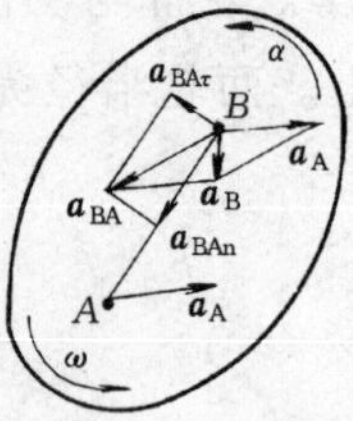

图 11-26 平面图形内各点加速度分析

$$\boldsymbol{a}_B=\boldsymbol{a}_A+\boldsymbol{a}_{BA} \tag{11-16a}$$

且

$$\boldsymbol{a}_{BA}=\boldsymbol{a}_{BA\tau}+\boldsymbol{a}_{BAn}$$
$$\boldsymbol{a}_{BA\tau}=\overline{AB}\cdot\alpha,\quad a_{BAn}=\overline{AB}\cdot\omega^2$$

代入式（11-16a）得：

$$a_B=\boldsymbol{a}_A+\boldsymbol{a}_{BA\tau}+\boldsymbol{a}_{BAn} \tag{11-16b}$$

式（11-16）即为平面图形内各点的加速度合成定理。

【例 11-11】 半径为 R 的车轮沿平直地面无滑动地滚动。某瞬时，车轮轴心点 O 的加速度为 $\boldsymbol{a}_O$，速度为 $\boldsymbol{v}_O$，如图 11-27（a）所示。求此刻车轮最高点 A 与最低点 M 的加速度。

【解】 车轮沿平直地面做无滑动地滚动，即为平面运动，与地面接触点 M 为轮的瞬心。该瞬时轮的角速度为

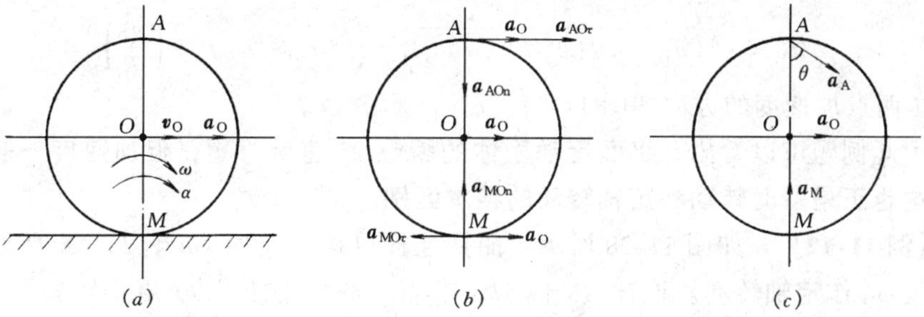

图 11-27　例 11-11 图

$$\omega = \frac{v_O}{OM} = \frac{v_O}{R}$$

为求角加速度，可将上式对时间求一次导数，得

$$\alpha = \frac{d\omega}{dt} = \frac{\dot{v}_O}{R} = \frac{a_O}{R}$$

其转向如图 11-27（a）所示。由于轴心 O 的加速度及轮的角速度、角加速度均已知，若求 M、A 点的加速度，可选轮心 O 为基点，则由式（11-16b）可得 A 点的加速度为

$$\boldsymbol{a}_A = \boldsymbol{a}_O + \boldsymbol{a}_{AO\tau} + \boldsymbol{a}_{AOn} \tag{1}$$

其中 $\boldsymbol{a}_{AO\tau}$和 $\boldsymbol{a}_{AOn}$的大小分别为

$$a_{AO\tau} = \overline{OA}\cdot\alpha = R\cdot\frac{a_O}{R} = a_O \tag{2}$$

$$a_{AOn} = \overline{OA}\cdot\omega^2 = R\cdot\left(\frac{v_O}{R}\right)^2 = \frac{v_O^2}{R} \tag{3}$$

式（1）中各加速度的方向如图 11-27（b）所示。按矢量合成，A 点加速度的大小为

$$\begin{aligned} a_A &= \sqrt{(a_O + a_{AO\tau})^2 + (a_{AOn})^2} \\ &= \sqrt{(a_O + a_O)^2 + \left(\frac{v_O^2}{R}\right)^2} = \sqrt{4a_O^2 + \frac{v_O^4}{R^2}} \end{aligned} \tag{4}$$

方向由 $\boldsymbol{a}_A$ 与 $\boldsymbol{a}_{AOn}$的夹角 θ 确定为

$$\theta = \arctan\frac{2a_O R}{v_O^2} \tag{5}$$

而 M 点的加速度仍可由加速度合成公式得

$$\boldsymbol{a}_M = \boldsymbol{a}_O + \boldsymbol{a}_{MO\tau} + \boldsymbol{a}_{MOn} \tag{6}$$

其中 $\boldsymbol{a}_{MO\tau}$和 $\boldsymbol{a}_{MOn}$的大小分别同式（2）、(3)，方向如图 11-27（b）所示。M 点加速度的大小为

$$a_M=\sqrt{(a_O-a_{MO\tau})^2+(a_{MOn})^2}=\sqrt{(a_O-a_O)^2+\left(\frac{v_O^2}{R}\right)^2}=\frac{v_O^2}{R} \qquad (7)$$

A、M 两点加速度的方向如图 11-27（c）所示。

由此例题可以看出，**平面运动刚体的瞬心 M 速度为零，但加速度一般不为零。这也正是瞬时转动和定轴转动的根本区别。**

【例 11-12】 如图 11-28 所示，曲柄连杆机构，曲柄 OA 长 l，绕 O 点以匀角速度 ω_O 作定轴转动。连杆 AB 长 $5l$，求当曲柄与连杆成 90°角并与水平线成 $\theta=45°$时，连杆的角速度、角加速度和滑块 B 的加速度。

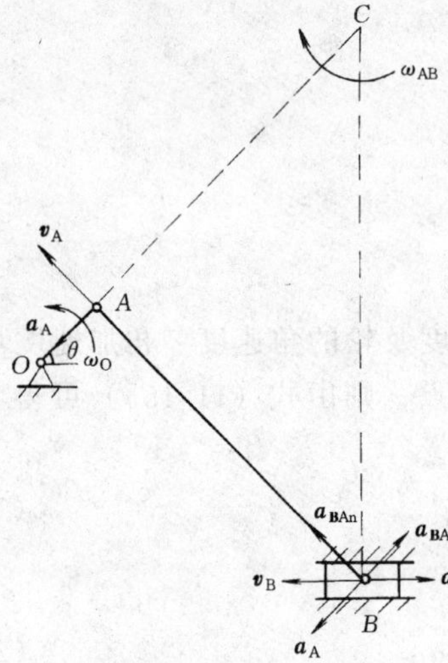

图 11-28 例 11-12 图

【解】 选连杆 AB 作研究对象。

连杆 AB 做平面运动，其瞬心为 C 点，如图示。故连杆的角速度为：

$$\omega_{AB}=\frac{v_A}{AC}$$

显然

$$\overline{AC}=\overline{AB}=5l,\ v_A=\overline{OA}\cdot\omega_O=\omega_O\cdot l$$

所以

$$\omega_{AB}=\frac{\omega_O l}{5l}=\frac{1}{5}\omega_O\ （顺时针转向）$$

分析加速度时，以 A 为基点，则 B 点的加速度由式（11-16b）得

$$\boldsymbol{a}_B=\boldsymbol{a}_A+\boldsymbol{a}_{BA\tau}+\boldsymbol{a}_{BAn} \qquad (1)$$

其中各加速度如图 11-28，且

$\boldsymbol{a}_B$：大小未知，方向水平；

$\boldsymbol{a}_A$：大小 $a_A=l\cdot\omega_O^2$，方向由 A 指向 O；

$\boldsymbol{a}_{BA\tau}$：其大小未知，方向垂直于 AB；

$\boldsymbol{a}_{BAn}$：大小 $a_{BAn}=\overline{AB}\cdot\omega_{AB}{}^2=5l\cdot\left(\frac{1}{5}\omega_O\right)^2=\frac{1}{5}l\omega_O^2$，方向由 B 指向 A。

若将式（1）沿 AB 方向投影，则有

$$a_B\cos45°=-a_{BAn}$$

可得

$$a_B=-\frac{\sqrt{2}}{5}l\omega_O^2\ （方向向左，与假设方向相反）$$

再将式（1）沿铅垂方向投影，则有

$$0=a_{BA_\tau}\cos45°+a_{BAn}\sin45°-a_A\cos45°$$

可得

$$a_{BA\tau} = a_A - a_{BAn}$$
$$= l\omega_0^2 - \frac{1}{5}l\omega_0^2$$
$$= \frac{4}{5}l\omega_0^2 \text{（方向如图）}$$

由此可得 AB 杆的角加速度为

$$\alpha_{AB} = \frac{a_{BA\tau}}{AB} = \frac{\frac{4}{5}l\omega_0^2}{5l} = \frac{4}{25}\omega_0^2 \text{（逆时针转向）}$$

通过以上例题的分析，可对平面运动刚体求点的加速度方法总结出以下两条规律：

（1）计算平面运动图形上点的加速度时，应该根据机构中各物体（构件）的情况，确定出基点和动点的轨迹。基点一般选取已知运动的机构和做平面运动构件的连接点。

（2）计算动点的加速度时，应该根据具体情况，将加速度合成公式向某方向投影，而投影方向的选择，通常以投影方程中只出现一个未知量为原则。

小　　结

一、本章的两大内容

①点的复合运动；②刚体的复合运动—平面运动（计算平面运动刚体上点的运动时，最终归结为点的复合运动）。二者都是建立在运动的相对性基础之上的。在描述运动相对性原理（速度、加速度合成定理）的过程中，引入了动、静坐标系，并给出了不同运动的定义，相对、牵连、绝对运动及相应的速度、加速度的概念。对这些概念的清晰理解，是熟练运用运动合成定理的基础。

二、正确、有效地选取动点、动系是求解点的复合运动问题的关键

下面归纳出几点选取动点、动系的基本原则：

（1）动点、动系、静系必须分别取在三个物体（包括某一点）上，一般静系建立在固结于地球的物体上。动点、动系则根据问题的需要恰当地选择。必须强调的是动点和动系不能在同一刚体上，动点和动系必须要有相对运动。

（2）动点和动系要有明显的相对运动。尽量能确定相对运动的轨迹。

（3）在由某些约束相互联系的机构体系运动中，一般选取传递运动的连接点或接触点为动点，对于彼此没有约束联系的运动，如飞机和雨滴的相对运动，可根据要求的问题选取研究点为动点。

三、应用速度合成定理解题的步骤

（1）选取动点、动系及静系。

（2）三种运动的分析：确定绝对运动、相对运动的轨迹及牵连运动的形式。注意：绝对运动、相对运动是点的运动。牵连运动为刚体的运动。

（3）分析六个速度元素。在六个速度元素中，必须要有四个及以上的元素已知，才能求

解余下的未知量。

(4) 应用矢量四边形及三角函数关系求出未知量

四、应用加速度合成定理解题步骤

加速度合成定理的求解思路和解题原则与速度合成定理相同。只是当牵连运动为刚体的曲线平动及相对运动为曲线运动时，注意各加速度量中的切向加速度和法向加速度分量；牵连运动为转动时注意科氏加速度的确定方法。此时，一般多用合矢量投影定理。

五、学习刚体平面运动部分内容时应掌握的几个概念

(1) 研究刚体平面运动的关键是平面图形运动的分解。即平面图形的运动相当于图形随固结于基点上的坐标系平动和绕基点的定轴转动。若类比点的复合运动的分解过程，刚体的平面运动的分解可表示如下：

$$\text{平面运动}\underset{\text{合成}}{\overset{\text{分解}}{\rightleftharpoons}}\text{随基点的平动}+\text{绕基点的转动}$$

（绝对运动） （牵连运动） （相对运动）

(2) 基点是在平面图形上所选取的平动坐标系原点，它是对平面图形运动分解的关键概念，是平动坐标系与平面图形之间的惟一连接点，在解题时应以平面图形上运动量已知的点作为基点。

(3) 由基点的概念而对平面运动刚体的运动分解，可以得出三种常用的计算平面运动刚体上各点速度的方法：

①合成（基点）法；②投影法；③瞬心法。其中，后两种方法是合成法的特例。

(4) 在计算复杂的运动学问题时，首先要确定研究的问题是属于点的复合运动还是刚体的平面运动后，再应用相应的方法去求解。

思 考 题

11-1 “绝对运动和相对运动是动点的两种完全不同的运动”，这种说法对吗？如何理解绝对运动和相对运动之间的关系？

11-2 在刚体的平面运动中，应用速度合成法求刚体上某点的速度时，以基点的速度作为牵连速度，则基点就是牵连点，这种说法对吗？

11-3 如图 11-29 所示，在下列机构中，按指定的动点进行三种运动和三种速度的分析。

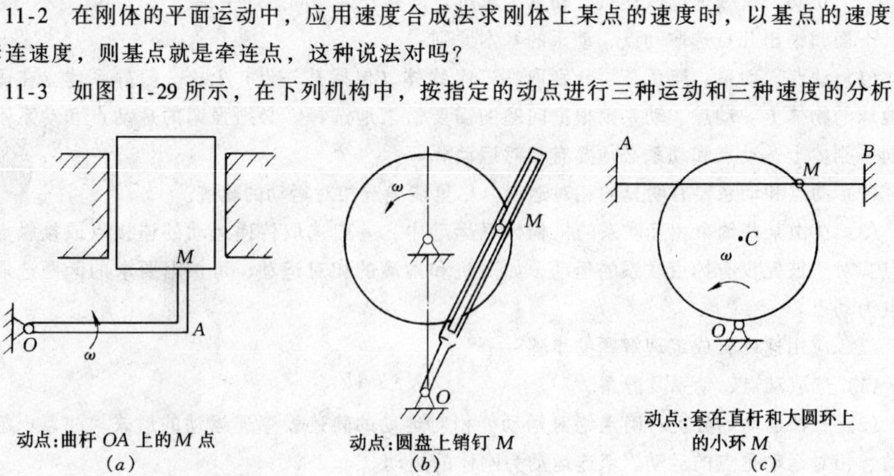

动点：曲杆 OA 上的 M 点 (a)　　动点：圆盘上销钉 M (b)　　动点：套在直杆和大圆环上的小环 M (c)

图 11-29

11-4 刚体的平动是否一定是刚体平面运动的特例？

11-5 在平面上沿直线行驶的汽车，车身和车轮都做平面运动吗？

11-6 如图 11-30 所示机构中，ω 为常量，在图示位置瞬时 $\boldsymbol{v}_A=\boldsymbol{v}_B$，即 $v_B=v_A=\overline{OA}\cdot\omega=$ 常数，则 $a_B=\dfrac{dv_B}{dt}=0$，这样的解题方法是否正确？

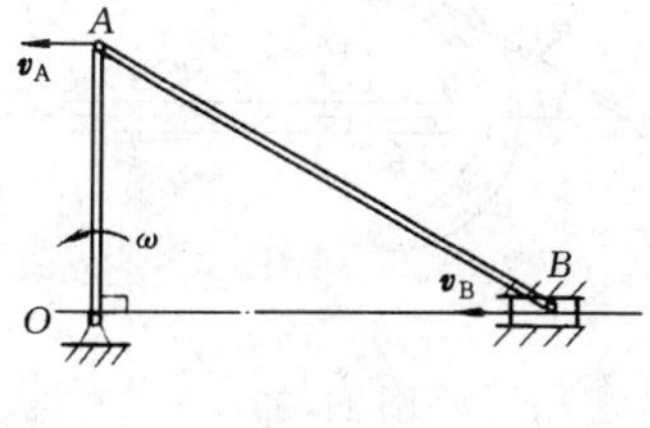

图 11-30

11-7 如图 11-31 所示，在下列机构中，哪些构件做平面运动，画出它们图示位置的速度瞬心。

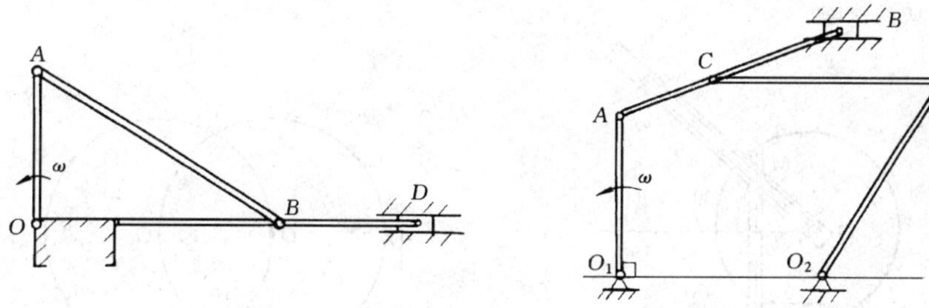

图 11-31

习 题

11-1 A 船以 $v_1=30\sqrt{2}$km/h 的速度向南航行，另一船 B 以 $v_2=30$km/h 的速度向东南航行。求在 A 船上的人看到 B 船的速度是多少？

11-2 一人以 4m/s 的速度向东行走，觉得风自正南吹来，当速度增加到 6m/s 后，觉得风自正南吹来，求风速。

11-3 图 11-32 所示铰接四边形机构中，$O_1A=O_2B=10$cm，又 $O_1O_2=AB$，且杆 O_1A 以匀速度 $\omega=2$rad/s 绕 O_1 轴转动。AB 杆上有可沿杆滑动的套筒与 CD 杆相铰接，机构的各部件

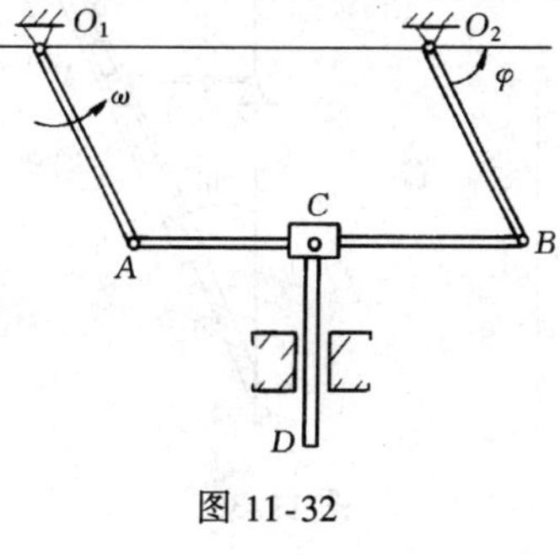

图 11-32

都在同一铅垂面内。求当 $\varphi=60°$时 CD 杆的速度。

11-4 图 11-33 所示曲柄滑杆机构中，滑杆上有圆弧滑道，其半径 $R=10\text{cm}$，圆心 O_1 在导杆 BC 上。曲柄长 $OA=10\text{cm}$，以匀角速 $\omega=4\pi\text{rad/s}$ 绕 O 轴转动。当机构在图示位置时，曲柄与水平线交角 $\varphi=30°$。求此时滑杆 CB 的速度。

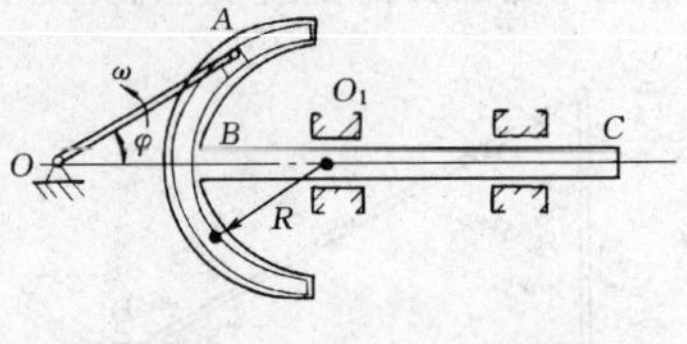

图 11-33

11-5 绕 O 轴转动的圆盘 O 及直杆 OA 上有一导槽，导槽间有一销子 M，如图 11-34 所示，$b=10\text{cm}$。设在图示位置时，圆盘及直杆的角速度分别为 $\omega_1=9\text{rad/s}$ 和 $\omega_2=3\text{rad/s}$。求此瞬时销子 M 的速度。

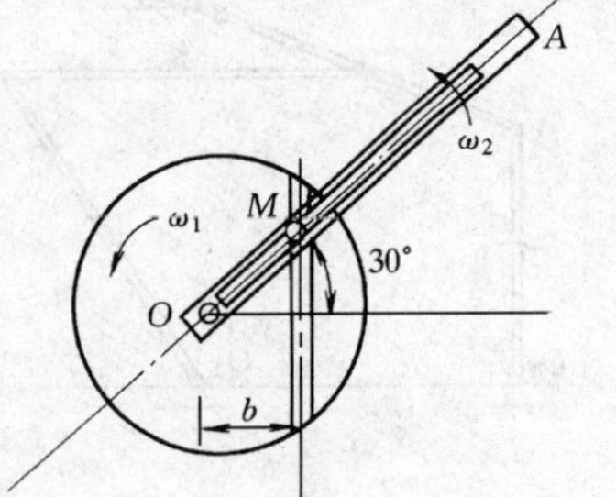

图 11-34

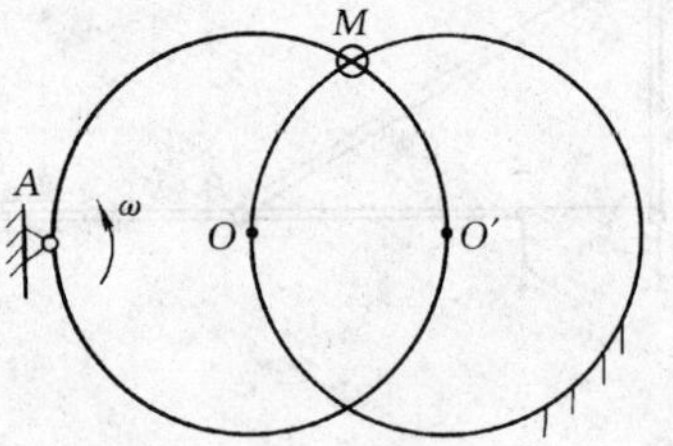

图 11-35

11-6 如图 11-35 所示，小环 M 套在两个半径为 r 的圆环上，令圆环 O' 固定，圆环 O 绕其圆周上一点 A 以匀角速度 ω 转动，求当 A、O、O' 位于同一直线时小环 M 的速度。

11-7 图 11-36 所示一刨床机构。已知 $OA=2\text{cm}$，$l=OO_1=20\sqrt{3}\,\text{cm}$，$L=40\sqrt{3}\,\text{cm}$，曲柄

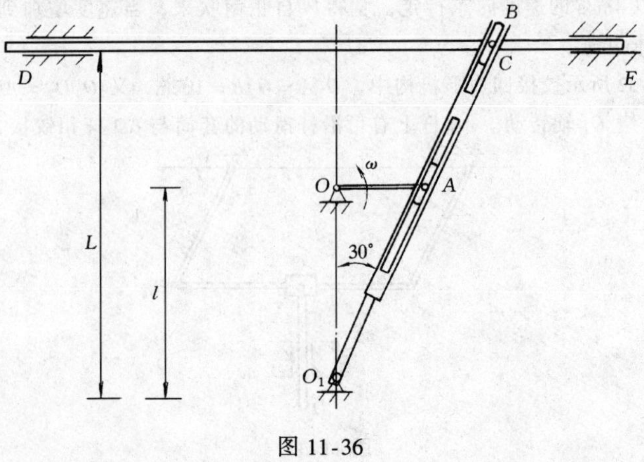

图 11-36

OA 以角速度 $\omega = 2\text{rad/s}$ 转动，求图示位置时 DE 杆的移动速度及滑块 C 沿摇杆 O_1B 滑动的速度。

11-8　如图 11-37 所示，四连杆机构由杆 O_1A、O_2B 及半圆平板 ADB 组成，各构件均在图示纸面内运动。动点 M 沿圆弧运动，起点为 B。已知 $O_1A = O_2B = 18\text{cm}$，$R = 18\text{cm}$，$\varphi = \frac{\pi}{18}t\text{rad}$，$AB = O_1O_2 = 2R$，$s = \overset{\frown}{BM} = \pi t^2\text{cm}$。求 $t = 3\text{s}$ 时，点 M 的绝对速度和绝对加速度。

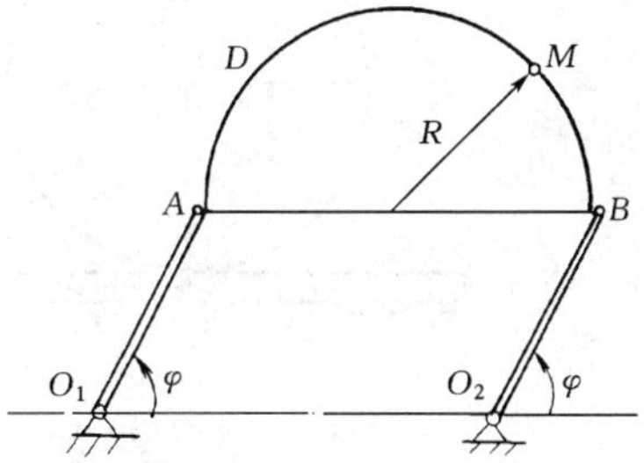

图 11-37

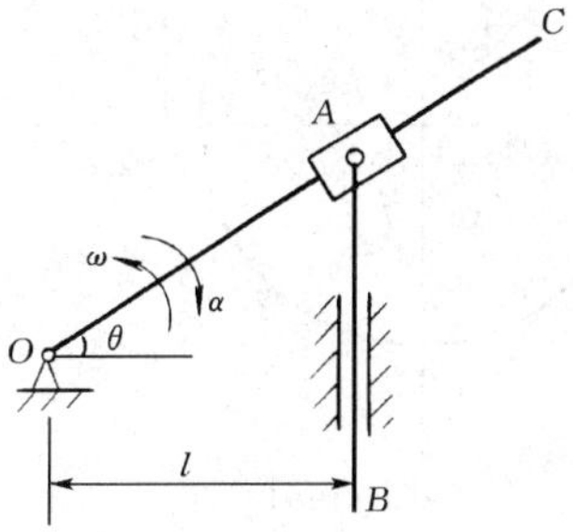

图 11-38

11-9　如图 11-38 所示，摇杆 OC 绕 O 轴往复摆动，通过套在其上的套筒 A 带动铅直杆 AB 上下运动。已知 $l = 30\text{cm}$，当 $\theta = 30°$时，$\omega = 2\text{rad/s}$，$\alpha = 3\text{rad/s}^2$，转向如图所示。试求机构在图示位置时，杆 AB 的速度和加速度。

11-10　在图 11-39 所示机构中，已知 $AA' = BB' = r = 250\text{mm}$，且 $AB = A'B'$；连杆 AA' 以匀角速度 $\omega = 2\text{rad/s}$ 绕轴 A' 转动，当 $\varphi = 60°$时，摆杆 CE 处于铅垂位置，且 $CD = 500\text{mm}$。求此时摆杆 CE 的角速度和角加速度。

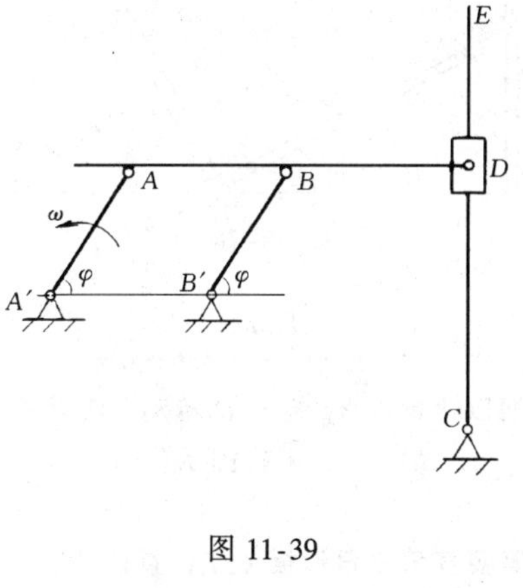

图 11-39

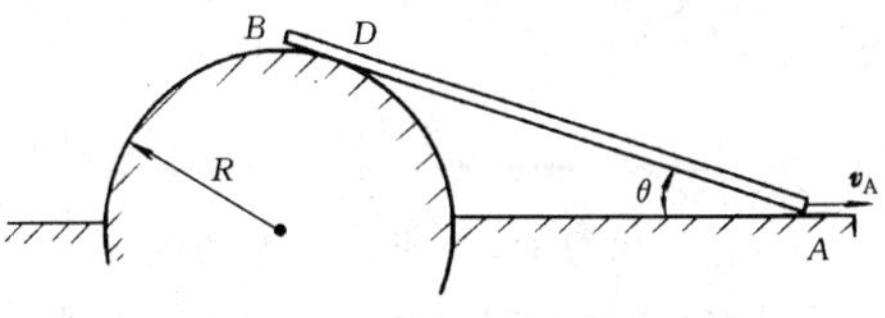

图 11-40

11-11　如图 11-40 所示，杆 AB 的 A 端沿水平线以等速 $\boldsymbol{v}_A$ 运动，在运动时杆恒与一半径为 R 的半圆周相切。如杆与水平线间的交角为 θ，试以角 θ 表示杆的角速度。

11-12　如图 11-41 所示，在圆柱 A 上绕以细绳，绳的 B 端固定在天花板上，圆柱从静止开始下落，其轴心 A 的速度在图示位置时为 $v_A = \frac{2}{3}\sqrt{3gh}$，其中 g 为常量，h 为圆柱此时下落的高度。如柱的半径为 r，求圆柱的运动方程。

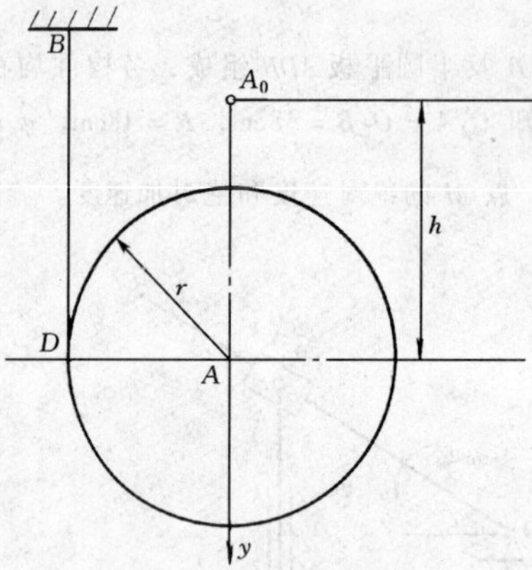

图 11-41

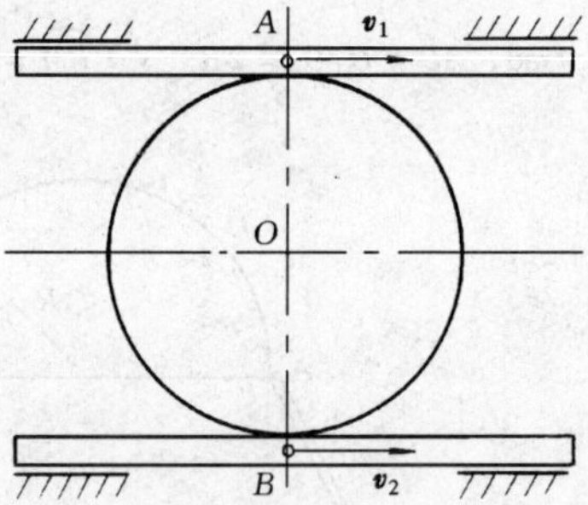

图 11-42

11-13　如图 11-42 所示，图示两齿条以速度 $\boldsymbol{v}_1$ 和 $\boldsymbol{v}_2$ 做同方向运动，在两齿条间夹一齿轮，其半径为 r，求齿轮的角速度及其中心 O 的速度。

11-14　如图 11-43 所示，直径为 $6\sqrt{3}$cm 的滚子在水平面上做纯滚动，杆 BC 一端与滚子铰接，另一端与滑块 C 铰接，已知图示位置杆 BC 水平，滚子的角速度 $\omega = 12$rad/s，角加速度 $\alpha = 0$，$\theta = 30°$，$\beta = 60°$，$BC = 27$cm，求 BC 杆的角速度、滑块 C 的速度及杆 BC 的角加速度。

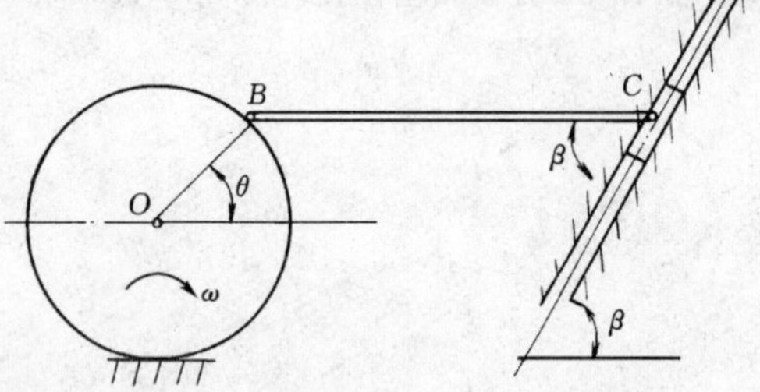

图 11-43

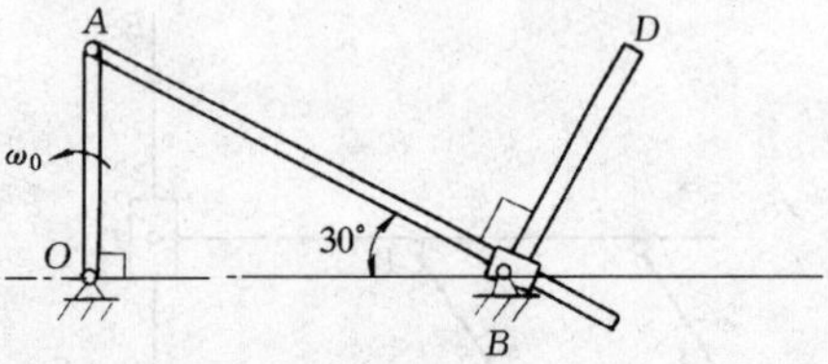

图 11-44

11-15　如图 11-44 所示，在曲柄摇杆机构中，曲柄以角速度 ω_0 绕轴 O 转动，带动连杆 AB 在摇杆 BD 的套筒内滑动，摇杆 BD 则绕铰 B 转动，杆 BD 长 l，求在图示位置时，摇杆 BD 的角速度及 D 点的速度。

11-16　如图 11-45 所示机构由直角形曲杆 ABC，等腰直角三角形板 CEF，直杆 DE 等三个刚体和二个链杆铰接而成，DE 杆绕 D 轴匀速转动，角速度为 ω_0，求图示瞬时（AB 水平，DE 铅垂）点 A 的速度和三角板 CEF 的角加速度的大小和方向。

11-17　如图 11-46 所示，曲柄连杆机构在其连杆中点 C 以铰链与 CD 相连接，DE 杆可以绕 E 点转动。如曲柄的角速度 $\omega = 8$rad/s，且 $OA = 25$cm，$DE = 100$cm，若当 B、E 两点在同一铅垂线上时，O、A、B 三点共水平，$\angle CDE = 90°$，求 DE 的角速度和杆 AB 的角加速度。

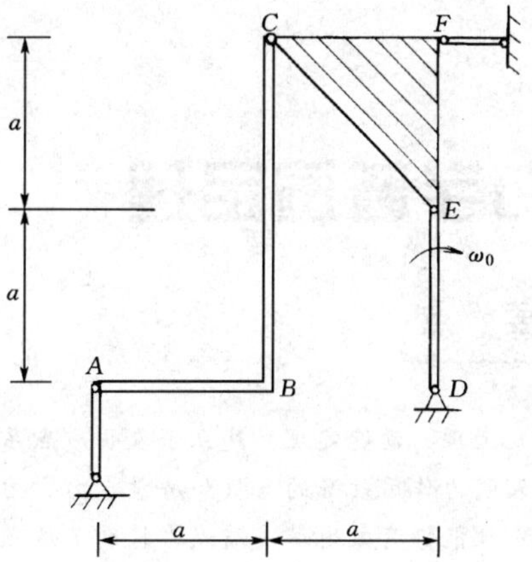

图 11-45

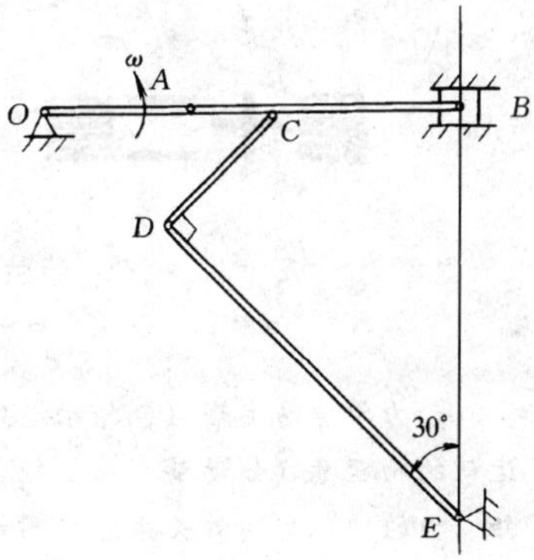

图 11-46

第十二章　动力学普遍定理

学　习　要　点

动力学普遍定理（包括动量定理、动量矩定理、动能定理）建立了表明质点系运动的物理量（如动量、动量矩、动能）与表明力作用效果的量（如冲量、力、力矩、力的功）之间的关系。应用动力学普遍定理能够有效地解决质点，特别是质点系的动力学问题。通过本章的学习，应达到以下基本要求：

- 能正确理解并熟练地计算动力学中各基本物理量（如动量、动量矩、动能、冲量、功、势能等）。
- 熟练掌握动力学普遍定理（包括动量定理、质心运动定理，对固定点和相对质心的动量矩定理、动能定理）及相应的守恒定理。
- 掌握刚体转动惯量的计算公式及方法。熟记杆、圆盘及圆环的转动惯量，并会利用平行移轴定理计算简单组合图形的转动惯量。
- 能正确选择和综合应用上述定理求解质点、质点系的动力学问题。
- 能应用质心运动定理、刚体定轴转动和平面运动的微分方程解有关刚体的动力学问题。

由有限个或无限个质点通过约束联系在一起的系统，称为质点系。工程实际中的机械和结构物以及刚体，均为质点系。对于质点系，我们不可能也没有必要研究其中每个质点的机械运动规律。而是应用动力学普遍定理（如动量定理、动量矩定理和动能定理）来建立表明质点系运动的物理量（如动量、动量矩和动能）与表明力的量（如冲量、力矩和力的功）之间的关系，并用以求解质点系动力学问题。

第一节　动　量　定　理

由刚体静力学知，任意力系的简化结果为一主矢和一主矩，当主矢和主矩同时为零时，该力系平衡；而当主矢和主矩不为零时，物体将产生运动。质点系的动量定理建立了质点系动量的改变量与主矢之间的关系。

一、质点系的动量

质点的质量 m 与其速度 $\boldsymbol{v}$ 的乘积称为质点的**动量**，或称**线动量**，以 $m\boldsymbol{v}$ 表示，为一矢量，是度量质点机械运动的基本特征量之一。而质点系内各质点动量的矢量和称为**质点系的动量**，用 $\boldsymbol{p}$ 表示。若质点系有 n 个质点，第 i 个质点的

质量为 m_i，速度为 $\boldsymbol{v}_i$，则

$$\boldsymbol{p} = \sum_{i=1}^{n} m_i \boldsymbol{v}_i \tag{12-1}$$

$\boldsymbol{p}$ 又称为质点系动量的主矢。其在直角坐标系的投影式为

$$\left.\begin{aligned} p_x &= \sum_{i=1}^{n} m_i v_{xi} = \sum_{i=1}^{n} m_i \dot{x}_i \\ p_y &= \sum_{i=1}^{n} m_i v_{yi} = \sum_{i=1}^{n} m_i \dot{y}_i \\ p_z &= \sum_{i=1}^{n} m_i v_{zi} = \sum_{i=1}^{n} m_i \dot{z}_i \end{aligned}\right\} \tag{12-2}$$

动量的量纲是 MLT^{-1}

动量的单位，在国际单位制中为 kg·m/s。

设三个可视为质点的物块用绳连接，以速率 v 运动，如图 12-1（a）所示，其质量分别为 $m_1 = 4m$，$m_2 = 2m$，$m_3 = m$。绳的质量和变形忽略不计，且 $\theta = 60°$。则该质点系的动量为

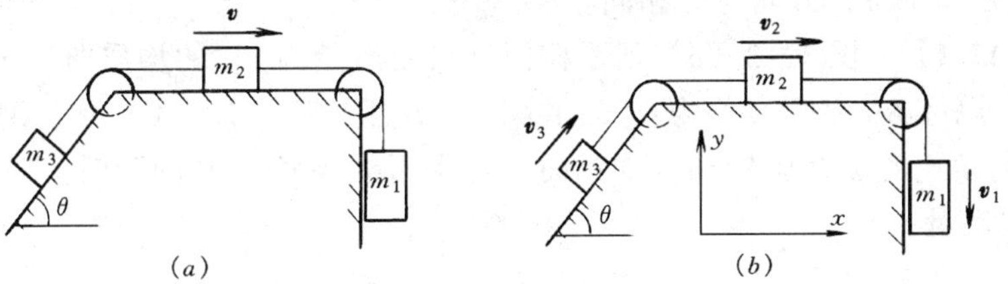

图 12-1 质点系的动量

$$\boldsymbol{p} = \sum_{i=1}^{3} m_i \boldsymbol{v}_i = m_1 \boldsymbol{v}_1 = m_2 \boldsymbol{v}_2 + m_3 \boldsymbol{v}_3$$

式中 $\boldsymbol{v}_1$、$\boldsymbol{v}_2$、$\boldsymbol{v}_3$ 分别为三个质点的速度，如图 12-1（b）所示，其大小均为 v。则

$$\begin{aligned} \boldsymbol{p} &= (m_2 v_2 + m_3 v_3 \cos\theta)\,\boldsymbol{i} + (m_3 v_3 \sin\theta - m_1 v_1)\,\boldsymbol{j} \\ &= 2.5\,mv\boldsymbol{i} - 3.134\,mv\boldsymbol{j} \end{aligned}$$

质点系的运动状态与其质量分布状况有关，而质点系的质量中心（简称为质心）便可用来描述质量分布的某些特征。若由 n 个质点组成的质点系中任一质点 i 的质量为 m_i，矢径为 $\boldsymbol{r}_i$，质点系的总质量为 $\sum_{i=1}^{n} m_i = m$，质心的矢径为 $\boldsymbol{r}_C$，则有

$$m\boldsymbol{r}_C = \sum_{i=1}^{n} m_i \boldsymbol{r}_i \tag{12-3}$$

将(12-3)式对时间求导，有

$$m\dot{\boldsymbol{r}}_C = \sum_{i=1}^{n} m_i \dot{\boldsymbol{r}}_i$$

式中 $\dot{\boldsymbol{r}}_C = \boldsymbol{v}_C$为质点系质心的速度，$\dot{\boldsymbol{r}}_i = \boldsymbol{v}_i$ 为第 i 个质点速度。则上式可表示为

$$m\boldsymbol{v}_C = \sum_{i=1}^{n} m_i \boldsymbol{v}_i = \boldsymbol{p} \tag{12-4}$$

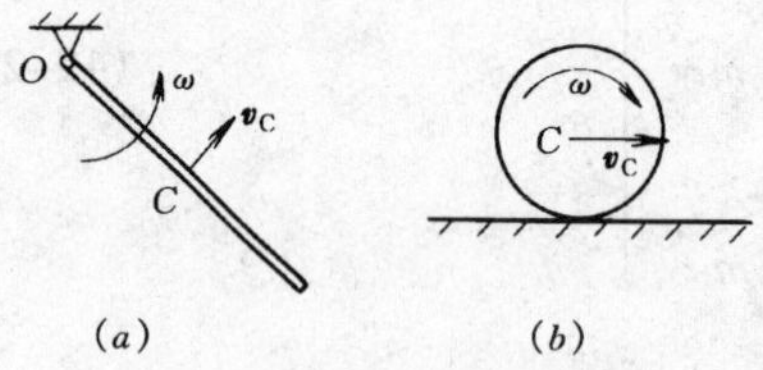

图 12-2　刚体的动量

该式表明**质点系的动量等于质点系的总质量与其质心速度的乘积**。式（12-4）为计算质点系特别是刚体的动量提供了简便的方法。如图 12-2（a）所示长为 l、质量为 m 的均质细杆，在平面内以 ω 的角速度绕 O 点转动，其质心的速度为$\boldsymbol{v}_C = \omega \dfrac{l}{2}$，则细杆的动量为 $mv_C = m\omega \dfrac{l}{2}$，方向与$\boldsymbol{v}_C$相同。又如图 12-2（$b$）所示半径为 r、质量为 m 的均质滚轮，在平面内以 ω 的角速度作纯滚动，其质点的速度为 $v_C = \omega r$，则滚轮的动量为 $mv_C = m\omega r$，方向与$\boldsymbol{v}_C$相同。

【例 12-1】　图 12-3（a）所示椭圆规尺由质量为 m_1 的均质曲柄 OA、质量为 $2m_1$ 的规尺 BD 及质量均为 m_2 的滑块 B、D 组成。已知 $OA = AB = AD = l$，曲柄以 ω 的角速度绕 O 轴转动。求：曲柄与水平线夹角为 θ 的瞬时，曲柄 OA 及机构的总动量。

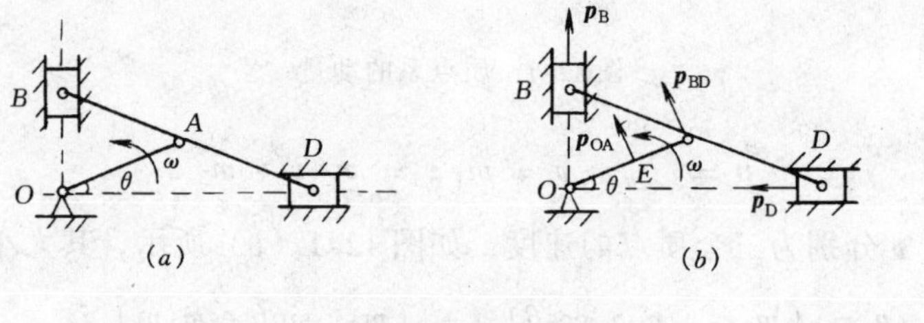

图 12-3

【解】　1. 计算曲柄的动量

均质曲柄的质心在 OA 的中点 E 处（图 12-3b）。由式（12-4），得曲柄动量的大小为

$$p_{OA} = m_1 v_E = m_1 \frac{l}{2}\omega$$

方向与$\boldsymbol{v}_E$相同。

2. 计算机构的总动量

机构的总动量等于曲柄、规尺及两滑块动量的矢量和。即

$$\boldsymbol{p}=\boldsymbol{p}_{OA}+\boldsymbol{p}_{BD}+\boldsymbol{p}_{B}+\boldsymbol{p}_{D}$$

若将均质规尺 BD 及两个滑块视为一个质点系，由于 B、D 滑块质量相同，则该质点系的质心即在 BD 中点 A 处，动量便为

$$\boldsymbol{p}'=\boldsymbol{p}_{BD}+\boldsymbol{p}_{B}+\boldsymbol{p}_{D}=(2m_1+2m_2)\boldsymbol{v}_{A}$$

方向与 $\boldsymbol{v}_A$ 相同。由于 $\boldsymbol{v}_A$ 与 $\boldsymbol{v}_E$ 方向相同，故 $\boldsymbol{p}'$ 与 $\boldsymbol{p}_{OA}$ 方向一致，于是机构总动量的大小为

$$p=p_{OA}+p'=m_1\frac{l}{2}\omega+2(m_1+m_2)l\omega=\left(\frac{5}{2}m_1+2m_2\right)l\omega$$

方向与 $\boldsymbol{p}'$、$\boldsymbol{p}_{OA}$ 相同。

二、质点系动量定理

（一）动量定理

设质点系内有 n 个质点，其中第 i 个质点的质量为 m_i，速度为 $\boldsymbol{v}_i$。质点系以外的物体作用于该质点上的力为 $\boldsymbol{F}_i^{(e)}$，称为**外力**，质点系内其他质点作用于其上的力为 $\boldsymbol{F}_i^{(i)}$，称为**内力**。则对于这一质点，根据质点的牛顿第二定律，有

$$\frac{\mathrm{d}}{\mathrm{d}t}(m_i\boldsymbol{v}_i)=\boldsymbol{F}_i^{(e)}+\boldsymbol{F}_i^{(i)}\quad(i=1,2,3\cdots,n) \tag{12-5}$$

将 n 个方程两端按矢量分别求和得

$$\sum_{i=1}^{n}\frac{\mathrm{d}}{\mathrm{d}t}(m_i\boldsymbol{v}_i)=\sum_{i=1}^{n}\boldsymbol{F}_i^{(e)}+\sum_{i=1}^{n}\boldsymbol{F}_i^{(i)}$$

将上式左端求和与求导互换，可得

$$\frac{\mathrm{d}}{\mathrm{d}t}\left(\sum_{i=1}^{n}m_i\boldsymbol{v}_i\right)=\sum_{i=1}^{n}\boldsymbol{F}_i^{(e)}+\sum_{i=1}^{n}\boldsymbol{F}_i^{(i)} \tag{12-6}$$

式中 $\sum_{i=1}^{n}m_i\boldsymbol{v}_i=\boldsymbol{p}$ 为质点系的动量；$\sum_{i=1}^{n}\boldsymbol{F}_i^{(e)}=\boldsymbol{F}_R^{(e)}$ 为作用于质点系上外力的主矢；$\sum_{i=1}^{n}\boldsymbol{F}_i^{(i)}=0$，由于质点系内质点间相互作用的内力总是成对出现，故其内力的矢量和等于零。则式(12-6)便可写成

$$\frac{\mathrm{d}\boldsymbol{p}}{\mathrm{d}t}=\sum_{i=1}^{n}\boldsymbol{F}_i^{(e)}=\boldsymbol{F}_R^{(e)} \tag{12-7}$$

即质点系动量对时间的一阶导数等于作用于质点系外力的主矢量。这便是**质点系动量定理**。此定理说明，质点系动量的变化仅取决于外力的主矢量。内力系不能改变质点系的动量。

将式(12-7)乘以 $\mathrm{d}t$，并从 t_1 积分到 t_2，得

$$\boldsymbol{p}(t_2)-\boldsymbol{p}(t_1)=\int_{t_1}^{t_2}\sum_{i=1}^{n}\boldsymbol{F}_i^{(e)}\mathrm{d}t=\int_{t_1}^{t_2}\boldsymbol{F}_{\mathrm{R}}^{(e)}\mathrm{d}t=\sum_{i=1}^{n}\boldsymbol{I}_i^{(e)} \tag{12-8}$$

式中，$\boldsymbol{I}_i^{(e)}=\int_{t_1}^{t_2}\boldsymbol{F}_i^{(e)}\mathrm{d}t$ 为在 t_1 到 t_2 时间间隔内第 i 个质点上外力的**冲量**。式(12-8)为积分形式的质点系动量定理，即**质点系动量在某段时间间隔的改变量等于作用其上的外力主矢的冲量。**

（二）质点系动量定理的投影式与守恒式

1. 质点系动量定理的投影式

动量定理为一矢量表达式，在实际应用时采用(12-7)的如下投影式

$$\left.\begin{aligned}\frac{\mathrm{d}p_{\mathrm{x}}}{\mathrm{d}t}&=\sum_{i=1}^{n}F_{\mathrm{x}i}^{(e)}=F_{\mathrm{Rx}}^{(e)}\\ \frac{\mathrm{d}p_{\mathrm{y}}}{\mathrm{d}t}&=\sum_{i=1}^{n}F_{\mathrm{y}i}^{(e)}=F_{\mathrm{Ry}}^{(e)}\\ \frac{\mathrm{d}p_{\mathrm{z}}}{\mathrm{d}t}&=\sum_{i=1}^{n}F_{\mathrm{z}i}^{(e)}=F_{\mathrm{Rz}}^{(e)}\end{aligned}\right\} \tag{12-9}$$

将(12-2)式代入(12-9)式，动量定理又可表示为

$$\left.\begin{aligned}\sum_{i=1}^{n}m_i a_{\mathrm{x}i}&=\sum_{i=1}^{n}m_i\ddot{x}_i=\sum_{i=1}^{n}F_{\mathrm{x}i}^{(e)}\\ \sum_{i=1}^{n}m_i a_{\mathrm{y}i}&=\sum_{i=1}^{n}m_i\ddot{y}_i=\sum_{i=1}^{n}F_{\mathrm{y}i}^{(e)}\\ \sum_{i=1}^{n}m_i a_{\mathrm{z}i}&=\sum_{i=1}^{n}m_i\ddot{z}_i=\sum_{i=1}^{n}F_{\mathrm{z}i}^{(e)}\end{aligned}\right\} \tag{12-10}$$

2. 质点系动量定理的守恒式

若作用于质点系的外力主矢恒等于零，根据（12-7）式可知质点系动量为一常矢量。即

$$\boldsymbol{p}=\boldsymbol{p}_0$$

称为质点系**动量守恒定理**。若作用于质点系的外力主矢不等于零，但在某一坐标轴上的投影恒等于零，则质点系的动量在该坐标轴上的投影将保持不变，称为质点系在此方向动量守恒。根据（12-9）式，如当 $\sum_{i=1}^{n}F_{\mathrm{x}i}^{(e)}=F_{\mathrm{Rx}}^{(e)}=0$ 时，$p_{\mathrm{x}}=$ 常量，这是质点系动量守恒的一种特殊情况。

【例 12-2】　质量为 m_1 的矩形板可在图 12-4（a）所示的光滑平面内运动，板上有一半径为 R 的圆形凹槽，一质量为 m 的质点以相对速度 $\boldsymbol{v}_{\mathrm{r}}$ 沿凹槽匀速运动。初始时，板静止，质点位于圆形槽的最右端（$\theta=0°$）。试求质点运动到图示位置时，板的速度、加速度及地面作用于板上的约束力。

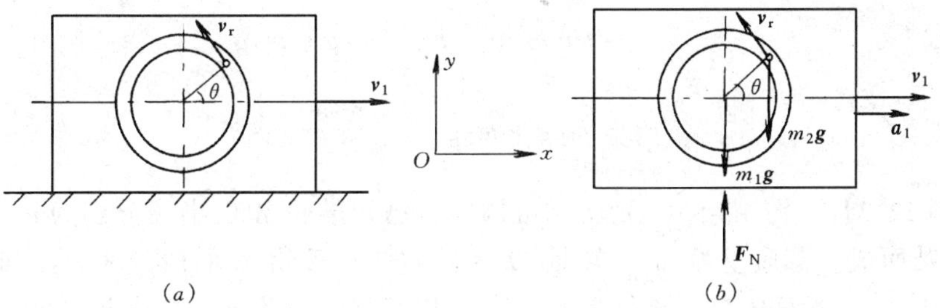

图 12-4

【解】 (1) 选择研究对象

选板和质点组成的质点系为研究对象。

(2) 画受力图

画出研究对象运动到一般位置时的受力图（图 12-4b）。

(3) 利用动量定理求板的速度和加速度

板作直线平移，设其速度为$\boldsymbol{v}_1$，质点的绝对速度$\boldsymbol{v}_2=\boldsymbol{v}_1+\boldsymbol{v}_r$，则系统的动量为

$$\boldsymbol{p}=[m_1v_1+m_2(v_1-v_r\sin\theta)]\boldsymbol{i}+(m_2v_r\cos\theta)\boldsymbol{j}=p_x\boldsymbol{i}+p_y\boldsymbol{j}$$

由于$\sum F_x^{(e)}=0$，故质点系在水平方向动量守恒，即

$$p_x=m_1v_1+m_2(v_1-v_r\sin\theta)=p_{x0}$$

根据初始条件，$t=0$时$v_1=0$，$\theta=0$，所以$p_{x0}=0$。由此可求得板的速度为

$$v_1=\frac{m_2v_r\sin\theta}{m_1+m_2}$$

将上式对时间求导，可得板的加速度

$$a_1=\frac{dv_1}{dt}=\frac{m_2v_r\cos\theta}{m_1+m_2}\dot{\theta}$$

设质点在图示位置时走过的弧长为$s=R\theta=v_rt$，则该式对时间求导可得$\dot{\theta}=v_r/R$。将其代入加速度的表达式，可得 $a_1=\dfrac{dv_1}{dt}=\dfrac{m_2v_r^2\cos\theta}{(m_1+m_2)R}$

(4) 求地面作用在板上的约束力

应用（12-9）式中动量定理的y方向投影式，有

$$\frac{dp_y}{dt}=F_{Ry}^{(e)}$$

即

$$\frac{d}{dt}(m_2v_r\cos\theta)=F_N-m_1g-m_2g$$

由上式可得

$$m_2 v_r\ (-\sin\theta)\ \dot{\theta} = F_N - m_1 g - m_2 g$$

$$F_N = m_1 g + m_2 g - \frac{m_2 v_r^2 \sin\theta}{R}$$

【例 12-3】 图 12-5（*a*）所示机构中，已知鼓轮 A 由半径分别为 r 和 R 的两轮固结而成，其质量为 m_1，转轴 O 为其质心。重物 B 的质量为 m_2，重物 C 的质量为 m_3。斜面光滑，倾角为 θ。若 B 物的加速度为 $\boldsymbol{a}$，求轴承 O 处的约束力。

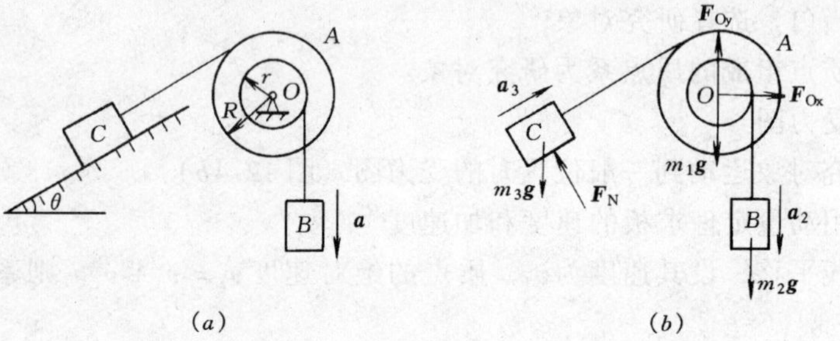

图 12-5

【解】 (1) 选择研究对象

选鼓轮 A 及重物 B、C 为研究对象。

(2) 画受力图

画出研究对象的受力图（图 12-5*b*）。

(3) 利用动量定理求轴承 O 处的约束力

鼓轮 A 做定轴转动，其质心的加速度为 0，设重物 B 加速度的大小 $a_2 = a$，根据运动学关系，重物 C 加速度的大小 $a_3 = aR/r$，则由式（12-10），有

$$m_3 a_3 \cos\theta = F_{Ox} - F_N \sin\theta$$

$$m_3 a_3 \sin\theta - m_2 a_2 = F_{Oy} + F_N \cos\theta - (m_1 + m_2 + m_3)\ g$$

由于在垂直于斜面的方向上，重物 C 的加速为 0，所以 $F_N = m_3 g\cos\theta$，代入上式，得

$$F_{Ox} = m_3 a \frac{R}{r}\cos\theta + m_3 g\cos\theta\sin\theta$$

$$F_{Oy} = m_3 a \frac{R}{r}\sin\theta - m_2 a - m_3 g\cos^2\theta + (m_1 + m_2 + m_3)\ g$$

三、质心运动定理

若将式（12-4）代入动量定理的表达式（12-7），可得

$$m\boldsymbol{a}_C = \sum_{i=1}^{n} \boldsymbol{F}_i^{(e)} = \boldsymbol{F}_R^{(e)} \tag{12-11}$$

式中 $\boldsymbol{a}_C$ 为质点系质心的加速度。式（12-11）表明，**质点系的总质量与其质心加速度的乘积等于作用于质点系上外力的主矢**。这便是**质心运动定理**。其在直角坐标系上的投影为

$$\left.\begin{aligned} ma_{Cx} &= \sum_{i=1}^{n} m_i a_{Cxi} = \sum_{i=1}^{n} F_{xi}^{(e)} \\ ma_{Cy} &= \sum_{i=1}^{n} m_i a_{Cyi} = \sum_{i=1}^{n} F_{yi}^{(e)} \\ ma_{Cz} &= \sum_{i=1}^{n} m_i a_{Czi} = \sum_{i=1}^{n} F_{zi}^{(e)} \end{aligned}\right\} \tag{12-12}$$

式中 a_{Cx}，a_{Cy}，a_{Cz}为质点系质心加速度在直角坐标轴上的投影。对于刚体系统，上式中的 m_i，a_{Cxi}，a_{Cyi}，a_{Czi}分别为第 i 个刚体的质量和其质心加速度在直角坐标轴上的投影。

质心运动定理是质点系动量定理的另一种表达式，形式上与牛顿第二定律 $m\boldsymbol{a} = \sum \boldsymbol{F}$ 完全相似，故也可表述为：**质点系质心的运动，可看成是某一个质点的运动，该质点集中了整个质点系的质量及其所受的外力**。质心运动也存在守恒的情况：

- 若作用于质点系上外力的主矢等于零，即 $\sum_{i=1}^{n} \boldsymbol{F}_i^{(e)} = 0$，则有 $\boldsymbol{a}_C = 0$，$\boldsymbol{v}_C=$常矢量，说明质心作惯性运动。其运动规律取决于初始条件，若刚体初始静止，则质心位置始终保持不变。

- 当作用于质点系的外力主矢在某轴上的投影等于零时，如 $\sum_{i=1}^{n} F_{xi}^{(e)} = 0$，则有 $a_{Cx} = 0$，$v_{Cx} =$ 常量，即质心速度在该轴上的投影保持不变，若初始速度在 x 轴上的投影等于零，则质心在该轴方向保持不动。

以上两种情况均称之为**质心运动守恒**。

由以上讨论可知，质心的运动仅取决于质点系所受的外力，而不受内力的影响。有许多实例都可说明这一点：

- **力偶对物体的作用** 当物体上所作用的力系简化后主矢为零，主矩不为零时，其简化的最后结果为一力偶。由于物体上作用的外力等于零，所以质心的加速度为零，若质心初始是静止的，则力偶无论作用于刚体的何处，质心总保持不动，物体绕质心转动。
- **手榴弹在空中爆炸** 若不计空气阻力，投掷出去的手榴弹的质心将沿一抛物线运动。当手榴弹在空中爆炸时，因爆炸力为内力，不可能影响手榴弹质心的运

动。故尽管弹片四向纷飞，但所有弹片的总质心仍按爆炸前质心的抛物线轨迹运动，直到某一弹片落地为止。

● **跳远运动** 跳远运动员起跳后，其质心在重力作用下沿一抛物线运动。在空中，他身体的任何动作都不可能改变其质心的运动。实际中，运动员在空中做一些动作，只是为了使落脚点处于他自身质心的前方，从而取得较好的成绩。

【例 12-4】 图 12-6（a）所示机构中，均质细杆 OA 长 l，质量为 m_1，均质圆盘 A 质量为 m_2，已知图示位置 OA 杆的角速度及角加速度分别为 ω、α，杆与水平线的夹角为 θ，试求轴承 O 处的约束力。

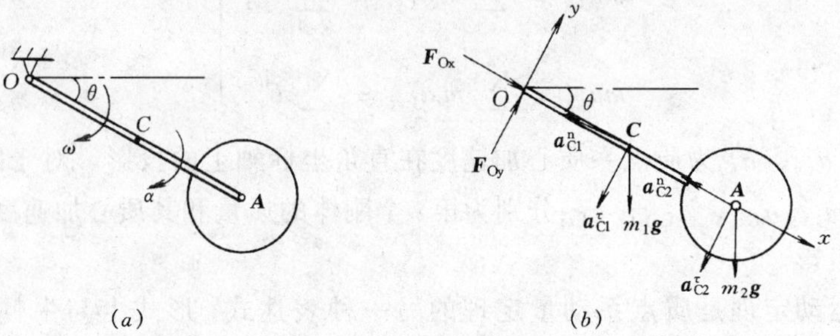

图 12-6 例 12-4 图

【解】 (1) 选择研究对象

选 OA 杆及圆盘 A 这两个刚体为研究对象。

(2) 进行运动及受力分析

OA 杆质心 C 的加速度为 $\boldsymbol{a}_{C1}^{\tau}$、$\boldsymbol{a}_{C1}^{n}$；圆盘质心 A 的加速度为 $\boldsymbol{a}_{C2}^{\tau}$、$\boldsymbol{a}_{C2}^{n}$。受力如图 12-6（$b$）。

(3) 利用质心运动定理求轴承 O 处的约束力

由于 OA 杆作定轴转动，故 $\boldsymbol{a}_{C1}^{\tau}=\dfrac{l}{2}\alpha$、$\boldsymbol{a}_{C1}^{n}=\dfrac{l}{2}\omega^2$；$\boldsymbol{a}_{C2}^{\tau}=l\alpha$、$\boldsymbol{a}_{C2}^{n}=l\omega^2$。由式（12-12），有

$$-m_1a_{C1}^{n}-m_2a_{C2}^{n}=F_{Ox}+(m_1+m_2)g\sin\theta$$

$$-m_1a_{C1}^{\tau}-m_2a_{C2}^{\tau}=F_{Oy}-(m_1+m_2)g\cos\theta$$

将加速度的值代入上式，得

$$F_{Ox}=-\left(\frac{m_1}{2}+m_2\right)l\omega^2-(m_1+m_2)g\sin\theta$$

$$F_{Oy}=-\left(\frac{m_1}{2}+m_2\right)l\alpha^2+(m_1+m_2)g\cos\theta$$

【例 12-5】 质量为 m_1 的小车置于光滑水平面上，长为 l 的无重刚杆 AB 的 B 端固结一质量为 m_2 的小球。若刚杆在图 12-7（a）所示与 y 轴夹角为 θ 位置时，系统静止。求系统释放后，当 AB 杆运动到 $\theta=0$ 时小车的水平位移。

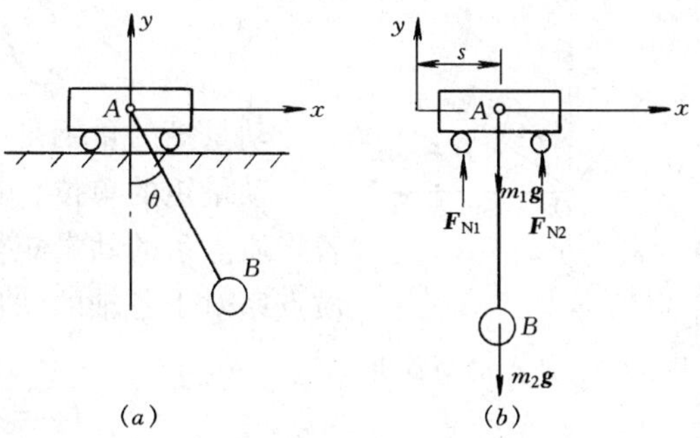

图 12-7

【解】　选择小车 A 与小球 B 为一质点系进行受力分析，受力图如图 12-7（b）所示。因为质点系所受外力在水平方向的投影等于零，故质点系的质心运动在水平方向守恒。系统静止时，质心 x 方向的坐标为

$$x_{C1}=\frac{m_2 l\sin\theta}{m_1+m_2}$$

当 AB 杆运动到 $\theta=0$ 时，小车移动的距离为 s，则质心 x 方向的坐标为

$$x_{C2}=\frac{m_1 s+m_2 s}{m_1+m_2}=s$$

由于质心在 x 轴上的坐标不变，即 $x_{C1}=x_{C2}$，解得

$$s=\frac{m_2 l\sin\theta}{m_1+m_2}$$

第二节　动量矩定理

质点系动量定理或质心运动定理建立了外力的主矢与质点系的动量或质心运动的变化之间的关系。但对于如刚体绕通过质心的固定轴转动这样的问题，由于其动量恒为零，故无法用动量定理或质心运动定理来描述其运动规律。

由静力学知，物体的转动效应是通过力矩来度量的，而力系向一点简化的结果是一主矢和一主矩。对于刚体来说，平动和定轴转动是其两种基本运动形式。动量定理只描述了在外力主矢作用下，刚体跟随质心平动的运动特征；而主矩对刚体转动的影响，则需要通过动量矩定理来描述。

一、质点系的动量矩

考察由 n 个质点组成的质点系，其中第 i 个质点的质量、矢径和速度分别为 m_i、$\boldsymbol{r}_i$ 和$\boldsymbol{v}_i$如图 12-8 所示，则质点 i 的动量对于点 O 之矩，称为质点对 O 点的**动量矩**，或称**角动量**。即

$$\boldsymbol{L}_{Oi}=\boldsymbol{r}_i\times m_i\boldsymbol{v}_i \tag{12-13}$$

质点的动量矩为一矢量。是度量质点机械运动的基本特征量之二。质点系内各质点动量对点 O 之矩的矢量和，称为质点系对点 O 的动量矩，即

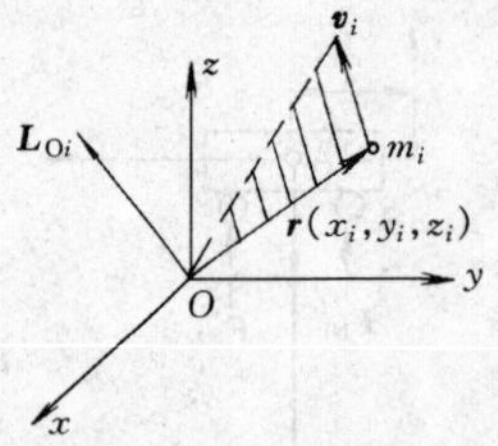

图 12-8　质点的动量矩

$$L_O = \sum_{i=1}^{n} r_i \times m_i v_i \tag{12-14}$$

动量矩的量纲是　　ML^2T^{-1}

动量矩的单位，在国际单位制中为 $kg\cdot m^2/s$。

若将质点系的动量矩矢量 L_O 向直角坐标系投影，就得到质点系对于各轴的动量矩：

$$\left.\begin{aligned} L_x &= \sum_{i=1}^{n} m_i(y_i v_{iz} - z_i v_{iy}) \\ L_y &= \sum_{i=1}^{n} m_i(z_i v_{ix} - x_i v_{iz}) \\ L_z &= \sum_{i=1}^{n} m_i(x_i v_{iy} - y_i v_{ix}) \end{aligned}\right\} \tag{12-15}$$

可根据式（12-14）或（12-15）计算质点系对 O 点或对某一轴的动量矩。作为特殊质点系的刚体，可根据刚体运动形式的不同来计算其动量矩。

（一）平动刚体对 **O** 点的动量矩

设平动刚体的总质量为 m，由于其运动特征是刚体上每一质点的速度均相等，即 $v_i = v$，根据（12-14）式有

$$L_O = \sum_{i=1}^{n} r_i \times m_i v_i = \left(\sum_{i=1}^{n} r_i m_i\right) \times v = m r_C \times v = r_C \times m v$$

可将平动刚体看成是一质量集中在质心处的质点，只需求出刚体质心的矢径 r_C，便可利用上式计算出平动刚体对 O 点的动量矩。

（二）定轴转动刚体对转动轴的动量矩

如一绕定轴 z 转动的刚体，在某一瞬时 t 的角速度为 ω（图 12-9）。设刚体中任一质点 i 的质量为 m_i，到 z 轴的距离为 r_i，则该质点的速度 $v_i = v_i\omega$，而 $v_{ix} = -x_i\omega$，$v_{iy} = y_i\omega$，代入式（12-15），可得刚体对 z 轴的动量矩

$$L_z = \sum_{i=1}^{n} m_i(y_i^2 + x_i^2)\omega = \left(\sum_{i=1}^{n} m_i r_i^2\right)\omega$$

令 $\sum_{i=1}^{n} m_i r_i^2 = J_z$，称为**刚体对 z 轴的转动惯量**。于是得

$$L_z = J_z\omega \tag{12-16}$$

即：定轴转动刚体对于转轴的动量矩等于刚体对转轴的转动惯量与角速度的乘积。

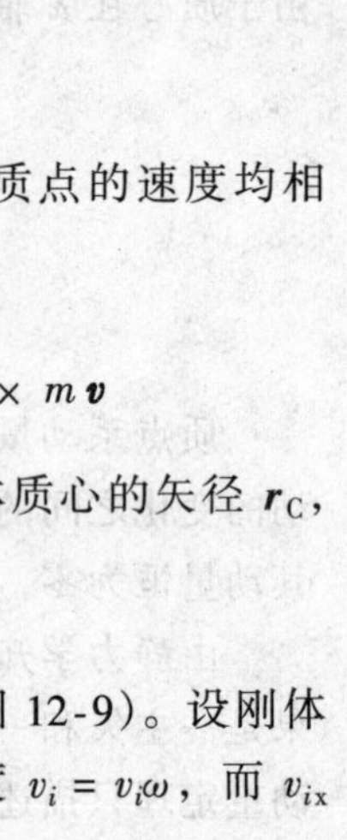

图 12-9　定轴转动刚体的动量矩

【例 12-6】　图 12-10（a）所示机构中，质量为 m_1 的矩形

板 ABDE 与杆 OA、OB 铰接，质量为 m_2 的质点 M 以相对速度 $\boldsymbol{v}_r$ 在板中心线处的凹槽中运动。杆 OA 以 ω 的角速度绕 Oz 轴转动，其对 Oz 轴的转动惯量为 J_O；已知 $OO_1 /\!/ AB$，$OA /\!/ O_1B$，且 $OA = l$，$AD = h$，若 O_1B 杆的质量忽略不计，求系统运动到 $\theta = 0°$ 位置时对 z 轴的动量矩。

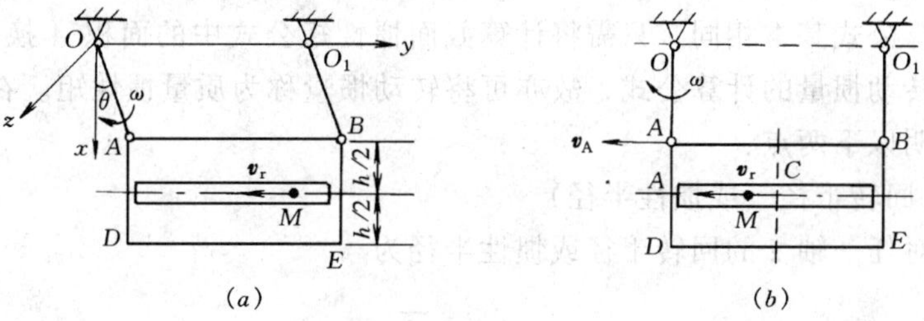

图 12-10　例 12-6 图

【解】　取杆 OA、板 ABDE 和质点 M 作为一质点系。由于质点系对 z 轴的动量矩等于每个质点对 z 轴动量矩之和，故先分别求出杆 OA、板 ABDE 和质点 M 对 z 轴的动量矩，再求和。

(1) 杆 OA 对 z 轴的动量矩

杆 OA 为一定轴转动刚体，由式 (12-16) 可得杆 OA 对 z 轴的动量矩为

$$L_{z1} = -J_O\omega$$

式中的负号表示其转向与 z 轴的正向相反。

(2) 板 ABDE 对 z 轴的动量矩

板 ABDE 为一平动刚体，其上各点的速度 $v = v_A = l\omega$（图 12-10b），质心坐标 $x_C = l + \dfrac{h}{2}$，由式 (12-15) 可得板 ABDE 对 z 轴的动量矩为

$$L_{z2} = -m_1 v x_C = -m_1 l\omega\left(l + \frac{h}{2}\right)$$

(3) 质点 M 对 z 轴的动量矩

质点的绝对速度 $\boldsymbol{v}_a = \boldsymbol{v}_e + \boldsymbol{v}_r$，而 $v_e = v = l\omega$，所以质点的动量为 $m_2 v_a = m_2(l\omega + v_r)$，对 z 轴的动量矩为

$$L_{z3} = -m_2 v_a x_C = -m_2(l\omega + v_r)\left(l + \frac{h}{2}\right)$$

系统对 z 轴的动量矩为

$$L_z = L_{z1} + L_{z2} + L_{z3} = -J_O\omega - m_1 l\omega\left(l + \frac{h}{2}\right) - m_2(l\omega + v_r)\left(l + \frac{h}{2}\right)$$

二、转动惯量

刚体的转动惯量是度量刚体转动时惯性的物理量。它等于刚体内各质点的质

量 m_i 与质点到某轴 z 的垂直距离 r_i 平方的乘积之和，即

$$J_z = \sum_{i=1}^{n} m_i r_i^2 \tag{12-17}$$

需要指出的是，在第五章第二节的弯曲应力中所讨论的**截面惯性矩与转动惯量**的定义和计算公式基本相同，只需将计算截面惯性矩公式中的面积 A 换成质量 m，即可得到转动惯量的计算公式，故亦可将转动惯量称为质量惯性矩。在计算时还要特别说明以下两点：

（一）回转半径（或惯性半径）

刚体对任一轴 z 的回转半径或惯性半径为

$$\rho_z = \sqrt{\frac{J_z}{m}} \tag{12-18}$$

若已知刚体对某轴 z 的回转半径 ρ_z 和刚体的质量 m，则其转动惯量可按下式计算

$$J_z = m\rho_z^2 \tag{12-19}$$

即物体的转动惯量等于该物体的质量与回转半径平方的乘积。

式（12-19）说明，若把物体的质量全部集中于一点，并令该质点对于 z 轴的转动惯量等于物体的转动惯量，则质点到 z 轴垂直距离就是回转半径。表 12-1 中列出了几种常见的简单形状均质物体对指定轴的转动惯量和回转半径。

（二）平行移轴定理

将式（5-30）中的面积用质量替换，则可得到转动惯量平行移轴定理的表达式

$$J_z = J_{z_C} + md^2 \tag{12-20}$$

式中　J_z——刚体对任一轴 z 的转动惯量；

J_{z_C}——刚体对通过质心 C 且与 z 轴平行的轴 z_C（图 12-11）的转动惯量；

m——刚体的质量；

d——z 与 z_C 轴之间的距离。

此式表明，**刚体对任一轴 z 的转动惯量，等于刚体对通过质心并与轴 z 平行的轴 z_C 的转动惯量，加上刚体质量与两轴间距离平方的乘积。**

利用表 12-1 与式（12-20）便可计算均质简单形状组合刚体的转动惯量。

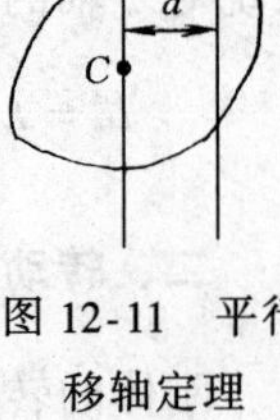

图 12-11　平行移轴定理

简单均质物体的转动惯量及回转半径　　表 12-1

物体形状	简　图	转动惯量	回转半径
组直杆	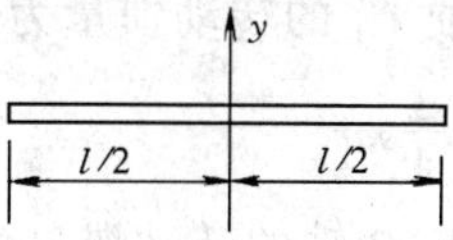	$J_y=\frac{1}{12}ml^2$	$\rho_y=\frac{1}{\sqrt{12}}l$
矩形薄板	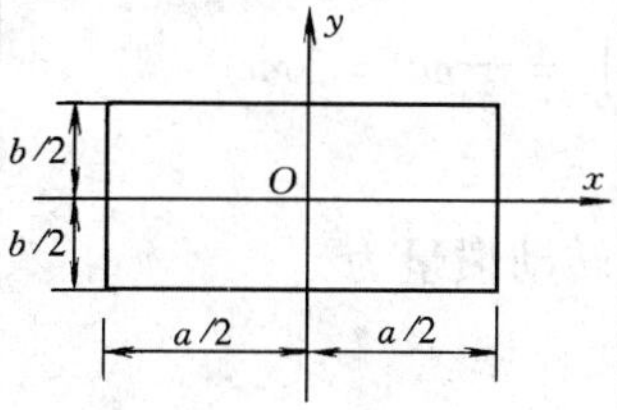	$J_x=\frac{1}{12}mb^2$ $J_y=\frac{1}{12}ma^2$ $J_z=J_O=\frac{1}{12}m\ (a^2+b^2)$	$\rho_x=\frac{1}{\sqrt{12}}b$ $\rho_y=\frac{1}{\sqrt{12}}a$ $\rho_z=\sqrt{\frac{1}{12}\ (a^2+b^2)}$
细圆环	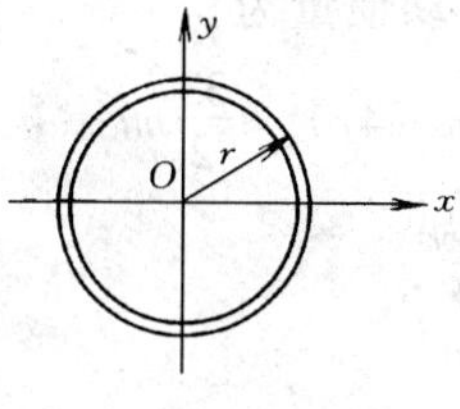	$J_x=J_y=\frac{1}{2}mr^2$ $J_z=J_O=mr^2$	$\rho_x=\rho_y=\frac{1}{\sqrt{2}}r$ $\rho_z=r$
薄圆盘	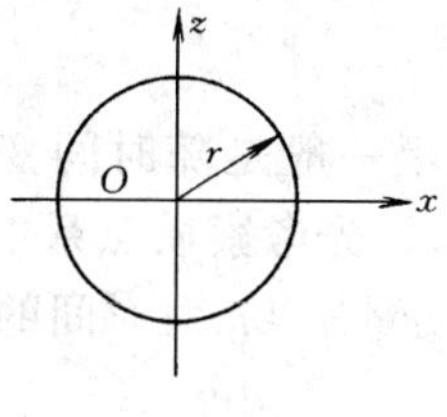	$J_x=J_y=\frac{1}{4}mr^2$ $J_z=J_O=\frac{1}{2}mr^2$	$\rho_x=\rho_y=\frac{1}{2}r$ $\rho_z=\frac{1}{\sqrt{2}}r$
圆柱	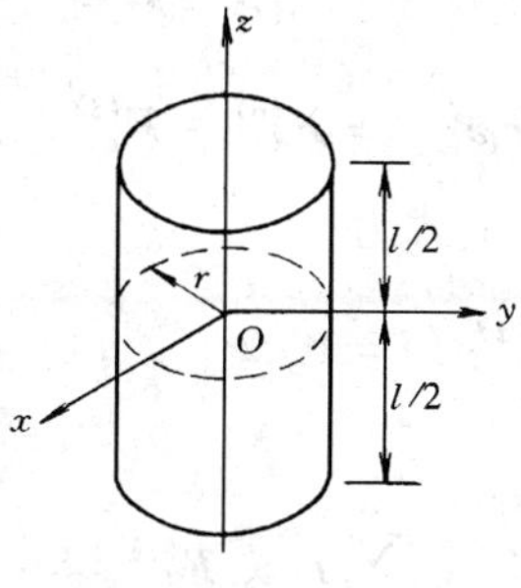	$J_x=J_y=m\left(\frac{r^2}{4}+\frac{l^2}{12}\right)$ $J_z=\frac{1}{2}mr^2$	$\rho_x=\rho_y=\sqrt{\frac{3r^2+l^2}{12}}$ $J_z=\frac{1}{\sqrt{2}}r$

【例 12-7】　质量皆为 m 的均质细杆和均质圆盘组成的摆如图 12-12 所示。已知细杆长 $l=3r$，圆盘半径为 r。求摆对通过点 O 并垂直于图面的 z 轴的转动惯量。

【解】　由于摆对 z 轴的转动惯量等于细杆和圆盘分别对 z 轴的转动惯量之

和，故先分别求出杆 OA 和圆盘 A 对 z 轴的转动惯量，再求和。

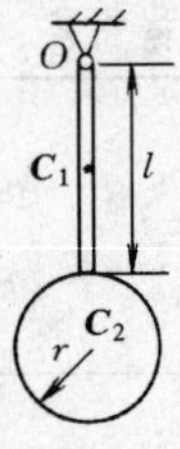

图 12-12
例 12-7 图

(1) 细杆对 z 轴的转动惯量

由表 12-1 中查得细杆对其过质心轴 C_1 的转动惯量为

$$J_{z_{C1}} = \frac{1}{12}ml^2 = \frac{3}{4}mr^2$$

通过移轴公式（12-20）可得细杆对过点 O 轴的转动惯量为

$$J_{Oz1} = J_{z_{C1}} + m\left(\frac{l}{2}\right)^2 = \frac{1}{3}ml^2 = 3mr^2$$

(2) 圆盘对 z 轴的转动惯量

由表 12-1 中查得圆盘对其过质心轴 C_2 的转动惯量为

$$J_{z_{C2}} = \frac{1}{2}mr^2$$

通过移轴公式（12-20）可得圆盘对过点 O 轴的转动惯量为

$$J_{Oz2} = J_{z_{C2}} + m\ (l+r)^2 = \frac{1}{2}mr^2 + m\ (4r)^2 = \frac{33}{2}mr^2$$

则摆对通过点 O 并垂直于图面的 z 轴的转动惯量为

$$J_{Oz} = J_{z_{C1}} + J_{z_{C2}} = \frac{39}{2}mr^2$$

三、质点系动量矩定理

质点系在力的作用下，其对固定点 O 的动量矩一般是随时间变化的。为研究质点系动量矩的变化与作用其上的力之间的关系，先考察质点系中质量和速度分别为 m_i、$\boldsymbol{v}_i$，矢径为 $\boldsymbol{r}_i$（图 12-8）的质点 i 的动量矩 $\boldsymbol{L}_{Oi}$对时间的导数。有

$$\frac{\mathrm{d}\boldsymbol{L}_{Oi}}{\mathrm{d}t} = \frac{\mathrm{d}}{\mathrm{d}t}\ (\boldsymbol{r}_i \times m_i\boldsymbol{v}_i)\ = \boldsymbol{r}_i \times \frac{\mathrm{d}}{\mathrm{d}t}\ (m_i\boldsymbol{v}_i)\ + \frac{\mathrm{d}\boldsymbol{r}_i}{\mathrm{d}t} \times m_i\boldsymbol{v}_i$$

由于 $\frac{\mathrm{d}\boldsymbol{r}_i}{\mathrm{d}t} = \boldsymbol{v}_i$，$\frac{\mathrm{d}\boldsymbol{r}_i}{\mathrm{d}t} \times m_i\boldsymbol{v}_i = \boldsymbol{v}_i \times m_i\boldsymbol{v}_i = 0$，$\frac{\mathrm{d}}{\mathrm{d}t}\ (m_i\boldsymbol{v}_i)\ = \boldsymbol{F}_i^{(e)} + \boldsymbol{F}_i^{(i)}$，其中 $\boldsymbol{F}_i^{(e)}$、$\boldsymbol{F}_i^{(i)}$ 分别为作用于该质点上的外力和内力，所以上式为

$$\frac{\mathrm{d}}{\mathrm{d}t}\ (\boldsymbol{r}_i \times m_i\boldsymbol{v}_i)\ = \boldsymbol{r}_i \times \boldsymbol{F}_i^{(e)} + \boldsymbol{r}_i \times \boldsymbol{F}_i^{(i)}\ \ (i = 1、2\cdots、n) \tag{12-21}$$

将 n 个这样的矢量方程求和，有

$$\sum_{i=1}^{n}\frac{\mathrm{d}}{\mathrm{d}t}(\boldsymbol{r}_i \times m_i\boldsymbol{v}_i) = \sum_{i=1}^{n}\boldsymbol{r}_i \times \boldsymbol{F}_i^{(e)} + \sum_{i=1}^{n}\boldsymbol{r}_i \times \boldsymbol{F}_i^{(i)}$$

交换求和与求导数，并利用式（12-14），可得

$$\frac{\mathrm{d}\boldsymbol{L}_O}{\mathrm{d}t} = \sum_{i=1}^{n}\boldsymbol{r}_i \times \boldsymbol{F}_i^{(e)} + \sum_{i=1}^{n}\boldsymbol{r}_i \times \boldsymbol{F}_i^{(i)}$$

式中等号右端的第一项 $\sum_{i=1}^{n}\boldsymbol{r}_i \times \boldsymbol{F}_i^{(e)} = M_O(\boldsymbol{F}_R^{(e)})$ 为作用于质点系上的外力对 O 点

的主矩;第二项 $\sum_{i=1}^{n} \boldsymbol{r}_i \times \boldsymbol{F}_i^{(i)} = 0$,由于质点系内质点间相互作用的内力总是成对出现,故其内力对 O 点的主矩等于零。则上式便可写成

$$\frac{\mathrm{d}\boldsymbol{L}_{\mathrm{O}}}{\mathrm{d}t} = \sum_{i=1}^{n} \boldsymbol{r}_i \times \boldsymbol{F}_i^{(\mathrm{e})} = \boldsymbol{M}_{\mathrm{O}}(\boldsymbol{F}_{\mathrm{R}}^{(\mathrm{e})}) \tag{12-22}$$

这便是质点系的动量矩定理,即**质点系对某固定点 O 的动量矩对时间的一阶导数,等于作用于质点系的外力对点 O 之矩的矢量和(外力对 O 点的主矩)**。此定理说明,质点系的内力不能改变质点系的动量矩,而质点系动量矩的变化只取决于外力的主矩。

将式(12-22)在三个直角坐标轴上投影,得

$$\left.\begin{aligned}\frac{\mathrm{d}L_{\mathrm{x}}}{\mathrm{d}t} &= \sum_{i=1}^{n} M_{\mathrm{x}}(\boldsymbol{F}_i^{(\mathrm{e})})\\ \frac{\mathrm{d}L_{\mathrm{y}}}{\mathrm{d}t} &= \sum_{i=1}^{n} M_{\mathrm{y}}(\boldsymbol{F}_i^{(\mathrm{e})})\\ \frac{\mathrm{d}L_{\mathrm{z}}}{\mathrm{d}t} &= \sum_{i=1}^{n} M_{\mathrm{z}}(\boldsymbol{F}_i^{(\mathrm{e})})\end{aligned}\right\} \tag{12-23}$$

即:**质点系对某轴的动量矩对时间的导数等于作用于质点系上的外力对该轴之矩的代数和。**

若作用于质点系的外力对于某定点(或定轴)的主矩(或力矩的代数和)等于零,则质点系对于该点(或该轴)的动量矩保持不变。即

$L_{\mathrm{O}}=$ 恒矢量(或 $L_i=$ 常量; $i=x, y, z$)

称为质点系**动量矩守恒定律**。

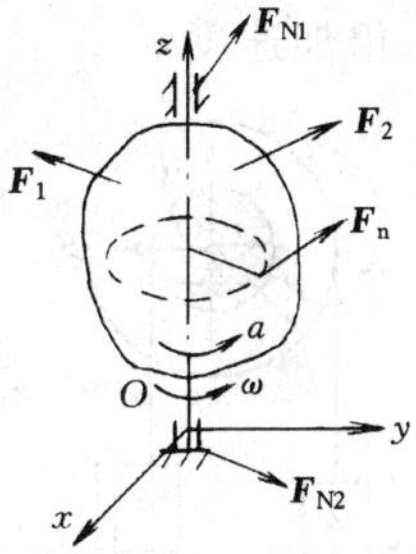

图 12-13　定轴转动微分方程

应用式(12-23),可解决工程中常见的刚体绕定轴转动的动力学问题。设刚体在主动力 $\boldsymbol{F}_1$, $\boldsymbol{F}_2$, $\cdots \boldsymbol{F}_{\mathrm{n}}$ 和轴承约束力 $\boldsymbol{F}_{\mathrm{N1}}$、$\boldsymbol{F}_{\mathrm{N2}}$ 作用下,以 ω 的角速度绕固定轴 z 转动,如图 12-13 所示,已知刚体对 z 轴的转动惯量为 J_{z},根据式(12-16)知该刚体对 z 轴的动量矩为 $J_{\mathrm{z}}\omega$,代入式(12-23)中的第三个方程,有

$$\frac{\mathrm{d}L_{\mathrm{z}}}{\mathrm{d}t} = \frac{\mathrm{d}}{\mathrm{d}t}(J_{\mathrm{z}}\omega) = J_{\mathrm{z}}\frac{\mathrm{d}\omega}{\mathrm{d}t} = \sum_{i=1}^{n} M_{\mathrm{z}}(\boldsymbol{F}_i^{(\mathrm{e})}) \tag{12-24}$$

由于 $\alpha = \frac{\mathrm{d}\omega}{\mathrm{d}t} = \frac{\mathrm{d}^2\varphi}{\mathrm{d}t^2}$ 为刚体转动的角加速度,当不计轴承中的摩擦时,轴承的约束力对于 z 轴的力矩等于零,有 $\sum_{i=1}^{n} M_{\mathrm{z}}(\boldsymbol{F}_i^{(\mathrm{e})}) = \sum_{i=1}^{n} M_{\mathrm{z}}(\boldsymbol{F}_i)$,即外力的主矩只与主动力有关,代入式(12-24),有

$$J_z\alpha = \sum_{i=1}^{n} M_z(\boldsymbol{F}_i) \quad 或 \quad J_z \frac{d^2\varphi}{dt^2} = \sum_{i=1}^{n} M_z(\boldsymbol{F}_i) \tag{12-25}$$

式（12-25）称为**刚体绕固定轴转动的微分方程，即刚体对固定轴的转动惯量与其角加速度的乘积，等于作用于刚体的主动力对该轴之矩的代数和。**

由此可知：

- 刚体转动状态的变化，取决于作用于刚体的外力对转动轴之矩，而与内力无关；
- 若主动力的合力矩 $\sum_{i=1}^{n} M_z(\boldsymbol{F}_i) = 0$,则 $\alpha = 0$，刚体做匀角速转动；若主动力的合力矩等于常量，则 $\alpha =$ 常量，刚体做匀变速转动；
- 将刚体绕定轴转动微分方程与质心运动定理

$$J_z\alpha = \sum_{i=1}^{n} M_z(\boldsymbol{F}_i) 与 m\boldsymbol{a}_C = \sum_{i=1}^{n} \boldsymbol{F}_i^{(e)}$$

相比较，两者形式相似，可见转动惯量在转动刚体运动中的作用正如质量在平动刚体运动中所起的作用一样。例如，同样的外力矩作用在不同的转动刚体上，转动惯量大的刚体角加速度小，反之则大。由此可知，**转动惯量是刚体转动惯性的度量。**

【例 12-8】 质量为 m 的鼓轮，可绕过轮心 O 垂直于图面的 z 轴转动，轮上绕一不计质量不可伸长的绳，绳两端各系质量分别为 m_A、m_B 的重物 A、B（如图 12-14）。已知鼓轮对 z 轴的回转半径为 ρ_z，大、小半径分别为 R、r。求鼓轮的角加速度。

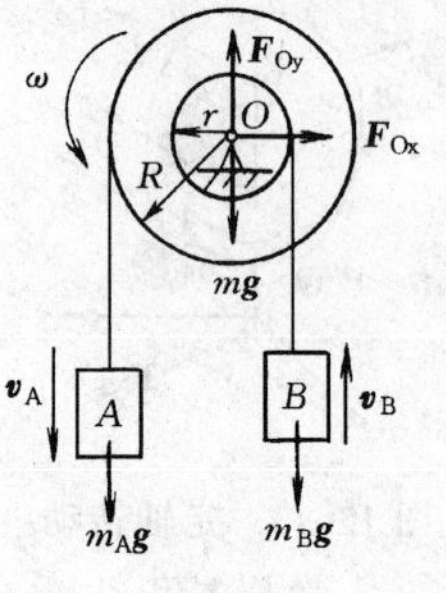

图 12-14 例 12-8 图

【解】 （1）选择研究对象，画受力图

以鼓轮、绳和两重物作为一个质点系，受力如图 12-14 所示。

（2）求质点系对 z 轴的动量矩

设鼓轮以 ω 的角速度绕 z 轴逆时针方向转动，重物 A、B 的速度分别为 $\boldsymbol{v}_A$、$\boldsymbol{v}_B$。分别计算鼓轮及重物的动量矩，由式（12-16）可得鼓轮的动量矩为 $J_z\omega$。因为已知鼓轮的回转半径，所以由式（12-19）可知 $J_z = m\rho_z^2$，则鼓轮对 z 轴的动量矩为

$$L_{z1} = J_z\omega = m\rho_z^2\omega \text{（逆时针）}$$

A、B 重物的动量分别为 $m_A\boldsymbol{v}_A$、$m_B\boldsymbol{v}_B$，而 $v_A = R\omega$、$v_B = r\omega$，所以其对 z 轴的动量矩分别为

$$L_{z2} = m_A v_A R = m_A R^2\omega，L_{z3} = m_B v_B r = m_B r^2\omega \text{（均为逆时针）}$$

质点系对 z 轴的动量矩为

$$L_z = l_{z1} + l_{z2} + l_{z3} = m\rho_z^2\omega + m_A R^2\omega + m_B r^2\omega = (m\rho_z^2 + m_A R^2 + m_B r^2)\ \omega \quad (1)$$

(3) 计算外力对 z 轴的力矩（顺时针为正）

$$\sum M_z(\boldsymbol{F}_i^{(e)}) = m_A gR - m_B gr \quad (2)$$

(4) 利用质点系动量矩定理求鼓轮的角加速度

将 (1)、(2) 式代入式 (12-23)，得

$$\frac{d}{dt}(m\rho_z^2 + m_A R^2 + m_B r^2)\ \omega = m_A gR - m_B gr$$

即

$$\alpha = \frac{(m_A R - m_B r)\ g}{m\rho_z^2 + m_A R^2 + m_B r^2}$$

【例 12-9】 质量为 m、长为 l 的均质细杆 OA，在水平位置用铰链支座 O 和铅直细绳 AB 连接，如图 12-15（a）所示。求细绳被剪断瞬时及剪断后 OA 杆运动到图 12-15（b）所示 θ 位置时杆的角速度与角加速度（表示成 θ 的函数）。

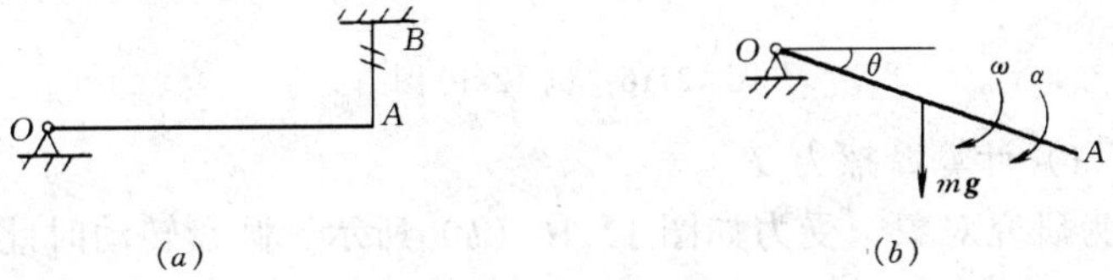

图 12-15 例 12-9 图

【解】 绳被剪断后 OA 杆在重力作用下绕过 O 垂直于图面的 z 轴做定轴转动，在图 12-15（b）所示瞬时，应用式（12-25），有

$$J_z\alpha = M_z(\boldsymbol{F})$$

式中 $J_z = \frac{1}{12}ml^2 + \left(\frac{1}{2}l\right)^2 m = \frac{1}{3}ml^2$、$M_z(\boldsymbol{F}) = mg\frac{l}{2}\cos\theta$，代入上式，得

$$\frac{1}{3}ml^2\alpha = mg\frac{l}{2}\cos\theta$$

即

$$\alpha = \frac{3g}{2l}\cos\theta \quad (1)$$

令 $\alpha = \frac{d\omega}{d\theta}\cdot\frac{d\theta}{dt} = \omega\frac{d\omega}{d\theta}$，代入上式，有

$$\omega d\omega = \frac{3g}{2l}\cos\theta d\theta$$

积分后，得

$$\omega^2 = \frac{3g}{l}\sin\theta$$

即

$$\omega = \sqrt{\frac{3g}{l}\sin\theta} \quad (2)$$

在绳刚剪断瞬时，将 $\theta = 0$ 代入 (1)、(2) 式，此时角加速度和角速度分别为

$$\alpha = \frac{3g}{2l} \qquad \omega = 0$$

说明 OA 杆从静止到开始转动这一瞬间，具有一定的角加速度，而角速度等于零。

【例 12-10】 图 12-16 所示质量为 m 的均质圆盘半径为 r，以角速度 ω 绕轴 O 转动。若在水平制动杆的 A 端作用大小不变的铅直力 $\boldsymbol{F}_{\mathrm{p}}$，求圆盘需再转多少转方能停止。设制动杆与圆盘间的动摩擦因数为 f，长度 l、b 为已知。

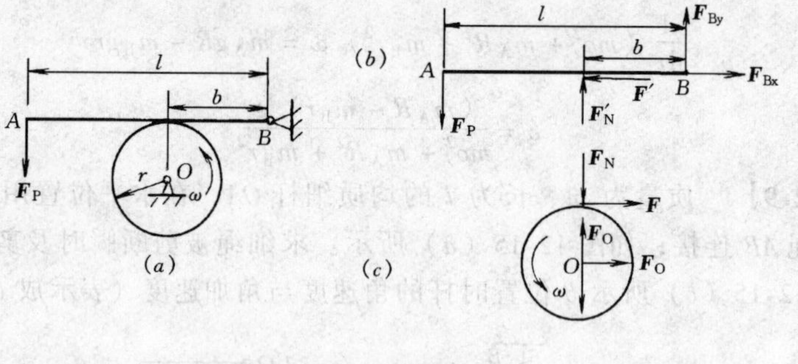

图 12-16 例 12-10 图

【解】 (1) 计算摩擦力 $\boldsymbol{F}$

以 AB 杆为研究对象，受力如图 12-16 (*b*) 所示，圆盘转动时此杆平衡，所以有

$$\sum M_{\mathrm{B}}(\boldsymbol{F})=0 \qquad F_{\mathrm{P}}l-F'_{\mathrm{N}}b=0 \qquad F'_{\mathrm{N}}=\frac{l}{b}F_{\mathrm{P}}$$

摩擦力达到最大值，利用摩擦定律，有

$$F'=F=fF'_{\mathrm{N}}=f\,\frac{l}{b}F_{\mathrm{P}}$$

(2) 圆盘停止时所转过的圈数

圆盘受力如图 12-16 (*c*) 所示，所有外力只有摩擦力对 O 轴产生阻力矩，由式 (12-25) 得

$$J_{\mathrm{O}}\alpha=-Fr$$

令 $\alpha=\omega\dfrac{\mathrm{d}\omega}{\mathrm{d}\varphi}$，并将 $\boldsymbol{F}$ 的值和 $J_{\mathrm{O}}=\dfrac{1}{2}mr^2$ 代入上式后积分，设圆盘停止时转过了 φ 弧度，则

$$\int_{\omega}^{0}\frac{1}{2}mr^2\omega\,\mathrm{d}\omega=\int_{0}^{\varphi}-\frac{lrf}{b}F_{\mathrm{P}}\mathrm{d}\varphi$$

积分后得
$$\varphi=\frac{mrb\omega^2}{4lfF_{\mathrm{P}}}$$

转过的圈数
$$N=\frac{\varphi}{2\pi}=\frac{mrb\omega^2}{8\pi lfF_{\mathrm{P}}}$$

四、质点系相对于质心的动量矩定理

在上面表述动量矩定理时，其动量矩和外力矩的矩心（或矩轴）均为惯性参考系中的固定点（或固定轴），故定理中各质点的速度也是相对于同一惯性参考系的速度（绝对速度）。而在实际中，并不是所有转动的物体都是绕固定点（或固定轴）转动的。例如，运动员腾空后，可通过质心运动定理来描述其质心的运动，但相对质心所做的各种翻腾、转体等动作（这是出成绩的关键），便需要通过建立在质心的非惯性参考系来研究转动的变化与受力之间的关系。

下面推导质点系在非惯性参考系下相对于任意动点的动量矩定理。

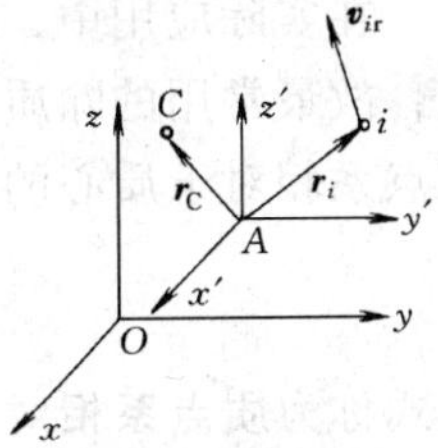

图 12-17　相对质心的动量矩

如图 12-17 所示，取惯性参考系 $Oxyz$ 为定参考系，$Ax'y'z'$ 为跟随 A 点平动的非惯性坐标系，质点系中第 i 个质点的质量 m_i，相对于 A 点的矢径 $\boldsymbol{r}_i$，相对于动坐标系的速度 $\boldsymbol{v}_{ir}=\mathrm{d}\boldsymbol{r}_i/\mathrm{d}t$，则质点系相对 A 点的动量矩为：

$$\boldsymbol{L}_{\mathrm{A}}=\sum_{i=1}^{n}\boldsymbol{r}_i\times m_i\frac{\mathrm{d}\boldsymbol{r}_i}{\mathrm{d}t}$$

将上式在动坐标系下对时间求相对导数

$$\left(\frac{\mathrm{d}\boldsymbol{L}_{\mathrm{A}}}{\mathrm{d}t}\right)_{\mathrm{r}}=\sum_{i=1}^{n}\frac{\mathrm{d}\boldsymbol{r}_i}{\mathrm{d}t}\times m_i\frac{\mathrm{d}\boldsymbol{r}_i}{\mathrm{d}t}+\sum_{i=1}^{n}\boldsymbol{r}_i\times m_i\frac{\mathrm{d}^2\boldsymbol{r}_i}{\mathrm{d}t^2}$$

因为$\frac{\mathrm{d}\boldsymbol{r}_i}{\mathrm{d}t}\times m_i\frac{\mathrm{d}\boldsymbol{r}_i}{\mathrm{d}t}=0$，且$\frac{\mathrm{d}^2\boldsymbol{r}_i}{\mathrm{d}t^2}=\boldsymbol{a}_{i\mathrm{r}}$为质点的相对加速度，根据牵连运动为平动时的加速度合成定理 $\boldsymbol{a}_{i\mathrm{r}}=\boldsymbol{a}_{i\mathrm{a}}-\boldsymbol{a}_{i\mathrm{e}}=\boldsymbol{a}_{i\mathrm{a}}-\boldsymbol{a}_{\mathrm{A}}$

$$\left(\frac{\mathrm{d}\boldsymbol{L}_{\mathrm{A}}}{\mathrm{d}t}\right)_{\mathrm{r}}=\sum_{i=1}^{n}\boldsymbol{r}_i\times m_i\boldsymbol{a}_{i\mathrm{a}}-\sum_{i=1}^{n}\boldsymbol{r}_i\times m_i\boldsymbol{a}_{\mathrm{A}}=\sum_{i=1}^{n}\boldsymbol{r}_i\times\boldsymbol{F}_i^{(\mathrm{e})}-m\boldsymbol{r}_{\mathrm{C}}\times\boldsymbol{a}_{\mathrm{A}}$$

式中　$\boldsymbol{F}_i^{(\mathrm{e})}$——作用在质点 i 上的所有外力；

m——整个质点系的质量；

$\boldsymbol{r}_{\mathrm{C}}$——质点系质心相对于 A 点的矢径。若设 $\boldsymbol{M}_{\mathrm{A}}=\sum_{i=1}^{n}\boldsymbol{r}_i\times\boldsymbol{F}_i^{(\mathrm{e})}$ 为作用于质点系的外力对 A 点的主矩，又因为在平动坐标系下，动量矩 $\boldsymbol{L}_{\mathrm{A}}$ 对时间的相对导数与绝对导数相等，即

$$\left(\frac{\mathrm{d}\boldsymbol{L}_{\mathrm{A}}}{\mathrm{d}t}\right)_{\mathrm{r}}=\left(\frac{\mathrm{d}\boldsymbol{L}_{\mathrm{A}}}{\mathrm{d}t}\right)_{\mathrm{a}}=\frac{\mathrm{d}\boldsymbol{L}_{\mathrm{A}}}{\mathrm{d}t}$$

则有

$$\frac{\mathrm{d}L_{\mathrm{A}}}{\mathrm{d}t}=\boldsymbol{M}_{\mathrm{A}}-m\boldsymbol{r}_{\mathrm{C}}\times\boldsymbol{a}_{\mathrm{A}}\tag{12-26}$$

上式便称为质点系相对于任意 A 点的动量矩定理，即**质点系相对于任意 A 点的动量矩 $\boldsymbol{L}_A$ 对时间的导数等于作用于质点系的所有外力对同一点 A 的力矩 $\boldsymbol{M}_A$ 减去质点系质量 m 乘以其质心矢径 $\boldsymbol{r}_C$ 与 A 点加速度 $\boldsymbol{a}_A$ 的矢积。**

式（12-26）较式（12-22）多了一项，若 A 点的选择满足下列情况，则两式将会有完全相同的形式：

- $\boldsymbol{a}_A = 0$　即点 A 为加速度瞬心或作惯性运动或为固定点；
- $\boldsymbol{r}_C = 0$　即点 A 为质心；
- $\boldsymbol{r}_C \parallel \boldsymbol{a}_A$　如点 A 为作纯滚动时圆轮上的瞬时速度中心。

在实际应用中，加速度瞬心很难确定，满足上述第三种情况的点也不易寻找，故最常用的除质点系相对于固定点的动量矩定理外就是上述第二种情形，即质点系相对于质心的动量矩定理。

$$\frac{\mathrm{d}\boldsymbol{L}_C}{\mathrm{d}t} = \boldsymbol{M}_C \tag{12-27}$$

上式称为**质点系相对于质心的动量矩定理。即质点系相对于质心的动量矩对时间的导数等于外力对质心的主矩。**

其投影式亦即质点系对某一过质心轴 z 的动量矩定理，为

$$\frac{\mathrm{d}L_{Cz}}{\mathrm{d}t} = M_{Cz} \tag{12-28}$$

即质点系相对于过质心的某轴 z 的动量矩对时间的导数等于外力对该轴的主矩。

由于力系简化的结果为一主矢和一主矩，质心运动定理描述了在外力主矢作用下物体随质心平动的运动，而相对质心的动量矩定理则描述了在外力主矩作用下物体相对质心转动的运动。

由式（12-27）可知，质点系相对于质心的运动只与外力有关而与内力无关。例如，直线航行中的船舶或飞机转弯时，将舵转向一侧，使流体对舵面的作用力对过质心的铅垂轴产生偏航力矩，使轮船或飞机相对于质心轴的动量矩发生变化，从而产生转弯的角加速度以改变航向。若作用于质点系的外力对质心的力矩为零，则质点系对质心的动量矩保持不变。例如，跳水或体操等运动员在腾空后，若不计空气阻力，就只受到通过质心（重心）的重力，故 $\boldsymbol{M}_C = 0$，这样运动员对其质心的动量矩保持不变。运动员在起跳时，手脚伸展，使身体相对质心的转动惯量较大，而初角速度较小。腾空后，运动员在空中收缩手脚，蜷曲全身，使转动惯量减小，从而获得较大的角速度，可以在空中连续翻腾或做各种动作。这种增大角速度的方法，也常应用于花样滑冰、芭蕾舞、京剧、杂技等表演中。但若起跳时的初角速度为零，则无论怎样动作，身体也不会翻转。

五、刚体平面运动微分方程

若选取平面运动刚体的质心为基点，则刚体的平面运动可视为平面图形随质

心平动与绕质心转动的合成。应用质心运动定理和相对质心的动量矩定理，便可确定其运动。

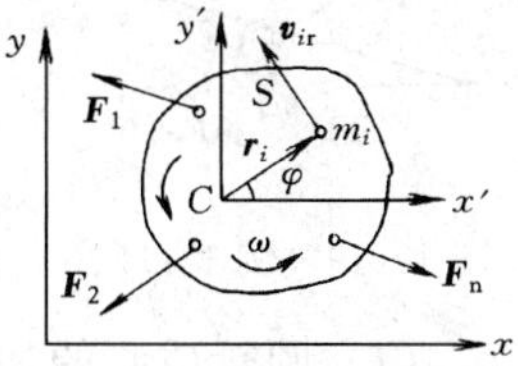

图 12-18 平面运动微分方程

如图 12-18 中的平面图形 S，是过平面运动刚体质心 C 的对称平面。在此平面内受有外力 $\boldsymbol{F}_1$、$\boldsymbol{F}_2 \cdots \boldsymbol{F}_n$ 的作用。设 $Cx'y'$ 为固结于质心 C 的平动坐标系，则平面运动刚体相对于此动系的运动就是绕质心的转动。由运动学知，平面图形上距离质心 $\boldsymbol{r}_i$、质量为 m_i 的任一质点 i 相对于质心 C 的速度大小为$\boldsymbol{v}_{ir} = \boldsymbol{r}_i\omega$，其中 ω 为平面图形的角速度。则其相对于质心的动量矩为

$$L_C = \sum_{i=1}^{n} r_i m_i v_{ir} = \sum_{i=1}^{n} r_i m_i r_i \omega = \left(\sum_{i=1}^{n} m_i r_i^2\right)\omega = J_C \omega$$

其中 J_C 为刚体相对于过质心 C 且垂直于运动平面轴的转动惯量。代入相对质心的动量矩定理(12-28)式，有

$$\frac{\mathrm{d}L_C}{\mathrm{d}t} = \frac{\mathrm{d}}{\mathrm{d}t}(J_C\omega) = J_C\alpha = \sum_{i=1}^{n} M_C(\boldsymbol{F}_i) = M_C \tag{12-29}$$

将式(12-29)与质心运动定理(12-11)式相结合，得

$$\begin{aligned} m\boldsymbol{a}_C &= \sum_{i=1}^{n} \boldsymbol{F}_i^{(e)} = \boldsymbol{F}_R^{(e)} \\ J_C\alpha &= \sum_{i=1}^{n} M_C(\boldsymbol{F}_i) = M_C \end{aligned} \tag{12-30}$$

式中 m——刚体的质量；

$\boldsymbol{a}_C$——质心的加速度；

α——刚体的角加速度。

上式也可写为

$$\begin{aligned} m\frac{\mathrm{d}^2\boldsymbol{r}_C}{\mathrm{d}t^2} &= \boldsymbol{F}_R^{(e)} \\ J_C\frac{\mathrm{d}^2\varphi}{\mathrm{d}t^2} &= M_C \end{aligned} \tag{12-31}$$

称为**刚体平面运动微分方程**。应用时，可将第一式在直角坐标系投影为

$$\begin{aligned} m\frac{\mathrm{d}^2 x_C}{\mathrm{d}t^2} &= \sum_{i=1}^{n} F_{ix}^{(e)} \\ m\frac{\mathrm{d}^2 y_C}{\mathrm{d}t^2} &= \sum_{i=1}^{n} F_{iy}^{(e)} \end{aligned} \tag{12-32}$$

第二式是相对于过质心垂直于刚体运动平面轴的转动微分方程。通过（12-31）方程组，可以求解刚体平面运动的动力学问题。

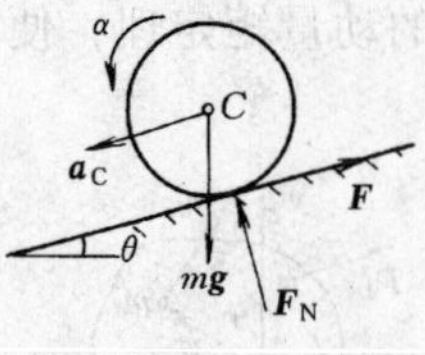

图 12-19　例 12-11 图

【例 12-11】　如图 12-19 所示，半径为 r 的均质圆轮沿倾角为 θ 的斜面无滑动滚下。试求：

(1) 圆轮滚动时其质心的加速度 $\boldsymbol{a}_C$；

(2) 圆轮在斜面上不打滑的最小摩擦因数。

【解】　设圆轮质量 m，受重力 mg、支承力 $\boldsymbol{F}_N$、摩擦力 $\boldsymbol{F}$ 作用（图 12-19），在斜面上做纯滚动。

(1) 圆轮质心的加速度

圆轮做平面运动，根据刚体平面运动微分方程（12-31），有

$$ma_C = mg\sin\theta - F \tag{1}$$

$$0 = F_N - mg\cos\theta \tag{2}$$

$$J_C\alpha = Fr \tag{3}$$

上述三个方程中包含四个未知量：a_C、α、F_N 和 F，还需根据圆轮做纯滚动的条件，补充运动学方程

$$a_C = r\alpha \tag{4}$$

由式（3）与（4），得

$$F = J_C\frac{\alpha}{r} = \frac{1}{2}mr^2\cdot\frac{a_C}{r^2} = \frac{1}{2}ma_C \tag{5}$$

将式（5）代入式（1），得

$$a_C = \frac{2}{3}g\sin\theta \tag{6}$$

(2) 圆轮在斜面上不滑动的最小摩擦因数

将式（6）代入式（1），考虑到圆轮在斜面上做纯滚动时，其滑动摩擦力一般小于最大静滑动摩擦力这一性质，有

$$F = \frac{1}{3}mg\sin\theta \leqslant F_N f_s \tag{7}$$

将式（2）代入式（7），得圆轮不滑动的最小摩擦因数

$$f_{s\min} = \frac{1}{3}\tan\theta \tag{8}$$

【例 12-12】　质量为 m、长为 l 的均质杆 AB，A 端置于光滑水平面上，B 端用铅直绳 BD 连接，如图 12-20（a）所示。试求绳 BD 突然被剪断瞬时，杆 AB 的角加速度和 A 处的约束力。设 $\theta = 60°$。

【解】　绳被剪断后，杆 AB 作平面运动，受力如图 12-20（b）所示，应用式（12-31），有

$$ma_{Cx} = 0 \tag{1}$$

$$ma_{Cy} = F_A - mg \tag{2}$$

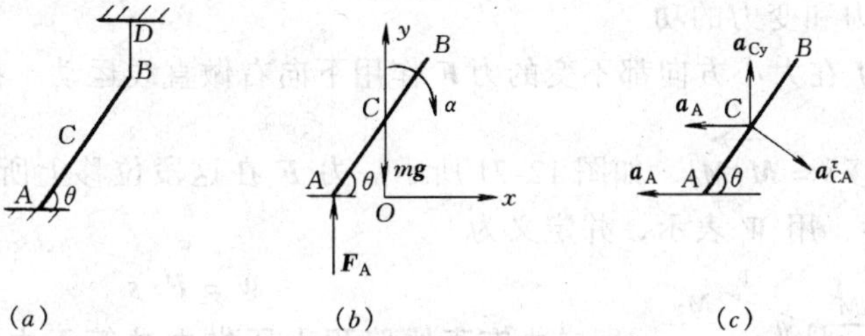

图 12-20 例 12-11 图

$$J_C\alpha = F_A\frac{l}{2}\cos\theta \tag{3}$$

由式（1）可知，杆在水平方向有质心守恒，即 $a_C = a_{Cy}$，质心 C 只在铅垂方向运动。式（2）和（3）中有 a_{Cy}、F_A 和 α 三个未知量，需补充运动学方程。若以 A 为基点（图 12-20c），则根据平面运动刚体的加速度合成定理，将各加速度在 y 方向投影，有

$$a_{Cy} = -a_{CA}^{\tau}\cos\theta = -\frac{l}{4}\alpha \tag{4}$$

将（2）、（3）、（4）三式联立求解，得

$$\alpha = \frac{12g}{7l}$$

$$F_A = \frac{4}{7}mg$$

通过以上两个例题可以看出，利用刚体平面运动微分方程解题时，往往需要附加运动学的方程，才能得到最后的解。

第三节 动 能 定 理

能量是自然界各种形式运动的度量，而功则是能量从一种形式转化为另一种形式的过程中所表现出来的量，在机械运动中，二者的关系可通过动能定理来描述。与动量和动量矩定理所不同的是，动能定理从能量的角度来分析质点和质点系的动力学问题，在某些情况下使用起来将会更为方便有效。

本节将通过有关概念讨论物体机械运动中的动能、势能与力的功之间的关系，即动能定理、机械能守恒定律等，并将综合应用动力学的三大普遍定理（动量、动量矩、动能定理）分析解决较为复杂的动力学问题。

一、力的功

作用在质点上的力在某段位移上的功，是力在这段位移上作用效果的度量。

（一）常力和变力的功

设质点 M 在大小方向都不变的力 $\boldsymbol{F}$ 作用下向右做直线运动。在某段时间内，质点 M 的位移 $\boldsymbol{s}=\overrightarrow{M_1M_2}$，如图 12-21 所示。力 $\boldsymbol{F}$ 在这段位移上所积累的效应用力的功来度量，用 W 表示，并定义为

$$W=\boldsymbol{F}\cdot\boldsymbol{s} \tag{12-33}$$

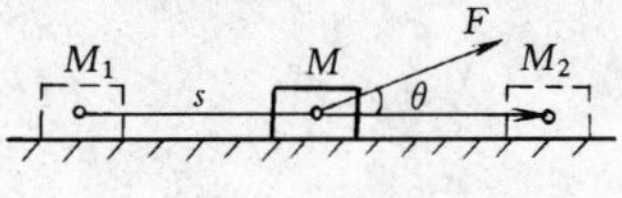

图 12-21　常力的功

即常力在直线路程上所做之功等于力矢与位移矢的标量积。若力 $\boldsymbol{F}$ 与位移 $\boldsymbol{s}$ 之间的夹角为 θ，则式（12-33）也可写成

$$W=Fs\cos\theta \tag{12-34}$$

功的量纲是　　$\mathrm{ML^2T^{-2}}$

功的单位名称为焦耳（J），在国际单位制中 $1\mathrm{J}=1\mathrm{N\cdot m}=1\mathrm{kg\cdot m^2/s^2}$。

设质点 M 在任意变力 $\boldsymbol{F}$ 作用下沿曲线由 M_1 运动到 M_2，如图 12-22 所示。力 $\boldsymbol{F}$ 在无限小位移 $\mathrm{d}\boldsymbol{r}$ 中可视为常力，经过的一小段弧长 $\mathrm{d}s$ 可视为直线，力 $\boldsymbol{F}$ 在一无限小位移中所做的功称为元功，用 δW 表示。由式（12-33）和式（12-34）得

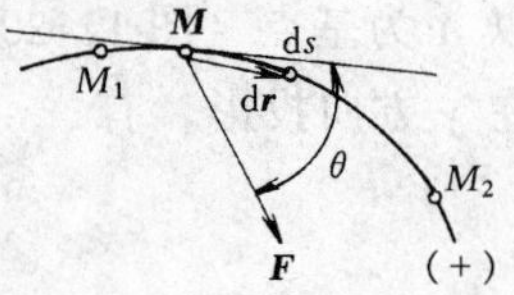

图 12-22　变力的功

$$\delta W=\boldsymbol{F}\cdot\mathrm{d}\boldsymbol{r}=F\cos\theta\,\mathrm{d}s=F_\tau\mathrm{d}s \tag{12-35}$$

式中 $F_\tau=F\cos\theta$ 为 $\boldsymbol{F}$ 力在曲线 M 点的切线方向的投影。将元功沿弧长积分，可得力 $\boldsymbol{F}$ 在运动轨迹 $\overset{\frown}{M_1M_2}$（对应弧坐标 s）上对质点 M 所做之功为

$$W_{12}=\int_{M_1}^{M_2}\boldsymbol{F}\cdot\mathrm{d}\boldsymbol{r}=\int_0^S F\cos\theta\,\mathrm{d}s=\int_0^S F_\tau\mathrm{d}s \tag{12-36}$$

若将 $\boldsymbol{F}$ 与 $\mathrm{d}\boldsymbol{r}$ 分解到固结于地面的直角坐标系上，则有

$$\boldsymbol{F}=F_x\boldsymbol{i}+F_y\boldsymbol{j}+F_z\boldsymbol{k}$$

$$\mathrm{d}\boldsymbol{r}=\mathrm{d}x\boldsymbol{i}+\mathrm{d}y\boldsymbol{j}+\mathrm{d}z\boldsymbol{k}$$

将上述二式代入式（12-35），元功可表示为

$$\delta W=\boldsymbol{F}\cdot\mathrm{d}\boldsymbol{r}=F_x\mathrm{d}x+F_y\mathrm{d}y+F_z\mathrm{d}z \tag{12-37}$$

将式（12-37）代入式（12-36），得到力在质点由 M_1 到 M_2 的运动过程中所做功的**解析表达式**

$$W_{12}=\int_{M_1}^{M_2}(F_x\mathrm{d}x+F_y\mathrm{d}y+F_z\mathrm{d}z) \tag{12-38}$$

（二）内力及理想约束力的功

1. 质点系内力的功

因为内力都是成对出现的，且等值反向共线。在动量、动量矩定理中，由于内力的合力、合力矩等于零，不会影响质点系动量、动量矩的改变，故无须考虑

内力的作用。但内力所做的功，在某些情况下并不等于零。

设两质点 A、B 之间相互作用的内力为 $\boldsymbol{F}_A$、$\boldsymbol{F}_B$，且 $\boldsymbol{F}_A=-\boldsymbol{F}_B$；质点 A、B 相对于固定点 O 的矢径分别为 $\boldsymbol{r}_A$、$\boldsymbol{r}_B$，且 $\boldsymbol{r}_B=\boldsymbol{r}_A+\boldsymbol{r}_{AB}$，如图 12-23 所示。若在 $\mathrm{d}t$ 时间内，A、B 两点的无限小位移分别为 $\mathrm{d}\boldsymbol{r}_A$、$\mathrm{d}\boldsymbol{r}_B$，则内力在该位移上的元功之和为

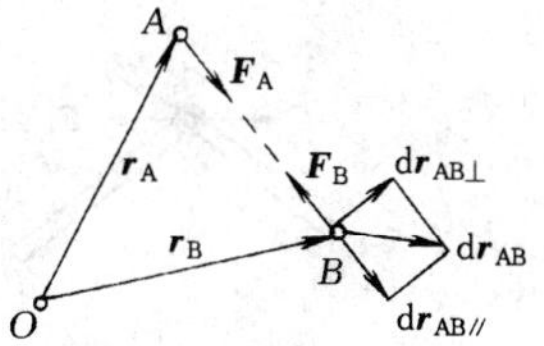

图 12-23 内力的功

$$\begin{aligned}\delta W&=\boldsymbol{F}_A\cdot\mathrm{d}\boldsymbol{r}_A+\boldsymbol{F}_B\cdot\mathrm{d}\boldsymbol{r}_B\\&=\boldsymbol{F}_B\cdot(-\mathrm{d}\boldsymbol{r}_A+\mathrm{d}\boldsymbol{r}_B)=\boldsymbol{F}_B\cdot\mathrm{d}(\boldsymbol{r}_B-\boldsymbol{r}_A)\\&=\boldsymbol{F}_B\cdot\mathrm{d}\boldsymbol{r}_{AB}\end{aligned}$$

可将 $\mathrm{d}\boldsymbol{r}_{AB}$分解为平行于 $\boldsymbol{F}_B$ 和垂直于 $\boldsymbol{F}_B$ 两部分，即 $\mathrm{d}\boldsymbol{r}_{AB}=\mathrm{d}\boldsymbol{r}_{AB/\!/}+\mathrm{d}\boldsymbol{r}_{AB\perp}$，代入上式

$$\delta W=\boldsymbol{F}_B\cdot(\mathrm{d}\boldsymbol{r}_{AB/\!/}+\mathrm{d}\boldsymbol{r}_{AB\perp})=\boldsymbol{F}_B\cdot\mathrm{d}\boldsymbol{r}_{AB/\!/}\tag{12-39}$$

上式表明，当 A、B 两质点沿两点的连线相互靠近或分离时，其内力的元功之和不等于零。在工程实际中，有很多内力的功之和不等于零的情况。例如，汽车在行驶过程中，汽缸内的压缩气体被点燃后，迅速膨胀而对活塞和汽缸壁产生的作用力均为内力，这些内力的功可使汽车的动能增加。又如，在传动机械中，相互接触的齿轮、轴与轴承之间的摩擦力，对于机械整体而言，也都是内力，它们所做的负功，使机械的部分动能转化为热能。

但在有些情况下，内力所做功之和等于零。例如，刚体内两质点间的相互作用力，是满足等值、反向、共线条件的一对内力。由于刚体是受力后不变形的物体，故其上任意两点之间的距离始终保持不变，若图 12-23 中的 A、B 是同一刚体上的两个点，则式（12-39）中的 $\mathrm{d}\boldsymbol{r}_{AB/\!/}=0$，即沿这两点连线的位移必定相等，这样便有 $\delta W=0$。由此得出结论：**刚体所有内力之功的和等于零。**

2. 理想约束力的功

约束力做功之和等于零的约束称为理想约束。下面介绍几种常见的理想约束及其约束力所做的功。

- 光滑固定接触、一端固定的柔索、光滑活动铰链支座约束，由于约束力都垂直于力作用点的位移，故约束反力不做功。

- 光滑固定铰链支座、固定端等约束，由于约束力所对应的位移为零，故约束反力也不做功。

- 光滑铰链、刚性二力杆等作为系统内的约束时，其约束力总是成对出现的，若其中一个约束力做正功，则另一个约束力必做数值相同的负功，最后约束力做功之和等于零。如图 12-24（a）所示的铰链 O 处相互作用的约束力 $\boldsymbol{F}=-\boldsymbol{F}'$，在铰链中心 O 处的任何位移 $\mathrm{d}\boldsymbol{r}$ 上所做的元功之和为

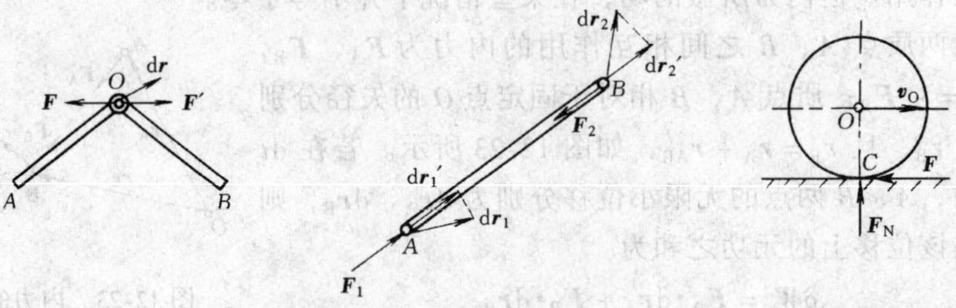

(a) (b) (c)

图 12-24 理想约束

$$F \cdot dr + F' \cdot dr = F \cdot dr - F \cdot dr = 0$$

又如图 12-24（b）所示的刚性二力杆对 A、B 两点的约束力 $F_1 = -F_2$，两作用点的位移分别为 dr_1、dr_2，因为 AB 是刚性杆，故两端位移在其连线的投影相等，即 $dr'_1 = dr'_2$，这样约束力所做的元功之和为

$$F_1 \cdot dr_1 + F_2 \cdot dr_2 = F_1 \cdot dr'_1 - F_1 \cdot dr'_2 = 0$$

- 无滑动滚动（纯滚动）的约束，如图 12-24（c）所示。当一圆轮在固定约束面上无滑动滚动时，若滚动摩阻力偶可略去不计，由运动学知，C 为瞬时速度中心，即 C 点的位移 dr_C 等于零，这样，作用于 C 点的约束反力 F_N 和摩擦力 F 所做的元功之和为

$$F_N \cdot dr_C + F \cdot dr_C = 0$$

需要特别指出的是，一般情况下，滑动摩擦力与物体的相对位移反向，摩擦力做负功，不是理想约束，只有纯滚动时的接触点才是理想约束。

（三）几种常用力的功

1. 重力的功

设质量为 m 的质点沿曲线由 M_1 运动到 M_2，如图 12-25 所示。其重力 mg 在直角坐标轴上的投影为

$$F_x = F_y = 0, \quad F_z = -mg$$

代入式（12-38），可得重力由 M_1 运动到 M_2 所做的功为

$$W_{12} = \int_{z_1}^{z_2} -mg\,dz = mg(z_1 - z_2) \tag{12-40}$$

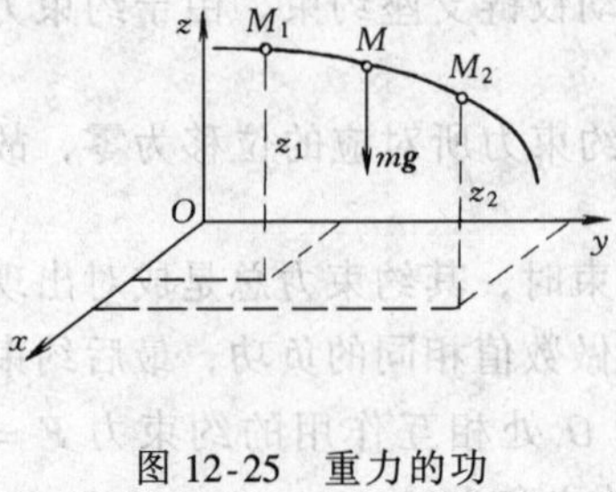

图 12-25 重力的功

上式说明，重力做功只与起点和终点位置的高度差有关，与运动轨迹的形状无关。

对于质点系，若质点 i 的质量为 m_i，运动的始末位置高度差为（$z_{i1} - z_{i2}$），则质点系中全部重力做功之和为

$$\sum W_{12} = \sum m_i g(z_{i1} - z_{i2})$$

由质心坐标公式,有

$$mz_C = \sum m_i z_i$$

由此可得

$$\sum W_{12} = mg(z_{C1} - z_{C2}) \tag{12-41}$$

式中 m 为质点系所有质点质量之和,（$z_{C1}-z_{C2}$）为质点系质心运动始末位置的高度差。可见，质点系重力的功同样与质心运动轨迹的形状无关。

2. 弹性力的功

设弹性力的作用点 M 沿曲线由 M_1 运动到 M_2，如图 12-26 所示。若弹簧的刚度为 k（单位为 N/m），其自然长度为 l_0，M 点的矢径为 $\boldsymbol{r}$，其长度为 r，沿矢径方向的单位矢量 $\boldsymbol{r}_0=\dfrac{\boldsymbol{r}}{r}$，则弹性力为

$$\boldsymbol{F} = -k(r-l_0)\boldsymbol{r}_0 = -k(r-l_0)\frac{\boldsymbol{r}}{r}$$

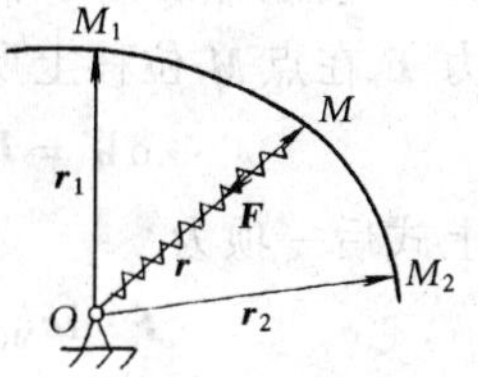

图 12-26 弹性力的功

将上式代入式（12-36），得弹性力的功为

$$W_{12} = \int_{M_1}^{M_2} \boldsymbol{F}\cdot d\boldsymbol{r} = \int_{M_1}^{M_2} -k(r-l_0)\frac{\boldsymbol{r}}{r}\cdot d\boldsymbol{r}$$

因为 $\dfrac{\boldsymbol{r}}{r}\cdot d\boldsymbol{r} = \dfrac{1}{2r}d(\boldsymbol{r}\cdot\boldsymbol{r}) = \dfrac{1}{2r}d(r^2) = dr$,所以上式为

$$W_{12} = \int_{r_1}^{r_2} -k(r-l_0)dr = \frac{k}{2}[(r_1-l_0)^2-(r_2-l_0)^2]$$

$$W_{12} = \frac{k}{2}(\delta_1^2-\delta_2^2) \tag{12-42}$$

式（12-42）中 $\delta_1=r_1-l_0$、$\delta_2=r_2-l_0$ 分别为弹簧在 M_1、M_2 位置时的变形量，此式说明，弹性力做的功只与起点和终点弹簧的变形量有关，与力作用点 M 的运动轨迹形状无关。

3. 作用于定轴转动刚体上力和力偶的功

绕 z 轴转动刚体的 M 点上作用有力 $\boldsymbol{F}$，如图 12-27（a）所示。若将 $\boldsymbol{F}$ 力沿 z 轴，M 点运动曲线的法向、切向分解为轴向力 $\boldsymbol{F}_z$、法向力 $\boldsymbol{F}_n$、切向力 $\boldsymbol{F}_\tau$，则 $\boldsymbol{F}_z$ 及 $\boldsymbol{F}_n$ 都与 M 点的位移垂直，不做功；故切向力 $\boldsymbol{F}_\tau$ 所做之功即为 $\boldsymbol{F}$ 力的功。当刚体绕 z 轴转过微小角度 $d\varphi$ 时，M 点产生的微小位移 $ds=rd\varphi$，其中 r 为 M 点到 z 轴的距离（图 12-27b）。根据式（12-35），$\boldsymbol{F}$ 力在 ds 中的元功为

$$\delta W = F_\tau ds = F_\tau r d\varphi$$

因为 $\boldsymbol{F}$ 力对 z 轴之矩 $M_z(\boldsymbol{F}) = F_\tau r$，于是

$$\delta W = M_z(\boldsymbol{F})d\varphi$$

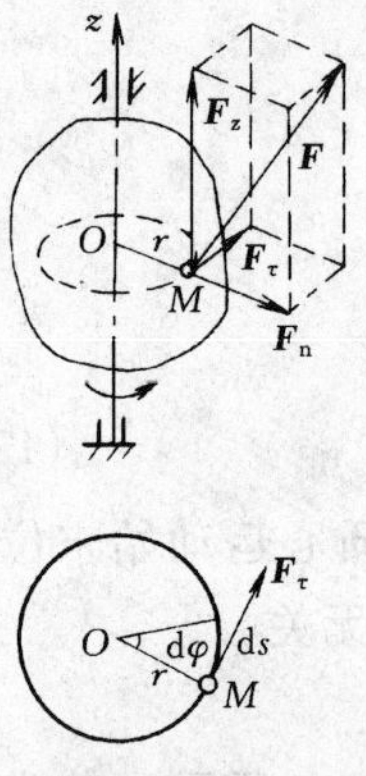

图 12-27　转动刚体上力的功

力 $\boldsymbol{F}$ 在刚体从角度 φ_1 到 φ_2 转运过程中所做之功为

$$W_{12}=\int_{\varphi_1}^{\varphi_2}M_z(\boldsymbol{F})\mathrm{d}\varphi \tag{12-43}$$

若力偶作用在刚体上，则其所做之功仍可用上式计算，只需将式（12-43）中的 M_z（$\boldsymbol{F}$）换为力偶对转动轴 z 的力偶矩。

4．作用于平面运动刚体上力的功

平面运动刚体的 M 点上作用有力 $\boldsymbol{F}$，如图 12-28 所示。若取刚体质心 C 为基点，则当刚体有无限小位移时，M 点的位移为

$$\mathrm{d}\boldsymbol{r}_M=\mathrm{d}\boldsymbol{r}_C+\mathrm{d}\boldsymbol{r}_{MC}$$

其中 $\mathrm{d}\boldsymbol{r}_C$ 为质心 C 的微小位移，$\mathrm{d}\boldsymbol{r}_{MC}$为点 M 绕质心 C 的微小转动位移（图 12-28），若刚体的微小转角为 $\mathrm{d}\varphi$，则位移的大小 $\mathrm{d}r_{MC}=MC\cdot\mathrm{d}\varphi$,方向与 MC 垂直。力 $\boldsymbol{F}$ 在点 M 位移上所做的元功为

$$\delta W=\boldsymbol{F}\cdot\mathrm{d}\boldsymbol{r}_M=\boldsymbol{F}\cdot\mathrm{d}\boldsymbol{r}_C+\boldsymbol{F}\cdot\mathrm{d}\boldsymbol{r}_{MC}$$

上式后一项为

$$\begin{aligned}\boldsymbol{F}\cdot\mathrm{d}\boldsymbol{r}_{MC}&=F\cos\theta\cdot MC\cdot\mathrm{d}\varphi\\&=M_C(\boldsymbol{F})\,\mathrm{d}\varphi\end{aligned}$$

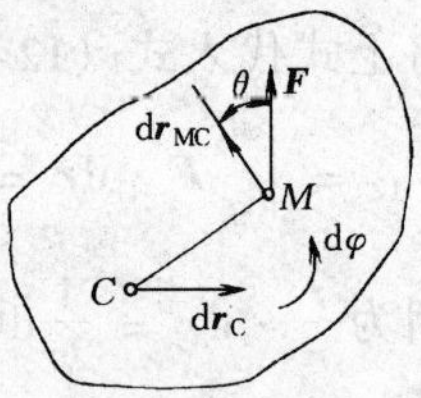

图 12-28　平面运动刚体上力的功

其中 θ 为力 $\boldsymbol{F}$ 与转动位移 $\mathrm{d}\boldsymbol{r}_{MC}$间的夹角，$M_C$（$\boldsymbol{F}$）为力 $\boldsymbol{F}$ 对质心 C 之矩。若平面运动刚体的质心 C 由 C_1 移至 C_2，同时刚体又由 φ_1 转到 φ_2 角度时，$\boldsymbol{F}$ 力所做之功为

$$W_{12}=\int_{C_1}^{C_2}\boldsymbol{F}\cdot\mathrm{d}\boldsymbol{r}_C+\int_{\varphi_1}^{\varphi_2}M_C(\boldsymbol{F})\mathrm{d}\varphi \tag{12-44}$$

由式（12-44）可知，平面运动刚体上力的功就等于力向质心简化所得的力和力偶所做功之和。当然，基点可以是刚体上的任意点。

二、质点系的动能

由物理学知，一个质点的动能等于质量乘以其速度平方的一半。而对于质点系，由于动能是标量，故可将质点系内每一质点的动能求算术和，即可得到质点系的动能，即

$$T=\sum_{i=1}^{n}\frac{1}{2}m_iv_i^2 \tag{12-45}$$

式中 T 为质点系的动能，m_i、v_i 分别为质点系中第 i 个质点的质量和速率。

动能的量纲是　$\mathrm{ML^2T^{-2}}$。

动能的单位，在国际单位制中也为焦耳（J）。

对于由无数质点所组成的刚体，在做不同运动时，其上各质点的速度分布不同，故动能的表达式也不同。下面分别导出刚体平动、绕固定轴转动和平面运动的动能表达式。

（一）平动刚体的动能

刚体平动时，在同一瞬时刚体上各点速度 $\boldsymbol{v}_i$ 均相同，可以质心速度 $\boldsymbol{v}_C$ 表示，若以 m 表示刚体的质量，则平动刚体的动能

$$T = \sum \frac{1}{2} m_i v_i^2 = \frac{1}{2} v_C^2 \sum m_i$$

则有

$$T = \frac{1}{2} m v_C^2 \tag{12-46}$$

即：**平动刚体的动能，等于刚体的质量与质心速度平方乘积的一半。**若假设将平动刚体的质量集中于质心，则此刚体便可视为一质点，可见平动刚体的动能等于该质点的动能。

（二）定轴转动刚体的动能

设刚体以 ω 的角速度绕定轴 z 转动（图 12-29），其中质量为 m_i 的任意点，速度为 $v_i = r_i\omega$，则定轴转动刚体的动能

$$T = \sum \frac{1}{2} m_i v_i^2 = \sum \frac{1}{2} m_i r_i^2 \omega^2 = \frac{1}{2} \omega^2 \sum m_i r_i^2$$

则有

$$T = \frac{1}{2} J_z \omega^2 \tag{12-47}$$

即绕定轴转动刚体的动能，等于刚体对转动轴的转动惯量与其角速度平方乘积的一半。

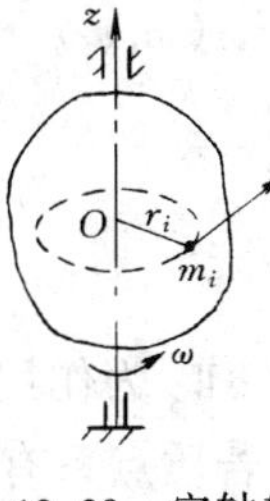

图 12-29　定轴转动刚体的动能

（三）平面运动刚体的动能

若已知平面运动刚体某瞬时的角速度为 ω，速度瞬心在 P 点（图 12-30），刚体此时对通过速度瞬心并与运动平面垂直的轴的转动惯量为 J_P，则由式（12-47）可得此瞬时刚体的动能

$$T = \frac{1}{2} J_P \omega^2 \tag{12-48}$$

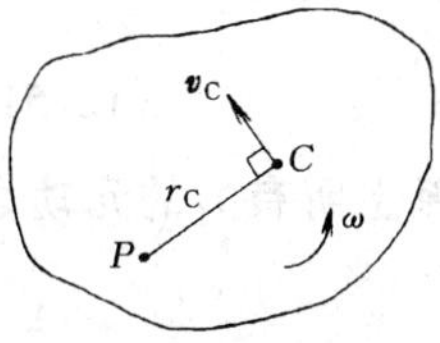

图 12-30　平面运动刚体的动能

考虑到速度瞬心位置的不断变化，J_P 也在不断变化。为便于计算，常将上式改写成另一种形式。设刚体质心 C 到瞬心 P 的距离为 r_C，由转动惯量的平行移轴定理知

$$J_P = J_C + m r_C^2$$

其中 J_C 为刚体对通过质心垂直于运动平面的轴的转动惯量，m 为刚体的质量，将上式代入（12-48）式，可得

$$T=\frac{1}{2}J_P\omega^2=\frac{1}{2}\left(J_C+mr_C^2\right)\omega^2$$

又因为 $r_C\omega=v_C$，故有

$$T=\frac{1}{2}J_C\omega^2+\frac{1}{2}mv_C^2 \tag{12-49}$$

即平面运动刚体的动能等于随质心平动的动能与相对于质心转动的动能之和。

三、质点系动能定理与机械能守恒定律

(一) 质点系动能定理

取质点系内质量为 m_i，速度为$\boldsymbol{v}_i$的任一质点，其上的作用力为 $\boldsymbol{F}_i$，则由牛顿第二定律

$$\frac{\mathrm{d}}{\mathrm{d}t}\left(m_i\boldsymbol{v}_i\right)=\boldsymbol{F}_i$$

将等式两端同时乘该质点的微小位移 $\mathrm{d}\boldsymbol{r}_i$，有

$$\frac{\mathrm{d}}{\mathrm{d}t}\left(m_i\boldsymbol{v}_i\right)\cdot\mathrm{d}\boldsymbol{r}_i=\boldsymbol{F}_i\cdot\mathrm{d}\boldsymbol{r}_i$$

上式左端

$$\frac{\mathrm{d}}{\mathrm{d}t}\left(m_i\boldsymbol{v}_i\right)\cdot\mathrm{d}\boldsymbol{r}_i=\mathrm{d}\left(m_i\boldsymbol{v}_i\right)\cdot\frac{\mathrm{d}\boldsymbol{r}_i}{\mathrm{d}t}=\mathrm{d}\left(m_i\boldsymbol{v}_i\right)\cdot\boldsymbol{v}_i=\mathrm{d}\left(\frac{m_i\boldsymbol{v}_i\cdot\boldsymbol{v}_i}{2}\right)=\mathrm{d}\left(\frac{1}{2}m_iv_i^2\right)$$

则

$$\mathrm{d}\left(\frac{1}{2}m_iv_i^2\right)=\delta W_i \tag{12-50}$$

式中 δW_i 为作用于这个质点的力所做的元功。

若质点系有 n 个质点，便有 n 个式（12-50）这样的方程，将 n 个方程相加，得

$$\sum_{i=1}^{n}\mathrm{d}\left(\frac{1}{2}m_iv_i^2\right)=\sum_{i=1}^{n}\delta W_i$$

或

$$\mathrm{d}\sum_{i=1}^{n}\left(\frac{1}{2}m_iv_i^2\right)=\sum_{i=1}^{n}\delta W_i$$

因为 $T=\sum_{i=1}^{n}\left(\frac{1}{2}m_iv_i^2\right)$ 为质点系的动能，故上式可写成

$$\mathrm{d}T=\sum\delta W_i \tag{12-51}$$

即质点系在无限小的位移中，其动能的微分等于作用在质点系上所有力的元功之和。称为质点系动能定理的微分形式。

若对（12-51）式进行积分，得

$$T_2-T_1=\sum W_{12i} \tag{12-52}$$

式中的 T_2、T_1 分别表示质点系在某一段有限路程运动过程中终点和起点的动能。式（12-52）表明**在质点系运动的某过程中，质点系动能的改变量，等于作用在质点系上所有力在此过程中所做功的和**。称为**质点系动能定理的积分形式**。

（二）机械能守恒定律

1. 势力场

若质点在某空间所受的力，其大小和方向完全由质点在空间的位置所决定，则此空间称为力场。如物体在地球大气层以内的任何位置都受到地心引力即重力的作用，这样的空间便可称为重力场。如果在力场中运动的物体，受到的作用力所做之功，只取决于力作用点的始末位置，而与运动轨迹的形状无关，这种力场称为**势力场**或保守力场。由于重力、弹性力、万有引力等做的功都有这一特点，故亦都可称为有势力，所对应的重力场、弹性力场、万有引力场等均为势力场。

2. 势能

势力场对质点所具有的做功能力，称为**势能**，其大小可由有势力的功来表示。势能 V 与有势力 $\boldsymbol{F}$ 的功有如下关系

$$\delta W = \boldsymbol{F}\cdot \mathrm{d}\boldsymbol{r} = -\mathrm{d}V$$

由此可知，在势力场中，**质点从点 M_1 运动到任选参考点 M_0，有势力 $\boldsymbol{F}$ 所做的功，称为质点在 M_1 点相对于 M_0 点的势能**，可表示为

$$V = \int_{M_1}^{M_0} \boldsymbol{F}\cdot \mathrm{d}\boldsymbol{r} = \int_{M_1}^{M_0} -\mathrm{d}V = V_1 - V_0 = V_1 \qquad (12\text{-}53)$$

式中 V_0 表示 M_0 点的势能，其值等于零，故 M_0 点被称之为零势能点，该点可任选。V_1 表示 M_1 点的势能，是一个相对值，对于不同的势能零点，在势力场中同一位置势能的数值可有所不同。

根据式（12-53），可计算以下几种常见的势能。

- **重力场中的势能**

在重力场中，设所选零势能点 M_0 的 z 坐标为 z_0，则坐标为 z 的 M 点的势能

$$V = \int_{z}^{z_0} -mg\mathrm{d}z = mg(z - z_0) \qquad (12\text{-}54)$$

- **弹性力场中的势能**

在弹性力场中，设弹簧刚度为 k，所选零势能点 M_0 的弹簧变形量为 δ_0，则弹簧变形量为 δ 的 M 点的势能为

$$V = \frac{k}{2}(\delta^2 - \delta_0^2) \qquad (12\text{-}55)$$

若取弹簧的自然长度位置为零势能点，则有 $\delta_0 = 0$，于是有

$$V = \frac{k}{2}\delta^2 \qquad (12\text{-}56)$$

3. 机械能守恒定律

质点系在某瞬时的动能与势能之和称为机械能，用 E 表示。若质点系在势力场中运动，其任意两个位置 M_1 与 M_2 的动能分别为 T_1 和 T_2，有势力在这一运动过程中所做之功为 W_{12}，根据动能定理

$$T_2 - T_1 = W_{12} = V_1 - V_2$$

即

$$T_2 + V_2 = T_1 + V_1 = E = 常量 \tag{12-57}$$

上式表明，**质点系在势力场中有势力的作用下运动时，其机械能保持不变。**这就是**机械能守恒定律**，这样的质点系称为**保守系统**。

若质点系除受到保守力作用外，还受到非保守力（如摩擦力、发动机的驱动力）的作用，这样的质点系称为非保守系统。非保守系统的机械能不再守恒。例如质点系受到的摩擦力所做的负功，可使其在运动过程中的部分动能转化成为热能，机械能减小，但机械能与热能的总和仍然保持不变。这就是说，能量不会消灭，也不会自生，只能从一种形式转化为另一种形式，这就是比机械能守恒定律更为普遍的能量守恒定律。

【例 12-13】　平面机构由两质量均为 m、长均为 l 的均质杆 AB、BO 组成。在杆 AB 上作用一不变的力偶矩 M，从图 12-31（a）所示位置由静止开始运动。不计摩擦，试求当 AB 杆的 A 端运动到铰支座 O 瞬时，A 端的速度（θ 为已知）。

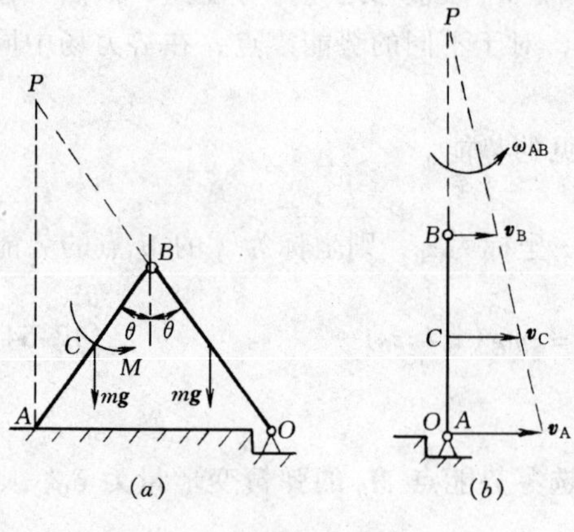

图 12-31　例 12-13 图

【解】　选 AB、OB 杆这一整体为研究对象，其约束均为理想约束，可应用动能定理求解。

（1）计算动能

设系统由静止运动到图 12-31（b）所示位置时 AB、OB 杆的角速度分别为 ω_{AB}、ω_{OB}，且 AB 杆做平面运动，OB 杆作定轴转动，系统的动能为

$$T_1 = 0$$

$$T_2 = \frac{1}{2}mv_C^2 + \frac{1}{2}J_C\omega_{AB}^2 + \frac{1}{2}J_O\omega_{OB}^2$$

在图 12-31（a）所示位置，AB 杆速度瞬心 P 到 A 点的距离 $AP = 2l\cos\theta$，到图 12-31（b）所示位置时 $\theta = 0°$，$AP = 2l$，则 $\omega_{AB} = \dfrac{v_B}{l} = \omega_{OB}$，$v_C = \dfrac{3}{2}l\omega_{AB}$，代入 T_2 表达式，有

$$T_2 = \frac{1}{2}\left[m\left(\frac{3}{2}l\right)^2 + \frac{1}{12}ml^2 + \frac{1}{3}ml^2\right]\omega_{AB}^2 = \frac{4}{3}ml^2\omega_{AB}^2$$

(2) 计算功

做功的力有两杆的重力和外力偶矩，所以有

$$W_{12} = M\theta - 2mg\frac{l}{2}(1-\cos\theta)$$

(3) 应用动能定理求 A 点速度

$$\frac{4}{3}ml^2\omega_{AB}^2 = M\theta - 2mg\frac{l}{2}(1-\cos\theta)$$

$$v_A = 2l\omega_{AB} = \sqrt{\frac{3}{m}\left[M\theta - 2mg\frac{l}{2}(1-\cos\theta)\right]}$$

【例 12-14】 图 12-32（a）所示均质圆盘的质量为 m，半径为 r，放在倾角 $\theta=60°$的斜面上。一细绳缠绕在圆盘上，其一端固定于 A 点，圆盘的质心处连接一刚度系数为 k 的弹簧，且细绳和弹簧均与斜面平行。若圆盘与斜面间的摩擦系数为 f，试求质心 C 由静止（此时弹簧无变形）开始沿斜面走过 s 距离时的加速度。

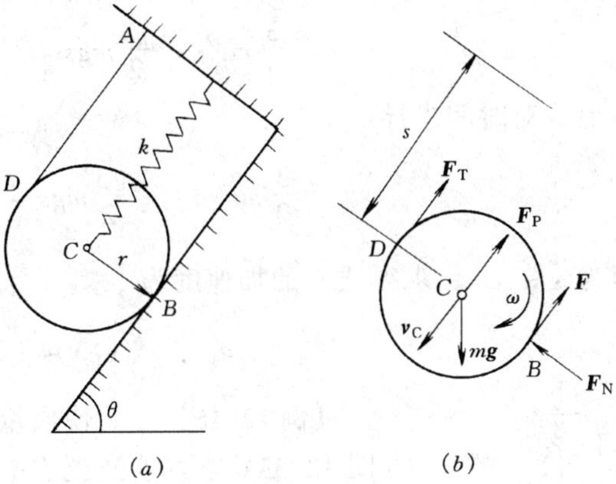

图 12-32　例 12-14 图

【解】　选择圆盘为研究对象，在圆盘运动过程中，细绳保持不动，圆盘可看成沿细绳做纯滚动。

(1) 计算动能

设平面运动的圆盘，其质心由静止下滚 s 距离后，速度为 v_C，动能为

$$T_1 = 0$$

$$T_2 = \frac{1}{2}mv_C^2 + \frac{1}{2}J_C\omega^2$$

因为圆盘上 D 点为其瞬时速度中心，所以有 $v_C = r\omega$，代入上式

$$T_2 = \frac{1}{2}mv_C^2 + \frac{1}{2}\frac{1}{2}mr^2\left(\frac{v_C}{r}\right)^2 = \frac{3}{4}mv_C^2$$

(2) 计算功

圆盘受力如图 12-32（b）所示，其中 $\boldsymbol{F}_T$、$\boldsymbol{F}_N$ 不做功，其余力的功为

重力的功：$W_1 = mgs\sin\theta = \frac{\sqrt{3}}{2}mgs$

弹性力的功：$W_2 = -\frac{1}{2}ks^2$

摩擦力的功：圆盘在运动中 B 点与接触面产生相对滑动，摩擦力 $F = fF_N = mgf\cos\theta = \frac{1}{2}mgf$，因为圆盘做平面运动，摩擦力的功可按式（12-44）计算，即 $W_3 = -Fs - M_C\varphi$，式中 $M_C = Fr$，$\varphi = \frac{s}{r}$（为质心下滚 s 距离时圆盘转过的角度），所以 $W_3 = -Fs - Fr\frac{s}{r} = -2sF = -mgfs$。

（3）应用动能定理求 C 点加速度

$$T_2 - T_1 = W_1 + W_2 + W_3$$

即

$$\frac{3}{4}mv_C^2 = \frac{\sqrt{3}}{2}mgs - \frac{1}{2}ks^2 - mgfs$$

将上式对时间求导

$$\frac{3}{2}mv_C a_C = \frac{\sqrt{3}}{2}mg\dot{s} - ks\dot{s} - mg\dot{s}f$$

因为 $\dot{s} = v_C$，求得质心的加速度为

$$a_C = \frac{g}{3}(\sqrt{3} - 2f) - \frac{2ks}{3m}$$

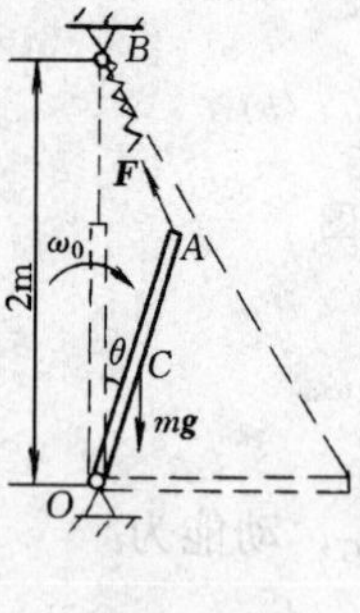

图 12-33
例 12-15 图

【例 12-15】 为使质量 $m = 10\text{kg}$、长 $l = 120\text{cm}$ 的均质细杆（图 12-33）刚好能达到水平位置（$\theta = 90°$），杆在初始铅垂位置（$\theta = 0°$）时的初角速度 ω_0 应为多少？设各处摩擦忽略不计。弹簧在初始位置时未发生变形，且其刚度 $k = 200\text{N/m}$。

【解】 以杆 OA 为研究对象，其上作用的重力和弹性力是有势力，轴承 O 处的约束力不做功，所以杆的机械能守恒。

（1）计算始末位置的动能

杆在初始铅垂位置的角速度为 ω_0，而在末了水平位置时角速度为零，所以始末位置的动能分别为

$$T_1 = \frac{1}{2}J_O\omega_0^2 = \frac{1}{2}\cdot\frac{1}{3}ml^2\omega_0^2 = \frac{1}{6}\times 10\times 1.2^2\omega_0^2$$

$$T_2 = 0$$

（2）计算始末位置的势能

设水平位置为杆重力势能的零位置，则始末位置的重力势能分别为

$$V'_1 = \frac{l}{2}mg = \frac{1.2}{2}\times 10\times 9.8 = 58.8\text{J} \quad V'_2 = 0$$

设初始铅垂位置弹簧自然长度为弹性力势能的零位置，则始末位置的弹性力

势能分别为

$$V''_1 = 0 \qquad V''_2 = \frac{1}{2}k(\delta_2^2 - \delta_1^2)$$

其中 $\delta_1 = 0$，$\delta_2 = \sqrt{2^2 + 1.2^2} - (2 - 1.2) = 1.532\text{m}$，代入上式，得

$$V''_2 = \frac{200}{2}(1.532^2 - 0^2) = 234.7\text{J}$$

(3) 应用机械能守恒定律求杆的初角速度

由于系统在运动过程中机械能守恒，即

$$T_1 + V'_1 + V''_1 = T_2 + V'_2 + V''_2$$

$$\frac{1}{6} \times 10 \times 1.2^2 \omega_0^2 + 58.8 + 0 = 0 + 0 + 234.7$$

由此式解得杆的初角速度为

$$\omega_0 = \sqrt{\frac{6(234.7 - 58.8)}{10 \times 1.2^2}} = 8.56\text{rad/s,顺时针}$$

4. 机械能守恒应用于弹性杆件：冲击荷载的计算

具有一定速度的物体冲击静止的弹性杆件时，杆件上的应力和变形十分复杂，工程中大都采用近似的简化计算方法。

工程中对冲击荷载的简化近似计算作如下假设：

• 忽略冲击物的变形。认为冲击是完全非弹性的，即冲击后，冲击物与被冲击构件一起运动。

• 忽略被冲击构件的质量。冲击中，被冲击构件仍处于弹性范围内。

• 冲击过程中没有能量损耗，机械能守恒。

现以简支梁为例，说明计算冲击荷载的简化方法。

在图 12-34 所示的简支梁上方高度 h 处，有一重力为 $\boldsymbol{F}_p$ 的物体，自由下落后，冲击在梁的中点。

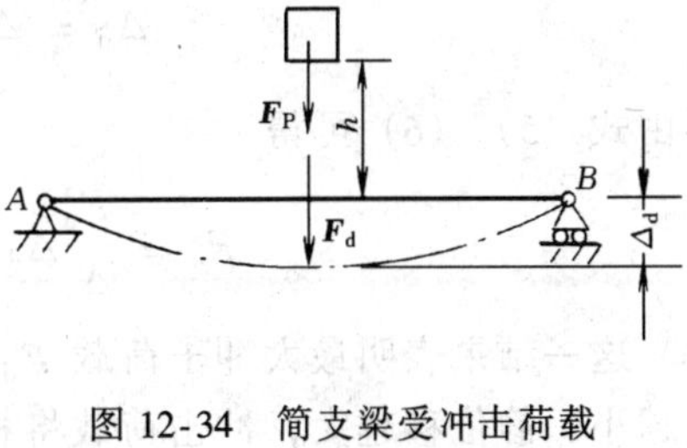

图 12-34　简支梁受冲击荷载

冲击终了时，冲击荷载及梁中点位移均达到最大值，二者分别用 $\boldsymbol{F}_d$ 和 Δ_d 表示。

该梁可视为刚度为 k 的线性弹簧。

设重物下落前及梁未变形时的位置为位置 1；冲击终了瞬时，即梁和重物运动到 Δ_d 的位置为位置 2。因为假设冲击过程中没有能量损耗，机械能守恒，所以考察系统在位置 1、2 时的机械能。

重物下落前和冲击终了时，其速度均为零，故在位置 1 和 2，系统的动能为

$$T_1 = T_2 = 0 \tag{1}$$

以位置 1 为零势能点，即

$$V_1 = 0 \tag{2}$$

重物在位置2时的势能为

$$V_2(F_p) = -F_p(h + \Delta_d) \tag{3}$$

梁在位置2时的势能，可视为线性弹簧的弹性力从位置1（水平直线）到位置2所做的功，即

$$V_2(k) = \frac{1}{2}k\Delta_d^2 \tag{4}$$

因为假设冲击中，被冲击构件仍在弹性范围内，所以冲击力 $\boldsymbol{F}_d$ 和冲击后的变形 Δ_d 之间存在线性关系。即

$$F_d = k\Delta_d \tag{5}$$

若设 Δ_s 表示 $\boldsymbol{F}_p$ 为静荷载施加在梁被冲击处时力作用点处的静位移，二者之间同样存在线性关系，即

$$F_p = k\Delta_s \tag{6}$$

根据机械能守恒定律，有

$$T_1 + V_1 = T_2 + V_2 \tag{7}$$

将式（1）、（2）、（3）、（4）代入式（7），有

$$\frac{1}{2}k\Delta_d^2 - F_p(h + \Delta_d) = 0$$

由式（6）可知 $k = \frac{F_p}{\Delta_s}$，代入上式有

$$\Delta_d^2 - 2\Delta_s\Delta_d - 2\Delta_s h = 0$$

由此式可解得

$$\Delta_d = \Delta_s\left(1 + \sqrt{1 + \frac{2h}{\Delta_s}}\right) \tag{12-58}$$

再由式（5）、（6）可得

$$F_d = \frac{F_p}{\Delta_s}\Delta_d = F_p\left(1 + \sqrt{1 + \frac{2h}{\Delta_s}}\right) \tag{12-59}$$

这一结果表明最大冲击荷载 $\boldsymbol{F}_d$ 与静位移有关，即与梁的刚度有关，梁的刚度越小，静位移越大，冲击荷载将相应减小。

若令式（12-59）中的 $h = 0$，便得到 $F_d = 2F_p$。这相当于将重物突然放置在梁上时，梁所受的实际荷载是重物重力的两倍，此时的荷载称为**突加荷载**。

为方便计算，工程中常将式（12-59）写成

$$F_d = K_d F_p \tag{12-60}$$

其中 K_d 被称为**动荷因数**，是一个大于1的因数，它表示构件承受的冲击荷载为静荷载的若干倍数。对于图12-34中所示的简支梁，由式（12-59）可得动荷因

数为

$$K_{d} = 1 + \sqrt{1 + \frac{2h}{\Delta_{s}}} \tag{12-61}$$

构件中由冲击荷载引起的应力和位移也可以表示成动荷因数的形式

$$\left.\begin{aligned} \sigma_{d} &= K_{d}\sigma_{s} \\ \Delta_{d} &= K_{d}\Delta_{s} \end{aligned}\right\} \tag{12-62}$$

上式中的 σ_{s}、Δ_{s} 分别表示静荷载作用下的应力和位移。

须强调的是，上面所得的公式是近似式，事实上，冲击物并非绝对刚体，而被冲击构件也不是没有质量的线弹性体，尤其是冲击过程中还有其他的能量损失，即冲击物的机械能并不会全部转化为被冲击构件的变形能，但使用近似公式，不但计算简便，而且由于不计其他能量损失的原因，也使得结果偏于安全，因此，在工程中被广泛采用。

【例 12-16】　图 12-35 所示钢索下端悬挂一质量为 m 的物体，以匀速 v 下降。当卷筒突然被刹住时，求钢索内的应力。已知钢索截面面积为 A，弹性模量为 E，被刹住时钢索长为 l，不计钢索自重。

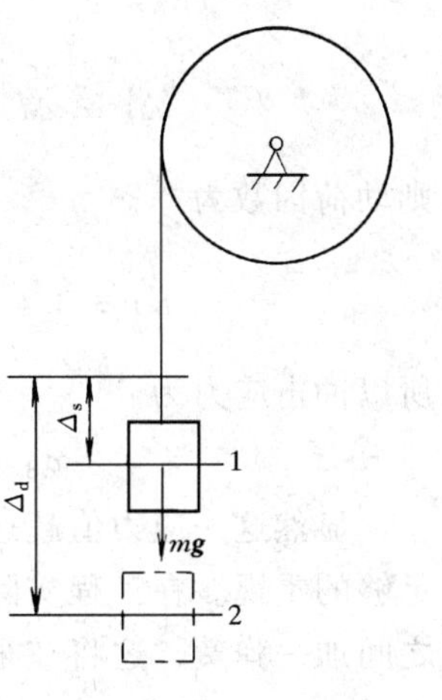

图 12-35　例 12-16 图

【解】　设卷筒被突然刹住前的位置为位置 1，冲击终了瞬时的位置为位置 2。因为假设冲击过程中没有能量损耗，机械能守恒，所以考察系统在位置 1、2 时的机械能。

当卷筒被突然刹住时，重物速度由 v 突然变到零，这时钢索将受到冲击荷载的作用。冲击前后的动能分别为

$$T_{1} = \frac{1}{2}mv^{2};\ T_{2} = 0 \tag{1}$$

钢索可视为刚度为 k 的线性弹簧。设位置 1 为零势能位置，则 1、2 位置的势能分别为

$$V_{1} = 0 \quad V_{2} = -mg(\Delta_{d} - \Delta_{s}) + \frac{1}{2}k(\Delta_{d}^{2} - \Delta_{s}^{2}) \tag{2}$$

式中 Δ_{s} 为钢索已有静伸长；Δ_{d} 表示冲击后钢索的总伸长。将式 (1)、(2) 代入机械能守恒定律，有

$$\frac{1}{2}mv^{2} + 0 = 0 - mg(\Delta_{d} - \Delta_{s}) + \frac{1}{2}k(\Delta_{d}^{2} - \Delta_{s}^{2}) \tag{3}$$

因为 $k = \dfrac{mg}{\Delta_{s}}$，代入式 (3)，有

$$\Delta_d^2 - 2\Delta_s\Delta_d + \left(\Delta_s^2 - \frac{v^2}{g}\Delta_s\right) = 0 \tag{4}$$

解出

$$\Delta_d = \Delta_s\left(1 + \sqrt{\frac{v^2}{g\Delta_s}}\right)$$

故动荷因数为

$$K_d = 1 + \sqrt{\frac{v^2}{g\Delta_s}}$$

为说明问题，可给出具体数值进行讨论

$$mg = 50\text{kN}, A = 25\text{cm}^2, E = 170\text{GPa}, l = 50\text{m}, v = 3\text{m/s}$$

则钢索的静荷应力及静伸长分别为

$$\sigma_s = \frac{mg}{A} = \frac{50\times10^3}{25\times10^{-4}} = 20\text{MPa}$$

$$\Delta_s = \Delta l = \frac{mgl}{EA} = \frac{50\times10^3\times50}{170\times10^9\times25\times10^{-4}} = 0.59\text{cm}$$

则动荷因数为

$$K_d = 1 + \sqrt{\frac{v^2}{g\Delta_s}} = 1 + \sqrt{\frac{3^2}{9.8\times0.59\times10^{-2}}} = 13.47$$

所以冲击应力为

$$\sigma_d = K_d\cdot\sigma_s = 13.47\times20 = 269.4\text{MPa}$$

显然这一应力值超过材料的允许应力值，因此在冲击中，需对动荷应力给予足够的重视。在工程实际中，为了减少冲击对绳索的作用，一般都在钢索与重物之间加一弹簧，这将在很大程度上缓解冲击。

第四节 动力学普遍定理综合应用

动力学普遍定理是求解质点和质点系动力学问题的有效方法。应用时必须要了解每一个普遍定理都只建立了某种运动特征量和某种力的作用量之间的关系。它们各自独立，且各具特点，从不同的侧面阐明了物体机械运动的规律。如动量定理建立了动量和外力主矢量之间的关系，动量矩定理建立了动量矩与外力主矩之间的关系，这两个定理都是矢量形式，用于研究机械运动；而动能定理则建立了动能与力的功之间的关系，并且是标量形式，可用于研究机械运动与其他运动形式能量转化的问题。

在具体应用时，常用质心运动定理来分析质点系所受外力与质心运动的关系，而相对质心的动量矩定理则用于描述质点系在外力矩作用下相对于质心转动的运动规律；二者联合应用，可共同描述质点系机械运动的总体情况。由于内力不能改变质点系的动量和动量矩，故应用这两个定理解题时只需分析外力，当外力或外力矩为零时，还可应用相应的守恒定理。

动能定理通常用于求解理想约束系统的速度、加速度、角速度和角加速度，由于该定理是标量形式，故只能解一个未知量。应用时需要注意的是，质点系内力所做之功并不都等于零，要具体问题具体分析。

动力学普遍定理提供了求解质点系动力学问题的一般方法，可根据问题的性质、已知条件和要求，选择合适的定理，灵活运用。对于一些比较复杂的问题，往往需要根据各定理的特点，联合运用。

【例 12-17】 图 12-36（*a*）所示滚轮 *C* 由半径为 r_1 的轴和半径为 r_2 的圆盘固结而成，其重力为 $\boldsymbol{F}_{P3}$，对质心 *C* 的回转半径为 ρ，轴沿 *AB* 做无滑动滚动；均质滑轮 *O* 的重力为 $\boldsymbol{F}_{P2}$，半径为 *r*；物块 *D* 的重力 $\boldsymbol{F}_{P1}$。求：①物块 *D* 的加速度；②*EF* 段绳的张力；③ O_1 处摩擦力。

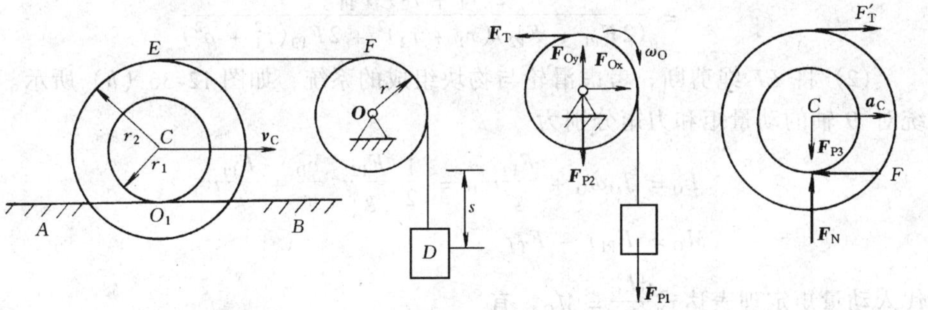

图 12-36 例 12-17 图

【解】 将滚轮 *C*、滑轮 *O*、物块 *D* 这一整体作为研究对象，系统具有理想约束，由动能定理建立系统的运动与主动力之间的关系。

(1) 系统在物块下降任意 *s* 距离时的动能

$$T = \frac{1}{2}\frac{F_{P1}}{g}v_D^2 + \frac{1}{2}J_O\omega_O^2 + \frac{1}{2}\frac{F_{P3}}{g}v_C^2 + \frac{1}{2}J_C\omega_C^2$$

其中

$$\omega_O = \frac{v_D}{r}, \omega_C = \frac{v_D}{r_1 + r_2}, v_C = \frac{r_1}{r_1 + r_2}v_D, J_O = \frac{1}{2}\frac{F_{P2}}{g}r^2, J_C = \frac{F_{P3}}{g}\rho^2$$

所以 $$T = \frac{1}{2}\left[\frac{F_{P1}}{g} + \frac{1}{2}\frac{F_{P2}}{g} + \frac{F_{P3}}{g}\left(\frac{r_1}{r_1 + r_2}\right)^2 + \frac{F_{P3}}{g}\left(\frac{\rho}{r_1 + r_2}\right)^2\right]v_D^2$$

若令 $m = \frac{F_{P1}}{g} + \frac{1}{2}\frac{F_{P2}}{g} + \frac{F_{P3}}{g}\left(\frac{r_1}{r_1 + r_2}\right)^2 + \frac{F_{P3}}{g}\left(\frac{\rho}{r_1 + r_2}\right)^2$ 称为当量质量或折合质量，

则有

$$T = \frac{1}{2} m v_D^2$$

由动能定理

$$T - T_0 = \sum W_{12}$$

$$\frac{1}{2} m v_D^2 - T_0 = F_{P1} s$$

将上式对时间求导，有

$$m v_D a_D = F_{P1} \dot{s} = F_{P1} v_D$$

求得物块的加速度，为

$$a_D = \frac{F_{P1}}{m} = \frac{F_{P1}}{\frac{F_{P1}}{g} + \frac{1}{2}\frac{F_{P2}}{g} + \frac{F_{P3}}{g}\left(\frac{r_1}{r_1 + r_2}\right)^2 + \frac{F_{P3}}{g}\left(\frac{\rho}{r_1 + r_2}\right)^2}$$

$$= \frac{2(r_1 + r_2)^2 F_{P1} g}{(2F_{P1} + F_{P2})(r_1 + r_2)^2 + 2F_{P3}(r_1^2 + \rho^2)}$$

(2) 将 EF 绳剪断，考虑滑轮与物块组成的系统，如图 12-36（b）所示。系统对 O 轴的动量矩和力矩分别为

$$L_O = J_O \omega_O + \frac{F_{P1}}{g} r v_D = \frac{1}{2}\frac{F_{P2}}{g} r^2 \frac{v_D}{r} + \frac{F_{P1}}{g} r v_D$$

$$M_O = F_{P1} r - F_T r$$

代入动量矩定理表达式 $\frac{dL_O}{dt} = M_O$，有

$$\frac{d}{dt}\left(\frac{1}{2}\frac{F_{P2}}{g} r^2 \frac{v_D}{r} + \frac{F_{P1}}{g} r v_D\right) = F_{P1} r - F_T r$$

所以绳子的张力为

$$F_T = F_{P1} - \left(\frac{1}{2}\frac{F_{P2}}{g} + \frac{F_{P1}}{g}\right) a_D$$

$$= \frac{2(r_1^2 + \rho^2) F_{P1} F_{P3}}{(2F_{P1} + F_{P2})(r_1 + r_2)^2 + 2F_{P3}(r_1^2 + \rho^2)}$$

(3) 以滚轮为研究对象，受力图如图 12-36（c）所示。由质心运动定理，有

$$\frac{F_{P3}}{g} a_C = F'_T - F$$

可得

$$F = F'_T - \frac{F_{P3}}{g} a_C = F_T - \frac{F_{P3}}{g}\frac{r_1}{r_1 + r_2} a_D$$

$$= \frac{2(\rho^2 - r_1 r_2) F_{P1} F_{P3}}{2(F_{P1} + F_{P2})(r_1 + r_2)^2 + 2F_{P3}(r_1^2 + \rho^2)}$$

【例 12-18】　质量为 m_1、杆长 $OA = l$ 的均质杆 OA 一端铰支，另一端用铰链连接一可绕轴 A 自由旋转、质量为 m_2 的均质圆盘，如图 12-37（a）所示。初始时，杆处于铅垂位置，圆盘静止，设 OA 杆无初速释放，不计摩擦，求当杆转至水平位置时，杆 OA 的角速度和角加速度及铰链 O 处的约束力。

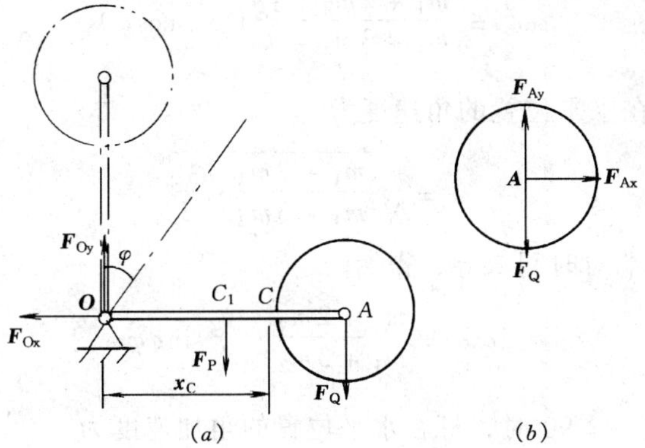

图 12-37　例 12-18 图

【解】　取整体为研究对象。系统具有理想约束。

(1) 运动分析：杆 OA 做定轴转动；为分析圆盘的运动，取圆盘为研究对象（图 12-37b），应用相对质心的动量矩定理，设圆盘的角加速度为 α，则圆盘绕质心 A 的转动微分方程

$$J_A \alpha = 0$$

因此 $\alpha = 0$，则

$$\omega = \omega_0 = 0$$

说明圆盘在杆下摆过程中角速度始终为零，圆盘做平动。

应用动能定理，有

$$T_1 = 0$$

$$T_2 = \frac{1}{2} J_O \omega^2 + \frac{1}{2} m_2 v_A^2 = \frac{1}{2}\frac{1}{3} m_1 l^2 \omega^2 + \frac{1}{2} m_2 l^2 \omega^2 = \frac{m_1 + 3m_2}{6} l^2 \omega^2$$

杆在角度 φ 位置时，重力的功为

$$W = m_1 g\left(\frac{l}{2} - \frac{l}{2}\cos\varphi\right) + m_2 g(l - l\cos\varphi)$$

$$= \left(\frac{m_1}{2} + m_2\right) gl(1 - \cos\varphi)$$

由动能定理得

$$\frac{m_1 + 3m_2}{6} l^2 \omega^2 = \left(\frac{m_1}{2} + m_2\right) gl(1 - \cos\varphi)$$

$$\omega^2 = \frac{m_1 + 2m_2}{m_1 + 3m_2} \cdot \frac{3g}{l}(1 - \cos\varphi) \tag{1}$$

当 $\varphi = 90°$时，杆在水平位置的角速度为

$$\omega = \sqrt{\frac{m_1 + 2m_2}{m_1 + 3m_2} \cdot \frac{3g}{l}} \tag{2}$$

将式（1）等式两端对时间求导，得

$$2\omega\alpha = \frac{m_1 + 2m_2}{m_1 + 3m_2} \cdot \frac{3g}{l} \sin\varphi\dot{\varphi}$$

因为 $\dot{\varphi} = \omega$，所以 $\varphi = 90°$时，杆在水平位置的角加速度为

$$\alpha = \frac{m_1 + 2m_2}{m_1 + 3m_2} \cdot \frac{3g}{2l} \sin\varphi = \frac{m_1 + 2m_2}{m_1 + 3m_2} \cdot \frac{3g}{2l} \tag{3}$$

（2）求出系统质心的位置，应用质心运动定理，求解 O 处约束力

根据质心坐标公式，有

$$x_C = \frac{m_1 \frac{1}{2} + m_2 l}{m_1 + m_2} = \frac{m_1 + 2m_2}{m_1 + m_2} \cdot \frac{l}{2} \tag{4}$$

代入质心运动定理表达式，有

$$(m_1 + m_2) x_C \omega^2 = F_{Ox}$$

$$(m_1 + m_2) x_C \alpha = F_{Oy} - (m_1 + m_2) g \tag{5}$$

将式（2）、（3）、（4）代入（5），得

$$F_{Ox} = \frac{(m_1 + 2m_2)^2}{(m_1 + 3m_2)} \cdot \frac{3g}{2}$$

$$F_{Oy} = \frac{(m_1 + 2m_2)^2}{(m_1 + 3m_2)} \cdot \frac{3g}{4} + (m_1 + m_2) g \tag{6}$$

【例 12-19】 图12-38 所示质量为 m_1、半径为 r 的均质圆轮 A 在斜面上做纯滚动，定滑轮 C 质量为 m_2、半径为 r，重物 B 质量为 m_3。已知斜面倾角 θ，绳

AF 段与斜面平行，滑轮 C 处摩擦不计。求圆轮沿斜面下滚时，地板突出部分 E 作用在不计质量的三角块 D 处的水平力。

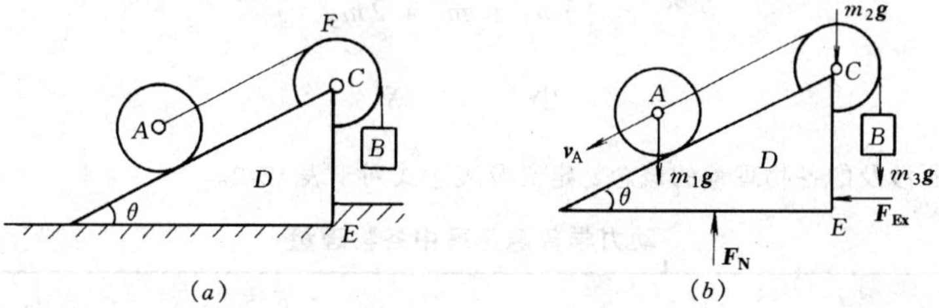

图 12-38　例 12-19 图

【解】　取系统整体为研究对象，应用动能定理，求 A 点的加速度。

设系统初动能为 T_1，当轮心 A 沿斜面下滚距离 s 时，其速度为 $\boldsymbol{v}_A$，由动能定理，有

$$T_2 = \frac{1}{2}m_1 v_A^2 + \frac{1}{2}J_A\omega_A^2 + \frac{1}{2}J_C\omega_C^2 + \frac{1}{2}m_3 v_B^2 \tag{1}$$

其中

$$\omega_A = \frac{v_A}{r}, \omega_C = \frac{v_A}{r}, v_B = v_A, J_A = \frac{1}{2}m_1 r^2, J_C = \frac{1}{2}m_2 r^2$$

代入式（1），有

$$T_2 = \frac{1}{2}m_1 v_A^2 + \frac{1}{2}\frac{1}{2}m_1 r^2\left(\frac{v_A}{r}\right)^2 + \frac{1}{2}\frac{1}{2}m_2 r^2\left(\frac{v_A}{r}\right)^2 + \frac{1}{2}m_3 v_A^2 = \frac{1}{2}mv_A^2 \tag{2}$$

其中：$m = \frac{3}{2}m_1 + \frac{1}{2}m_2 + m_3$

力的功为

$$W_{12} = m_1 gs\sin\theta - m_3 gs \tag{3}$$

将式（2）、（3）代入动能定理，有

$$\frac{1}{2}mv_A^2 = m_1 gs\sin\theta - m_3 gs \tag{4}$$

将式（4）对时间求导，有

$$mv_A a_A = (m_1 g\sin\theta - m_3 g)\dot{s} \tag{5}$$

式中 $\dot{s} = v_B = v_A$，代入式（5），得

$$a_A = \frac{(m_1\sin\theta - m_3)g}{m} = \frac{2(m_1\sin\theta - m_3)g}{3m_1 + m_2 + 2m_3} \tag{6}$$

再由质心运动定理（12-12）的水平方向的投影式，有

$$m_1 a_A\cos\theta = F_{Ex} \tag{7}$$

将式（6）代入式（7），得

$$F_{\mathrm{Ex}}=\frac{2(m_1\sin\theta-m_3)m_1g}{3m_1+m_2+2m_3}\cos\theta$$

小　　结

本章中所涉及的各物理量的概念、定义及表达式列于表 12-2。

动力学普遍定理中各物理量　　　　**表 12-2**

<table>
<tr><th rowspan="2" colspan="2">物理量</th><th rowspan="2">概念及定义</th><th colspan="2">表达式</th><th rowspan="2">量纲及单位</th></tr>
<tr><th>质点</th><th>质点系</th></tr>
<tr><td colspan="2">动量</td><td>物体的质量与其速度的乘积，是物体机械运动的一种度量</td><td>$m\boldsymbol{v}$</td><td>$\boldsymbol{p}=\sum m_i\boldsymbol{v}_i=m\boldsymbol{v}_C$</td><td>[M] [L] [T]$^{-1}$
kg·m/s</td></tr>
<tr><td colspan="2">冲量</td><td>力与其作用时间的乘积，用以度量作用于物体的力在一段时间内对其运动所产生的累计效应</td><td>$\boldsymbol{I}=\int_{t_1}^{t_2}\boldsymbol{F}\mathrm{d}t$</td><td>$\boldsymbol{I}=\sum\int_{t_1}^{t_2}\boldsymbol{F}_i^{(e)}\mathrm{d}t=\sum\boldsymbol{I}_i^{(e)}$</td><td>[M] [L] [T]$^{-1}$
kg·m/s</td></tr>
<tr><td rowspan="5">动量矩</td><td>质点</td><td>质点的动量对任选固定点 O 之矩，用以度量质点绕该点运动的强弱</td><td colspan="2">$\boldsymbol{M}_O(m\boldsymbol{v})=\boldsymbol{r}\times m\boldsymbol{v}$
$[\boldsymbol{M}_O(m\boldsymbol{v})]_z=M_z(m\boldsymbol{v})$</td><td rowspan="5">[M] [L]^2 [T]$^{-1}$
kg·m^2/s 或
N·m·s</td></tr>
<tr><td>质系</td><td>质点系中所有各质点的动量对于任选固定点 O 之矩的矢量和</td><td colspan="2">$\boldsymbol{L}=\sum\boldsymbol{M}_O(m_i\boldsymbol{v}_i)=\sum\boldsymbol{r}_i\times m_i\boldsymbol{v}_i$</td></tr>
<tr><td>平动刚体</td><td>刚体的动量对于任选固定点 O 之矩</td><td colspan="2">$\boldsymbol{L}_O=\boldsymbol{M}_O(m\boldsymbol{v}_C)=\boldsymbol{r}_C\times m\boldsymbol{v}_C$</td></tr>
<tr><td>转动刚体</td><td>刚体的转动惯量与角速度的乘积</td><td colspan="2">$L_z=J_z\omega$</td></tr>
<tr><td>平面运动</td><td>随质心平动的动量矩与绕质心转动的动量矩之矢量和</td><td colspan="2">$\boldsymbol{L}_O=\boldsymbol{r}_C\times m\boldsymbol{v}_C+J_C\boldsymbol{\omega}$</td></tr>
<tr><td rowspan="5">动能</td><td>质点</td><td>质点的质量与速度平方的乘积之半，是由于物体的运动而具有的能量</td><td colspan="2">$T=\frac{1}{2}mv^2$</td><td rowspan="5">[M] [L]^2 [T]$^{-2}$
J 或 N·m 或
kg·m^2/s^2</td></tr>
<tr><td>质系</td><td>质点系中所有各质点动能之和</td><td colspan="2">$T=\sum\frac{1}{2}m_iv_i^2$</td></tr>
<tr><td>平动刚体</td><td>刚体的质量与质心速度的平方之半</td><td colspan="2">$T=\frac{1}{2}mv_C^2$</td></tr>
<tr><td>转动刚体</td><td>刚体的转动惯量与角速度的平方之半</td><td colspan="2">$T=\frac{1}{2}J_z\cdot\omega^2$</td></tr>
<tr><td>平面运动刚体</td><td>随质心平动的动能与绕质心转动的动能之和</td><td colspan="2">$T=\frac{1}{2}mv_C^2+\frac{1}{2}J_C\omega^2$</td></tr>
</table>

续表

物理量	概念及定义	表达式		量纲及单位
		质点	质点系	
功	力在其作用点的运动路程中对物体作用的积累效应。功是能量变化的度量	$W_{12}=\int_{M_1}^{M_2}\boldsymbol{F}\cdot\mathrm{d}\boldsymbol{r}=\int_{M_1}^{M_2}(F_x\mathrm{d}x+F_y\mathrm{d}y+f_z\mathrm{d}z)$		$[M][L]^2[T]^{-2}$ J或N·m或 $kg\cdot m^2/s^2$
	重力的功只与质点起、止位置有关而与质点运动轨迹的形状无关	$W_{12}=mg(z_1-z_2)$		
	弹性力的功只与质点起、止位置的变形量有关而与质点运动轨迹的形状无关	$W_{12}=\frac{k}{2}(\delta_1^2-\delta_2^2)$		
	定轴转动刚体上作用力的功 若 $m_z(\boldsymbol{F})$ = 常量，则	$W_{12}=\int_{\varphi_1}^{\varphi_2}m_z(\boldsymbol{F})\mathrm{d}\varphi$ $W_{12}=m_z(\boldsymbol{F})(\varphi_2-\varphi_1)$		
势能	质点从某位置至零势点有势力所做的功	$V=\int_{M}^{M_0}\boldsymbol{F}\cdot\mathrm{d}\boldsymbol{r}$		$[M][L]^2[T]^{-2}$ J或N·m或 $kg\cdot m^2/s^2$
	重力势能空间直角坐标系，原点为零势点	$V=mgz_C$		
	弹性力势能　弹簧原长为零势点	$V=\frac{1}{2}k\delta^2$		

本章各定理的表达式及适用范围列于表 12-3。

动力学普遍定理　　　　表 12-3

定理		表达式	守恒情况	说明
动量定理	质点	$\frac{\mathrm{d}}{\mathrm{d}t}(mv)=\boldsymbol{F}$	若 $\sum\boldsymbol{F}^{(e)}=0$，则 $\boldsymbol{p}$ = 恒量 若 $\sum F_x^{(e)}=0$，则 p_x = 恒量	主要阐明了刚体做平动或质系随质心平动部分的运动规律。常用于研究平动部分及质心的运动
	质系	$\frac{\mathrm{d}}{\mathrm{d}t}\boldsymbol{p}=\sum\boldsymbol{F}^{(e)}$	若 $\sum\boldsymbol{F}^{(e)}=0$，则 $\boldsymbol{v}_C$ = 恒量；当 $\boldsymbol{v}_{C0}=0$ 时，$\boldsymbol{r}_C$ = 恒量，即质心位置不变	
	质心运动定理	$m\boldsymbol{a}_C=\sum\boldsymbol{F}^{(e)}$	若 $\sum F_x^{(e)}=0$，则 v_{Cx} = 恒量；当 $v_{C0x}=0$ 时，x_C = 恒量，即质心 x 坐标不变	

续表

定理		表达式		守恒情况	说明
动量矩定理	质点	$\frac{d}{dt}M_O(mv)=M_O(F)$ $\frac{d}{dt}M_z(mv)=M_z(F)$		若 $M_O(F)=0$，则 $M_O(mv)=$ 恒量 若 $M_z(F)=0$，则 $M_z(mv)=$ 恒量	主要阐明了刚体做定轴转动或质系绕质心转动部分的运动规律。常用于研究转动部分及绕质心的转动
	质系	$\frac{dL_O}{dt}=M_O^{(e)}=\sum M_O(F^{(e)})$ $\frac{dL_z}{dt}=M_z^{(e)}=\sum M_z(F^{(e)})$		若 $\sum M_O(F^{(e)})=0$，则 $L_O=$ 恒量 若 $\sum M_z(F^{(e)})=0$，则 $L_z=$ 恒量	
	定轴转动刚体	$J_z\alpha=\sum M_z(F^{(e)})$		若 $\sum M_z(F^{(e)})=0$； 则 $\alpha=0$；$\omega=$ 恒量 刚体绕 z 轴以匀角速度转动	
	平面运动刚体	$ma_C=\sum F^{(e)}$ $J_C\alpha=\sum M_C(F^{(e)})$		若 $\sum M_z(F^{(e)})=$ 恒量； 则 $\alpha=$ 恒量 刚体绕 z 轴作匀变速度转动	
动能定理		微分形式	积分形式	若质点或质系只在有势力作用下运动，则： 机械能 $E=T+V=$ 常值	由于能量的概念更为广泛，所以此定理能阐明平动、转动、平面运动等运动规律，故常用于解各物体有关的运动量（v、a、ω、α）
	质点	$d\left(\frac{1}{2}mv^2\right)=\delta W$	$\frac{1}{2}mv_2^2-\frac{1}{2}mv_1^2=W_{12}$		
	质系	$dT=\sum\delta W_i$	$T_2-T_1=\sum W_{12i}$		

注：矩心 O 可以是任意固定点，亦可是质心。

动量定理应用要点：

(1) 内力不能改变质点系的动量和质心的运动，因此当质点系内力情况比较复杂而所要求解的问题是质点系整体的运动时，多用动量定理求解。但内力能改变质点系内各质点的动量，当所要求解的问题是内力时，可将质点系拆开，选择其中的某部分作为研究对象，使内力转化为外力。

(2) 质心运动定理是质点系动量定理的另一种表达形式，是在动量定理中最常用的。当刚体做平动时，质心的运动可以代替整个刚体的运动，若将质心看成是集中了质点系全部质量和所有外力的质点，则应用质心运动定理解题时，实际与应用牛顿第二定律求解质点动力学问题相类似；当刚体做复杂运动时，可以将它的运动分解为随质心的平动和绕质心的转动，其平动部分可以用质心的运动来描述，其绕质心的相对转动部分可用其他定理来描述。

(3) 外力系简化结果中的主矢量将会改变质点系的动量或质心的运动。若当外力主矢等于零时，则质点系动量守恒或质心做惯性运动。由于动量定理是一矢量表达式，在应用时采用投影式，故在进行受力分析时，特别要注意外力主矢在某一方向的投影是否等于零，以便决定是否可应用动量或质心守恒定律。

动量矩定理应用要点：

(1) 与动量定理相同的是内力也不能改变质点系的动量矩，因此对于内力情况比较复杂而又包含转动的质点系动力学问题，可以考虑用动量矩定理（或由它导出的刚体定轴转动微分方程，刚体平面运动微分方程）求解，而无须考虑内力。

(2) 质点系的动量定理描述了质点系总体运动的一个侧面，即随质心的运动，对于刚体则描述了在外力主矢的作用下其随质心平动的规律。而质点系的动量矩定理则描述了质点系总体运动的另一个侧面，即相对质心的运动，对于刚体则描述了在外力主矩的作用下其相对质心转动的规律。两个定理相结合，共同描述了质点系总体运动的规律。一般来说，这两个定理在描述质点系运动时，并不能完全确定质点系中每个质点的运动，但对于刚体用这两个定理便能够完整地描述其运动。

(3) 外力系简化结果中的主矩将会改变质点系对某点（或轴）的动量矩。若当外力对某点（或轴）的外力主矩等于零时，则质点系对该点（或轴）的动量矩守恒。

(4) 在应用动量矩定理时，要注意矩心（或矩轴）的选择。一般只选择固定点或质心及过这两点的矩轴。

动能定理应用要点：

(1) 动能定理与动量、动量矩定理不同，它是一个标量方程，只能求解一个未知量，因此在解题时常需附加运动学方程。功是作用力和路程的函数，凡做功的力都要列入方程，因而应用动能定理可求作用力（包括内力和外力）。在理想约束和刚体系统中，约束力和内力的功之和为零，故动能定理不能用来求解这些作用力。也正是因为动能定理中不包含这些不做功的力，应用起来才更为方便。

(2) 一般情况下，动能定理主要用来求解质点系中各物体的速度、角速度、加速度和角加速度这些与运动有关的量。

(3) 若质点系处于势力场中，动能定理就成为机械能守恒定律。即：质点系在有势力作用下运动，其机械能始终保持不变。应该强调，机械能守恒定律的应用，并不仅限于保守系统，只要质点系是具有理想约束的系统，即非保守力不做功，或做功之和为零即可。

思　考　题

12-1　质量为 m 的质点沿逆时针方向做匀速圆周运动，速度大小为 v，如图 12-39 所示。A、B、C、D 四点位于相互垂直的两条直线与圆周的交点上，试问在下述 4 种情况下，质点动量有无变化？若有变化，其改变量是多少？①从 A 到 B；②从 A 到 C；③从 A 到 D；④从 A 出发又回到 A。

12-2　两质量、半径相同的均质圆盘，平放在光滑水平面上，有相同的两个力 F 分别作用于圆盘的质心 C（图 12-40a）和边缘 A（图 12-40b），两圆盘质心的运动是否相同？

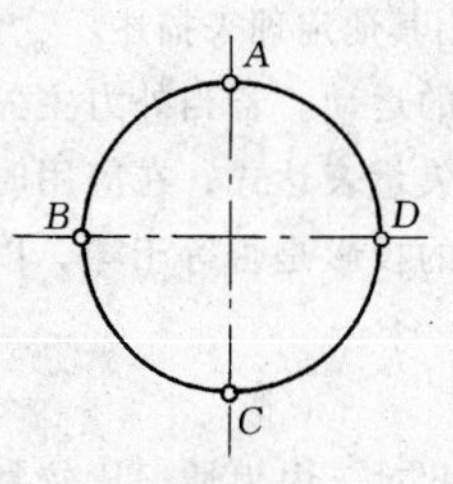

图 12-39

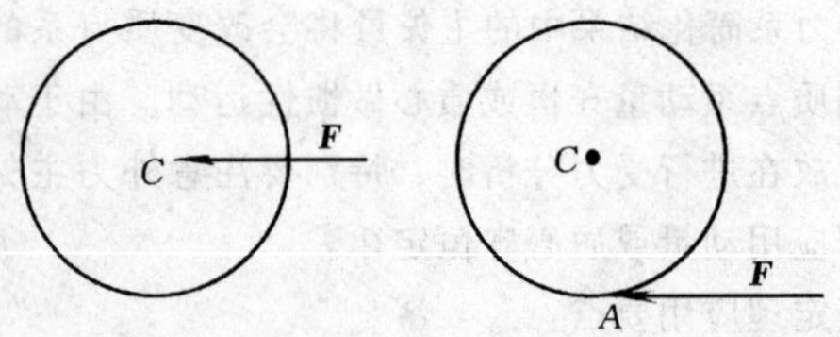

(a)　(b)

图 12-40

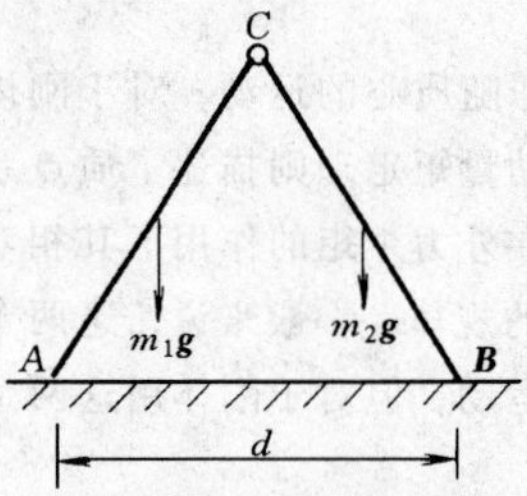

图 12-41

12-3　两均质杆 AC 和 BC 的质量分别为 m_1 和 m_2，在 C 点用铰链连接，两杆立于铅垂平面内，如图 12-41 所示。设地面光滑，两杆在图示位置无初速倒向地面。问：当 $m_1 = m_2$ 和 $m_1 = 2m_2$ 时，C 点的运动轨迹是否相同，为什么？

12-4　图 12-42 所示两轮的质量、半径及对转动轴的转动惯量均相同。图 12-42（a）中绳的一端挂一重力大小为 G 的重物；图 12-42（b）中绳的一端受拉力 F，且 $F = G$。问：两轮的角加速度是否相同？

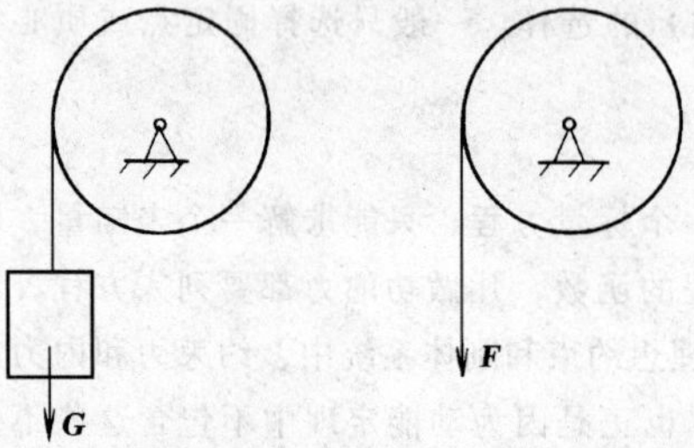

(a)　(b)

图 12-42

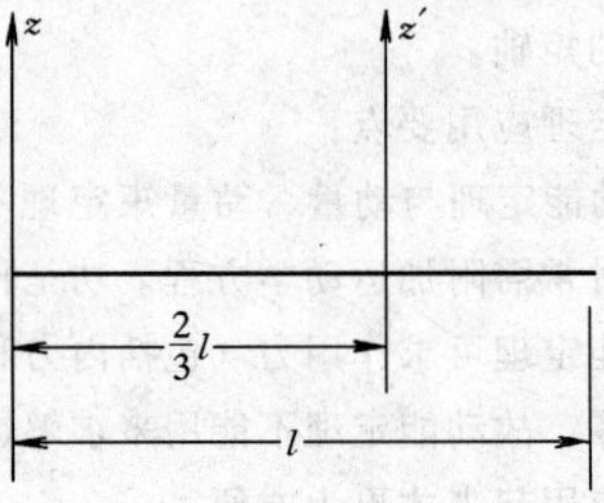

图 12-43

12-5　图 12-43 所示质量为 m 的均质细杆，已知 $J_z = \frac{1}{3}ml^2$，是否可按照下列公式计算 $J_{z'}$？

$$J_{z'} = J_z + m\left(\frac{2}{3}l\right)^2 = \frac{7}{9}ml^2$$

12-6　质量为 m 的均质圆盘，平放在光滑的水平面上，其受力情况如图 12-44 示。设开始时圆盘静止，且 $R = 2r$，$F = F'$。试说明（a）、（b）、（c）三种受力情况下，圆盘将做何种运动。

12-7　若思考题 12-2 中，图 12-40（a）情况下圆盘的动能为 T_A，图（b）情况下圆盘的动能为 T_B，则二者之间的关系是什么？

12-8　如图 12-45 所示，当质点 M 在竖直的粗糙圆形槽中从 A 处开始运动一周又回到 A 处时，求作用在质点上重力的功。又摩擦力的功是否为零？为什么？

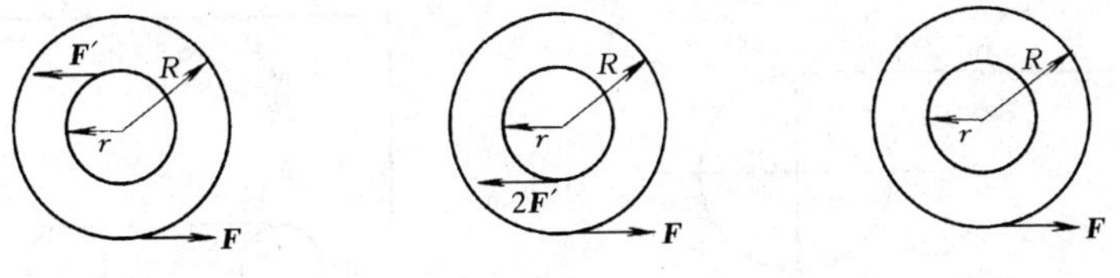

(a)　(b)　(c)

图 12-44

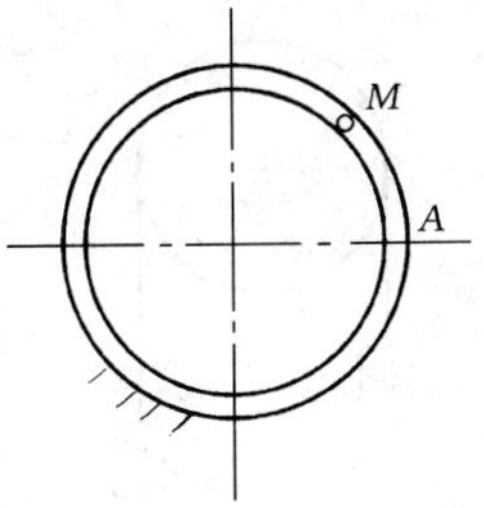

图 12-45

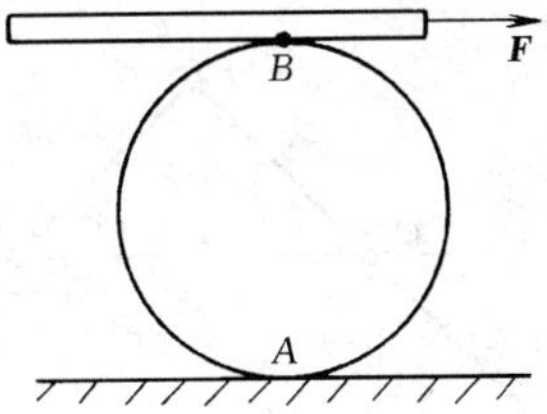

图 12-46

12-9　图 12-46 所示板在力 $\boldsymbol{F}$ 作用下，带动圆盘沿水平面做纯滚动，设板与圆盘间无相对滑动。问作用在圆盘 A、B 两处的滑动摩擦力是否做功？若做功，是正功还是负功？

12-10　做平面运动的刚体其动能是否可表示为 $\frac{1}{2}mv_A^2+\frac{1}{2}J_A\omega^2$？其中 m 为刚体的质量，v_A 为刚体上任一点 A 的速度的大小，J_A 为刚体对过点 A 且垂直平面图形的轴的转动惯量，ω 为刚体的角速度。

12-11　如图 12-47 所示，质量为 m 的重物悬挂在一弹簧刚度为 k 的弹簧上，弹簧另一端与缠绕在鼓轮上的绳子相连。问当重物匀速下降时，即当鼓轮为匀角速度转动时，重力势能和弹性力势能有无改变？为什么？

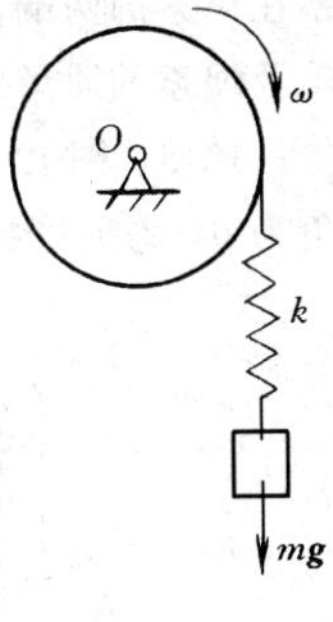

图 12-47

习　题

12-1　如图 12-48 所示，质量均为 m 的均质细杆 AB、BC 和均质圆盘 CD 用铰链连结在一起并支承如图。已知 $AB=BC=CD=2R$，图示瞬时 A、B、C 处于同一水平直线位置，而 CD 铅直，若 AB 杆以角速度 ω 转动，求图示瞬时系统的动量。

12-2　图 12-49 所示小球 M 质量为 m_1，固结在长为 l、质量为 m_2 的均质细杆 OM 上，杆的一端 O 铰接在不计质量且以速度 $\boldsymbol{v}$ 运动的小车上，若杆 OM 以角速度 ω 绕 O 轴转动，求图示瞬时系统的动量。

12-3　图 12-50 所示机构中，已知均质杆 AB 质量为 m，长为 l；均质杆 BC 质量为 $4m$，长为 $2l$。图示瞬时 AB 杆的角速度为 ω，求此时系统的动量。

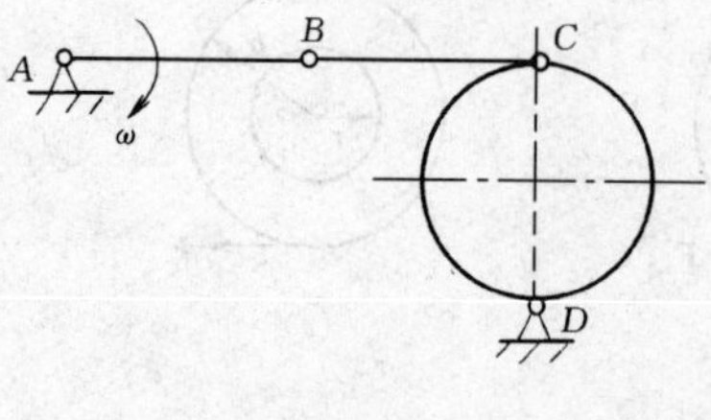

图 12-48

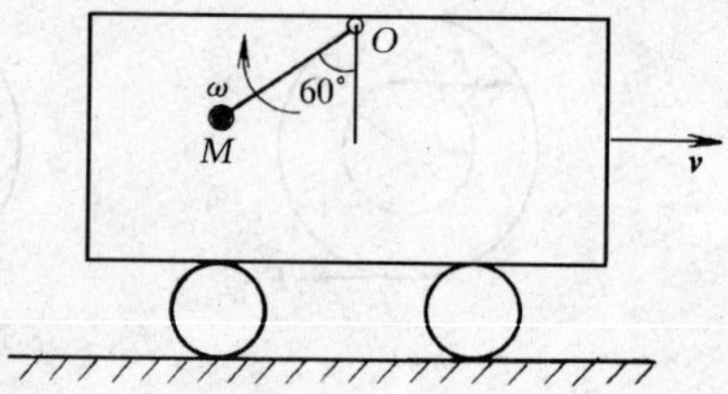

图 12-49

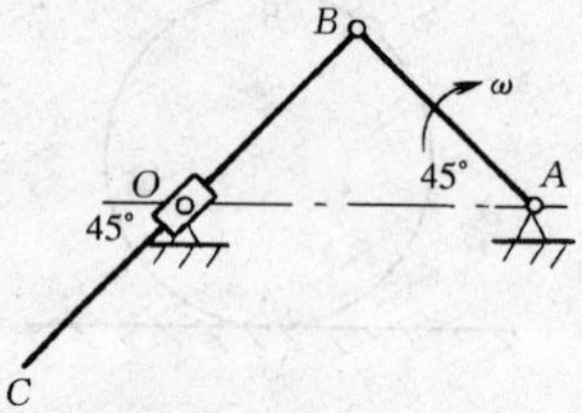

图 12-50

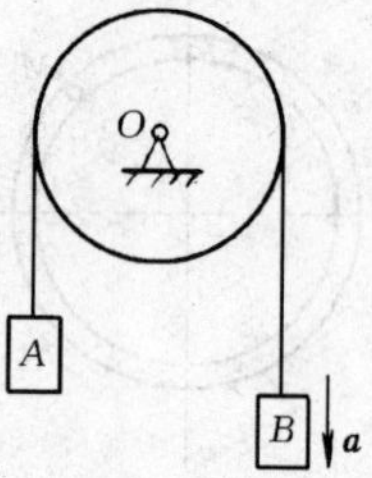

图 12-51

12-4　图 12-51 所示机构中，已知物体 A 和 B 的质量分别为 m_1 和 m_2，且 $m_1 > m_2$，分别系在绳索的两端，绳跨过定滑轮 O。若物体 A 以匀加速 $\boldsymbol{a}$ 下落，试求轴承 O 处的约束力。滑轮及绳索的质量忽略不计。

12-5　图 12-52 所示均质滑轮 A 质量为 m，重物 M_1、M_2 质量分别为 m_1 和 m_2，斜面的倾角为 θ，忽略摩擦。若重物 M_2 的加速度为 $\boldsymbol{a}$，求轴承 O 处的约束力。

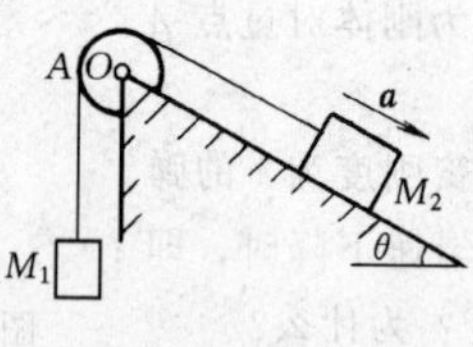

图 12-52

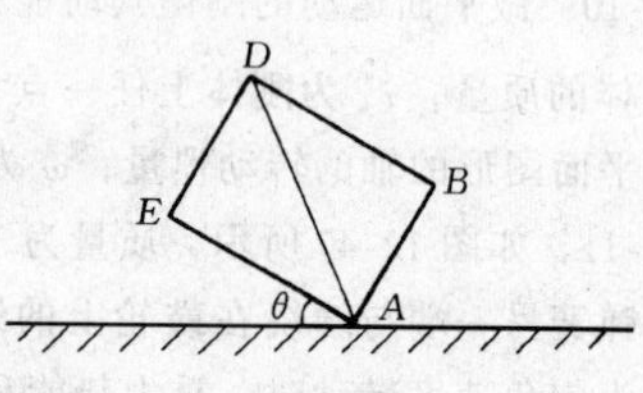

图 12-53

12-6　如图 12-53 所示，长方体形箱子 $ABDE$ 放置在光滑水平面上，AE 边与水平地面的夹角为 θ。$AB = DE = b$，$AE = BD = e$。试问 θ 取何值时，可使箱子倒下后 A 点的滑移距离最大，并求出此距离。

12-7　板 AB 质量为 m，放在光滑水平面上，其上用铰链连接四连杆机构 $OCDO_1$（图 12-54）。已知 $OC = O_1D = b$，$CD = OO_1$，均质杆 OC、O_1D 质量皆为 m_1，均质杆 CD 质量为 m_2，当杆 OC 从与铅垂线夹角为 θ 由静止开始转到水平位置时，求板 AB 的位移。

12-8　均质杆 AC、BA 用铰链在 C 点铰接（图 12-55）。已知 $AC = 25\text{cm}$，$AB = 40\text{cm}$。处于同一铅直平面内的两杆从 $CC_1 = h = 24\text{cm}$ 由静止释放，当 A、B、C 运动到同一直线上时，求杆端 A、B 各自沿光滑水平面的位移 s_A 与 s_B。

12-9　如图 12-56 所示均质杆 AB，长为 l，直立在光滑水平面上，求杆从铅垂位置无初

速倒下时端点 A 的轨迹。

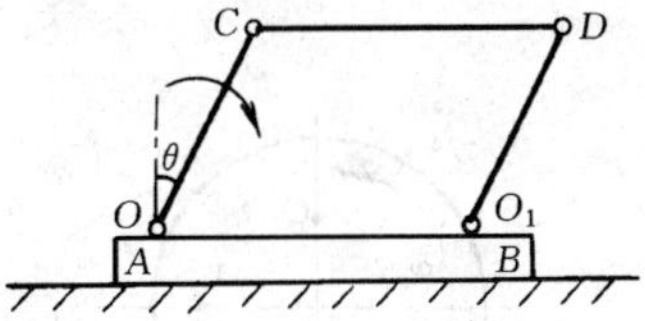

图 12-54

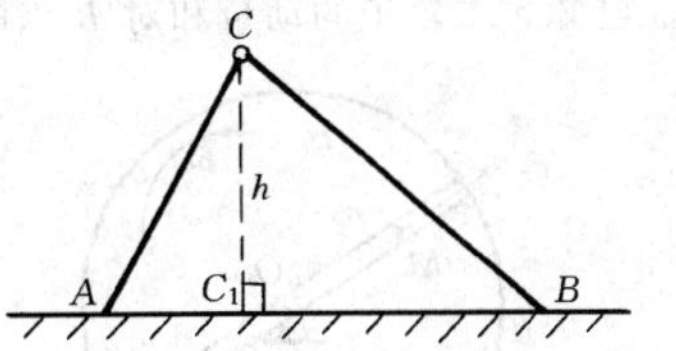

图 12-55

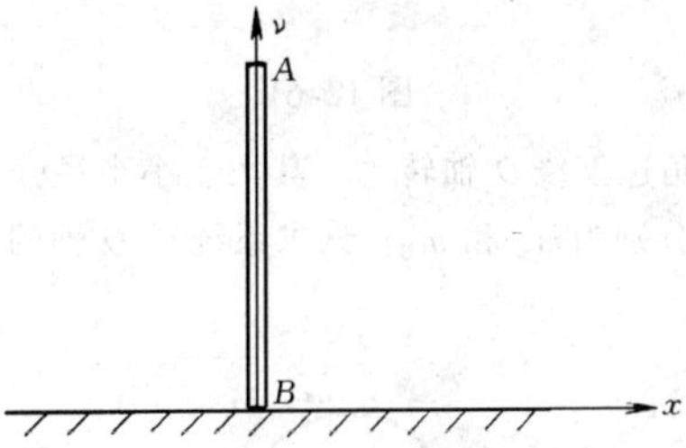

图 12-56

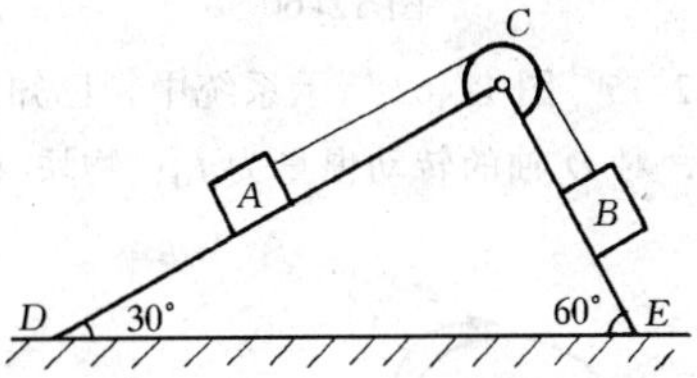

图 12-57

12-10　图 12-57 所示系统中，物体 A、B 的质量分别为 m_1 和 m_2，借助一绕过滑轮 C 且不可伸长的绳索相连。试求当物体 A 落下垂直高度 $h = 10\text{cm}$ 时，三棱柱 CDE 沿水平面的位移。设三棱柱的质量 $m = 4m_1 = 16m_2$，绳索和滑轮的质量及各处摩擦均忽略不计。

12-11　重力大小为 8N，半径为 6.5cm 的圆柱体无滑动地沿棱柱体 ABC 的斜面滚下了两圈（图 12-58）。求在这段时间内重力大小为 16N 的棱柱体沿光滑水平面移动的距离。设 $AB = 50\text{cm}$，$BC = 120\text{cm}$。

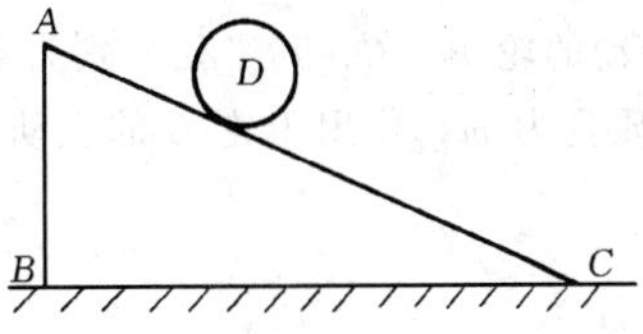

图 12-58

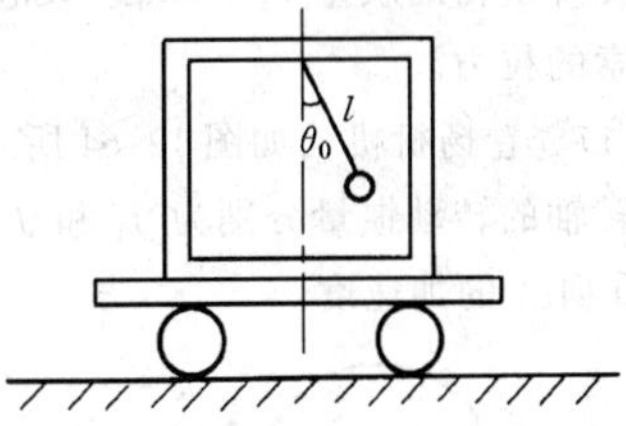

图 12-59

12-12　图 12-59 所示框架的质量为 m_1，置于光滑水平面上。框架中单摆的摆长为 l，质量为 m_2。在摆角为 θ_0 时，框架处于静止状态，此时将单摆自由释放。试求当单摆运动到铅垂位置时框架的位移。

12-13　圆盘以 ω 的角速度绕 O 轴转动，质量为 m 的小球 M 可沿圆盘的径向凹槽运动，图 12-60 所示瞬时小球以相对于圆盘的速度 $\boldsymbol{v}_r$ 运动到 $OM = s$ 处，试求小球 M 对 O 轴的动量矩。

12-14　图 12-61 所示质量为 m 的偏心轮在水平面上做平面运动。轮心为 A，质心为 C，且 $AC = e$；轮子半径为 R，对轮心 A 的转动惯量为 J_A；C、A、B 三点在同一铅垂线上。①当轮子只滚不滑时，若 v_A 已知，求轮子的动量和对 B 点的动量矩；②当轮子又滚又滑时，若 v_A、ω 已知，求轮子的动量和对 B 点的动量矩。

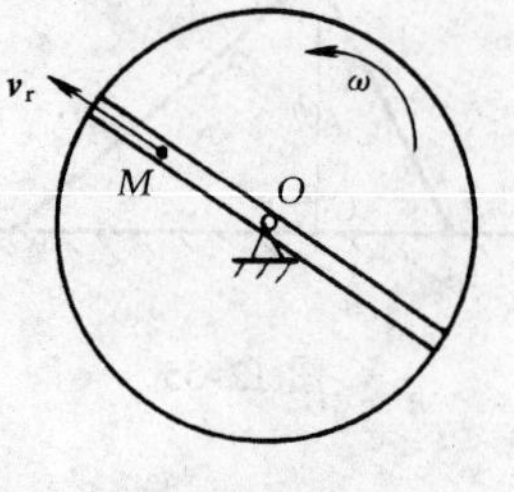

图 12-60

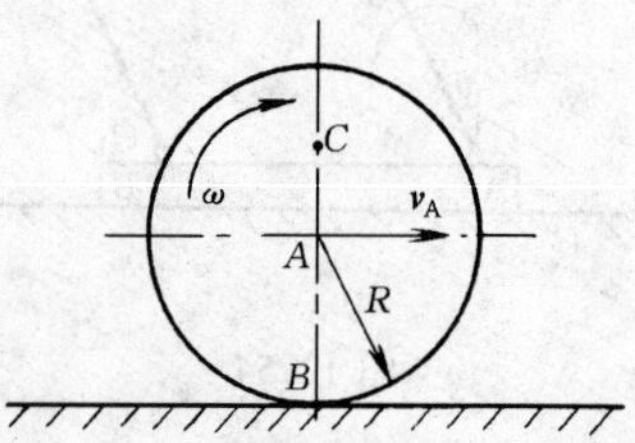

图 12-61

12-15　图 12-62 所示系统中，已知鼓轮以 ω 的角速度绕 O 轴转动，其大、小半径分别为 R、r，对 O 轴的转动惯量为 J_O；物块 A、B 的质量分别为 m_A 和 m_B；试求系统对 O 轴的动量矩。

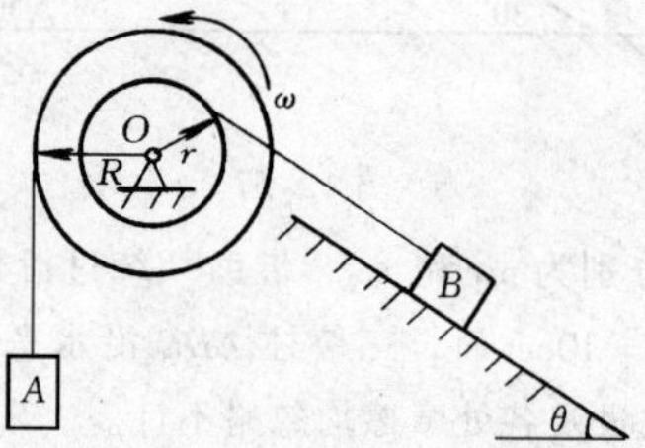

图 12-62

图 12-63

12-16　起重卷筒直径 $d=600$mm，卷筒对 O 轴的转动惯量 $J_O=0.05\text{kg}\cdot\text{m}^2$，如图 12-63 所示。被提升重物的质量 $m=40$kg。设卷筒受到的主动转矩 $M=200\text{N}\cdot\text{m}$。试求重物上升的加速度和绳索的拉力。

12-17　卷扬机机构如图 12-64 所示。可绕固定轴转动的轮 B、C，其半径分别为 R 和 r，对自身转轴的转动惯量分别为 J_1 和 J_2。被提升重物的质量为 m，作用于轮 C 的主动转矩为 M，求重物 A 的加速度。

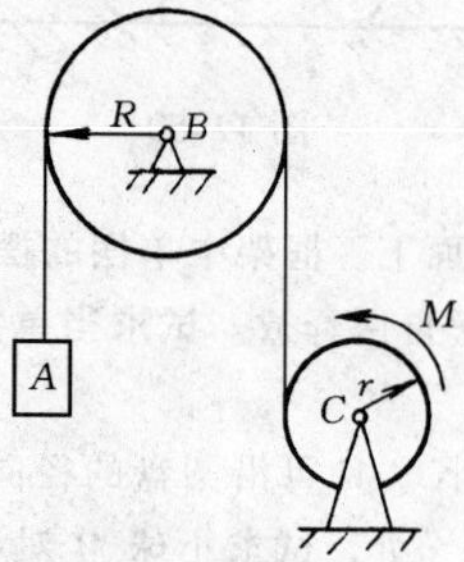

图 12-64

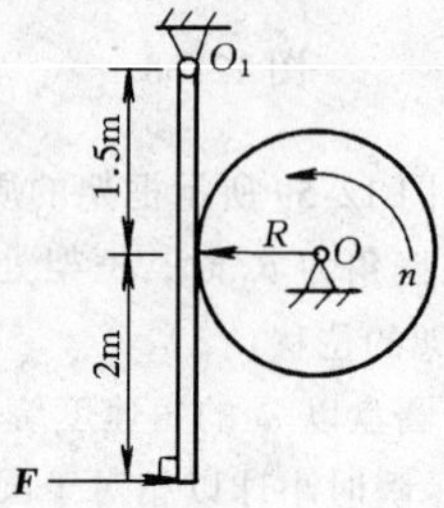

图 12-65

12-18　质量 $m=100\text{kg}$、半径 $R=1\text{m}$ 的均质圆轮，以转速 $n=120\text{r/min}$ 绕 O 轴转动，如图 12-65 所示。设有一常力 $\boldsymbol{F}$ 作用于闸杆，轮经 10s 后停止转动。已知杆与轮之间的摩擦因数 $f=0.1$，求力 $\boldsymbol{F}$ 的大小。

12-19　均质圆柱质量为 m，半径为 r，如图 12-66 所示，同时给予初角速度 ω_0。设在 A 和 B 处的摩擦因数皆为 f，问经过多少时间圆柱停止转动？

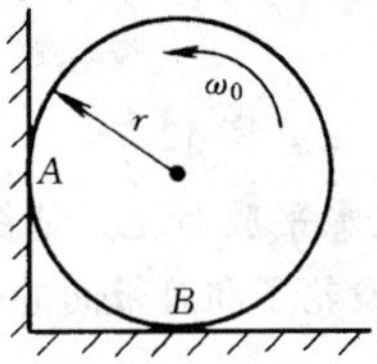

图 12-66

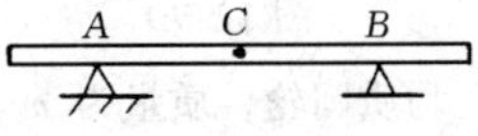

图 12-67

12-20　均质细杆长 $2l$，质量为 m，放在两个支承 A 和 B 上，如图 12-67 所示。杆的质心 C 到两支承的距离相等，即 $AC=CB=e$。现在突然移去支承 B，求在刚移去支承 B 瞬时支承 A 上压力的改变量 ΔF_A。

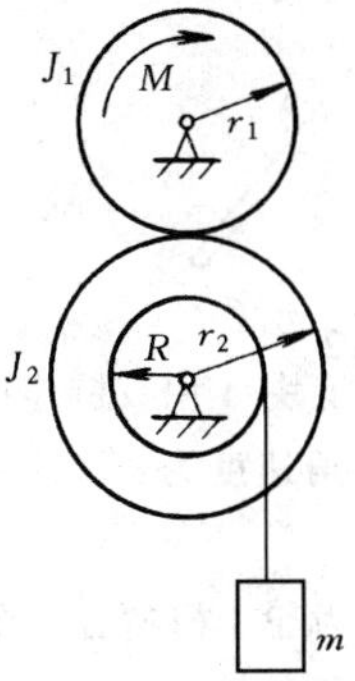

图 12-68

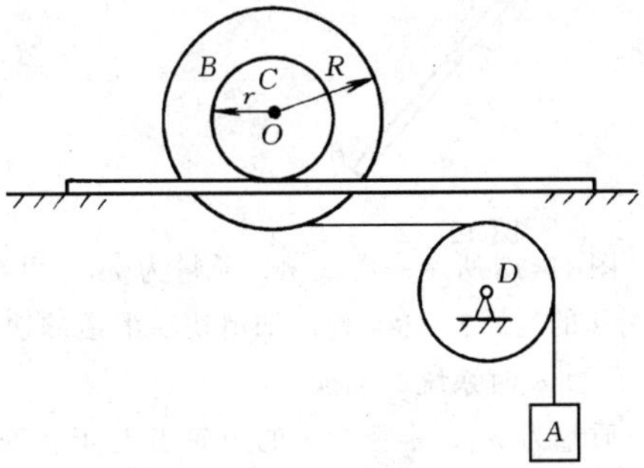

图 12-69

12-21　图 12-68 所示电动绞车提升一质量为 m 的物体，在其主动轴上作用一矩为 M 的主动力偶。已知主动轴和从动轴连同安装在这两轴上的齿轮以及其他附属零件对各自转动轴的转动惯量分别为 J_1 和 J_2；传动比 $r_1:r_2=i$；吊索缠绕在鼓轮上，此轮半径为 R。设轴承的摩擦和吊索的质量忽略不计，求重物的加速度。

12-22　图 12-69 所示一重物 A 质量为 m_1，当其下降时，借一无重且不可伸长的绳索使滚子 C 沿水平轨道滚动而不滑动。绳索跨过一定滑轮 D 并绕在滑轮 B 上。滑轮 B 的半径为 R，与半径为 r 的滚子 C 固结，两者总质量为 m_2，其对 O 轴的回转半径为 ρ。试求重物 A 的加速度。

12-23　跨过定滑轮 D 的细绳，一端缠绕在均质圆柱体 A 上，另一端系在光滑水平面上的物体 B 上，如图 12-70 所示。已知圆柱 A 的半径为 r，质量为 m_1；物块 B 的质量为 m_2。试求物块 B 和圆柱质心 C 的加速度以及绳索的拉力。滑轮 D 和细绳的质量以及轴承摩擦忽略不计。

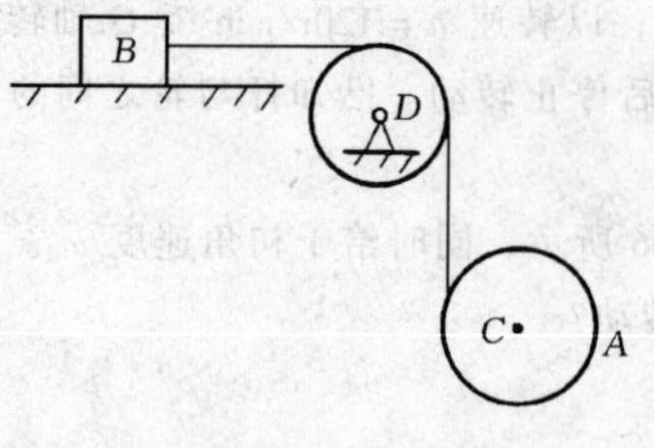

图 12-70

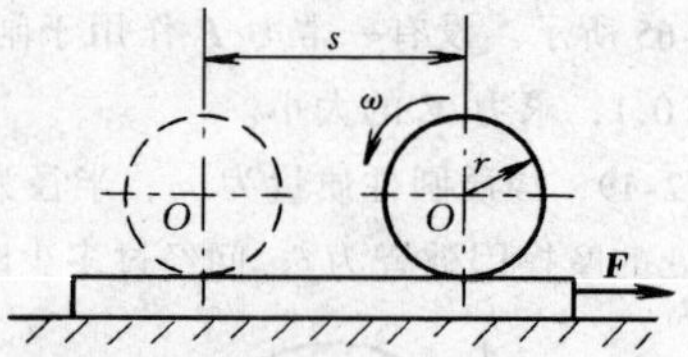

图 12-71

12-24　均质圆轮，质量为 m，半径为 r，静止地放置在水平胶带上，如图 12-71 所示。若作用一拉力 $\boldsymbol{F}$ 于胶带上，使胶带与轮子间产生相对滑动。设轮子和胶带间的摩擦因数为 f。求轮子中心 O 经过距离 s 所需的时间和此时轮子的角速度 ω。

12-25　如图 12-72 所示，均质细长杆 AB，质量为 m，长为 l，$CD=b$，与铅直墙间的夹角为 θ，D 棱是光滑的。在图示位置将杆突然释放，求释放瞬时，质心 C 的加速度和 D 点的约束力。

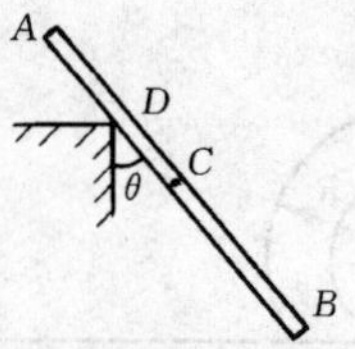

图 12-72

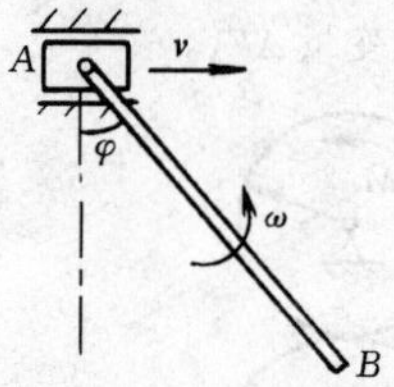

图 12-73

12-26　图 12-73 所示一滑块 A，质量为 m_1，可在滑道内滑动，与滑块 A 用铰链连接一质量为 m_2 长为 l 的均质杆 AB。现已知滑块沿滑道的速度为 $\boldsymbol{v}$，杆 AB 的角速度为 ω，试求当杆与铅垂线夹角为 φ 时系统的动能。

12-27　质量为 m_1，半径为 r 的齿轮Ⅱ与半径为 $R=3r$ 的固定内齿轮Ⅰ相啮合。质量为 m_2 的均质曲柄 OC 以 ω 的角速度绕 O 轴转动，齿轮Ⅱ在质心 C 处与曲柄铰接，并在其带动下转动，如图 12-74 所示。试求系统的动能（齿轮可视为均质圆盘）。

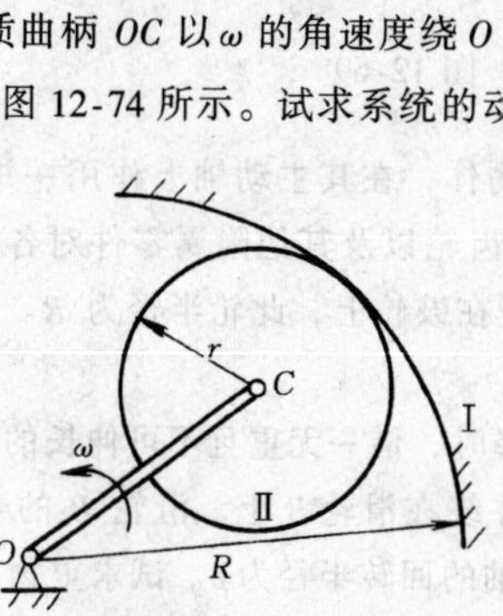

图 12-74

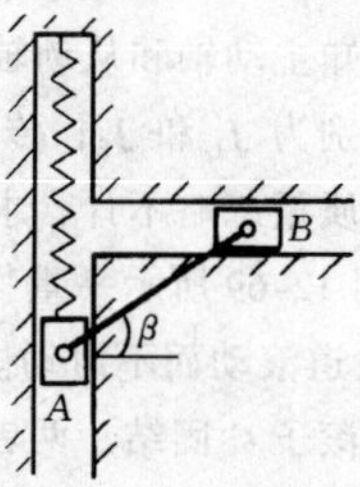

图 12-75

12-28　机构如图 12-75 所示，长为 20cm 的均质杆 AB 重 100N，其杆端分别沿两槽运动。A 端用刚性系数为 $k=20\text{N/cm}$ 的弹簧相连，杆与水平线的夹角为 β，当 $\beta=0°$时弹簧为原长。①杆自 $\beta=0°$处无初速释放，求弹簧最大的伸长量；②如将杆拉至 $\beta=60°$时无初速释放，求 β

= 30°时杆的角速度。

12-29　图 12-76（a）、（b）所示两种支承情况的均质正方形板，边长均为 b，质量均为 m，初始时均处于静止状态。受某干扰后均沿顺时针方向倒下，不计摩擦，求当 OA 边处于水平位置时，两方板的角速度。

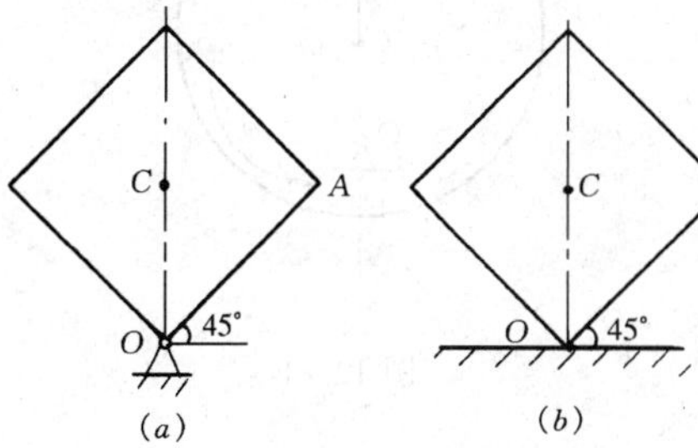

图 12-76

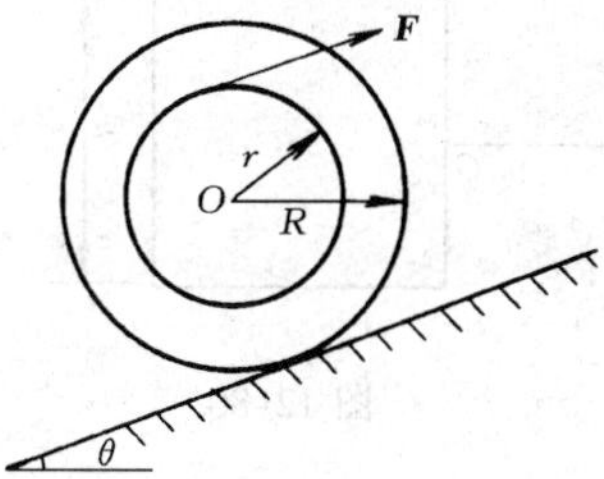

图 12-77

12-30　鼓轮如图 12-77 所示，其外、内半径分别为 R 和 r，质量为 m，对质心轴 O 的回转半径为 ρ，且 $\rho^2 = R \cdot r$，鼓轮在拉力 $\boldsymbol{F}$ 的作用下沿倾角为 θ 的斜面往上纯滚动，$\boldsymbol{F}$ 力与斜面平行，不计滚动摩阻。试求质心 O 的加速度。

12-31　图 12-78 所示机构中，均质杆 AB 长为 l，质量为 $2m$，两端分别与质量均为 m 的滑块铰接，两光滑直槽相互垂直。设弹簧刚度为 k，且当 $\theta = 0°$时，弹簧为原长。若机构在 $\theta = 60°$时无初速开始运动，试求当杆 AB 处于水平位置时的角速度和角加速度。

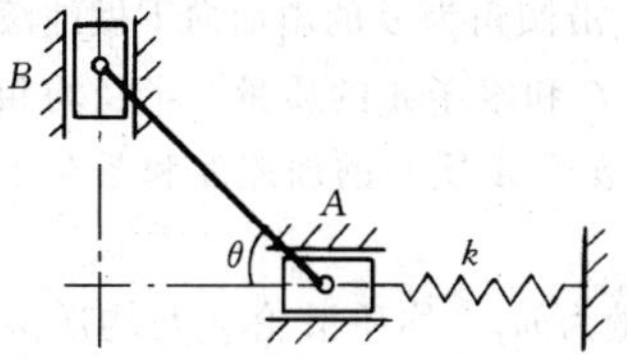

图 12-78

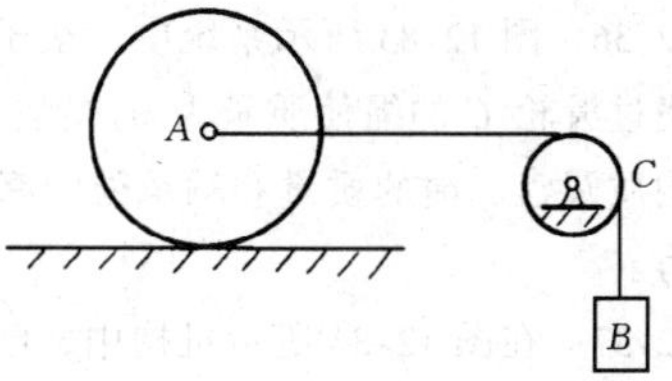

图 12-79

12-32　图 12-79 所示系统中，半径为 R、质量为 m_1 的均质圆盘 A 放在水平面上。绳子的一端系在圆盘质心 A，另一端绕过均质滑轮 C 后挂有质量为 m_3 的重物 B。已知滑轮 C 的半径为 r，质量为 m_2。绳子不可伸长，其质量忽略不计。圆盘只滚不滑。系统从静止开始运动。不计滚动摩擦，求重物 B 下落的距离为 x 时，圆盘中心 A 的速度和加速度。

12-33　正方形均质板的质量为 40kg，在铅直平面内以三根软绳拉住，板的边长 b = 100mm，如图 12-80 所示。求：①当软绳 FG 剪断后，木板开始运动的加速度以及 AD 和 BE 两绳的张力；②当 AD 和 BE 两绳位于铅直位置时，板中心 C 的加速度和两绳的张力。

12-34　如图 12-81 所示，偏心均质圆盘重力的大小 W = 196N，半径 r = 25cm，可绕 O 轴在铅垂面内转动，OC = 12.5cm。在盘平面内沿盘边缘加一水平力 F = 20N，在图示位置圆盘的角速度 ω = 4rad/s，求该瞬时圆盘的角加速度和轴 O 处的约束力（不计轴承摩擦）。

12-35　在图 12-82 所示机构中，两垂直固结成 T 形的均质细杆长 $AB = OD = l$，质量均为 m，且 $AD = DB$，初瞬时 OD 段静止于水平位置。试求杆转至 β 角时的角速度、角加速度及轴

O 处的约束力。

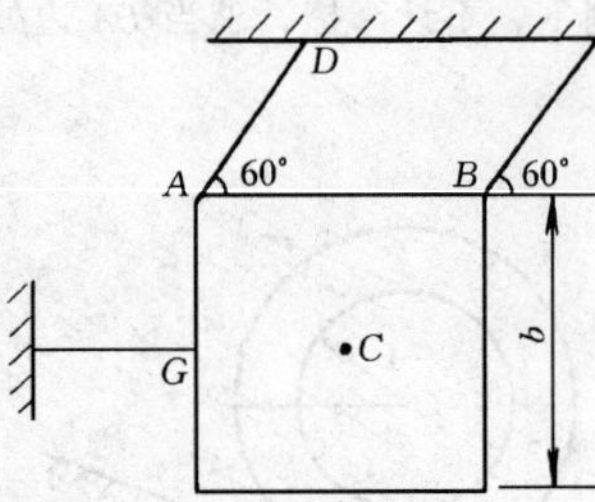

图 12-80

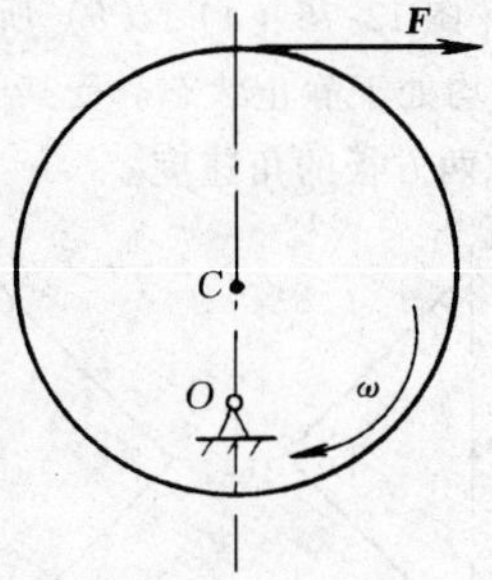

图 12-81

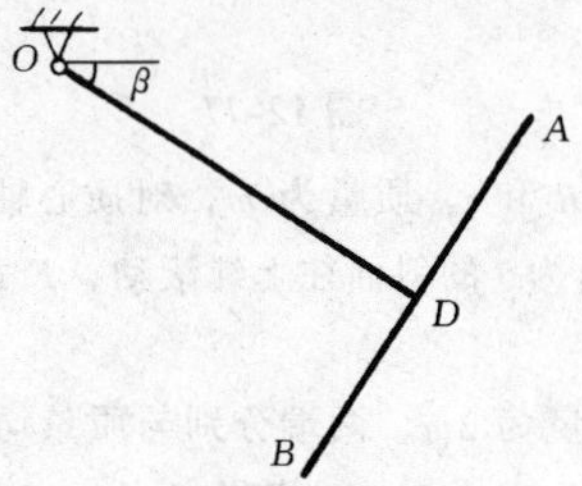

图 12-82

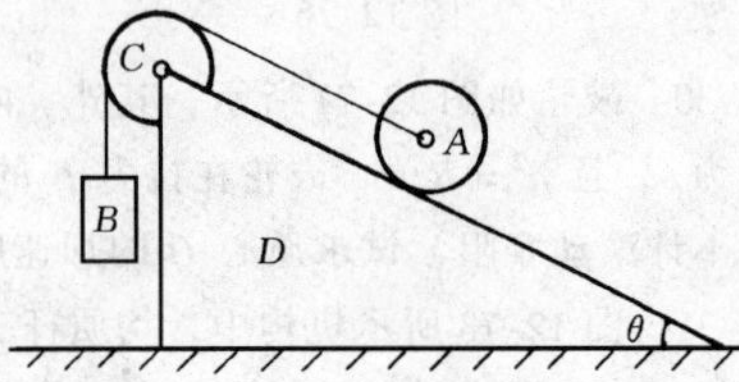

图 12-83

12-36　图 12-83 所示系统中，滚子 A 的质量为 m_1，沿倾角为 θ 的斜面向下做纯滚动，同时借绕过滑轮 C 的绳使质量为 m_2 的物体 B 上升。滑轮 C 和滚子 A 的质量、半径均相等，且都为均质圆盘。绳的质量和轴承处的摩擦忽略不计。求滚子 A 质心的加速度和系在滚子上绳的张力。

12-37　在图 12-84 所示机构中，已知物块 M 的质量为 m_1，均质滑轮 A 与均质滚子 B 半径相等，质量均为 m_2，斜面倾角为 β，弹簧刚度为 k，$m_1 g > m_2 g\sin\beta$，滚子做纯滚动。初始时弹簧为原长，绳的倾斜段和弹簧与斜面平行。试求当物块下落 h 距离时：①物块 M 的加速度；②轮 A 和滚子之间绳索的张力；③斜面对滚子的摩擦力。

12-38　重物 A 质量为 m_1，系在绳子上，绳子跨过质量为 m、直径为 r 的均质定滑轮 D，并绕在鼓轮 B 上，如图 12-85 所示。由于重物下降，带动了轮 C，使它沿水平轨道滚动而不

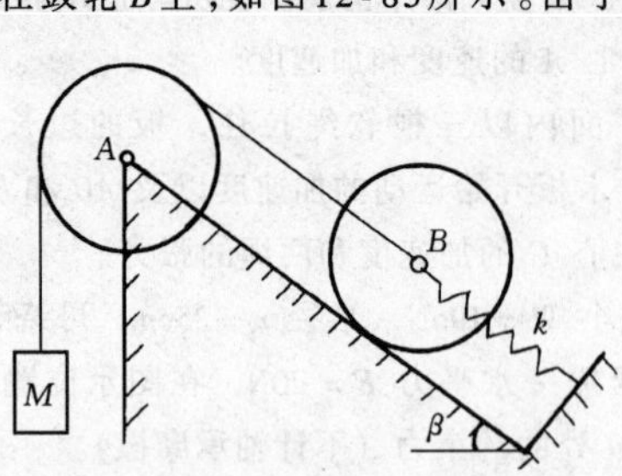

图 12-84

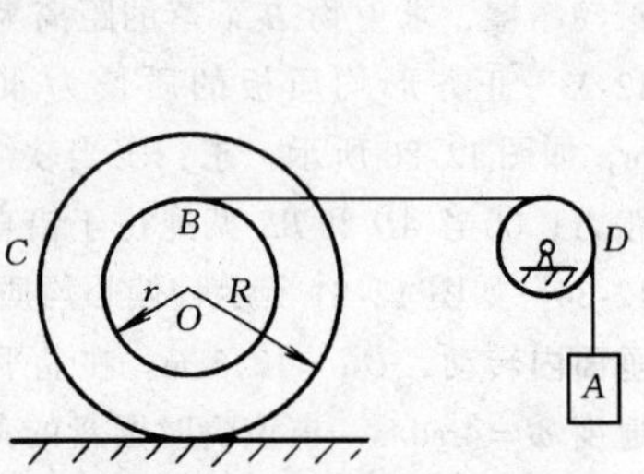

图 12-85

滑动。设鼓轮半径为 r，轮 C 的半径为 R，两者固连在一起，总质量为 m_2，对于 O 轴的回转半径为 ρ，求重物 A 的加速度及 BD 段绳的张力。

12-39　在图 12-86 所示机构中，鼓轮 O 质量为 m，内、外半径分别为 r 和 R，对转轴 O 的回转半径 $\rho = R/\sqrt{2}$。物体 A、B 质量分别为 m_1 和 m_2，B 与倾角为 θ 的斜面的动摩擦因数为 f，绳的倾斜段与斜面平行，开始时系统静止。试求当物体 A 下降任意高度 h 时，鼓轮的角速度和角加速度。

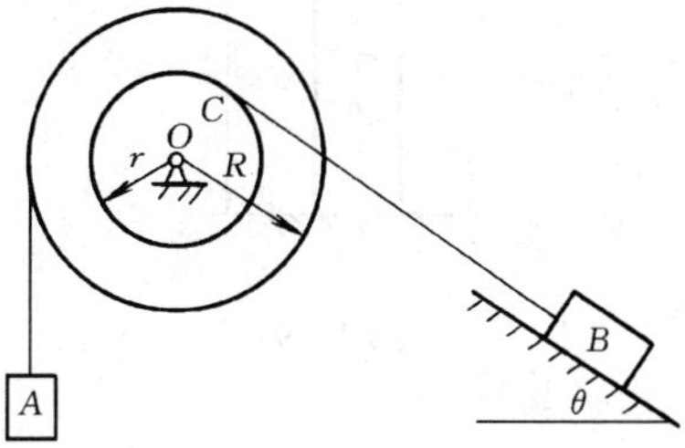

图 12-86

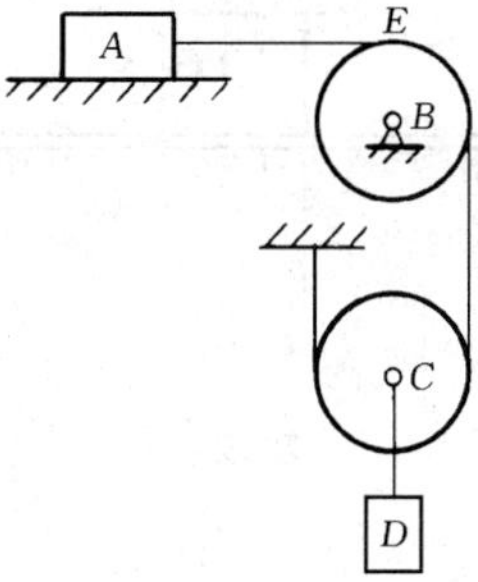

图 12-87

12-40　在图 12-87 所示机构中，物体 A 质量为 m_1，放在光滑水平面上。均质圆盘 C、B 质量均为 m，半径均为 R，物体 D 质量为 m_2。不计绳的质量，设绳与滑轮之间无相对滑动，绳的 AE 段与水平面平行，系统由静止开始释放。试求物体 D 的加速度以及 BC 段绳的张力。

12-41　如图 12-88 所示质量为 m 的均质杆 AB，长为 l，直立在光滑水平面上，求杆从铅垂位置无初速倒下至 θ 角时的角速度、角加速度及 B 处的约束力。

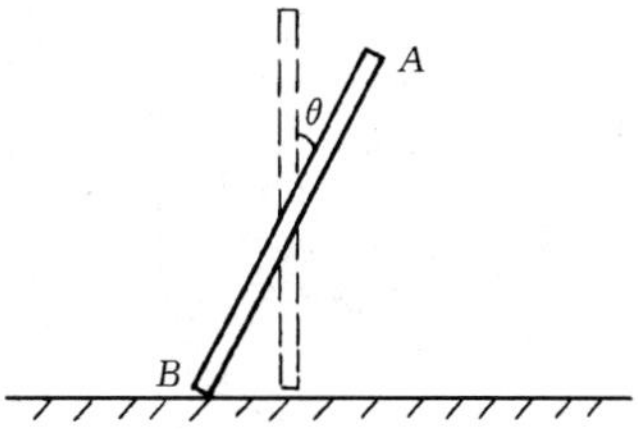

图 12-88

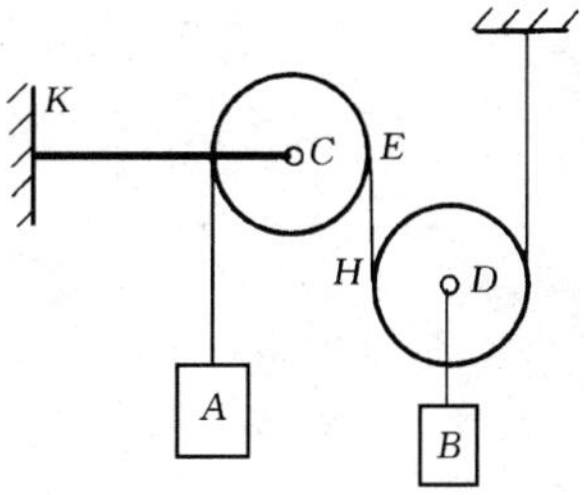

图 12-89

12-42　图 12-89 所示机构中，物块 A、B 质量均为 m，均质圆盘 C、D 质量均为 $2m$，半径均为 R。C 轮铰接于长为 $3R$ 的无重悬臂梁 CK 上，D 为动滑轮，绳与轮之间无相对滑动。系统由静止开始运动，试求：①物块 A 上升的加速度；②HE 段绳的张力；③固定端 K 处的约束力。

12-43　图 12-90 所示长为 l 的简支梁的中部若负有重力为 F_W 的重物，其静止挠度为 2mm。设略去梁的质量，试求在下列两种情况下梁的最大挠度：①重物突然放在梁的中部，其初速为零；②重物初速为零，在 $h = 100$mm 高处落到梁的中部。

12-44　如图 12-91 所示重力大小为 $F_p = 5$kN 的物体，从距柱顶 $h = 1000$mm 处自由下落冲

击在直径为 $d=300\text{mm}$ 的圆木柱上。已知木材的弹性模量 $E=10\text{GPa}$。①证明：冲击荷载 $F_d=K_dF_p$，$K_d=1+\sqrt{1+\frac{2h}{\Delta_s}}$，其中 Δ_s 为木柱静载轴向力 F_p 作用时的变形量。②求木柱中的最大冲击应力。

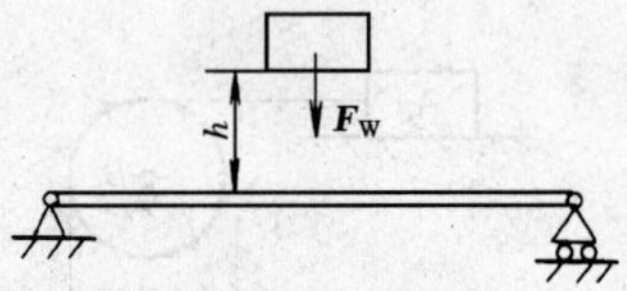

图 12-90

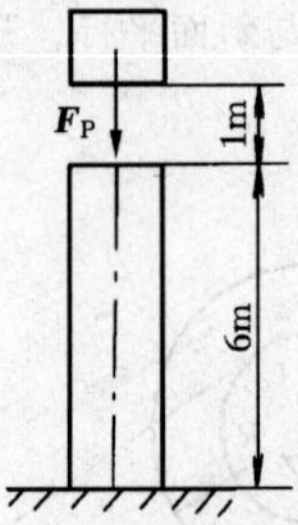

图 12-91

第十三章　动　静　法

学　习　要　点

动静法是将动力学问题在形式上转化为静力学问题，用静力学中求解平衡问题的方法求解动力学问题。通过本章的学习，应达到以下基本要求：

- 能正确理解惯性力的概念，了解引入惯性力的目的以及惯性力的实质。
- 能够理解应用静力分析中力系简化理论，对刚体惯性力系进行简化的方法。并能正确表示出各种不同运动状态的刚体上惯性力系主矢和主矩的大小、方向、作用点。
- 能熟练地应用动静法求解质点、质点系的动力学问题。
- 能正确应用动静法求解弹性体中动应力的问题。

根据牛顿运动定律，引入惯性力的概念，可以导出研究非自由质点和质点系中动力学问题的另一种重要方法。这种方法以达朗贝尔原理为基础，其特点是用静力分析中研究平衡问题的方法分析动力学中的不平衡问题。这种方法称为**动静法**。

动静法在工程技术中有着十分广泛的应用，特别适用于求动约束力以及研究机械构件的动荷载等问题。

第一节　惯性力　达朗贝尔原理

一、惯性力

在光滑水平直线轨道上推质量为 m 的小车（图 13-1a），若手作用在小车上的水平力为 $\boldsymbol{F}$（图 13-1b），小车就将获得水平方向的加速度 $\boldsymbol{a}$ 而改变其运动状态，由牛顿第二定律可知 $\boldsymbol{F}=m\boldsymbol{a}$。同时，由于小车具有保持其运动状态不变的惯性，故将给手一个反作用力 $\boldsymbol{F}'$。根据牛顿第三定律，有

$$\boldsymbol{F}'=-\boldsymbol{F}=-m\boldsymbol{a}$$

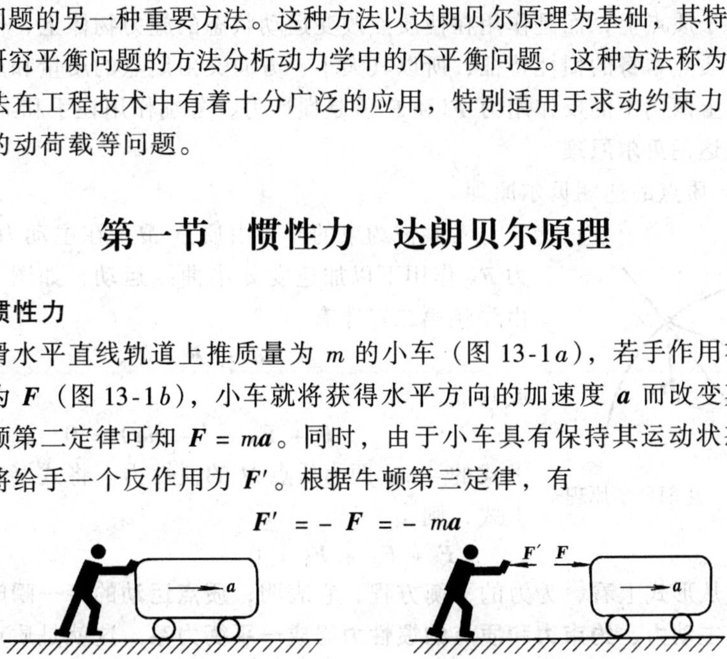

图 13-1　惯性力的概念

质量为 m 的小球，受到长度为 R 的绳子约束，以速度 $\boldsymbol{v}$ 在光滑水平面内作匀速圆周运动（图 13-2a），若绳子作用在小球上的向心力为 $\boldsymbol{F}$（图 13-2b），则小球将获得向心加速度 $a_n = \frac{v^2}{R}$，且 $\boldsymbol{F} = m\boldsymbol{a}_n$。由于小球的惯性，小球将给绳子一个反作用力 $\boldsymbol{F}''$，它等于

$$\boldsymbol{F}'' = -\boldsymbol{F} = -m\boldsymbol{a}_n$$

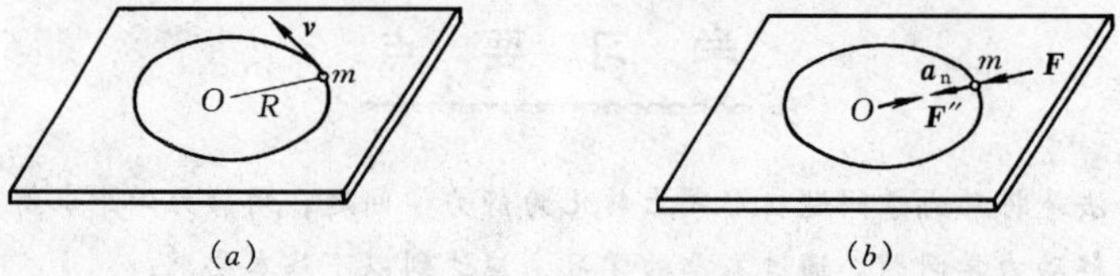

图 13-2 惯性力的概念

由以上二例可知，当质点受到力的作用而要其改变运动状态时，由于质点具有保持其原有运动状态不变的惯性，将会体现出一种抵抗能力，这种抵抗力，就是质点给予施力物体的反作用力，而这个反作用力称为惯性力，用 $\boldsymbol{F}_I$ 表示。**质点惯性力的大小等于质点的质量与加速度的乘积，方向与质点加速度方向相反。**即

$$\boldsymbol{F}_I = -m\boldsymbol{a} \tag{13-1}$$

需要特别指出的是，质点的惯性力是质点对改变其运动状态的一种抵抗，它并不作用于质点上，而是作用在使质点改变运动状态的施力物体上，但由于惯性力反映了质点本身的惯性特征，所以其大小、方向又由质点的质量和加速度来度量。在以上两例中的反作用力 $\boldsymbol{F}'$ 和 $\boldsymbol{F}''$ 就是惯性力，分别作用在手和绳子上。

二、达朗贝尔原理

（一）质点的达朗贝尔原理

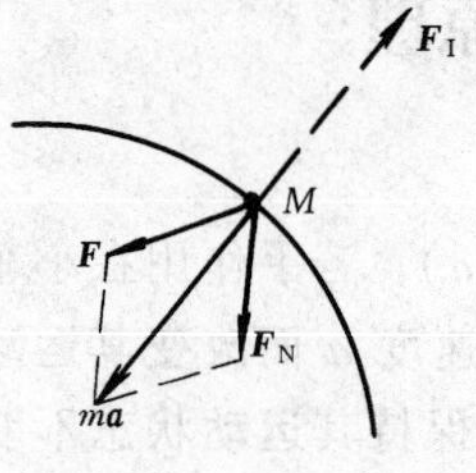

图 13-3 达朗贝尔原理

考察被约束的非自由质点 M，在主动力 $\boldsymbol{F}$ 和约束力 $\boldsymbol{F}_N$ 作用下以加速度 $\boldsymbol{a}$ 沿曲线运动，如图 13-3 所示。由牛顿第二定律有

$$m\boldsymbol{a} = \boldsymbol{F} + \boldsymbol{F}_N$$

或写成

$$\boldsymbol{F} + \boldsymbol{F}_N + (-m\boldsymbol{a}) = 0$$

上式的 $-m\boldsymbol{a}$ 即为质点 M 的惯性力。将式（13-1）代入上式，则

$$\boldsymbol{F} + \boldsymbol{F}_N + \boldsymbol{F}_I = 0 \tag{13-2}$$

上式从形式上看，为力的平衡方程，它表明，**质点运动的每一瞬时，作用在质点上的主动力、约束力和质点的惯性力组成一平衡力系。**这就是质点的达朗贝尔原理。需要指出的是，实际质点上只受主动力和约束力的作用，惯性力并不作用在质点上，质点也并非处于平衡状态。式（13-2）所表示的只是作用在不同物

体上的三个力所满足的矢量关系。

（二）质点系的达朗贝尔原理

设质点系由质量分别为 m_1，m_2，…，m_n 的 n 个质点所组成。任意瞬时，质点系中质量为 m_i 的质点在主动力 $\boldsymbol{F}_i$ 和约束力 $\boldsymbol{F}_{Ni}$ 的作用下，以加速度 $\boldsymbol{a}_i$ 运动，则该质点的惯性力为 $\boldsymbol{F}_{Ii}=-m_i\boldsymbol{a}_i$。根据式（13-2）有

$$\boldsymbol{F}_i+\boldsymbol{F}_{Ni}+\boldsymbol{F}_{Ii}=0 \quad (i=1,2,\cdots,n) \tag{13-3}$$

这表明：**质点系运动的任一瞬时，作用于质点系内每个质点上的主动力、约束力以及质点的惯性力构成一平衡力系**。这就是质点系的达朗贝尔原理。

由此可知，作用于质点系上的所有主动力、约束力和所有质点的惯性力也构成一平衡力系。根据静力学平衡方程，有

$$\sum_{i=1}^{n}\boldsymbol{F}_i+\sum_{i=1}^{n}\boldsymbol{F}_{Ni}+\sum_{i=1}^{n}\boldsymbol{F}_{Ii}=0 \tag{13-4}$$

$$\sum_{i=1}^{n}\boldsymbol{M}_O(\boldsymbol{F}_i)+\sum_{i=1}^{n}\boldsymbol{M}_O(\boldsymbol{F}_{Ni})+\sum_{i=1}^{n}\boldsymbol{M}_O(\boldsymbol{F}_{Ii})=0 \tag{13-5}$$

这表明：**任意瞬时，作用在质点系上的所有主动力、约束力和所有质点的惯性力的矢量和（主矢）等于零；所有主动力、约束力和惯性力对任意点之矩的矢量和（主矩）等于零。**

三、动静法

根据达朗贝尔原理，可以建立一种求解非自由质点和质点系动力学问题的普遍方法，这种方法是：**在质点或质点系运动的每一瞬时，除实际作用于其上的主动力和约束力外，假想加上各自的惯性力，则可按静力学列平衡方程的方法来求解其动力学问题**。这种方法就称为**动静法**。实际上并不存在主动力、约束力和惯性力组成的平衡力系，因为动静法中力的平衡方程的原形，是质点的运动微分方程（$m\boldsymbol{a}=\boldsymbol{F}+\boldsymbol{F}_N$），只是在质点上加一假想的惯性力后，才将运动微分方程从形式上转化为力的平衡方程，从而可以应用比较简单的静力分析的理论和方法，分析和解决动力学问题。

【例 13-1】　圆锥摆如图 13-4 所示。其中质量为 m 的小球 M，系于长度为 l 的细线一端，细线另一端固定于 O 点，并与铅垂线夹 θ 角。小球在垂直于铅垂线的平面内做匀速圆周运动。已知：$m=1\text{kg}$，$l=300\text{mm}$，$\theta=60°$。求：小球的速度和细线所受的拉力。

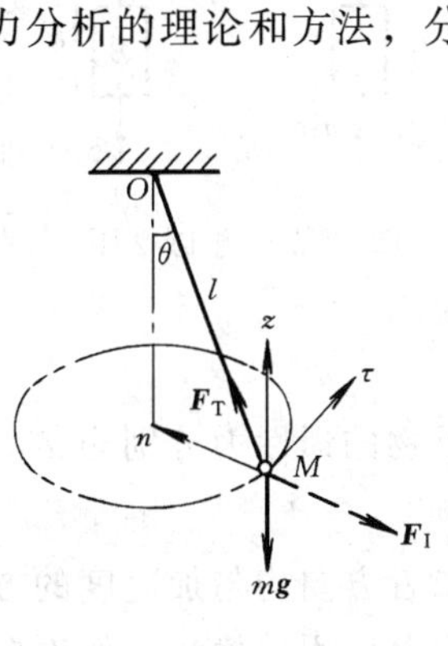

图 13-4　例 13-1 图

【解】　以小球为研究对象。作用在小球上的力有：主动力为小球重力 $m\boldsymbol{g}$；约束力 $\boldsymbol{F}_T$ 为细线对小球拉力，数值等于细线所受的拉力。

由于小球做匀速圆周运动，故小球只有向心的法

向加速度 $\boldsymbol{a}_n$，切向加速度 $\boldsymbol{a}_\tau = 0$。惯性力的大小为

$$F_I = ma_n = m\frac{v^2}{r} = m\frac{v^2}{l\sin\theta} \quad (1)$$

方向与 $\boldsymbol{a}_n$ 相反。

对小球应用动静法，$m\boldsymbol{g}$、$\boldsymbol{F}_T$、$\boldsymbol{F}_I$ 构成平衡力系，即

$$m\boldsymbol{g} + \boldsymbol{F}_T + \boldsymbol{F}_I = 0 \quad (2)$$

以三力汇交点（小球）M 为原点建立 $M\tau nz$ 坐标系如图 13-4 所示。将平衡方程（2）写成投影的形式，则有

$$\left.\begin{aligned} &\sum F_\tau = 0 \quad \text{自然满足} \\ &\sum F_z = 0 \quad F_T\sin\theta - F_I = 0 \\ &\sum F_n = 0 \quad F_T\cos\theta - mg = 0 \end{aligned}\right\} \quad (3)$$

由此解得细线所受拉力为

$$F_T = \frac{mg}{\cos\theta} = \frac{1\times 9.8}{\cos 60^\circ} = 19.6\text{N}$$

由式（3）知惯性力 $F_I = F_T\sin\theta$，利用式（1），可求得小球速度 $\boldsymbol{v}$ 的大小为

$$v = \sqrt{\frac{F_T l\sin^2\theta}{m}} = \sqrt{\frac{19.6\times 0.3\times \sin^2 60^\circ}{1}} = 2.1\text{m/s}$$

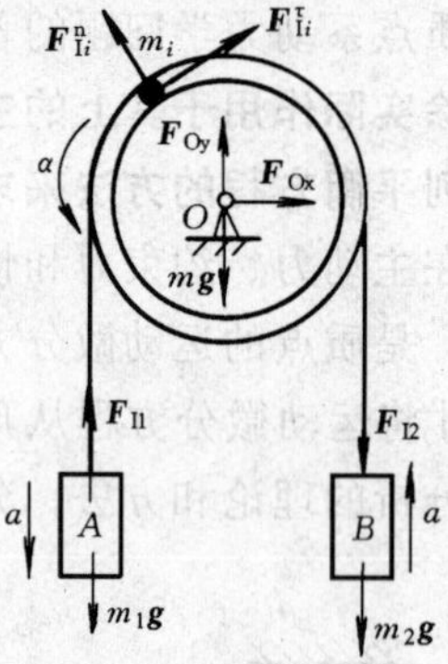

图 13-5 例 13-2 图

【例 13-2】 半径为 r、质量为 m 的滑轮可绕固定轴 O（垂直于平面图）转动。缠绕在滑轮上的绳两端分别悬挂质量为 m_1、m_2 的重物 A 和 B（图 13-5）。若 $m_1 > m_2$，并设滑轮的质量均匀分布在轮缘上，即将滑轮简化为均质圆环。求滑轮的角加速度。

【解】 以重物 A、B 以及滑轮组成的质点系作为研究对象，其受力如图 13-5 所示。其中滑轮的质量分布在周边上，若设滑轮以 ω 和 α 的角速度与角加速度转动，则对于质量为 m_i 的质点，其切向惯性力和法向惯性力分别为

$$F^\tau_{Ii} = m_i a^\tau_i = m_i\alpha r$$

$$F^n_{Ii} = m_i a^n_i = m_i\omega^2 r \quad (1)$$

重物的惯性力分别为 $\boldsymbol{F}_{I1}$ 和 $\boldsymbol{F}_{I2}$，其大小各为

$$F_{I1} = m_1 a = m_1 r\alpha, F_{I2} = m_2 a = m_2 r\alpha \quad (2)$$

二者方向均与加速度的方向相反。

应用动静法，作用在系统上的所有主动力、约束力和惯性力组成平衡力系。故所有力对滑轮的转轴之矩的平衡条件为

$$\sum M_O(\boldsymbol{F}) = 0 \quad (m_1 g - F_{I1} - F_{I2} - m_2 g)r - \sum F_{Ii}^{\tau} r = 0 \tag{3}$$

将 (1)、(2) 式代入 (3) 式，有

$$(m_1 g - m_1 \alpha r - m_2 \alpha r - m_2 g)r - \sum m_i \alpha r \cdot r = 0$$

因为 $\sum m_i \alpha r \cdot r = m \alpha r^2$，所以解得滑轮的角加速度为

$$\alpha = \frac{m_1 - m_2}{m_1 + m_2 + m} \cdot \frac{g}{r}$$

第二节　刚体惯性力系的简化

应用质点系的动静法进行动力分析时，需要假想在每个质点加上惯性力，若质点的数目有限，逐点虚加惯性力是可行的。对于刚体，可以将其细分而作为无穷多个质点的集合。如果我们研究刚体整体的运动，可以运用静力学中所述力系简化的方法，将刚体无穷多质点上虚加的惯性力向一点简化，并利用简化的结果来等效原来的惯性力系。

可根据刚体运动的不同形式对惯性力系进行简化，得到简单的简化结果，以便在动静法中应用。

一、平动刚体惯性力系的简化

质量为 m 的刚体平动时，其上各点在同一瞬时具有相同的加速度，设质心的加速度为 $\boldsymbol{a}_C$。对于质量为 m_i 的任意质点 M_i，其惯性力为

$$\boldsymbol{F}_{Ii} = -m_i \boldsymbol{a}_i = -m_i \boldsymbol{a}_C$$

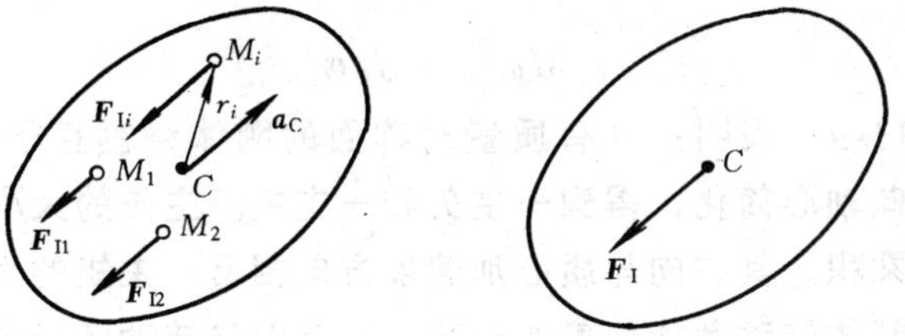

图 13-6　平动刚体惯性力系的简化

可见，刚体上各质点的惯性力组成平行力系（图 13-6），力系中各力的大小与质点各自的质量成正比。将惯性力系向刚体的质心简化，注意到 $\sum m_i \boldsymbol{r}_i = 0$，$\sum m_i = m$，则惯性力系的主矢和主矩分别为

$$\boldsymbol{F}_I = \sum \boldsymbol{F}_{Ii} = \sum(-m_i \boldsymbol{a}_C) = -m\boldsymbol{a}_C \tag{13-6}$$

$$\boldsymbol{M}_{IC} = \sum \boldsymbol{M}_C(\boldsymbol{F}_{Ii}) = \sum \boldsymbol{r}_i \times (-m_i \boldsymbol{a}_C) = -\sum(m_i \boldsymbol{r}_i) \times \boldsymbol{a}_C = 0 \tag{13-7}$$

由此可知，**在任一瞬时，平动刚体惯性力系均可简化为一通过质心的合力，合力的大小等于刚体的质量与加速度的乘积，方向与加速度方向相反。**

二、定轴转动刚体惯性力系的简化

仅讨论刚体具有质量对称平面，而且转轴垂直于对称平面的情形。此时，当刚体绕定轴转动时，可先将惯性力系简化为位于质量对称面内的平面力系，再将平面力系作进一步的简化。

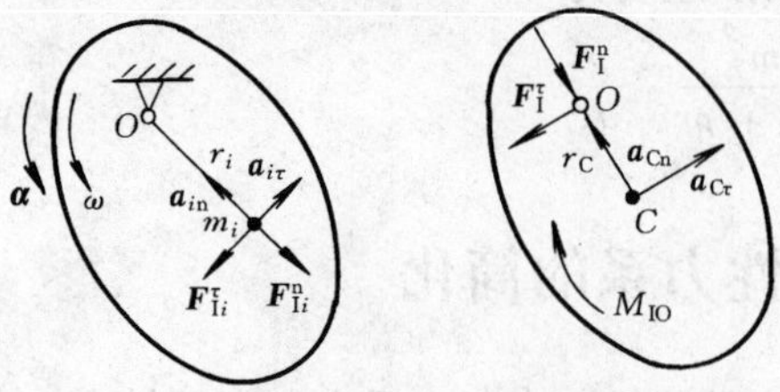

图 13-7　定轴转动刚体惯性力系的简化

下面讨论这一平面惯性力系向对称面与转轴交点 O（称为轴心）简化的结果。

设质量为 m 的刚体其角速度为 ω，角加速度为 $\boldsymbol{\alpha}$，转向如图 13-7 所示。考察质量为 m_i，距 O 点为 r_i 的对称平面内的质点，其切向和法向加速度分别为

$$\boldsymbol{a}_{i\tau} = \boldsymbol{\alpha} \times \boldsymbol{r}_i \quad \boldsymbol{a}_{in} = \boldsymbol{\omega} \times (\boldsymbol{\omega} \times \boldsymbol{r}_i)$$

方向如图。则质点的切向和法向惯性力为

$$\boldsymbol{F}_{Ii}^{\tau} = - m_i\boldsymbol{a}_{i\tau} \quad \boldsymbol{F}_{Ii}^{n} = - m_i\boldsymbol{a}_{in}$$

惯性力系向轴心 O 简化，考虑到 $\sum m_i\boldsymbol{a}_i = m\boldsymbol{a}_C$，惯性力系的主矢为

$$\boldsymbol{F}_I = \sum(- m_i\boldsymbol{a}_i) = - m\boldsymbol{a}_C = - m(\boldsymbol{a}_{C\tau} + \boldsymbol{a}_{Cn}) = \boldsymbol{F}_I^{\tau} + \boldsymbol{F}_I^{n} \tag{13-8}$$

考虑到各法向惯性力均通过转轴 O，对转轴之矩为零，故惯性力系的主矩为

$$\boldsymbol{M}_{IO} = \sum\boldsymbol{r}_i \times \boldsymbol{F}_{Ii}^{\tau} = \sum\boldsymbol{r}_i \times (- m_i\boldsymbol{\alpha} \times \boldsymbol{r}_i) = -(\sum m_i r_i^2)\boldsymbol{\alpha}$$

上式可表示为

$$\boldsymbol{M}_{IO} = - J_O\boldsymbol{\alpha} \tag{13-9}$$

式（13-8）和（13-9）表明：**具有质量对称面的刚体绕垂直于对称面的轴转动时，其惯性力系向轴心简化，得到一主矢和一主矩。主矢的大小等于刚体的质量与质心加速度的乘积，其方向与质心加速度方向相反。主矩的大小等于刚体对转轴的转动惯量与刚体转动角加速度的乘积，其转向与转动角加速度转向相反。**

下列特殊情形下，问题可以得到进一步简化：

• 转轴通过质心，角加速度 $\alpha \neq 0$（图 13-8a），由于质心加速度 $\boldsymbol{a}_C = 0$，惯性力系简化为一力偶，其力偶矩为 $\boldsymbol{M}_{IC} = - J_C\boldsymbol{\alpha}$。

• 刚体作匀角速度转动，即角加速度 $\alpha = 0$，但转轴不通过质心 C（图 13-8b），则惯性力系简化为一合力 $\boldsymbol{F}_I = - m\boldsymbol{a}_{Cn}$，其大小为 $F_I = mr_C\omega^2$。

• 转轴通过质心，且角加速度 $\alpha = 0$（图 13-8c），则惯性力系的主矢和主矩均为零，即惯性力系为平衡力系。

三、平面运动刚体惯性力系的简化

设刚体具有质量对称面，且刚体平行于此平面做平面运动，则惯性力系可简

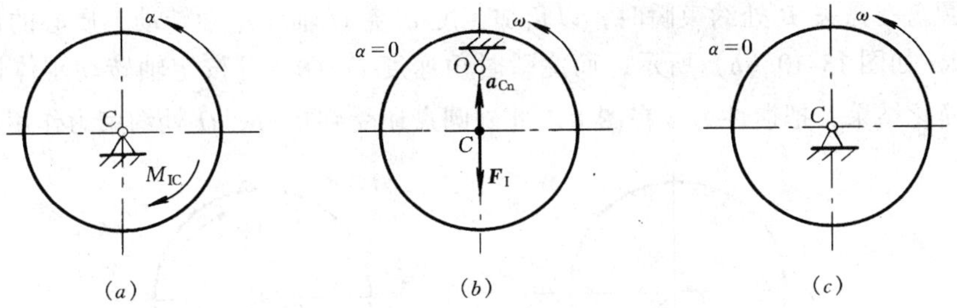

图 13-8　惯性力系简化的特殊情形

化为在此平面内的平面力系。以质心 C 为基点，平面运动可分解为跟随质心的平动和相对质心的转动。将惯性力系向质心 C 简化，平动部分与本节刚体做平动的情况相同，简化结果为一通过质心 C 的力 $\boldsymbol{F}_I$，相当于惯性力系的主矢；转动部分与图 13-8（a）所示情况相同，简化结果为一力偶矩为 M_{IC} 的惯性力偶，相当于惯性力系对质心 C 的主矩，如图 13-9 所示。

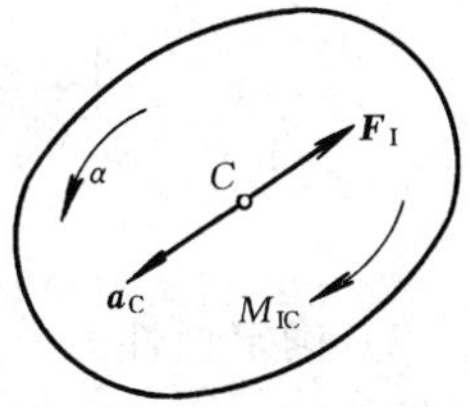

图 13-9　平面运动刚体惯性力系的简化

设质量为 m 的刚体，质心 C 的加速度为 $\boldsymbol{a}_C$，转动的角加速度为 α，对通过质心 C 且垂直于对称平面轴的转动惯量为 J_C，则有

$$\begin{aligned}\boldsymbol{F}_I &= -m\boldsymbol{a}_C \\ \boldsymbol{M}_{IC} &= -J_C\boldsymbol{\alpha}\end{aligned} \tag{13-10}$$

由式（13-10）可知：**在任一瞬时，平面运动刚体惯性力系向质心简化为在质量对称面内的一个力和一个力偶。其力通过质心，大小等于刚体的质量与加速度的乘积，方向与质心加速度方向相反；其力偶的力偶矩的大小等于刚体对通过质心且垂直于质量对称面的轴的转动惯量与刚体转动角加速度的乘积，其转向与转动角加速度转向相反。**

第三节　动 静 法 应 用

一、刚体系动力学问题

应用动静法求解刚体动力学问题时，必须根据刚体运动的类型，求出相应的惯性力系的简化结果，并将其正确地虚加在刚体上，然后建立主动力系、约束力系和惯性力系的平衡方程并求解。

【例 13-3】　图 13-10（a）所示质量为 m、半径为 R 的均质圆盘可绕轴 O 转动。已知 $OB = L$，圆盘初始静止，试用动静法求撤去 B 处约束瞬时，质心 C 的加速度和 O 处约束反力。

【解】　（1）运动与受力分析

圆盘在撤去 B 处约束瞬时，以角加速度 α 绕 O 轴作定轴转动，质心的加速度 $a_C = R\alpha$ 如图 13-10（b）所示，而此瞬时角速度 $\omega = 0$。可按定轴转动刚体惯性力系的简化结果，把惯性力画在图上。此外圆盘还受到重力、O 处约束力作用。

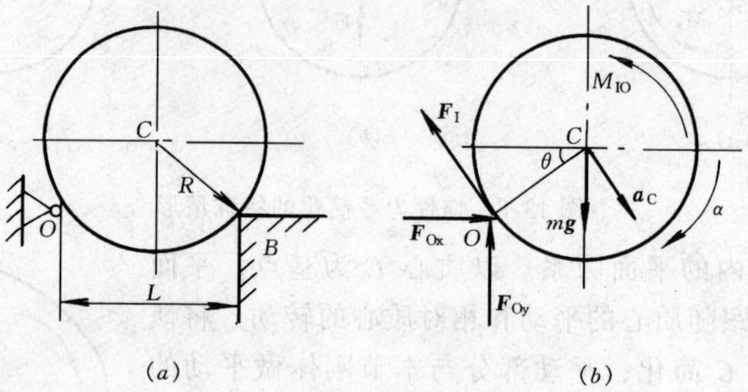

图 13-10　例 13-3 图

（2）确定惯性力

根据式（13-8）和（13-9），可知惯性力的大小为

$$F_I = ma_C$$

$$M_{IC} = J_O\alpha = \left(\frac{1}{2}mR^2 + mR^2\right)\frac{a_C}{R} = \frac{3}{2}mRa_C$$

（3）列平衡方程，求质心加速度及 O 处约束力

$$\sum M_O(\boldsymbol{F}) = 0 \qquad M_{IO} - mg\frac{L}{2} = 0$$

$$\sum F_x = 0 \qquad F_{Ox} - F_I\sin\theta = 0$$

$$\sum F_y = 0 \qquad F_{Oy} + F_I\cos\theta - mg = 0$$

其中 $\sin\theta = \dfrac{\sqrt{4R^2 - L^2}}{2R}$；$\cos\theta = \dfrac{L}{2R}$，解上述方程，得

$$a_C = \frac{gL}{3R}$$

$$F_{Ox} = \frac{mgL}{6R^2}\sqrt{4R^2 - L^2}$$

$$F_{Oy} = mg\left(1 - \frac{L^2}{6R^2}\right)$$

【例 13-4】　均质圆盘质量为 m_A，半径为 r。细长杆长 $l = 2r$，质量为 m。杆端 A 点与轮心为光滑铰接，如图 13-11（a）所示。如在 A 处加一水平拉力 $\boldsymbol{F}$，使轮沿水平面纯滚动。问：$\boldsymbol{F}$ 力多大能使杆的 B 端刚刚离开地面？又为保证纯滚动，轮与地面间的静滑动摩擦因数应为多大？

【解】　细杆刚要离开地面瞬时，仍为平动，地面 B 处约束力为零，设其加

速度为 a。杆承受的力并加上惯性力如图 13-11（b）所示，其中 $F_{IC}=ma$。列平衡方程为

$$\sum M_A(\boldsymbol{F})=0 \quad F_{IC}r\sin30^\circ - mgr\cos30^\circ=0$$

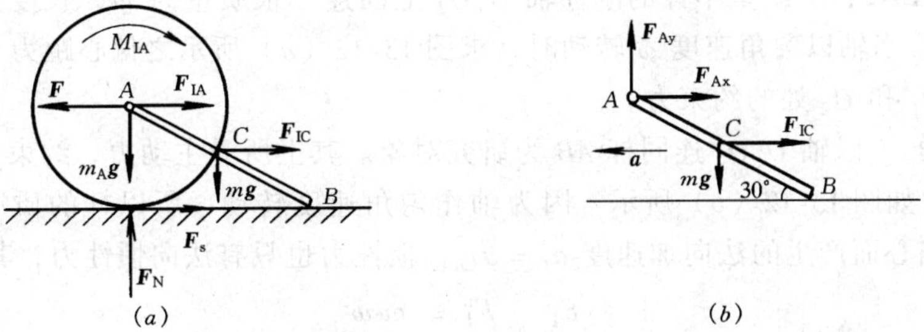

图 13-11　例 13-4 图

解出

$$a=\sqrt{3}g$$

整个系统承受的力并加上惯性力如图 13-11（a），其中 $F_{IA}=m_Aa$，$M_{IA}=\frac{1}{2}m_Ar^2\frac{a}{r}$。由平衡方程得

$$\sum F_y=0 \qquad F_N-(m_A+m)g=0$$

地面摩擦力

$$F_s\leqslant f_sF_N=f_s(m_A+m)g$$

为求摩擦力，应以圆轮为研究对象，由平衡方程得

$$\sum M_A(\boldsymbol{F})=0 \qquad F_sr-M_{IA}=0$$

解出

$$F_s=\frac{1}{2}m_Aa=\frac{\sqrt{3}}{2}m_Ag$$

由此，地面摩擦因数

$$f_s=\frac{F_s}{F_N}=\frac{\sqrt{3}m_A}{2(m_A+m)}$$

再以整个系统为研究对象，有

$$\sum F_x=0 \qquad F-F_{IA}-F_{IC}-F_s=0$$

解出

$$F=\left(\frac{3m_A}{2}+m\right)\sqrt{3}g$$

二、刚体定轴转动时的动约束力

绕定轴转动的刚体，若质心不在转动轴上（称为偏心），或者转轴与质量对

称平面不垂直（称为偏角）时，都会引起很大的动约束力。这是工程实际中的一个十分重要的问题。为了解决和处理这类问题，应用动静法，通过例题分析，来介绍动约束力的计算。

【例 13-5】 质量不计的刚性轴 O_1O_2 上固连一根质量为 m，长度为 l 的均质杆 AB。当轴以匀角速度 ω 转动时，求图 13-12（a）所示之偏心距为 e 的情况下轴承 O_1 和 O_2 处的约束力。

【解】 以轴 O_1O_2 连同杆 AB 为研究对象。其上所受主动力、约束力及虚加的惯性力如图 13-12（b）所示。因为轴作匀角速度转动，所以杆的质心加速度只有因偏心而产生的法向加速度 $\boldsymbol{a}_C=\boldsymbol{a}_{Cn}$，惯性力也只有法向惯性力，其大小为

$$F_I = F_I^n = me\omega^2$$

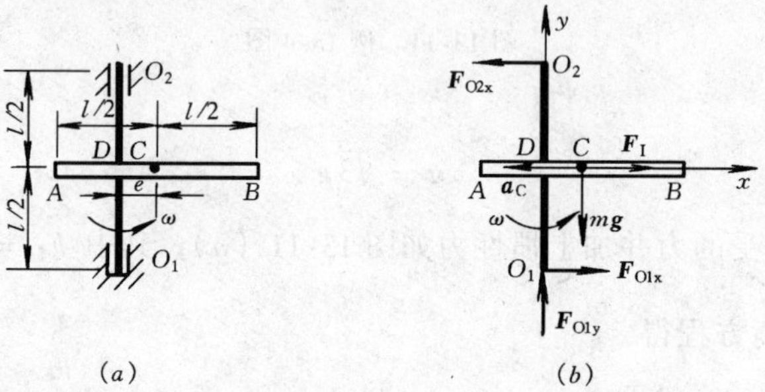

图 13-12 例 13-5 图

应用动静法列平衡方程，有

$$\sum M_{O_1}(\boldsymbol{F}) = 0 \quad F_{O_2x}l - mge - F_I\frac{l}{2} = 0$$

$$F_{O_2x} = \frac{e}{l}mg + \frac{1}{2}me\omega^2$$

$$\sum F_x = 0 \quad F_{O_1x} - F_{O_2x} + F_I = 0$$

$$F_{O_1x} = \frac{e}{l}mg - \frac{1}{2}me\omega^2$$

$$\sum F_y = 0 \quad F_{O_1y} - mg = 0$$

$$F_{O_1y} = mg$$

上述结果表明：轴承约束力一般由两部分组成，一部分由作用在刚体上的主动力如重力 mg 引起，称为**静约束力或静反力**，静反力在刚体静止时已经存在。另一部分由惯性力系引起，称为**附加动约束力或动反力**，动反力只有在刚体转动时才出现，而且可能在很高的转速（ω）下达到很大的数值（与 ω 的平方成正比）。

【例 13-6】　两个质量均为 m 的小球由长为 $2l$ 质量不计的细杆连接，杆的中点 C 焊接在质量不计的铅垂轴 AB 的中点，并以匀角速度 ω 绕 AB 轴转动（图 13-13a）。已知 $AB=h$，细杆与转轴的夹角为 θ。试求系统运动到图示位置时，轴承 A 和 B 的约束力。

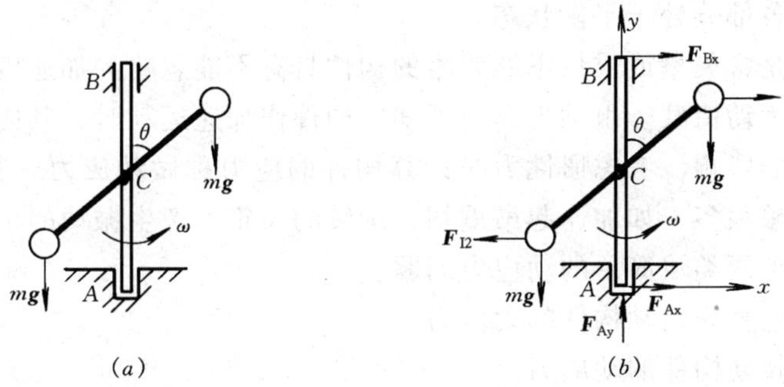

图 13-13　例 13-6 图

【解】　取两个小球、细杆和转轴为研究对象，将两个小球视为质点，它们绕轴 AB 作匀速圆周运动。其加速度只有水平指向转轴的法向加速度。由于不计杆件质量，所有研究对象的受力如图 13-13（b）所示。其中两个小球惯性力的大小为

$$F_{I1}=F_{I2}=ml\sin\theta\omega^2$$

应用动静法列平衡方程，有

$$\sum F_x=0\quad F_{Ax}+F_{Bx}+F_{I1}-F_{I2}=0$$

$$F_{Ax}=-F_{Bx}$$

$$\sum F_y=0\quad F_{Ay}-2mg=0$$

$$F_{Ay}=2mg$$

$$\sum M_A(\boldsymbol{F})=0\quad mgl\sin\theta-mgl\sin\theta-F_{Bx}h+F_{I2}\left(\frac{h}{2}-l\cos\theta\right)-F_{I1}\left(\frac{h}{2}+l\cos\theta\right)=0$$

$$F_{Ax}=-F_{Bx}=\frac{ml^2\omega^2\sin2\theta}{h}$$

本例中 A、B 轴承处的水平约束力均为动约束力。

在工程实际中，高速转动机械中轴承的附加动约束力会引起机械的振动，有时会引起机械的非正常运转，因此如何有效地抑制和消除转动机械中的附加动反力，往往是人们普遍关心的问题。消除的方法，首先是尽量减少偏心和偏角，即机械在设计、制造和安装时尽可能使转动轴垂直于转动构件的质量对称平面并通过其质心；然后是通过动平衡的方法，即在刚体的适当位置上减去或添加一定的质量，最终消除动反力。

三、弹性杆件的动应力

在弹性静力分析中主要讨论构件在静荷载作用下的内力、应力、变形及相关的强度、刚度和稳定问题。所谓静荷载是指荷载由零按一定比例缓慢地逐级增加到最终数值，从而使构件上各点的速度、加速度可以忽略不计的荷载。在静荷载作用下，构件各部分处于平衡状态。

当荷载不是常矢量或质量不能忽略的构件具有不能忽略的加速度时所产生的惯性力，都称为**动荷载**。由动力学原理知，构件作加速运动时，其内力、应力必然受到惯性力的影响，考虑惯性力时计算构件的应力称做**动应力**。实际工程中，动力荷载的现象很多，如加速起吊重物、旋转的飞轮、产生振动的机器等。我们将通过例题讨论两类较简单的动应力问题。

- 作匀加速直线运动构件的动应力。
- 作定轴转动构件的动应力。

【例 13-7】 一长度 $l = 12\text{m}$ 的 16 号工字钢，用横截面面积 $A = 108\text{mm}^2$ 的钢索吊起，并以等加速度 $a = 10\text{m/s}^2$ 上升，如图 13-14（a）所示。若只考虑工字钢的重量而不计吊索自重，试求吊索的动应力，以及工字钢在危险点处的动应力。

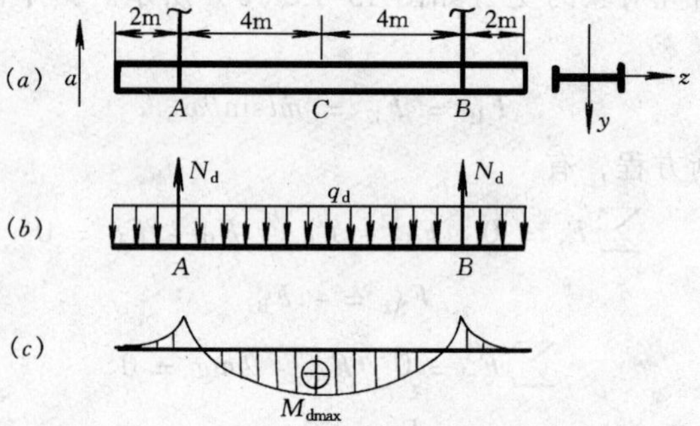

图 13-14 例 13-7 图

【解】 由于工字钢有向上的加速度，根据动静法，可将集度为 $q_d = \dfrac{A\gamma a}{g}$ 的惯性力加在工字钢上（图 13-14b），其中 $A\gamma = q_s$ 为工字钢每单位长度的重量，由型钢表查得 $q_s = 201.1\text{N/m}$，于是有

$$q_d = q_s \times \frac{a}{g} = 201.1 \times \frac{10}{9.8} = 205\text{N/m}$$

由于工字钢的自重和惯性力都铅垂向下，所以工字钢上总的均布力集度为

$$q = q_s + q_d = 201.1 + 205 = 406.1\text{N/m}$$

由对称关系可知，两吊索的张力 N_d（图 13-14b）相等，其值可由平衡方程式

$$\sum F_y = 0, \quad 2N_d - ql = 0$$

求得

$$N_d = \frac{1}{2}ql = \frac{1}{2} \times 406.1 \times 12 = 2436.6\text{N}$$

则吊索的动应力为

$$\sigma_d = \frac{N_d}{A} = \frac{2436.6}{108} = 22.6\text{MPa}$$

为计算工字钢危险点处的动应力，先确定最大弯矩。根据外伸梁沿全长受均布荷载作用下的弯矩图（图 13-14c）可知，最大弯矩产生在梁跨中点截面 C 处，其值为

$$M_{\text{dmax}} = \frac{N_d l}{3} - \frac{ql^2}{8} = \frac{ql^2}{24} = 6q = 6 \times 406.1 = 2436.6\text{N} \cdot \text{m}$$

由型钢表查得 16 号工字钢的 $W_z = 21.2 \times 10^{-6}\text{m}^3$，则在横截面上、下边缘，即梁的危险点处的动应力为

$$\sigma_{\text{dmax}} = \frac{M_{\text{dmax}}}{W_z} = \frac{2436.6}{21.2 \times 10^{-6}} = 114.9 \times 10^6\text{Pa} = 114.9\text{MPa}$$

从此例题中可以看出，动应力大约是静应力的两倍。

【例 13-8】　图 13-15（a）所示质量为 m、长度为 l 的均质等截面直杆 OB，从铅垂位置绕 O 轴自由倒下。试求①D 截面处的内力；②b 为多大时，截面处弯矩最大；③若 OB 是直径为 d 的圆截面杆，试求弯矩最大截面处由动弯矩产生的最大动应力。

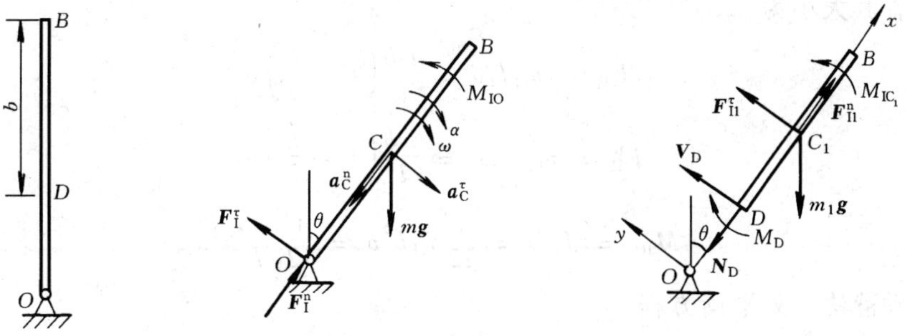

图 13-15　例 13-8 图

【解】　设 OB 杆倒至与铅垂线夹角为 θ 时，角速度和角加速度分别为 ω、α，则其惯性力如图 13-15（b）所示。

（1）求杆的角速度及角加速度

图 13-15（b）中杆的惯性力可按式（13-8）、（13-9）计算

$$F_{\mathrm{I}}^{\tau} = m\frac{l}{2}\alpha$$

$$F_{\mathrm{I}}^{\mathrm{n}} = m\frac{l}{2}\omega^2$$

$$M_{\mathrm{IO}} = J_{\mathrm{O}}\alpha = \frac{1}{3}ml^2\alpha$$

应用动静法，列平衡方程

$$\sum M_{\mathrm{O}}(\boldsymbol{F}) = 0, M_{\mathrm{IO}} - mg\frac{1}{2}\sin\theta = 0$$

$$\frac{1}{3}ml^2\alpha = \frac{1}{2}mg\sin\theta, \alpha = \frac{3g}{2l}\sin\theta \tag{1}$$

将角加速度的表达式分离变量后积分，求出角速度。即

$$\alpha = \frac{\mathrm{d}\omega}{\mathrm{d}t} = \frac{\mathrm{d}\omega}{\mathrm{d}\theta}\cdot\frac{\mathrm{d}\theta}{\mathrm{d}t} = \frac{\omega\mathrm{d}\omega}{\mathrm{d}\theta}$$

$$\int_0^{\omega}\omega\mathrm{d}\omega = \int_0^{\theta}\frac{3g}{2l}\sin\theta\mathrm{d}\theta$$

$$\omega = \sqrt{\frac{3g}{l}(1-\cos\theta)} \tag{2}$$

（2）求 D 截面处的内力

将 OB 杆视为弹性构件，为求 D 截面处的内力，可将杆从 D 截面处截开，取 DB 段作为研究对象，D 截面上的内力有轴力 N_{D}、剪力 V_{D} 和弯矩 M_{D}。BD 段质量为 $m_1 = mb/l$，质心在 C_1 处，且 $OC_1 = l_1 = l - b/2$，则该段上惯性力系简化为作用在质心上的切向、法向惯性力 $\boldsymbol{F}_{\mathrm{I1}}^{\tau}$、$\boldsymbol{F}_{\mathrm{I1}}^{\mathrm{n}}$ 和惯性力偶 $M_{\mathrm{IC_1}}$，如图 13-15（c）所示，其大小为

$$F_{\mathrm{I1}}^{\tau} = m_1 l_1\alpha = \frac{mb}{l}\left(l - \frac{b}{2}\right)\alpha$$

$$F_{\mathrm{I1}}^{\mathrm{n}} = m_1 l_1\omega^2 = \frac{mb}{l}\left(l - \frac{b}{2}\right)\omega^2$$

$$M_{\mathrm{IC_1}} = J_{\mathrm{C_1}}\alpha = \frac{1}{12}m_1 b^2\alpha = \frac{1}{12}\frac{mb}{l}b^2\alpha$$

应用动静法，列平衡方程

$$\sum M_{\mathrm{D}}(\boldsymbol{F}) = 0, \quad M_{\mathrm{IC_1}} + F_{\mathrm{I1}}^{\tau}\frac{b}{2} - m_1 g\frac{b}{2}\sin\theta - M_{\mathrm{D}} = 0$$

弯矩为

$$M_{\mathrm{D}} = \frac{1}{12}\frac{mb}{l}b^2\alpha + \frac{mb}{l}\left(l - \frac{b}{2}\right)\alpha\frac{b}{2} - \frac{mb}{l}g\frac{b}{2}\sin\theta \tag{3}$$

$$\sum F_{\mathrm{x}} = 0, \qquad F_{\mathrm{I1}}^{\mathrm{n}} - m_1 g\cos\theta - N_{\mathrm{D}} = 0$$

轴力为

$$N_D = \frac{mb}{l}\left(l - \frac{b}{2}\right)\omega^2 - \frac{mb}{l}g\cos\theta \tag{4}$$

$$\sum F_y = 0, \qquad F_{I1}^{\tau} - m_1 g\sin\theta + V_D = 0$$

剪力为

$$V_D = -\frac{mb}{l}\left(l - \frac{b}{2}\right)\alpha + \frac{mb}{l}g\sin\theta \tag{5}$$

此弯矩、轴力和剪力均与角速度或角加速度有关，是因为杆件的转动而产生的，故称为动内力。

(3) 求弯矩最大截面处的位置（b 值）

弯矩最大时有

$$\frac{dM_D}{db} = 0$$

将式 (3) 代入上式，有

$$\frac{dM_D}{db} = \frac{1}{4}\frac{m}{l}b^2\alpha + \frac{m}{l}\left(lb - \frac{3}{4}b^2\right)\alpha - \frac{m}{l}gb\sin\theta = 0$$

将式 (1) 中角加速度 α 的值代入上式，得

$$b = \frac{2}{3}l$$

此时，最大动弯矩为

$$\begin{aligned} M_{Dmax} &= \frac{1}{12}\frac{m}{l}\frac{8}{27}l^3\alpha + \frac{m}{l}\frac{4}{27}l^3\alpha - \frac{m}{l}\frac{4}{18}l^2 g\sin\theta \\ &= \frac{14}{81}ml^2\alpha - \frac{2}{9}mgl\sin\theta = \frac{1}{27}mgl\sin\theta \end{aligned}$$

(4) 弯矩最大截面处由动弯矩产生的最大动应力

$$\sigma_{dmax} = \frac{M_{Dmax}}{W_z} = \frac{\frac{1}{27}mgl\sin\theta}{\frac{\pi d^3}{32}} = \frac{32\,mgl\sin\theta}{27\,d^3}$$

小　　结

一、惯性力的概念

(1) 惯性力是物体在力作用下被迫改变其运动状态时，由于物体具有保持其原运动状态不变的惯性而产生的对施力物体的抵抗力。质点的惯性力并不作用在质点本身，而是作用在使其改变运动状态的物体上。

(2) 质点的惯性力定义为质点的质量 m 与加速度 $\boldsymbol{a}$ 的乘积，方向与加速度方向相反，即

$$\boldsymbol{F}_I = -m\boldsymbol{a}$$

二、本章的主要方法和方程列于下表

动静法的主要方程 **表 13-1**

<table>
<tr><th colspan="2">方法</th><th>方程或表达式</th><th colspan="2">备 注</th></tr>
<tr><td colspan="2">质点的动静法</td><td>$\boldsymbol{F}+\boldsymbol{F}_{\mathrm{N}}+\boldsymbol{F}_{\mathrm{I}}=0$</td><td colspan="2" rowspan="2">由牛顿第二定律推出，只具有平衡方程的形式，而没有平衡的实质。特别适用于已知质点（系）的运动求约束力的情形。对质点系的动静法，只需考虑外力的作用</td></tr>
<tr><td colspan="2">质点系的动静法</td><td>$\sum_{i=1}^{n}\boldsymbol{F}_i+\sum_{i=1}^{n}\boldsymbol{F}_{\mathrm{N}i}+\sum_{i=1}^{n}\boldsymbol{F}_{\mathrm{I}i}=0$
$\sum_{i=1}^{n}\boldsymbol{M}_{\mathrm{O}}(\boldsymbol{F}_i)+\sum_{i=1}^{n}\boldsymbol{M}_{\mathrm{O}}(\boldsymbol{F}_{\mathrm{N}i})+\sum_{i=1}^{n}\boldsymbol{M}_{\mathrm{O}}(\boldsymbol{F}_{\mathrm{I}i})=0$</td></tr>
<tr><td rowspan="4">刚体惯性力系简化</td><td>平动刚体</td><td>$\boldsymbol{F}_{\mathrm{I}}=-m\boldsymbol{a}_{\mathrm{C}}$
$M_{\mathrm{IC}}=0$</td><td colspan="2">惯性力合力的作用点在质心。适用于任意形状的刚体</td></tr>
<tr><td rowspan="2">定轴转动刚体</td><td>$\boldsymbol{F}_{\mathrm{I}}=-m\boldsymbol{a}_{\mathrm{C}}$
$M_{\mathrm{IO}}=-J_{\mathrm{O}}\alpha$</td><td>惯性力的作用点在转动轴 O 处</td><td rowspan="2">只适用于转动轴垂直于质量对称平面的刚体</td></tr>
<tr><td>$\boldsymbol{F}_{\mathrm{I}}=-m\boldsymbol{a}_{\mathrm{C}}$
$M_{\mathrm{IC}}=-J_{\mathrm{C}}\alpha$</td><td>惯性力的作用点在质心 C 处</td></tr>
<tr><td>平面运动刚体</td><td>$\boldsymbol{F}_{\mathrm{I}}=-m\boldsymbol{a}_{\mathrm{C}}$
$M_{\mathrm{IC}}=-J_{\mathrm{C}}\alpha$</td><td colspan="2">惯性力的作用点在质心 C 处。适用于有对称平面的刚体</td></tr>
</table>

三、轴承动约束力为零的条件

使转动轴垂直于转动构件的质量对称平面并通过其质心。

四、动静法应用要点

(1) 应用动静法解题的步骤是，首先选取研究对象，画出其受力图；其次是分析研究对象的运动，确定惯性力并将其画在受力图上；最后是列平衡方程，求解未知量。

(2) 因为动静法是采用静力平衡方程求解未知量，故未知量的数目不能超过独立的平衡方程数。未知量中包括速度、加速度、角速度、角加速度、约束力等，若未知量数目超过了独立的平衡方程数，则需要建立补充方程，在多数情况下，是建立运动学的补充方程。

(3) 当单独使用动静法解题出现计算上的困难（如需解微分方程）时，由于质点系的动静法实际是动量定理、动量矩定理的另一种表达形式，故可联合应用动静法与动能定理求解质点系的动力学问题。

(4) 对于约束瞬时突然改变的情况，应用动静法求解运动及约束力的问题尤为有效。

思 考 题

13-1 在图 13-16 所示平面机构中，$AC\parallel BD$，且 $AC=BD=d$，均质杆 AB 的质量为 m，长为 l。AB 杆惯性力系简化结果是什么？

13-2 物体系统由质量分别为 m_{A} 和 m_{B} 的两物体 A 和 B 组成，放置在光滑水平面上。若在此系统上作用一力 $\boldsymbol{F}$，如图 13-17 所示。试用动静法说明两物体 A 和 B 之间相互作用力的

大小是否为 F。

13-3　图 13-18 所示长为 l、质量为 m 的均质杆 OA 在水平面内绕轴 O 做定轴转动，其转动的角速度 ω 与角加速度 α 均为已知。试判断图（a）和图（b）两种惯性力简化结果正确与否。

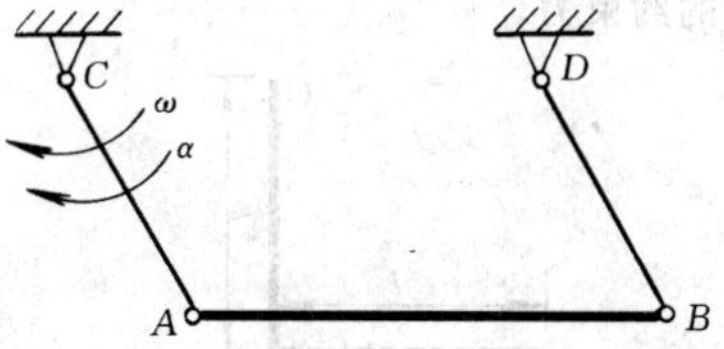

图 13-16

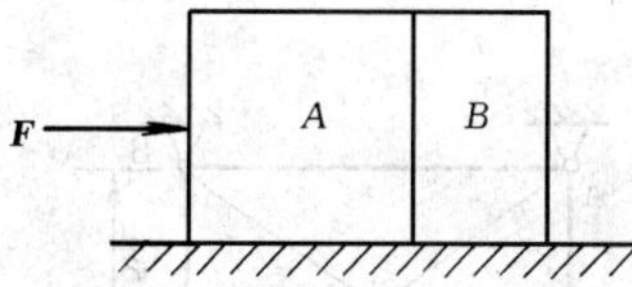

图 13-17

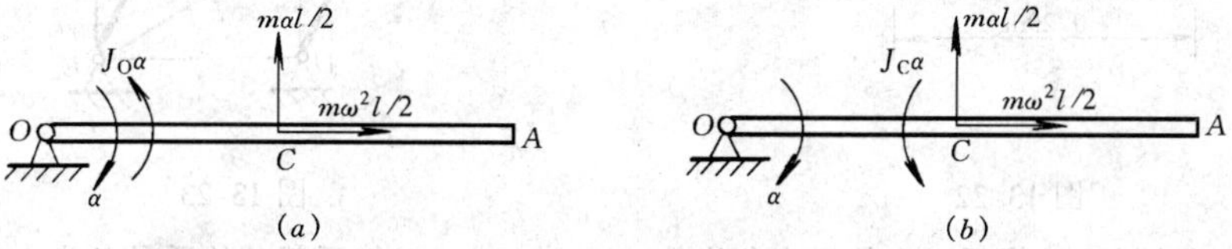

图 13-18

13-4　图 13-19 所示为做平面运动刚体的质量对称平面，其角速度为 ω，角加速度为 α，质量为 m，对通过平面上任一点 A（非质心 C）、且垂直于对称平面轴的转动惯量为 J_A。若将刚体的惯性力向该点简化，试分析图示结果是否正确。

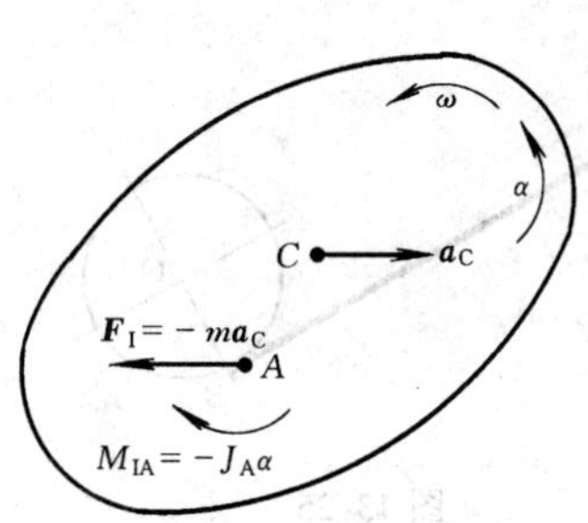

图 13-19

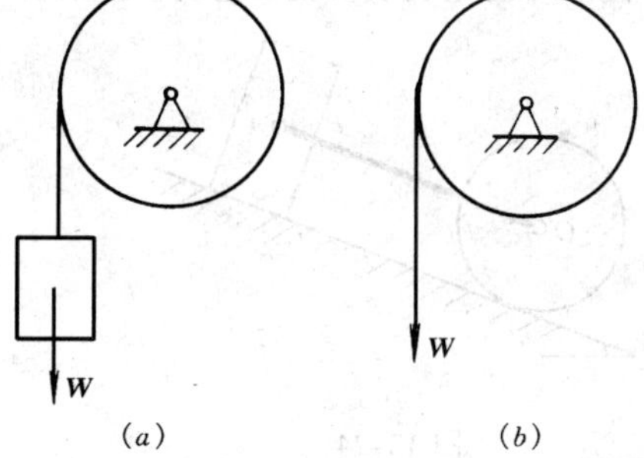

图 13-20

13-5　图 13-20 所示两种情形的定滑轮质量均为 m，半径均为 r。图（a）中物块重为 W，图（b）中绳所受拉力为 W。试分析两种情形下定滑轮的角加速度、轴承处的约束反力和绳中拉力是否相同。

13-6　图 13-21 所示两只沿水平面滚下滑的轮子质量均为 m，半径均为 r。图（a）中轮上作用一力偶 M；图（b）中轮心 C 作用一力 F，且 $F=M/r$。试分析两种情形下轮心 C

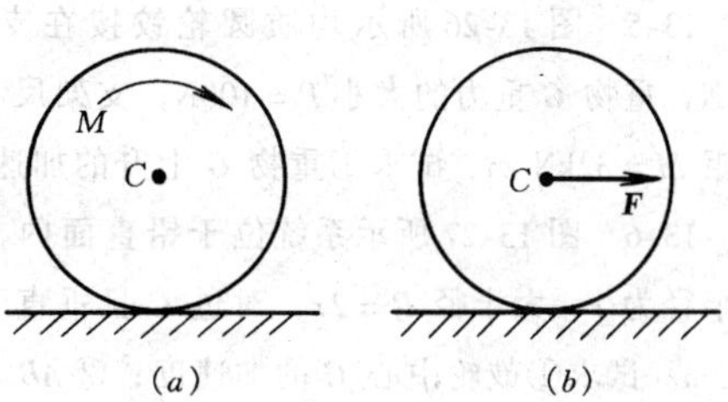

图 13-21

的加速度、接触面的摩擦力是否相同。

习　题

13-1　矩形均质平板尺寸如图 13-22 所示，质量 27kg，由两个销子 A、B 悬挂。若突然撤去销子 B，求在撤去的瞬时平板的角加速度和销子 A 的约束力。

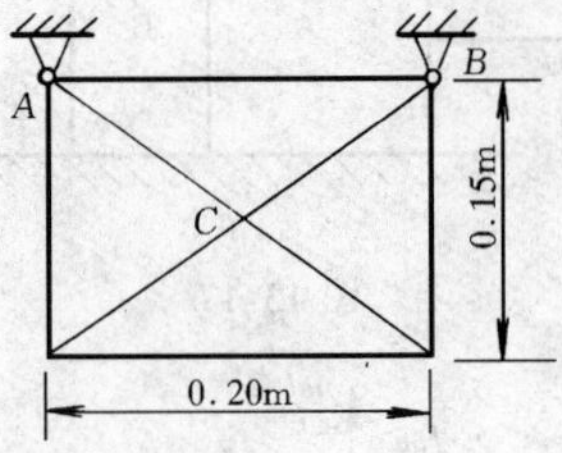

图 13-22

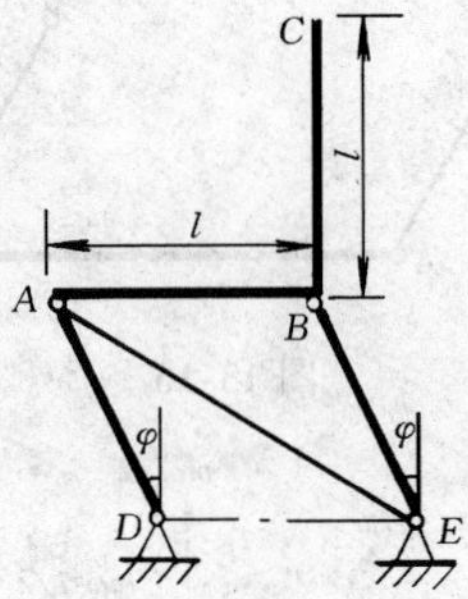

图 13-23

13-2　如图 13-23 所示，在均质直角构件 ABC 中，AB、BC 两部分的质量各为 3.0kg，用连杆 AD、DE 以及绳子 AE 保持在图示位置。若突然剪断绳子，求此瞬时连杆 AD、BE 所受的力。连杆的质量忽略不计，已知 $l=1.0\text{m}$，$\varphi=30°$。

13-3　图 13-24 所示均质圆轮 O 沿斜面作纯滚动，用平行于斜面的无重刚杆与滑块 A 铰接。已知轮半径为 r，轮与滑块质量均为 m，斜面倾角为 θ，与滑块间的动摩擦因数为 f，不计滚动摩擦。试求①滑块 A 的加速度；②杆 OA 所受的力。

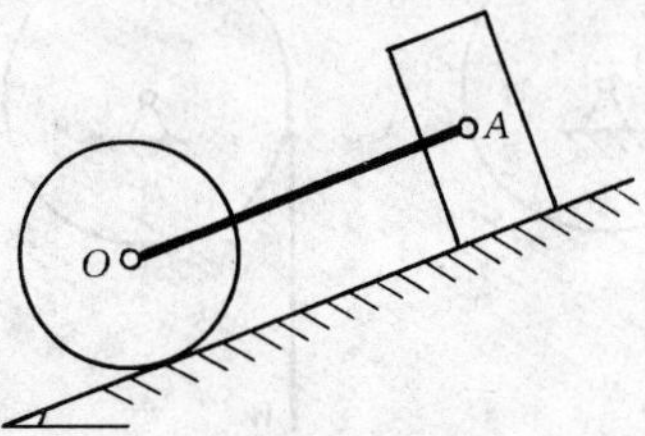

图 13-24

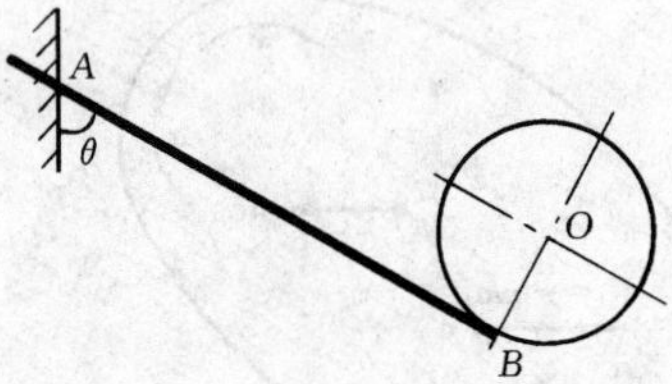

图 13-25

13-4　图 13-25 所示均质圆轮在无重悬臂梁上做纯滚动。已知圆轮半径 $R=10\text{cm}$、质量 $m=18\text{kg}$，AB 长 $l=80\text{cm}$，倾角 $\theta=60°$。求圆轮到达 B 端瞬时，A 端的约束力。

13-5　图 13-26 所示均质圆轮铰接在支架上。已知轮半径 $r=0.1\text{m}$、重力的大小 $Q=20\text{kN}$，重物 G 重力的大小 $P=100\text{N}$，支架尺寸 $l=0.3\text{m}$，不计支架质量，轮上作用一常力偶，其矩 $M=32\text{kN}\cdot\text{m}$。试求①重物 G 上升的加速度；②支座 B 的约束力。

13-6　图 13-27 所示系统位于铅直面内，由鼓轮 C 与重物 A 组成。已知鼓轮质量为 m，小半径为 r，大半径 $R=2r$，对过 C 且垂直于鼓轮平面的轴的回转半径 $\rho=1.5r$，重物 A 质量为 $2m$。试求①鼓轮中心 C 的加速度；②AB 段绳与 DE 段绳的张力。

13-7　图 13-28 所示小车在 $\boldsymbol{F}$ 力作用下沿水平直线行驶，均质细杆 A 端铰接在小车上，另一端靠在车的光滑竖直壁上。已知杆质量 $m=5\text{kg}$，倾角 $\theta=30°$，车的质量 $M=50\text{kg}$。车轮质量及地面与车轮间的摩擦不计。试求水平力 $\boldsymbol{F}$ 多大时，杆 B 端的受力为零。

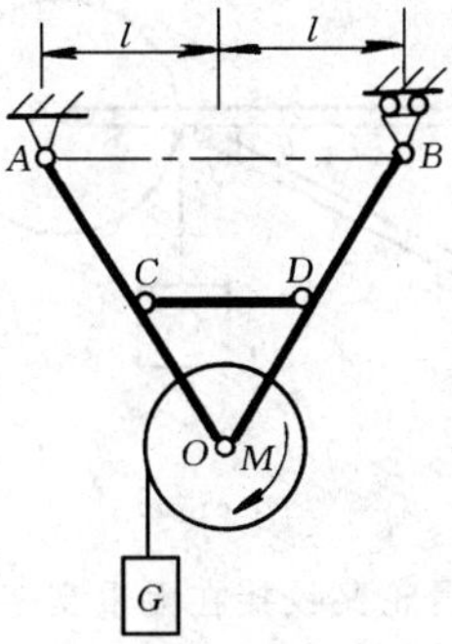

图 13-26

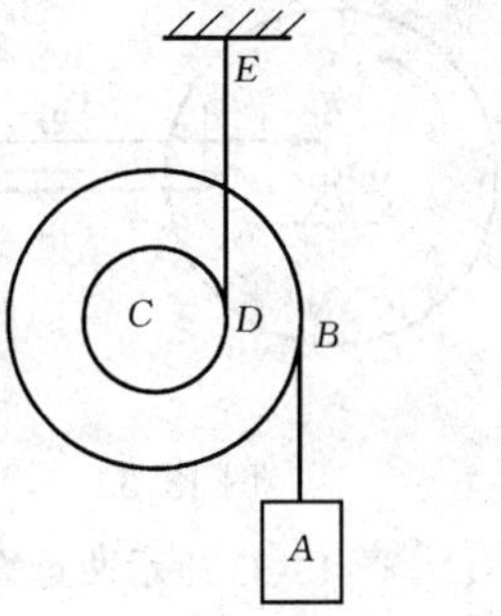

图 13-27

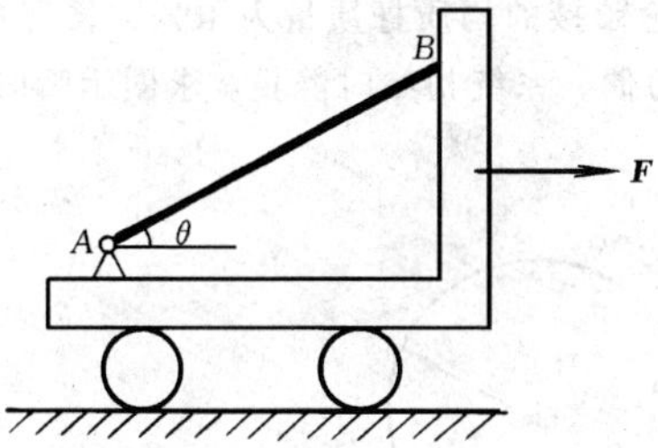

图 13-28

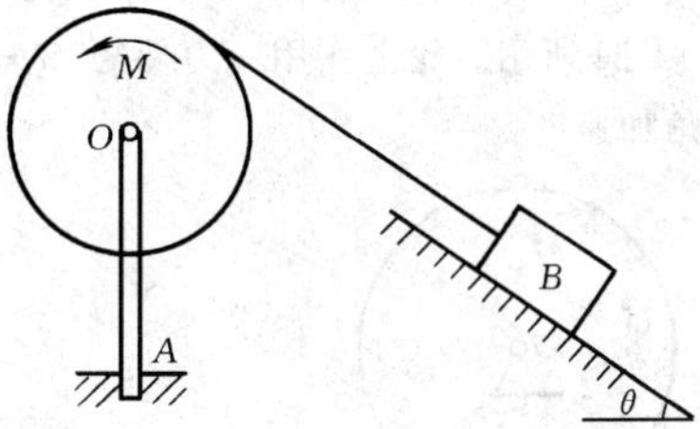

图 13-29

13-8　图 13-29 所示均质定滑轮铰接在铅直无重的悬臂梁上，用绳与滑块相接。已知轮半径为 1m、重力的大小为 20kN，滑块重力的大小为 10kN，梁长为 2m，斜面倾角 $\tan\theta=3/4$，动摩擦因数为 0.1。若在轮 O 上作用一常力偶矩 $M=10\text{kN}\cdot\text{m}$。试求①滑块 B 上升的加速度；② A 处的约束力。

13-9　图 13-30 所示系统位于铅直面内，由均质细杆及均质圆盘铰接而成。已知杆长为 l、质量为 m，圆盘半径为 r、质量亦为 m。试求杆在 $\theta=30°$ 位置开始运动瞬时：①杆 AB 的角加速度；②支座 A 处的约束力。

13-10　图 13-31 所示丁字杆 $OABC$ 的 OA 及 BC 段质量均为 $m/2$，且 $AC=AB=OA/2=l$，丁字杆初始静止（OA 水平），试求剪断 C 处吊索瞬时，杆的角加速度和 O 处约束反力。

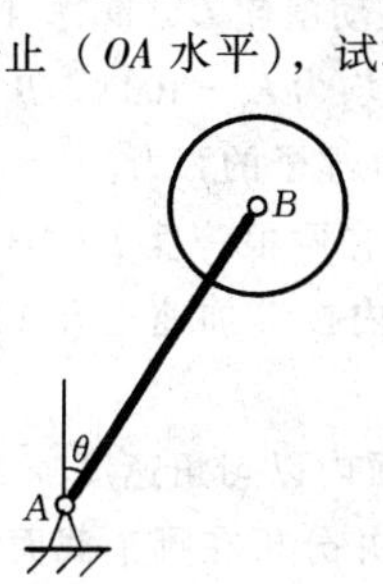

图 13-30

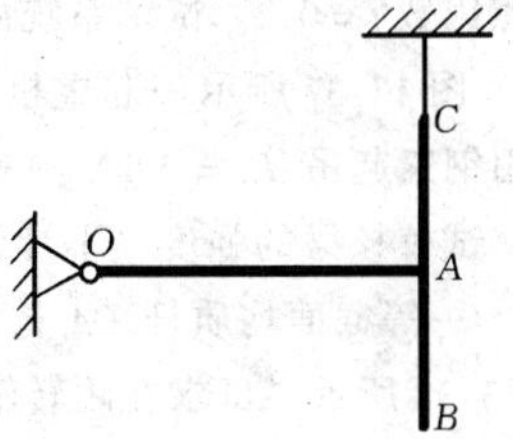

图 13-31

13-11 杆 AB 和 BC 其单位长度的质量为 m，铰接如图 13-32 所示。圆盘在铅垂平面内绕 O 轴做匀角速转动。求在图示位置时，作用在 AB 杆上 A 点和 B 点的力。

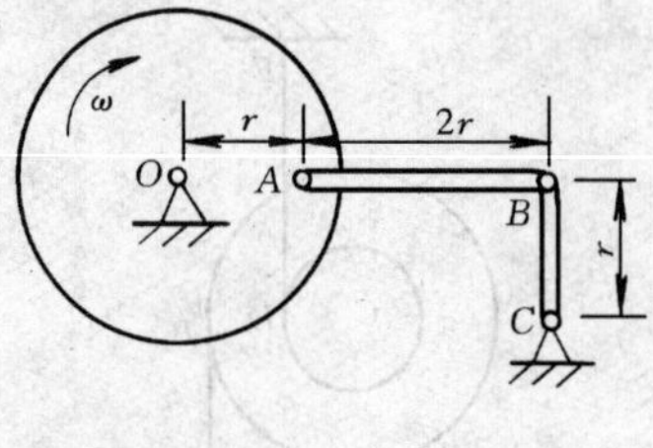

图 13-32

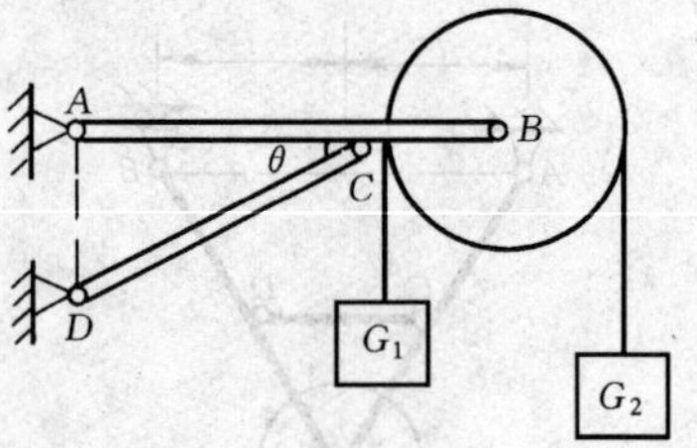

图 13-33

13-12 图 13-33 所示两重物通过无重滑轮用绳连接，滑轮又铰接在无重支架上。已知物 G_1、G_2 的质量分别为 $m_1=50\text{kg}$，$m_2=70\text{kg}$，杆 AB 长 $l_1=120\text{cm}$，A、C 间的距离 $l_2=80\text{cm}$，夹角 $\theta=30°$。试求杆 CD 所受的力。

13-13 均质轮质量为 20kg，半径为 0.45m；与轮铰接的均质杆质量为 10kg，长为 0.2m，如图 13-34 所示。轮上作用一力偶矩 $M=20\text{N·m}$ 的力偶，系统初始时静止。求图示瞬时轮和杆的角加速度。

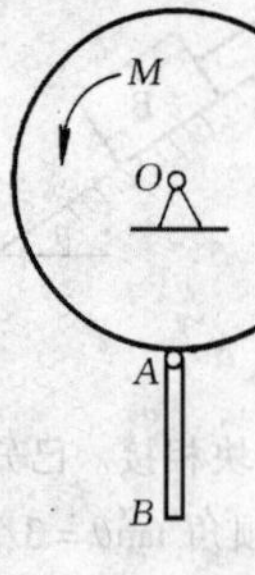

图 13-34

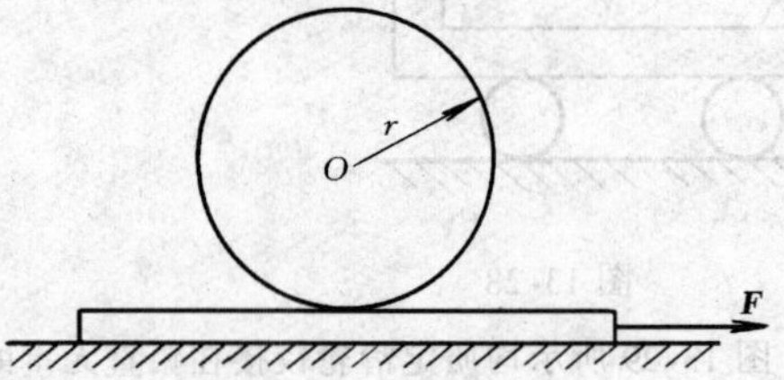

图 13-35

13-14 如图 13-35 所示，重力的大小为 100N 的平板置于水平面上，其间的摩擦因数 $f=0.20$，板上有一重力的大小为 300N，半径为 20cm 的均质圆柱。圆柱与板之间无相对滑动，滚动摩阻可略去不计。若平板上作用一水平力 $F=200\text{N}$。求平板的加速度以及圆柱相对于平板滚动的角加速度。

13-15 图 13-36 所示系统由不计质量的定滑轮 O 和均质动滑轮 C、重物 A、B 用绳连接而成。已知轮 C 重力的大小 $F_Q=200\text{N}$，物 A、B 重力的大小均为 $F_p=100\text{N}$，B 与水平支承面间的静摩擦因数 $f=0.2$。试求系统由静止开始运动瞬时，D 处绳子的张力。

13-16 图 13-37 所示一起重机重力的大小 $F_Q=5\text{kN}$，装在两根跨度 $l=4\text{m}$ 的 20a 号工字钢梁上，用钢索起吊 $F_p=50\text{kN}$ 的重物。该重物在前 3 秒钟内按等加速上升 10m。已知 $[\sigma]=170\text{MPa}$，试校核梁的强度（不计梁和钢索的自重）。

13-17 一等截面均质杆 OA 长为 l、质量为 m，在水平面内以匀角速度 ω 绕铅直轴 O 转动，如图 13-38 所示。试求在距转轴 h 处断面上的轴向力，并分析在哪个截面上的轴向力最大？

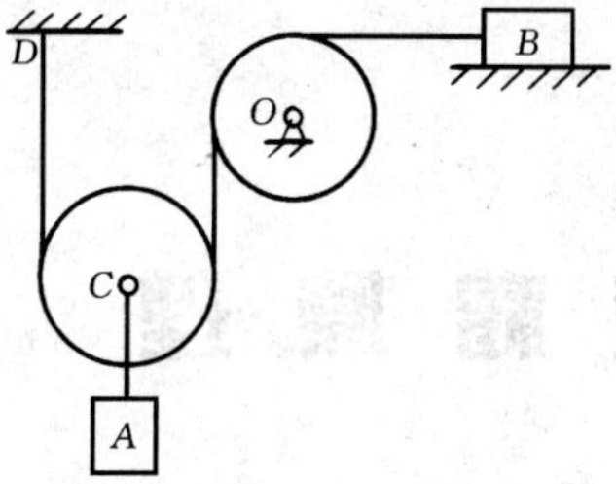

图 13-36

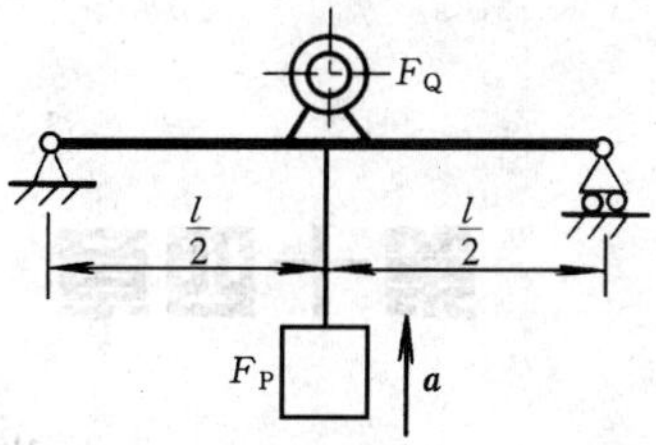

图 13-37

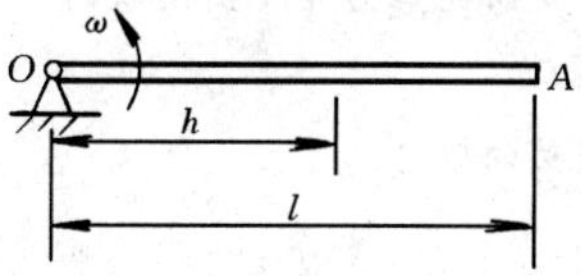

图 13-38

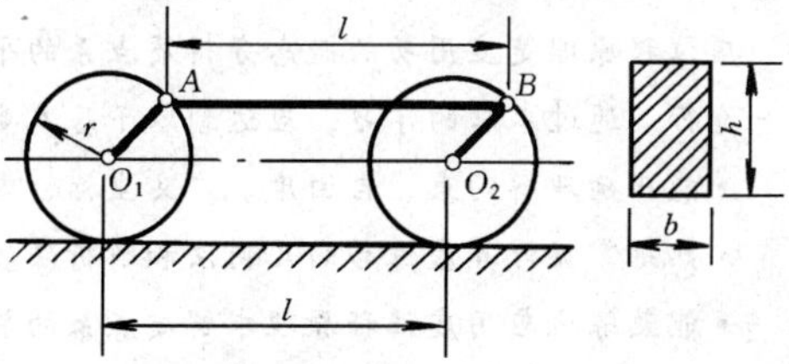

图 13-39

13-18　图 13-39 所示机车车轮以等角速 $n = 300\text{r/min}$ 沿水平面做纯滚动，两轮之间的连杆 AB 其横截面为矩形，$h = 56\text{mm}$，$b = 28\text{mm}$；又 $l = 2\text{m}$，$r = 250\text{mm}$。杆 AB 的容重为 $\gamma = 76\text{kN/m}^3$。试求连杆 AB 横截面上的最大弯曲正应力。

第十四章　虚位移原理

学习要点

虚位移原理是应用功的概念分析质点系的平衡问题，是研究静力学平衡问题的另一途径。通过本章的学习，应达到以下基本要求：

- 能正确理解约束、自由度、广义坐标、虚位移和虚功的概念。
- 熟练掌握计算虚位移的几何法和解析法。
- 能熟练地应用虚位移原理求解质点系的静力平衡问题。

在静力学中，利用力系的平衡条件解决了质点、刚体和刚体系的平衡问题。但这些平衡条件对于一般非自由质点系（质点、刚体和刚体系都是质点系的特例）来说，由于其中各质点间的位置可以改变而成为不充分条件。

虚位移原理体现了非自由质点系平衡的一般规律，它给出了任一非自由质点系平衡的必要与充分条件。虚位移原理是静力学的普遍原理，质点、刚体和刚体系的平衡条件都可以应用该原理导出。

在刚体静力学中，仅从作用于刚体上的力系简化结果就得出了刚体的平衡条件。而非自由质点系中各质点的相对位置会在不同约束条件的限制下产生一定的改变，所以在讨论平衡条件时，不能只考虑作用于质点系上的力，必须首先研究约束对质点系运动的影响以及质点系中各质点所可能发生的位移等等。

第一节　约束及其分类

一、约束与约束方程

非自由质点系是质点的运动受到某些限制的质点系。在研究刚体的平衡时，我们把限制物体位移的条件称为约束，而且这种条件表现为限制所研究物体位移的其他物体，约束的作用表现为约束力。对于非自由质点系，将着重从运动的角度来研究质点系运动的限制条件，**把对质点系位置或速度的限制条件称为约束**，并用数学方程来表示，称为**约束方程**。

图 14-1（a）中所示为在 xy 平面内运动的单摆，无重刚杆长为 l，其运动限制条件是 M 点至 O 点距离不变，约束方程可表示为

$$x^2 + y^2 = l^2 \tag{14-1}$$

若将图 14-1（a）中单摆的刚杆换成长度为 l 且不可伸长的绳索（图 14-1b），其约束方程应表示为

$$x^2 + y^2 \leqslant l^2 \tag{14-2}$$

再若单摆的摆长可按给出的时间 t 的函数改变（图 14-1c），即 $l = l(t)$，则约束方程可表示为

$$x^2 + y^2 = l^2(t) \tag{14-3}$$

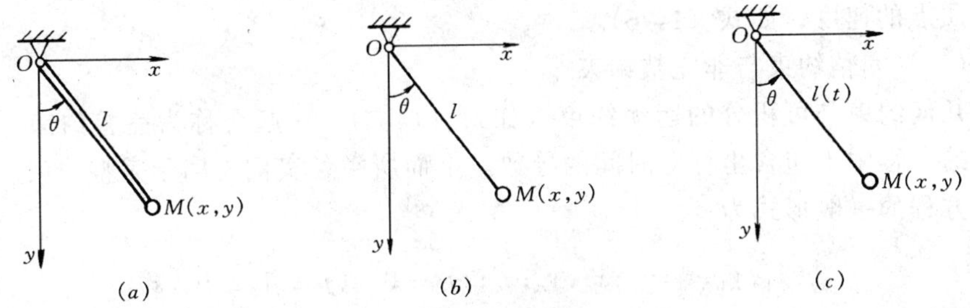

图 14-1　单摆

又如图 14-2 中所示在 xy 平面内运动的双复摆，其运动限制条件为 M_1 至 O 的距离不变及 M_1 与 M_2 之间的距离不变，其约束方程为

$$\left.\begin{aligned} x_1^2 + y_1^2 &= l_1^2 \\ (x_2 - x_1)^2 + (y_2 - y_1)^2 &= l_2^2 \end{aligned}\right\} \tag{14-4}$$

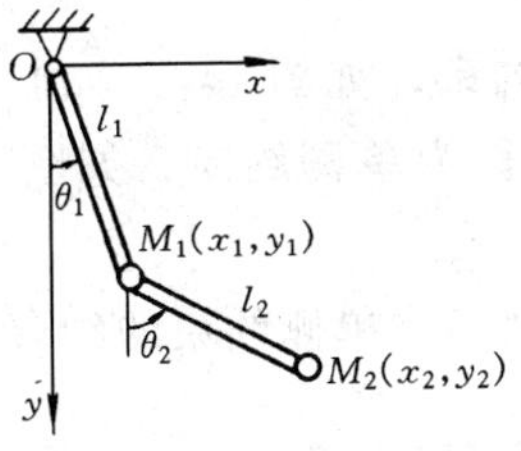

图 14-2　双复摆

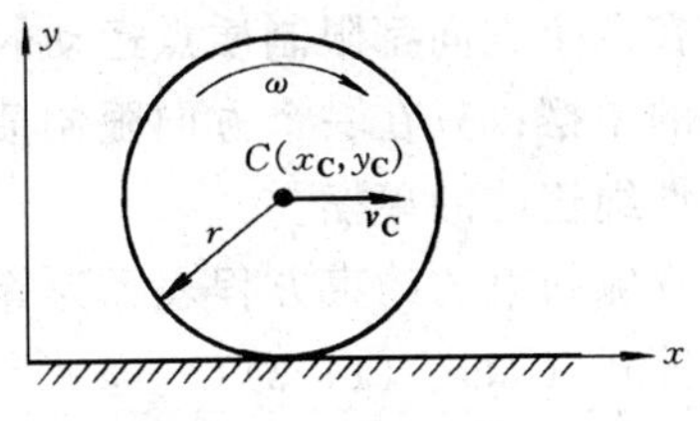

图 14-3　纯滚动圆轮

再如图 14-3 中所示做纯滚动的圆轮，其半径为 r、轮心速度 $v_C = \dot{x}_C$，轮子的角速度 $\omega = \dot{\varphi}$，其约束方程为

$$y_C = r \tag{14-5}$$

$$\dot{x}_C = r\dot{\varphi} \tag{14-6}$$

式（14-6）经积分后为

$$x_C - r\varphi = C \tag{14-7}$$

式中 C 为积分常数。

二、约束的分类

（一）几何约束与运动约束

只限制质点或质点系几何位置的约束称为**几何约束**。因位置由坐标表示，故几何约束的约束方程就是质点系中各质点的坐标在约束的限制下所必须满足的条件。上面所举实例中的式（14-1、14-2、14-4、14-5）均为几何约束。

限制质点或质点系中质点速度的约束称为**运动约束**。运动约束的约束方程中含有质点的速度，如式（14-6）。

（二）完整约束与非完整约束

几何约束与可积分的运动约束（如式（14-7））一起合称为**完整约束**。完整约束的方程中不包含坐标对时间的导数。上面所举各实例均属于完整约束。完整约束方程的一般形式为：

$$f_j(x_1, y_1, z_1; \cdots; x_n, y_n, z_n; t) = 0 \quad (j = 1, 2, \cdots, s) \tag{14-8}$$

式中　x_1，y_1，z_1；…；x_n，y_n，z_n——质点系中各质点的直角坐标；

s——约束方程的数目。

约束方程中包含坐标对时间的导数，即限制各质点的速度，这种约束称为**非完整约束**（或称微分约束）。非完整约束的约束方程的一般形式为：

$$f_j(x_1, y_1, z_1; \cdots; x_n, y_n, z_n; \dot{x}_1, \dot{y}_1, \dot{z}_1; \cdots; \dot{x}_n, \dot{y}_n, \dot{z}_n; t) = 0 \tag{14-9}$$

（三）单侧约束与双侧约束

在两个方向都限制质点运动的约束称为**双侧约束**，如图 14-1（a）中刚性杆连接的单摆；只在一个方向限制质点运动的约束称为**单侧约束**，如图 14-1（b）中柔性绳连结的单摆。

双侧约束的约束方程表示为等式（如式（14-1）），单侧约束的约束方程表示为不等式（如式（14-2））。

（四）定常约束与非定常约束

约束方程不显含时间 t 的约束称为**定常约束**，如图 14-1（a），（b）中的单摆、图 14-2 中的双复摆及图 14-3 中的圆轮，其约束方程分别为式（14-1），式（14-2），式（14-4）及式（14-5）。约束方程中显含时间 t 的约束称为**非定常约束**，如图 14-1（c）中的单摆，其约束方程为式（14-3）。

下面仅限于讨论完整、双侧、定常约束，其约束方程的一般形式为

$$f_j(x_1, y_1, z_1; \cdots; x_n, y_n, z_n) = 0 \quad (j = 1, 2, \cdots, s) \tag{14-10}$$

第二节　自由度与广义坐标

一、自由度

非自由质点系在运动中的位置可由质点系中各质点的坐标来确定，如图 14-1（*a*）所示系统的位置可由 *M* 点的坐标（x，y）来确定，图 14-2 所示系统的位置，可由坐标（x_1，y_1）和（x_2，y_2）来确定。但是，由于这些系统具有约束方程（14-1）和式（14-4）所表示的约束，上述确定系统位置的坐标并不是独立的。确定图 14-1（*a*）所示系统位置的独立坐标为 1 个，确定图 14-2 所示系统位置的独立坐标为 2 个。对于具有双侧、完整约束的质点系，**确定系统位置的独立坐标数**称为系统的**自由度**。显然，系统的自由度 k 等于确定系统位置的坐标数 n 与系统约束方程数 s 之差，即有

$$k = n - s \tag{14-11}$$

二、广义坐标

图 14-1（*a*）及图 14-2 所示系统的位置，也可用其他独立参数来确定。例如，图 14-1（*a*）所示系统的位置可用 θ 角来确定，即

$$\begin{aligned} x &= l\sin\theta \\ y &= l\cos\theta \end{aligned} \tag{14-12}$$

图 14-2 所示系统的位置可用 θ_1 和 θ_2 角来确定，即

$$\left.\begin{aligned} x_1 &= l_1\sin\theta_1 \qquad x_2 = l_1\sin\theta_1 + l_2\sin\theta_2 \\ y_1 &= l_1\cos\theta_1 \qquad y_2 = l_1\cos\theta_1 + l_2\cos\theta_2 \end{aligned}\right\} \tag{14-13}$$

确定系统位置的独立参数称为**广义坐标**。由式（14-12）和式（14-13）可知，确定系统位置的直角坐标不难用广义坐标来表示。对于具有双侧、完整约束的质点系，其广义坐标的个数等于其自由度。

第三节　虚位移与虚功

一、虚位移

非自由质点或质点系的约束将限制质点或质点系沿某些方向的位移，但同时也容许沿另一些方向的位移。例如，固定曲面 $f(x, y, z) = 0$ 上的质点 *M*（图 14-4*a*），在某位置上沿法线方向 n 的位移将受到限制，但在不破坏约束的情况下，却容许质点有沿所在位置切面上任意方向的无限小位移 $\delta\boldsymbol{r}$。又如图 14-4（*b*）所示曲柄连杆机构，在某位置上，约束容许质点 *A* 有沿垂直于 *OA* 方向的无限小位移 $\delta\boldsymbol{r}_A$，容许质点 *B* 有沿滑道方向的无限小水平位移 $\delta\boldsymbol{r}_B$。

在给定瞬时，质点或质点系为约束容许的任意无限小位移，称为质点或质点

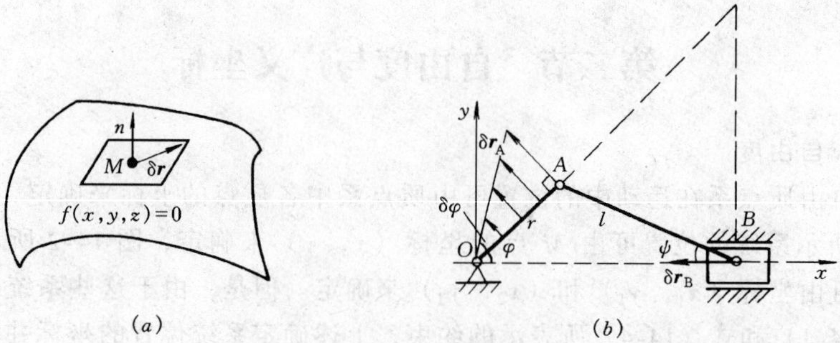

图 14-4　虚位移

系的**虚位移**。在图 14-4（a）、（b）中，$\delta \boldsymbol{r}$ 是质点 M 的虚位移，$\delta \boldsymbol{r}_{\mathrm{A}}$ 和 $\delta \boldsymbol{r}_{\mathrm{B}}$ 是曲柄连杆机构系统的虚位移。对于质点系来说，其虚位移是指在不破坏约束的条件下，质点系的一组几何相容的虚位移。由虚位移定义可知：

• 必须指明给定的瞬时或位置，不同瞬时或位置上，质点或质点系有不同的虚位移。

• 虚位移必须为约束所容许，即满足约束方程。

• 虚位移是无限小位移，而不是有限位移。

• 虚位移可以不止一个或一组，例如在图 14-4（a）中，质点 M 沿所在位置切面任何方向的无限小位移都是质点 M 的虚位移，图 14-4（b）中沿 $\delta \boldsymbol{r}_{\mathrm{A}}$、$\delta \boldsymbol{r}_{\mathrm{B}}$ 反方向的无限小位移也是该系统的一组虚位移。

虚位移和无限小的实位移是两个不同的概念。虽然，它们都要为约束所容许，但无限小的实位移是指在力的作用下经过无限小时间间隔质点或质点系实际产生的位移，它们有确定的方向，质点的无限小实位移一般用其矢径的**微分** $\mathrm{d}\boldsymbol{r}$ 表示。虚位移则不同，它是一个纯几何的概念，完全由约束所决定，与质点或质点系所受的力和时间无关，质点的虚位移一般用其矢径的**变分** $\delta \boldsymbol{r}$ 来表示。必须指出，只有在定常约束的条件下，质点或质点系的无限小实位移才是其虚位移中的一个或一组，图 14-4（a）、（b）都属于这种情况。

由于非自由质点系中各质点的相对位置必须满足相应的约束条件，故在各点的虚位移之间就存在着一定的关系，系统中相互独立的虚位移个数与其自由度相同。如图 14-4（b）中的曲柄连杆机构，在直角坐标系 Oxy 中，确定其系统位置需要 A、B 两点的 4 个坐标：x_{A}、y_{A}、x_{B}、y_{B}，而这 4 个坐标满足下列约束方程

$$\left.\begin{aligned} x_{\mathrm{A}}^2 + y_{\mathrm{A}}^2 &= r^2 \\ (x_{\mathrm{B}} - x_{\mathrm{A}})^2 + (y_{\mathrm{B}} - y_{\mathrm{A}})^2 &= l^2 \\ y_{\mathrm{B}} &= 0 \end{aligned}\right\} \tag{14-14}$$

所以系统只有一个自由度，独立的虚位移也只有一个，即 $\delta \boldsymbol{r}_{\mathrm{B}}$ 可由 $\delta \boldsymbol{r}_{\mathrm{A}}$ 表示。应

用虚位移原理求解静力学问题，关键之一就是要求出各点虚位移之间的关系。下面我们仍以图 14-4（b）为例，介绍两种求解的方法。

（一）几何法

对于刚体或刚体系统，各点虚位移间的关系与该系统运动时各点速度之间的关系相同。例如：给图 14-4（b）中 A 点以虚位移 $\delta \boldsymbol{r}_A$，则曲柄 OA 的虚转角（也可称为曲柄的虚位移）$\delta\varphi=\frac{1}{r}\delta r_A$，曲柄上其余各点的虚位移均应与 $\delta \boldsymbol{r}_A$ 平行同向，即垂直于 OA，大小则等于各点至转轴 O 的距离乘以 $\delta\varphi$。同理，由于连杆 AB 的限制，A、B 两点间的距离不能改变，故两点位移在其连线上的投影应该相等，即

$$\delta r_A \sin(\varphi+\psi)=\delta r_B \cos\psi$$

从而解得 B 点虚位移的大小为

$$\delta r_B=\delta r_A\frac{\sin(\varphi+\psi)}{\cos\psi} \tag{14-15}$$

此外，还可将与 $\delta \boldsymbol{r}_A$ 相应的 $\delta \boldsymbol{r}_B$ 看成是由连杆 AB 绕其速度瞬心 C 转过一相应的虚转角 $\delta\theta$ 而得到的，且 $\delta\theta=\frac{\delta r_A}{AC}$。从而 B 点虚位移的大小为

$$\delta r_B=BC\cdot\delta\theta=\frac{BC}{AC}\delta r_A=\delta r_A\frac{\sin(\varphi+\psi)}{\cos\psi}$$

其结果与式（14-15）相同。显然，A、B 两点虚位移之间的关系与此两点速度之间的关系完全相同（包括大小和方向）。

（二）解析法

求解质点系中各质点虚位移的更普遍方法是解析法。此方法的步骤是：首先确定系统的自由度，根据自由度选定相应的广义坐标，其次将质点系中确定各质点位置的坐标表示为广义坐标的函数，最后将坐标对广义坐标求变分（与微分运算相类似），即得用广义坐标变分表示的虚位移。

如图 14-4（b）中的曲柄连杆机构，由于只有一个自由度，故可选角度 φ 为广义坐标，则直角坐标下确定 A、B 两点位置的坐标可表示为广义坐标 φ 的函数，即

$$x_A=r\cos\varphi$$

$$y_A=r\sin\varphi$$

$$x_B=r\cos\varphi+\sqrt{l^2-r^2\sin^2\varphi}$$

$$y_B=0$$

将上式对 φ 求变分，得

$$\delta x_A=-r\sin\varphi\delta\varphi$$

$$\delta y_A = r\cos\varphi\delta\varphi$$

$$\delta x_B = -r\sin\varphi\delta\varphi - \frac{1}{2}\frac{2r^2\sin\varphi\cos\varphi}{2\sqrt{l^2 - r^2\sin^2\varphi}}\delta\varphi$$

$$= -r\left(\sin\varphi + \frac{\sin\psi\cos\varphi}{\cos\psi}\right)\delta\varphi = -\frac{\sin(\varphi+\psi)}{\cos\psi}r\delta\varphi$$

$$\delta y_B = 0$$

上述坐标的变分与 A、B 两点虚位移之间的关系为

$$\delta \boldsymbol{r}_A = \delta x_A \boldsymbol{i} + \delta y_A \boldsymbol{j}$$

$$\delta \boldsymbol{r}_B = \delta x_B \boldsymbol{i} + \delta y_B \boldsymbol{j}$$

所以 A、B 两点虚位移的大小可表示为

$$\delta r_A = \sqrt{(\delta x_A)^2 + (\delta y_A)^2} = r\delta\varphi$$

$$\delta r_B = \sqrt{(\delta x_B)^2 + (\delta y_B)^2} = \frac{\sin(\varphi+\psi)}{\cos\psi}r\delta\varphi$$

$$= \frac{\sin(\varphi+\psi)}{\cos\psi}\delta r_A$$

此 A、B 两点虚位移的关系与几何法中的式（14-15）完全相同。

二、虚功

作用于质点或质点系上的力在相应虚位移上所做的功称为虚功。某质点受力 $\boldsymbol{F}$ 作用，其虚位移为 $\delta\boldsymbol{r}$，则力 $\boldsymbol{F}$ 的虚功为

$$\delta W = \boldsymbol{F}\cdot\delta\boldsymbol{r} \tag{14-16}$$

或写成解析表达式，有

$$\delta W = F_x\delta x + F_y\delta y + F_z\delta z \tag{14-17}$$

式中，δx，δy，δz 为质点的虚位移 $\delta\boldsymbol{r}$ 在三个直角坐标轴上的投影。

质点系中刚体上的力偶 M 在其虚位移 $\delta\theta$ 上的虚功为

$$\delta W = M\cdot\delta\theta \tag{14-18}$$

由于虚位移不能积分，因此虚功只有元功的形式。

应该指出的是，理想约束的约束力 $\boldsymbol{F}_{Ni}$ 在质点系的任一组虚位移 $\delta\boldsymbol{r}_i$ 上的虚功之和等于零，记为

$$\sum_{i=1}^{n}\boldsymbol{F}_{Ni}\cdot\delta\boldsymbol{r}_i = 0 \tag{14-19}$$

第四节　虚 位 移 原 理

在建立了虚位移、虚功的概念后，现在给出**虚位移原理：**

具有双侧、定常、完整、理想约束的静止质点系，在给定位置保持平衡的充

分必要条件是：该质点系所有主动力在质点系的任何虚位移上的虚功之和等于零。

原理可证明如下。

• **必要性**　即要证，如果质点系平衡，则主动力的虚功之和必等于零。设由 n 个质点组成的质点系中任一质点 M_i 上作用着主动力的合力 $\boldsymbol{F}_i$ 和约束力的合力 $\boldsymbol{F}_{Ni}$。

因为质点系平衡，则每个质点 M_i 必平衡，于是有

$$\boldsymbol{F}_i + \boldsymbol{F}_{Ni} = 0 \quad (i = 1,2,\cdots,n)$$

由质点系的平衡位置给出一组虚位移 $\delta \boldsymbol{r}_i$（$i=1, 2, \cdots, n$），则有

$$(\boldsymbol{F}_i + \boldsymbol{F}_{Ni}) \cdot \delta \boldsymbol{r}_i = 0 \quad (i = 1,2,\cdots,n)$$

因此

$$\sum (\boldsymbol{F}_i + \boldsymbol{F}_{Ni}) \cdot \delta \boldsymbol{r}_i = 0$$

又因所有约束为理想约束，则有

$$\sum \boldsymbol{F}_{Ni} \cdot \delta \boldsymbol{r}_i = 0$$

于是得到

$$\sum \boldsymbol{F}_i \cdot \delta \boldsymbol{r}_i = 0$$

或写成

$$\sum \delta W(\boldsymbol{F}) = \sum \boldsymbol{F}_i \cdot \delta \boldsymbol{r}_i = 0$$

即主动力的虚功之和等于零。必要性得证。

• **充分性**　即要证，如果主动力的虚功之和等于零，则质点系必保持平衡。

下面采用反证法加以证明，即证明如果质点系不平衡，则主动力的虚功之和必不等于零。

设质点系不平衡，则至少有一个质点不平衡，例如此质点为 M_1，则有

$$\boldsymbol{F}_1 + \boldsymbol{F}_{N1} = \boldsymbol{F}_{R1} \neq 0$$

质点 M_1 将由静止沿 $\boldsymbol{F}_{R1}$方向进入运动，获得实位移 $\mathrm{d}\boldsymbol{r}_1$，$\boldsymbol{F}_{R1}$做出正功。

$$\boldsymbol{F}_{R1} \cdot \mathrm{d}\boldsymbol{r}_1 = \boldsymbol{F}_1 \cdot \mathrm{d}\boldsymbol{r}_1 + \boldsymbol{F}_{N1} \cdot \mathrm{d}\boldsymbol{r}_1 > 0$$

若质点系还有其他不平衡质点，则这些不平衡质点都有如上不等式。其他保持平衡的质点则在任何微小实位移下都不做功，因而得到等式。将质点系所有如上的表达式相加，有

$$\sum \boldsymbol{F}_i \cdot \mathrm{d}\boldsymbol{r}_1 + \sum \boldsymbol{F}_{Ni} \cdot \mathrm{d}\boldsymbol{r}_1 > 0$$

其中，$\mathrm{d}\boldsymbol{r}_1$，$\mathrm{d}\boldsymbol{r}_2$，…，$\mathrm{d}\boldsymbol{r}_n$ 为一组同时产生的微小实位移。由于系统具有定常约束，因此必有一组大小方向相同的虚位移 $\delta \boldsymbol{r}_1$，$\delta \boldsymbol{r}_2$，…，$\delta \boldsymbol{r}_n$ 于是上式可写为

$$\sum \boldsymbol{F}_i \cdot \delta \boldsymbol{r}_i + \sum \boldsymbol{F}_{Ni} \cdot \delta \boldsymbol{r}_i > 0$$

考虑到约束为理想约束，有

$$\sum \boldsymbol{F}_{Ni} \cdot \delta \boldsymbol{r}_i = 0$$

由此得到

$$\sum \boldsymbol{F}_i \cdot \delta \boldsymbol{r}_i > 0$$

即证明了如果质点系不平衡，主动力虚动之和必大于零。充分性得证。

虚位移原理中静止质点系保持平衡的充分必要条件可表示为

$$\sum \delta W(\boldsymbol{F}_i) = \sum \boldsymbol{F}_i \cdot \delta \boldsymbol{r}_i = 0 \tag{14-20}$$

写成解析表达式为

$$\sum (F_{xi}\delta x_i + F_{yi}\delta y_i + F_{zi}\delta z_i) = 0 \tag{14-21}$$

式中 F_{xi}，F_{yi}，F_{zi}——主动力 $\boldsymbol{F}_i$ 在各坐标轴上的投影；

δx_i，δy_i，δz_i——虚位移 $\delta \boldsymbol{r}_i$ 在各坐标轴上的投影。

应当指出，当有摩擦力或弹性力存在时，可将其作为主动力看待，这样，约束就仍然是理想的，虚位移原理也仍可应用。

第五节 虚位移原理的应用

本节将通过一些具体的例题来介绍应用虚位移原理求解各类静力学问题的方法。

【例 14-1】 图 14-5（a）所示四杆机构 $ABCD$ 的 CD 边固定，杆 AC 和 BD 分别可绕水平轴 C、D 转动，在铰链 A、B 处有力 $\boldsymbol{F}_1$、$\boldsymbol{F}_2$ 作用。该机构在图示位置平衡，杆重和摩擦略去不计。求力 $\boldsymbol{F}_1$ 和 $\boldsymbol{F}_2$ 的关系。

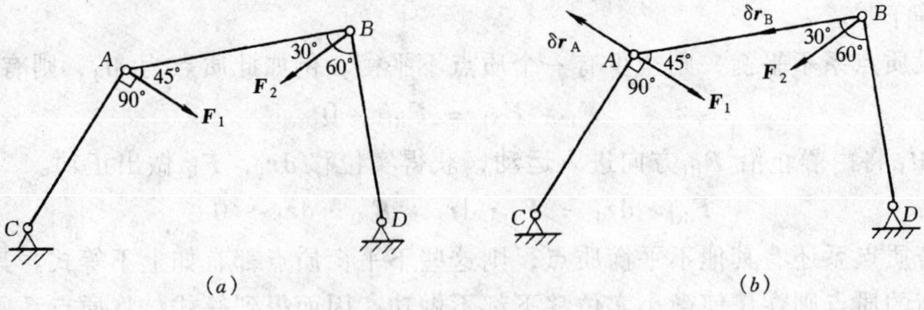

图 14-5 例 14-1 图

【解】 本例题的机构是几何可变系统，需求系统平衡时主动力的关系，适合于用虚位移原理求解，以避免涉及铰链 A、B、C、D 处的未知约束力。求解步骤如下：

(1) 确定研究对象，画受力图

选定整个系统为研究对象，该系统具有理想约束。画出系统主动力的受力图

（图 14-5b）（包含 $\boldsymbol{F}_1$ 和 $\boldsymbol{F}_2$ 两个力）。

（2）确定自由度以便确定独立的虚位移数

由图可见，系统位置可通过 A、B 两点的四个坐标来确定，由于 CA、AB、BD 三杆的杆长不变，故有三个约束方程；因此系统具有一个自由度，独立的虚位移也只有一个。

（3）给出虚位移

在图示平衡位置，不破坏约束，给出力 $\boldsymbol{F}_1$ 及 $\boldsymbol{F}_2$ 作用点的虚位移 $\delta\boldsymbol{r}_A$ 和 $\delta\boldsymbol{r}_B$（图 14-5b）。由于杆 AB 将作平面运动，因此虚位移 $\delta\boldsymbol{r}_A$ 和 $\delta\boldsymbol{r}_B$ 在 AB 连线上的投影应相等，即

$$\delta r_A \cos 45° = \delta r_B$$

$$\delta r_B = \frac{\sqrt{2}}{2}\delta r_A \tag{1}$$

（4）求虚功

主动力 $\boldsymbol{F}_1$ 和 $\boldsymbol{F}_2$ 的虚功 δW（$\boldsymbol{F}_1$）和 δW（$\boldsymbol{F}_2$）为

$$\delta W(\boldsymbol{F}_1) = \boldsymbol{F}_1 \cdot \delta\boldsymbol{r}_A = -\boldsymbol{F}_1 \cdot \delta\boldsymbol{r}_A \tag{2}$$

将式（1）代入，得

$$\delta W(\boldsymbol{F}_2) = \boldsymbol{F}_2 \cdot \delta\boldsymbol{r}_B = F_2 \cos 30° \delta r_B = \frac{\sqrt{6}}{4}F_2 \cdot \delta r_A \tag{3}$$

（5）应用虚位移原理求主动力

应用虚位移原理

$$\sum \delta W(\boldsymbol{F}_i) = 0$$

有

$$\sum \delta W(\boldsymbol{F}_1) + \delta W(\boldsymbol{F}_2) = 0$$

将式（2）、（3）代入上式，得

$$-F_1 \cdot \delta r_A + \frac{\sqrt{6}}{4}F_2 \cdot \delta r_A = 0$$

由于 δr_A 为独立的任给微小量，则 $\delta r_A \neq 0$，于是

$$\left(-F_1 + \frac{\sqrt{6}}{4}F_2\right) = 0 \text{ 或 } F_1 = \frac{\sqrt{6}}{4}F_2$$

【例 4-2】　图 14-6 所示为平面双摆，均质杆 OA 与 AB 用铰链 A 连接。两杆长度分别为 l_1 和 l_2，质量分别为 m_1 和 m_2，若杆端 B 承受水平力 $\boldsymbol{F}$，试求系统平衡时的角度 θ_1 和 θ_2。

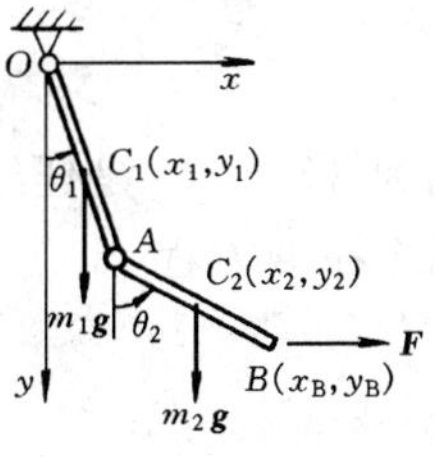

图 14-6　例 14-2 图

【解】　求系统平衡位置的问题也可用虚位移原理求解，其步骤与求主动力关系时相同。

(1) 研究对象

选定杆 OA 和 AB 组成的系统为研究对象，系统具有理想约束。

(2) 自由度及广义坐标

系统位置可通过 A、B 两点的四个坐标来确定，由于 OA、AB 两杆的杆长不变，故有两个约束方程。因此系统具有两个自由度，相互独立的虚位移有两个。系统的位置可由广义坐标 θ_1，θ_2 两个独立参数确定。

(3) 虚位移

两根杆的重力和水平力 $\boldsymbol{F}$ 为系统的三个主动力，重力只在铅垂方向的虚位移上做功，力 $\boldsymbol{F}$ 只在水平方向的虚位移上做功，这些虚位移可采用解析法，通过三个力作用点处相应坐标：y_1，y_2，x_B 的变分求得

$$y_1 = \frac{l_1}{2}\cos\theta_1, \qquad \delta y_1 = -\frac{l_1}{2}\sin\theta_1\delta\theta_1$$

$$y_2 = l_1\cos\theta_1 + \frac{l_2}{2}\cos\theta_2, \delta y_2 = -l_1\sin\theta_1\delta\theta_1 - \frac{l_2}{2}\sin\theta_2\delta\theta_2$$

$$x_B = l_1\sin\theta_1 + l_2\sin\theta_2, \qquad \delta x_B = l_1\cos\theta_1\delta\theta_1 + l_2\cos\theta_2\delta\theta_2$$

以上各虚位移已表示为广义坐标的虚位移。

(4) 虚功

$$\begin{aligned}\sum\delta W(\boldsymbol{F}_i) &= m_1 g\delta y_1 + m_2 g\delta y_2 + F\delta x_B \\ &= -m_1 g\frac{l_1}{2}\sin\theta_1\delta\theta_1 - m_2 g\left(l_1\sin\theta_1\delta\theta_1 + \frac{l_2}{2}\sin\theta_2\delta\theta_2\right) \\ &\quad + F(l_1\cos\theta_1\delta\theta_1 + l_2\cos\theta_2\delta\theta_2)\end{aligned}$$

(5) 求平衡位置

应用虚位移原理 $\sum\delta W(\boldsymbol{F}_i) = 0$，有

$$-m_1 g\frac{l_1}{2}\sin\theta_1\delta\theta_1 - m_2 g\left(l_1\sin\theta_1\delta\theta_1 + \frac{l_2}{2}\sin\theta_2\delta\theta_2\right) + F(l_1\cos\theta_1\delta\theta_1 + l_2\cos\theta_2\delta\theta_2) = 0$$

$$\left(-m_1 g\frac{l_1}{2}\sin\theta_1 - m_2 g l_1\sin\theta_1 + F l_1\cos\theta_1\right)\delta\theta_1 + \left(-m_2 g\frac{l_2}{2}\sin\theta_2 + F l_2\cos\theta_2\right)\delta\theta_2 = 0 \tag{1}$$

因为 $\delta\theta_1$，$\delta\theta_2$ 是任给的独立微量，则 $\delta\theta_1 \neq 0$，$\delta\theta_2 \neq 0$。因此由式 (1) 可得以下两个平衡方程

$$\left.\begin{aligned}-m_1 g\frac{l_1}{2}\sin\theta_1 - m_2 g l_1\sin\theta_1 + F l_1\cos\theta_1 = 0 \\ -m_2 g\frac{l_2}{2}\sin\theta_2 + F l_2\cos\theta_2 = 0\end{aligned}\right\}$$

解上面的方程组，得

$$\theta_1 = \arctan \frac{2F}{(m_1 + 2m_2)g}$$

$$\theta_2 = \arctan \frac{2F}{m_2 g}$$

上述两个例题分别采用了几何法和解析法来求解虚位移之间的关系，下面我们同时用两种方法解同一个问题，通过对比，找到适合具体问题的求解方法。

【例 14-3】 机构如图 14-7（a）所示，$AB = BC = l$。刚度系数为 k 的弹簧 D 端固定，C 端与滚轮连接。$AD = l_0$ 为弹簧原长。设在 B 点作用一铅垂力 $\boldsymbol{F}_P$，忽略系统中各物体的质量及各处摩擦。试求机构处于平衡时的角度 θ。

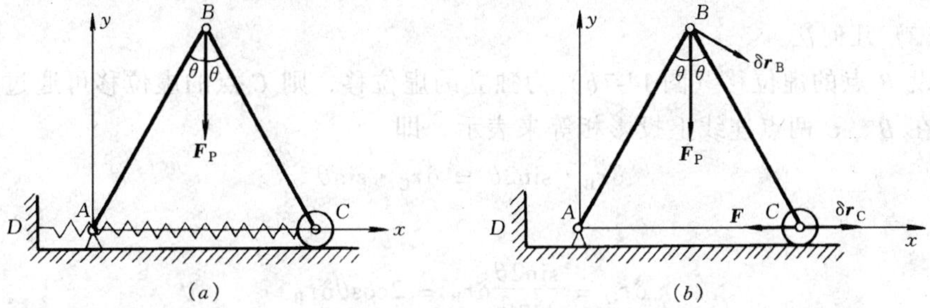

图 14-7 例 14-3 图

【解】 选取杆 AB、BC，滚轮及弹簧组成的系统为研究对象。此系统包含的弹簧是非理想约束。对于包含非理想约束的系统，在应用虚位移原理时需把非理想约束解除而代之以力，并把它们视为主动力，从而得到一个新的具有理想约束的系统（图 14-7b）。该系统只有一个自由度，以 θ 为广义坐标。分别用解析法与几何法求解。

(1) 解析法

通过主动力 $\boldsymbol{F}_P$、弹性力 $\boldsymbol{F}$ 两个力作用点处相应坐标 y_B，x_C 的变分，求得 B 点铅垂方向和 C 点水平方向的虚位移。即

$$y_B = l\cos\theta, \quad \delta y_B = -l\sin\theta\delta\theta$$

$$x_C = 2l\sin\theta, \quad \delta x_C = 2l\cos\theta\delta\theta$$

弹簧力的大小为

$$F = kx_C = 2kl\sin\theta$$

虚功之和为

$$\sum \delta W(\boldsymbol{F}_i) = \delta W(\boldsymbol{F}_P) + \delta W(\boldsymbol{F}) = -F_P\delta y_B - F\delta x_C$$

由虚位移原理

$$\sum \delta W(\boldsymbol{F}_i) = 0$$

$$-F_P\delta y_B - F\delta x_C = 0$$

$$-F_P(-l\sin\theta)\delta\theta - 2kl\sin\theta\cdot 2l\cos\theta\delta\theta = 0$$

$\delta\theta\neq 0$，因此有

$$F_P\sin\theta - 2kl\sin\theta\cdot 2\cos\theta = 0 \tag{1}$$

可得两个解，为

$$\sin\theta = 0;\qquad \cos\theta = \frac{F_P}{4kl}$$

当 $F_P\leqslant 4kl$ 时，解得系统的两个平衡位置为

$$\theta_1 = 0;\qquad \theta_2 = \arccos\frac{F_P}{4kl}$$

（2）几何法

设 B 点的虚位移（图 14-7b）为独立的虚位移，则 C 点的虚位移可通过两虚位移在 B、C 两点连线上投影相等来表示，即

$$\delta r_B\cdot\sin 2\theta = \delta r_C\cdot\sin\theta$$

所以，有

$$\delta r_C = \frac{\sin 2\theta}{\sin\theta}\delta r_B = 2\cos\theta\delta r_B$$

虚功为

$$\begin{aligned}\Sigma\delta W_i &= \boldsymbol{F}_P\cdot\delta\boldsymbol{r}_B + \boldsymbol{F}\cdot\delta\boldsymbol{r}_C\\ &= F_P\sin\theta\delta r_B - F\delta r_C\\ &= F_P\sin\theta\delta r_B - F2\cos\theta\delta r_B\end{aligned}$$

应用虚位移原理，并考虑到 $\delta r_B\neq 0$，有

$$F_P\sin\theta - 2kl\sin\theta\cdot 2\cos\theta = 0$$

得到与解析法中式（1）相同的方程。

【例 14-4】　如图 14-8a 所示连续梁，其荷载及尺寸均为已知。试求 A，B，C 三处的支座反力。

【解】　图 14-8a 所示连续梁由于存在多个约束而成为没有自由度的结构，为用虚位移原理求约束力，可解除其约束而代之以约束力，并将该力作为主动力来对待，从而使结构获得相应的自由度。

（1）求支座 C 处的约束力

解除支座 C 约束，代之以反力 $\boldsymbol{F}_C$（图 14-8b），系统具有一个自由度。给系统以虚位移 $\delta\theta$，由虚位移原理，主动力虚功之和等于零，可得

$$ql\cdot\frac{l}{2}\delta\theta - M\delta\theta - F_C\cdot 2l\delta\theta = 0$$

式中 ql 为 EH 梁上均布载荷的合力。$\delta\theta$ 为任给微量，$\delta\theta\neq 0$，由上式解出

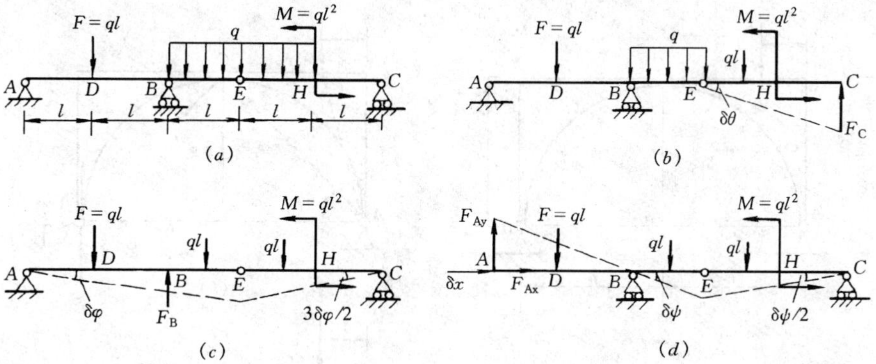

图 14-8　例 14-4 图

$$F_C = \frac{ql}{4} - \frac{M}{2l} = -\frac{ql}{4}(\downarrow)$$

(2) 求支座 B 处的约束力

解除支座 B 约束，代之以反力 F_B（图 14-8c），系统具有一个自由度。给出虚位移 $\delta\varphi$，由虚位移原理可得

$$F \cdot l\delta\varphi - F_B \cdot 2l\delta\varphi + ql \cdot \frac{5}{2}l\delta\varphi + ql \cdot \frac{3}{2}l \cdot \frac{3}{2}\delta\varphi + M \cdot \frac{3}{2}\delta\varphi = 0$$

$$F_B = \frac{1}{2}\left(F + \frac{5}{2}ql + \frac{9}{4}ql + \frac{3}{2}\frac{M}{l}\right) = \frac{29}{8}ql(\uparrow)$$

(3) 求支座 A 处的约束力

解除支座 A 约束，代之以约束力及 F_{Ax}、F_{Ay}（图 14-8d），系统具有二个自由度。可给出系统一组相互独立的虚位移为 δx 及 $\delta\psi$。

设先给系统一组虚位移 $\delta x \neq 0$，$\delta\psi = 0$，则由虚位移原理有

$$F_{Ax} \cdot \delta x = 0$$

解得

$$F_{Ax} = 0$$

再给系统一组虚位移 $\delta\psi \neq 0$，$\delta x = 0$，则由虚位移原理有

$$F_{Ay} \cdot 2l\delta\psi - F \cdot l\delta\psi + ql \cdot \frac{1}{2}l\delta\psi + ql \cdot \frac{3}{2}l\frac{\delta\psi}{2} + M \cdot \frac{\delta\psi}{2} = 0$$

解得

$$F_{Ay} = \frac{1}{2}\left(F - \frac{1}{2}ql - \frac{3}{4}ql - \frac{1}{2}\frac{M}{l}\right) = -\frac{3}{8}ql(\downarrow)$$

【例 14-5】　图 14-9（a）所示三铰拱，其荷载及尺寸均为已知，求支座 B 的约束反力。

【解】　三铰拱是一无自由度的结构，求解约束力时，可先将约束解除代之

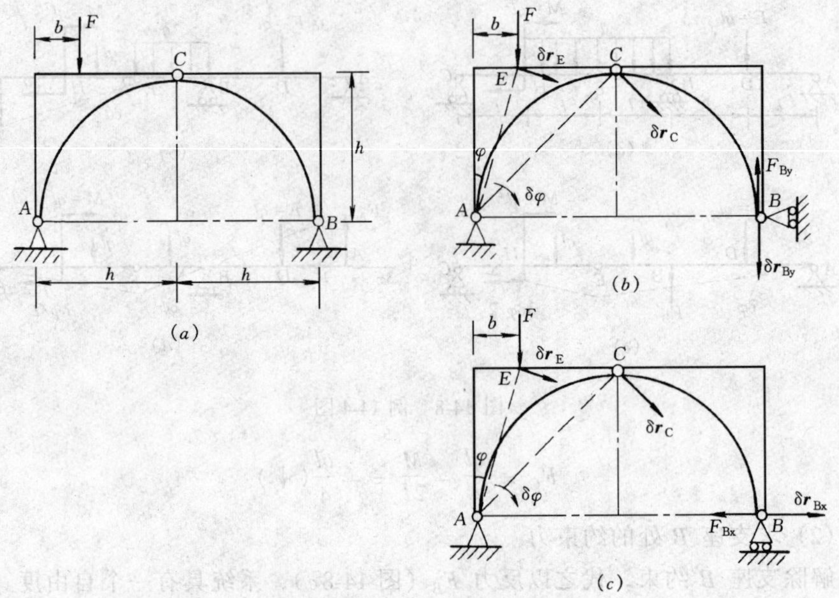

图 14-9　例 14-5 图

以力，并将该力视为主动力，再应用虚位移原理求解。

(1) 求支座 B 铅垂方向的约束力

先解除支座 B 铅垂方向的约束，代之以约束力 F_{By}（图 14-9b），系统具有一个自由度，给出虚位移为左半刚架 AC 绕 A 点转动的微小转角 $\delta\varphi$，相应 E、C、B 各点的虚位移分别为 $\delta\boldsymbol{r}_E$、$\delta\boldsymbol{r}_C$、$\delta\boldsymbol{r}_{By}$（图 14-9$b$），由虚位移原理可得

$$\sum\delta W = \boldsymbol{F}\cdot\delta\boldsymbol{r}_E + \boldsymbol{F}_{By}\cdot\delta\boldsymbol{r}_{By} = 0 \tag{1}$$

其中

$$\delta r_E = \frac{b}{\sin\varphi}\delta\varphi \tag{2}$$

$$\delta r_C = AC\cdot\delta\varphi = \frac{h}{\sin45^\circ}\delta\varphi \tag{3}$$

左半刚架 BC 可看成绕其速度瞬心 A 作瞬时转动的平面运动刚体，所以 B 点的虚位移有

$$\delta r_{By} : AB = \delta r_C : AC = \delta\varphi$$

$$\delta r_{By} = AB\cdot\delta\varphi = 2h\delta\varphi \tag{4}$$

将式 (2)、(4) 代入式 (1) 有

$$F\sin\varphi\delta r_E - F_{By}\delta r_{By} = 0$$

$$Fb\delta\varphi - F_{By}2h\delta\varphi = 0$$

上式中 $\delta\varphi$ 为任给微量，$\delta\varphi\neq0$，所以解得

$$F_{By} = \frac{b}{2h}F$$

（2）求支座 B 水平方向的约束力

解除支座 B 水平方向的约束，代之以约束力 F_{Bx}（图 14-9c），系统具有一个自由度，给出虚位移为左半刚架 AC 绕 A 点转动的微小转角 $\delta\varphi$，相应 E、C、B 各点的虚位移分别为 $\delta \boldsymbol{r}_E$、$\delta \boldsymbol{r}_C$、$\delta \boldsymbol{r}_{Bx}$（图 14-9$c$），由虚位移原理可得

$$\sum \delta W = \boldsymbol{F} \cdot \delta \boldsymbol{r}_E + \boldsymbol{F}_{Bx} \cdot \delta \boldsymbol{r}_{Bx} = 0 \tag{5}$$

上述式（2）、（3）仍适用，B 点水平方向的虚位移可通过 B、C 两点虚位移在其连线上投影相等来表示，即

$$\delta r_C = \delta r_{Bx}\sin 45°$$

$$\delta r_{Bx} = \frac{h}{\sin^2 45°} \cdot \delta\varphi = 2h\delta\varphi$$

所以，式（5）为

$$Fb\delta\varphi - F_{Bx}2h\delta\varphi = 0$$

同样解得

$$F_{Bx} = \frac{b}{2h}F$$

小　　结

一、基本概念

（1）约束：对质点系位置或速度的限制条件。可用数学方程表示。

（2）虚位移：质点系在约束允许的条件下，可能实现的任意无限小位移。

（3）虚功：作用在质点系上的力在虚位移上所做的功。

（4）虚位移原理：具有理想约束的质点系，其平衡的充分必要条件是作用于质点系上的主动力在任何虚位移中所做的虚功之和为零，即

$$\sum \boldsymbol{F}_i \cdot \delta \boldsymbol{r}_i = 0$$

二、虚位移原理应用要点

（1）通常应用虚位移原理求解机构平衡时主动力之间的关系、平衡位置的确定以及求解结构的约束反力，此时，需解除约束，代之以约束反力，并将此约束反力当作主动力，可与其他主动力一起应用虚位移原理求解。

（2）解题步骤是：首先分析系统的组成情况，判断约束是否为理想约束，正确进行受力分析，画出受力图；其次是确定系统的自由度，合理选取广义坐标，并用几何法或解析法求出各主动力作用点的虚位移与广义坐标变分之间的关系；最后是根据虚位移原理，列出虚功方程，令广义坐标变分不为零，求得所需结果。

思　考　题

14-1　举例说明什么是虚位移？它和实位移有何不同？有何关系？

14-2 试分析图 14-10 所示三个系统的自由度数。

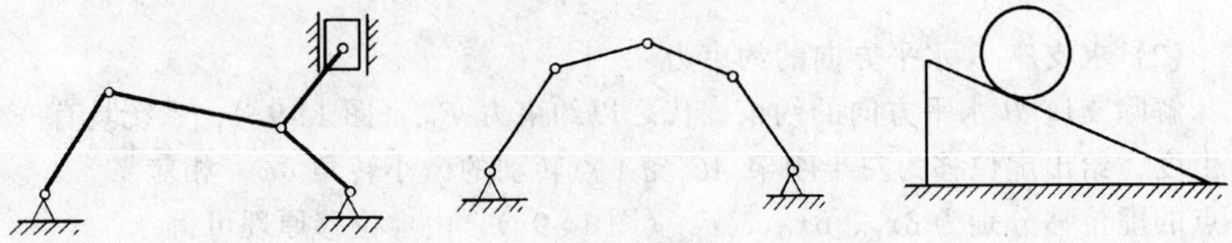

图 14-10

14-3 图 14-11 所示机构中，杆 $AB /\!/ CD /\!/ EF$，且 $AB = CD$，$AC = BD$。若已知 B 点的虚位移为 $\delta \boldsymbol{r}_B$，试求 F 点的虚位移。

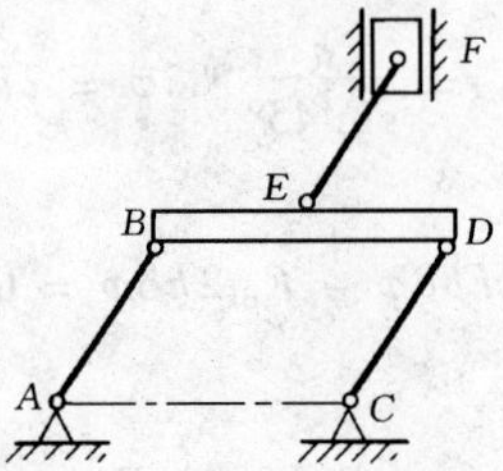

图 14-11

习　题

14-1 图 14-12 所示结构由 8 根无重杆铰接成三个相同的菱形。试求平衡时，主动力 $\boldsymbol{F}_1$ 与 $\boldsymbol{F}_2$ 的大小关系。

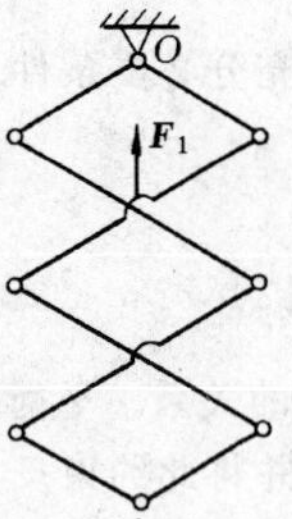

图 14-12

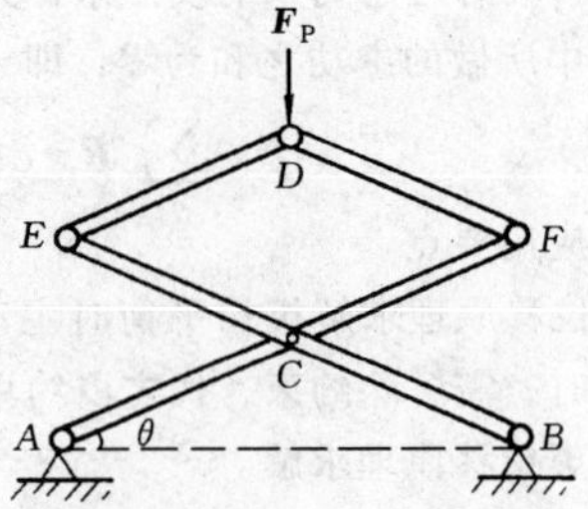

图 14-13

14-2 在图 14-13 所示机构中，已知铅垂作用力 $\boldsymbol{F}_P$，角 θ，$AC = BC = EC = FC = DE = l$。各杆重不计。求支座 A 的水平约束力。

14-3 图 14-14 所示楔形机构处于平衡状态，尖劈角为 θ 和 β，不计楔块自重与摩擦。求竖向力 $\boldsymbol{F}_1$ 与 $\boldsymbol{F}_2$ 的大小关系。

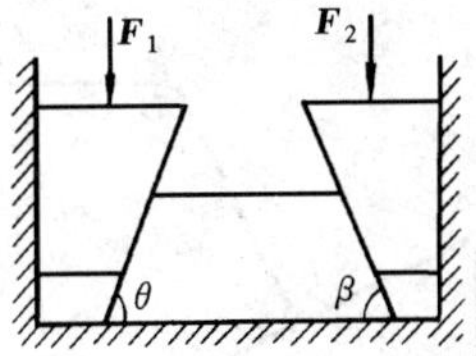

图 14-14

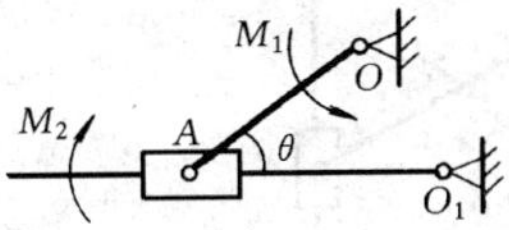

图 14-15

14-4 图 14-15 所示摇杆机构位于水平面上，已知 $OO_1 = OA$。机构上受到力偶矩 M_1 和 M_2 的作用。机构在可能的任意角度 θ 下处于平衡时，求 M_1 和 M_2 之间的关系。

14-5 等长的 AB、BC、CD 三直杆在 B、C 铰接并用铰支座 A、D 固定，如图 14-16 所示。设在三杆上各有一力偶作用，其力偶矩的大小分别为 M_1、M_2 和 M_3。求在图示位置平衡时三个力偶矩之间的关系（各杆重不计）。

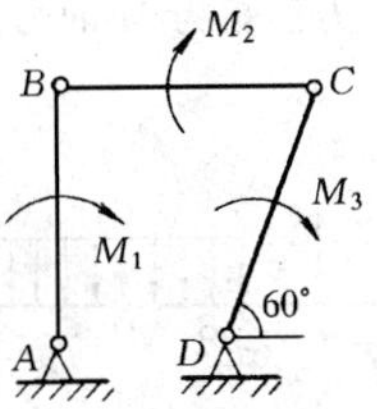

图 14-16

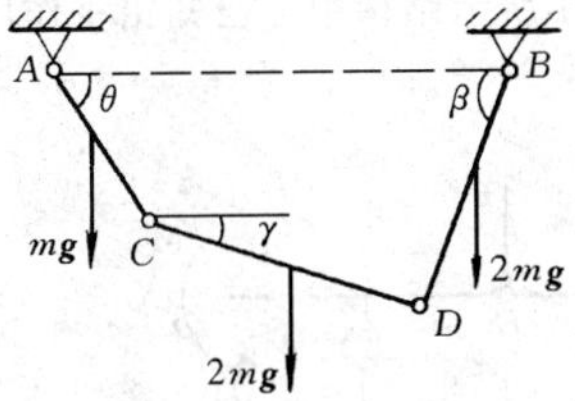

图 14-17

14-6 图 14-17 所示三根均质杆相铰接，$AC = b$，$CD = BD = 2b$，$AB = 3b$，AB 水平，各杆重量与其长度成正比。求平衡时 θ、β 与 γ 间的关系。

14-7 计算下列机构在图 14-18 所示位置平衡时主动力之间的关系。构件的重量及各处摩擦忽略不计。

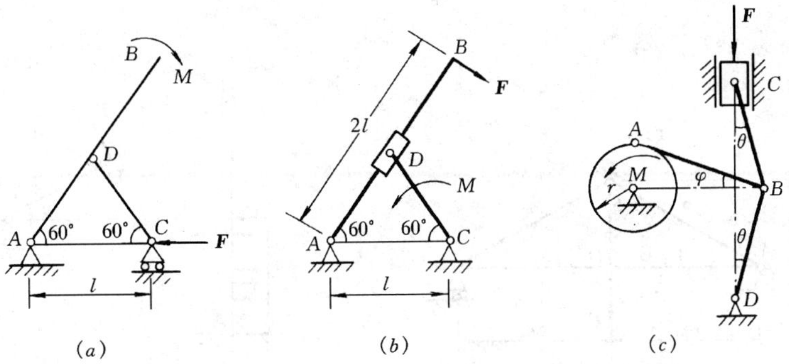

图 14-18

14-8 机构如图 14-19 所示，已知 $OA = O_1B = l$，$O_1B \perp OO_1$，力偶矩 M。试求机构在图示位置平衡时，力 $\boldsymbol{F}$ 的大小。

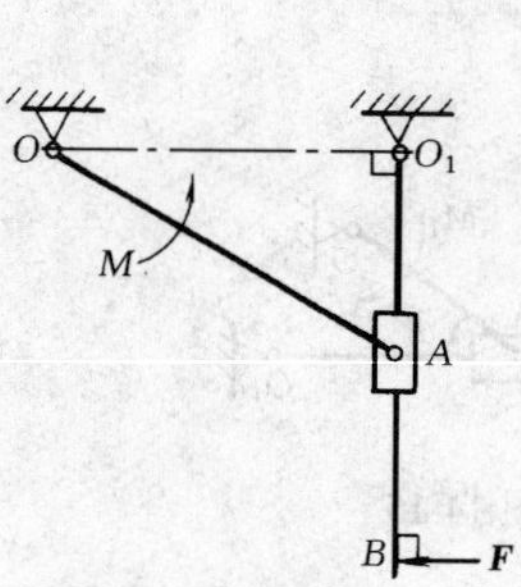

图 14-19

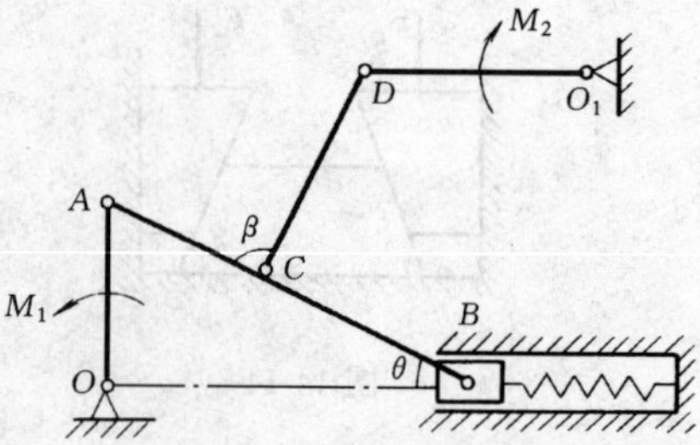

图 14-20

14-9　机构如图 14-20 所示，已知 $OA=20\text{cm}$，$O_1D=15\text{cm}$，$O_1D \parallel OB$，弹簧的弹性系数 $k=1000\text{N/cm}$，已知拉伸变形 $\lambda_s=2\text{cm}$，$M_1=200\text{N}\cdot\text{m}$。试求系统在 $\theta=30°$、$\beta=90°$，位置平衡时的 M_2。

14-10　在图 14-21 所示结构中，已知铅垂作用力 $\boldsymbol{F}$，力偶矩为 M 的力偶，尺寸 l。试求支座 B 与 C 处的约束力。

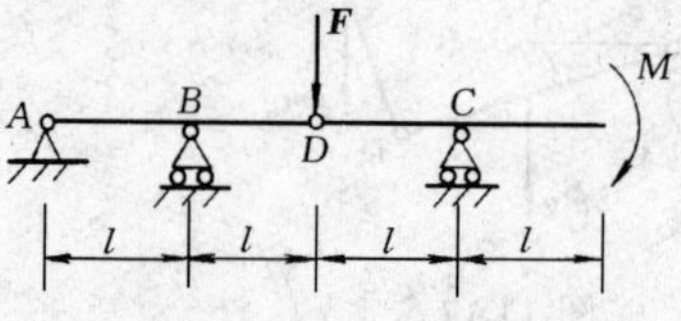

图 14-21

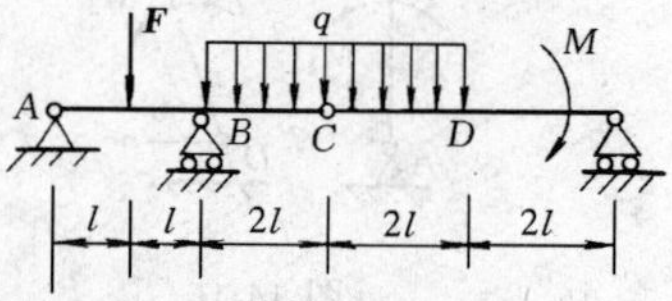

图 14-22

14-11　在图 14-22 所示多跨静定梁中，已知 $F=50\text{kN}$，$q=2.5\text{kN/m}$，$M=5\text{kN}\cdot\text{m}$，$l=3\text{m}$。试求支座 A、B 与 E 处的约束力。

14-12　图 14-23 所示桁架中，已知 $AD=DB=6\text{m}$，$CD=3\text{m}$，节点 D 处荷载为 $\boldsymbol{F}$。试求杆 3 的内力。

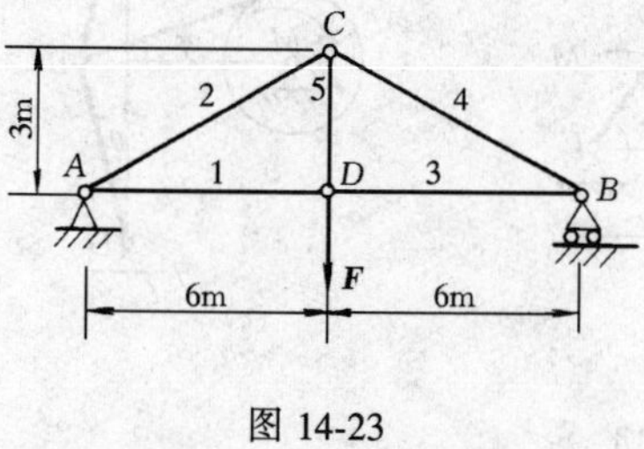

图 14-23

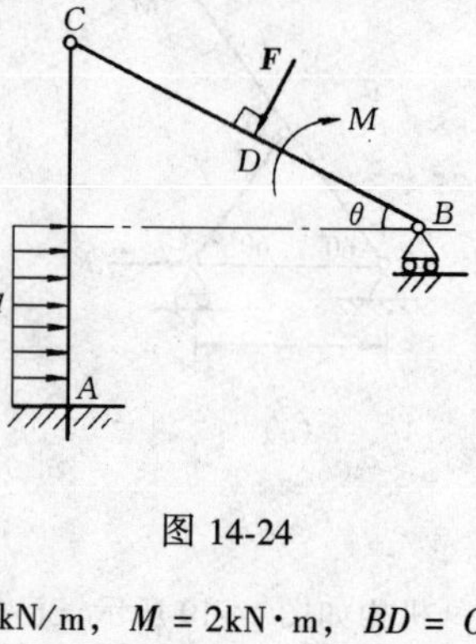

图 14-24

14-13　在图 14-24 所示结构中，已知 $F=4\text{kN}$，$q=3\text{kN/m}$，$M=2\text{kN}\cdot\text{m}$，$BD=CD=3\text{m}$，$AC=CB=4\text{m}$，$\theta=30°$。试求固定端 A 处的约束力偶 M_A 与铅垂方向的约束力 F_{Ay}。

14-14　图 14-25 所示结构由三个刚体组成，已知 $F=3\text{kN}$，$M=1\text{kN}\cdot\text{m}$，$l=1\text{m}$。试求支座

B 处的约束力。

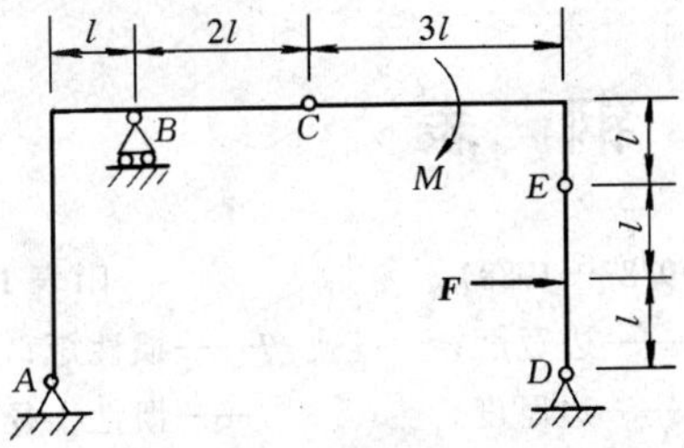

图 14-25

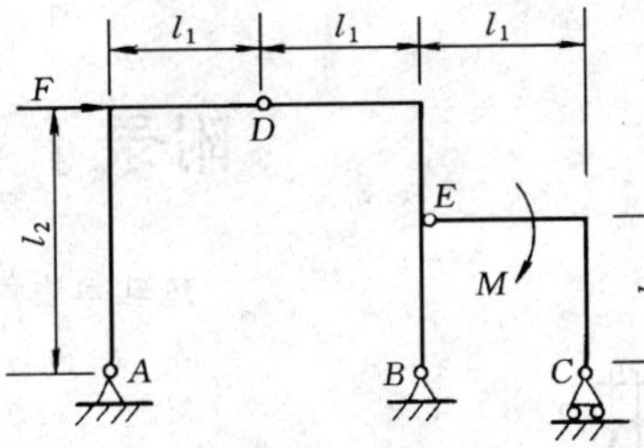

图 14-26

14-15　在图 14-26 所示刚架中，已知 $F=18\text{kN}$，$M=4.5\text{kN·m}$，$l_1=9\text{m}$，$l_2=12\text{m}$，自重不计。试求支座 B 处的约束力。

附录Ⅰ 型 钢 表

热轧等边角钢（GB 9787—1988） **附表 1-1**

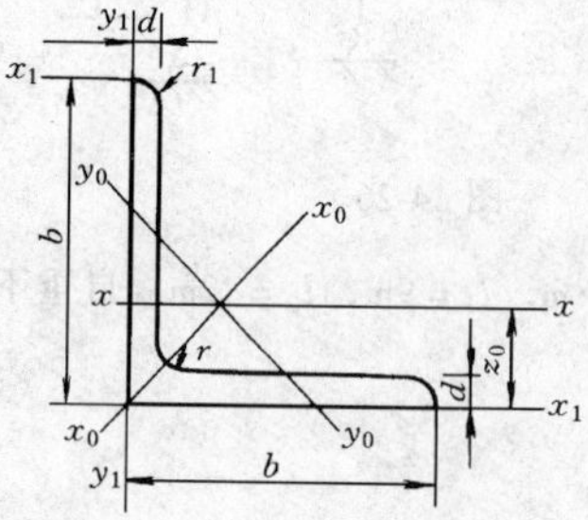

符号意义：b——边宽度； I——惯性矩；

d——边厚度； i——惯性半径；

r——内圆弧半径； W——截面系数；

r_1——边端内圆弧半径； z_0——重心距离。

角钢号数	尺寸(mm)			截面面积	理论重量	外表面积	参考数值										z_0
							$x-x$			x_0-x_0			y_0-y_0			x_1-x_1	
	b	d	r	(cm^2)	(kg/m)	(m^2/m)	I_x $(cm)^4$	i_x (cm)	W_x $(cm)^3$	I_{x_0} $(cm)^4$	i_{x_0} (cm)	W_{x_0} $(cm)^3$	I_{y_0} $(cm)^4$	i_{y_0} (cm)	W_{y_0} $(cm)^3$	I_{x_1} (cm^4)	(cm)
2	20	3	3.5	1.132	0.889	0.078	0.40	0.59	0.29	0.63	0.75	0.45	0.17	0.39	0.20	0.81	0.60
		4		1.459	1.145	0.077	0.50	0.58	0.36	0.78	0.73	0.55	0.22	0.38	0.24	1.09	0.64
2.5	25	3		1.432	1.124	0.098	0.82	0.76	0.46	1.29	0.95	0.73	0.34	0.49	0.33	1.57	0.73
		4		1.859	1.459	0.097	1.03	0.74	0.59	1.62	0.93	0.92	0.43	0.48	0.40	2.11	0.76
3.0	30	3	4.5	1.749	1.373	0.117	1.46	0.91	0.68	2.31	1.15	1.09	0.61	0.59	0.51	2.71	0.85
		4		2.276	1.786	0.117	1.84	0.90	0.87	2.92	1.13	1.37	0.77	0.58	0.62	3.63	0.89
3.6	36	3		2.109	1.656	0.141	2.58	1.11	0.99	4.09	1.39	1.61	1.07	0.71	0.76	4.68	1.00
		4		2.756	2.163	0.141	3.29	1.09	1.28	5.22	1.38	2.05	1.37	0.70	0.93	6.25	1.04
		5		3.382	2.654	0.141	3.95	1.08	1.56	6.24	1.36	2.45	1.65	0.70	1.09	7.84	1.07
4.0	40	3	5	2.359	1.852	0.157	3.59	1.23	1.23	5.69	1.55	2.01	1.49	0.79	0.96	6.41	1.09
		4		3.086	2.422	0.157	4.60	1.22	1.60	7.29	1.54	2.58	1.91	0.79	1.19	8.56	1.13
		5		3.791	2.976	0.156	5.53	1.21	1.96	8.76	1.52	3.10	2.30	0.78	1.39	10.74	1.17
4.5	45	3		2.659	2.088	0.177	5.17	1.40	1.58	8.20	1.76	2.58	2.14	0.89	1.24	9.12	1.22
		4		3.486	2.736	0.177	6.65	1.38	2.05	10.56	1.74	3.32	2.75	0.89	1.54	12.18	1.26
		5		4.292	3.369	0.176	8.04	1.37	2.51	12.74	1.72	4.00	3.33	0.88	1.81	15.25	1.30
		6		5.076	3.985	0.176	9.33	1.36	2.95	14.76	1.70	4.64	3.89	0.88	2.06	18.36	1.33
5	50	3	5.5	2.971	2.332	0.197	7.18	1.55	1.96	11.37	1.96	3.22	2.98	1.00	1.57	12.50	1.34
		4		3.897	3.059	0.197	9.26	1.54	2.56	14.70	1.94	4.16	3.82	0.99	1.96	16.69	1.38
		5		4.803	3.770	0.196	11.21	1.53	3.13	17.79	1.92	5.03	4.64	0.98	2.31	20.90	1.42
		6		5.688	4.465	0.196	13.05	1.52	3.68	20.68	1.91	5.85	5.42	0.98	2.63	25.14	1.46
5.6	56	3	6	3.343	2.624	0.221	10.19	1.75	2.48	16.14	2.20	4.08	4.24	1.13	2.02	17.56	1.48
		4		4.390	3.446	0.220	13.18	1.73	3.24	20.92	2.18	5.28	5.46	1.11	2.52	23.43	1.53
		5		5.415	4.251	0.220	16.02	1.72	3.97	25.42	2.17	6.42	6.61	1.10	2.98	29.33	1.57
		8		8.367	6.568	0.219	23.63	1.68	6.03	37.37	2.11	9.44	9.89	1.09	4.16	47.24	1.68

续表

角钢号数	尺寸(mm)			截面面积	理论重量	外表面积	参考数值										z_0
							$x-x$			x_0-x_0			y_0-y_0			x_1-x_1	
	b	d	r	(cm²)	(kg/m)	(m²/m)	I_x (cm)⁴	i_x (cm)	W_x (cm)³	I_{x_0} (cm⁴)	i_{x_0} (cm)	W_{x_0} (cm³)	I_{y_0} (cm⁴)	i_{y_0} (cm)	W_{y_0} (cm³)	I_{x_1} (cm⁴)	(cm)
6.3	63	4	7	4.978	3.907	0.248	19.03	1.96	4.13	30.17	2.46	6.78	7.89	1.26	3.29	33.35	1.70
		5		6.143	4.822	0.248	23.17	1.94	5.08	36.77	2.45	8.25	9.57	1.25	3.90	41.73	1.74
		6		7.288	5.721	0.247	27.12	1.93	6.00	43.03	2.43	9.66	11.20	1.24	4.46	50.14	1.78
		8		9.515	7.469	0.247	34.46	1.90	7.75	54.56	2.40	12.25	14.33	1.23	5.47	67.11	1.85
		10		11.657	9.151	0.246	41.09	1.88	9.39	64.85	2.36	14.56	17.33	1.22	6.36	84.31	1.93
7	70	4	8	5.570	4.372	0.275	26.39	2.18	5.14	41.80	2.74	8.44	10.99	1.40	4.17	45.74	1.86
		5		6.875	5.397	0.275	32.21	2.16	6.32	51.08	2.73	10.32	13.34	1.39	4.95	57.21	1.91
		6		8.160	6.406	0.275	37.77	2.15	7.48	59.93	2.71	12.11	15.61	1.38	5.67	68.73	1.95
		7		9.424	7.398	0.275	43.09	2.14	8.59	68.35	2.69	13.81	17.82	1.38	6.34	80.29	1.99
		8		10.667	8.373	0.274	48.17	2.12	9.68	76.37	2.68	15.43	19.98	1.37	6.98	91.92	2.03
7.5	75	5	9	7.412	5.818	0.295	39.97	2.33	7.32	63.30	2.92	11.94	16.63	1.50	5.77	70.56	2.04
		6		8.797	6.905	0.294	46.95	2.31	8.64	74.38	2.90	14.02	19.51	1.49	6.67	84.55	2.07
		7		10.160	7.976	0.294	53.57	2.30	9.93	84.96	2.89	16.02	22.18	1.48	7.44	98.71	2.11
		8		11.503	9.030	0.294	59.96	2.28	11.20	95.07	2.88	17.93	24.86	1.47	8.19	112.97	2.15
		10		14.126	11.089	0.293	71.98	2.26	13.64	113.92	2.84	21.48	30.05	1.46	9.56	141.71	2.22
8	80	5	9	7.912	6.211	0.315	48.79	2.48	8.34	77.33	3.13	13.67	20.25	1.60	6.66	85.36	2.15
		6		9.397	7.376	0.314	57.35	2.47	9.87	90.98	3.11	16.08	23.72	1.59	7.65	102.50	2.19
		7		10.860	8.525	0.314	65.58	2.46	11.37	104.07	3.10	18.40	27.09	1.58	8.58	119.70	2.23
		8		12.303	9.658	0.314	73.49	2.44	12.83	116.60	3.08	20.61	30.39	1.57	9.46	136.97	2.27
		10		15.126	11.874	0.313	88.43	2.42	15.64	140.09	3.04	24.76	36.77	1.56	11.08	171.74	2.35
9	90	6	10	10.637	8.350	0.354	82.77	2.79	12.61	131.26	3.51	20.63	34.28	1.80	9.95	145.87	2.44
		7		12.301	9.656	0.354	94.83	2.78	14.54	150.47	3.50	23.64	39.18	1.78	11.19	170.30	2.48
		8		13.944	10.946	0.353	106.47	2.76	16.42	168.97	3.48	26.55	43.97	1.78	12.35	194.80	2.52
		10		17.167	13.476	0.353	128.58	2.74	20.07	203.90	3.45	32.04	53.26	1.76	14.52	244.07	2.59
		12		20.306	15.940	0.352	149.22	2.71	23.57	236.21	3.41	37.12	62.22	1.75	16.49	293.76	2.67
10	100	6	12	11.932	9.366	0.393	114.95	3.01	15.68	181.98	3.90	25.74	47.92	2.00	12.69	200.07	2.67
		7		13.796	10.830	0.393	131.86	3.09	18.10	208.97	3.89	29.55	54.74	1.99	14.26	233.54	2.71
		8		15.638	12.276	0.393	148.24	3.08	20.47	235.07	3.88	33.24	61.41	1.98	15.75	267.09	2.76
		10		19.261	15.120	0.392	179.51	3.05	25.06	284.68	3.84	40.26	74.35	1.96	18.54	334.48	2.84
		12		22.800	17.898	0.391	208.90	3.03	29.48	330.95	3.81	46.80	86.84	1.95	21.08	402.34	2.91
		14		26.256	20.611	0.391	236.53	3.00	33.73	374.06	3.77	52.90	99.00	1.94	23.44	470.75	2.99
		16		29.627	23.257	0.390	262.53	2.98	37.82	414.16	3.74	58.57	110.89	1.94	25.63	539.80	3.06

续表

角钢号数	尺寸(mm) b	d	r	截面面积 (cm²)	理论重量 (kg/m)	外表面积 (m²/m)	参考数值 x－x I_x (cm)⁴	i_x (cm)	W_x (cm)³	x_0-x_0 I_{x_0} (cm⁴)	i_{x_0} (cm)	W_{x_0} (cm)³	y_0-y_0 l_{y_0} (cm)⁴	i_{y_0} (cm)	W_{y_0} (cm)³	x_1-x_1 I_{x_1} (cm⁴)	z_0 (cm)
		7		15.196	11.928	0.433	177.16	3.41	22.05	280.94	4.30	36.12	73.38	2.20	17.51	310.64	2.96
		8		17.238	13.532	0.433	199.46	3.40	24.95	316.49	4.28	40.69	82.42	2.19	19.39	355.20	3.01
11	110	10	12	21.261	16.690	0.432	242.19	3.38	30.60	384.39	4.25	49.42	99.98	2.17	22.91	444.65	3.09
		12		25.200	19.782	0.431	282.55	3.35	36.05	448.17	4.22	57.62	116.93	2.15	26.15	534.60	3.16
		14		29.056	22.809	0.431	320.71	3.32	41.31	508.01	4.18	65.31	133.40	2.14	29.14	625.16	3.24
		8		19.750	15.504	0.492	297.03	3.88	32.52	470.89	4.88	53.28	123.16	2.50	25.86	521.01	3.37
12.5	125	10		24.373	19.133	0.491	361.67	3.85	39.97	573.89	4.85	64.93	149.46	2.48	30.62	651.93	3.45
		12		28.912	22.696	0.491	423.16	3.83	41.17	671.44	4.82	75.96	174.88	2.46	35.03	783.42	3.53
		14	14	33.367	26.193	0.490	481.65	3.80	54.16	763.73	4.78	86.41	199.57	2.45	39.13	915.61	3.61
		10		27.373	21.488	0.551	514.65	4.34	50.58	817.27	5.46	82.56	212.04	2.78	39.20	915.11	3.82
14	140	12		32.512	25.522	0.551	603.68	4.31	59.80	958.79	5.43	96.85	248.57	2.76	45.02	1099.28	3.90
		14		37.567	29.490	0.550	688.81	4.28	68.75	1093.56	5.40	110.47	284.06	2.75	50.45	1284.22	3.98
		16		42.539	33.393	0.549	770.24	4.26	77.46	1221.81	5.36	123.42	318.67	2.74	55.55	1470.07	4.06
		10		31.502	24.729	0.630	779.53	4.98	66.70	1237.30	6.27	109.36	321.76	3.20	52.76	1365.33	4.31
16	160	12		37.441	29.391	0.630	916.58	4.95	78.98	1455.68	6.24	128.67	377.49	3.18	60.74	1639.57	4.39
		14		43.296	33.987	0.629	1048.36	4.92	90.95	1665.02	6.20	147.17	431.70	3.16	68.24	1914.68	4.47
		16	16	49.067	38.518	0.629	1175.08	4.89	102.63	1865.57	6.17	164.89	484.59	3.14	75.31	2190.82	4.55
		12		42.241	33.159	0.710	1321.35	5.59	100.82	2100.10	7.05	165.00	542.61	3.58	78.41	2332.80	4.89
18	180	14		48.896	38.383	0.709	1514.48	5.56	116.25	2407.42	7.02	189.14	625.53	3.56	88.38	2723.48	4.97
		16		55.467	43.542	0.709	1700.99	5.54	131.13	2703.37	6.98	212.40	698.60	3.55	97.83	3115.29	5.05
		18		61.955	48.634	0.708	1875.12	5.50	145.64	2988.24	6.94	234.78	762.01	3.51	105.14	3502.43	5.13
		14		54.642	42.894	0.788	2103.55	6.20	144.70	3343.26	7.82	236.40	863.83	3.98	111.82	3734.10	5.46
		16		62.013	48.680	0.788	2366.15	6.18	163.65	3760.89	7.79	265.93	971.41	3.96	123.96	4270.39	5.54
20	200	18	18	69.301	54.401	0.787	2620.64	6.15	182.22	4164.54	7.75	294.48	1076.74	3.94	135.52	4808.13	5.62
		20		76.505	60.056	0.787	2867.30	6.12	200.42	4554.55	7.72	322.06	1180.04	3.93	146.55	5347.51	5.69
		24		90.661	71.168	0.785	3338.25	6.07	236.17	5294.97	7.64	374.41	1381.53	3.90	166.65	6457.16	5.87

注：截面图中的 $r_1=1/3d$ 及表中 r 值的数据用于孔型设计，不做交货条件。

附表 1-2

热轧不等边角钢（GB 9788—1988）

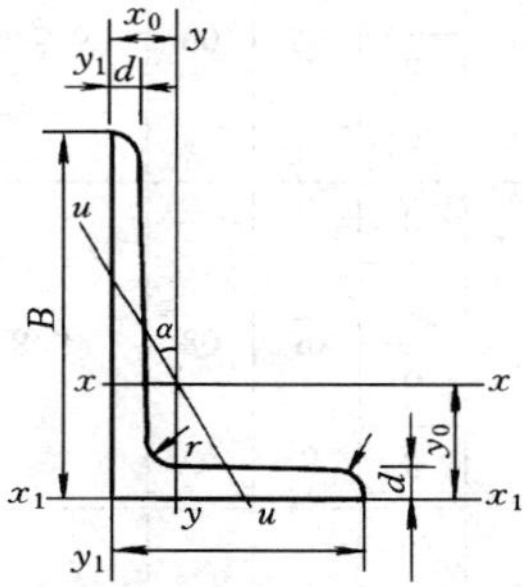

符号意义：

B——长边宽度；　　b——短边宽度；

d——边厚度；　　r——内圆弧半径；

r_1——边端内圆弧半径；　　I——惯性矩；

i——惯性半径；　　W——截面系数；

x_0——重心距离；　　y_0——重心距离。

角钢号数	尺寸 (mm)				截面面积	理论重量	外表面积	参考数值													
								$x-x$			$y-y$			x_1-x_1		y_1-y_1		$u-u$			
	B	b	d	r	(cm^2)	(kg/m)	(m^2/m)	I_x (cm^4)	i_x (cm)	W_x (cm^3)	I_y (cm^4)	i_y (cm)	W_y (cm^3)	I_{x_1} (cm^4)	y_0 (cm)	I_{y_1} (cm^4)	x_0 (cm)	I_u (cm^4)	i_u (cm)	W_u (cm^3)	$\tan\alpha$
2.5/1.6	25	16	3	3.5	1.162	0.912	0.080	0.70	0.78	0.43	0.22	0.44	0.19	1.56	0.86	0.43	0.42	0.14	0.34	0.16	0.392
			4		1.499	1.176	0.079	0.88	0.77	0.55	0.27	0.43	0.24	2.09	0.90	0.59	0.46	0.17	0.34	0.20	0.381
3.2/2	32	20	3		1.492	1.171	0.102	1.53	1.01	0.72	0.46	0.55	0.30	3.27	1.08	0.82	0.49	0.28	0.43	0.25	0.382
			4		1.939	1.522	0.101	1.93	1.00	0.93	0.57	0.54	0.39	4.37	1.12	1.12	0.53	0.35	0.42	0.32	0.374
4/2.5	40	25	3	4	1.890	1.484	0.127	3.08	1.28	1.15	0.93	0.70	0.49	5.39	1.32	1.59	0.59	0.56	0.54	0.40	0.385
			4		2.467	1.936	0.127	3.93	1.26	1.49	1.18	0.69	0.63	8.53	1.37	2.14	0.63	0.71	0.54	0.52	0.381
4.5/2.8	45	28	3	5	2.149	1.687	0.143	4.45	1.44	1.47	1.34	0.79	0.62	9.10	1.47	2.23	0.64	0.80	0.61	0.51	0.383
			4		2.806	2.203	0.143	5.69	1.42	1.91	1.70	0.78	0.80	12.13	1.51	3.00	0.68	1.02	0.60	0.66	0.380
5/3.2	50	32	3	5.5	2.431	1.908	0.161	6.24	1.60	1.84	2.02	0.91	0.82	12.49	1.60	3.31	0.73	1.20	0.70	0.68	0.404
			4		3.177	2.494	0.160	8.02	1.59	2.39	2.58	0.90	1.06	16.65	1.65	4.45	0.77	1.53	0.69	0.87	0.402
5.6/3.6	56	36	3	6	2.743	2.153	0.181	8.88	1.80	2.32	2.92	1.03	1.05	17.54	1.78	4.70	0.80	1.73	0.79	0.87	0.408
			4		3.590	2.818	0.180	11.45	1.79	3.03	3.76	1.02	1.37	23.39	1.82	6.33	0.85	2.23	0.79	1.13	0.408
			5		4.415	3.466	0.180	13.86	1.77	3.71	4.49	1.01	1.65	29.25	1.87	7.94	0.88	2.67	0.78	1.36	0.404

续表

角钢号数	尺寸(mm)				截面面积	理论重量	外表面积	参考数值														
								x－x			y－y			x_1-x_1		y_1-y_1		u－u				
	B	b	d	r	(cm^2)	(kg/m)	(m^2/m)	I_x (cm^4)	i_x (cm)	W_x (cm^3)	I_y (cm^4)	i_y (cm)	W_y (cm^3)	I_{x_1} (cm^4)	y_0 (cm)	I_{y_1} ($cm)^4$	x_0 (cm)	I_u (cm^4)	i_u (cm)	W_u (cm^3)	tanα
6.3/4	63	40	4	7	4.058	3.185	0.202	16.49	2.02	3.87	5.23	1.14	1.70	33.30	2.04	8.63	0.92	3.12	0.88	1.40	0.398
			5		4.993	3.920	0.202	20.02	2.00	4.74	6.31	1.12	2.71	41.63	2.08	10.86	0.95	3.76	0.87	1.71	0.396
			6		5.908	4.638	0.201	23.36	1.96	5.59	7.29	1.11	2.43	49.98	2.12	13.12	0.99	4.34	0.86	1.99	0.393
			7		6.802	5.339	0.201	26.53	1.98	6.40	8.24	1.10	2.78	58.07	2.15	15.47	1.03	4.97	0.86	2.29	0.389
7/4.5	70	45	4	7.5	4.547	3.570	0.226	23.17	2.26	4.86	7.55	1.29	2.17	45.92	2.24	12.26	1.02	4.40	0.98	1.77	0.410
			5		5.609	4.403	0.225	27.95	2.23	5.92	9.13	1.28	2.65	57.10	2.28	15.39	1.06	5.40	0.98	2.19	0.407
			6		6.647	5.218	0.225	32.54	2.21	6.95	10.62	1.26	3.12	68.35	2.32	18.58	1.09	6.35	0.98	2.59	0.404
			7		7.657	6.011	0.225	37.22	2.20	8.03	12.01	1.25	3.57	79.99	2.36	21.84	1.13	7.16	0.97	2.94	0.402
(7.5/5)	75	50	5	8	6.125	4.808	0.245	34.86	2.39	6.83	12.61	1.44	3.30	70.00	2.40	21.04	1.17	7.41	1.10	2.74	0.435
			6		7.260	5.699	0.245	41.12	2.38	8.12	14.70	1.42	3.88	84.30	2.44	25.37	1.21	8.54	1.08	3.19	0.435
			8		9.467	7.431	0.244	52.39	2.35	10.52	18.53	1.40	4.99	112.50	2.52	34.23	1.29	10.87	1.07	4.10	0.429
			10		11.590	9.098	0.244	62.71	2.33	12.79	21.96	1.38	6.04	140.80	2.60	43.43	1.36	13.10	1.06	4.99	0.423
8/5	80	50	5		6.375	5.005	0.255	41.96	2.56	7.78	12.82	1.42	3.32	85.21	2.60	21.06	1.14	7.66	1.10	2.74	0.388
			6		7.560	5.935	0.255	49.49	2.56	9.25	14.95	1.41	3.91	102.53	2.65	25.41	1.18	8.85	1.08	3.20	0.387
			7		8.724	6.848	0.255	56.16	2.54	10.58	16.96	1.39	4.48	119.33	2.69	29.82	1.21	10.18	1.08	3.70	0.384
			8		9.867	7.745	0.254	62.83	2.52	11.92	18.85	1.38	5.03	136.41	2.73	34.32	1.25	11.38	1.07	4.16	0.381
9/5.6	90	56	5	9	7.212	5.661	0.287	60.45	2.90	9.92	18.32	1.59	4.21	121.32	2.91	29.53	1.25	10.98	1.23	3.49	0.385
			6		8.557	6.717	0.286	71.03	2.88	11.74	21.42	1.58	4.96	145.59	2.95	35.58	1.29	12.90	1.23	4.13	0.384
			7		9.880	7.756	0.286	81.01	2.86	13.49	24.36	1.57	5.70	169.60	3.00	41.71	1.33	14.67	1.22	4.72	0.382
			8		11.183	8.779	0.286	91.03	2.85	15.27	27.15	1.56	6.41	194.17	3.04	47.93	1.36	16.34	1.21	5.29	0.380

续表

角钢号数	尺寸(mm)				截面面积 (cm^2)	理论重量 (kg/m)	外表面积 (m^2/m)	参考数值															
								$x-x$			$y-y$			x_1-x_1		y_1-y_1		$u-u$			
	B	b	d	r				I_x (cm^4)	i_x (cm)	W_x (cm^3)	I_y (cm^4)	i_y (cm)	W_y (cm^3)	I_{x_1} (cm^4)	y_0 (cm)	I_{y_1} (cm^4)	x_0 (cm)	I_u (cm^4)	i_u (cm)	W_u (cm^3)	$\tan\alpha$
10/6.3	100	63	6	10	9.617	7.550	0.320	99.06	3.21	14.64	30.94	1.79	6.35	199.71	3.24	50.50	1.43	18.42	1.38	5.25	0.394
			7		11.111	8.722	0.320	113.45	3.20	16.88	35.26	1.78	7.29	233.00	3.28	59.14	1.47	21.00	1.38	6.02	0.394
			8		12.584	9.878	0.319	127.37	3.18	19.08	39.39	1.77	8.21	266.32	3.32	67.88	1.50	23.50	1.37	6.78	0.391
			10		15.467	12.142	0.319	153.81	3.15	23.32	47.12	1.74	9.98	333.06	3.40	85.73	1.58	28.33	1.35	8.24	0.387
10/8	100	80	6		10.637	8.350	0.354	107.04	3.17	15.19	61.24	2.40	10.16	199.83	2.95	102.68	1.97	31.65	1.72	8.37	0.627
			7		12.301	9.656	0.354	122.73	3.16	17.52	70.08	2.39	11.71	233.20	3.00	119.98	2.01	36.17	1.72	9.60	0.626
			8		13.944	10.946	0.353	137.92	3.14	19.81	78.58	2.37	13.21	266.61	3.04	137.37	2.05	40.58	1.71	10.80	0.625
			10		17.167	13.476	0.353	166.87	3.12	24.24	94.65	2.35	16.12	333.63	3.12	172.48	2.13	49.10	1.69	13.12	0.622
11/7	110	70	6		10.637	8.350	0.354	133.37	3.54	17.85	42.92	2.01	7.90	265.78	3.53	69.08	1.57	25.36	1.54	6.53	0.403
			7		12.301	9.656	0.354	153.00	3.53	20.60	49.01	2.00	9.09	310.07	3.57	80.82	1.61	28.95	1.53	7.50	0.402
			8		13.944	10.946	0.353	172.04	3.51	23.30	54.87	1.98	10.25	354.39	3.62	92.70	1.65	32.45	1.53	8.45	0.401
			10		17.167	13.476	0.353	208.39	3.48	28.54	65.88	1.96	12.48	443.13	3.70	116.83	1.72	39.20	1.51	10.29	0.397
12.5/8	125	80	7	11	14.096	11.066	0.403	227.98	4.02	26.86	74.42	2.30	12.01	454.99	4.01	120.32	1.80	43.81	1.76	9.92	0.408
			8		15.989	12.551	0.403	256.77	4.01	30.41	83.49	2.28	13.56	519.99	4.06	137.85	1.84	49.15	1.75	11.18	0.407
			10		19.712	15.474	0.402	312.04	3.98	37.33	100.67	2.26	16.56	650.09	4.14	173.40	1.92	59.45	1.74	13.64	0.404
			12		23.351	18.330	0.402	364.41	3.95	44.01	116.67	2.24	19.43	780.39	4.22	209.67	2.00	69.35	1.72	16.01	0.400
14/9	140	90	8	12	18.038	14.160	0.453	365.64	4.50	38.48	120.69	2.59	17.34	730.53	4.50	195.79	2.04	70.83	1.98	14.31	0.411
			10		22.261	17.475	0.452	445.50	4.47	47.31	140.03	2.56	21.22	913.20	4.58	245.92	2.12	85.82	1.96	17.48	0.409
			12		26.400	20.724	0.451	521.59	4.44	55.87	169.79	2.54	24.95	1096.09	4.66	296.89	2.19	100.21	1.95	20.54	0.406
			14		30.456	23.908	0.451	594.10	4.42	64.18	192.10	2.51	28.54	1279.26	4.74	348.82	2.27	114.13	1.94	23.52	0.403

续表

角钢号数	尺寸 (mm) B	b	d	r	截面面积 (cm²)	理论重量 (kg/m)	外表面积 (m²/m)	x－x I_x (cm^4)	i_x (cm)	W_x (cm^3)	y－y I_y (cm^4)	i_y (cm)	W_y (cm^3)	x_1-x_1 I_{x_1} (cm^4)	y_0 (cm)	y_1-y_1 I_{y_1} (cm^4)	x_0 (cm)	u－u I_u (cm^4)	i_u (cm)	W_u (cm^3)	$\tan\alpha$
16/10	160	100	10	13	25.315	19.872	0.512	668.69	5.14	62.13	205.03	2.85	26.56	1362.89	5.24	336.59	2.28	121.74	2.19	21.92	0.390
			12		30.054	23.592	0.511	784.91	5.11	73.49	239.06	2.82	31.28	1635.56	5.32	405.94	2.36	142.33	2.17	25.79	0.388
			14		34.709	27.247	0.510	896.30	5.08	84.56	271.20	2.80	35.83	1908.50	5.40	476.42	2.43	162.23	2.16	29.56	0.385
			16		39.281	30.835	0.510	1003.04	5.05	95.33	301.60	2.77	40.24	2181.79	5.48	548.22	2.51	182.57	2.16	33.44	0.382
18/11	180	110	10	14	28.373	22.273	0.571	956.25	5.80	78.96	278.11	3.13	32.49	1940.40	5.89	447.22	2.44	166.50	2.42	26.88	0.376
			12		33.712	26.464	0.571	1124.72	5.78	93.53	325.03	3.10	38.32	2328.38	5.98	538.94	2.52	194.87	2.40	31.66	0.374
			14		38.967	30.589	0.570	1286.91	5.75	107.76	369.55	3.08	43.97	2716.60	6.06	631.95	2.59	222.30	2.39	36.32	0.372
			16		44.139	34.649	0.569	1443.06	5.72	121.64	411.85	3.06	49.44	3105.15	6.14	726.46	2.67	248.94	2.38	40.87	0.369
20/12.5	200	125	12		37.912	29.761	0.641	1570.90	6.44	116.73	483.16	3.57	49.99	3193.85	6.54	787.74	2.83	285.79	2.74	41.23	0.392
			14		43.867	34.436	0.640	1800.97	6.41	134.65	550.83	3.54	57.44	3726.17	6.02	922.47	2.91	326.58	2.73	47.34	0.390
			16		49.739	39.045	0.639	2023.35	6.38	152.18	615.44	3.52	64.69	4258.86	6.70	1058.86	2.99	366.21	2.71	53.32	0.388
			18		55.526	43.588	0.639	2238.30	6.35	169.33	677.19	3.49	71.74	4792.00	6.78	1197.13	3.06	404.83	2.70	59.18	0.385

注：1. 括号内型号不推荐使用。

2. 截面图中的 $r_1=1/3d$ 及表中 r 的数据用于孔型设计，不作为交货条件。

热轧槽钢（GB 707—1988） **附表 1-3**

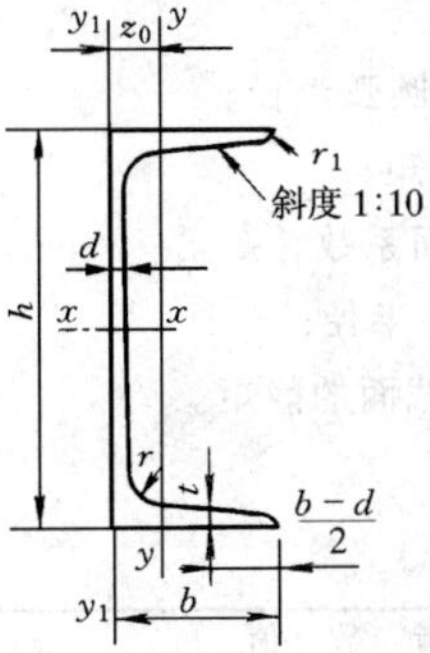

h——高度； r_1——腿端圆弧半径；

b——腿宽度； I——惯性矩；

d——腰厚度； W——截面系数；

t——平均腿厚度； i——惯性半径；

r——内圆弧半径； z_0——$y-y$ 轴与 y_1-y_1 轴间距。

型号	尺寸 (mm)						截面面积 (cm²)	理论重量 (kg/m)	参考数值							
									$x-x$			$y-y$			y_1-y_1	z_0 (cm)
	h	b	d	t	r	r_1			W_x (cm³)	I_x (cm⁴)	i_x (cm)	W_y (cm³)	I_y (cm⁴)	i_y (cm)	I_{y_1} (cm⁴)	
5	50	37	4.5	7	7.0	3.5	6.928	5.438	10.4	26.0	1.94	3.55	8.30	1.10	20.9	1.35
6.3	63	40	4.8	7.5	7.5	3.8	8.451	6.634	16.1	50.8	2.45	4.50	11.9	1.19	28.4	1.36
8	80	43	5.0	8	8.0	4.0	10.248	8.045	25.3	101	3.15	5.79	16.6	1.27	37.4	1.43
10	100	48	5.3	8.5	8.5	4.2	12.748	10.007	39.7	198	3.95	7.8	25.6	1.41	54.9	1.52
12.6	126	53	5.5	9	9.0	4.5	15.692	12.318	62.1	391	4.95	10.2	38.0	1.57	77.1	1.59
14a	140	58	6.0	9.5	9.5	4.8	18.516	14.535	80.5	564	5.52	13.0	53.2	1.70	107	1.71
14b	140	60	8.0	9.5	9.5	4.8	21.316	16.733	87.1	609	5.35	14.1	61.1	1.69	121	1.67
16a	160	63	6.5	10	10.0	5.0	21.962	17.240	108	866	6.28	16.3	73.3	1.83	144	1.80
16	160	65	8.5	10	10.0	5.0	25.162	19.752	117	935	6.10	17.6	83.4	1.82	161	1.75
18a	180	68	7.0	10.5	10.5	5.2	25.699	20.174	141	1270	7.04	20.0	98.6	1.96	190	1.88
18	180	70	9.0	10.5	10.5	5.2	29.299	23.000	152	1370	6.84	21.5	111	1.95	210	1.84
20a	200	73	7.0	11	11.0	5.5	28.837	22.637	178	1780	7.86	24.2	128	2.11	244	2.01
20	200	75	9.0	11	11.0	5.5	32.837	25.777	191	1910	7.64	25.9	144	2.09	268	1.95
22a	220	77	7.0	11.5	11.5	5.8	31.846	24.999	218	2390	8.67	28.2	158	2.23	298	2.10
22	220	79	9.0	11.5	11.5	5.8	36.246	28.453	234	2570	8.42	30.1	176	2.21	326	2.03
a	250	78	7.0	12	12.0	6.0	34.917	27.410	270	3370	9.82	30.6	176	2.24	322	2.07
25b	250	80	9.0	12	12.0	6.0	39.917	31.335	282	3530	9.41	32.7	196	2.22	353	1.98
c	250	82	11.0	12	12.0	6.0	44.917	35.260	295	3690	9.07	35.9	218	2.21	384	1.92
a	280	82	7.5	12.5	12.5	6.2	40.034	31.427	340	4760	10.9	35.7	218	2.33	388	2.10
28b	280	84	9.5	12.5	12.5	6.2	45.634	35.823	366	5130	10.6	37.9	242	2.30	428	2.02
c	280	86	11.5	12.5	12.5	6.2	51.234	40.219	393	5500	10.4	40.3	268	2.29	463	1.95
a	320	88	8.0	14	14.0	7.0	48.513	38.083	475	7600	12.5	46.5	305	2.50	552	2.24
32b	320	90	10.0	14	14.0	7.0	54.913	43.107	509	8140	12.2	49.2	336	2.47	593	2.16
c	320	92	12.0	14	14.0	7.0	61.313	48.131	543	8690	11.9	52.6	374	2.47	643	2.09
a	360	96	9.0	16	16.0	8.0	60.910	47.814	660	11900	14.0	63.5	455	2.73	818	2.44
36b	360	98	11.0	16	16.0	8.0	68.110	53.466	703	12700	13.6	66.9	497	2.70	880	2.37
c	360	100	13.0	16	16.0	8.0	75.310	59.118	746	13400	13.4	70.0	536	2.67	948	2.34
a	400	100	10.5	18	18.0	9.0	75.068	58.928	879	17600	15.3	78.8	592	2.81	1070	2.49
40b	400	102	12.5	18	18.0	9.0	83.068	65.208	932	18600	15.0	82.5	640	2.78	1140	2.44
c	400	104	14.5	18	18.0	9.0	91.068	71.488	986	19700	14.7	86.2	688	2.75	1220	2.42

注：截面图和表中标注的圆弧半径 r、r_1 的数据用于孔型设计，不作为交货条件。

热轧工字钢（GB 706—1988）　　附表 1-4

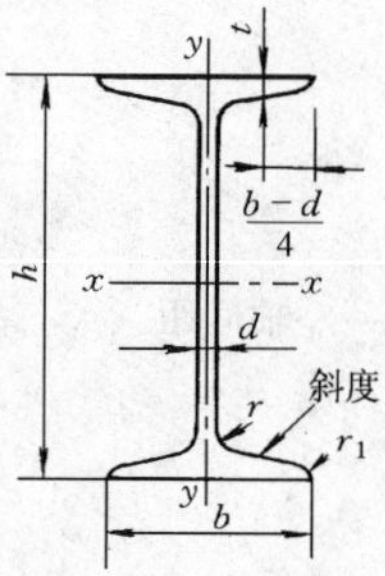

符号意义

h——高度；　r_1——腿端圆弧半径；

b——腿宽度；　I——惯性矩；

d——腰厚度；　W——截面系数；

t——平均腿厚度；　i——惯性半径；

r——内圆弧半径；　S——半截面的静矩。

型号	尺寸 (mm)						截面面积 (cm^2)	理论重量 (kg/m)	参考数值						
									$x-x$				$y-y$		
	h	b	d	t	r	r_1			I_x (cm^4)	W_x (cm^3)	i_x (cm)	$I_x:S_x$	I_y (cm^4)	W_y (cm^3)	i_y (cm)
10	100	68	4.5	7.6	6.5	3.3	14.345	11.261	245	49.0	4.14	8.59	33.0	9.72	1.52
12.6	126	74	5.0	8.4	7.0	3.5	18.118	14.223	488	77.5	5.20	10.8	46.9	12.7	1.61
14	140	80	5.5	9.1	7.5	3.8	21.516	16.890	712	102	5.76	12.0	64.4	16.1	1.73
16	160	88	6.0	9.9	8.0	4.0	26.131	20.513	1130	141	6.58	13.8	93.1	21.2	1.89
18	180	94	6.5	10.7	8.5	4.3	30.756	24.143	1660	185	7.36	15.4	122	26.0	2.00
20a	200	100	7.0	11.4	9.0	4.5	35.578	27.929	2370	237	8.15	17.2	158	31.5	2.12
20b	200	102	9.0	11.4	9.0	4.5	39.578	31.069	2500	250	7.96	16.9	169	33.1	2.06
22a	220	110	7.5	12.3	9.5	4.8	42.128	33.070	3400	309	8.99	18.9	225	40.9	2.31
22b	220	112	9.5	12.3	9.5	4.8	46.528	36.524	3570	325	8.78	18.7	239	42.7	2.27
25a	250	116	8.0	13.0	10.0	5.0	48.541	38.105	5020	402	10.2	21.6	280	48.3	2.40
25b	250	118	10.0	13.0	10.0	5.0	53.541	42.030	5280	423	9.94	21.3	309	52.4	2.40
28a	280	122	8.5	13.7	10.5	5.3	55.404	43.492	7110	508	11.3	24.6	345	56.6	2.50
28b	280	124	10.5	13.7	10.5	5.3	61.004	47.888	7480	534	11.1	24.2	379	61.2	2.49
32a	320	130	9.5	15.0	11.5	5.8	67.156	52.717	11100	692	12.8	27.5	460	70.8	2.62
32b	320	132	11.5	15.0	11.5	5.8	73.556	57.741	11600	726	12.6	27.1	502	76.0	2.61
32c	320	134	13.5	15.0	11.5	5.8	79.956	62.765	12200	760	12.3	26.8	544	81.2	2.61
36a	360	136	10.0	15.8	12.0	6.0	76.480	60.037	15800	875	14.4	30.7	552	81.2	2.69
36b	360	138	12.0	15.8	12.0	6.0	83.680	65.689	16500	919	14.1	30.3	582	84.3	2.64
36c	360	140	14.0	15.8	12.0	6.0	90.880	71.341	17300	962	13.8	29.9	612	87.4	2.60
40a	400	142	10.5	16.5	12.5	6.3	86.112	67.598	21700	1090	15.9	34.1	660	93.2	2.77
40b	400	144	12.5	16.5	12.5	6.3	94.112	73.878	22800	1140	15.6	33.6	692	96.2	2.71
40c	400	146	14.5	16.5	12.5	6.3	102.112	80.158	23900	1190	15.2	33.2	727	99.6	2.65
45a	450	150	11.5	18.0	13.5	6.8	102.446	80.420	32200	1430	17.7	38.6	855	114	2.89
45b	450	152	13.5	18.0	13.5	6.8	111.446	87.485	33800	1500	17.4	38.0	894	118	2.84
45c	450	154	15.5	18.0	13.5	6.8	120.446	94.550	35300	1570	17.1	37.6	938	122	2.79
50a	500	158	12.0	20.0	14.0	7.0	119.304	93.654	46500	1860	19.7	42.8	1120	142	3.07
50b	500	160	14.0	20.0	14.0	7.0	129.304	101.504	48600	1940	19.4	42.4	1170	146	3.01
50c	500	162	16.0	20.0	14.0	7.0	139.304	109.354	50600	2080	19.0	41.8	1220	151	2.96
56a	560	166	12.5	21.0	14.5	7.3	135.435	106.316	65600	2340	22.0	47.7	1370	165	3.18
56b	560	168	14.5	21.0	14.5	7.3	146.635	115.108	68500	2450	21.6	47.2	1490	174	3.16
56c	560	170	16.5	21.0	14.5	7.3	157.835	123.900	71400	2550	21.3	46.7	1560	183	3.16
63a	630	176	13.0	22.0	15.0	7.5	154.658	121.407	93900	2980	24.5	54.2	1700	193	3.31
63b	630	178	15.0	22.0	15.0	7.5	167.258	131.298	98100	3160	24.2	53.5	1810	204	3.29
63c	630	180	17.0	22.0	15.0	7.5	179.858	141.189	102000	3300	23.8	52.9	1920	214	3.27

注：截面图和表中标注的圆弧半径 r、r_1 的数据用于孔型设计，不作为交货条件。

附录Ⅱ　简单荷载作用下梁的转角和挠度

附表 2-1

支承和荷载情况	梁端转角	最大挠度	挠曲线方程式
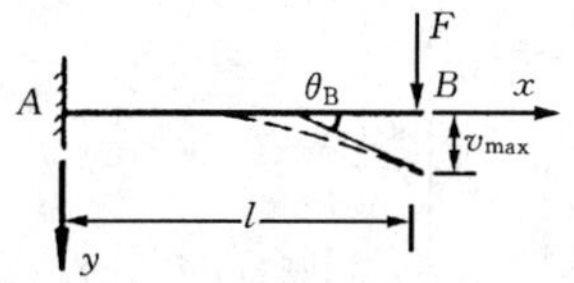	$\theta_B = \dfrac{Fl^2}{2EI_z}$	$v_{max} = \dfrac{Fl^3}{3EI_z}$	$v = \dfrac{Fx^2}{6EI_z}(3l - x)$
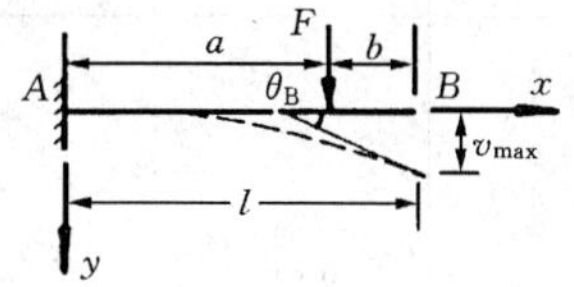	$\theta_B = \dfrac{Fa^2}{2EI_z}$	$v_{max} = \dfrac{Fa^2}{6EI_z}(3l - a)$	$v = \dfrac{Fx^2}{6EI_z}(3a - x)$, $0 \leqslant x \leqslant a$ $v = \dfrac{Fa^2}{6EI_z}(3x - a)$, $a \leqslant x \leqslant l$
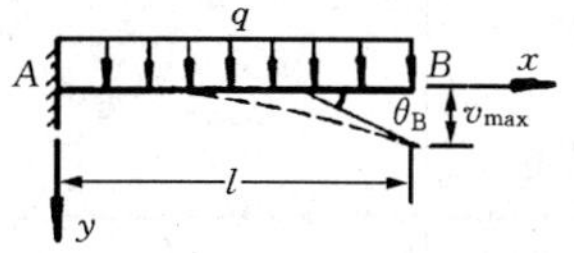	$\theta_B = \dfrac{ql^3}{6EI_z}$	$v_{max} = \dfrac{ql^4}{8EI_z}$	$v = \dfrac{qx^2}{24EI_z}(x^2 + 6l^2 - 4lx)$
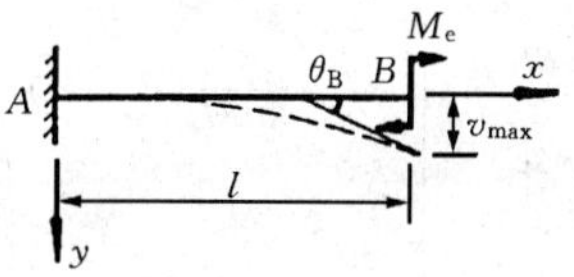	$\theta_B = \dfrac{M_e l}{EI_z}$	$v_{max} = \dfrac{M_e l^2}{2EI_z}$	$v = \dfrac{M_e x^2}{2EI_z}$

续表

支承和荷载情况	梁端转角	最大挠度	挠曲线方程式
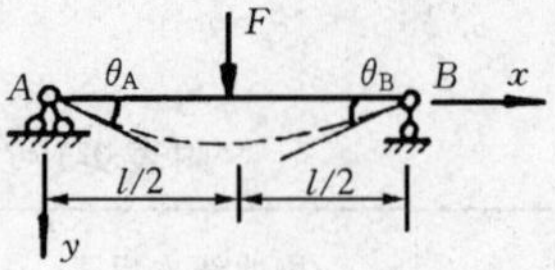	$\theta_A=-\theta_B=\dfrac{Fl^2}{16EI_z}$	$v_{max}=\dfrac{Fl^3}{48EI_z}$	$v=\dfrac{Fx}{48EI_z}(3l^2-4x^2)$， $0\leqslant x\leqslant\dfrac{l}{2}$
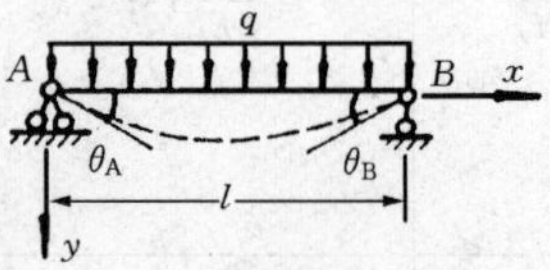	$\theta_A=-\theta_B=\dfrac{ql^3}{24EI_z}$	$v_{max}=\dfrac{5ql^4}{384EI_z}$	$v=\dfrac{qx}{24EI_z}(l^2-2lx^2+x^3)$
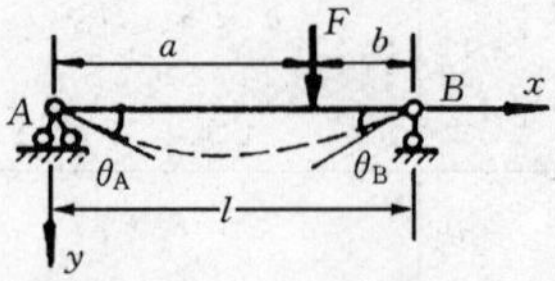	$\theta_A=\dfrac{Fab(l+b)}{6lEI_z}$ $\theta_B=\dfrac{-Fab(l+b)}{6lEI_z}$	$v_{max}=\dfrac{Fb}{9\sqrt{3}lEI}$ $(l^2-b^2)^{3/2}$ 在 $x=\dfrac{\sqrt{l^2-b^2}}{3}$ 处	$v=\dfrac{Fbx}{6lEI_z}(l^2-b^2-x^2)x$， $0\leqslant x\leqslant a$ $v=\dfrac{F}{EI_z}\Big[\dfrac{b}{6l}(l^2-b^2$ $-x^2)x+\dfrac{1}{6}(x-a)^3\Big]$， $a\leqslant x\leqslant l$
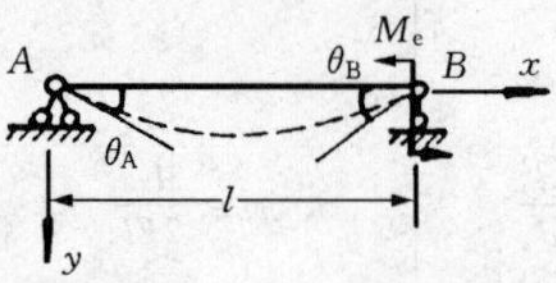	$\theta_A=\dfrac{M_el}{6EI_z}$ $\theta_B=\dfrac{M_el}{3EI_z}$	$v_{max}=\dfrac{M_el^2}{9\sqrt{3}EI_z}$ 在 $x=\dfrac{l}{\sqrt{3}}$ 处	$v=\dfrac{M_ex}{6lEI_z}(l^2-x^2)$

附录Ⅲ　弹性体静载基本实验指导

绪　论

本实验讲义是根据《材料力学》实验教学大纲，并结合本教材内容特点及目前通用的仪器、设备情况而编写的。适用于土木、机械等各专业成人教育本科、专科。各专业可按各自的教学大纲要求选择实验内容。

材料力学实验是工程力学课程的重要组成部分，是工科学生必须掌握的技能之一。通过实验教学使同学巩固和深化对材料力学理论的学习和掌握，学会材料各种力学性能的测试方法，熟悉常用的应力分析方法和各种仪器设备的正确使用操作方法，锻炼动手能力，培养独立分析解决问题的能力和科学严谨的工作态度。

材料力学实验的内容可分为：

1. 测定力学性能的实验

包括：拉伸、压缩、弹性模量的测定等实验，通过这些实验进一步理解与巩固常用力学性能指标并熟悉其基本测试方法，了解有关国家标准或技术规范的要求。

2. 验证理论的实验

例如纯弯曲梁的正应力测定实验、主应力测定试验、弯扭组合时的应力测定实验即属此类。通过实验加深巩固所学有关理论。另外此类实验还均属于电测法的实验，通过这些实验，学习静态电测的方法，包括半桥、全桥测试法，了解应变与变形、应变预应力的测试方法。

为了使实验课达到预期的目的，参加实验的同学一般应按以下三个阶段进行：

(1) 实验课前必须预习实验教材。明确实验目的，复习有关的理论知识，弄清实验原理及方法，熟悉有关仪器设备的基本原理与使用，按要求写出预习报告，准备好数据记录表格或确定测试方案。实验完成后，数据经教师签字方能生效。

(2) 实验课中的主要工作是荷载的施加和应变或变形的测量。

1) 荷载的施加

通常用材料试验机加载来完成。有时为了消除试件和夹持器之间的间隙，必须加初荷载。加载方法主要为逐级加载法（从初荷载到终荷载分成几个等级进行加载）。要求同学了解加载原理。

2) 变形或应变的测量

材料力学实验测量的变形，绝大多数是小变形，因此，要求测量仪器具有灵敏度高、稳定性好的特点。要求同学熟悉电子引伸计，特别是电阻应变仪的原理及其使用方法。

在实验中，小组成员应有明确分工，相互协调一致才能得到较好的实验结果。

(3) 实验报告是实验的全面总结，也是同学们培养自己分析能力、表达能力的具体体现，必须认真做好。报告内容要全面、真实，字迹工整，图文并茂。实验及计算数值要表格化。实验报告应包括以下内容：

1）实验名称、实验日期、实验者及参加者姓名、实验时的温度及其他条件。

2）实验目的、实验原理概述，并绘制装置简图。

3）使用的机器、仪器应注明名称、型号、最小刻度（或放大倍数），其他用具也应写清楚。

4）实验数据处理

实验数据应记录在按实验要求而设计的表格里。表格要清楚反映出全部测量结果的变化和计算结果的准确性。测量数据要按指定使用的量具或仪器的最小刻度来读取。例如电子数显卡尺，记录数据为 9.96、10.01、5.28mm，都表示了测量工具所能达到的准确度。

在多次测量同一物理量时，每次所得的结果并不完全相同。这是因为，事实上，机器、仪器、量具本身的示值有一定的误差，而且实验时客观因素复杂，不可避免地会产生误差。由统计理论可知，多次测量同一物理量时，取各次测量数据的算术平均值为最优值，最接近真实值，故在材力实验中，常以此法测量某一物理量。

5）计算

在计算中所用到的公式应在报告中明确列出，并注明各种符号所代表的意义。计算的有效数字位数，工程上一般要求到三位即可。例如截面面积 $S = 2.34\text{mm} \times 5.12\text{mm}$ 的计算结果，不必写成 $S = 12.194\text{mm}^2$，而写成 $S = 12.2\text{mm}^2$ 即可。

6）实验结果的表示

实验结果一般采用列表或图线来表示。图线要绘在坐标纸上，图中注明坐标轴所代表的物理量和比例尺。实验点可用不同的记号表示，如“。”“○”“△”“×”等等。实验曲线应根据多数点的位置描成光滑的曲线，不能用直线逐点连成折线。如附图 3-1（a）所示为正确描法，而附图 3-1（b）为不正确描法。

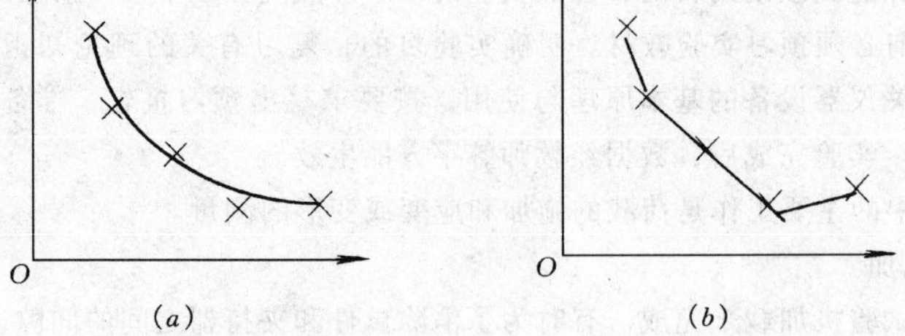

附图 3-1

7）结果分析

对本实验所得结果进行分析，应指明实验结果能说明什么问题，有何优缺点，分析实验中出现的问题，并对结果进行误差分析，回答指定的问题。同时对本实验中有关技术问题进行讨论，也可以写下自己的心得体会或对本实验的改进意见等。

第一节　材料力学实验中目前通用设备、仪器介绍

一、WE-30 型液压式万能材料试验机

本试验机，可用于金属材料的拉伸、压缩、弯曲及剪切试验，也可用于一般建筑材料如木材、水泥、混凝土等的压缩、弯曲试验。加装了测力传感器和位移传感器的万能试验机，通过万能试验机数据采集器（数显表）可对加荷速率按《GB 228—1987》要求灵活调节，对荷载、变形进行自动跟踪测量，并能显示力值、变形、加荷速率和力—变形曲线。与计算机联机还可自动按《GB 228—1987》标准处理各种力学性能指标数据，并绘出材料的力—变形曲线。

本机量程分为三级：0～60kN，0～150kN，0～300kN。加载方式为油压加载。

（一）构造

本试验机由加力、测力两部分组成（附图 3-2）。

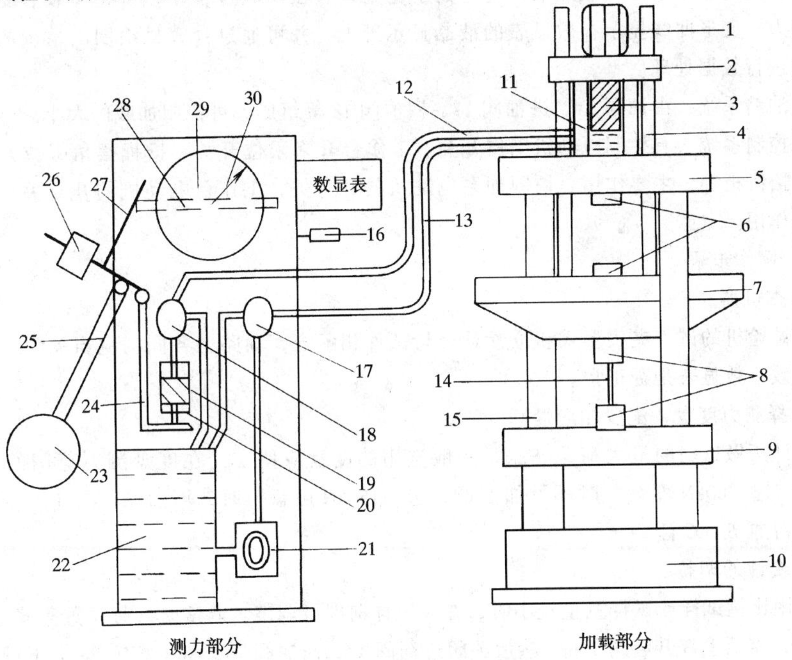

附图 3-2　WE-30 型液压式万能材料试验机

1—电动机；2—上横梁；3—活塞；4—螺杆；5—油缸座；6—上、下压头；7—工作台；8—上、下拉头；9—下横梁；10—机座；11—油缸；12—回油管；13—进油管；14—试件；15—立柱；16—调零旋钮；17—进油阀；18—回油阀；19—测力活塞；20—测力油缸；21—油泵；22—油箱；23—摆锤；24—连杆；25—摆杆；26—平衡锤；27—推杆；28—齿杆；29—度盘；30—指针

1. 加力部分

由油箱、油缸、工作台、机座等组成。

油缸座 5、下横梁 9 及立柱 15 固定不动。当上横梁 2 上的电动机 1 转动时，使螺杆 4 带动工作台 7 升降，可用来调节试验空间。当油泵 21 将油箱 22 中的油液经进油阀 17 和进油管 13 送至油缸 11 后，推动活塞 3 带动螺杆 4 和工作台 7 向上移动，迫使上、下压头 6 或上、下拉头 8 之间的试件产生强迫变形。与此同时，试件内的抗力与油缸中的油压力相平衡，人们习惯上把这种油压力说成是向试样加载。

2. 测力部分

由摆锤测力示值机构、自动测量系统、液压油路系统、电器控制系统组成。

试件受力后，油缸 11 内油压逐渐增加，高压油经过回油管 12 进入到测力油缸 20 内，使测力活塞 19 向下移动，通过连杆 24 使摆锤 23 摆起，推杆 27 推动齿杆 28 带动齿轮，即可使指针 30 转动，从而由度盘 29 上得到相应的荷载值。当在摆锤上加挂不同的配重时，在度盘上可显示不同范围的荷载值。

自动测量系统：安装在试验机上的荷载传感器和位移传感器首先将力学量转变成电量，经万能试验机数据采集器（数显表）进行数字化处理，在实验过程中，可将荷载、变形、加荷速率和力—变形曲线显示在数显表的液晶显示屏上，并可通过计算机绘制出精确的力—变形曲线和进行数据处理。

液压油路系统：由油泵 21、进油阀 17、回油阀 18 等组成，可控制加载的大小。

电器控制系统：有控制电动机工作开关、工作台升降限位开关、扬程摆角限位开关、保险丝盒、接线板等，主要作用是控制油泵电动机的开与关，工作台电动机的开与关、还有保证安全的作用。

（二）操作步骤

1. 检查机器

检查试验机的试件夹头形式和位置是否与试件相配合，油路上各阀门应当关闭，保险开关是否有效，数显表是否正常。

2. 选择测力度盘，配置相应摆锤

先估计所做试验的最大荷载 F_{max}，一般选用的度盘应使 F_{max} 在度盘测力范围的 40%～80%之间。选“60kN 度盘”时不另加摆锤，选“150kN 度盘”时，再加 B 锤，选“300kN 度盘”时，再加 B、C 锤。

3. 平衡锤的调整

在使用比例试样或试样重量较小时，在装试样前即可调整。调整时（必须重复多次），开动油泵 21，将活塞 3 升起约 2cm，然后关闭进油阀 17、回油阀 18，将平衡锤 26 上下调整，使摆杆 25 的刻度对准指示牌的刻度，再旋紧平衡锤锁紧螺母，即可。

4. 安装试样

做压缩实验时，将试样放在上、下压头 6 的中心。做拉伸实验时，将试样装卡在上、下拉头 8 之间。

5. 试机、度盘指针零位的调整

开动油泵电动机数分钟，看机器运转正常否。然后开动油泵 21，使油缸 11 升起约 2cm，旋转数显表下的调零旋钮16，使测力盘29上的指针30对准零位。必须注意，每次实验前，均要将指针调整零位。同时，按不同实验要求调整好数显表。

6. 进行实验

加载前检查各阀门是否关闭，然后打开油泵开关，微开进油阀门，慢速加载，慢速卸载。

7. 实验后整理

实验结束后，立即关闭机器。卸下试样，将机器复原。

（三）注意事项

（1）开机前，停机后，油路上各阀门都应置于关闭位置。

（2）加载卸载均应缓慢进行。

（3）机器运转时，操作者不得离开机器。实验时，不能触动摆锤。

（4）操作时，发现异常现象，立即停机，请示指导教师。不得擅自处理。

二、万能试验机数据采集器（数显表）简介及操作说明

（一）概述

万能试验机数据采集器（数显表），通过测力传感器、位移传感器对力、变形自动跟踪测量。在实验过程中，可将荷载、变形、加荷速率和力—变形曲线显示在数显表的液晶显示屏上，并可通过计算机绘制出精确的力—变形曲线和进行数据处理。

数显表示意图，如附图3-3所示。

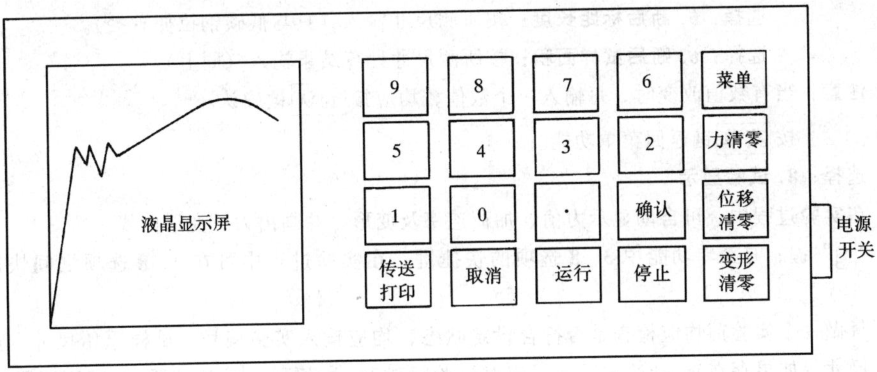

附图3-3　液晶显示万能试验机数据采集器（数显表）

（二）操作说明

接通电源，数据采集器进行自检后，自动弹出菜单功能，即可开始实验。根据实验要求，在功能菜单中选择相应的选项（主要选择：**1**、**2**、**3**、**8**项）。

选择：**1. 测量范围选择力值测量范围选择：**

选择：**2.　20%**（拉伸实验及测弹性模量E时，对应于60kN量程）；

选择：**3.　50%**（压缩实验时，对应于150kN量程）；

选择：**4.　100%**（对应于300kN量程）。

变形测量范围选择：

选择：**5. 20%**（测弹性模量E及使用电子引伸计时）；

其他实验不用选择。

按[菜单]键返回菜单功能。

选择：**2. 显示方式**

选择：**1.** 显示力—变形曲线（测弹性模量E时）；

选择：**2. 显示力—变形曲线**（其他实验时）。

坐标设置（按数字键进行更改）：

选择：**5. 纵坐标设置：拉伸时，35；压缩时，150；测 *E* 时，15。**

选择：**6. 横坐标设置：拉伸时，50；压缩时，10；测 *E* 时，0.1。**

注意： 当有数值改变时，每输入一个数值，均应按[确认]键确认。

按[菜单]键返回菜单功能。

选择：**3. 试验参数输入**（主要选择：2、3、4、5、6项）

选择：**2. 试验 编号：1—低碳钢拉伸实验；2—铸铁拉伸实验；**
3—低碳钢压缩实验；4—铸铁压缩实验；
5—弹性模量 *E* 的测定。

选择：**3. 试样 面积：** 按所测尺寸计算结果输入。

选择：**4. 试样 标距：** 按所测尺寸输入（如果存在）。

选择：**5. 断后标距长度：** 按所测尺寸输入（只与低碳钢拉伸有关）。

选择：**6. 断后试样面积：** 按所测尺寸计算结果输入（同上）。

注意： 当有数值改变时，每输入一个数值，均应按[确认]键确认。

按[菜单]键返回菜单功能。

选择：**8. 试验显示**

在实验过程中，可自动显示力值、加荷速率及变形，并画出力—变形曲线。

“[·]”键： 是菜单功能中**3**、**8**选项的快捷键，在实验过程中可在**3**、**8**选项之间快速切换。

每做一个实验前均应检查是否符合设定状态，均应输入实验编号、试样原始尺寸、试样断后尺寸（如果存在）。开始加载前，应对试验机进行[力清零]、[位移清零]和[变形清零]，按相应键即可。实验后，按[传送打印]键，将实验数据传送到计算机。

注意： 菜单中其他选项，请不要随意触动和更改，以免破坏数据采集系统。

三、电阻应变片及电阻应变仪

电阻应变仪是测量应变的电子仪器，广泛应用在生产、科研、教学中。配用不同的传感器也可进行与应变值有确定关系的其他物理量的测量。如荷载、压力、扭矩、位移、温度、材料的模量等物理量。它通过电阻应变片将力学量（应变）转换为电量（电阻变化），再由电阻应变仪将电量转换成力学量，并经仪器直接显示出来。

电阻应变仪和电阻应变片的种类繁多，但工作原理大致相同，下面介绍 YJW-8 型数字静态电阻应变仪、YJK-4500型电阻应变仪和电阻应变片。

（一）电阻应变片

电阻应变片一般由敏感栅、基底、覆盖层和引线组成（附图3-4）。

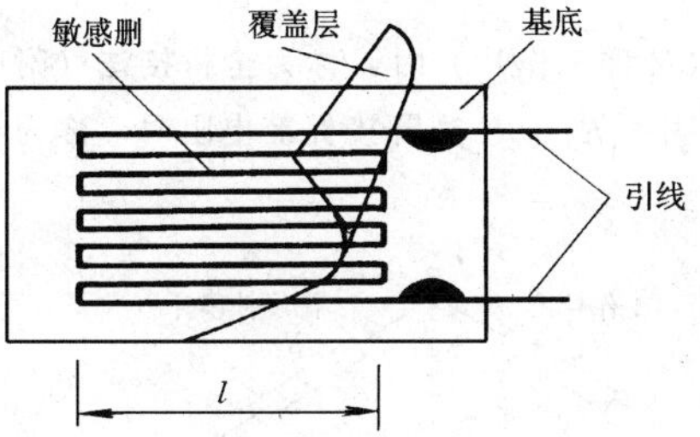

附图3-4　电阻应变片的组成

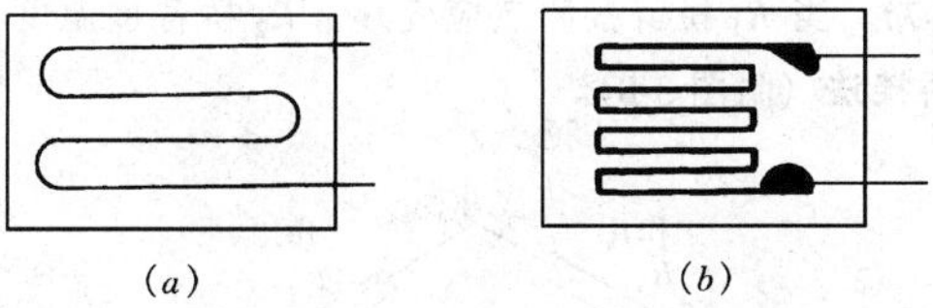

附图3-5　不同种类的电阻应变片

（a）丝绕式电阻应变片；（b）箔式电阻应变片

常用的金属电阻应变片有丝绕式和箔式两种（附图3-5）。丝绕式电阻应变片的敏感栅一般用很细的铜镍合金或镍铬合金丝制成，盘成栅状固结在覆盖层和基底之间。箔式电阻应变片的敏感栅是将铜镍或镍铬合金轧制成0.003～0.01mm的箔材，经化学腐蚀处理制成栅状，固结在覆盖层和基底之间。敏感栅是应变片的主体，主要用来感受变形，并把应变量$\Delta l/l$转化成电阻变化量$\Delta R/R$，其初始阻值一般为120Ω，应变片的引线是用于连接测量导线的。基底和覆盖层用于保护和固结敏感栅。

测量时，电阻应变片按一定方向粘贴在构件的测量位置上。实验证明，在一定范围内，应变片的长度变化率与电阻变化率有下述关系，即：

$$\frac{\Delta R}{R}=K\frac{\Delta l}{l}=K\varepsilon$$

式中　ε——构件的应变，工程中常用$\mu\varepsilon$计算：$1\mu\varepsilon=10^{-6}\varepsilon$；

K——电阻应变片的灵敏系数。

K值主要取决于敏感栅的材质、几何形状与尺寸。由于应变片只能粘贴一次，不能重复使用，所以K值是由生产厂家抽样标定后确定的。一般$1.8<K<2.8$。进行测量时，仪器的灵敏系数$K_{仪}$应和所选用的应变片的$K_{片}$数值相等，这样测出的应变值即为所测实验点的真实值，不需要修正。

粘贴应变片是测试技术的一个重要环节，它直接影响着测量精度。

（二）电阻应变仪

电阻应变仪是测量应变的专门设备。它是按惠斯登电桥原理设计而成的（附图3-6）。它的主要作用是配合电阻应变片组成电桥，并对电桥的输出信号进行放大，以便由仪器指示出应变数值。设电桥中各桥臂电阻分别为：R_1、R_2、R_3、R_4，当满足条件$R_1\cdot R_3=R_2\cdot R_4$时，则$BD$端电压为零，电桥无输出，处于平衡状态。测量时，电阻应变片作为电桥的桥臂，接在应变仪的桥路上。当某一桥臂电阻

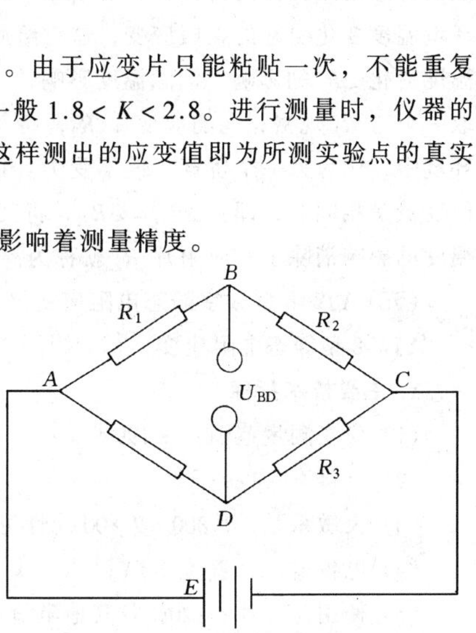

附图3-6　惠斯登电桥电路

值发生变化时，如应变片因构件变形而引起电阻变化时，电桥的输出电压也相应地发生变化。但是构件的变形往往很小，所以电桥的输出电压一般也很小，因此应变仪的主要功能就是将微弱的电压加以放大，然后再转换成应变值显示出来。

（三）测量电桥的接法

当 R_1、R_2、R_3、R_4 桥臂全部接测点的应变片（又称工作片）时，称为**全桥接法**（附图 3-7）。当 R_1 桥臂接测点应变片、R_2 桥臂接温度补偿片、R_3、R_4 桥臂接标准电阻时，称为**半桥接法**（附图 3-8）。

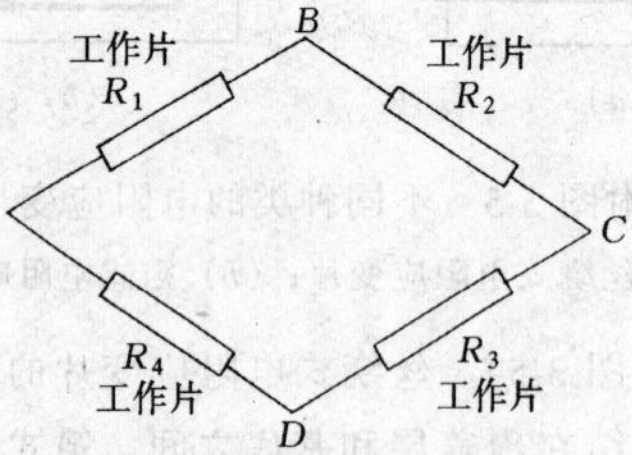

附图 3-7 全桥接法

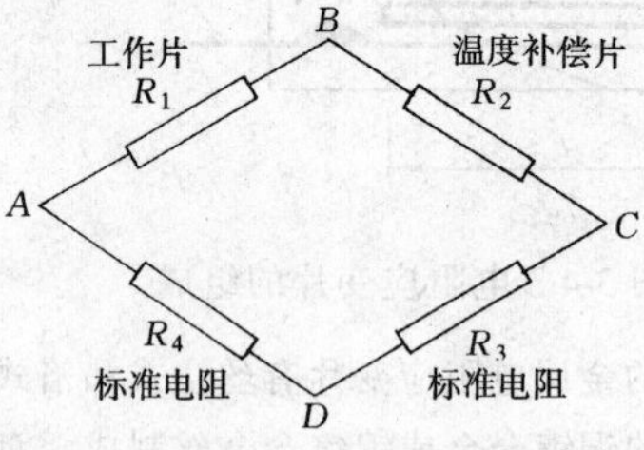

附图 3-8 半桥接法

（四）温度补偿片

电阻应变片对温度的变化很敏感。粘贴在构件上的应变片，其敏感栅的电阻值一方面随构件变形而变化；另一方面，当环境温度变化时，敏感栅的电阻值还将随温度改变而变化。同时，由于敏感栅材料和被测材料的线膨胀系数不同，敏感栅有被迫拉长或缩短的趋势，也会使其电阻值发生变化。因此，在温度环境下进行测量，应变片的电阻变化将由两部分组成，即：

$$\Delta R = \Delta R_\varepsilon + \Delta R_t$$

这两部分电阻变化同时存在，混淆在一起，其数量级相当，使得测量出的应变值中包含了因环境温度变化引起的虚假应变，这将给测量带来很大的误差。因此，在测量中必须设法消除温度变化 ΔR_t 的影响。消除温度影响的措施是温度补偿。工作片 R_1 粘贴在构件被测点处，再取一个与 R_1 规格相同的应变片 R_2，将其粘贴在与测点材质相同的材料上，放置在同一温度环境中，作为另一个桥臂，但不受力。在同一温度场下，R_1 与 R_2 由于温度改变引起的电阻改变量是相同的，即：$\Delta R_{1t} = \Delta R_{2t}$，将其代入电桥平衡条件方程，将会相互抵消掉。这样就把温度的影响消除了。应阻片 R_2 就称为温度补偿片。

（五）YJW-8 型数字静态电阻应变仪及使用方法

YJW-8 型静态电阻应变仪，如附图 3-9 所示。

1. 主要技术指标

（1）应变测量范围：$\pm 19999\mu\varepsilon$；

（2）分辨率：$1\mu\varepsilon$；

（3）灵敏系数：1.800～2.800 线性可调；

（4）电桥电压：直流 2.5V；

（5）使用应变片：120Ω 及其他阻值；

（6）测量点数：8 点；

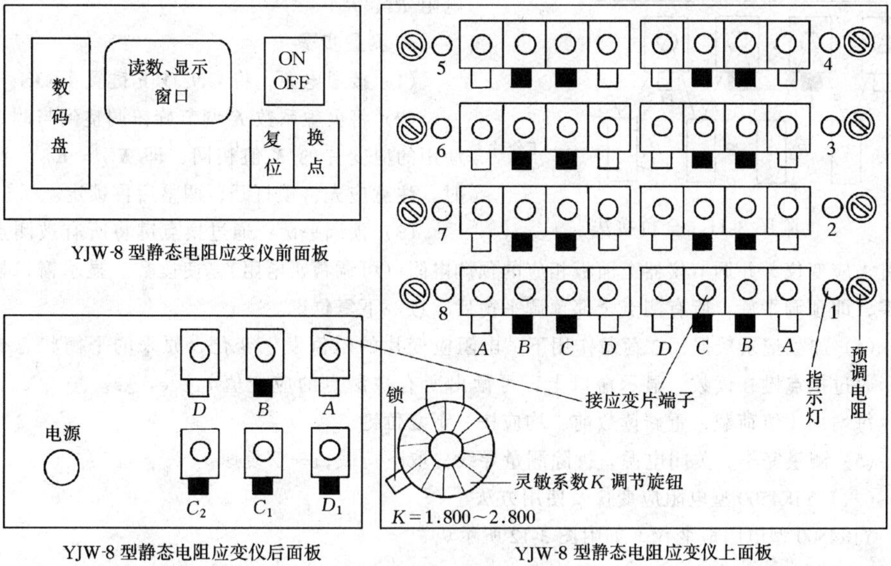

附图 3-9　YJW-8 型静态电阻应变仪

(7) 电源：交流 220V 直接供电，功率 10W；

2. 使用方法

(1) 单点测量半桥接法

将工作片 R_1 接在应变仪上面板的 A、B 接线端子之间，温度补偿片 R_2 接在 B、C 端子之间（附图 3-10)，在仪器后面板的 A、D_1 和 D、C_2 接线端子之间分别接入标准电阻 R_3、R_4，即可。

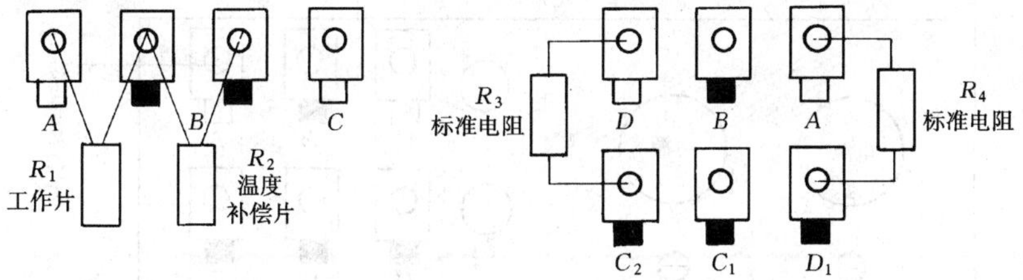

附图 3-10　单点测量半桥接法

(2) 多点测量半桥接法

将工作片 R_1、R_2，$\cdots R_n$（$n\leqslant 8$）分别接在应变仪上面板各点的 $A_{1\sim n}$、$B_{1\sim n}$接线端子之间，补偿片可以公共补偿，也可以各自补偿。当公共补偿时，将温度补偿片接在应变仪后面板的 B、C_1 接线端子之间，A、D_1 和 D、C_2 接线端之间仍分别接入标准电阻 R_3、R_4，即可。

(3) 全桥接法

分别在仪器上面板的 AB、BC、CD、DA 接线端子之间接入工作片（附图 3-11)，且保证相邻的桥臂受相反的力。此时，温度补偿由工作片自身补偿。不必取下仪器后面板上的标准

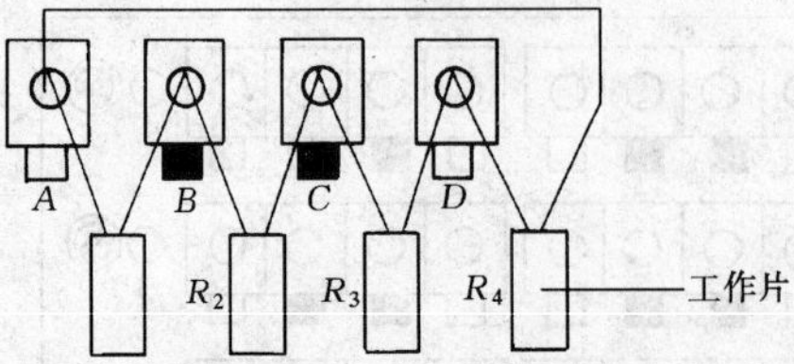

附图 3-11 全桥接法

电阻 R_3、R_4。

3. 测量步骤

(1) 接通电源，将 **ON/OFF** 键置于 **ON**；

(2) 将灵敏系数 $\boldsymbol{K}$ 调节旋钮调整到与测点所使用的应变片的 $\boldsymbol{K}$ 值相同，即 $\boldsymbol{K}_{仪}=\boldsymbol{K}_{片}$。调整时，注意应先将锁打开，调整后再锁定。

(3) 预调平衡：通过换点键将所有被测点分别引入应变仪，并调节仪器上面板相应的预调电阻（可调精密电阻），使读数、显示窗口显示为零，即预调平衡。所有测点全部预调平衡后，按一下**复位**键。

(4) 加载记录数据：在荷载作用下，电阻应变片的阻值发生变化，原来的平衡状态被打破，通过**换点**键在读数、显示窗口上，可读出所有被测点的应变值 ε_1、ε_2、ε_3、…、ε_n。注意：每增加一级荷载，重新读数前，均应按一下**复位**键。

(5) 测量完毕，关闭电源，拆除测量导线，取下荷载，一切复原。

(六) YJK4500 型电阻应变仪及使用方法

YJK4500 型电阻应变仪，如附图 3-12 所示。

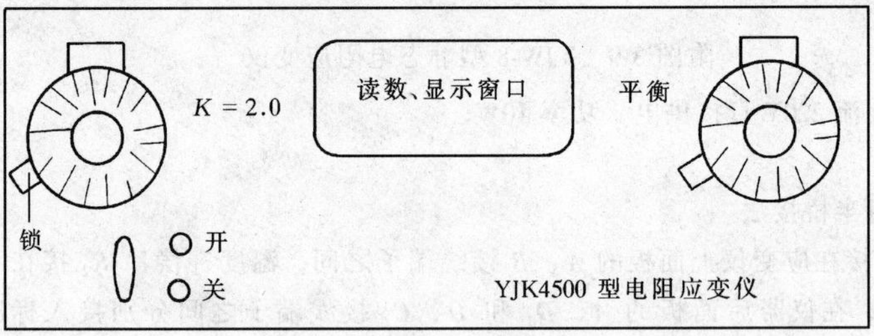

YJK4500 型电阻应变仪前面板

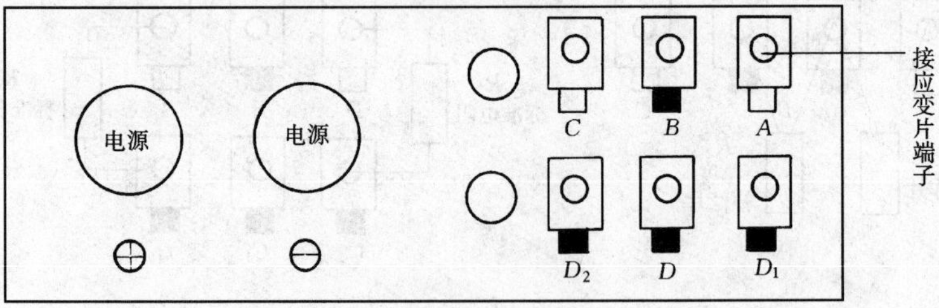

YJK4500 型电阻应变仪后面板

附图 3-12 YJK4500 型电阻应变仪

1. 主要技术指标

(1) 应变测量范围：± 19999$\mu\varepsilon$；

(2) 分辨率：1$\mu\varepsilon$；

(3) 灵敏系数：1.800 ~ 2.800 线性可调；

(4) 电桥电压：直流 2.5 ~ 33.3V；

(5) 使用应变片：120Ω 及其他阻值；

(6) 测量点数：配用一台平衡箱可测 12 点；

(7) 电源：电池供电，直流 6V；

2. 使用方法

(1) 半桥接法

将工作片 R_1 接在应变仪后面板的 A、B 接线端子之间，温度补偿片 R_2 接在 B、C 端子之间，R_3、R_4 用仪器内部的标准电阻，且将 D、D_1 和 D_2 接线端子用短路线连接起来（附图 3-13）。

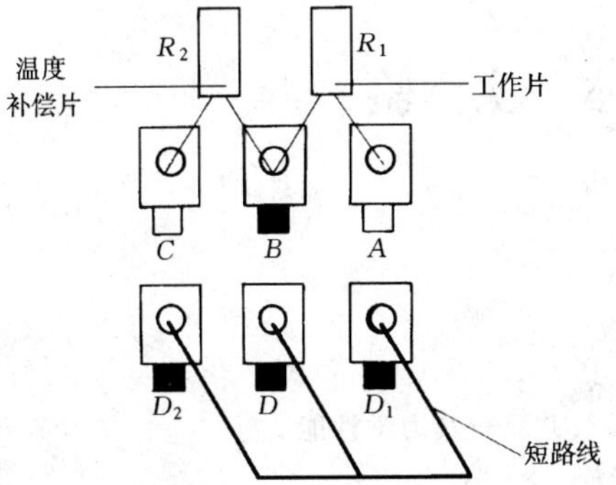

附图 3-13　半桥接法

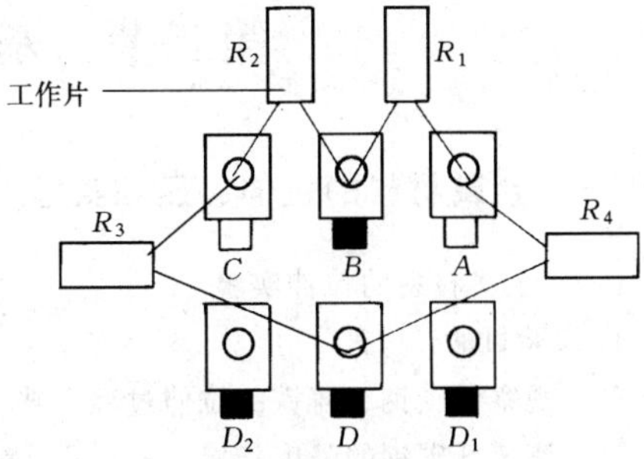

附图 3-14　全桥接法

(2) 全桥接法

去掉短路线，分别在 AB、BC、CD、DA 接线端子之间接上工作片 R_1、R_2、R_3 和 R_4（附图 3-14），且保证相邻的桥臂受相反的力。此时，温度补偿由工作片自身补偿。

3. 测量步骤

(1) 开机预热 10 分钟；

(2) 将 K 值旋钮调节到与测点所使用的应变片的 K 值相同，即 $K_{仪} = K_{片}$，并锁紧固定。

(3) 预调平衡：调整应变仪平衡旋钮，使显示窗口读数为零。

(4) 记录数据：在荷载作用下，原来的平衡状态被打破，液晶显示窗口上显示被测物相应的物理量。

(5) 测量完毕，关闭电源，拆除测量导线，卸掉荷载，一切复原。

4. 注意事项：

(1) 电阻应变仪是一种精密仪器，严禁随意摆弄。

(2) 测量时，不得触动测量导线，防止带来新的误差。

(3) 调节各旋钮时，应先将锁紧装置松开。

四、电子引伸计

电子引伸计是测量试样线变形的装置，是金属力学性能实验中常用的一种精密仪器。它主要由位移传感器，以及组成部分为应变片、变形传递杆、弹性元件和刀刃等（附图 3-15）。

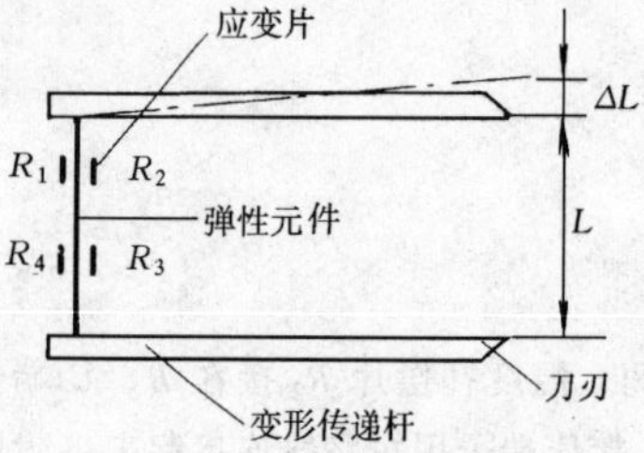

附图 3-15　电子引伸计

L 为引伸计的标距，测量变形时，将引伸计刀刃用橡皮筋固定在试件上，刀刃与试件接触而感受变形 ΔL，通过变形传递杆使弹性元件产生应变 ε，然后再通过粘贴在弹性元件上的应变片把应变量转化成电信号，由用来感受试件微量变形的传感器。在变形测量过程中起信号转换的作用，和万能试验机数据采集器（数显表）配套使用可将试件的变形过程自动记录下来。万能试验机数据采集器（数显表）自动跟踪测量，并可由计算机打印出精确的 $F—\Delta l$ 曲线，为测定指标提供可靠的依据。

第二节　基　本　实　验

一、金属材料的拉伸、压缩实验

(一) 金属材料的拉伸实验

1. 实验目的

(1) 观察低碳钢、铸铁的拉伸过程及破坏现象，并比较其力学性能。

(2) 测定低碳钢的强度指标：σ_s、σ_b；塑性指标：δ、ψ。

(3) 测定铸铁的强度指标：σ_b。

2. 实验设备

(1) WE-30 型液压式万能材料试验机。

(2) 电子数显卡尺。

3. 试样

试样的制备是实验的重要环节。为了避免试样的尺寸和形状对实验结果的影响和使实验结果可以相互比较，在实验中采用比例试样（附图 3-16）。关于比例试件，国家标准《GB 6397—1986》中有详细的规定。对于圆截面比例试件，规定 $\frac{l_0}{d_0}=10$ 或 l_0—试件的标距长度，d_0—试件的直径。

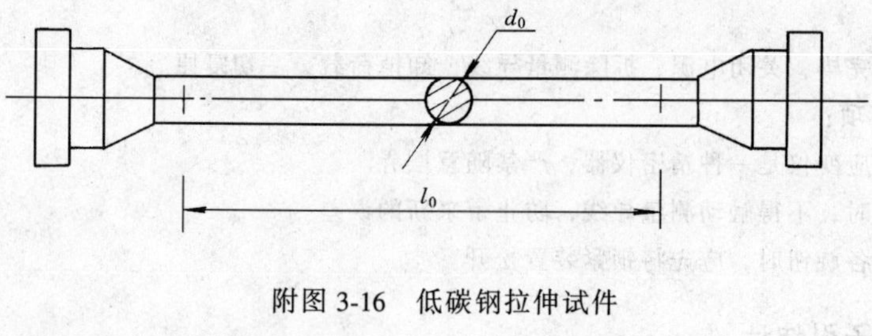

附图 3-16　低碳钢拉伸试件

4. 实验原理

拉伸实验是测定材料力学性能最基本的实验之一。通常在常温、静载下做破坏实验。低碳钢和铸铁是性质截然不同的两种典型材料，他们的拉伸过程可由 $F—\Delta l$ 关系曲线（拉伸图）来描述（附图 3-17，附图 3-18），载荷 F 为纵坐标，试样伸长 Δl 为横坐标。$F—\Delta l$ 关系曲线形象地体现了材料的变形特点以及各阶段受力和变形的关系。低碳钢是典型的塑性材料，由 $F—\Delta l$ 图看出，试件从开始受力到断裂前明显地分成四个阶段：弹性阶段（OB'）、屈服阶段（$B'BC$）、强化阶段（CD）和局部变形（颈缩）阶段（DE）。屈服阶段反映在拉伸图上为一水平波动线（附图 2-17 中 $B'BC$），去除初始瞬时效应后波动的最低点所对应的荷载为屈服荷载，故在实验机测力度盘上读取屈服荷载时，应在第一次主动针回摆后再读到的最小力值为屈服荷载 F_s。试件拉断后，可由测力度盘上的被动针读出破坏前试件所能承受的最大荷载 F_b。实验时要注意观察认真并现象记录。由以下两式可计算出其主要强度指标：

屈服极限：$$\sigma_s = \frac{F_s}{S_0} \quad (\text{N/mm}^2 \text{ 或 MPa})$$

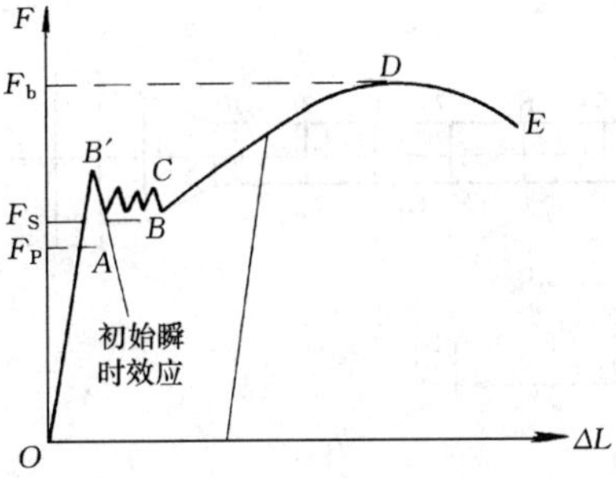

附图 3-17 低碳钢拉伸图

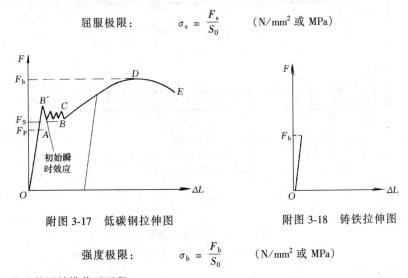

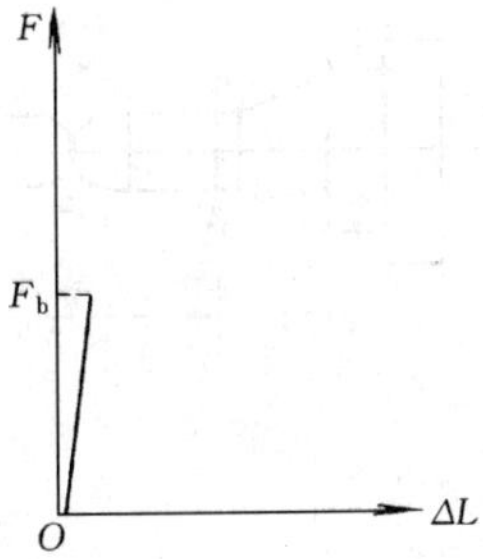

附图 3-18 铸铁拉伸图

强度极限：$$\sigma_b = \frac{F_b}{S_0} \quad (\text{N/mm}^2 \text{ 或 MPa})$$

其中 S_0 为试件原始横截面面积。

试样拉断后，取下断裂的试样，测量断口处最小直径 d_1，在断口处沿相互垂直的方向各测量一次，取其平均值，计算变形后的横截面面积 S_1。量测断后的标距长度 l_1，将拉断的试样对紧到一起，尽量使轴线位于一条直线上。若断口发生于 l_0 的两端或在 l_0 之外，则实验无效，应重做。若断口距 l_0 的一端的距离小于或等于 $l_0/3$（附图 3-19b、c），则按断口移中法计算 l_1。在拉断后的长段上，由断口处取约等于短段的格数得 B 点，若剩余格数为偶数（附图 3-19b），取其一半得 C 点，AB 长为 a，BC 长为 b，则 $l_1 = a + 2b$。当长段剩余格数为奇数时（附图 3-19c），取剩余格数减 1 后的一半得 C 点，加 1 后的一半得 C_1 点，AB、BC 和 BC_1 的长度分别为 a、b_1 和 b_2，则 $l_1 = a + b_1 + b_2$。

由以下两式可计算出其主要塑性指标：

延伸率：$$\delta = \frac{l_1 - l_0}{l_0} \times 100\%$$

截面收缩率：$$\psi = \frac{S_0 - S_1}{S_0} \times 100\%$$

铸铁是典型的脆性材料，它的 $F—\Delta l$ 图，既不存在屈服阶段，也不存在强化阶段和局部变形阶段，并且在很不显著的变形下即断裂，故只能测得其强度极限：

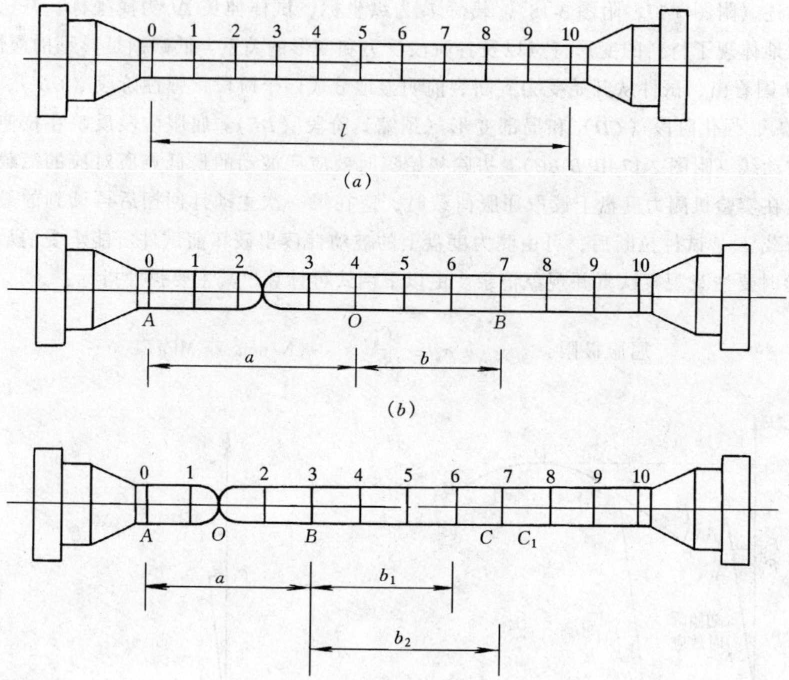

附图 3-19　移中法示意图

（a）试件原长；（b）所余格数为偶数；（c）所余格数为奇数

$$\sigma_b = \frac{F_b}{S_0} \qquad (\mathrm{N/mm^2} \text{ 或 } \mathrm{MPa})$$

5. 实验步骤（以低碳钢拉伸实验为例）

（1）用电子数显卡尺测量试件的标距 l_0（低碳钢试件标距两端冲眼作为原始标记）。在标距范围内，于两端、中间各取一截面测量直径 d_0，每一横截面沿相互垂直的方向各测一次取其平均值，再用三个平均值中的最小值计算横截面面积 S_0。

（2）检查机器，按估算的最大荷载选择测力度盘和配置摆锤，安装试件，调整指针对准零点，调整好数显表。

（3）经教师检查以上准备工作均完成后，开动机器进行实验。实验过程中，注意观察弹性、屈服、强化和颈缩各阶段的特征，并注意记录 F_s 和 F_b。测量断后数据。

（4）注意观察破坏现象并画出破坏断口的草图。

（5）由计算机画出拉伸图。

（6）关闭电源，整理现场。

铸铁拉伸实验参照低碳钢拉伸实验步骤进行。

6. 预习要求

（1）阅读本实验讲义的相关部分。

(2) 阅读教材中材料力学性能的有关部分。

(3) 思考题

1) 加载的速度为什么必须缓慢？

2) 拉伸实验为什么必须采用比例试件？

3) 低碳钢的 $F—\Delta l$ 图可分为几个阶段？每一阶段，力与变形有何关系？出现什么现象？

4) 低碳钢和铸铁在拉伸时可测得哪些力学性能指标？

5) 比较低碳钢和铸铁在拉伸时的力学性能。

(4) 准备好测试记录表格。

附： 实验报告参考格式

材料力学实验报告

班级＿＿＿＿＿学号＿＿＿＿＿＿　第＿＿＿＿＿＿组　姓名＿＿＿＿＿＿＿

一、实验目的

二、实验设备

1. WE-30 型液压式万能材料试验机　　机器号＿＿＿＿＿＿＿

　所用量程＿＿＿＿＿＿＿＿＿＿＿　最小刻度＿＿＿＿＿＿＿

2. 电子数显卡尺及其他用具等

三、数据记录及处理

1. 试件原始尺寸

材　料	标距 l_0 (mm)	直　径　d_0 (mm)									最小横截面面积 S_0 (mm^2)
		横截面 Ⅰ			横截面 Ⅱ			横截面 Ⅲ			
		1	2	平均	1	2	平均	1	2	平均	
低碳钢											
铸　铁											

2. 实验数据

材料	屈服荷载 P_s (kN)	最大荷载 P_b (kN)	断后标距长度 l_1 (mm)	断口（颈缩）处直径 d_1 (mm)			断口处最小横截面面积 S_1 (mm^2)
低碳钢				1	2	平均	
铸铁							

3. 计算结果

材料	强　度　指　标		塑　性　指　标	
	屈服极限 σ_s (MPa)	强度极限 σ_b (MPa)	延伸率 δ (%)	截面收缩率 ψ (%)
低碳钢				
铸　铁				

4. 试样受拉破坏时的断口形状图

材　料	破 坏 断 口 形 状 图
低碳钢	
铸　铁	

5. 实验总结

应包括：低碳钢、铸铁拉伸时的 $F—\Delta l$ 曲线，实验结果分析及回答思考题等内容。

(二) 金属材料的压缩实验

1. 实验目的

(1) 观察低碳钢、铸铁在受压过程中的力学现象。分析其破坏原因。

(2) 测定低碳钢的强度指标 σ_s；测定铸铁的强度指标 σ_b。

2. 实验设备

WE-30 型液压式万能材料试验机、电子数显卡尺。

3. 试件

仍采用比例试样进行实验。金属材料压缩试件一般制成圆柱形（附图 3-20，附图 3-21），规定 $1\leqslant h/d_0\leqslant 3$。

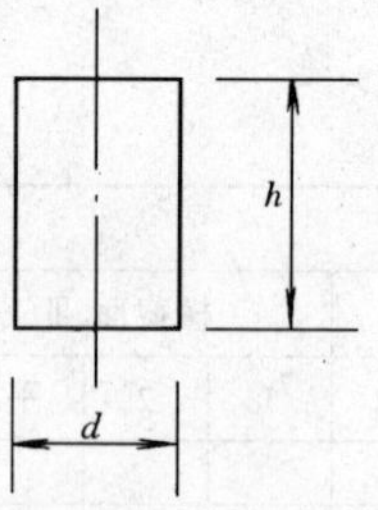

附图 3-20　压缩试样

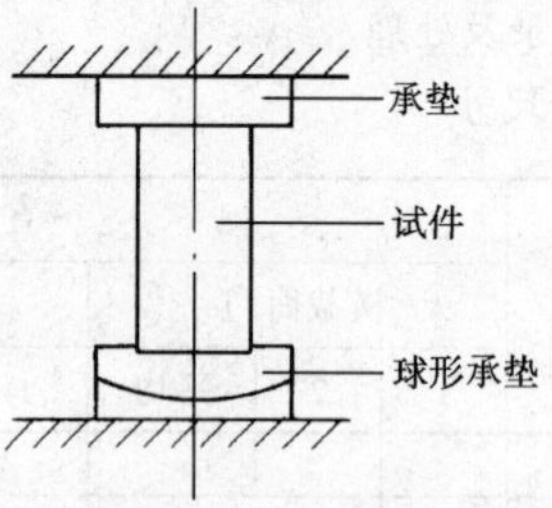

附图 3-21　试样受压情形

4. 实验原理

压缩实验是测定材料力学性能的又一基本实验。压缩过程可由 $F—\Delta l$ 关系曲线（压缩图）来描述（附图 3-22、附图 3-23）。低碳钢的压缩曲线（附图 3-22）有明显的弹性直线段和强化段，两段之间有拐点，该点对应的荷载为屈服荷载 F_s，但有时屈服现象不像拉伸时那样明显，在实验中需细心观察记录。超过屈服阶段后，当荷载不断增加时，试样逐渐被压扁而不发生断裂破坏，故只能测得其屈服荷载 F_s，而测不出最大荷载 F_b。其屈服极限为：

$$\sigma_s = \frac{F_s}{S_0} \qquad (\mathrm{N/mm^2} \text{ 或 } \mathrm{MPa})$$

铸铁的压缩图（附图 3-23）呈非线形，没有明显的阶段之分，断裂时有明显的塑性变形，且断裂面与轴线夹角约在 40°～50°左右，可测得最大载荷 F_b，其强度极限为：

$$\sigma_b = \frac{F_b}{S_0} \qquad (\mathrm{N/mm^2} \text{ 或 } \mathrm{MPa})$$

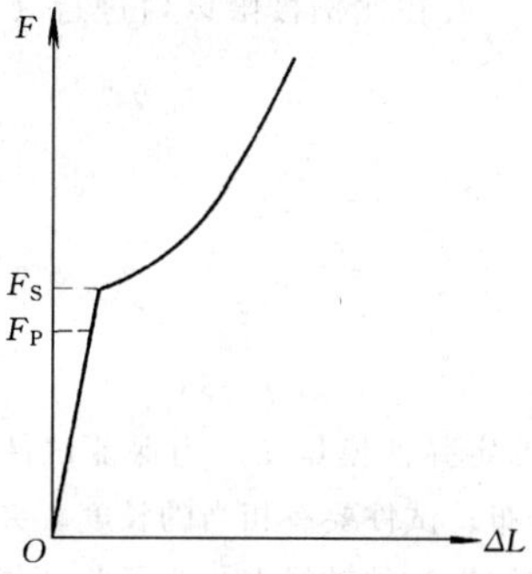

附图 3-22　低碳钢压缩图

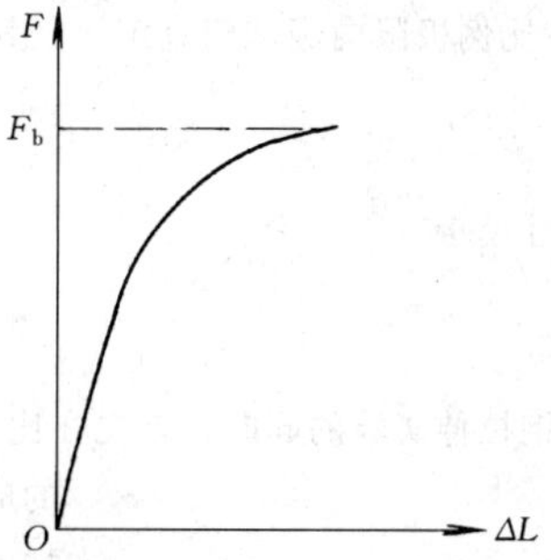

附图 3-23　铸铁压缩图

5. 实验步骤

（1）用电子数显卡尺在试样中间截面两个相互垂直的方向上各量测一次直径 d_0，取其平均值，计算横截面面积 S_0。

（2）按估算的最大负荷选择合适的度盘和配置摆锤，调整指针对准零点，调整好数显表。

（3）把试样尽量准确地放在试验机工作台的下压头承垫中心上，使之承受轴向压力。缓慢加载，以便及时而准确地测定低碳钢的屈服荷载 F_s、铸铁试样断裂时的最大荷载 F_b。

（4）取下试件观察破坏现象并画下破坏断口的草图。

（5）实验完毕，清理试验机、工具，一切复原。

6. 预习要求

（1）阅读本实验讲义及第一章的第一、二节。

（2）阅读教材中材料力学性能的有关部分。

（3）思考题

1）低碳钢和铸铁在压缩时可测得哪些力学性能指标？

2）分别绘出低碳钢、铸铁压缩时的 $F—\Delta l$ 曲线。

3）以低碳钢、铸铁为代表说明塑性材料、脆性材料的力学性能。

（4）准备好测试记录表格。

（5）实验报告格式参照拉伸实验报告格式。

二、弹性模量 *E* 的测定

（一）实验目的

在比例极限内测定材料的弹性模量 E，验证胡克定律。

（二）实验设备

（1）WE-30 型液压式万能材料试验机。

（2）电子数显卡尺。

（3）电子引伸计。

（4）低碳钢拉伸试件。

（三）实验原理

测定钢材的弹性模量 E 时，应采用拉伸实验。一般在比例极限以内进行（附图 2-14 OA 段）。钢材在比例极限内服从胡克定律，其关系式为：

$$\Delta l = \frac{Fl_0}{ES_0}$$

由此可得弹性模量

$$E = \frac{Fl_0}{\Delta l S_0}$$

在低碳钢拉伸实验的同时，首先在比例极限内测定弹性模量 E。为保证试件中间标距内的应力均匀分布，试件要有相当的长度，夹头对试件施加的拉力要作用在试件轴线上。为了验证胡克定律和消除测量中可能产生的误差，一般采用增量法。所谓增量法，就是把欲加的最终荷载值分成若干等份，逐级加载来测量试件的变形。

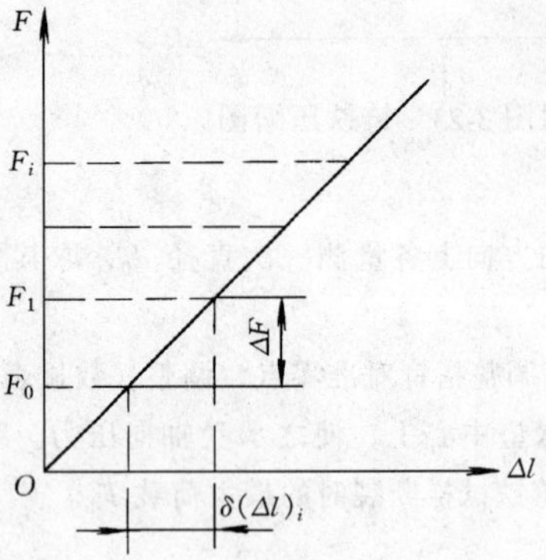

附图 3-24　等量加载

实验时将电子引伸计装夹在试样上，通过万能试验机数据采集器（数显表）自动跟踪测量，测量完毕，由计算机绘制出 $F—\Delta l$ 曲线。在进行结果处理时，首先，在 $F—\Delta l$ 曲线上取一段比较直的线段，将力值 F 等分成相等的几份 ΔF，在由横坐标找出与 ΔF 相对应的 $\delta(\Delta l)_i$，如附图 3-24 所示。由 $F—\Delta l$ 曲线可以发现，各级荷载增量 ΔF 相等时，相应地伸长量的增量 $\delta(\Delta l)_i$ 也基本相等，这就验证了胡克定律。将所量取的 $\delta(\Delta l)_i$ 数值代入公式，则弹性模量 E：

$$E = \frac{\Delta F \cdot l_0}{S_0 \delta(\Delta l)_{i均}} \qquad (\mathrm{N/mm^2}\ 或\ \mathrm{MPa})$$

式中　ΔF——荷载增量；

l_0——电子引伸计的标距；

S_0——试件横截面面积；

$\delta(\Delta l)_{i均}$——$\delta(\Delta l)_i$ 的平均值。

由于实验在比例极限内进行，故最大应力值不能超过比例极限，低碳钢一般取屈服极限 σ_s 的 70%～80%，则最终荷载值不要超过 16kN。

（四）实验步骤

（1）测量试样。与低碳钢拉伸实验相同。标距 l_0 取引伸计标距。

（2）检查试验机：按估算的最大负荷选择合适的度盘和配置摆锤，调整指针对准零点，调整好数显表。

（3）安装试样和电子引伸计：先安装好试件，再小心正确地安装引伸计，使引伸计刀刃与试件相接触并装夹好。

（4）请教师检查以上各步骤完成情况，开动试验机，预加荷载至接近于最终荷载值，然后卸载。检查试验机、引伸计、数显表是否处于正常工作状态。

（5）进行实验：按荷载速率要求加载，一直加至最终值为止。如此反复进行若干次，直到曲线符合要求为止。

(6) 实验后的整理：小心地取下电子引伸计，放入盒内，将试验机复原。

(五) 预习要求

(1) 阅读本实验讲义及第一章的第一、二、四节。

(2) 阅读教材中材料力学性能的有关部分。

(3) 绘制测弹性模量时的 $F—\Delta l$ 曲线。

(4) 思考题

1) 用实验数据，验证胡克定律。

2) 用等增量荷载法求出的弹性模量 $\boldsymbol{E}$ 与用荷载最终值求出的弹性模量 $\boldsymbol{E}$ 是否相同?

3) 试件的尺寸、形状对测定弹性模量 $\boldsymbol{E}$ 有无影响?

4) 准确好测试记录表格。

(5) 实验报告格式参照拉伸实验报告格式。

附：记录表格参考格式

机器号	直径 d_0 (mm)	横截面面积 S_0 (mm^2)	标距 l_0 (mm)	加载范围 (kN)

荷载 P (kN)		伸长量 Δl (mm)		弹性模量 E (MPa)
荷载总量 P	荷载增量 ΔP	伸长量 Δl	增量 $\delta(\Delta l)_i$	
增量平均值 $\delta(\Delta l)_{i均}$ (mm)				

三、纯弯曲梁的正应力测定

(一) 实验目的

(1) 用电测法测定矩形截面梁上各点的正应力。

(2) 验证平面弯曲理论。

(二) 实验设备

(1) YJK4500 型电阻应变仪

(2) 纯弯曲正应力实验台。

(三) 实验原理

直梁纯弯曲时横截面上的正应力公式为：

$$\sigma = \frac{M y}{I_z} \quad 或为 \quad \Delta\sigma = \frac{\Delta M y}{I_z}$$

式中 M——作用在横截面上的弯矩；

I_z——梁的横截面对中性轴 z 的惯性矩；

y——中性轴到欲求应力点的距离。

本实验采用碳钢制成的矩形截面梁，其受力情况如（附图 3-25）所示。梁 AB 简支在支座上，其横截面尺寸为：高 h、宽 b，在分别距支座端为 a 处作用两个集中荷载，其值为 $\frac{\Delta P}{2}$，此时，梁的中部为纯弯曲，弯矩 $\Delta M = R_A \cdot a = \frac{\Delta P}{2} \cdot a$，其间剪力 $Q = 0$，由于梁的纵向纤维之间不互相挤压，其应力满足胡克定律 $\sigma = E\varepsilon$。

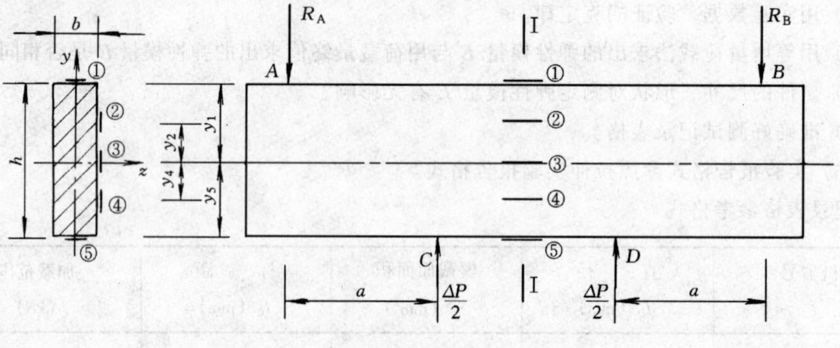

附图 3-25 纯弯曲加载布置及贴片位置图

在梁的纯弯曲段，沿高度 h 间隔一定的距离贴一枚平行于轴线的应变片（附图 3-25），当梁在外力作用时，可测出各测点的应变 $\varepsilon_{实i}$，根据胡克定律即可求出各测点的实测应力：

$$\Delta\sigma_{实i} = E\Delta\varepsilon_{实i}$$

式中 E——梁所用材料的弹性模量。

（四）实验步骤

（1）将应变仪与预调平衡箱连接好，按半桥接法，将各测点（①、②、③、④、⑤）的电阻应变片的导线接到预调平衡箱的 A、B 接线端子上，温度补偿片接到应变仪的 B、C 接线端子上，开启电源，检查仪器。

（2）调灵敏系数钮使 $K_{仪} = K_{片}$。

（3）检查液晶显示器读数是否均为零，若不为零，进行预调平衡。

（4）按等增量荷载法，采用砝码等增量逐级加载。初载取 $P_0 = 200$N，荷载增量 $\Delta P = 100$N，最大荷载 $P_{max} = 600$N。由 P_0 至 P_{max} 分成五级加载，每级的增量为 ΔP。每加一级荷载，记录一次①～⑤点的应变值 ε_i，如此反复 2～3 次。

（5）实验完毕，卸下荷载，关闭电源，拆掉导线，一切复原。

（五）预习要求

（1）阅读本实验讲义及第一章的第三节。

（2）阅读教材中有关纯弯曲理论部分的内容。

（3）根据测得的 $\varepsilon_{实i}$ 的增量，分别求其平均值 $\Delta\varepsilon_{实i}$，计算测点的实测应力：

$$\Delta\sigma_{实i} = E\Delta\varepsilon_{实i}$$

根据 ΔP 和梁的几何尺寸，计算各测点的理论应力：

$$\Delta\sigma_{理i}=\frac{\Delta M\cdot y_i}{I_z}=\frac{\frac{\Delta P}{2}\cdot a\cdot y_i}{\frac{bh^3}{12}}=\frac{6\Delta P\cdot a\cdot y_i}{bh^3}$$

(4) 画出实测应力 $\Delta\sigma_{实i}$的分布规律图。

(5) 将实测值与理论值进行比较，并对误差因素进行分析。

(6) 思考题

1) 电阻应变片为什么要粘贴在两个集中荷载之间？

2) ③点电阻片粘贴在梁轴线上有什么意义？

3) 采用等增量荷载法的目的是什么？

(7) 准备好测试记录表格。

附：记录表格参考格式

梁编号	梁横截面 $b\times h$ (mm^2)	a (mm)	弹性模量 E (MPa)	电阻应变片灵敏系数 K	荷载增量 ΔP (N)

荷载 (N)		应变仪读数 $\mu\varepsilon$									
		1		2		3		4		5	
总量	增量	读数	增量	读数	增量	读数	增量	读数	增量	读数	增量
P_0											
P_1	ΔP										
P_2	ΔP										
P_3	ΔP										
⋮											
$\Delta\varepsilon_i$ 平均值		$\Delta\varepsilon_1=$		$\Delta\varepsilon_2=$		$\Delta\varepsilon_3=$		$\Delta\varepsilon_4=$		$\Delta\varepsilon_5=$	
$\Delta\sigma_{实i}$ (MPa)											
$\Delta\sigma_{理i}$ (MPa)											

附录Ⅳ 习题答案

第二章 汇交力系

2-1 $F_T = 12.85\text{kN}$; $\theta = 38.9°$

2-2 $F_{AB} = 7.32\text{kN}$; $F_{AC} = 27.32\text{kN}$

2-3 $F_H = \dfrac{F}{2\sin^2\alpha}$

2-4 $F_{RB} = 2F$

2-5 $F_1 = \dfrac{3\sqrt{3}}{4}\text{kN}$; $F_2 = \dfrac{\sqrt{3}}{8}\text{kN}$

2-6 $\theta = 0°$, $\theta = 60°$

2-7 $F_{1x} = 0.514F_1$; $F_{1y} = 0$; $F_{1z} = 0.585F_1$

$F_{2x} = -\dfrac{3\sqrt{2}}{10}F_2$; $F_{2y} = -\dfrac{2\sqrt{2}}{5}F_2$; $F_{2z} = \dfrac{\sqrt{2}}{2}F_2$

2-8 $F_{CE} = -160\text{kN}$

2-9 $F_A = F_B = -26.39\text{kN}$（压）

$F_C = 33.46\text{kN}$（拉）

2-10 $F_{OA} = -1.414\text{kN}$（压）

$F_{OB} = F_{OC} = 0.707\text{kN}$（拉）

第三章 力矩和力偶理论

3-1 （a）$Fl\sin\alpha$；（b）$Fl\sin\alpha$；（c）$-F[\cos\alpha(l_2) + \sin\alpha(l_3 + l_1)]$；

（d）$F\sin\alpha\sqrt{l_1^2 + l_2^2}$

3-2 $\boldsymbol{M}_O(\boldsymbol{F}) = (-35.36\boldsymbol{i} - 35.36\boldsymbol{j} + 35.36\boldsymbol{k})$ N.m $M_x(\boldsymbol{F}) = -35.36\text{N·m}$

3-3 $M_x(\boldsymbol{F}) = 0$; $M_y(\boldsymbol{F}) = -\dfrac{Fa}{2}$; $M_z(\boldsymbol{F}) = \dfrac{\sqrt{6}}{4}Fa$

3-4 $M_x(\boldsymbol{F}) = -43.3\text{Nm}$; $M_y(\boldsymbol{F}) = -10\text{Nm}$; $M_z(\boldsymbol{F}) = -7.5\text{Nm}$

3-5 $F_{RA} = 2.31\text{kN}$（与水平轴的夹角为 30°）

3-6 $F_B = 70.7\text{N}$

3-7 $\boldsymbol{M} = 12.8\boldsymbol{i} - 8\boldsymbol{j} - 14.4\boldsymbol{k}$

3-8 $F_A = F_D = 8\text{N}$; $M_2 = 1.7\text{N·m}$

3-9 $F_A = F_{CD} = 400\text{N}$

第四章 一 般 力 系

4-1 $F_R = 467N$; $d = 45.9mm$

4-2 $M_O = M_{O1} = 420Nm$

4-3 (a) $F_{RB} = 4kN$ (↑) $F_A = 1kN$ (↓);

(b) $F_{RA} = -0.25kN$, $F_{RB} = 3.75kN$

4-4 (1) $F_D = 72.5kN$, $F_E = 42.5kN$;

(2) $W_{3max} = 56.25kN$ $DE_{min} = 2.5m$

4-5 (a) $F_A = -63.22kN$, $F_B = -88.74kN$, $F_C = 30kN$

(b) $F_B = -8.42kN$, $F_C = -3.45kN$, $F_D = -57.41kN$

4-6 $F_{Ay} = 85kN$, $F_B = 110kN$, $F_C = 15kN$, $F_D = 15kN$, $F_E = F_G = 0$

4-7 $F_{AD} = F_{BD} = 3.35kN$, $F_{CD} = -3kN$

4-8 (a) $F_{Ax} = 0$, $F_{Ay} = 6kN$, $M_A = 32kNm$, $F_C = 18kN$

(b) $F_{Ax} = 0$, $F_{Ay} = -15kN$, $F_B = 40kN$, $F_{Cx} = 0$,

$F_{Cy} = 5kN$, $F_D = 15kN$

4-9 $F_{Bx} = F_{By} = 500N$; $F_{AB} = 700N$; $F_{BC} = 100N$

4-10 $F_{Ax} = 70kN$; $F_{Ay} = 30kN$; $F_{Gx} = 50kN$; $F_{Gy} = 10kN$; $F_{BE} = 40kN$;

$F_{CE} = 50\sqrt{2}kN$

4-11 $F_{Ax} = 4.67kN$; $F_{Ay} = 15.33kN$, $F_{Bx} = -0.67kN$; $F_{By} = 3.67kN$;

$F_C = 5kN$

4-12 $F = 2.367kN$

4-13 $F_{min} = 280N$

4-14 $a_{min} = 10cm$

4-15 $s = 0.45l$

4-16 $F_1 = \dfrac{\sin\alpha - f_s\cos\alpha}{\cos\alpha + f_s\sin\alpha}G$; $F_2 = \dfrac{\sin\alpha + f_s\cos\alpha}{\cos\alpha - f_s\sin\alpha}G$

4-17 (a) $F_1 = F_7 = -69.28kN$; $F_2 = F_6 = 34.64kN$; $F_3 = F_5 = 23.09kN$;

$F_4 = 46.19kN$

(b) $F_1 = F_5 = F_7 = F_8 = -22.36kN$; $F_2 = F_9 = 20kN$;

$F_3 = F_4 = F_{11} = 0$ $F_{10} = F_{13} = 40kN$; $F_6 = 10kN$;

$F_{12} = -44.72kN$

4-18 (a) $F_{N1} = -125kN$; $F_{N2} = 53kN$; $F_{N3} = 87.5kN$

(b) $F_1 = 10\sqrt{3}kN$ (拉); $F_2 = 10kN$ (拉); $F_3 = -5kN$ (压)

4-19 $F_{GB} = F_{HB} = 28.3kN$; $F_{Ax} = 0$; $F_{Ay} = 20kN$; $F_{Az} = 69kN$

4-20 $F_1 = F$; $F_2 = -\sqrt{2}F$; $F_3 = -F$; $F_4 = \sqrt{2}F$

4-21 $M = 3.875kNm$; $F_{Ax} = F_{Bx} = -2.60kN$; $F_{Az} = F_{Bz} = 14.77kN$

4-22 $F_{T2} = F'_{T2} = 4kN$; $F_{Ax} = -6.375kN$; $F_{Az} = -1.299kN$;

$F_{Bx} = -3.75kN$; $F_{Bz} = -3.89kN$

4-23 (a) $y_C = 0.443\text{m}$; $x_C = 0.3\text{m}$

(b) $y_C = 0.193\text{m}$; $x_C = 0.093\text{m}$

4-24 $x_C = 6.5\text{mm}$

4-25 $y_C = \dfrac{14R}{9\pi}$

第五章 基本变形及组合变形

5-3 $\sigma_{max} = -95.49\text{MPa}$

5-4 $\sigma_{BC} = -200\text{MPa}$，$\sigma_{BA} = 120\text{MPa}$，$\sigma_{CA} = 160\text{MPa}$，$\sigma_{CD} = -120\text{MPa}$

5-5 外露段 $\sigma = 100\text{MPa}$

5-6 $[P] = [P]_{BC}$

5-7 $[P] = [P]_{AC} = 67.38\text{kN}$

5-8 $\alpha = 45°$

5-9 $\tau_{max} = 74.2\text{MPa}$

5-10 $\varphi_{AD} = 2.445 \times 10^{-2}\text{rad}$

5-11 $d \geqslant 86.4\text{mm}$，选 $d = 87\text{mm}$

5-12 (1) $N_1 = N_3 = 20\text{kN}$，$N_2 = 30\text{kN}$，(2) $A \geqslant 300\text{mm}^2$

5-13 $y_C = 157.5\text{mm}$，$I_{yz} = 0$

5-14 $x_0 = 0.6l$

5-15 $\sigma_{tmax} = 24.1\text{MPa}$，$|\sigma_c|_{max} = 53\text{MPa}$，$\tau_{max} = 4.125\text{MPa}$

5-16 $\sigma_{tmax} = 74.4\text{MPa}$，$|\sigma_c|_{max} = 148.8\text{MPa}$

5-17 $b = 150\text{mm}$，$h = 225\text{mm}$

5-18 $\sigma_{max} = 167\text{MPa}$，$\tau_{max} = 40.7\text{MPa}$

5-19 $a = 1.386\text{m}$

5-20 (a) $v_C = \dfrac{Pl^3}{48EI}$，$\theta_A = \dfrac{Pl^2}{48EI}$；(b) $v_C = \dfrac{Pa^3}{EI}$，$v_D = \dfrac{Pa^3}{4EI}$，$\theta_A = -\dfrac{Pa^2}{3EI}$；

(c) $v_A = \dfrac{3Pl^3}{16EI}$，$\theta_A = \dfrac{5Pl^2}{16EI}$

5-22 $\theta_{max} = |\theta_A| = \dfrac{5Pl^2}{16EI}$

5-23 (a) $\theta_B = -\dfrac{5Pa^2}{6EI}$，(b) $v_A = \dfrac{P(l+a)a^2}{3EI} + \dfrac{P(l+a)^2}{kl^2}$

5-24 $v_E = \dfrac{17Pa^3}{48EI}$

5-25 $F_B = \dfrac{4M}{9a}$ (↓)

5-26 ① $M\left(\dfrac{l}{2}\right) = \dfrac{q_0 l^2}{16}$, $M_{max} = \dfrac{q_0 l^2}{9\sqrt{3}}$；

② $q(x) = -\dfrac{q_0 x}{l}$； ③ 铰支座。

5-27 $b = 92\text{mm}$，$h = 184\text{mm}$，$\delta = 9.22\text{mm}$

5-28 $\sigma_{max} = 182.8\text{MPa} > [\sigma]$，故强度不合要求。

5-29 $\sigma_r = 111.24\text{MPa}$

5-30 ①AB 棱上任意点拉应力最大 $\sigma_{tmax} = \dfrac{7P}{a^2}$，$CD$ 棱上任意点压应力最大 $\sigma_{cmax} = \dfrac{5P}{a^2}$；

②$\Delta l_{AB} = \dfrac{7Pl}{Ea^2}$；③$a_y = a_z = -\dfrac{a}{6}$

5-32 核心为对角线长 141mm 的正方形。

第六章 应力状态及应变状态分析·强度理论

6-1 $\sigma_x = 91.3\text{MPa}$，$\alpha = 20°33.4'$

6-2 $P = 16.8\text{kN}$，$\alpha = 26°34'$

6-3 （a）$\sigma_\alpha = 25\text{MPa}$，$\tau_\alpha = -43.3\text{MPa}$；（$b$）$\sigma_\alpha = -12.5\text{MPa}$，$\tau_\alpha = 65\text{MPa}$；

（c）$\sigma_\alpha = 30\text{MPa}$，$\tau_\alpha = -50\text{MPa}$；（$d$）$\sigma_\alpha = 34.8\text{MPa}$，$\tau_\alpha = 11.65\text{MPa}$

6-4 （a）$\sigma_1 = 160.5\text{MPa}$，$\sigma_2 = 0$，$\sigma_3 = -30.5\text{MPa}$，$\alpha_0 = 23°34'$；

（b）$\sigma_1 = 170\text{MPa}$，$\sigma_2 = 70\text{MPa}$，$\sigma_3 = 0$，$\alpha_0 = -71°34'$；

（c）$\sigma_1 = 138\text{MPa}$，$\sigma_2 = 0$，$\sigma_3 = -18\text{MPa}$，$\alpha_0 = -70°6'$；

（d）$\sigma_1 = 37\text{MPa}$，$\sigma_2 = 0$，$\sigma_3 = -27\text{MPa}$，$\alpha_0 = 70°40'$

6-5 （a）$\sigma_1 = 441\text{MPa}$，$\sigma_2 = 159\text{MPa}$，$\sigma_3 = 0$，σ_1 与 ab 面的夹角 22.5°（顺时针转向）；

（b）$\sigma_1 = 11.2\text{MPa}$，$\sigma_2 = 0$，$\sigma_3 = -71.2\text{MPa}$，$\sigma_1$ 与 ab 面的夹角 52°（逆时针转向）；

（c）$\sigma_1 = 8.2\text{MPa}$，$\sigma_2 = 0$，$\sigma_3 = -48.2\text{MPa}$，$\sigma_1$ 与 ab 面的夹角 37.5°（顺时针转向）

6-10 （a）$\sigma_1 = 25\text{MPa}$，$\sigma_2 = 0$，$\sigma_3 = -25\text{MPa}$，$\tau_{max} = 25\text{MPa}$；

（b）$\sigma_1 = \sigma_2 = 50\text{MPa}$，$\sigma_3 = -50\text{MPa}$，$\tau_{max} = 50\text{MPa}$；

（c）$\sigma_1 = 50\text{MPa}$，$\sigma_2 = 4.7\text{MPa}$，$\sigma_3 = -84.7\text{MPa}$，$\tau_{max} = 67.4\text{MPa}$

6-11 $\varepsilon_3 = -0.9 \times 10^{-4}$

6-12 $T = 19.6\text{kN·m}$

6-13 $\sigma_x = -30\text{MPa}$，$\sigma_y = -100\text{MPa}$，$\sigma_z = 0$，$\Delta l_y = -0.91 \times 10^{-2}\text{mm}$

6-14 $\sigma_x = 81.7\text{MPa}$，$\sigma_y = -70.7\text{MPa}$，$\theta = 17.8 \times 10^{-6}$

6-15 $\Delta V = -0.654\text{mm}^3$

6-16 $P = 64\text{kN}$

6-17 $P = 12.5\text{kN}$

6-18 $\varepsilon_0 = 2.42 \times 10^{-5}$，$\varepsilon_{45°} = 5.06 \times 10^{-5}$，$\varepsilon_{90°} = -0.677 \times 10^{-5}$

6-19 $\varepsilon_{max} = 9.34 \times 10^{-4}$，$\varepsilon_{min} = -1.34 \times 10^{-4}$，自 x 轴逆时针向旋转 39.6°为 ε_{max}方向。

6-22 $\sigma_{r2a} = 97.6\text{MPa}$，$\sigma_{r3a} = 94.8\text{MPa}$

6-23 $\sigma_{r2} = 176\text{MPa}$，$\sigma_{r3} = 154\text{MPa}$

6-24 $\sigma_{r2} = 15.7\text{MPa}$

6-25 按最大切应力强度理论 $[\tau] = 0.5[\sigma]$，按最大形状改变比能强度理论 $[\tau] = \dfrac{1}{\sqrt{3}}[\sigma]$。

第七章 压 杆 稳 定 问 题

7-2 当 $\alpha > 60°$，绕 y 轴；当 $\alpha < 60°$，绕 z 轴；当 $\alpha = 60°$，绕任一形心轴。

7-5 $P_{4cr} > P_{2cr} > P_{1cr} = P_{5cr} > P_{6cr} > P_{3cr}$

7-6 $\lambda_p = 70.25$，$P_{cr} = 53.83\text{kN}$

7-7 $\sigma_{cr} = 55.447\text{MPa}$，$P_{cr} = 194.9\text{kN}$

7-8 $(N_{AB})_{cr} = 59.56\text{kN}$；$F = 31.76\text{kN}$

7-9 （a）$P_{cr} = \dfrac{\pi^2 EI}{l^2}$；（b）$P_{cr} = \dfrac{2\sqrt{2}\pi^2 EI}{l^2}$

7-10 $P_{cr} = 3.65\dfrac{\pi^2 EI}{l^2}$

7-11 $\theta = \arctan(\cot^2\alpha)$

7-12 $P = 2477\text{kN}$

7-14 $\sigma = e(\sec kl - 1)$

7-15 $[F] = 23.58\text{kN}$

7-16 $a \geqslant 163\text{mm}$ $l_1 = 1484\text{mm}$

7-17 $d \geqslant 194\text{mm}$

第八章 能 量 方 法

8-2 （a）$U = \dfrac{9.6m^2 l}{\pi G d^4}$ （b）$U = \dfrac{Pl^3}{16\pi I} + \dfrac{3P^2 l}{4EA}$

8-3（1） $U = \dfrac{EA}{48a}[(9 + 8\sqrt{3}) + \Delta_{Ax}^2 - 6\sqrt{3}\Delta_{Ax}\Delta_{Ay} + 3\Delta_{Ay}^2]$

8-4 （a）$\Delta_{Ax} = \dfrac{17ma^2}{6EI}(\rightarrow)$ $\Delta_{Ay} = 0$ $\theta_A = \dfrac{ma}{3EI}$ 逆时针 $\theta_B = \dfrac{5ma}{3EI}$ 顺时针

（c）$\Delta_{AB} = \dfrac{Ph^2}{EI}\left(\dfrac{2}{3}h + a\right)(\rightarrow\leftarrow)$

8-5 $N_{Bx} = \dfrac{3}{8}qa\ (\rightarrow)$ $N_{Cx} = \dfrac{3}{8}qa\ (\rightarrow)$

8-6 $\sigma_{max} = 156\text{MPa}$ $\sigma_{max} = 184.8\text{MPa}$

8-7 $M_{max} = \dfrac{3EI}{2l^2}\delta$

第九章 疲 劳 失 效 简 介

9-1 （a）$r = \infty$ $\sigma_m = -450\text{MPa}$ $\sigma_a = 450\text{MPa}$；

（b）$r = -0.5$ $\sigma_m = 150\text{MPa}$ $\sigma_a = 450\text{MPa}$

9-2 （1）（×）

（2）（√）

（3）（√）

（4）（×）

（5）（×）

（6）（√）

9-3 （1）$r = 0$； $r = 1$

（2）最大应力

(3) $r=-1$

(4) $\sigma_b > \sigma_{-1} > (\sigma_{-1})_{构}$

(5) 破坏时应力远小于静应力下或即使塑性材料也会在无明显塑性变形情况下突然断裂；断口明显呈现光滑区和粗糙区。

(6) $\sigma_{max}=60MPa$ $\sigma_{min}=-20MPa$ $r=-1/3$

第十章 运动学基础

10-1 $x^2+9y=18(-3\leqslant x\leqslant 3,-2\leqslant y\leqslant 2), t=\frac{\pi}{4}s$

10-2 ①$v=\frac{h\omega}{\cos^2\omega t}$ ②$v_r=\frac{h\omega\sin\omega t}{\cos^2\omega t}$

10-3 ①$x=10\cos\pi t$，$y=30\sin\pi t$；$\frac{x^2}{100}+\frac{y^2}{900}=1$

② $t=\frac{1}{2}s$，$v=10\pi cm/s$（←），$a=30\pi^2 cm/s^2$（↓）

$t=3s$，$v=30\pi cm/s$（↓），$a=10\pi^2 cm/s^2$（↑）

10-4 $t=30s$，$v_A=180m/s$；$v_B=270m/s$；$a_A=324m/s^2$；$a_B=729m/s^2$

10-5 $a_\tau=\frac{2s\ (t_1-t_2)}{t_1t_2\ (t_1+t_2)}$

10-6 ①$3x-4y=0$，$(x\leqslant 2, y\leqslant 1.5)$；$s=5t-2.5t^2$

②$\frac{x}{4}-\frac{y}{3}=1$，$(0\leqslant x\leqslant 4, 0\leqslant y\leqslant 3)$；$s=5\sin^2 t$

③$x^2+y^2=25$；$s=25t^2$

④$y^2=4x$ $(y\geqslant 0)$；$s=t\sqrt{1+t^2}+\ln(t+\sqrt{1+t^2})$

10-8 $v_0=\frac{3}{2}\pi l$；$a=\frac{9}{4}\pi^2 l$

10-9 $\omega=0.4rad/s$；$\varepsilon=0.1rad/s^2$

10-10 $v=15m/s$；$a_\tau=1m/s^2$，$a_n=450m/s^2$

10-11 $\varphi=25t^2 rad$；$v=100m/s$；$a_n=25000m/s^2$

第十一章 复 合 运 动

11-1 4.47m/s，指向东偏北 26°34′

11-2 $v=10m/s$ 铅垂向上

11-3 $v=10m/s$ 铅垂向上

11-4 1.26m/s 水平向左

11-5 $v=52.9cm/s$

11-6 $v_{Ma}=r\omega$

11-7 $v_{DE}=46.2cm/s$，$v_{rc}=23.1cm/s$

11-8 $v_a=6.57\pi cm/s$，$a_a=21cm/s^2$

11-9 $v=80cm/s$，$a=64.75cm/s^2$

11-10 $\omega_{CE}=0.866rad/s$，$\alpha_{CE}=0.134rad/s^2$

11-11 $\omega = \dfrac{v\sin}{R\cos\theta}$

11-12 $\left(x_A = 0, y_A = \dfrac{1}{3}gt^2, \varphi = \dfrac{g}{3r}t^2\right)$

11-13 $\left(\omega = \dfrac{v_1 - v}{2r}, v_0 = \dfrac{v_1 + v}{2}\right)$

11-14 $\omega_{BC} = 8\text{rad/s}$，$v_C = 187\text{cm/s}$，$\alpha_{BC} = 80\sqrt{3}\text{rad/s}^2$（顺时针）

11-15 $\left(\omega_{BD} = \dfrac{\omega_0}{4}；v_D = \dfrac{1}{4}l\omega_0\right)$

11-16 $v_A = 2a\omega_0$，$\alpha_{CFE} = 0$

11-17 $\omega_{DE} = 0.5\text{rad/s}$ 顺时针，$\alpha_{AB} = 0$

第十二章 动力学普遍定理

12-1 $2R\omega m$（↓）

12-2 $\boldsymbol{p} = \left[(m_1 + m_2)v - \dfrac{2m_1 + m_2}{4}l\omega\right]\boldsymbol{i} + \left(\dfrac{2m_1 + m_2}{4}\sqrt{3}l\omega\right)\boldsymbol{j}$

12-3 $p = \dfrac{9}{2}ml\omega$（垂直于 AB↗）

12-4 $F_{Ox} = 0$；$F_{Oy} = (m_1 + m_2)g - (m_1 - m_2)a$

12-5 $F_{Ox} = m_2(a - g\sin\theta)\cos\theta(\rightarrow)$；$F_{Oy} = (m + m_1 + m_2\sin^2\theta)g$
$+ (m_1 - m_2\sin\theta)a(\uparrow)$

12-6 $\varphi = \dfrac{\pi}{2} - \arctan\dfrac{b}{e}$；$s = \dfrac{e}{2}$

12-7 $\dfrac{m_1 + m_2}{2m_1 + m_2 + m}b(1 - \sin\theta)$（←）

12-8 $s_A = 17\text{cm}$（←）；$s_B = 9\text{cm}$（→）

12-9 $4x^2 + y^2 = l^2$

12-10 3.77cm（→）

12-11 25.13cm（←）

12-12 $\dfrac{m_2}{m_1 + m_2}l\sin\theta_0(\rightarrow)$

12-13 $L_O = ms^2\omega$

12-14 (1) $P = \dfrac{R + e}{R}mv_A$；$L_B = [J_A - me^2 + m(R + e)^2]\dfrac{v_A}{R}$
(2) $P = m(e\omega + v_A)$；$L_B = (J_A + meR)\omega + m(R + e)v_A$

12-15 $L_O = (m_AR^2 + m_Br^2 + J_O)\omega$

12-16 $a = 6.77\text{m/s}^2$；$F_T = 662.9\text{N}$

12-17 $a = \dfrac{(M - mgr)R^2r}{J_1r^2 + mr^2R^2 + J_2R^2}$

12-18 $F = 269.3\text{N}$

12-19 $t = \dfrac{(1 + f^2)r\omega}{2(1 + f)fg}$

12-20 $\Delta F_A = \dfrac{l^2 - 3e^2}{2(l^2 + 3e^2)}mg$

12-21 $a = \dfrac{(Mi - mgR)R}{mR^2 + J_1 i^2 + J_2}$

12-22 $a_A = \dfrac{m_1(R - r)^2}{m_1(R - r)^2 + m_2(\rho^2 + r^2)}g$

12-23 $a_B = \dfrac{m_1}{m_1 + 3m_2}g$； $a_C = \dfrac{m_1 + 2m_2}{m_1 + 3m_2}g$； $F_T = \dfrac{m_1 m_2}{m_1 + 3m_2}g$

12-24 $t = \sqrt{\dfrac{2s}{gf}}$； $\omega = \dfrac{2}{r}\sqrt{2fgs}$

12-25 $a_{Cx} = g\cos\theta$； $a_{Cy} = -\dfrac{12b^2\sin\theta}{l^2 + 12b^2}g$； $F_{ND} = -\dfrac{mgl^2\sin\theta}{l^2 + 12b^2}$

12-26 $T = \dfrac{1}{2}m_1 v^2 + \dfrac{1}{2}m_2\left(v^2 + vl\omega\cos\varphi + \dfrac{1}{4}l^2\omega^2\right) + \dfrac{1}{24}m_2 l^2\omega^2$

12-27 $T = \left(3m_1 + \dfrac{2m_2}{3}\right)r^2\omega^2$

12-28 （1） $\delta_{max} = 5\text{cm}$； （2） $\omega = 15.5\text{rad/s}$

12-29 $\omega_a = \dfrac{2.47}{\sqrt{a}}\text{rad/s}$； $\omega_b = \dfrac{3.12}{\sqrt{a}}\text{rad/s}$

12-30 $a = \dfrac{F(R + r)R - mgR^2\sin\theta}{m(R^2 + \rho^2)}$

12-31 $\omega = \sqrt{\dfrac{24\sqrt{3}mg + 3kl}{20ml}}$； $\alpha = \dfrac{6g}{5l}$

12-32 $v = \sqrt{\dfrac{4m_3 gx}{3m_1 + m_2 + 2m_3}}$； $a = \dfrac{2m_3 g}{3m_1 + m_2 + 2m_3}$

12-33 （1） $a = 4.9\text{m/s}^2$； $F_A = 72\text{N}$； $F_B = 268\text{N}$

（2） $a = 2.63\text{m/s}^2$； $F_A = F_B = 248.5\text{N}$

12-34 $\alpha = 8\text{rad/s}^2$； $F_{Ox} = 0$； $F_{Oy} = 156\text{N}$（↑）

12-35 $\omega = 6\sqrt{\dfrac{g\sin\beta}{17l}}$； $\alpha = \dfrac{18g\cos\beta}{17l}$

$F_{Ox} = \dfrac{88\sin\beta}{17}mg$（沿 OD↖）； $F_{Oy} = \dfrac{7\cos\beta}{17}mg$（垂直 OD↗）

12-36 $a_A = \dfrac{m_1\sin\theta - m_2}{2m_1 + m_2}g$； $F_T = \dfrac{(m_1 + 2m_2)\sin\theta + 3m_2}{2(2m_1 + m_2)}m_1 g$

12-37 (1) $a_A = \dfrac{(m_1 - m_2\sin\beta)g - kh}{m_1 + 2m_2}$；

(2) $F_T = \dfrac{3m_2 g(m_1 - m_2\sin\beta) + (2m_1 + m_2)kh}{2(m_1 + 2m_2)}$

(3) $F = \dfrac{m_2[(m_1 - m_2\sin\beta)g - kh]}{2(m_1 + 2m_2)}$

12-38 $a_A = \dfrac{m_1 g(r + R)^2}{m_1(R + r)^2 + m_2(\rho^2 + R^2)}$；

$F_T = \dfrac{m_1 m_2 g(\rho^2 + R^2)}{m_1(R + r)^2 + m_2(\rho^2 + R^2)}$

12-39 $\omega=\sqrt{\dfrac{4(m_1R-m_2r\sin\theta-m_2r\cos\theta f)gh}{R(mR^2+2m_1R^2+2m_2r^2)}}$；

$\alpha=\dfrac{2g(m_1R-m_2r\sin\theta-m_2r\cos\theta f)}{mR^2+2m_1R^2+2m_2r^2}$

12-40 $a_D=\dfrac{2(m+m_2)g}{7m+8m_1+2m_2}$； $F_{BC}=\dfrac{2(m+m_2)(m+2m_1)g}{7m+8m_1+2m_2}$

12-41 $\omega=\sqrt{\dfrac{12g(1-\cos\theta)}{l(1+3\sin^2\theta)}}$； $\alpha=\dfrac{6g\sin\theta(4-6\cos\theta+3\cos^2\theta)}{l(1+3\sin^2\theta)^2}$；

$F_N=\dfrac{4-6\cos\theta+3\cos^2\theta}{(1+3\sin^2\theta)^2}mg$

12-42 （1）$a_A=\dfrac{1}{6}g$ （2）$F_{HE}=\dfrac{4}{3}mg$ （3）$F_{Kx}=0$； $F_{Ky}=4.5mg$； $M_K=13.5mgR$

12-43 （1）$y_{max}=4mm$ （2）$y_{max}=22.1mm$

12-44 $\sigma_{dmax}=15.47MPa$

第十三章 动 静 法

13-1 $\alpha=47.04rad/s^2$； $F_{Ax}=95.26N$； $F_{Ay}=137.6N$

13-2 $F_A=5.38N$； $F_B=45.5N$

13-3 $a_A=\dfrac{2g(2\sin\theta-f\cos\theta)}{5}$； $F_{OA}=\dfrac{3f\cos\theta-\sin\theta}{5}mg$

13-4 $M_A=122.21N\cdot m$ $F_{Ax}=29.4N$（由 B 指向 A）

$F_{Ay}=152.77N$（垂直 AB 向上）

13-5 （1）$a=310.4m/s^2$；（2）$F_B=11.64kN$

13-6 （1）$a_C=\dfrac{4}{21}g$；（2）$F_{AB}=\dfrac{34}{21}mg$； $F_{DE}=\dfrac{59}{21}mg$

13-7 $F=933.6N$

13-8 $a_B=1.57m/s^2$； $M_A=13.44kN\cdot m$； $F_{Ax}=6.72kN$； $F_{Ag}=25.04kN$

13-9 （1）$\alpha=\dfrac{9g}{16l}$；（2）$F_{Ax}=\sqrt{3}mg$（由 A 指向 B）；

$F_{Ay}=\dfrac{5}{32}mg$（垂直 AB 向上）

13-10 $\alpha=\dfrac{9g}{17l}$； $F_{Ox}=0$； $F_{Oy}=\dfrac{7}{34}mg$

13-11 $F_{Ax}=-3r^2m\omega^2(\leftarrow)$； $F_{Ay}=rmg(\uparrow)$；

$F_{Bx}=\dfrac{1}{2}r^2m\omega^2(\rightarrow)$； $F_{By}=rmg(\uparrow)$

13-12 $F_{CD}=3.43kN$

13-13 $\alpha_{轮}=7.9rad/s^2$； $\alpha_{杆}=4.44rad/s^2$

13-14 $a=5.88m/s^2$； $\alpha=19.6rad/s^2$

13-15 $F_D=117.5N$

13-16 $\sigma_{max}=140MPa$

13-17 $F_N=\dfrac{l^2-h^2}{2l}m\omega^2$

13-18 $\sigma_{max} = 107\text{MPa}$

第十四章 虚位移原理

14-1 $F_1 = 3F_2$

14-2 $F_{Ax} = \frac{3}{2}F_P\cot\theta$

14-3 $F_1 = \frac{\tan\beta}{\tan\theta}F_2$

14-4 $M_2 = 2M_1$

14-5 $\sqrt{3}M_1 + M_2 + 2M_3 = 0$

14-6 $4\tan\theta - 7\tan\gamma - 3\tan\beta = 0$

14-7 （*a*）$M = \sqrt{3}Fl$（*b*）$M = Fl$（*c*）$M = \frac{2Fr}{\tan\varphi + \cot\theta}$

14-8 $F = \frac{M}{l}$

14-9 $M_2 = -259.8\text{N·m}$

14-10 $F_B = 2\left(F - \frac{M}{l}\right)$；$F_C = \frac{M}{l}$

14-11 $F_{Ax} = 0$；$F_{Ay} = 6.667\text{kN}$（↑）；$F_B = 69.167\text{kN}$（↑）；
$F_E = 4.167\text{kN}$（↑）

14-12 $F_3 = F$

14-13 $F_{Ay} = 0.577\text{kN}$（↑）；$M_A = 2\text{kN·m}$（顺时针）

14-14 $F_B = 5\text{kN}$（↑）

14-15 $F_{Bx} = -9\text{kN}$（←）；$F_{By} = 11.5\text{kN}$（↑）

参 考 文 献

1. 牛学仁，梁清香，戴保东．理论力学．北京：机械工业出版社，2000
2. 哈尔滨工业大学理论力学教研室．理论力学．第五版．北京：高等教育出版社，1996
3. 谢传锋．静力学、动力学（Ⅰ）．北京：高等教育出版社，1999
4. 范钦珊，薛克宗，程保荣．理论力学．北京：高等教育出版社，2000
5. 胡性侃，张平之．工程力学．北京：高等教育出版社，1998
6. 朱炳麟，赵晴，王振波．理论力学．北京：机械工业出版社，2001
7. 理论力学重点难点及典型题精解．西安：西安交通大学出版社，2000
8. 仁博，王天明．材料力学．北京：中国建筑工业出版社，2000
9. 范钦珊．工程力学．北京：高等教育出版社，2000
10. 重庆建筑工程学院．建筑力学．第二版．北京：高等教育出版社，2000
11. 孙训方等．材料力学．第三版．北京：高等教育出版社，2000
12. 刘明威主编．理论力学．第一版．武汉：武汉大学出版社，2000
13. 北京钢铁学院，东北工学院．工程力学．第一版．北京：高等教育出版社，2000